国外资源、能源和环境统计资料汇编-2013

STATISTICAL COMPILATION OF FOREIGN RESOURCES, ENERGY AND ENVIRONMENT-2013

中华人民共和国国家统计局 编

Compiled by National Bureau of Statistics of China

图书在版编目 (CIP) 数据

国外资源、能源和环境统计资料汇编 . 2013 = Statistical compilation of foreign resources,energy and environment. 2013 : 汉英对照 / 中华人民共和国国家统计局编 . -- 北京 : 中国统计出版社 , 2014.8
ISBN 978-7-5037-7094-4

Ⅰ . ①国… Ⅱ . ①中… Ⅲ . ①环境统计 – 统计资料 – 世界 – 2013 – 年鉴 – 汉、英②能源经济 – 经济统计 – 统计资料 – 世界 – 2013 – 年鉴 – 汉、英 Ⅳ . ① X508.1-66 ② F416-66

中国版本图书馆 CIP 数据核字 (2014) 第 116164 号

国外资源、能源和环境统计资料汇编 -2013

作　　者 / 中华人民共和国国家统计局
责任编辑 / 郭　栋
E-mail: yearbook@gj.stats.cn
Address: No.57 Yuetan Nanjie, Sanlihe, Beijing 100826
封面设计 / 张　冰
出版发行 / 中国统计出版社
通信地址 / 北京市西城区月坛南街 57 号　　邮政编码 / 100826
办公地址 / 北京市丰台区西三环南路甲 6 号
电　　话 / (010)63376898、63376907（发行部）、63376877（编辑部）
印　　刷 / 河北天普润印刷厂
经　　销 / 新华书店
开　　本 / 890 × 1240 毫米　1/16
字　　数 / 800 千字
印　　张 / 26.5
版　　别 / 2014 年 8 月第 1 版
版　　次 / 2014 年 8 月第 1 次印刷
定　　价 / 480.00 元　　Price: 480.00 yuan (RMB)

本书附同版本 CD-ROM 一张，光盘内容以书面文字为准。
如有印装错误，本社发行部负责调换。

《国外资源、能源和环境统计资料汇编－2013》

顾 问 和 编 辑 人 员

顾　　　问：马建堂　许宪春

主　　　编：赵云城　严建辉

副 主 编：余芳东　闾海琪　钟守洋

编辑部主任：杨红军　叶礼奇

编辑人员：郭义民　任小燕　杨家亮　黄　峰

责任编辑：郭　栋

STATISTICAL COMPILATION OF FOREIGN RESOURCES, ENERGY AND ENVIRONMENT-2013

Counselor and Editorial Staff

Counselor: Ma Jiantang Xu Xianchun

Editor-in-chief: Zhao Yuncheng Yan Jianhui

Assistant Editor-in-chief: Yu Fangdong Lv Haiqi Zhong Shouyang

Executive Editor: Yang Hongjun Ye Liqi

Editorial Staff: Guo Yimin Ren Xiaoyan Yang Jialiang Huang Feng

Coordinators: Guo Dong

前　言

资源、能源和环境是人类赖以生存繁衍的物质基础和发展动力，但随着人类对它们的过度开发和利用，世界资源逐渐枯竭，生态环境遭到破坏，严重威胁着人类的生存发展，经济的可持续发展也面临前所未有的挑战。

世界资源的供应与需求矛盾日益凸显。地球上的矿产资源已知有3300多种，正在使用的95%以上的能源、80%以上的工业原材料都来自于矿产资源。按照目前的开采规模，地球上石油探明储量仅够使用45至50年，天然气储量够使用50至60年，主要金属和非金属矿产也仅够使用最多百余年。到2020年，地球上的大多数矿产资源，如铜、铝、锡、锌、金、银等都可能被采完挖尽，由此导致的对能源资源的争夺也日趋激烈。

地球生态环境日趋恶化。气候异常，自然灾害频发，“温室效应”增强。土壤及水域污染严重，森林资源锐减，物种不断绝灭。联合国有关组织统计，目前每年全球森林减少5.6万平方公里，至少有5万种生物物种灭绝，有12亿人用水短缺。如果照此持续下去，地球生态环境将无法承载人类的生存。

我国地域辽阔，主要资源总量和能源生产量都居世界前列。但我国的人均拥有量少，是一个资源相对匮乏的国家。我国耕地总面积、森林总面积、煤炭可开采量、原油储量等均居世界前5位，但人均耕地面积仅为世界平均水平的40%，人均森林面积相当于世界平均水平的25%，人均森林蓄积量不到世界人均蓄积量的15%，人均原油和天然气储量不足世界人均水平的10%。我国还是一个干旱缺水严重的国家，人均淡水量只有2060立方米，列全球第121位。

我国正处于工业化、城镇化和农业现代化加快推进的时期，能源消费量和污染物排放量都居世界前列，经济社会发展受资源、能源和环境因素的制约日益凸显。党的十八大报告指出，我国面临着资源约束趋紧、环境污染严重、生态系统退化的严峻形势，必须树立尊重自然、顺应自然、保护自然的生态文明理念，把生态文明建设放在突出地位，努力建设美丽中国，实现中华民族永续发展。为使各级党政领导、社会各界能够了解掌握世界主要国家的资源、能源和环境状况，充分开发“两种资源”、利用好“两个市场”，国家统计局国际统计信息中心组织编辑了《国外资源、能源和环境统计资料汇编》。

出版《国外资源、能源和环境统计资料汇编》，是国家统计局贯彻落实十八大和十八届三中全会精神，全力打造现代化服务型统计的重要举措之一。该书本着综合性与专业性相结合的原则，兼顾数据的可得性和权威性，从国际能源署、联合国粮农组织、世界银行等国际组织以及美国能源署等官方统计机构数据库中精心筛选了国外200多个国家和地区的近300个相关指标，比较全面地反映了各国的资源、能源和环境状况和变化趋势。年鉴指标全面，覆盖国家广泛，信息量大，实用性强，对各级党政领导和社会各界大力加强生态文明建设和环境保护，着力推进绿色发展、循环发展、低碳发展，具有重要的参考使用价值。

Preface

Resources, energy and environment are the material basis for living and reproduction of human beings and the driving force for development. But as being over developed and exploited by the human beings, the world resources are being drained off and the biological environment is being destroyed, seriously threatening the existence and development of human beings and also challenging the economic sustainable development ever before.

The confliction is more and more prominent between supply and demand in the world resources. There are over 3,300 kinds of mineral resources so far discovered, of which over 95 % of energy and more than 80 % of industrial raw materials comes from mineral resources. Based on the existing scale of mining and extracting, the petroleum reserve proven now in the world can only be used for 45 to 50 years, natural gas for 50 to 60 years, the main metal or non-metal minerals only for one hundred years and a few years more at most. Most of the mineral resources in the world, such as copper, aluminum, tin, zinc, gold and silver, etc. will be exhausted so that the fighting for the resources would be more and more intensified.

The ecological environment on the earth is becoming worse, such as abnormal climate, frequent natural disasters and more serious green house effect, together with severe pollution in soil and water, sharp reduction of forest resources and gradual extinction of species. In accordance to the statistics from some UN organization, at present, there were 56 thousand square kilometers of forest disappeared on the earth each year, at least 50 thousand biological species died out and 1.2 billion people in short of water. If it continues like this, the biological environment for sure have no way to support the existence of the human beings on the earth.

China is a large country, ranked among the tops in terms of its total resources and energy production in the world. But China with much less per capita possession is really a resource scare country, China numbers top five in terms of total cultivated land, total forest land, exploitable volume of coal reserve and petroleum reserve, etc. but the per capita possession of cultivated land is only 40 % of the world average, 25 % of the world forest land average, 15 % of the world per capita forest timber volume and less than 10 % of the world per capital petroleum and natural gas reserve. In addition, China is also seriously short of water resources, with only 2,060 cubic meters of per capita possession of fresh water, ranked number 121 among all the countries.

At the stage of fast advancement of industrialization, urbanization and agricultural modernization, China ranks tops in the energy consumption and pollutant emission. The economic and social development is more and more obviously restricted by factors, such as resources, energy and environment. According to the report of the Eighteenth Congress of the Communist Party of China, faced with increasing resource constraints, severe environmental pollution and a deteriorating ecosystem, we must raise our ecological awareness of the need to respect, accommodate to and protect nature. We must give high priority to making ecological progress and incorporate it into all aspects and the whole process of advancing economic, political, cultural, and social progress, work hard to build a beautiful country, and achieve lasting and sustainable development of the Chinese nation. In order to enable the leaderships at various Party and Government levels, and the social communities to understand the resource, energy and environmental conditions of the main countries in the world, fully develop and utilize both international and domestic resources and markets, the International Statistical Information Centre, National Bureau of Statistics of China, compiles this *Statistical Compilation of Foreign Resources, Energy and Environment.*

The publication of this book, is one of the important measures for establishing modern service-oriented statistics in the implementation of the spirits of the Party Eighteenth Congress and the Third Plenary Session of the Party Eighteenth Congress. Based on the incorporation of comprehensiveness and professionalism, taking into account the data availability and authority, nearly 300 indicators from more than 200 countries are carefully selected from the databases of official statistical agencies in the international organizations, such as the International Energy Agency (IEA), UN World Agriculture Organization (FAO), World Bank, etc. as well as US Department of Energy, through which it can comprehensively reflect the resource, energy and environmental conditions and trends of foreign countries in the world. With comprehensive indicators, extensive coverage, large information and practicability, this book will be of high value in use and for reference, for the leaderships at various Party and Government levels and social communities to enhance the construction of biological civilization and environmental protection in the process of green, cycle and low carbon development.

编 者 说 明

一、《国外资源、能源和环境统计资料汇编-2013》是一部全面反映国外资源、能源和环境状况的国际统计资料书籍，今年由国家统计局国际统计信息中心首次编辑出版。

二、本书包括三篇、十四个章节。第一篇资源，包括：人口、经济和土地资源，森林资源，水资源和矿产资源；第二篇能源，包括：能源总表、能源生产、能源供应、能源消费、能源进出口和能源库存变化；第三篇环境，包括：气候和空气环境、水及废物处理、环境保护和自然灾害。

三、本书包括国外200多个国家和地区近300个指标，大部分数据时间序列从1971年到2012年。具有信息量大，指标全面、涵盖的国家和地区广泛，时间序列长等特点。

四、各国数据都来自世界银行、国际能源署、联合国粮农组织、联合国统计司、经济合作与发展组织、欧盟统计局等国际组织的数据库和出版物，以及美国能源署、地质调查局等官方统计机构数据库，每张表均附有资料来源。数据经过国际组织的调整，指标口径基本可比。

五、本书不包含中国有关数据。如需使用中国数据，请以我国官方公布的数据为准。

六、本年鉴中使用的符号含义如下："空格"表示无该项数据或该项统计数据不详；"…"表示数据不够本表最小单位数。

七、编辑过程中，得到国家统计局能源司、社科文司的大力帮助和指导，在此表示衷心感谢。由于经验不足，水平有限，书中难免有有误，敬请读者批评指正。

八、本年鉴中使用的英文缩写及含义如下：

sq.km（square kilometer）＝平方公里

ha（hectare）＝公顷

kwh（kilo watt hour）＝千瓦小时

KT (kilo ton) ＝千吨

gwh(giga watt hour)＝百万千瓦小时

twh(tera watt hour)＝十亿千瓦小时

toe（ton of oil equivalent）＝吨标准油

ktoe（kilo ton of oil equivalent）＝千吨标准油

mtoe（million ton of oil equivalent）＝百万吨标准油

OECD（Organization for Economic Co-operation and Development）＝经济合作与发展组织

FAO（Food and Agriculture Organization of the United Nations）＝联合国粮食及农业组织

IEA（International Energy Agency）=国际能源机构

UNDP（United Nations Development Program）＝联合国开发计划署

WDI（World Development Indicators）＝世界发展指标

USGS（United States Geological Survey）＝美国地质调查局

BGS（British Geological Survey）＝英国地质调查局

EDITOR'S NOTES

1. The 2013 *Statistical Compilation of Foreign Resources, Energy and Environment* is the first issue of this publication compiled by the International Statistical Information Center, National Bureau of Statistics of China, with the purpose to offer a comprehensive picture of natural resources, energy and environmental conditions of foreign countries in the world.

2. The book includes three parts and 14 chapters. The first part, Natural Resources, covers population, economic and land resources, forest resources, water resources and mineral resources; the second part, Energy, covers energy balance sheet, energy production, energy supply, energy consumption, energy imports and exports, and energy stock changes; the third part, Environment, covers climate and air environment, water and waste treatment, environmental protection and natural disasters.

3. The publication covers nearly 300 indicators from more than 200 countries and includes time series from 1971 to 2012 for most of the countries, characterized by large information, comprehensive indicators, and extensive coverage.

4. Country data are carefully selected from the databases and publications of official statistical agencies in the international organizations, such as the International Energy Agency (IEA), UN World Agriculture Organization (FAO), World Bank, etc. as well as US Department of Energy. The appropriate sources of data for all the tables are shown at the upper left of the tables. Data have been adjusted by the international organizations, thus are basically comparable .

5. The data on China are not included in this book. If you want to use relevant data, please refer to the official statistics published in China.

6. The meanings of the symbols used in the Yearbook are as follows:

"(Blank)" indicates that the data are not available;"…" indicates that the figure is too small to be included in the table at to the measurement unit.

7. Special acknowledgements would be offered to the Department of Energy Statistics, the Department of Social, Science and Technology Statistics, National Bureau of Statistics of China, for their great help and advices. Due to our limited experience and knowledge, we would like you to send us your corrections, advices and suggestions if there is any deficiency or incompleteness found in the publication.

8. Abbreviations:

sq.km=square kilometer

ha=hectare

kwh=kilowatt hour

KT =kiloton

gwh=gigawatt hour

twh=terawatt hour

toe=ton of oil equivalent

ktoe=kilo ton of oil equivalent

mtoe=million ton of oil equivalent

OECD=Organization for Economic Co-operation and Development

FAO=Food and Agriculture Organization of the United Nations

IEA=International Energy Agency

UNDP=United Nations Development Program

WDI=World Development Indicators

USGS=United States Geological Survey

BGS=British Geological Survey

目　录

CONTENTS

第一篇　资源
Resources

第一章　人口、经济和土地资源
Population, Economy and Land Resources

1-1-1　国土面积(2011 年)……5
Country Area (2011)
1-1-2　人口和人口密度……10
Population and Population Density
1-1-3　国内生产总值……15
Gross Domestic Product
1-1-4　国内生产总值增长率……20
GDP Growth Rate
1-1-5　人均国内生产总值……24
GDP per Capita
1-1-6　国内生产总值产业构成……28
Composition of Gross Domestic Product by Industry
1-1-7　按类型分的土地资源(2011 年)……32
Land Area by Type(2011)
1-1-8　农业用地资源(2011 年)……37
Agricultural Land (2011)
1-1-9　陆地保护区面积占陆地总面积的比重……41
Terrestrial Protected Areas as % of Total Land Area

第二章　森林资源
Forest Resources

1-2-1　林业面积构成(2010 年)……45
Extent of Forest (2010)
1-2-2　活立木总蓄积量(2010 年)……50
Growing Stock in Forest and Other Wooded Land (2010)
1-2-3　森林类型 (2010 年)……54
Forest by Type (2010)
1-2-4　森林用地变化……58
Trends in Extent of Forest Area

1-2-5 森林年平均消失率(2000-2010 年) ······62
Deforestation Average Annual % (2000 - 2010)
1-2-6 原始森林面积 ······64
Area of Primary Forest
1-2-7 人工造林面积 ······67
Area of Planted Forest
1-2-8 森林主要用途构成(2010 年) ······71
Primary Designated Functions of Forest (2010)

第三章 水资源
Water Resources
1-3-1 全球水储量(2011 年) ······77
Major Stocks of Water (2011)
1-3-2 世界渔业概况 ······77
World Fishery
1-3-3 国外可再生水资源情况 (2011 年) ······78
Foreign Renewable Water Resources (2011)
1-3-4 可再生水资源总量(2011 年) ······82
Total Renewable Water Resources(2011)
1-3-5 淡水资源(2011 年) ······86
Freshwater (2011)
1-3-6 不同来源的淡水资源利用情况(2011 年) ······90
Freshwater Withdrawals by Source(2011)

第四章 矿产资源
Mineral Resources
1-4-1 各类矿产储量(2012 年) ······93
Mineral Reserves (2012)
1-4-2 铅矿采掘量 ······96
Mine Production of Lead
1-4-3 银矿采掘量 ······97
Mine Production of Silver
1-4-4 金矿采掘量 ······99
Mine Production of Gold
1-4-5 铜矿采掘量 ······101
Mine Production of Copper
1-4-6 钴矿开采量 ······102
Mine Production of Cobalt
1-4-7 镍矿采掘 ······102
Mine Production of Nickel
1-4-8 锌矿采掘量 ······103
Mine Production of Zinc
1-4-9 锡矿采掘量 ······104
Mine Production of Tin
1-4-10 钨矿采掘量 ······104
Mine Production of Tungsten
1-4-11 铁矿产量 ······105
Production of Iron Ore
1-4-12 铝土矿产量 ······106
Production of Bauxite
1-4-13 锰矿产量 ······107
Production of Manganese Ore
1-4-14 高岭土产量 ······108
Production of Kaolin
1-4-15 云母矿产量 ······109
Production of Mica

1-4-16 石墨矿产量 ……109
Production of Graphite
1-4-17 膨润土产量 ……110
Production of Bentonite
1-4-18 盐矿产量 ……111
Production of Salt
主要统计指标解释 ……113
Explanatory Notes on Main Statistical Indicators

第二篇 能源
Energy

第一章 能源总表
Major Indicators of Energy

2-1-1 世界能源主要指标 ……119
Major Energy Indicators of the World
2-1-2 OECD 能源主要指标……120
Major Energy Indicators of OECD
2-1-3 非 OECD 国家能源主要指标……122
Major Energy Indicators of Non-OECD
2-1-4 能源平衡表(2011 年)……124
Energy Balance Sheet (2011)
2-1-5 原油探明储量 ……140
Total Proved Reserves of Crude Oil
2-1-6 天然气探明储量 ……142
Total Proved Reserves of Natural Gas
2-1-7 煤炭探明储量(2008 年)……144
Total Proved Reserves of Coal (2008)
2-1-8 万美元国内生产总值能耗……145
Energy Consumption per Ten Thousand US Dollar of GDP
2-1-9 世界能源价格 ……148
World Energy Price

第二章 能源生产
Energy Production

2-2-1 一次能源生产总量 ……151
Total Primary Energy Production
2-2-2 煤及煤制品生产量 ……154
Production of Coal and Coal Products
2-2-3 原油、天然气凝析液和给料生产量……155
Production of Crude, NGL and Feedstocks
2-2-4 天然气生产量 ……157
Production of Natural Gas
2-2-5 生物燃料和废物能源生产量……159
Production of Biofuels and Waste
2-2-6 核能生产量 ……162
Production of Nuclear
2-2-7 水能生产量 ……163
Production of Hydro
2-2-8 地热能生产量 ……166
Production of Geothermal
2-2-9 太阳能、风能及其它能源生产量……167
Production of Solar, Wind and Others
2-2-10 电力生产量 ……169
Production of Electricity
2-2-11 煤发电量占总发电量的比重……172

Electricity Production from Coal Sources as Percentage of Total
2-2-12 石油发电量占总发电量的比重……174
Electricity Production from Oil Sources as Percentage of Total
2-2-13 天然气发电量占总发电量的比重……177
Electricity Production from Natural Gas Sources as Percentage of Total

第三章 能源供应量
Energy Supply
2-3-1 一次能源供应量……181
Total Primary Energy Supply
2-3-2 人均一次能源供应量……184
Total Primary Energy Supply per Capita
2-3-3 煤和煤制品供应量……187
Total Primary Energy Supply of Coal and Coal Products
2-3-4 原油、天然气凝析液和给料供应量……189
Total Primary Energy Supply of Crude, NGL and Feedstocks
2-3-5 天然气供应量……192
Total Primary Energy Supply of Natural Gas
2-3-6 生物燃料及废物能源供应量……194
Total Primary Energy Supply of Biofuels and Waste

第四章 能源消费量
Energy Consumption
2-4-1 能源终端消费总量……199
Total Final Consumption of Energy
2-4-2 煤和煤制品终端消费量……202
Total Final Consumption of Coal and Coal Products
2-4-3 石油产品终端消费量……204
Total Final Consumption of Oil Products
2-4-4 天然气终端消费量……207
Total Final Consumption of Natural Gas
2-4-5 生物燃料及废物终端消费量……209
Total Final Consumption of Biofuels and Waste
2-4-6 电力终端消费量……212
Total Final Consumption of Electricity
2-4-7 工业部门能源终端消费量……215
Total Final Consumption of Energy in Industry
2-4-8 交通部门能源终端消费量……218
Total Final Consumption of Energy in Transport
2-4-9 工业部门煤和煤制品终端消费量……221
Total Final Consumption of Coal and Coal Products in Industry
2-4-10 工业部门石油产品终端消费量……223
Total Final Consumption of Oil Products in Industry
2-4-11 工业部门天然气终端消费量……226
Total Final Consumption of Natural Gas in Industry
2-4-12 工业部门电力终端消费量……228
Total Final Consumption of Electricity in Industry
2-4-13 交通部门石油产品终端消费量……231
Total Final Consumption of Oil Products in Transport
2-4-14 交通部门电力终端消费量……234
Total Final Consumption of Electricity in Transport
2-4-15 居民天然气终端消费量……236
Total Final Consumption of Natural Gas in Residential
2-4-16 居民电力终端消费量……238
Total Final Consumption of Electricity in Residential
2-4-17 人均电力消费量……241

Electricity Consumption per Capita
2-4-18 核能及其他清洁能源消费占能源总消费比重……244
Alternative and Nuclear Energy as Percentage of Total Energy Use
2-4-19 易燃的可再生能源及废弃物消费占能源总消费比重……247
Combustible Renewables and Waste as Percentage of Total Energy Use

第五章 能源进出口
Energy Imports and Exports
2-5-1 全部能源进口量……253
Total Energy Imports
2-5-2 全部能源出口量……256
Total Energy Exports
2-5-3 原油，天然气凝析液和给料进口量……259
Imports of Crude, NGL and Feedstocks
2-5-4 原油，天然气凝析液和给料出口量……261
Exports of Crude, NGL and Feedstocks
2-5-5 煤和煤制品进口量……263
Imports of Coal and Coal Products
2-5-6 煤和煤制品出口量……265
Exports of Coal and Coal Products
2-5-7 石油产品进口量……267
Imports of Oil Products
2-5-8 石油产品出口量……270
Exports of Oil Products
2-5-9 天然气进口量……273
Imports of Natural Gas
2-5-10 天然气出口量……275
Exports of Natural Gas
2-5-11 电力进口量……276
Imports of Electricity
2-5-12 电力出口量……278
Exports of Electricity
2-5-13 能源净进口占能源使用比重……280
Net Energy Imports as Percentage of Energy Use
2-5-14 能源自给率……283
Total Self-sufficiency
2-5-15 煤和泥炭自给率……286
Coal and Peat Self-sufficiency
2-5-16 原油自给率……288
Oil Self-sufficiency
2-5-17 天然气自给率……290
Gas Self-sufficiency

第六章 能源库存变化
Stock Changes of Energy
2-6-1 原油，天然气凝析液和给料的库存变化……295
Stock Changes of Crude, NGL and Feedstocks
2-6-2 天然气库存变化……298
Stock Changes of Natural Gas
2-6-3 煤和煤制品的库存变化……299
Stock Changes of Coal and Coal Products
2-6-4 石油产品库存变化……301
Stock Changes of Oil Products
主要统计指标解释……304
Explanatory Notes on Main Statistical Indicators

第三篇　环境
Environment

第一章　气候和空气环境
Climate and Air Environment

3-1-1　长期平均降水深度(2011 年)……311
Long-term Average Precipitation in Depth(2011)
3-1-2　长期平均降雨量(2011 年)……313
Long-term Average Precipitation in Volume in 2011
3-1-3　受威胁物种数量(2012 年)……315
Number of Threatened Species(2012)
3-1-4　爬行动物的种类及濒危数量……319
Total Number of Known Species and Endangered Species of Reptiles
3-1-5　两栖动物种类及濒危数量……321
Number of Known Species and Endangered Species of Amphibians
3-1-6　消耗臭氧层物质的消费量(2008 年)……323
Consumption of Ozone-Depleting Substances(2008)
3-1-7　人类活动产生的一氧化碳排放量……327
Emission of Carbon Monoxide by Man-Made
3-1-8　人均一氧化碳排放量……328
Total Emissions of Carbon Monoxide per Capita
3-1-9　一氧化碳排放指数……329
Total Emissions of Carbon Monoxide Index
3-1-10　人类活动产生的非甲烷挥发性有机化合物排放量……330
Emissions of Non-methane Volatile Organic Compounds by Man-made
3-1-11　全氟化碳排放量……331
Total Emissions of Perfluorocarbons
3-1-12　氢氟碳化合物排放量……332
Total Emissions of Hydrofluorocarbons
3-1-13　六氟化硫排放量……333
Total Emission of Sulphur Hexafluoride
3-1-14　二氧化碳排放量……334
Emissions of CO_2
3-1-15　人均二氧化碳排放量……336
Emissions of CO_2 per Capita
3-1-16　新乘用车每公里平均二氧化碳排放……338
Average Carbon Dioxide Emissions per km from New Passenger Cars
3-1-17　每立方米空气中颗粒物含量(直径不足 10 微米)……339
Particulate Matter Content per Cubic Meter in the Air (PM Diameter Less Than 10 Microns)
3-1-18　甲烷排放量……343
Emissions of Methane
3-1-19　农业生产甲烷排放所占比重……346
Agricultural Methane Emissions as Percentage of Total
3-1-20　氮氧化物排放量……349
Emissions of Nitrous Oxide
3-1-21　农业生产氮氧化物排放量比重……352
Agricultural Nitrous Oxide Emissions as Percentage of Total
3-1-22　硫氧化物排放量……355
Emissions of Sulphur Oxides
3-1-23　氨排放量……356
Emissions of Ammonia
3-1-24　温室气体排放量……357
Emissions of Greenhouse Gas
3-1-25　城市空气污染颗粒物……359
Urban Population Exposure to Air Pollution by Particulate Matter
3-1-26　城市臭氧污染物……360

Urban Population Exposure to Air Pollution by Ozone
3-1-27 国外主要城市空气污染状况……361
Air Pollution Situation of Foreign Major Cities

第二章 水及废物处理
Water and Waste Treatment
3-2-1 享有清洁饮用水源人口占总人口比重……367
Proportion of the Population Using Improved Drinking Water Source
3-2-2 享有卫生设施人口占总人口比重……371
Proportion of the Population Using Improved Sanitation Facilities
3-2-3 城市污水产生量……375
Produced Municipal Wastewater
3-2-4 城市垃圾产生量……376
Municipal Waste Generation
3-2-5 人均城市垃圾产生量……377
Municipal Waste Generated per Capita
3-2-6 城市垃圾收集量……378
Municipal Waste Collected
3-2-7 城市垃圾处理量……380
Municipal Waste Treatment
3-2-8 废弃物产生量……381
Waste Generated
3-2-9 有害废弃物产生量……382
Hazardous Waste Generated
3-2-10 按经济活动分有害废弃物产生量(2008 年)……383
Generation of Hazardous Waste by Economic Activity(2008)
3-2-11 住户和人均城市废弃物产生量……385
Waste Generation of Households and Municipal per Capita
3-2-12 按经济活动分人均有害废弃物产生量……386
Generation of Hazardous Waste per Capita by Economic Activity
3-2-13 包装废弃物回收率……388
Recovery Rates for Packaging Waste

第三章 环境保护
Environment Protection
3-3-1 公共部门环境保护支出占国内生产总值比重……391
Environmental Protection Expenditure by the Public Sector as Percentage of GDP
3-3-2 分部门环境保护支出……392
Environmental Protection Expenditure by Sectors
3-3-3 公共部门环境投资占国内生产总值比重……393
Environmental Investment by the Public Sector as Percentage of GDP
3-3-4 分部门环境保护投资……394
Environmental Protection Investments by Sectors
3-3-5 工业环境保护支出占国内生产总值比重……395
Environmental Protection Expenditure by Industry as Percentage of GDP
3-3-6 环境税收入占总收入的比重……396
Environmental Tax Revenues as Percentage of Total Revenues
3-3-7 环境税收入占国内生产总值的比重……397
Environmental Tax Revenues as Percentage of GDP

第四章 自然灾害
Natural Disasters
3-4-1 按遇难人数统计的十大自然灾害受害国(2012 年)……401
Top 10 Countries in Terms of Numbers of Deaths(2012)
3-4-2 按受灾人数统计的十大自然灾害受害国(2012 年)……401
Top 10 Countries in Terms of Numbers of Victims(2012)

3-4-3 按经济损失统计的十大自然灾害受害国(2012 年) ……402
Top 10 Countries in Terms of Economic Damages (2012)
3-4-4 十大旱灾排名 ……402
Top 10 Drought
3-4-5 十大地震排名 ……403
Top 10 Earthquake
3-4-6 十大极端天气排名 ……403
Top 10 Extreme Temperature
3-4-7 十大洪水排名 ……404
Top 10 Flood
3-4-8 十大风暴排名 ……404
Top 10 Storm
3-4-9 十大疫情排名 ……405
Top 10 Epidemic
3-4-10 十大火山排名 ……405
Top 10 Volcano
3-4-11 十大山火排名 ……406
Top 10 Wildfire
主要统计指标解释 ……407
Explanatory Notes on Main Statistical Indicators

第一篇　资源

Resources

第一章 人口、经济和土地资源

Population, Economy and Land Resources

1-1-1　国土面积(2011年)

Country Area (2011)

资料来源：联合国粮农组织数据库。
Source:UN FAO database

单位：万平方公里　　(10000 sq.km)

国家或地区	Country or Area	国土面积 Surface Area			
		总量 Total	陆地面积 Land Area	内陆水域面积 Inland Water	
				总量 Total	占国土总面积比重(%) As % of Country Area
世　界	**World**	**13461.13**	**13003.42**	**457.71**	**3.40**
阿富汗	Afghanistan	65.22	65.22		
阿尔巴尼亚	Albania	2.88	2.74	0.14	4.70
阿尔及利亚	Algeria	238.17	238.17		
安道尔	Andorra	0.05	0.05		
安哥拉	Angola	124.67	124.67		
安圭拉	Anguilla	0.01	0.01		
安提瓜和巴布达	Antigua and Barbuda	0.04	0.04		
阿根廷	Argentina	278.04	273.67	4.37	1.57
亚美尼亚	Armenia	2.97	2.85	0.13	4.24
阿鲁巴	Aruba	0.02	0.02		
澳大利亚	Australia	774.12	768.23	5.89	0.76
奥地利	Austria	8.39	8.24	0.15	1.75
阿塞拜疆	Azerbaijan	8.66	8.27	0.39	4.55
巴哈马	Bahamas	1.39	1.00	0.39	27.88
巴　林	Bahrain	0.08	0.08		
孟加拉国	Bangladesh	14.40	13.02	1.38	9.60
巴巴多斯	Barbados	0.04	0.04		
白俄罗斯	Belarus	20.76	20.29	0.47	2.26
比利时	Belgium	3.05	3.03	0.03	0.82
伯利兹	Belize	2.30	2.28	0.02	0.70
贝　宁	Benin	11.48	11.28	0.20	1.74
百慕大	Bermuda	0.01	0.01		
不　丹	Bhutan	3.84	3.84		
玻利维亚	Bolivia	109.86	108.33	1.53	1.39
波　黑	Bosnia and Herzegovina	5.12	5.10	0.02	0.41
博茨瓦纳	Botswana	58.17	56.67	1.50	2.58
巴　西	Brazil	851.49	845.94	5.55	0.65
文　莱	Brunei Darussalam	0.58	0.53	0.05	8.67
保加利亚	Bulgaria	11.10	10.86	0.24	2.20
布基纳法索	Burkina Faso	27.42	27.36	0.06	0.23
布隆迪	Burundi	2.78	2.57	0.22	7.73
佛得角	Cabo Verde	0.40	0.40		
柬埔寨	Cambodia	18.10	17.65	0.45	2.50
喀麦隆	Cameroon	47.54	47.27	0.27	0.57
加拿大	Canada	998.47	909.35	89.12	8.93
开曼群岛	Cayman Islands	0.03	0.02		9.09
中非共和国	Central African Rep.	62.30	62.30		
乍　得	Chad	128.40	125.92	2.48	1.93
海峡群岛	Channel Islands	0.02	0.02		
智　利	Chile	75.61	74.35	1.26	1.66
哥伦比亚	Colombia	114.18	110.95	3.23	2.82
科摩罗	Comoros	0.19	0.19		
刚果(金)	Congo, Dem,Rep.	34.20	34.15	0.05	0.15

1-1-1 续表 1 continued

单位：万平方公里 (10000 sq.km)

国家或地区	Country or Area	国土面积 Surface Area			
		总量 Total	陆地面积 Land Area	内陆水域面积 Inland Water	
				总量 Total	占国土总面积比重(%) As % of Country Area
刚果(布)	Congo, Rep.	234.49	226.71	7.78	3.32
库克群岛	Cook Islands	0.02	0.02		
哥斯达黎加	Costa Rica	5.11	5.11		0.08
科特迪瓦	Côte d'Ivoire	32.25	31.80	0.45	1.38
克罗地亚	Croatia	5.66	5.60	0.06	1.11
古　巴	Cuba	10.99	10.64	0.35	3.14
塞浦路斯	Cyprus	0.93	0.92		0.11
捷　克	Czech Rep.	7.89	7.72	0.16	2.07
丹　麦	Denmark	4.31	4.24	0.07	1.53
吉布提	Djibouti	2.32	2.32		0.09
多米尼克	Dominica	0.08	0.08		
多米尼加	Dominican Rep.	4.87	4.83	0.04	0.72
厄瓜多尔	Ecuador	25.64	24.84	0.80	3.12
埃　及	Egypt	100.15	99.55	0.60	0.60
萨尔瓦多	El Salvador	2.10	2.07	0.03	1.52
赤道几内亚	Equatorial Guinea	2.81	2.81		
厄立特里亚	Eritrea	11.76	10.10	1.66	14.12
爱沙尼亚	Estonia	4.52	4.24	0.28	6.28
埃塞俄比亚	Ethiopia	110.43	100.00	10.43	9.44
福克兰群岛	Falkland Islands	1.22	1.22		
法罗群岛	Faroe Islands	0.14	0.14		
斐　济	Fiji	1.83	1.83		
芬　兰	Finland	33.84	30.39	3.45	10.20
法　国	France	54.92	54.77	0.15	0.28
法属圭亚那	French Guiana	8.35	8.22	0.13	1.59
法属波利尼西亚	French Polynesia	0.40	0.37	0.03	8.50
加　蓬	Gabon	26.77	25.77	1.00	3.74
冈比亚	Gambia	1.13	1.01	0.12	10.44
格鲁吉亚	Georgia	6.97	6.95	0.02	0.30
德　国	Germany	35.71	34.86	0.86	2.40
加　纳	Ghana	23.85	22.75	1.10	4.61
直布罗陀	Gibraltar	0.00	0.00		
希　腊	Greece	13.20	12.89	0.31	2.32
格陵兰	Greenland	41.05	41.05		
格林纳达	Grenada	0.03	0.03		
瓜德罗普岛	Guadeloupe	0.17	0.17		0.59
关　岛	Guam	0.05	0.05		
危地马拉	Guatemala	10.89	10.72	0.17	1.59
几内亚	Guinea	24.59	24.57	0.01	0.06
几内亚比绍	Guinea-Bissau	3.61	2.81	0.80	22.17
圭亚那	Guyana	21.50	19.69	1.81	8.43
海　地	Haiti	2.78	2.76	0.02	0.68
洪都拉斯	Honduras	11.25	11.19	0.06	0.53
匈牙利	Hungary	9.30	9.05	0.25	2.69
冰　岛	Iceland	10.30	10.03	0.28	2.67

1-1-1 续表 2 continued

单位：万平方公里 (10000 sq.km)

国家或地区	Country or Area	国土面积 Surface Area			
		总量 Total	陆地面积 Land Area	内陆水域面积 Inland Water	
				总量 Total	占国土总面比重(%) As % of Country Area
印 度	India	328.73	297.32	31.41	9.55
印度尼西亚	Indonesia	190.46	181.16	9.30	4.88
伊 朗	Iran	174.52	162.86	11.66	6.68
伊拉克	Iraq	43.52	43.43	0.09	0.21
爱尔兰	Ireland	7.03	6.89	0.14	1.98
马恩岛	Isle of Man	0.06	0.06		
以色列	Israel	2.21	2.16	0.04	1.95
意大利	Italy	30.13	29.41	0.72	2.39
牙买加	Jamaica	1.10	1.08	0.02	1.46
日 本	Japan	37.80	36.45	1.35	3.56
约 旦	Jordan	8.93	8.88	0.05	0.60
哈萨克斯坦	Kazakhstan	272.49	269.97	2.52	0.92
肯尼亚	Kenya	58.04	56.91	1.12	1.93
基里巴斯	Kiribati	0.08	0.08		
朝 鲜	Korea, Dem.	12.05	12.04	0.01	0.11
韩 国	Korea，Rep.	9.99	9.71	0.28	2.80
科威特	Kuwait	1.78	1.78		
吉尔吉斯斯坦	Kyrgyzstan	19.99	19.18	0.81	4.08
老 挝	Laos	23.68	23.08	0.60	2.53
拉脱维亚	Latvia	6.45	6.22	0.23	3.54
黎巴嫩	Lebanon	1.05	1.02	0.02	2.11
莱索托	Lesotho	3.04	3.04		
利比里亚	Liberia	11.14	9.63	1.51	13.51
利比亚	Libya	175.95	175.95		
列支敦士登	Liechtenstein	0.02	0.02		
立陶宛	Lithuania	6.53	6.27	0.26	4.02
卢森堡	Luxembourg	0.26	0.26		
马其顿	Macedonia	2.57	2.52	0.05	1.91
马达加斯加	Madagascar	58.70	58.15	0.55	0.94
马拉维	Malawi	11.85	9.43	2.42	20.43
马来西亚	Malaysia	33.08	32.86	0.23	0.68
马尔代夫	Maldives	0.03	0.03		
马 里	Mali	124.02	122.02	2.00	1.61
马耳他	Malta	0.03	0.03		
马绍尔群岛	Marshall Islands	0.02	0.02		
马提尼克	Martinique	0.11	0.11		6.19
毛里塔尼亚	Mauritania	103.07	103.07		
毛里求斯	Mauritius	0.20	0.20		0.49
马约特岛	Mayotte	0.04	0.04		
墨西哥	Mexico	196.44	194.40	2.04	1.04
密克罗尼西亚	Micronesia	0.07	0.07		
摩尔多瓦	Moldova	3.39	3.29	0.10	2.94
蒙 古	Mongolia	156.41	155.36	1.06	0.68
黑 山	Montenegro	1.38	1.35	0.04	2.61

1-1-1 续表 3 continued

单位：万平方公里 (10000 sq.km)

国家或地区	Country or Area	国土面积 Surface Area			
		总量 Total	陆地面积 Land Area	内陆水域面积 Inland Water	
				总量 Total	占国土总面积比重(%) As % of Country Area
蒙特塞拉特	Montserrat	0.01	0.01		
摩洛哥	Morocco	44.66	44.63	0.03	0.06
莫桑比克	Mozambique	79.94	78.64	1.30	1.63
缅甸	Myanmar	67.66	65.33	2.33	3.44
纳米比亚	Namibia	82.43	82.33	0.10	0.12
瑙鲁	Nauru	0.00	0.00		
尼泊尔	Nepal	14.72	14.34	0.38	2.60
荷兰	Netherlands	4.15	3.37	0.78	18.80
新喀里多尼亚	New Caledonia	1.86	1.83	0.03	1.61
新西兰	New Zealand	26.77	26.33	0.44	1.64
尼加拉瓜	Nicaragua	13.04	12.03	1.00	7.69
尼日尔	Niger	126.70	126.67	0.03	0.02
尼日利亚	Nigeria	92.38	91.08	1.30	1.41
纽埃	Niue	0.03	0.03		
诺福克岛	Norfolk Island	0.00	0.00		
北马里亚纳群岛	Northern Mariana Islands	0.05	0.05		
挪威	Norway	32.38	30.43	1.95	6.03
阿曼	Oman	30.95	30.95		
巴基斯坦	Pakistan	79.61	77.09	2.52	3.17
帕劳	Palau	0.05	0.05		
巴拿马	Panama	7.54	7.43	0.11	1.43
巴布亚新几内亚	Papua New Guinea	46.28	45.29	1.00	2.16
巴拉圭	Paraguay	40.68	39.73	0.95	2.32
秘鲁	Peru	128.52	128.00	0.52	0.41
菲律宾	Philippines	30.00	29.82	0.18	0.61
皮特凯恩群岛	Pitcairn Islands	0.00	0.00		
波兰	Poland	31.27	30.42	0.85	2.73
葡萄牙	Portugal	9.21	9.15	0.06	0.67
波多黎各	Puerto Rico	0.89	0.89		
卡塔尔	Qatar	1.16	1.16		
留尼旺岛	Réunion	0.25	0.25		0.40
罗马尼亚	Romania	23.84	23.02	0.82	3.45
俄罗斯	Russia	1709.82	1637.69	72.14	4.22
卢旺达	Rwanda	2.63	2.47	0.17	6.34
圣基茨和尼维斯	Saint Kitts and Nevis	0.03	0.03		
圣卢西亚	Saint Lucia	0.06	0.06		1.61
圣皮埃尔和密克隆	Saint Pierre and Miquelon	0.02	0.02		4.17
萨摩亚	Samoa	0.28	0.28		0.35
圣马力诺	San Marino	0.01	0.01		
圣多美和普林西比	Sao Tome and Principe	0.10	0.10		
沙特阿拉伯	Saudi Arabia	214.97	214.97		
塞内加尔	Senegal	19.67	19.25	0.42	2.13
塞尔维亚	Serbia	8.84	8.75	0.09	1.02
塞舌尔	Seychelles	0.05	0.05		

1-1-1　续表 4　continued

单位：万平方公里 (10000 sq.km)

国家或地区	Country or Area	国土面积 Surface Area 总量 Total	陆地面积 Land Area	内陆水域面积 Inland Water 总量 Total	占国土总面比重(%) As % of Country Area
塞拉利昂	Sierra Leone	7.17	7.16	0.01	0.17
新加坡	Singapore	0.07	0.07		1.41
斯洛伐克	Slovakia	4.90	4.81	0.09	1.93
斯洛文尼亚	Slovenia	2.03	2.01	0.01	0.64
所罗门群岛	Solomon Islands	2.89	2.80	0.09	3.15
索马里	Somalia	63.77	62.73	1.03	1.62
南非	South Africa	121.91	121.31	0.60	0.49
南苏丹	South Sudan	64.43			
西班牙	Spain	50.56	49.88	0.68	1.34
斯里兰卡	Sri Lanka	6.56	6.27	0.29	4.42
苏丹	Sudan	187.94			
苏里南	Suriname	16.38	15.60	0.78	4.77
斯威士兰	Swaziland	1.74	1.72	0.02	0.92
瑞典	Sweden	45.03	41.03	4.00	8.87
瑞士	Switzerland	4.13	4.00	0.13	3.10
叙利亚	Syrian Arab Rep.	18.52	18.36	0.16	0.84
塔吉克斯坦	Tajikistan	14.26	14.00	0.26	1.82
坦桑尼亚	Tanzania	94.73	88.58	6.15	6.49
泰国	Thailand	51.31	51.09	0.22	0.43
东帝汶	Timor-Leste	1.49	1.49		
多哥	Togo	5.68	5.44	0.24	4.23
托克劳	Tokelau	0.00	0.00		
汤加	Tonga	0.08	0.07		4.00
特里尼达和多巴哥	Trinidad and Tobago	0.51	0.51		
突尼斯	Tunisia	16.36	15.54	0.83	5.04
土耳其	Turkey	78.36	76.96	1.39	1.78
土库曼斯坦	Turkmenistan	48.81	46.99	1.82	3.72
特克斯和凯科斯群岛	Turks and Caicos Islands	0.10	0.10		
图瓦卢	Tuvalu	0.00	0.00		
乌干达	Uganda	24.16	19.98	4.17	17.28
乌克兰	Ukraine	60.36	57.93	2.42	4.01
阿联酋	United Arab Emirates	8.36	8.36		
英国	United Kingdom	24.36	24.19	0.17	0.69
美国	United States	983.15	914.74	68.41	6.96
美属维尔京群岛	United States Virgin Islands	0.04	0.04		
乌拉圭	Uruguay	17.62	17.50	0.12	0.68
乌兹别克斯坦	Uzbekistan	44.74	42.54	2.20	4.92
瓦努阿图	Vanuatu	1.22	1.22		
委内瑞拉	Venezuela	91.21	88.21	3.00	3.29
越南	Viet Nam	33.10	31.01	2.09	6.31
西撒哈拉	Western Sahara	26.60	26.60		
也门	Yemen	52.80	52.80		
赞比亚	Zambia	75.26	74.34	0.92	1.23
津巴布韦	Zimbabwe	39.08	38.69	0.39	1.00

1-1-2 人口和人口密度
Population and Population Density

资料来源：世界银行WDI数据库。
Source: World Bank WDI Database.

国家或地区	Country or Area	年中人口(万人) Mid-year Population (10000 persons)			人口密度(人/平方公里) Population Density (persons/sq.km)		
		2000	2005	2011	2000	2005	2011
世 界	**World**	**610205**	**649074**	**696595**	**47.2**	**50.1**	**53.8**
阿富汗	Afghanistan	2595	2991	3532	39.8	45.9	54.2
阿尔巴尼亚	Albania	307	314	322	112.1	114.7	117.4
阿尔及利亚	Algeria	3053	3289	3598	12.8	13.8	15.1
美属萨摩亚	American Samoa	6	6	7	288.1	314.8	347.7
安道尔	Andorra	7	8	9	137.5	165.7	183.3
安哥拉	Angola	1393	1649	1962	11.2	13.2	15.7
安提瓜和巴布达	Antigua and Barbuda	8	8	9	176.5	190.7	203.7
阿根廷	Argentina	3693	3868		13.5	14.1	14.9
荷 兰	Netherlands	1593	1632	1669	471.7	483.4	494.9
亚美尼亚	Armenia	308	307	310	108.0	107.7	108.9
阿鲁巴岛	Aruba	9	10	11	501.5	561.1	600.8
澳大利亚	Australia	1915	2040		2.5	2.7	2.9
奥地利	Austria	801	823	842	97.2	99.8	102.2
阿塞拜疆	Azerbaijan	805	839	917	97.4	101.5	111.0
巴哈马	Bahamas	30	32	35	29.7	31.9	34.7
巴 林	Bahrain	64	73	132	898.9	979.5	1741.5
孟加拉国	Bangladesh	12959	14059	15049	995.6	1080.0	1156.1
巴巴多斯	Barbados	27	27	27	622.1	629.1	637.0
白俄罗斯	Belarus	1001	966	947	49.3	47.6	46.7
比利时	Belgium	1025	1048	1102	338.5	346.1	364.0
伯利兹	Belize	25	29	36	11.0	12.8	15.6
贝 宁	Benin	652	763	910	58.9	67.7	80.7
百慕大	Bermuda	6	6	7	1242.0	1272.0	1294.0
不 丹	Bhutan	57	66	74	14.3	17.2	19.2
玻利维亚	Bolivia	831	915	1009	7.7	8.4	9.3
波 黑	Bosnia and Herzegovinian	369	378	375	72.4	74.1	73.6
博茨瓦纳	Botswana	176	188	203	3.1	3.3	3.6
巴 西	Brazil	17443	18599		20.6	22.0	23.2
文 莱	Brunei Darussalam	33	36	41	62.1	68.9	77.0
保加利亚	Bulgaria	817	774	735	73.9	71.2	67.7
布基纳法索	Burkina Faso	1229	1420	1697	44.9	51.9	62.0
布隆迪	Burundi	637	725	858	248.2	282.4	333.9
柬埔寨	Cambodia	1245	1336	1431	70.5	75.7	81.0
喀麦隆	Cameroon	1568	1755	2003	33.2	37.1	42.4
加拿大	Canada	3077	3231		3.4	3.6	3.8
佛得角	Cape Verde	44	47	50	108.5	117.3	124.2
开曼群岛	Cayman Islands	4	5	6	167.5	217.8	236.4
中 非	Central African Rep.	370	402	449	5.9	6.4	7.2
乍 得	Chad	822	979	1153	6.5	7.8	9.2

1-1-2　续表 1　continued

国家或地区	Country or Area	年中人口(万人) Mid-year Population (10000 persons)			人口密度(人/平方公里) Population Density (persons/sq.km)		
		2000	2005	2011	2000	2005	2011
海峡群岛	Channel Islands	15	15	15	764.9	766.8	809.9
智　　利	Chile	1542	1630	1727	20.7	21.9	23.2
哥伦比亚	Colombia	3976	4304	4693	35.8	38.8	42.3
科 摩 罗	Comoros	56	64	75	302.4	345.5	405.1
刚果(金)	Congo, Dem. Rep.	4963	5742	6776	21.9	25.3	29.9
刚果(布)	Congo, Rep.	314	353	414	9.2	10.3	12.1
哥斯达黎加	Costa Rica	392	431	473	76.8	84.4	92.6
科特迪瓦	Cote D'Ivoire	1658	1802	2015	52.1	56.7	63.4
克罗地亚	Croatia	443	444	440	79.2	79.4	78.7
古　　巴	Cuba	1110	1125	1125	103.4	105.7	105.7
塞浦路斯	Cyprus	94	103	112	102.1	111.7	120.8
捷　　克	Czech Rep.	1027	1024	1050	132.9	132.5	135.9
丹　　麦	Denmark	534	542	557	125.8	127.7	131.3
吉 布 提	Djibouti	73	81	91	31.6	34.9	39.1
多米尼克	Dominica	7	7	7	92.9	91.9	90.2
多米尼加	Dominican Rep.	859	926	1006	177.8	191.7	208.1
厄瓜多尔	Ecuador	1235	1343	1467	49.7	54.1	59.1
埃　　及	Egypt	6765	7420	8254	68.0	74.5	82.9
萨尔瓦多	El Salvador	594	605	623	286.7	292.0	300.6
赤道几内亚	Equatorial Guinea	52	61	72	18.6	21.7	25.7
厄立特里亚	Eritrea	367	449	542	36.3	44.4	53.6
爱沙尼亚	Estonia	137	135	134	32.3	31.8	31.6
埃塞俄比亚	Ethiopia	6558	7426	8473	65.6	74.3	84.7
法罗群岛	Faeroe Islands	5	5	5	32.9	34.6	35.0
斐　　济	Fiji	81	82	87	44.4	45.0	47.5
芬　　兰	Finland	518	525	539	17.0	17.2	17.7
法　　国	France	6091	6318		111.2	115.4	119.5
法属波立尼西亚	French Polynesia	24	26	27	64.9	69.6	74.8
加　　蓬	Gabon	124	137	153	4.8	5.3	6.0
冈 比 亚	Gambia	130	150	178	129.7	148.6	175.5
格鲁吉亚	Georgia	442	436	449	77.3	76.3	78.5
德　　国	Germany	8221	8247		235.6	236.5	234.7
加　　纳	Ghana	1917	2164	2497	84.2	95.1	109.7
直布罗陀	Gibraltar	3	3		2734.8	2907.5	
希　　腊	Greece	1092	1110	1130	84.7	86.1	87.7
格 陵 兰	Greenland	6	6	6	0.1	0.1	0.1
格林纳达	Grenada	10	10	11	298.6	302.2	308.5
关　　岛	Guam	16	17	18	287.3	312.2	337.2
危地马拉	Guatemala	1124	1272	1476	104.9	118.7	137.7
几 内 亚	Guinea	834	904	1022	34.0	36.8	41.6
几内亚比绍	Guinea-Bissau	124	137	155	44.1	48.6	55.0
圭 亚 那	Guyana	73	75	76	3.7	3.8	3.8
海　　地	Haiti	865	935	1012	313.7	339.2	367.3

1-1-2 续表 2 continued

国家或地区	Country or Area	年中人口(万人) Mid-year Population (10000 persons)			人口密度(人/平方公里) Population Density (persons/sq.km)		
		2000	2005	2011	2000	2005	2011
洪都拉斯	Honduras	622	688	776	55.6	61.5	69.3
匈牙利	Hungary	1021	1009	997	113.9	112.6	110.1
冰岛	Iceland	28	30	32	2.8	3.0	3.2
印度	India	105390	114004		354.5	383.4	417.6
印度尼西亚	Indonesia	21340	22730		117.8	125.5	133.8
伊朗	Iran	6534	6973	7480	40.1	42.8	45.9
伊拉克	Iraq	2431	2760	3296	55.6	63.1	75.9
爱尔兰	Ireland	381	416	458	55.2	60.4	66.4
马恩岛	Isle of Man	8	8	8	134.7	140.3	146.2
以色列	Israel	629	693	777	290.6	320.2	358.9
意大利	Italy	5694	5861		193.6	199.2	206.4
牙买加	Jamaica	259	265	271	239.1	244.7	249.9
日本	Japan	12687	12777		348.1	350.5	350.7
约旦	Jordan	480	541	618	54.4	61.3	69.6
哈萨克斯坦	Kazakhstan	1488	1515	1656	5.5	5.6	6.1
肯尼亚	Kenya	3125	3562	4161	54.9	62.6	73.1
基里巴斯	Kiribati	8	9	10	103.7	113.6	124.8
朝鲜	Korea, Dem.	2289	2375	2445	190.1	197.2	203.1
韩国	Korea, Rep.	4701	4814		476.1	497.0	512.7
科威特	Kuwait	194	226	282	108.9	127.0	158.1
吉尔吉斯斯坦	Kyrgyzstan	490	516	552	25.5	26.9	28.8
老挝	Laos	532	575	629	23.0	24.9	27.2
拉脱维亚	Latvia	237	230	206	38.2	37.0	33.1
黎巴嫩	Lebanon	374	405	426	365.8	396.1	416.4
莱索托	Lesotho	196	207	219	64.7	68.0	72.3
利比里亚	Liberia	285	318	413	29.6	33.0	42.9
利比亚	Libya	523	577	642	3.0	3.3	3.7
列支敦士登	Liechtenstein	3	4	4	205.3	216.9	226.9
立陶宛	Lithuania	350	341	303	55.8	54.5	48.3
卢森堡	Luxemburg	44	47	52	168.5	179.6	200.1
马其顿	Macedonia	201	204	206	79.0	80.1	81.8
马达加斯加	Madagascar	1536	1789	2132	26.4	30.8	36.7
马拉维	Malawi	1123	1282	1538	119.1	136.0	163.1
马来西亚	Malaysia	2342	2610	2886	71.3	79.4	87.8
马尔代夫	Maldives	27	30	32	910.8	984.1	1066.9
马里	Mali	1130	1318	1584	9.3	10.8	13.0
马耳他	Malta	38	40	42	1191.8	1262.0	1298.9
马绍尔群岛	Marshall Islands	5	5	6	289.7	289.1	304.5
毛里塔尼亚	Mauritania	264	305	354	2.6	3.0	3.4
毛里求斯	Mauritius	119	124	129	584.7	612.4	633.5
马约特岛	Mayotte	15	18		402.0	472.1	
墨西哥	Mexico	9996	10648		51.4	54.8	59.1
密克罗尼西亚	Micronesia, Fed.	11	11	11	153.0	156.3	159.3

1-1-2 续表 3 continued

国家或地区	Country or Area	年中人口(万人) Mid-year Population (10000 persons)			人口密度(人/平方公里) Population Density (persons/sq.km)		
		2000	2005	2011	2000	2005	2011
摩尔多瓦	Moldova	364	360	356	126.7	125.2	123.9
摩纳哥	Monaco	4	4	4	17563.0	17630.0	17713.5
蒙古	Mongolia	241	255	280	1.6	1.6	1.8
黑山	Montenegro	63	63	63	47.0	46.6	47.0
摩洛哥	Morocco	2879	3039	3227	64.5	68.1	72.3
莫桑比克	Mozambique	1820	2077	2393	23.1	26.4	30.4
缅甸	Myanmar	4496	4632	4834	68.8	70.9	74.0
纳米比亚	Namibia	190	208	232	2.3	2.5	2.8
尼泊尔	Nepal	2440	2728	3049	170.2	190.3	212.7
荷属安的列斯	Netherlands Antilles	18	19		225.8	233.1	
新喀里多尼亚	New Caledonia	21	23	25	11.7	12.8	13.9
新西兰	New Zealand	386	413	441	14.7	15.7	16.7
尼加拉瓜	Nicaragua	507	542	587	42.2	45.1	48.8
尼日尔	Niger	1092	1299	1607	8.6	10.3	12.7
尼日利亚	Nigeria	12369	13982	16247	135.8	153.5	178.4
北马里亚纳群岛	Northern Mariana Islands	7	7	6	148.8	146.5	133.0
挪威	Norway	449	462	495	14.8	15.2	16.3
阿曼	Oman	226	243	285	7.3	7.9	9.2
巴基斯坦	Pakistan	14452	15865	17675	187.5	205.8	229.3
帕劳	Palau	2	2	2	41.7	43.3	44.8
巴拿马	Panama	296	324	357	39.8	43.6	48.0
巴布亚新几内亚	Papua New Guinea	538	610	701	11.9	13.5	15.5
巴拉圭	Paraguay	534	590	657	13.5	14.8	16.5
秘鲁	Peru	2586	2756	2940	20.2	21.5	23.0
菲律宾	Philippines	7731	8555	9485	259.3	286.9	318.1
波兰	Poland	3845	3817	3853	126.3	124.6	126.7
葡萄牙	Portugal	1023	1055	1056	111.8	115.3	115.4
波多黎各	Puerto Rico	381	382	371	429.6	430.8	417.9
卡塔尔	Qatar	59	82	187	51.0	70.7	161.1
罗马尼亚	Romania	2244	2163	2139	97.7	94.1	92.9
俄罗斯	Russia	14630	14315		8.9	8.7	8.7
卢旺达	Rwanda	810	920	1094	328.3	373.0	443.6
圣基茨和尼维斯	Saint Kitts and Nevis	4	5	5	170.3	189.1	204.0
圣卢西亚	Saint Lucia	16	16	18	255.7	269.4	288.5
圣文森特和格林纳丁斯	Saint Vincent and the Grenadines	11	11	11	276.6	278.9	280.4
萨摩亚	Samoa	18	18	18	62.4	63.7	65.0
圣马力诺	San Marino	3	3	3	449.5	505.0	528.9
圣多美和普林西比	Sao Tome and Principe	14	15	17	146.9	159.0	175.5
沙特阿拉伯	Saudi Arabia	2005	2404		9.3	11.2	13.1
塞内加尔	Senegal	951	1087	1277	49.4	56.5	66.3
塞尔维亚	Serbia	752	744	726	85.9	85.1	83.0
塞舌尔	Seychelles	8	8	9	176.4	180.2	187.0
塞拉利昂	Sierra Leone	414	515	600	57.8	72.0	83.7

1-1-2 续表 4 continued

国家或地区	Country or Area	年中人口(万人) Mid-year Population (10000 persons)			人口密度(人/平方公里) Population Density (persons/sq.km)		
		2000	2005	2011	2000	2005	2011
新加坡	Singapore	403	427	518	6011.8	6191.3	7405.3
斯洛伐克	Slovakia	539	539	540	112.0	112.0	112.3
斯洛文尼亚	Slovenia	199	200	205	98.8	99.3	101.9
所罗门群岛	Solomon Islands	41	47	55	14.6	16.8	19.7
索马里	Somalia	740	836	956	11.8	13.3	15.2
南非	South Africa	4400	4720		36.2	38.9	41.7
西班牙	Spain	4026	4340	4618	80.7	87.0	92.6
斯里兰卡	Sri Lanka	1910	1964	2087	304.6	313.3	332.8
苏丹	Sudan	2756	3078	3432	14.4	16.2	18.8
苏里南	Suriname	47	50	53	3.0	3.2	3.4
斯威士兰	Swaziland	101	102	107	58.8	59.2	62.1
瑞典	Sweden	887	903	945	21.6	22.0	23.0
瑞士	Switzerland	718	744	791	179.6	185.9	197.8
叙利亚	Syrian Arab Republic	1599	1848	2082	87.0	100.7	113.4
塔吉克斯坦	Tajikistan	617	645	698	44.1	46.1	49.9
坦桑尼亚	Tanzania	3404	3883	4622	38.4	43.8	52.2
泰国	Thailand	6316	6670	6952	123.6	130.6	136.1
东帝汶	Timor-Leste	83	98	118	55.8	66.1	79.1
多哥	Togo	479	541	616	88.1	99.4	113.2
汤加	Tonga	10	10	11	136.0	140.2	145.2
特立尼达和多巴哥	Trinidad and Tobago	129	132	135	251.9	256.4	262.4
突尼斯	Tunisia	956	1003	1067	61.6	64.6	68.7
土耳其	Turkey	6363	6814		82.7	88.5	95.7
土库曼斯坦	Turkmenistan	450	475	511	9.6	10.1	10.9
特克斯和凯科斯群岛	Turks and Caicos Islands	2	3	4	19.9	32.1	41.2
图瓦卢	Tuvalu	1	1	1	314.0	323.1	328.2
乌干达	Uganda	2421	2843	3451	121.2	142.3	172.7
乌克兰	Ukraine	4918	4711	4571	84.9	81.3	78.9
阿联酋	United Arab Emirates	303	407	789	36.3	48.7	94.4
英国	United Kingdom	5889	6022		243.4	248.9	259.3
美国	United States	28216	29552		30.8	32.3	34.1
美属维尔京群岛	Virgin Islands(US)	11	11	11	310.4	313.1	313.3
乌拉圭	Uruguay	330	331	337	18.9	18.9	19.2
乌兹别克斯坦	Uzbekistan	2465	2617	2934	57.9	61.5	69.0
瓦努阿图	Vanuatu	19	21	25	15.2	17.3	20.1
委内瑞拉	Venezuela	2431	2658	2928	27.6	30.1	33.2
越南	Viet Nam	7763	8239	8784	249.6	265.7	283.3
约旦河西岸和加沙	West Bank and Gaza	300	332	393	499.0	551.6	652.3
也门	Yemen	1772	2065	2480	33.6	39.1	47.0
赞比亚	Zambia	1020	1146	1348	13.7	15.4	18.1
津巴布韦	Zimbabwe	1251	1257	1275	32.3	32.5	33.0

1-1-3　国内生产总值

Gross Domestic Product

资料来源：世界银行WDI数据库。
Source: World Bank WDI Database.
单位：亿美元　　(100 million USD)

国家或地区	Country or Area	国内生产总值(现价美元) Gross Domestic Product(current USD)			国内生产总值(2005年不变价美元) GDP (constant 2005 USD)		
		2000	2005	2012	2000	2005	2012
世　界	**World**	**323467**	**457407**	**724404**	**397769**	**457407**	**544832**
阿富汗	Afghanistan		63	205		63	124
阿尔巴尼亚	Albania	37	84	126	64	84	112
阿尔及利亚	Algeria	548	1023	2058	806	1023	1236
安道尔	Andorra	11	25		18	25	
安哥拉	Angola	91	282	1141	176	282	559
安提瓜和巴布达	Antigua and Barbuda	8	10	11	8	10	10
阿根廷	Argentina	2842	1832	4755	1660	1832	
荷　兰	Netherlands	3851	6385	7706	5980	6385	6809
亚美尼亚	Armenia	19	49	100	28	49	85
阿鲁巴岛	Aruba	19	23		22	23	
澳大利亚	Australia	4158	6924	15324	5898	6924	8462
奥地利	Austria	1921	3050	3947	2806	3050	3377
阿塞拜疆	Azerbaijan	53	132	666	70	132	290
巴哈马	Bahamas	63	77	81	71	77	78
巴　林	Bahrain	80	135		100	135	188
孟加拉国	Bangladesh	471	603	1164	463	603	924
巴巴多斯	Barbados	31	39	42	37	39	41
白俄罗斯	Belarus	127	302	633	210	302	460
比利时	Belgium	2327	3774	4833	3486	3774	4069
伯利兹	Belize	8	11		9	11	14
贝　宁	Benin	24	44	76	36	44	57
百慕大	Bermuda	35	49	55	43	49	46
不　丹	Bhutan	4	8	18	6	8	15
玻利维亚	Bolivia	84	95	270	82	95	132
波　黑	Bosnia and Herzegovinian	55	109	175	86	109	129
博茨瓦纳	Botswana	56	103	145	79	103	134
巴　西	Brazil	6447	8822	22527	7690	8822	11366
文　莱	Brunei Darussalam	60	95	170	86	95	103
保加利亚	Bulgaria	129	289	510	221	289	339
布基纳法索	Burkina Faso	26	55	104	40	55	81
布隆迪	Burundi	9	11	25	10	11	15
柬埔寨	Cambodia	37	63	140	40	63	100
喀麦隆	Cameroon	93	166	253	138	166	209
加拿大	Canada	7249	11338	18214	9999	11338	12554
佛得角	Cape Verde	5	10	18	7	10	16
中　非	Central African Rep.	9	14	22	14	14	21

1-1-3 续表 1 continued

单位：亿美元 (100 million USD)

国家或地区	Country or Area	国内生产总值(现价美元) Gross Domestic Product(current USD)			国内生产总值(2005年不变价美元) GDP (constant 2005 USD)		
		2000	2005	2012	2000	2005	2012
乍　得	Chad	14	53	129	24	53	92
海峡群岛	Channel Islands	64	88		93	88	
智　利	Chile	793	1244	2699	1013	1244	1650
哥伦比亚	Colombia	999	1465	3696	1227	1465	2033
科摩罗	Comoros	2	4	6	3	4	4
刚果(金)	Congo, Dem. Rep.	43	72	172	58	72	108
刚果(布)	Congo, Rep.	32	61	137	50	61	84
哥斯达黎加	Costa Rica	159	200	451	163	200	275
科特迪瓦	Cote D'Ivoire	104	164	247	164	164	190
克罗地亚	Croatia	215	448	592	360	448	449
古　巴	Cuba	306	426		334	426	
塞浦路斯	Cyprus	93	170	228	145	170	188
捷　克	Czech Rep.	588	1301	1964	1064	1301	1496
丹　麦	Denmark	1601	2577	3149	2421	2577	2592
吉布提	Djibouti	6	7		6	7	10
多米尼克	Dominica	3	4	5	3	4	5
多米尼加	Dominican Rep.	240	340	590	286	340	519
厄瓜多尔	Ecuador	183	415	840	328	415	553
埃　及	Egypt	998	897	2628	754	897	1259
萨尔瓦多	El Salvador	131	171	239	152	171	191
赤道几内亚	Equatorial Guinea	12	82	177	24	82	105
厄立特里亚	Eritrea	7	11	31	10	11	12
爱沙尼亚	Estonia	57	139	224	98	139	158
埃塞俄比亚	Ethiopia	82	123	416	90	123	232
法罗群岛	Faeroe Islands	11	17			17	
斐　济	Fiji	17	30	39	27	30	32
芬　兰	Finland	1218	1958	2475	1719	1958	2080
法　国	France	13263	21366	26129	19730	21366	22494
法属波立尼西亚	French Polynesia	34					
加　蓬	Gabon	51	87	184	80	87	110
冈比亚	Gambia	8	6	9	5	6	8
格鲁吉亚	Georgia	31	64	157	45	64	93
德　国	Germany	18864	27663	34281	26852	27663	30739
加　纳	Ghana	50	107	407	84	107	184
希　腊	Greece	1244	2401	2491	1970	2401	2096
格陵兰	Greenland	11	17		16	17	
格林纳达	Grenada	5	7	8	6	7	7
危地马拉	Guatemala	193	272	502	234	272	349
几内亚	Guinea	30	29	56	25	29	35
几内亚比绍	Guinea-Bissau	2	6	8	5	6	7
圭亚那	Guyana	7	8	29	8	8	10

1-1-3 续表 2 continued

单位：亿美元 (100 million USD)

国家或地区	Country or Area	国内生产总值(现价美元) Gross Domestic Product(current USD)			国内生产总值(2005年不变价美元) GDP (constant 2005 USD)		
		2000	2005	2012	2000	2005	2012
海　　地	Haiti	37	42	78	43	42	47
洪都拉斯	Honduras	71	97	184	77	97	125
匈 牙 利	Hungary	464	1103	1246	900	1103	1091
冰　　岛	Iceland	87	163	136	132	163	171
印　　度	India	4747	8342	18417	6013	8342	13688
印度尼西亚	Indonesia	1650	2859	8780	2269	2859	4275
伊　　朗	Iran	1013	1920		1463	1920	
伊 拉 克	Iraq	259	367	2103	500	367	531
爱 尔 兰	Ireland	975	2028	2108	1588	2028	2117
马 恩 岛	Isle of Man	16	29		22	29	
以 色 列	Israel	1249	1340		1209	1340	1788
意 大 利	Italy	11040	17863	20147	17010	17863	17274
牙 买 加	Jamaica	90	111	148		111	
卢 森 堡	Luxemburg	203	376	552	316	376	414
日　　本	Japan	47312	45719	59597	43081	45719	47119
约　　旦	Jordan	85	126	310	92	126	179
哈萨克斯坦	Kazakhstan	183	571	2035	349	571	872
肯 尼 亚	Kenya	127	187	407	157	187	257
基里巴斯	Kiribati	1	1	2	1	1	1
韩　　国	Korea, Rep.	5334	8449	11296	6783	8449	10782
科 威 特	Kuwait	377	808		545	808	
吉尔吉斯斯坦	Kyrgyzstan	14	25	65	20	25	32
老　　挝	Laos	17	27	94	20	27	47
拉脱维亚	Latvia	78	160	284	108	160	171
黎 巴 嫩	Lebanon	173	219	429	182	219	313
莱 索 托	Lesotho	8	14	24	12	14	19
利比里亚	Liberia	5	5	17	5	5	12
利 比 亚	Libya	339	440		359	440	
列支敦士登	Liechtenstein	25	37		35	37	
立 陶 宛	Lithuania	114	260	423	178	260	301
马 其 顿	Macedonia	36	60	96	55	60	73
马达加斯加	Madagascar	39	50	100	45	50	61
马 拉 维	Malawi	17	28	43	25	28	35
马来西亚	Malaysia	938	1435	3050	1139	1435	1984
马尔代夫	Maldives	6	10	22		10	17
马　　里	Mali	24	53	103	39	53	71
马 耳 他	Malta	40	60	87	57	60	68
马绍尔群岛	Marshall Islands	1	1	2	1	1	2
毛里塔尼亚	Mauritania	13	22	42	17	22	32
毛里求斯	Mauritius	46	63	105	54	63	84
墨 西 哥	Mexico	5814	8489	11781	7748	8489	10327

1-1-3　续表 3　continued

单位：亿美元　　(100 million USD)

国家或地区	Country or Area	国内生产总值(现价美元) Gross Domestic Product(current USD)			国内生产总值(2005年不变价美元) GDP (constant 2005 USD)		
		2000	2005	2012	2000	2005	2012
密克罗尼西亚	Micronesia, Fed.	2	2	3	2	2	3
摩尔多瓦	Moldova	13	30	73	21	30	37
摩 纳 哥	Monaco	26	43		39	43	
蒙　古	Mongolia	11	25	103	18	25	46
黑　山	Montenegro	10	23	44	20	23	29
摩 洛 哥	Morocco	370	595	960	467	595	832
莫桑比克	Mozambique	43	66	142	43	66	105
纳米比亚	Namibia	39	73	131	57	73	99
尼 泊 尔	Nepal	55	81	190	69	81	110
新喀里多尼亚	New Caledonia	27					
新 西 兰	New Zealand	516	1131	1673	938	1131	1239
尼加拉瓜	Nicaragua	51	63	105	54	63	81
尼 日 尔	Niger	18	34	68	28	34	50
尼日利亚	Nigeria	460	1122	2626	834	1122	1809
挪　威	Norway	1683	3041	4997	2727	3041	3295
阿　曼	Oman	199	309		260	309	
巴基斯坦	Pakistan	740	1096	2251	859	1096	1385
帕　劳	Palau	2	2	2	2	2	2
巴 拿 马	Panama	116	155	363	125	155	284
巴布亚新几内亚	Papua New Guinea	35	49	157	45	49	77
巴 拉 圭	Paraguay	82	87	255	79	87	115
秘　鲁	Peru	533	794	2038	647	794	1276
菲 律 宾	Philippines	810	1031	2502	824	1031	1452
波　兰	Poland	1713	3039	4898	2611	3039	4075
葡 萄 牙	Portugal	1173	1918	2123	1841	1918	1884
波多黎各	Puerto Rico	617	828	1015	781	828	775
卡 塔 尔	Qatar	178	430		289	430	1112
罗马尼亚	Romania	371	989	1927	750	989	1192
俄 罗 斯	Russia	2597	7640	20148	5674	7640	9809
卢 旺 达	Rwanda	17	26	71	18	26	45
圣基茨和尼维斯	Saint Kitts and Nevis	4	5	8	4	5	6
圣卢西亚	Saint Lucia	8	9	12	9	9	11
圣文森特和格林纳丁斯	Saint Vincent and the Grenac	4	6	7	4	6	6
萨 摩 亚	Samoa	2	4	7	3	4	4
圣马力诺	San Marino	8	14		12	14	
圣多美和普林西比	Sao Tome and Principe	1	1	3		1	2
沙特阿拉伯	Saudi Arabia	1884	3285	7110	2586	3285	4976
塞内加尔	Senegal	47	87	140	69	87	109
塞尔维亚	Serbia	61	252	375	195	252	279
塞 舌 尔	Seychelles	6	9	11	9	9	13
塞拉利昂	Sierra Leone	6	16	38	11	16	26

1-1-3 续表 4 continued

单位：亿美元 (100 million USD)

国家或地区	Country or Area	国内生产总值(现价美元) Gross Domestic Product(current USD)			国内生产总值(2005年不变价美元) GDP (constant 2005 USD)		
		2000	2005	2012	2000	2005	2012
新加坡	Singapore	959	1235	2747	978	1235	1806
斯洛伐克	Slovakia	287	613	911	483	613	806
斯洛文尼亚	Slovenia	200	357	453	299	357	383
所罗门群岛	Solomon Islands	4	4	10	4	4	6
南 非	South Africa	1329	2471	3843	2047	2471	3073
西班牙	Spain	5803	11308	13230	9631	11308	11605
斯里兰卡	Sri Lanka	163	244	594	201	244	383
苏 丹	Sudan	123	265	588	198	265	311
苏里南	Suriname	9	18	50	14	18	24
斯威士兰	Swaziland	15	26	37	23	26	29
瑞 典	Sweden	2473	3706	5238	3245	3706	4173
瑞 士	Switzerland	2560	3848	6312	3606	3848	4398
叙利亚	Syrian Arab Republic	193	289	737	227	289	
塔吉克斯坦	Tajikistan	9	23	70	14	23	37
坦桑尼亚	Tanzania	102	141	282	101	141	224
泰 国	Thailand	1227	1764	3660	1375	1764	2239
东帝汶	Timor-Leste	3	5	13	5	5	8
多 哥	Togo	13	21	38	20	21	27
汤 加	Tonga	2	3	5	2	3	3
特立尼达和多巴哥	Trinidad and Tobago	82	161	233	110	161	190
突尼斯	Tunisia	215	323	457	259	323	408
土耳其	Turkey	2666	4830	7893	3866	4830	6284
土库曼斯坦	Turkmenistan	29	81	352	63	81	169
图瓦卢	Tuvalu						
乌干达	Uganda	62	90	199	65	90	147
乌克兰	Ukraine	313	861	1763	595	861	955
阿联酋	United Arab Emirates	1043	1806		1391	1806	2217
英 国	United Kingdom	14757	22958	24718	19841	22958	23894
美 国	United States	98988	125643	162446	111581	125643	142316
乌拉圭	Uruguay	228	174	499	172	174	255
乌兹别克斯坦	Uzbekistan	138	143	511	110	143	252
瓦努阿图	Vanuatu	3	4	8	4	4	5
委内瑞拉	Venezuela	1171	1455	3813	1283	1455	1921
越 南	Viet Nam	312	529	1558	368	529	875
约旦河西岸和加沙	West Bank and Gaza	41	40		44	40	
也 门	Yemen	96	168	356	136	168	186
赞比亚	Zambia	33	72	207	57	72	112
津巴布韦	Zimbabwe	67	58	98	84	58	59

1-1-4 国内生产总值增长率

GDP Growth Rate

资料来源：世界银行WDI数据库。
Source: World Bank WDI Database.

单位：% (%)

国家或地区	Country or Area	1990	2000	2005	2009	2011	2012
世　界	**World**	**2.70**	**4.29**	**3.51**	**-2.15**	**2.82**	**2.16**
阿富汗	Afghanistan			11.18	21.02	6.96	
阿尔巴尼亚	Albania	-9.58	7.30	5.50	3.30	3.00	0.80
阿尔及利亚	Algeria	0.80	2.20	5.10	2.40	2.40	2.50
安道尔	Andorra	3.78	1.17	5.92			
安哥拉	Angola	-0.30	3.01	18.26	2.41	3.92	6.83
安提瓜和巴布达	Antigua and Barbuda	2.55	5.68	6.12	-12.04	-2.81	2.33
阿根廷	Argentina	-2.40	-0.79	9.18	0.85	8.87	
荷　兰	Netherlands	4.18	3.94	2.05	-3.67	0.99	-0.96
亚美尼亚	Armenia		5.90	13.87	-14.15	4.74	7.14
阿鲁巴岛	Aruba	12.00	-0.36	0.38	-5.65		
澳大利亚	Australia	3.59	3.85	3.19	1.65	2.43	3.40
奥地利	Austria	4.35	3.67	2.40	-3.78	2.70	0.85
阿塞拜疆	Azerbaijan	-11.70	11.10	26.40	9.30	1.00	4.45
巴哈马	Bahamas	-1.60	4.15	3.40	-4.17	1.66	1.83
巴　林	Bahrain	4.44	5.30	7.80	3.10	2.10	3.40
孟加拉国	Bangladesh	5.94	5.95	5.96	5.74	6.71	6.32
巴巴多斯	Barbados	-4.81	2.30	4.00	-4.14	0.76	0.01
白俄罗斯	Belarus		5.80	9.44	0.16	5.54	1.54
比利时	Belgium	3.14	3.67	1.75	-2.79	1.84	-0.28
伯利兹	Belize	10.63	13.04	3.03		1.93	
贝　宁	Benin	8.98	4.86	2.87	2.67	3.53	5.40
百慕大	Bermuda	0.02	9.32	1.67	-5.09	-2.83	
不　丹	Bhutan	10.88	6.93	7.12	6.73	8.51	9.44
玻利维亚	Bolivia	4.64	2.51	4.42	3.23	5.22	5.19
波　黑	Bosnia and Herzegovinian		5.50	5.00	-2.91	1.30	-0.70
博茨瓦纳	Botswana	6.77	5.89	1.64	-8.18	6.08	3.70
巴　西	Brazil	-4.30	4.31	3.16	-0.33	2.73	0.87
文　莱	Brunei Darussalam	1.09	2.85	0.39	-1.76	2.21	2.15
保加利亚	Bulgaria	-9.12	5.70	6.40	-5.50	1.84	0.78
布基纳法索	Burkina Faso	-0.60	1.85	8.66	2.97	4.21	10.03
布隆迪	Burundi	3.50	-0.86	0.90	3.47	4.19	4.00
柬埔寨	Cambodia		8.77	13.25	0.09	7.07	7.26
喀麦隆	Cameroon	-6.11	4.20	2.30	1.98	4.10	4.70
加拿大	Canada	0.19	5.23	3.02	-2.77	2.53	1.71
佛得角	Cape Verde	0.69	7.27	6.52	3.71	5.05	4.29
中非共和国	Central African Rep.	-2.15	-2.50	2.40	1.70	3.10	4.10
乍　得	Chad	-4.18	-0.88	17.33	-1.20	1.60	5.02
海峡群岛	Channel Islands		5.83	1.38			
智　利	Chile	3.70	4.50	5.56	-1.04	5.77	5.62
哥伦比亚	Colombia	6.04	4.42	4.71	1.65	6.65	3.96
科摩罗	Comoros	5.09	1.42	4.23	1.81	2.23	2.96
刚果(金)	Congo, Dem. Rep.	-6.57	-6.91	7.80	2.83	6.88	7.15
刚果(布)	Congo, Rep.	1.00	7.58	7.76	7.47	3.42	3.80
哥斯达黎加	Costa Rica	3.91	1.80	5.89	-1.01	4.44	5.13
科特迪瓦	Cote D'Ivoire	-1.10	-3.70	1.26	3.75	-4.73	9.50
克罗地亚	Croatia		3.75	4.28	-6.95	-0.01	-2.00
古　巴	Cuba	-2.95	5.92	11.20	1.45		

1-1-4　续表 1　continued

单位：%　　　　(%)

国家或地区	Country or Area	1990	2000	2005	2009	2011	2012
塞浦路斯	Cyprus	7.40	5.04	3.91	-1.67	0.50	-2.40
捷　　克	Czech Rep.		4.19	6.75	-4.51	1.89	-1.32
丹　　麦	Denmark	1.61	3.53	2.44	-5.67	1.10	-0.47
吉 布 提	Djibouti		0.42	3.17	5.00	4.50	4.80
多米尼克	Dominica	5.26	-5.61	-0.82	-1.13	1.01	-1.45
多米尼加	Dominican Rep.	-5.45	5.66	9.26	3.45	4.48	3.89
厄瓜多尔	Ecuador	3.68	1.09	5.29	0.57	7.84	5.12
埃　　及	Egypt	5.70	5.37	4.47	4.69	1.78	2.22
萨尔瓦多	El Salvador	4.83	2.15	3.56	-3.13	2.22	1.93
赤道几内亚	Equatorial Guinea	3.26	12.45	9.75	0.83	4.95	2.50
厄立特里亚	Eritrea		-3.14	2.57	3.88	8.68	7.02
爱沙尼亚	Estonia	-7.06	9.70	8.85	-14.07	8.28	3.22
埃塞俄比亚	Ethiopia	2.73	6.07	11.82	8.80	7.30	8.50
斐　　济	Fiji	5.80	-1.70	0.70	-1.27	2.02	2.15
芬　　兰	Finland	0.51	5.32	2.92	-8.54	2.78	-0.21
法　　国	France	2.62	3.68	1.83	-3.15	2.03	0.01
法属波立尼西亚	French Polynesia	2.20	4.00				
加　　蓬	Gabon	5.19	-1.88	3.02	-2.90	7.00	6.10
冈 比 亚	Gambia	3.56	5.50	-0.94	6.45	-4.29	6.01
格鲁吉亚	Georgia	-14.79	1.84	9.60	-3.78	6.95	6.00
德　　国	Germany	5.26	3.06	0.69	-5.13	3.03	0.67
加　　纳	Ghana	3.33	3.70	5.90	3.99	15.01	7.92
希　　腊	Greece		4.48	2.28	-3.14	-7.10	-6.38
格 陵 兰	Greenland	-11.72	7.10	1.98	-5.41		
格林纳达	Grenada	5.20	3.40	13.52	-6.66	0.97	-0.82
危地马拉	Guatemala	3.10	3.61	3.26	0.53	4.24	2.96
几 内 亚	Guinea	4.32	2.50	3.00	-0.28	3.91	3.94
几内亚比绍	Guinea-Bissau	6.10	3.64	4.92	1.12	5.70	-1.50
圭 亚 那	Guyana	-3.04	-1.38	-1.96	3.32	5.44	4.82
海　　地	Haiti		0.88	1.79	2.88	5.59	2.82
洪都拉斯	Honduras	0.10	5.75	6.05	-2.43	3.84	3.86
匈 牙 利	Hungary	-3.50	4.22	3.96	-6.80	1.65	-1.73
冰　　岛	Iceland	1.17	4.33	7.23	-6.56	2.89	1.64
印　　度	India	5.53	3.98	9.29	8.48	6.33	3.24
印度尼西亚	Indonesia	9.00	4.92	5.69	4.63	6.50	6.23
伊　　朗	Iran	13.69	5.14	4.62	1.80		
伊 拉 克	Iraq		-4.30	-0.70	5.81	8.58	8.43
爱 尔 兰	Ireland	8.47	9.24	5.88	-5.46	1.43	0.94
马 恩 岛	Isle of Man	4.19	5.34	5.90			
以 色 列	Israel	6.84	9.26	4.94	0.84	4.57	3.35
意 大 利	Italy	1.99	3.65	0.93	-5.49	0.37	-2.37
牙 买 加	Jamaica	4.20	0.88	1.03	-3.50	1.30	-0.30
卢 森 堡	Luxemburg	5.32	8.44	5.25	-4.08	1.66	0.31
日　　本	Japan	5.57	2.26	1.30	-5.53	-0.57	1.95
约　　旦	Jordan	0.97	4.25	8.12	5.48	2.58	2.80
哈萨克斯坦	Kazakhstan		9.80	9.70	1.20	7.52	5.11
肯 尼 亚	Kenya	4.19	0.60	5.91	2.74	4.38	4.56
基里巴斯	Kiribati	2.13	7.24	-2.46	-2.35	1.80	2.50
韩　　国	Korea, Rep.	9.15	8.49	3.96	0.32	3.68	2.04
科 威 特	Kuwait		4.70	10.60	-5.15	6.30	
吉尔吉斯斯坦	Kyrgyzstan	5.70	5.43	-0.18	2.89	5.96	-0.90

1-1-4 续表 2 continued

单位：% (%)

国家或地区	Country or Area	1990	2000	2005	2009	2011	2012
老　挝	Laos	6.71	5.80	7.11	7.50	8.04	8.16
拉脱维亚	Latvia	-7.94	6.91	10.60	-17.95	5.42	5.62
黎巴嫩	Lebanon	26.53	1.34	1.00	8.50	3.00	1.40
莱索托	Lesotho	5.64	5.14	2.70	3.60	3.74	3.96
利比里亚	Liberia	-51.03	25.70	9.48	13.76	9.45	10.82
利比亚	Libya		3.70	9.90	2.10		
列支敦士登	Liechtenstein	2.25	3.22	4.83	-1.16		
立陶宛	Lithuania		3.25	7.80	-14.74	5.96	3.58
马其顿	Macedonia		4.55	4.35	-0.92	2.84	-0.27
马达加斯加	Madagascar	3.13	4.76	4.60	-4.13	1.87	3.10
马拉维	Malawi	5.69	1.58	2.84	9.04	4.35	1.89
马来西亚	Malaysia	9.01	8.86	5.33	-1.51	5.08	5.61
马尔代夫	Maldives		4.77	-8.68	-3.63	7.05	3.42
马　里	Mali	-1.85	3.20	6.08	4.46	2.73	-1.19
马耳他	Malta	6.29	6.77	3.67	-2.65	1.80	1.00
马绍尔群岛	Marshall Islands	2.68	5.89	2.62	-1.33	5.00	1.90
毛里塔尼亚	Mauritania	-1.77	-0.43	8.97	-1.22	3.96	7.57
毛里求斯	Mauritius	7.19	9.03	1.24	3.03	3.77	3.17
墨西哥	Mexico	5.07	6.60	3.21	-5.95	3.89	3.92
密克罗尼西亚	Micronesia, Fed.	3.74	4.56	2.16	0.96	2.05	1.40
摩尔多瓦	Moldova	-2.40	2.10	7.50	-5.99	18.65	6.37
摩纳哥	Monaco	2.64	3.91	1.90	-2.63		
蒙　古	Mongolia	-3.18	1.15	7.25	-1.27	17.51	12.28
黑　山	Montenegro		3.10	4.20	-5.70	3.20	0.50
摩洛哥	Morocco	4.03	1.59	2.98	4.76	4.99	2.70
莫桑比克	Mozambique	1.00	1.09	8.67	6.34	7.32	7.40
缅　甸	Myanmar	2.82	13.75	13.49	10.58		
纳米比亚	Namibia	2.50	3.49	2.53	-1.09	5.68	5.02
尼泊尔	Nepal	4.64	6.20	3.48	4.53	3.88	4.63
新喀里多尼亚	New Caledonia	3.60	2.10				
新西兰	New Zealand	0.32	2.26	3.22	0.94	1.08	2.97
尼加拉瓜	Nicaragua	-0.09	4.10	4.28	-2.18	5.45	5.21
尼日尔	Niger	-1.28	-1.41	4.50	-0.91	2.29	11.20
尼日利亚	Nigeria	8.20	5.40	5.40	6.96	7.36	6.55
挪　威	Norway	1.93	3.25	2.59	-1.63	1.22	3.09
阿　曼	Oman	-0.13	5.40	3.99	1.10	0.29	
巴基斯坦	Pakistan	4.46	4.26	7.67	3.60	2.96	4.18
帕　劳	Palau		0.30	3.48	-10.60	6.53	5.25
巴拿马	Panama	8.10	2.72	7.19	3.86	10.60	10.76
巴布亚新几内亚	Papua New Guinea	-3.01	-2.49	3.60	5.50	9.00	8.00
巴拉圭	Paraguay	4.12	-2.31	2.13	-3.97	4.34	-1.21
秘　鲁	Peru	-5.14	2.95	6.83	0.86	6.86	6.28
菲律宾	Philippines	3.04	4.41	4.78	1.15	3.64	6.82
波　兰	Poland		4.26	3.62	1.60	4.45	1.82
葡萄牙	Portugal	3.95	3.92	0.78	-2.91	-1.55	-3.25
波多黎各	Puerto Rico	3.78	6.32	-1.99	-1.95	-0.26	0.52
卡塔尔	Qatar			7.60	12.00	12.96	6.24
罗马尼亚	Romania	-5.60	2.10	4.17	-6.58	2.31	0.35
俄罗斯	Russia	-3.00	10.00	6.38	-7.82	4.29	3.44
卢旺达	Rwanda	-2.40	8.32	9.03	6.24	8.24	7.98
圣基茨和尼维斯	Saint Kitts and Nevis	2.27	-0.39	9.86	-6.01	1.69	-1.07

1-1-4　续表 3　continued

单位：%　　　　(%)

国家或地区	Country or Area	1990	2000	2005	2009	2011	2012
圣卢西亚	Saint Lucia	23.55	1.33	-1.89	0.36	1.39	-3.04
圣文森特和格林纳丁斯	Saint Vincent and the Grenadines	5.05	-0.52	2.46	-2.29	-0.67	1.52
萨摩亚	Samoa	-4.42	7.03	4.15	-5.10	2.00	1.20
圣马力诺	San Marino	2.05	2.18	2.32			
圣多美和普林西比	Sao Tome and Principe			1.63	4.02	4.94	4.00
沙特阿拉伯	Saudi Arabia	8.33	4.87	7.26	1.83	8.57	5.13
塞内加尔	Senegal	-0.68	3.20	5.63	2.09	2.63	3.69
塞尔维亚	Serbia	-8.00	5.34	5.40	-3.50	1.63	-1.70
塞舌尔	Seychelles	7.46	4.20	9.01	-0.16	5.00	2.90
塞拉利昂	Sierra Leone	3.35	6.65	4.33	3.25	6.03	15.22
新加坡	Singapore	10.11	9.04	7.37	-0.79	5.16	1.32
斯洛伐克	Slovakia	-2.67	1.37	6.66	-4.93	3.21	2.04
斯洛文尼亚	Slovenia		4.27	4.01	-8.01	0.71	-2.54
所罗门群岛	Solomon Islands		-14.27	5.42	-1.20	9.00	3.90
索马里	Somalia	-1.48					
南非	South Africa	-0.32	4.16	5.28	-1.53	3.46	2.55
西班牙	Spain	3.78	5.05	3.58	-3.74	0.42	-1.42
斯里兰卡	Sri Lanka	6.40	6.00	6.24	3.54	8.25	6.41
苏丹	Sudan	-5.47	8.38	6.33	3.23	-3.29	-10.10
苏里南	Suriname	-0.49	-0.07	4.57	3.01	4.68	4.48
斯威士兰	Swaziland	21.02	1.76	2.46	1.27	0.30	-1.50
瑞典	Sweden	1.01	4.45	3.16	-5.03	3.71	0.74
瑞士	Switzerland	3.68	3.67	2.70	-1.94	1.93	0.97
叙利亚	Syrian Arab Republic	7.64	2.74	6.20	6.00		
塔吉克斯坦	Tajikistan	-0.60	8.30	6.70	3.90	7.40	8.00
坦桑尼亚	Tanzania	7.05	4.93	7.37	6.02	6.45	6.86
泰国	Thailand	11.17	4.75	4.61	-2.33	0.08	6.49
东帝汶	Timor-Leste		13.66	6.22	12.77	10.81	8.58
多哥	Togo	-0.24	-0.78	1.18	3.51	4.80	5.62
汤加	Tonga	-2.04	3.37	2.38	2.88	4.94	0.80
特立尼达和多巴哥	Trinidad and Tobago	1.51	6.13	5.77	-4.39	-2.58	1.25
突尼斯	Tunisia	7.95	4.71	4.02	3.05	-2.00	3.60
土耳其	Turkey	9.27	6.77	8.40	-4.83	8.77	2.24
土库曼斯坦	Turkmenistan	35.39	5.47	13.04	6.10	14.70	11.10
图瓦卢	Tuvalu		-0.97	-3.78	-1.71	1.25	1.20
乌干达	Uganda	6.47	3.14	6.33	7.25	6.62	3.43
乌克兰	Ukraine	-6.34	5.90	2.70	-14.80	5.11	0.31
阿联酋	United Arab Emirates	18.33	10.85	4.86	-1.61	3.88	4.37
英国	United Kingdom	-1.55	4.24	2.77	-3.97	0.99	0.27
美国	United States	1.86	4.17	3.08	-3.11	1.80	2.21
乌拉圭	Uruguay	0.30	-1.93	7.46	2.25	6.53	3.94
乌兹别克斯坦	Uzbekistan	1.60	3.80	7.00	8.10	8.30	8.20
瓦努阿图	Vanuatu	11.71	5.92	5.30	3.31	1.43	2.25
委内瑞拉	Venezuela	6.47	3.69	10.32	-3.20	4.18	5.63
越南	Viet Nam	5.10	6.79	8.44	5.32	5.96	5.03
约旦河西岸和加沙	West Bank and Gaza		-5.55	6.28			
也门	Yemen		6.18	5.59	3.87	-10.48	0.14
赞比亚	Zambia	-0.48	3.52	5.34	6.05	6.84	7.32
津巴布韦	Zimbabwe	6.99	-3.06	-5.71	5.98	9.38	5.02

1-1-5 人均国内生产总值
GDP per Capita

资料来源：世界银行WDI数据库。
Source: World Bank WDI Database.
单位：美元 (USD)

国家或地区	Country or Area	1990	2000	2005	2010	2011	2012
世　界	**World**	**4168**	**5301**	**7047**	**9224**	**10112**	**10206**
阿富汗	Afghanistan			252	561	620	
阿尔巴尼亚	Albania	610	1115	2621	3764	4109	4149
阿尔及利亚	Algeria	2365	1727	3013	4365	5258	5404
安哥拉	Angola	993	656	1707	4219	5159	5485
安提瓜和巴布达	Antigua and Barbuda	6325	10144	12136	13017	12757	13207
阿根廷	Argentina	4333	7701	4740	9133	10952	11452
荷　兰	Netherlands	19722	24180	39122	46623	50085	46054
亚美尼亚	Armenia	637	621	1625	3125	3420	3338
阿鲁巴岛	Aruba		20620	23303	24289	25355	
澳大利亚	Australia	18248	21708	33948	51586	62003	67036
奥地利	Austria	21458	23974	37067	44916	49581	47226
阿塞拜疆	Azerbaijan	1237	655	1578	5843	7190	7392
巴哈马	Bahamas	12351	21251	23417	21881	21490	21908
巴　林	Bahrain	8529	11928	15304	20546	22467	
孟加拉国	Bangladesh	281	356	421	664	732	747
巴巴多斯	Barbados	7802	11675	14225	15812	15503	14917
白俄罗斯	Belarus	1705	1273	3126	5819	6785	6685
比利时	Belgium	20350	22697	36011	43000	46513	43413
伯利兹	Belize	2202	3486	4100	4532	4577	
贝　宁	Benin	392	339	533	690	746	752
百慕大	Bermuda	26842	56284	75882	88407	86072	
不　丹	Bhutan	560	778	1259	2211	2514	2399
玻利维亚	Bolivia	716	989	1021	1935	2320	2576
波　黑	Bosnia and Herzegovinian		1436	2822	4362	4751	4447
博茨瓦纳	Botswana	2739	3209	5467	6980	7697	7191
巴　西	Brazil	3087	3694	4739	10978	12576	11340
文　莱	Brunei Darussalam	13702	18087	25914	30880	40244	41127
保加利亚	Bulgaria	2377	1579	3733	6335	7287	6986
布基纳法索	Burkina Faso	352	225	407	593	650	634
布隆迪	Burundi	202	130	144	220	247	251
柬埔寨	Cambodia		299	471	783	878	946
喀麦隆	Cameroon	924	583	915	1090	1197	1151
加拿大	Canada	20968	23560	35088	46212	51554	52219
佛得角	Cape Verde	872	1219	2031	3402	3875	3838
中　非	Central African Rep.	511	251	341	456	488	473
乍　得	Chad	292	167	529	729	876	885
智　利	Chile	2388	5133	7615	12671	14501	15356
哥伦比亚	Colombia	1209	2504	3393	6180	7144	7752
科摩罗	Comoros	606	382	644	795	872	831
刚果(金)	Congo, Dem. Rep.	268	92	133	211	245	272
刚果(布)	Congo, Rep.	1174	1030	1718	2920	3414	3154
哥斯达黎加	Costa Rica	2405	4058	4621	7783	8669	9396
科特迪瓦	Cote D'Ivoire	891	646	941	1208	1242	1244
克罗地亚	Croatia	5185	4862	10090	13327	14435	13227
古　巴	Cuba	2702	2744	3776			

1-1-5　续表 1　continued

单位：美元　　(USD)

国家或地区	Country or Area	1990	2000	2005	2010	2011	2012
塞浦路斯	Cyprus	9642	13422	22431	27889	29372	26315
捷　克	Czech Rep.	3787	5725	12706	18867	20580	18608
丹　麦	Denmark	26423	29980	47547	56486	59889	56210
吉布提	Djibouti	767	763	913	1353	1464	
多米尼克	Dominica	2345	4657	5126	6673	6673	6691
多米尼加	Dominican Rep.	976	2770	3639	5157	5486	5736
厄瓜多尔	Ecuador	1505	1462	3013	4501	5035	5425
埃　及	Egypt	766	1510	1249	2804	2972	3187
萨尔瓦多	El Salvador	898	2204	2815	3444	3699	3790
赤道几内亚	Equatorial Guinea	353	2398	13613	17613	23473	24036
厄立特里亚	Eritrea		179	226	369	440	504
爱沙尼亚	Estonia	3193	4144	10330	14062	16534	16316
埃塞俄比亚	Ethiopia	252	124	162	341	355	470
斐　济	Fiji	1836	2075	3656	3688	4399	4438
芬　兰	Finland	27852	23530	37319	43864	48843	46179
法　国	France	21301	21775	33819	39186	42522	39772
加　蓬	Gabon	6287	4135	6282	9343	11789	11430
冈比亚	Gambia	346	637	435	566	518	512
格鲁吉亚	Georgia	1611	692	1470	2614	3220	3508
德　国	Germany	21584	22946	33543	40164	44021	41514
加　纳	Ghana	403	265	502	1326	1594	1605
希　腊	Greece	9190	11396	21621	25851	25631	22083
格林纳达	Grenada	2296	5149	6804	7353	7427	7485
危地马拉	Guatemala	861	1722	2146	2882	3243	3351
几内亚	Guinea	443	342	307	435	457	591
几内亚比绍	Guinea-Bissau	240	169	403	527	596	539
圭亚那	Guyana	547	957	1084	2874	3258	3584
海　地	Haiti	403	427	449	670	732	771
洪都拉斯	Honduras	622	1140	1408	2078	2277	2335
匈牙利	Hungary	3186	4543	10937	12796	13909	12622
冰　岛	Iceland	25009	30929	54885	39506	44120	42658
印　度	India	376	455	740	1419	1534	1489
印度尼西亚	Indonesia	641	790	1273	2947	3472	3557
伊　朗	Iran	2059	1537	2737	5675	6816	
伊拉克	Iraq		1086	1342	4376	5687	6455
爱尔兰	Ireland	13782	25610	48740	46019	48249	45836
马恩岛	Isle of Man		20359	36290			
以色列	Israel	11264	19859	19330	30389	33250	
意大利	Italy	20065	19388	30479	33761	36104	33049
牙买加	Jamaica	1921	3479	4179	4888	5330	5472
日　本	Japan	25124	37292	35781	43118	46135	46720
约　旦	Jordan	1268	1764	2327	4371	4666	4945
哈萨克斯坦	Kazakhstan	1647	1229	3771	9070	11259	11935
肯尼亚	Kenya	366	406	524	788	817	865
基里巴斯	Kiribati	400	824	1165	1449	1679	1743
韩　国	Korea, Rep.	6153	11347	17551	20540	22388	22590
科威特	Kuwait	8947	19787	35186	40091	51497	
吉尔吉斯斯坦	Kyrgyzstan	609	280	476	880	1124	1160
老　挝	Laos	204	321	472	1123	1262	1399

1-1-5 续表 2 continued

单位：美元 (USD)

国家或地区	Country or Area	1990	2000	2005	2010	2011	2012
拉脱维亚	Latvia	2796	3301	6973	10743	13807	13984
黎巴嫩	Lebanon	1050	5335	5483	8552	9148	9705
莱索托	Lesotho	341	415	711	1097	1244	1193
利比里亚	Liberia	183	183	166	327	379	422
利比亚	Libya	6785	6549	7865			
列支敦士登	Liechtenstein	49452	75058	105307			
立陶宛	Lithuania	2841	3267	7604	11149	14155	14097
卢森堡	Luxemburg	33177	46453	80925	103574	114211	107476
马其顿	Macedonia	2225	1748	2864	4442	4941	4568
马达加斯加	Madagascar	267	246	275	419	457	447
马拉维	Malawi	199	154	213	360	364	268
马来西亚	Malaysia	2417	4005	5554	8729	10012	10381
马尔代夫	Maldives	996	2289	3335	6552	6488	6567
马里	Mali	304	236	444	674	739	694
马耳他	Malta	7192	10377	14810	19625	21964	20848
马绍尔群岛	Marshall Islands	1659	2127	2642	3108	3309	3556
毛里塔尼亚	Mauritania	504	478	694	1017	1154	1106
毛里求斯	Mauritius	2506	3861	5054	7587	8741	8124
墨西哥	Mexico	3052	5597	7667	8779	9699	9747
密克罗尼西亚	Micronesia, Fed.	1528	2171	2353	2838	3000	3165
摩尔多瓦	Moldova	972	354	831	1632	1970	2038
摩纳哥	Monaco	84290	82537	126599	145230	163026	
蒙古	Mongolia	1172	474	999	2286	3181	3673
黑山	Montenegro		1610	3665	6636	7253	6813
摩洛哥	Morocco	1037	1276	1948	2823	3044	2902
莫桑比克	Mozambique	185	236	313	387	511	579
纳米比亚	Namibia	1660	2059	3582	5079	5692	5786
尼泊尔	Nepal	200	237	321	594	699	707
新西兰	New Zealand	13367	13379	27358	32000	36080	37749
尼加拉瓜	Nicaragua	244	1001	1159	1475	1632	1754
尼日尔	Niger	320	164	258	340	364	383
尼日利亚	Nigeria	298	374	804	1432	1486	1555
挪威	Norway	27732	37473	65767	86156	99143	99558
阿曼	Oman	6455	9062	12253	20984	23133	
巴基斯坦	Pakistan	360	514	694	1019	1196	1290
帕劳	Palau	5096	8262	10365	9602	10332	11006
巴拿马	Panama	2137	3804	4594	7229	8373	9534
巴布亚新几内亚	Papua New Guinea	774	655	804	1382	1767	2184
巴拉圭	Paraguay	1340	1532	1479	3101	3957	3813
秘鲁	Peru	1208	2050	2863	5247	5970	6568
菲律宾	Philippines	715	1043	1201	2136	2358	2587
波兰	Poland	1694	4454	7963	12302	13382	12708
葡萄牙	Portugal	7779	11471	18186	21382	22504	20182
波多黎各	Puerto Rico	8653	16192	21670	26106	26734	27678
卡塔尔	Qatar	15446	29914	52414	71510	89736	
罗马尼亚	Romania	1651	1651	4572	7687	8539	7943
俄罗斯	Russia	3485	1775	5337	10710	13284	14037
卢旺达	Rwanda	353	207	274	519	570	620
圣基茨和尼维斯	Saint Kitts and Nevis	3899	9146	10916	13667	14122	13969

1-1-5　续表 3　continued

单位：美元　　(USD)

国家或地区	Country or Area	1990	2000	2005	2010	2011	2012
圣卢西亚	Saint Lucia	2874	4871	5493	6762	6755	6558
圣文森特和格林纳丁斯	Saint Vincent and the Grenadines	1844	3684	5071	6229	6320	6515
萨摩亚	Samoa	688	1373	2291	3076	3383	3584
圣马力诺	San Marino		28696	46194			
圣多美和普林西比	Sao Tome and Principe		550	736	1128	1355	1402
沙特阿拉伯	Saudi Arabia	7206	9354	13303	19327	24116	25136
塞内加尔	Senegal	761	475	772	993	1084	1032
塞尔维亚	Serbia		809	3391	5073	5964	5190
塞舌尔	Seychelles	5266	7579	11087	10843	12118	11758
塞拉利昂	Sierra Leone	161	154	318	448	501	635
新加坡	Singapore	11845	23815	28953	42784	47268	51709
斯洛伐克	Slovakia	2211	5330	11385	16062	17790	16932
斯洛文尼亚	Slovenia	8699	10045	17855	22942	24478	22001
所罗门群岛	Solomon Islands	970	1055	882	1289	1611	1835
南非	South Africa	3182	3020	5234	7266	7943	7508
西班牙	Spain	13410	14414	26056	29956	31985	29195
斯里兰卡	Sri Lanka	472	855	1242	2400	2836	2923
苏丹	Sudan	481	357	669	1421	1539	1580
苏里南	Suriname	955	1912	3591	8319	8125	8864
斯威士兰	Swaziland	1292	1433	2339	3094	3274	3044
瑞典	Sweden	28557	27869	41041	49360	57071	55245
瑞士	Switzerland	36337	35639	51734	70573	83326	79052
叙利亚	Syrian Arab Republic	989	1180	1589	2747		3289
塔吉克斯坦	Tajikistan	496	139	340	740	835	872
坦桑尼亚	Tanzania	172	308	375	525	530	609
泰国	Thailand	1508	1969	2690	4803	5192	5480
东帝汶	Timor-Leste		370	462	766	928	1068
多哥	Togo	430	266	382	503	569	574
汤加	Tonga	1193	1925	2623	3543	4101	4494
特立尼达和多巴哥	Trinidad and Tobago	4148	6431	12405	15573	17627	17934
突尼斯	Tunisia	1507	2245	3219	4207	4350	4237
土耳其	Turkey	2791	4220	7130	10135	10605	10666
土库曼斯坦	Turkmenistan	881	645	1707	4479	5495	6511
图瓦卢	Tuvalu	980	1459	2253	3238	3637	3740
乌干达	Uganda	245	255	314	506	479	547
乌克兰	Ukraine	1570	636	1829	2974	3576	3867
阿联酋	United Arab Emirates	28066	34476	43534	34049	39058	
英国	United Kingdom	17805	25058	38122	36233	38961	38514
美国	United States	23038	35082	42516	46616	48113	49965
乌拉圭	Uruguay	2990	6873	5222	11520	13724	14450
乌兹别克斯坦	Uzbekistan	651	558	547	1365	1545	1717
瓦努阿图	Vanuatu	1080	1470	1886	2966	3252	3176
委内瑞拉	Venezuela	2382	4800	5445	13559	10728	12729
越南	Viet Nam	98	402	642	1224	1408	1596
也门	Yemen	479	550	832	1401	1361	1494
赞比亚	Zambia	419	322	626	1225	1409	1469
津巴布韦	Zimbabwe	840	535	453	568	723	788

1-1-6 国内生产总值产业构成

Composition of Gross Domestic Product by Industry

资料来源：世界银行WDI数据库。
Source: World Bank WDI Database.

单位：% (%)

国家或地区	Country or Area	农业占GDP比重 Agriculture as % of GDP		工业占GDP比重 Industry as % of GDP		服务业占GDP比重 Services as % of GDP	
		2005	2012	2005	2012	2005	2012
世界	**World**	**3.4**		**28.4**		**68.4**	
阿富汗	Afghanistan	31.8		27.4		40.9	53.5
阿尔巴尼亚	Albania	22.8	18.0	21.5	15.4	55.7	66.1
阿尔及利亚	Algeria	8.2		61.3		32.3	42.2
安哥拉	Angola	8.5	10.0	67.1	59.7	24.4	30.3
安提瓜和巴布达	Antigua and Barbuda	2.0		16.2		80.7	78.1
阿根廷	Argentina	9.4	11.0	35.6	32.8	54.7	60.4
荷兰	Netherlands	2.1		24.2		73.7	
亚美尼亚	Armenia	20.9	20.5	45.3	37.0	33.8	45.2
阿鲁巴岛	Aruba	0.4		20.6		78.9	
澳大利亚	Australia	3.3		26.8		70.1	69.4
奥地利	Austria	1.6		29.3		69.1	
阿塞拜疆	Azerbaijan	9.9	6.2	63.6	64.3	26.5	31.5
巴哈马	Bahamas	2.2	2.1	15.4	17.9	82.4	80.0
孟加拉国	Bangladesh	20.1	17.5	27.2	28.5	52.6	53.9
巴巴多斯	Barbados	3.8		18.4		81.0	82.9
白俄罗斯	Belarus	9.8	7.6	41.8	38.2	48.5	45.9
比利时	Belgium	0.8		24.0		75.1	
伯利兹	Belize	15.3		17.4		67.3	
贝宁	Benin	32.3		13.3		54.4	
百慕大	Bermuda	0.8		10.4		88.7	93.2
不丹	Bhutan	23.2	15.1	37.3	44.7	39.5	40.2
玻利维亚	Bolivia	14.4	12.4	32.0	35.3	53.6	48.3
波黑	Bosnia and Herzegovinian	10.5	8.4	25.1	24.8	64.4	66.8
博茨瓦纳	Botswana	1.8		50.2		50.3	61.9
巴西	Brazil	5.7	5.6	29.3	28.2	65.0	68.5
文莱	Brunei Darussalam	0.9	0.7	71.6	71.1	27.5	28.2
保加利亚	Bulgaria	8.5	5.4	29.2	29.2	62.3	63.2
布基纳法索	Burkina Faso	39.0		18.0		43.0	
布隆迪	Burundi	44.5		18.5		37.1	42.5
柬埔寨	Cambodia	32.4		26.4		41.2	40.1
喀麦隆	Cameroon	19.5		30.4		50.1	
加拿大	Canada	1.8		32.4		65.8	
佛得角	Cape Verde	9.0	10.4	15.7	17.8	74.9	71.8
中非共和国	Central African Rep.	54.4		14.1		30.8	32.0
乍得	Chad	12.3		60.4		35.7	31.5
智利	Chile	4.6	3.2	36.9	36.7	58.5	60.9
哥伦比亚	Colombia	8.4	6.5	32.8	37.5	58.8	56.0
科摩罗	Comoros	51.0		11.0		38.0	
刚果(金)	Congo, Dem. Rep.	48.4	46.3	22.6	20.8	29.0	33.4
刚果(布)	Congo, Rep.	4.5		71.9		23.6	
哥斯达黎加	Costa Rica	9.0	6.3	29.1	26.0	61.9	68.6
科特迪瓦	Cote D'Ivoire	22.8		25.9		51.3	

1-1-6　续表 1　continued

单位：%　　　　　　(%)

国家或地区	Country or Area	农业占GDP比重 Agriculture as % of GDP		工业占GDP比重 Industry as % of GDP		服务业占GDP比重 Services as % of GDP	
		2005	2012	2005	2012	2005	2012
克罗地亚	Croatia	5.0	5.2	28.5	26.5	66.4	68.8
古　巴	Cuba	5.6		19.4		75.0	
塞浦路斯	Cyprus	2.8		19.5		77.7	
捷　克	Czech Rep.	2.9		36.1		61.0	
丹　麦	Denmark	1.4		25.5		73.1	
吉布提	Djibouti	3.5		16.6		79.9	
多米尼克	Dominica	14.0		15.8		70.2	68.6
多米尼加	Dominican Rep.	7.5	6.1	32.1	32.8	60.5	62.2
厄瓜多尔	Ecuador	10.0	9.6	33.4	37.0	56.6	53.3
埃　及	Egypt	14.9	13.8	35.9	35.9	49.2	46.3
萨尔瓦多	El Salvador	10.6	11.9	29.9	27.5	59.7	61.0
赤道几内亚	Equatorial Guinea	2.6		94.4		3.0	
厄立特里亚	Eritrea	24.2		21.9		53.9	
爱沙尼亚	Estonia	3.5		28.6		67.9	
埃塞俄比亚	Ethiopia	46.7		13.0		41.5	41.1
斐　济	Fiji	14.1		19.2		66.8	67.9
芬　兰	Finland	2.8		32.4		64.8	
法　国	France	2.3		20.8		76.9	
加　蓬	Gabon	4.9		61.4		33.8	33.9
冈比亚	Gambia	27.1		14.1		58.9	
格鲁吉亚	Georgia	16.7	8.5	26.8	23.1	56.5	68.3
德　国	Germany	0.9		29.4		69.7	
加　纳	Ghana	40.9	22.7	27.5	27.3	31.6	50.0
希　腊	Greece	4.8		19.4		76.0	
格林纳达	Grenada	3.4		26.5		70.1	82.6
危地马拉	Guatemala	13.4	11.3	29.3	29.9	57.3	59.2
几内亚	Guinea	24.2	22.8	34.8	46.1	41.1	31.1
几内亚比绍	Guinea-Bissau	54.9		14.3		30.8	
圭亚那	Guyana	34.6		20.0		45.4	44.6
洪都拉斯	Honduras	13.7	15.3	28.7	28.8	57.6	57.3
匈牙利	Hungary	4.2		30.0		65.8	
冰　岛	Iceland	6.3		24.4		69.3	
印　度	India	18.8	17.4	28.1	25.8	53.1	56.9
印度尼西亚	Indonesia	13.1	12.8	46.5	43.7	40.3	38.6
伊　朗	Iran	10.2		44.7		45.1	
爱尔兰	Ireland	1.6		34.6		63.8	
意大利	Italy	2.2		26.7		71.1	
牙买加	Jamaica	5.9		25.0		69.0	
卢森堡	Luxemburg	0.4		16.6		82.9	
日　本	Japan	1.2		28.1		70.7	
约　旦	Jordan	3.1	3.4	28.9	29.1	68.3	66.8
哈萨克斯坦	Kazakhstan	6.8	4.3	40.1	38.8	53.1	55.8
肯尼亚	Kenya	27.2	27.1	19.1	17.4	53.7	52.7
基里巴斯	Kiribati	23.7		7.8		68.5	
韩　国	Korea, Rep.	3.3		37.7		59.0	58.2
吉尔吉斯斯坦	Kyrgyzstan	31.9	19.9	22.4	31.1	45.7	53.8
老　挝	Laos	36.2		24.6		39.2	35.8

1-1-6 续表 2 continued

单位：% (%)

国家或地区	Country or Area	农业占GDP比重 Agriculture as % of GDP		工业占GDP比重 Industry as % of GDP		服务业占GDP比重 Services as % of GDP	
		2005	2012	2005	2012	2005	2012
拉脱维亚	Latvia	4.0		21.6		74.5	
黎巴嫩	Lebanon	6.2	6.3	21.3	20.5	72.4	73.4
莱索托	Lesotho	9.0	7.4	33.1	34.6	57.9	58.0
利比里亚	Liberia	67.0		7.3		25.7	44.7
利比亚	Libya	2.3		75.5		22.2	
立陶宛	Lithuania	4.8		32.9		62.3	
前南马其顿	Macedonia, FYR	12.3	11.3	28.2	28.4	59.5	62.6
马达加斯加	Madagascar	28.3		15.8		55.9	
马拉维	Malawi	32.6		17.0		49.6	
马来西亚	Malaysia	8.3	10.1	46.4	40.7	45.4	49.1
马尔代夫	Maldives	7.8	4.0	15.3	21.4	76.8	74.6
马里	Mali	36.6		24.2		39.3	
马耳他	Malta	2.6		37.8		59.5	
毛里塔尼亚	Mauritania	30.5		33.2		36.3	36.9
毛里求斯	Mauritius	6.0	3.4	27.6	25.1	66.4	71.9
墨西哥	Mexico	3.7	3.6	34.0	37.4	61.2	60.7
密克罗尼西亚	Micronesia, Fed.					69.9	
摩尔多瓦	Moldova	19.5	14.5	16.3	13.7	64.1	70.1
蒙古	Mongolia	22.1	17.1	36.2	32.9	41.7	50.0
黑山	Montenegro	10.5	10.1	20.7	20.1	68.8	69.8
摩洛哥	Morocco	14.7	14.3	28.2	30.3	57.1	55.8
莫桑比克	Mozambique	26.4	31.2	24.8	24.2	48.9	46.8
缅甸	Myanmar	46.7		17.5		35.8	
纳米比亚	Namibia	11.3	7.7	29.2	31.8	59.5	59.4
尼泊尔	Nepal	36.3	36.4	17.7	15.1	46.0	47.6
新西兰	New Zealand	5.4		25.1		69.7	
尼加拉瓜	Nicaragua	17.7	18.6	23.1	24.3	59.2	53.3
尼日尔	Niger					59.9	41.5
尼日利亚	Nigeria	32.8		43.5		23.7	26.3
挪威	Norway	1.5		42.6		55.9	
巴基斯坦	Pakistan	21.5	20.1	27.1	25.5	51.4	53.6
帕劳	Palau	6.5	5.6	16.0	8.6	77.6	85.9
巴拿马	Panama	7.0	2.5	16.6	11.4	76.5	78.3
巴布亚新几内亚	Papua New Guinea	38.6	36.3	41.4	44.0	19.9	19.8
巴拉圭	Paraguay	19.6	17.4	34.8	28.1	45.7	54.5
秘鲁	Peru	7.2	6.3	34.3	37.6	58.5	58.4
菲律宾	Philippines	12.7	12.6	33.8	32.3	53.5	57.1
波兰	Poland	4.5		30.7		64.8	
葡萄牙	Portugal	2.8		24.9		72.3	
波多黎各	Puerto Rico	0.6	0.7	45.5	49.1	53.9	50.3
罗马尼亚	Romania	10.1	6.9	35.0	25.2	54.9	61.5
俄罗斯	Russia	5.0		38.1		57.0	60.1
卢旺达	Rwanda	38.4	33.0	14.1	15.9	47.6	51.1
圣基茨和尼维斯	Saint Kitts and Nevis	2.0		26.4		71.6	74.7
圣卢西亚	Saint Lucia	3.7		20.0		76.3	80.1
圣文森特和格林纳丁斯	Saint Vincent and the Grenadines	6.3		18.8		74.9	72.9

1-1-6 续表 3 continued

单位：% (%)

国家或地区	Country or Area	农业占GDP比重 Agriculture as % of GDP		工业占GDP比重 Industry as % of GDP		服务业占GDP比重 Services as % of GDP	
		2005	2012	2005	2012	2005	2012
萨摩亚	Samoa	13.2	10.0	30.6	27.1	56.2	62.9
圣多美和普林西比	Sao Tome and Principe	17.3		20.1		62.7	
沙特阿拉伯	Saudi Arabia	3.2		63.2		34.7	35.2
塞内加尔	Senegal	16.7		23.8		59.6	59.0
塞尔维亚	Serbia	12.1	10.1	29.0	29.8	58.9	60.1
塞舌尔	Seychelles	3.3		16.4		80.4	84.0
塞拉利昂	Sierra Leone	52.5		12.0		35.6	
新加坡	Singapore	0.1		31.6	26.7	68.4	73.2
斯洛伐克	Slovakia	3.7		36.5		59.9	
斯洛文尼亚	Slovenia	2.7		34.1		63.2	
所罗门群岛	Solomon Islands	34.5		8.1		57.4	
南非	South Africa	2.7	2.6	31.2	28.4	66.2	69.0
西班牙	Spain	3.2		29.7		67.1	
斯里兰卡	Sri Lanka	11.8		30.2		58.0	57.5
苏丹	Sudan	31.5	27.7	27.7	31.2	40.8	41.1
苏里南	Suriname	5.4	9.2	37.3	36.4	57.3	
斯威士兰	Swaziland	8.8		44.7		46.5	
瑞典	Sweden	1.2		28.1		70.6	
瑞士	Switzerland	1.3		26.3		71.6	
叙利亚	Syrian Arab Republic	19.5		36.2		44.3	
塔吉克斯坦	Tajikistan	24.0	25.6	31.3	25.0	44.8	47.6
坦桑尼亚	Tanzania	31.8	27.6	22.7	25.0	45.5	47.4
泰国	Thailand	10.3	12.2	44.0	39.5	45.8	44.2
东帝汶	Timor-Leste					60.5	
多哥	Togo	39.4		17.2		43.4	
汤加	Tonga	20.5		19.4		60.0	59.3
特立尼达和多巴哥	Trinidad and Tobago	0.5		60.3		39.2	42.0
突尼斯	Tunisia	10.1	8.7	29.2	29.9	60.7	61.4
土耳其	Turkey	10.8	9.0	28.5	29.3	60.7	63.9
土库曼斯坦	Turkmenistan	18.8	14.3	37.6	54.3	43.6	37.0
图瓦卢	Tuvalu	20.4		7.8		68.8	68.8
乌干达	Uganda	26.7		25.0		48.3	
乌克兰	Ukraine	10.4	9.5	32.3	31.4	57.3	60.9
阿联酋	United Arab Emirates	1.4		55.6		43.0	
英国	United Kingdom	0.7		23.3		76.3	
美国	United States	1.2		22.2		77.6	
乌拉圭	Uruguay	10.4	8.4	27.1	24.7	62.5	66.9
乌兹别克斯坦	Uzbekistan	28.0		23.2		48.9	48.7
瓦努阿图	Vanuatu	22.3	22.5	7.8	9.5	65.8	64.1
委内瑞拉	Venezuela	4.0		57.8		38.2	
越南	Viet Nam	21.0	21.3	41.0	39.9	42.6	41.7
也门	Yemen	10.5		49.0		40.5	
赞比亚	Zambia	22.8		29.2		48.0	
津巴布韦	Zimbabwe	18.6	13.5	28.7	34.8	52.7	50.8

1-1-7 按类型分的土地资源(2011年)

Land Area by Type(2011)

资料来源：联合国粮农组织FAO数据库。
Source:UN FAO database
单位：万公顷 (10000 ha)

国家或地区	Country or Area	农业面积 Agrigultural Land		林业面积 Forest Land		其他土地面积 Other Lands	
		总量 Area	占土地面积比重 As %	总量 Area	占土地面积比重 As %	总量 Area	占土地面积比重 As %
世 界	**World**	**491162**	**37.8**	**402747**	**31.0**	**407631**	**31.3**
阿富汗	Afghanistan	3791	58.1	135	2.1	2596	39.8
阿尔巴尼亚	Albania	120	43.8	78	28.3	76	27.9
阿尔及利亚	Algeria	4138	17.4	148	0.6	19531	82.0
安道尔	Andorra	2	43.2	2	34.0	1	22.8
安哥拉	Angola	5839	46.8	5836	46.8	792	6.4
安圭拉岛	Anguilla			1	61.1	…	38.9
安提瓜和巴布达	Antigua and Barbuda	1	20.5	1	22.3	3	57.3
坦桑尼亚	anzania	3730	42.1	3302	37.3	1826	20.6
阿根廷	Argentina	14755	53.9	2916	10.7	9696	35.4
亚美尼亚	Armenia	171	60.1	26	9.1	88	30.9
阿鲁巴岛	Aruba	0	11.1	0	2.3	2	86.6
澳大利亚	Australia	40967	53.3	14838	19.3	21018	27.4
奥地利	Austria	287	34.8	389	47.2	148	18.0
阿塞拜疆	Azerbaijan	477	57.7	94	11.3	256	31.0
巴哈马群岛	Bahamas	2	1.5	52	51.4	47	47.1
巴 林	Bahrain	1	11.0	0	0.7	7	88.3
孟加拉国	Bangladesh	913	70.1	144	11.1	245	18.8
巴巴多斯	Barbados	2	34.9	1	19.4	2	45.7
白俄罗斯	Belarus	888	43.7	867	42.7	275	13.5
比利时	Belgium	134	44.2	68	22.4	101	33.4
伯利兹	Belize	16	6.9	138	60.6	74	32.5
贝 宁	Benin	343	30.4	451	40.0	334	29.6
百慕大群岛	Bermuda	0	14.8	0	20.0	0	65.2
不 丹	Bhutan	52	13.5	326	84.9	6	1.6
玻利维亚	Bolivia	3706	34.2	5689	52.5	1439	13.3
波 黑	Bosnia and Herzegovina	215	42.2	219	42.8	76	15.0
博茨瓦纳	Botswana	2586	45.6	1123	19.8	1958	34.5
巴 西	Brazil	27503	32.5	51733	61.2	5358	6.3
文 莱	Brunei Darussalam	1	2.2	38	71.8	14	26.1
保加利亚	Bulgaria	509	46.9	398	36.7	179	16.4
布基纳法索	Burkina Faso	1177	43.0	559	20.4	1001	36.6
布隆迪	Burundi	222	86.4	17	6.6	18	6.9
佛得角	Cabo Verde	8	18.6	8	21.0	24	60.3
柬埔寨	Cambodia	566	32.0	997	56.5	203	11.5
喀麦隆	Cameroon	960	20.3	1970	41.7	1798	38.0
加拿大	Canada	6260	6.9	31013	34.1	53662	59.0
开曼群岛	Cayman Islands	0	11.3	1	52.9	1	35.8
中非共和国	Central African Rep.	508	8.2	2258	36.2	3464	55.6
乍 得	Chad	4993	39.7	1145	9.1	6454	51.3
海峡群岛	Channel Islands	1	50.5	0	4.2	1	45.3
智 利	Chile	1579	21.2	1627	21.9	4230	56.9

1-1-7 续表 1 continued

单位：万公顷 (10000 ha)

国家或地区	Country or Area	农业面积 Agrigultural Land		林业面积 Forest Land		其他土地面积 Other Lands	
		总量 Area	占土地面积比重 As %	总量 Area	占土地面积比重 As %	总量 Area	占土地面积比重 As %
哥伦比亚	Colombia	4379	39.5	6040	54.4	677	6.1
科 摩 罗	Comoros	16	83.3	0	1.4	3	15.3
刚果(金)	Congo,Dem. Rep.	2576	11.4	15382	67.9	4713	20.8
刚果(布)	Congo,Rep. .	1056	30.9	2240	65.6	119	3.5
库克群岛	Cook Islands	0	12.5	2	64.6	1	22.9
哥斯达黎加	Costa Rica	188	36.8	263	51.5	60	11.7
科特迪瓦	Côte d'Ivoire	2050	64.5	1040	32.7	90	2.8
克罗地亚	Croatia	133	23.7	192	34.4	235	41.9
古 巴	Cuba	657	61.7	290	27.3	117	11.0
塞浦路斯	Cyprus	12	12.8	17	18.8	63	68.4
捷 克	Czech Rep.	423	54.8	266	34.4	84	10.8
丹 麦	Denmark	269	63.4	55	12.9	101	23.7
吉 布 提	Djibouti	170	73.4	1	0.2	61	26.3
多米尼克	Dominica	3	34.7	4	59.2	0	6.1
多米尼加	Dominican Rep.	245	50.6	197	40.8	41	8.5
厄瓜多尔	Ecuador	735	29.6	967	38.9	782	31.5
埃 及	Egypt	367	3.7	7	0.1	9581	96.2
萨尔瓦多	El Salvador	153	73.9	28	13.6	26	12.4
赤道几内亚	Equatorial Guinea	30	10.8	161	57.5	89	31.6
厄立特里亚	Eritrea	759	75.2	153	15.1	98	9.7
爱沙尼亚	Estonia	95	22.3	221	52.1	108	25.6
埃塞俄比亚	Ethiopia	3568	35.7	1216	12.2	5216	52.2
福克兰群岛	Falkland Islands	113	92.4			9	7.6
法罗群岛	Faroe Islands	0	2.1	0	0.1	14	97.8
斐 济	Fiji	43	23.4	102	55.7	38	20.9
芬 兰	Finland	229	7.5	2216	72.9	595	19.6
法 国	France	2909	53.1	1600	29.2	967	17.7
法属圭亚那	French Guiana	2	0.3	808	98.3	12	1.4
法属波利尼西亚	French Polynesia	5	12.4	16	43.7	16	43.9
加 蓬	Gabon	516	20.0	2200	85.4	…	…
冈 比 亚	Gambia	62	60.8	48	47.6	…	…
格鲁吉亚	Georgia	247	35.5	274	39.4	174	25.0
德 国	Germany	1672	48.0	1108	31.8	706	20.3
加 纳	Ghana	1590	69.9	482	21.2	203	8.9
希 腊	Greece	815	63.2	393	30.5	80	6.2
格陵兰岛	Greenland	24	0.6	0	0.0	4081	99.4
格林纳达	Grenada	1	32.4	2	50.0	1	17.7
瓜德罗普岛	Guadeloupe	4	24.9	6	38.1	6	37.1
关 岛	Guam	2	33.3	3	47.9	1	18.7
危地马拉	Guatemala	440	41.0	360	33.6	272	25.4
几 内 亚	Guinea	1424	58.0	651	26.5	382	15.6
圭 亚 那	Guyana	168	8.5	1521	77.2	280	14.2
海 地	Haiti	177	64.2	10	3.6	89	32.1

1-1-7 续表 2 continued

单位：万公顷 (10000 ha)

国家或地区	Country or Area	农业面积 Agrigultural Land 总量 Area	占土地面积比重 As %	林业面积 Forest Land 总量 Area	占土地面积比重 As %	其他土地面积 Other Lands 总量 Area	占土地面积比重 As %
洪都拉斯	Honduras	322	28.8	507	45.3	290	25.9
匈牙利	Hungary	534	59.0	204	22.5	168	18.5
冰岛	Iceland	159	15.9	3	0.3	840	83.8
印度	India	17980	60.5	6858	23.1	4894	16.5
印度尼西亚	Indonesia	5450	30.1	9375	51.7	3291	18.2
伊朗	Iran	4896	30.1	1108	6.8	10282	63.1
伊拉克	Iraq	821	18.9	83	1.9	3440	79.2
爱尔兰	Ireland	456	66.1	75	10.9	159	23.0
马恩岛	Isle of Man	4	74.7	0	6.1	1	19.2
以色列	Israel	52	24.1	15	7.1	149	68.8
意大利	Italy	1393	47.4	923	31.4	625	21.3
牙买加	Jamaica	45	41.5	34	31.1	30	27.5
日本	Japan	456	12.5	2499	68.6	690	18.9
约旦	Jordan	100	11.3	10	1.1	778	87.6
哈萨克斯坦	Kazakhstan	20912	77.5	330	1.2	5755	21.3
肯尼亚	Kenya	2745	48.2	346	6.1	2601	45.7
基里巴斯	Kiribati	3	42.0	1	15.0	3	43.0
朝鲜	Korea，Dem.	256	21.2	554	46.0	395	32.8
韩国	Korea，Rep.	176	18.1	622	64.0	174	17.9
科威特	Kuwait	15	8.5	1	0.4	162	91.1
吉尔吉斯斯坦	Kyrgyzstan	1061	55.3	97	5.1	760	39.6
老挝	Laos	238	10.3	1567	67.9	503	21.8
拉脱维亚	Latvia	182	29.2	337	54.1	104	16.7
黎巴嫩	Lebanon	64	62.4	14	13.4	25	24.2
莱索托	Lesotho	231	76.2	4	1.5	68	22.4
利比里亚	Liberia	263	27.3	430	44.6	270	28.1
利比亚	Libya	1559	8.9	22	0.1	16015	91.0
列支敦士登	Liechtenstein	1	40.6	1	43.1	0	16.3
立陶宛	Lithuania	281	44.8	217	34.6	129	20.6
卢森堡	Luxembourg	13	50.6	9	33.5	4	15.9
马其顿	Macedonia	112	44.3	100	39.8	40	15.9
马达加斯加	Madagascar	4140	71.2	1250	21.5	426	7.3
马拉维	Malawi	558	59.2	320	34.0	64	6.8
马来西亚	Malaysia	787	24.0	2037	62.0	462	14.0
马尔代夫	Maldives	1	23.3	0	3.0	2	73.7
马里	Mali	4162	34.1	1241	10.2	6799	55.7
马耳他	Malta	1	32.2	0	0.9	2	66.9
马提尼克	Martinique	3	25.4	5	45.8	3	28.9
毛里塔尼亚	Mauritania	3971	38.5	24	0.2	6312	61.2
毛里求斯	Mauritius	9	43.8	4	17.3	8	38.9
马约特岛	Mayotte	1	32.5	0	8.8	2	58.7
墨西哥	Mexico	10317	53.1	6465	33.3	2658	13.7
摩尔多瓦共和国	Moldova	246	74.8	39	11.9	44	13.3

1-1-7 续表 3 continued

单位：万公顷 (10000 ha)

国家或地区	Country or Area	农业面积 Agrigultural Land		林业面积 Forest Land		其他土地面积 Other Lands	
		总量 Area	占土地面积比重 As %	总量 Area	占土地面积比重 As %	总量 Area	占土地面积比重 As %
蒙　古	Mongolia	11351	73.1	1082	7.0	3103	20.0
黑　山	Montenegro	51	38.1	54	40.4	29	21.6
蒙特塞拉特岛	Montserrat	0	30.0	0	25.0	0	45.0
摩洛哥	Morocco	3010	67.5	514	11.5	939	21.0
缅　甸	Myanmar	1256	19.2	3146	48.2	2131	32.6
纳米比亚	Namibia	3881	47.1	722	8.8	3630	44.1
瑙　鲁	Nauru	0	20.0			0	80.0
尼泊尔	Nepal	426	29.7	364	25.4	644	44.9
荷　兰	Netherlands	189	56.2	37	10.8	111	33.0
新喀里多尼亚	New Caledonia	25	13.7	84	45.9	74	40.4
新西兰	New Zealand	1137	43.2	826	31.4	670	25.4
尼加拉瓜	Nicaragua	515	42.8	304	25.3	384	31.9
尼日尔	Niger	4378	34.6	119	0.9	8170	64.5
尼日利亚	Nigeria	7620	83.7	863	9.5	625	6.9
纽　埃	Niue	1	19.2	2	71.2	0	9.6
诺福克岛	Norfolk Island	0	25.0	0	11.5	0	63.5
北马里亚纳群岛	Northern Mariana Islands	0	6.5	3	65.5	1	27.9
挪　威	Norway	100	3.3	1014	33.3	1929	63.4
阿　曼	Oman	177	5.7	0	0.0	2918	94.3
巴基斯坦	Pakistan	2655	34.4	164	2.1	4889	63.4
帕　劳	Palau	1	10.9	4	87.6	0	1.5
巴拿马	Panama	227	30.5	324	43.6	193	25.9
巴布亚新几内亚	Papua New Guinea	119	2.6	2858	63.1	1551	34.3
巴拉圭	Paraguay	2099	52.8	1740	43.8	134	3.4
秘　鲁	Peru	2150	16.8	6784	53.0	3866	30.2
菲律宾	Philippines	1210	40.6	772	25.9	1000	33.5
皮特凯恩群岛	Pitcairn Islands			0	74.5	0	25.5
波　兰	Poland	1478	48.6	936	30.8	627	20.6
葡萄牙	Portugal	364	39.8	346	37.8	205	22.4
波多黎各	Puerto Rico	19	21.4	56	63.2	14	15.4
卡塔尔	Qatar	7	5.7			110	94.3
罗马尼亚	Romania	1398	60.7	661	28.7	242	10.5
俄罗斯	Russia	21525	13.1	80915	49.4	61329	37.4
卢旺达	Rwanda	192	77.8	45	18.0	10	4.1
圣基茨和尼维斯	Saint Kitts and Nevis	1	23.1	1	42.3	1	34.6
圣露西亚	Saint Lucia	1	18.0	5	77.0	…	4.9
圣彼埃尔和密克隆岛	Saint Pierre and Miquelon	0	8.7	0	12.5	2	78.8
圣文森特和格林纳丁斯	Saint Vincent and the Grenadines	1	25.6	3	68.7	0	5.7
萨摩亚	Samoa	4	12.4	17	60.4	8	27.2
圣马力诺	San Marino	0	16.7			1	83.3
圣多美和普林西比	Sao Tome and Principe	5	50.7	3	28.1	2	21.1
沙特阿拉伯	Saudi Arabia	17336	80.6	98	0.5	4064	18.9
塞内加尔	Senegal	951	49.4	843	43.8	132	6.8

1-1-7 续表 4 continued

单位：万公顷 (10000 ha)

国家或地区	Country or Area	农业面积 Agrigultural Land		林业面积 Forest Land		其他土地面积 Other Lands	
		总量 Area	占土地面积比重 As %	总量 Area	占土地面积比重 As %	总量 Area	占土地面积比重 As %
塞尔维亚	Serbia	506	57.9	276	31.6	92	10.6
塞舌尔	Seychelles	0	6.5	4	88.5	…	5.0
塞拉利昂	Sierra Leone	344	48.0	271	37.8	102	14.3
新加坡	Singapore	0	1.0	0	3.3	7	95.7
斯洛伐克	Slovakia	193	40.1	193	40.2	95	19.7
斯洛文尼亚	Slovenia	46	22.8	126	62.3	30	14.9
所罗门群岛	Solomon Islands	9	3.3	221	78.9	50	17.9
索马里	Somalia	4413	70.3	667	10.6	1193	19.0
南非	South Africa	9637	79.4	924	7.6	1569	12.9
西班牙	Spain	2753	55.2	1835	36.8	400	8.0
斯里兰卡	Sri Lanka	262	41.8	185	29.4	181	28.8
苏里南	Suriname	8	0.5	1475	94.6	76	4.9
斯威士兰	Swaziland	122	71.0	57	33.0		
瑞典	Sweden	307	7.5	2820	68.7	977	23.8
瑞士	Switzerland	152	38.1	124	31.1	123	30.8
叙利亚	Syrian Arab Rep.	1386	75.5	50	2.7	400	21.8
塔吉克斯坦	Tajikistan	486	34.7	41	2.9	873	62.4
泰国	Thailand	2106	41.2	1899	37.2	1104	21.6
东帝汶	Timor-Leste	36	24.2	73	49.1	40	26.6
多哥	Togo	372	68.4	27	4.9	145	26.7
汤加	Tonga	3	43.1	1	12.5	3	44.4
特立尼达和多巴哥	Trinidad and Tobago	5	10.5	23	44.0	23	45.5
突尼斯	Tunisia	1007	64.8	102	6.6	444	28.6
土耳其	Turkey	3825	49.7	1145	14.9	2726	35.4
土库曼斯坦	Turkmenistan	3266	69.5	413	8.8	1021	21.7
特克斯和凯科斯群岛	Turks and Caicos Islands	0	1.1	3	36.2	6	62.7
图瓦卢	Tuvalu	0	60.0	0	33.3	…	6.7
乌干达	Uganda	1406	70.4	290	14.5	302	15.1
乌克兰	Ukraine	4128	71.3	973	16.8	692	11.9
阿联酋	United Arab Emirates	40	4.8	32	3.8	764	91.4
英国	United Kingdom	1716	70.9	289	11.9	414	17.1
美国	United States	41126	45.0	30440	33.3	19907	21.8
美属维尔京群岛	United States Virgin Islands	0	11.4	2	57.4	1	31.1
乌拉圭	Uruguay	1438	82.2	179	10.2	134	7.6
乌兹别克斯坦	Uzbekistan	2666	62.7	327	7.7	1261	29.6
瓦努阿图	Vanuatu	19	15.3	44	36.1	59	48.6
委内瑞拉	Venezuela	2125	24.1	4599	52.1	2097	23.8
越南	Viet Nam	1084	35.0	1394	45.0	622	20.1
西撒哈拉	Western Sahara	500	18.8	71	2.7	2089	78.5
也门	Yemen	2345	44.4	55	1.0	2880	54.5
赞比亚	Zambia	2344	31.5	4930	66.3	160	2.2
津巴布韦	Zimbabwe	1632	42.2	1530	39.5	707	18.3

1-1-8　农业用地资源(2011年)

Agricultural Land (2011)

资料来源：联合国粮农组织FAO数据库。
Source:UN FAO database

单位：万公顷　(10000 ha)

国家或地区	Country or Area	可耕地面积 Arable Land		多年生作物面积 Permanent Crops		多年生牧场和草场面积 Permanent Meadows and Pastures	
		总量 Area	占农业面积比重(%) As % of Total Agricultural Area (%)	总量 Area	占农业面积比重(%) As % of Total Agricultural Area (%)	总量 Area	占农业面积比重(%) As % of Total Agricultural Area (%)
世　界	**World**	**139628**	**28.4**	**15394**	**3.1**	**335865**	**68.4**
阿富汗	Afghanistan	779	20.6	12	0.3	3000	79.1
阿尔巴尼亚	Albania	62	51.8	7	6.2	51	42.0
阿尔及利亚	Algeria	751	18.1	91	2.2	3296	79.7
安哥拉	Angola	410	7.0	29	0.5	5400	92.5
阿根廷	Argentina	3805	25.8	100	0.7	10850	73.5
亚美尼亚	Armenia	43	25.1	5	3.1	123	71.7
澳大利亚	Australia	4768	11.6	40	0.1	36159	88.3
奥地利	Austria	136	47.5	7	2.3	144	50.2
阿塞拜疆	Azerbaijan	189	39.5	23	4.8	266	55.7
孟加拉国	Bangladesh	763	83.6	90	9.9	60	6.6
巴巴多斯	Barbados	1	80.0	0	6.7	0	13.3
白俄罗斯	Belarus	553	62.3	12	1.4	322	36.3
比利时	Belgium	83	61.8	2	1.6	49	36.6
伯利兹	Belize	8	47.8	3	20.4	5	31.8
贝　宁	Benin	258	75.2	30	8.7	55	16.0
不　丹	Bhutan	10	18.3	2	3.4	41	78.3
玻利维亚	Bolivia	384	10.4	22	0.6	3300	89.1
波　黑	Bosnia and Herzegovina	101	46.7	10	4.7	104	48.5
博茨瓦纳	Botswana	26	1.0	0	0.0	2560	99.0
巴　西	Brazil	7193	26.2	710	2.6	19600	71.3
保加利亚	Bulgaria	325	63.9	16	3.1	168	33.0
布基纳法索	Burkina Faso	570	48.4	7	0.6	600	51.0
布隆迪	Burundi	92	41.4	40	18.0	90	40.5
佛得角	Cabo Verde	5	62.7	0	4.0	3	33.3
柬埔寨	Cambodia	400	70.7	16	2.7	150	26.5
喀麦隆	Cameroon	620	64.6	140	14.6	200	20.8
加拿大	Canada	4297	68.6	493	7.9	1470	23.5
中非共和国	Central African Rep.	180	35.4	8	1.6	320	63.0
乍　得	Chad	490	9.8	3	0.1	4500	90.1
智　利	Chile	132	8.3	46	2.9	1402	88.8
哥伦比亚	Colombia	210	4.8	190	4.3	3979	90.9
科摩罗	Comoros	8	52.9	6	37.4	2	9.7
刚果(金)	Congo,Dem. Rep.	680	26.4	76	2.9	1820	70.7
刚果(布)	Congo,Rep.	50	4.7	6	0.6	1000	94.7
哥斯达黎加	Costa Rica	25	13.3	33	17.6	130	69.1
科特迪瓦	Côte d'Ivoire	290	14.1	440	21.5	1320	64.4
克罗地亚	Croatia	90	67.6	8	6.3	35	26.1
古　巴	Cuba	355	54.0	39	5.9	263	40.0
塞浦路斯	Cyprus	8	70.7	3	27.6	0	1.7
捷克共和国	Czech Rep.	316	74.8	8	1.8	99	23.4
丹　麦	Denmark	250	92.9	0	0.1	19	7.0
吉布提	Djibouti	0	0.1			170	99.9
多米尼克	Dominica	1	23.1	2	69.2	0	7.7

1-1-8 续表 1 continued

单位：万公顷 (10000 ha)

国家或地区	Country or Area	可耕地面积 Arable Land 总量 Area	可耕地面积 占农业面积比重(%) As % of Total Agricultural Area (%)	多年生作物面积 Permanent Crops 总量 Area	多年生作物面积 占农业面积比重(%) As % of Total Agricultural Area (%)	多年生牧场和草场面积 Permanent Meadows and Pastures 总量 Area	多年生牧场和草场面积 占农业面积比重(%) As % of Total Agricultural Area (%)
多明尼加	Dominican Rep.	80	32.7	45	18.4	120	48.9
厄瓜多尔	Ecuador	116	15.7	138	18.8	481	65.5
埃　及	Egypt	287	78.3	80	21.7		
萨尔瓦多	El Salvador	67	43.4	23	15.0	64	41.6
赤道几内亚	Equatorial Guinea	13	42.8	7	23.0	10	34.2
厄立特里亚	Eritrea	69	9.1	0	0.0	690	90.9
爱沙尼亚	Estonia	63	66.9	1	0.6	31	32.5
埃塞俄比亚	Ethiopia	1457	40.8	112	3.1	2000	56.0
斐　济	Fiji	17	39.2	9	19.9	18	40.9
芬　兰	Finland	225	98.4	1	0.2	3	1.4
法　国	France	1837	63.1	102	3.5	970	33.3
法属圭亚那	French Guiana	1	51.5	0	17.3	1	31.2
加　蓬	Gabon	33	6.3	17	3.3	467	90.4
冈比亚	Gambia	45	73.2	1	0.8	16	26.0
格鲁吉亚	Georgia	41	16.8	12	4.7	194	78.6
德　国	Germany	1188	71.0	20	1.2	464	27.8
加　纳	Ghana	480	30.2	280	17.6	830	52.2
希　腊	Greece	250	30.7	115	14.1	450	55.2
危地马拉	Guatemala	150	34.1	95	21.5	195	44.4
几内亚	Guinea	285	20.0	69	4.8	1070	75.1
几内亚比绍	Guinea-Bissau	30	18.4	25	15.3	108	66.3
圭亚那	Guyana	42	25.0	3	1.6	123	73.3
海　地	Haiti	100	56.5	28	15.8	49	27.7
洪都拉斯	Honduras	102	31.7	44	13.7	176	54.7
匈牙利	Hungary	440	82.3	18	3.4	76	14.2
冰　岛	Iceland	12	7.7			147	92.3
印　度	India	15735	87.5	1230	6.8	1015	5.6
印　尼	Indonesia	2350	43.1	2000	36.7	1100	20.2
伊　朗	Iran	1754	35.8	189	3.9	2952	60.3
伊拉克	Iraq	400	48.7	21	2.6	400	48.7
爱尔兰	Ireland	106	23.3	0	0.0	349	76.7
马恩岛	Isle of Man	3	58.7			2	41.3
以色列	Israel	30	58.0	8	15.7	14	26.3
意大利	Italy	680	48.8	252	18.1	461	33.1
牙买加	Jamaica	12	26.7	10	22.3	23	51.0
日　本	Japan	425	93.3	31	6.7		
约　旦	Jordan	18	17.5	9	8.5	74	74.0
哈萨克斯坦	Kazakhstan	2404	11.5	8	0.0	18500	88.5
肯尼亚	Kenya	550	20.0	65	2.4	2130	77.6
基里巴斯	Kiribati	0	5.9	3	94.1		
朝　鲜	Korea，Dem.	230	90.0	21	8.0	5	2.0
韩　国	Korea，Rep.	149	85.0	21	11.7	6	3.3
科威特	Kuwait	1	7.2	1	3.3	14	89.5
吉尔吉斯斯坦	Kyrgyzstan	128	12.0	7	0.7	926	87.3
老　挝	Laos	140	58.9	10	4.2	88	36.9

1-1-8　续表 2　continued

单位：万公顷　　(10000 ha)

国家或地区	Country or Area	可耕地面积 Arable Land		多年生作物面积 Permanent Crops		多年生牧场和草场面积 Permanent Meadows and Pastures	
		总量 Area	占农业面积比重(%) As % of Total Agricultural Area (%)	总量 Area	占农业面积比重(%) As % of Total Agricultural Area (%)	总量 Area	占农业面积比重(%) As % of Total Agricultural Area (%)
拉脱维亚	Latvia	116	63.8	1	0.4	65	35.8
黎巴嫩	Lebanon	11	17.6	13	19.7	40	62.7
莱索托	Lesotho	31	13.3	0	0.2	200	86.5
利比里亚	Liberia	45	17.1	18	6.8	200	76.0
利比亚	Libya	175	11.2	34	2.1	1350	86.6
立陶宛	Lithuania	219	77.9	3	1.1	59	21.0
卢森堡	Luxembourg	6	47.3	0	1.1	7	51.6
马其顿	Macedonia	41	37.0	4	3.1	67	59.8
马达加斯加	Madagascar	350	8.5	60	1.4	3730	90.1
马拉维	Malawi	360	64.5	13	2.3	185	33.2
马来西亚	Malaysia	180	22.9	579	73.5	29	3.6
马尔代夫	Maldives	0	42.9	0	42.9	0	14.3
马里	Mali	686	16.5	12	0.3	3464	83.2
马耳他	Malta	1	87.4	0	12.6		
马提尼克	Martinique	1	33.1	1	27.9	1	39.0
毛里塔尼亚	Mauritania	45	1.1	1	0.0	3925	98.8
毛里求斯	Mauritius	8	87.6	0	4.5	1	7.9
马约特岛	Mayotte	1	73.0	0	27.0		
墨西哥	Mexico	2549	24.7	268	2.6	7500	72.7
摩尔多瓦	Moldova	181	73.6	30	12.1	35	14.3
蒙古	Mongolia	61	0.5	0	0.0	11289	99.5
黑山	Montenegro	17	33.6	2	3.1	32	63.3
摩洛哥	Morocco	794	26.4	116	3.9	2100	69.8
莫桑比克	Mozambique	520	10.5	20	0.4	4400	89.1
缅甸	Myanmar	1079	85.9	146	11.7	31	2.5
纳米比亚	Namibia	80	2.1	1	0.0	3800	97.9
尼泊尔	Nepal	236	55.3	12	2.8	179	41.9
荷兰	Netherlands	104	55.0	4	1.9	82	43.1
新喀里多尼亚	New Caledonia	1	2.8	1	2.0	24	95.2
新西兰	New Zealand	47	4.1	7	0.6	1083	95.2
尼加拉瓜	Nicaragua	190	36.9	23	4.5	302	58.6
尼日尔	Niger	1494	34.1	6	0.1	2878	65.7
尼日利亚	Nigeria	3600	47.2	320	4.2	3700	48.6
挪威	Norway	82	81.9	0	0.4	18	17.7
阿曼	Oman	3	1.8	4	2.2	170	96.0
巴基斯坦	Pakistan	2071	78.0	84	3.1	500	18.8
巴拿马	Panama	54	23.8	19	8.3	154	67.8
巴布亚新几内亚	Papua New Guinea	30	25.2	70	58.8	19	16.0
巴拉圭	Paraguay	390	18.6	9	0.4	1700	81.0
秘鲁	Peru	365	17.0	85	4.0	1700	79.1
菲律宾	Philippines	540	44.6	520	43.0	150	12.4
波兰	Poland	1110	75.1	39	2.6	329	22.3
葡萄牙	Portugal	109	30.1	71	19.5	183	50.4
波多黎各	Puerto Rico	6	31.6	4	21.1	9	47.4
卡塔尔	Qatar	1	21.2	0	3.0	5	75.8

1-1-8 续表 3 continued

单位：万公顷 (10000 ha)

国家或地区	Country or Area	可耕地面积 Arable Land 总量 Area	可耕地面积 Arable Land 占农业面积比重(%) As % of Total Agricultural Area (%)	多年生作物面积 Permanent Crops 总量 Area	多年生作物面积 Permanent Crops 占农业面积比重(%) As % of Total Agricultural Area (%)	多年生牧场和草场面积 Permanent Meadows and Pastures 总量 Area	多年生牧场和草场面积 Permanent Meadows and Pastures 占农业面积比重(%) As % of Total Agricultural Area (%)
留尼旺岛	Réunion	3	71.7	0	6.1	1	22.1
罗马尼亚	Romania	900	64.3	44	3.2	454	32.5
俄罗斯	Russia	12150	56.4	177	0.8	9198	42.7
卢旺达	Rwanda	122	63.5	25	13.0	45	23.4
沙特阿拉伯	Saudi Arabia	311	1.8	25	0.1	17000	98.1
塞内加尔	Senegal	385	40.5	6	0.6	560	58.9
塞尔维亚	Serbia	329	65.1	30	5.9	147	29.0
塞舌尔	Seychelles	0	33.3	0	66.7		
塞拉利昂	Sierra Leone	110	32.0	14	3.9	220	64.0
斯洛伐克	Slovakia	139	72.1	2	1.1	52	26.9
斯洛文尼亚	Slovenia	17	36.8	3	5.9	26	57.4
所罗门群岛	Solomon Islands	2	19.8	7	71.4	1	8.8
索马里	Somalia	110	2.5	3	0.1	4300	97.4
南非	South Africa	1203	12.5	41	0.4	8393	87.1
西班牙	Spain	1251	45.4	470	17.1	1032	37.5
斯里兰卡	Sri Lanka	120	45.8	98	37.4	44	16.8
苏丹	Sudan	1706	15.7	17	0.2	9145	84.2
苏里南	Suriname	6	72.0	1	7.3	2	20.7
斯威士兰	Swaziland	18	14.3	2	1.2	103	84.5
瑞典	Sweden	261	85.1	1	0.3	45	14.6
瑞士	Switzerland	40	26.6	2	1.5	110	71.9
叙利亚	Syrian Arab Rep.	461	33.3	105	7.6	820	59.1
塔吉克斯坦	Tajikistan	85	17.5	13	2.7	388	79.8
坦桑尼亚	Tanzania	1160	31.1	170	4.6	2400	64.3
泰国	Thailand	1576	74.8	450	21.4	80	3.8
东帝汶	Timor-Leste	15	41.7	6	16.7	15	41.7
多哥	Togo	251	67.5	21	5.6	100	26.9
汤加	Tonga	2	51.6	1	35.5	0	12.9
特里尼达和多巴哥	Trinidad and Tobago	3	46.3	2	40.7	1	13.0
突尼斯	Tunisia	284	28.2	239	23.8	484	48.0
土耳其	Turkey	2054	53.7	309	8.1	1462	38.2
土库曼斯坦	Turkmenistan	190	5.8	6	0.2	3070	94.0
乌干达	Uganda	675	48.0	220	15.6	511	36.4
乌克兰	Ukraine	3250	78.7	90	2.2	789	19.1
阿联酋	United Arab Emirates	5	12.7	4	10.5	31	76.8
英国	United Kingdom	606	35.3	5	0.3	1106	64.4
美国	United States	16016	38.9	260	0.6	24850	60.4
乌拉圭	Uruguay	181	12.6	4	0.3	1253	87.2
乌兹别克斯坦	Uzbekistan	430	16.1	36	1.4	2200	82.5
瓦努阿图	Vanuatu	2	10.7	13	66.8	4	22.5
委内瑞拉	Venezuela	260	12.2	65	3.1	1800	84.7
越南	Viet Nam	650	60.0	370	34.1	64	5.9
也门	Yemen	116	5.0	29	1.2	2200	93.8
赞比亚	Zambia	340	14.5	4	0.1	2000	85.3
津巴布韦	Zimbabwe	410	25.1	12	0.7	1210	74.1

1-1-9 陆地保护区面积占陆地总面积的比重

Terrestrial Protected Areas as % of Total Land Area

资料来源：世界银行WDI数据库。
Source:World Bank WDI Database.

单位：%　　(%)

国家或地区	Country or Area	1990	2010	国家或地区	Country or Area	1990	2010
阿富汗	Afghanistan	0.4	0.4	塞浦路斯	Cyprus	7.1	10.5
阿尔巴尼亚	Albania	3.4	9.8	捷克共和国	Czech Republic	13.6	15.1
阿尔及利亚	Algeria	6.3	6.3	丹麦	Denmark	4.2	4.9
美属萨摩亚	American Samoa	0.3	0.3	吉布提	Djibouti	0.0	0.0
安道尔	Andorra	5.6	6.1	多米尼克	Dominica	21.4	21.7
安哥拉	Angola	12.4	12.4	多米尼加	Dominican Republic	22.2	22.2
安提瓜和巴布达	Antigua and Barbuda	6.4	7.0	厄瓜多尔	Ecuador	21.6	25.1
阿根廷	Argentina	4.6	5.5	埃及	Egypt	1.9	5.9
亚美尼亚	Armenia	6.9	8.0	萨尔瓦多	El Salvador	0.4	0.8
阿鲁巴	Aruba	0.1	0.1	赤道几内亚	Equatorial Guinea	7.3	19.2
澳大利亚	Australia	7.5	10.6	厄立特里亚	Eritrea	4.9	5.0
奥地利	Austria	20.1	22.9	爱沙尼亚	Estonia	17.7	20.4
阿塞拜疆	Azerbaijan	6.2	7.1	埃塞俄比亚	Ethiopia	17.7	18.4
巴哈马	Bahamas	6.1	13.7	斐济	Fiji	1.1	1.3
巴林	Bahrain	1.3	1.3	芬兰	Finland	4.2	9.0
孟加拉国	Bangladesh	1.7	1.8	法国	France	10.2	16.5
巴巴多斯	Barbados	0.1	0.1	加蓬	Gabon	4.6	15.1
白俄罗斯	Belarus	6.5	7.2	冈比亚	Gambia	1.5	1.5
比利时	Belgium	3.2	13.8	格鲁吉亚	Georgia	2.8	3.7
伯利兹	Belize	15.4	27.9	德国	Germany	31.9	42.4
贝宁	Benin	23.8	23.8	加纳	Ghana	14.6	14.7
百慕大	Bermuda	5.2	5.6	希腊	Greece	5.7	16.2
不丹	Bhutan	14.2	28.3	格陵兰	Greenland	40.4	40.5
玻利维亚	Bolivia	8.8	18.5	格林纳达	Grenada	1.7	1.7
博茨瓦纳	Botswana	30.3	30.9	关岛	Guam	25.5	26.4
巴西	Brazil	9.0	26.3	危地马拉	Guatemala	25.9	30.6
文莱	Brunei Darussalam	36.7	44.0	几内亚	Guinea	6.8	6.8
保加利亚	Bulgaria	2.0	9.2	几内亚比绍	Guinea-Bissau	7.6	16.1
布基纳法索	Burkina Faso	13.7	14.2	圭亚那	Guyana	2.9	5.0
布隆迪	Burundi	3.8	4.8	海地	Haiti	0.3	0.3
柬埔寨	Cambodia	0.0	25.8	洪都拉斯	Honduras	13.6	18.2
喀麦隆	Cameroon	7.0	9.2	匈牙利	Hungary	4.6	5.1
加拿大	Canada	4.7	7.5	冰岛	Iceland	9.6	19.7
佛得角	Cape Verde	2.5	2.5	印度	India	4.7	5.0
开曼群岛	Cayman Islands	7.1	8.7	印度尼西亚	Indonesia	10.0	14.1
中非共和国	Central African Republic	17.5	17.7	伊朗	Iran	5.2	7.1
乍得	Chad	9.4	9.4	伊拉克	Iraq	0.1	0.1
海峡群岛	Channel Islands	9.3	9.3	爱尔兰	Ireland	0.6	1.8
智利	Chile	16.0	16.6	以色列	Israel	16.3	17.8
哥伦比亚	Colombia	19.3	20.9	意大利	Italy	5.0	15.1
刚果(金)	Congo, Dem. Rep.	10.0	10.0	牙买加	Jamaica	10.2	18.9
刚果(布)	Congo, Rep.	5.4	9.4	日本	Japan	13.4	16.5
哥斯达黎加	Costa Rica	18.7	20.9	约旦	Jordan	0.7	1.9
科特迪瓦	Cote d'Ivoire	22.6	22.6	哈萨克斯坦	Kazakhstan	2.4	2.5
克罗地亚	Croatia	7.8	13.0	肯尼亚	Kenya	11.6	11.8
古巴	Cuba	4.3	6.4	基里巴斯	Kiribati	5.0	23.2

1-1-9 续表 continued

单位：% (%)

国家或地区	Country or Area	1990	2010
朝 鲜	Korea, Dem. Rep.	4.3	5.9
韩 国	Korea, Rep.	2.2	2.4
科 威 特	Kuwait	1.6	1.6
吉尔吉斯	Kyrgyz Republic	6.4	6.9
老 挝	Lao PDR	1.5	16.6
拉脱维亚	Latvia	6.5	18.0
黎 巴 嫩	Lebanon	0.5	0.5
莱 索 托	Lesotho	0.5	0.5
利比里亚	Liberia	1.6	1.8
利 比 亚	Libya	0.1	0.1
列支敦士登	Liechtenstein	38.9	42.4
立 陶 宛	Lithuania	2.0	14.5
卢 森 堡	Luxembourg	12.1	20.0
马 其 顿	Macedonia	4.2	4.9
马达加斯加	Madagascar	2.2	3.1
马 拉 维	Malawi	15.0	15.0
马来西亚	Malaysia	17.1	18.1
马 里	Mali	2.3	2.4
马 耳 他	Malta	0.1	17.3
毛里塔尼亚	Mauritania	0.5	0.5
毛里求斯	Mauritius	1.7	4.5
墨 西 哥	Mexico	2.2	11.1
密克罗尼西亚联邦	Micronesia, Fed. Sts.	2.7	4.0
摩尔多瓦	Moldova	0.9	1.4
摩 纳 哥	Monaco	23.7	23.7
蒙 古	Mongolia	4.1	13.4
黑 山	Montenegro	13.2	13.3
摩 洛 哥	Morocco	1.2	1.5
莫桑比克	Mozambique	14.8	15.8
缅 甸	Myanmar	3.1	6.3
纳米比亚	Namibia	14.4	14.9
尼 泊 尔	Nepal	7.7	17.0
荷 兰	Netherlands	11.2	12.4
新喀里多尼亚	New Caledonia	5.5	60.2
新 西 兰	New Zealand	25.4	26.2
尼加拉瓜	Nicaragua	15.4	36.7
尼 日 尔	Niger	7.1	7.1
尼日利亚	Nigeria	11.6	12.8
北马里亚纳群岛	Northern Mariana Islands	0.8	12.8
挪 威	Norway	7.0	14.6
阿 曼	Oman	0.0	10.7
巴基斯坦	Pakistan	10.1	10.1
帕 劳	Palau	0.3	2.0
巴 拿 马	Panama	17.2	18.7
巴布亚新几内亚	Papua New Guinea	1.9	3.1
巴 拉 圭	Paraguay	2.9	5.4
秘 鲁	Peru	4.7	13.6
菲 律 宾	Philippines	8.7	10.9
波 兰	Poland	15.3	22.4
葡 萄 牙	Portugal	5.8	8.3
波多黎各	Puerto Rico	10.0	10.1
卡 塔 尔	Qatar	1.7	2.5
罗马尼亚	Romania	2.9	7.1
俄 罗 斯	Russia	5.0	9.1
卢 旺 达	Rwanda	9.9	10.0
萨 摩 亚	Samoa	2.4	3.4
沙特阿拉伯	Saudi Arabia	7.6	31.3
塞内加尔	Senegal	24.1	24.1
塞尔维亚	Serbia	5.3	6.0
塞 舌 尔	Seychelles	42.0	42.0
塞拉利昂	Sierra Leone	4.9	4.9
新 加 坡	Singapore	5.0	5.4
斯洛伐克	Slovak Republic	19.3	23.2
斯洛文尼亚	Slovenia	7.6	13.2
所罗门群岛	Solomon Islands	0.1	0.1
索 马 里	Somalia	0.6	0.6
南 非	South Africa	6.5	6.9
西 班 牙	Spain	7.7	8.6
斯里兰卡	Sri Lanka	20.3	21.5
圣基茨和尼维斯	St. Kitts and Nevis	3.6	3.6
圣卢西亚	St. Lucia	14.3	14.3
苏 丹	Sudan	4.2	4.2
苏 里 南	Suriname	3.5	11.6
斯威士兰	Swaziland	3.0	3.0
瑞 典	Sweden	6.0	10.9
瑞 士	Switzerland	14.5	24.9
叙 利 亚	Syrian	0.3	0.6
塔吉克斯坦	Tajikistan	1.9	4.1
坦桑尼亚	Tanzania	26.6	27.5
泰 国	Thailand	14.7	20.1
多 哥	Togo	11.3	11.3
汤 加	Tonga	1.4	14.5
特里尼达和多巴哥	Trinidad and Tobago	30.5	31.2
突 尼 斯	Tunisia	1.3	1.3
土 耳 其	Turkey	1.7	1.9
土库曼斯坦	Turkmenistan	3.0	3.0
图 瓦 卢	Tuvalu		0.4
乌 干 达	Uganda	7.9	10.3
乌 克 兰	Ukraine	1.8	3.5
阿 联 酋	United Arab Emirates	0.3	5.6
英 国	United Kingdom	22.0	26.4
美 国	United States	12.4	12.4
乌 拉 圭	Uruguay	0.3	0.3
乌兹别克斯坦	Uzbekistan	2.1	2.3
瓦努阿图	Vanuatu	3.7	4.3
委内瑞拉	Venezuela, RB	40.1	53.8
越 南	Vietnam	4.5	6.2
英属维尔京群岛	Virgin Islands (U.S.)	15.2	15.2
约旦河西岸和加沙	West Bank and Gaza	0.6	0.6
赞 比 亚	Zambia	36.0	36.0
津巴布韦	Zimbabwe	18.0	28.0

第二章 森林资源

Forest Resources

1-2-1　林业面积构成(2010年)
Extent of Forest (2010)

资料来源：粮农组织2010版《全球森林资源评价》。
Source:FAO Global Forest Resources Assessment 2010.

国家或地区	Country or Area	森林 Forest		其他林地 Other Wooded Land	
		面积(千公顷) Area(1000 ha)	占土地面积比重(%) % of Land Area	面积(千公顷) Area(1000 ha)	占土地面积比重(%) % of Land Area
世　界	**World**	**4033060**	**31**	**1144687**	**9**
阿富汗	Afghanistan	1350	2	29471	45
阿尔巴尼亚	Albania	776	28	255	9
阿尔及利亚	Algeria	1492	1	2685	1
安道尔	Andorra	16	36		
安哥拉	Angola	58480	47		
安圭拉	Anguilla	6	60		
安提瓜和巴布达	Antigua and Barbuda	10	22	16	35
阿根廷	Argentina	29400	11	61471	22
亚美尼亚	Armenia	262	9	45	2
澳大利亚	Australia	149300	19	135367	18
奥地利	Austria	3887	47	119	1
阿塞拜疆	Azerbaijan	936	11	54	1
巴哈马	Bahamas	515	51	36	4
巴　林	Bahrain	1	1		
孟加拉国	Bangladesh	1442	11	289	2
巴巴多斯	Barbados	8	19	1	2
白俄罗斯	Belarus	8630	42	520	3
比利时	Belgium	678	22	28	1
伯利兹	Belize	1393	61	113	5
贝　宁	Benin	4561	41	2889	26
百慕大	Bermuda	1	20		
不　丹	Bhutan	3249	69	613	13
玻利维亚	Bolivia	57196	53	2473	2
波　黑	Bosnia and Herzegovina	2185	43	549	11
博茨瓦纳	Botswana	11351	20	34791	61
巴　西	Brazil	519522	62	43772	5
英属维尔京群岛	British Virgin Islands	4	24	2	11
文　莱	Brunei Darussalam	380	72	50	9
保加利亚	Bulgaria	3927	36		
布基纳法索	Burkina Faso	5649	21	5009	18
布隆迪	Burundi	172	7	722	28
柬埔寨	Cambodia	10094	57	133	1
喀麦隆	Cameroon	19916	42	12715	27
加拿大	Canada	310134	34	91951	10
佛得角	Cape Verde	85	21		
加勒比的	Caribbean	6933	30	1103	5
开曼群岛	Cayman Islands	13	50		
中非共和国	Central African Rep.	22605	36	10122	16
乍　得	Chad	11525	9	8847	7
智　利	Chile	16231	22	14658	20
哥伦比亚	Colombia	60499	55	22727	20
刚果(金)	Congo,Dem. Rep.	154135	68	11513	5

1-2-1 续表 1 continued

国家或地区	Country or Area	森林 Forest		其他林地 Other Wooded Land	
		面积(千公顷) Area(1000 ha)	占土地面积比重(%) % of Land Area	面积(千公顷) Area(1000 ha)	占土地面积比重(%) % of Land Area
刚果(布)	Congo,Rep..	22411	66	10513	31
库克群岛	Cook Islands	16	65		
哥斯达黎加	Costa Rica	2605	51	12	
科特迪瓦	Côte d'Ivoire	10403	33	2590	8
克罗地亚	Croatia	1920	34	554	10
古 巴	Cuba	2870	26	299	3
塞浦路斯	Cyprus	173	19	214	23
捷 克	Czech Rep.	2657	34		
丹 麦	Denmark	544	13	47	1
吉布提	Djibouti	6		220	9
多米尼克	Dominica	45	60		
多明尼加	Dominican Rep.	1972	41	436	9
厄瓜多尔	Ecuador	9865	36	1519	5
埃 及	Egypt	70		20	
萨尔瓦多	El Salvador	287	14	204	10
赤道几内亚	Equatorial Guinea	1626	58	8	
厄立特里亚	Eritrea	1532	15	7153	71
爱沙尼亚	Estonia	2217	52	133	3
埃塞俄比亚	Ethiopia	12296	11	44650	41
斐 济	Fiji	1014	56	78	4
芬 兰	Finland	22157	73	1112	4
法 国	France	15954	29	1618	3
法属圭亚那	French Guiana	8082	98		
法属波利尼西亚	French Polynesia	155	42		
加 蓬	Gabon	22000	85		
冈比亚	Gambia	480	48	103	10
格鲁吉亚	Georgia	2742	39	51	1
德 国	Germany	11076	32		
加 纳	Ghana	4940	22		
希 腊	Greece	3903	30	2636	20
格陵兰	Greenland			8	
格林纳达	Grenada	17	50	1	4
瓜德罗普岛	Guadeloupe	64	39	3	2
关 岛	Guam	26	47		
危地马拉	Guatemala	3657	34	1672	15
几内亚	Guinea	6544	27	5850	24
几内亚比绍	Guinea-Bissau	2022	72	230	8
圭亚那	Guyana	15205	77	3580	18
海 地	Haiti	101	4		
洪都拉斯	Honduras	5192	46	1475	13
匈牙利	Hungary	2029	23		
冰 岛	Iceland	30		86	1
印 度	India	68434	23	3267	1
印度尼西亚	Indonesia	94432	52	21003	12

1-2-1　续表 2　continued

国家或地区	Country or Area	森林 Forest		其他林地 Other Wooded Land	
		面积(千公顷) Area(1000 ha)	占土地面积比重(%) % of Land Area	面积(千公顷) Area(1000 ha)	占土地面积比重(%) % of Land Area
伊　朗	Iran	11075	7	5340	3
伊拉克	Iraq	825	2	259	1
爱尔兰	Ireland	739	11	50	1
马恩岛	Isle of Man	3	6		
以色列	Israel	154	7	33	2
意大利	Italy	9149	31	1767	6
牙买加	Jamaica	337	31	188	17
日　本	Japan	24979	69		
新泽西州	Jersey	1	5		
约　旦	Jordan	98	1	51	1
哈萨克斯坦	Kazakhstan	3309	1	16479	6
肯尼亚	Kenya	3467	6	28650	50
基里巴斯	Kiribati	12	15		
朝　鲜	Korea，Dem.	5666	47		
韩　国	Korea，Rep.	6222	63		
科威特	Kuwait	6			
吉尔吉斯斯坦	Kyrgyzstan	954	5	390	2
老　挝	Laos	15751	68	4834	21
拉脱维亚	Latvia	3354	54	113	2
黎巴嫩	Lebanon	137	13	106	10
莱索托	Lesotho	44	1	97	3
利比里亚	Liberia	4329	45		
利比亚	Libyan	217		330	
列支敦士登	Liechtenstein	7	43	1	3
立陶宛	Lithuania	2160	34	80	1
卢森堡	Luxembourg	87	33	1	1
马其顿	Macedonia	998	39	143	6
马达加斯加	Madagascar	12553	22	15688	27
马拉维	Malawi	3237	34		
马来西亚	Malaysia	20456	62		
马尔代夫	Maldives	1	3		
马　里	Mali	12490	10	8227	7
马耳他	Malta		1		
马绍尔群岛	Marshall Islands	13	70		
马提尼克	Martinique	49	46	1	1
毛里塔尼亚	Mauritania	242		3060	3
毛里求斯	Mauritius	35	17	12	6
马约特岛	Mayotte	14	37		1
墨西哥	Mexico	64802	33	20181	10
密克罗尼西亚	Micronesia	64	92		
摩尔多瓦	Moldova	386	12	70	2
蒙　古	Mongolia	10898	7	1947	1
黑　山	Montenegro	543	40	175	13
蒙特塞拉特	Montserrat	3	24	2	16

1-2-1 续表 3 continued

国家或地区	Country or Area	森林 Forest		其他林地 Other Wooded Land	
		面积(千公顷) Area(1000 ha)	占土地面积比重(%) % of Land Area	面积(千公顷) Area(1000 ha)	占土地面积比重(%) % of Land Area
摩洛哥	Morocco	5131	11	631	1
莫桑比克	Mozambique	39022	50	14566	19
缅甸	Myanmar	31773	48	20113	31
纳米比亚	Namibia	7290	9	8290	10
尼泊尔	Nepal	3636	25	1897	13
荷兰	Netherlands	365	11		
荷属安的列斯群岛	Netherlands Antilles	1	1	33	41
新喀里多尼亚	New Caledonia	839	46	371	20
新西兰	New Zealand	8269	31	2557	10
尼加拉瓜	Nicaragua	3114	26	2219	18
尼日尔	Niger	1204	1	3440	3
尼日利亚	Nigeria	9041	10	4088	4
纽埃	Niue	19	72		
诺福克岛	Norfolk Island		12		
北马里亚纳群岛	Northern Mariana Islands	30	66		
挪威	Norway	10065	33	2703	9
阿曼	Oman	2		1303	4
巴基斯坦	Pakistan	1687	2	1455	2
帕劳	Palau	40	88		
巴拿马	Panama	3251	44	821	11
巴布亚新几内亚	Papua New Guinea	28726	63	4474	10
巴拉圭	Paraguay	17582	44		
秘鲁	Peru	67992	53	22132	17
菲律宾	Philippines	7665	26	10128	34
皮特凯恩	Pitcairn	4	83	1	12
波兰	Poland	9337	30		
葡萄牙	Portugal	3456	38	155	2
波多黎各	Puerto Rico	552	62		
卡塔尔	Qatar			1	
留尼旺岛	Réunion	88	35	51	20
罗马尼亚	Romania	6573	29	160	1
俄罗斯	Russia	809090	49	73220	4
卢旺达	Rwanda	435	18	61	2
圣巴泰勒米	Saint Barthélemy			1	24
圣基茨和尼维斯	Saint Kitts and Nevis	11	42	2	8
圣卢西亚	Saint Lucia	47	77		
圣马丁	Saint Martin	1	19	1	19
圣皮埃尔和密克隆	Saint Pierre and Miquelon	3	13		
圣文森特和格林纳丁斯	Saint Vincent and the Grenadines	27	68		
萨摩亚	Samoa	171	60	22	8
圣多美和普林西比	Sao Tome and Principe	27	28	29	30
沙特阿拉伯	Saudi Arabia	977		1117	1
塞内加尔	Senegal	8473	44	4911	26
塞尔维亚	Serbia	2713	31	410	5

1-2-1　续表 4　continued

国家或地区	Country or Area	森林 Forest		其他林地 Other Wooded Land	
		面积(千公顷) Area(1000 ha)	占土地面积比重(%) % of Land Area	面积(千公顷) Area(1000 ha)	占土地面积比重(%) % of Land Area
塞舌尔	Seychelles	41	88		
塞拉利昂	Sierra Leone	2726	38	189	3
新加坡	Singapore	2	3		
斯洛伐克	Slovakia	1933	40		
斯洛文尼亚	Slovenia	1253	62	21	1
所罗门群岛	Solomon Islands	2213	79	129	5
索马里	Somalia	6747	11		
南非	South Africa	9241	8	24558	20
西班牙	Spain	18173	36	9574	19
斯里兰卡	Sri Lanka	1860	29		
苏丹	Sudan	69949	29	50224	21
苏里南	Suriname	14758	95		
斯威士兰	Swaziland	563	33	427	25
瑞典	Sweden	28203	69	3044	7
瑞士	Switzerland	1240	31	71	2
叙利亚	Syrian Arab Rep.	491	3	35	
塔吉克斯坦	Tajikistan	410	3	142	1
坦桑尼亚	Tanzania	33428	38	11619	13
泰国	Thailand	18972	37		
东帝汶	Timor-Leste	742	50		
多哥	Togo	287	5	1246	23
汤加	Tonga	9	13		
特里尼达和多巴哥	Trinidad and Tobago	226	44	84	16
突尼斯	Tunisia	1006	6	300	2
土耳其	Turkey	11334	15	10368	13
土库曼斯坦	Turkmenistan	4127	9		
特克斯和凯科斯群岛	Turks and Caicos Islands	34	80		
图瓦卢	Tuvalu	1	33		
乌干达	Uganda	2988	15	3383	17
乌克兰	Ukraine	9705	17	41	
阿联酋	United Arab Emirates	317	4	4	
英国	United Kingdom	2881	12	20	
美国	United States	304022	33	14933	2
美属维尔京群岛	United States Virgin Islands	20	58		
乌拉圭	Uruguay	1744	10	4	
乌兹别克斯坦	Uzbekistan	3276	8	874	2
瓦努阿图	Vanuatu	440	36	476	39
委内瑞拉	Venezuela	46275	52	7317	8
越南	Viet Nam	13797	44	1124	4
瓦利斯群岛和富图纳群岛	Wallis and Futuna Islands	6	42	2	11
也门	Yemen	549	1	1406	3
赞比亚	Zambia	49468	67	6075	8
津巴布韦	Zimbabwe	15624	40		

1-2-2 活立木总蓄积量(2010年)

Growing Stock in Forest and Other Wooded Land (2010)

资料来源：粮农组织2010版《全球森林资源评价》。
Source:FAO Global Forest Resources Assessment 2010.

国家或地区	Country or Area	活立木蓄积量(百万立方米) Growing Stock (million m^3)	森林活立木蓄积量 Growing Stock in Forest			其他林木立木蓄积量 Growing Stock on Other Wooded Land	
			总量(百万立方米) Total (million m^3)	单位面积蓄积量(立方米/公顷) Per Unit Area of Stock (m^3 / hectare)	商业木材占比 % Commercial Species	百万立方米 (million m^3)	单位面积蓄积量(立方米/公顷) Per Unit Area of Stock (m^3 / hectare)
阿富汗	Afghanistan	21	21	16			
阿尔巴尼亚	Albania	82	75	97	100	7	29
阿尔及利亚	Algeria	124	114	76	100	10	4
萨摩亚	American Samoa	2	2	104			
安哥拉	Angola	2266	2266	39	12		
阿根廷	Argentina	3789	2931	100	69	858	14
亚美尼亚	Armenia	34	33	126		1	18
奥地利	Austria	1135	1135	292	100		
阿塞拜疆	Azerbaijan	127	127	136			
孟加拉国	Bangladesh	70	70	48	62		
白俄罗斯	Belarus	1580	1580	183	100		
比利时	Belgium	168	168	248	100		
伯利兹	Belize	226	226	162			
贝宁	Benin	161	161	35	67		
不丹	Bhutan	650	650	200	40		
玻利维亚	Bolivia	4242	4242	74			
波黑	Bosnia and Herzegovina	358	358	164	100		
博茨瓦纳	Botswana	760	760	67			
巴西	Brazil	126221	126221	243	35		
文莱	Brunei Darussalam	73	72	190	84	1	26
保加利亚	Bulgaria	656	656	167	100		
布基纳法索	Burkina Faso	312	237	42		75	15
布隆迪	Burundi	20	20	117			
柬埔寨	Cambodia	959	959	95			
喀麦隆	Cameroon	6385	6141	308	18	244	19
加拿大	Canada	32983	32983	106			
佛得角	Cape Verde	12	12	145	100		
中非共和国	Central African	3776	3776	167	28		
乍得	Chad	276	211	18	38	65	7
智利	Chile	2997	2997	185	63		
哥伦比亚	Colombia	8982	8982	148			
科摩罗	Comoros	1	1	213	100		
刚果(金)	Congo,Dem. Rep.	35473	35473	230			
刚果(布)	Congo,Rep. .	5018	4539	203	30	479	46
哥斯达黎加	Costa Rica	272	272	104			
科特迪瓦	Côte d'Ivoire	2632	2632	253			
克罗地亚	Croatia	416	410	213	100	6	10
古巴	Cuba	258	258	90	100		
塞浦路斯	Cyprus	9	9	51	89		
捷克共和国	Czech Rep.	769	769	290	100		
丹麦	Denmark	109	108	199	100	1	23

1-2-2　续表 1　continued

国家或地区	Country or Area	活立木蓄积量 (百万立方米) Growing Stock (million m^3)	森林活立木蓄积量 Growing Stock in Forest			其他林木立木蓄积量 Growing Stock on Other Wooded Land	
			总量 (百万立方米) Total (million m^3)	单位面积蓄积量 (立方米/公顷) Per Unit Area of Stock (m^3 / hectare)	商业木材占比 % Commercial Species	百万立方米 (million m^3)	单位面积蓄积量 (立方米/公顷) Per Unit Area of Stock (m^3 / hectare)
多米尼加	Dominican Rep.	122	122	62			
埃　　及	Egypt	8	8	120			11
赤道几内亚	Equatorial Guinea	268	268	165			
爱沙尼亚	Estonia	455	449	203	100	6	44
埃塞俄比亚	Ethiopia	367	264	21	25	103	2
芬　　兰	Finland	2199	2189	99	98	10	9
法　　国	France	2584	2584	162	100		
法属圭亚那	French Guiana	2829	2829	350			
加　　蓬	Gabon	4895	4895	223	8		
冈 比 亚	Gambia	20	18	37		2	20
格鲁吉亚	Georgia	467	467	170			
德　　国	Germany	3492	3492	315			
加　　纳	Ghana	291	291	59			
希　　腊	Greece	185	185	47			
格林纳达	Grenada	1	1	45			
瓜德罗普岛	Guadeloupe	26	26	409	3		8
关　　岛	Guam	2	2	64			
危地马拉	Guatemala	649	596	163	17	53	32
几 内 亚	Guinea	506	506	77			
几内亚比索	GuineaBissau	62	61	30	34	1	3
圭 亚 那	Guyana	2206	2206	145			
海　　地	Haiti	7	7	65			
洪都拉斯	Honduras	629	629	121			
匈 牙 利	Hungary	359	359	177	94		
冰　　岛	Iceland	1		15		1	9
印　　度	India	5489	5489	80	26		
印度尼西亚	Indonesia	11343	11343	120			
伊　　朗	Iran	536	536	48			
爱 尔 兰	Ireland	74	74	101	98		
以 色 列	Israel	6	6	38	3		
意 大 利	Italy	1448	1384	151	100	64	36
牙 买 加	Jamaica	76	52	154	2	24	129
约　　旦	Jordan	3	3	30			
哈萨克斯坦	Kazakhstan	376	364	110		12	1
肯 尼 亚	Kenya	1087	629	181	9	458	16
朝　　鲜	Korea，Dem.	360	360	64			
韩　　国	Korea，Rep.	605	605	97	66		
吉尔吉斯斯坦	Kyrgyzstan	45	45	47			
老　　挝	Laos	963	929	59		34	7
拉脱维亚	Latvia	635	633	189	100	2	17
黎 巴 嫩	Lebanon	6	5	37	29	1	5
莱 索 托	Lesotho	4	3	65		1	10

1-2-2 续表 2 continued

国家或地区	Country or Area	活立木蓄积量（百万立方米）Growing Stock (million m^3)	森林活立木蓄积量 Growing Stock in Forest			其他林木立木蓄积量 Growing Stock on Other Wooded Land	
			总量（百万立方米）Total (million m^3)	单位面积蓄积量（立方米/公顷）Per Unit Area of Stock (m^3 / hectare)	商业木材占比 % Commercial Species	百万立方米 (million m^3)	单位面积蓄积量（立方米/公顷）Per Unit Area of Stock (m^3 / hectare)
利比里亚	Liberia	684	684	158			
利 比 亚	Libyan	12	8	36		4	13
列支敦士登	Liechtenstein	2	2	254			
立 陶 宛	Lithuania	472	470	218	100	2	30
卢 森 堡	Luxembourg	26	26	299	100		
马 其 顿	Macedonia	76	76	77	100		
马达加斯加	Madagascar	2852	2146	171	28	706	45
马 拉 维	Malawi	354	354	109			
马来西亚	Malaysia	4239	4239	207			
马 里	Mali	308	246	20	30	62	8
马绍尔群岛	Marshall Islands	2	2	162			
马提尼克	Martinique	15	15	311	3		
毛里塔尼亚	Mauritania	36	5	20		31	10
毛里求斯	Mauritius	3	3	85	62		28
墨 西 哥	Mexico	2906	2870	44		36	2
密克罗尼西亚	Micronesia	17	17	272			
摩尔多瓦	Moldova	52	48	123		4	51
蒙 古	Mongolia	1428	1426	131		2	1
黑山共和国	Montenegro	72	72	133			
摩 洛 哥	Morocco	188	187	36	71	1	2
莫桑比克	Mozambique	1707	1420	36	14	287	20
缅 甸	Myanmar	1430	1430	45	28		
纳米比亚	Namibia	218	175	24		43	5
尼 泊 尔	Nepal	714	647	178		67	35
荷 兰	Netherlands	70	70	192	100		
新喀里多尼亚	New Caledonia	53	53	64			
新 西 兰	New Zealand	3844	3586	434	14	258	101
尼加拉瓜	Nicaragua	461	461	148	17		
尼 日 尔	Niger	23	12	10	100	11	3
尼日利亚	Nigeria	1161	1161	128	14		
北马里亚纳群岛	Northern Mariana Islands	1	1	48			
挪 威	Norway	1012	987	98	100	25	9
巴基斯坦	Pakistan	160	160	95			
帕 劳	Palau	8	8	190			
巴 拿 马	Panama	677	664	204		13	16
巴布亚新几内亚	Papua New Guinea	2796	2726	95		70	16
秘 鲁	Peru	8159	8159	120			
菲 律 宾	Philippines	1501	1278	167		223	22
波 兰	Poland	2049	2049	219	100		
葡 萄 牙	Portugal	188	186	54	83	2	12
波多黎各	Puerto Rico	19	19	35			

1-2-2　续表 3　continued

国家或地区	Country or Area	活立木蓄积量（百万立方米）Growing Stock (million m^3)	森林活立木蓄积量 Growing Stock in Forest			其他林木立木蓄积量 Growing Stock on Other Wooded Land	
			总量（百万立方米）Total (million m^3)	单位面积蓄积量（立方米/公顷）Per Unit Area of Stock (m^3 / hectare)	商业木材占比 % Commercial Species	百万立方米 (million m^3)	单位面积蓄积量（立方米/公顷）Per Unit Area of Stock (m^3 / hectare)
罗马尼亚	Romania	1390	1390	212	100		
俄 罗 斯	Russia	83298	81523	101	100	1775	24
卢 旺 达	Rwanda	81	79	182	95	2	30
圣多美和普林西比	Sao Tome and Principe	5	5	167	100		
沙乌地阿拉伯	Saudi Arabia	14	8	8		6	5
塞内加尔	Senegal	339	316	37	75	23	5
塞尔维亚	Serbia	415	415	153	84		
塞 舌 尔	Seychelles	3	3	74			
塞拉利昂	Sierra Leone	112	109	40	25	3	15
斯洛伐克	Slovakia	514	514	266	100		
斯洛文尼亚	Slovenia	417	416	332	100	1	62
所罗门群岛	Solomon Islands	208	208	94	51		
索 马 里	Somalia	169	169	25			
南　　非	South Africa	1161	670	73	36	491	20
西 班 牙	Spain	914	912	50	96	2	
斯里兰卡	Sri Lanka	39	39	21			
苏　　丹	Sudan	1374	972	14		402	8
苏 里 南	Suriname	3389	3389	230			
斯威士兰	Swaziland	24	19	34	56	5	12
瑞　　典	Sweden	3369	3358	119	100	11	4
瑞　　士	Switzerland	428	428	345	100		
塔吉克斯坦	Tajikistan	6	5	13		1	4
坦桑尼亚	Tanzania	1353	1237	37		116	10
泰　　国	Thailand	783	783	41			
汤　　加	Tonga	1	1	156	43	0	
特立尼达多巴哥	Trinidad and Tobago	26	24	105	87	2	19
突 尼 斯	Tunisia	27	26	26	2	1	4
土 耳 其	Turkey	1617	1526	135	71	91	9
土库曼斯坦	Turkmenistan	15	15	4			
乌 干 达	Uganda	155	131	44	3	24	7
乌 克 兰	Ukraine	2119	2119	218	100		
阿 联 酋	United Arab Emirates	16	16	49			25
英　　国	United Kingdom	380	379	132	100	1	50
美　　国	United States	47088	47088	155	92		
乌 拉 圭	Uruguay	125	125	72	8		
乌兹别克斯坦	Uzbekistan	26	26	8			
越　　南	Viet Nam	870	870	63	32		
西撒哈拉	Western Sahara	26	26	37		0	
也　　门	Yemen	17	5	9		12	8
赞 比 亚	Zambia	2813	2755	56	12	58	10
津巴布韦	Zimbabwe	596	596	38	2		

1-2-3 森林类型（2010年）
Forest by Type (2010)

资料来源：粮农组织2010版《全球森林资源评价》。
Source:FAO Global Forest Resources Assessment 2010.

国家或地区	Country or Area	原始森林 Primary Forest		其他自然再生林 Other Naturally Regenerated Forest		人工林 Planted Forest	
		面积(千公顷) Area(1000 ha)	占比 % of Forest Area	面积(千公顷) Area(1000 ha)	占比 % of Forest Area	面积(千公顷) Area(1000 ha)	占比 % of Forest Area
阿尔巴尼亚	Albania	85	11	598	77	94	12
阿尔及利亚	Algeria			1088	73	404	27
安哥拉	Angola			58352	100	128	
阿根廷	Argentina	1738	6	26268	89	1394	5
亚美尼亚	Armenia	13	5	228	87	21	8
澳大利亚	Australia	5039	3	142359	95	1903	1
阿塞拜疆	Azerbaijan	400	43	516	55	20	2
巴哈马群岛	Bahamas			515	100		
巴林	Bahrain					1	100
孟加拉国	Bangladesh	436	30	769	53	237	16
巴巴多斯	Barbados			8	99		1
白俄罗斯	Belarus	400	5	6373	74	1857	22
比利时	Belgium			282	42	396	58
伯利兹	Belize	599	43	792	57	2	
贝宁	Benin			4542	100	19	
不丹	Bhutan	413	13	2833	87	3	
玻利维亚	Bolivia	37164	65	20012	35	20	
波黑	Bosnia and Herzegovina	2		1184	54	999	46
博茨瓦纳	Botswana			11351	100		
巴西	Brazil	476573	92	35532	7	7418	1
文莱	Brunei Darussalam	263	69	114	30	3	1
保加利亚	Bulgaria	338	9	2774	71	815	21
布基纳法索	Burkina Faso			5540	98	109	2
布隆迪	Burundi	40	23	63	37	69	40
柬埔寨	Cambodia	322	3	9703	96	69	1
加拿大	Canada	165448	53	135723	44	8963	3
佛得角	Cape Verde					85	100
中非共和国	Central African Rep.	2370	10	20233	90	2	
乍得	Chad	184	2	11324	98	17	
智利	Chile	4439	27	9408	58	2384	15
哥伦比亚	Colombia	8543	14	51551	85	405	1
科摩罗	Comoros			2	67	1	33
刚果(布)	Congo,Rep.	7436	33	14900	66	75	
库克群岛	Cook Islands			14	93	1	7
哥斯达黎加	Costa Rica	623	24	1741	67	241	9
科特迪瓦	Côte d'Ivoire	625	6	9441	91	337	3
克罗地亚	Croatia	7		1843	96	70	4
古巴	Cuba			2384	83	486	17
塞浦路斯	Cyprus	13	8	129	75	31	18
捷克共和国	Czech Rep.	9		13		2635	99
丹麦	Denmark	25	5	112	21	407	75
吉布提	Djibouti			6	100		
多米尼加	Dominica	27	60	18	40		
厄瓜多尔	Ecuador	4805	49	4893	50	167	2
埃及	Egypt					70	100
萨尔瓦多	El Salvador	5	2	267	93	15	5

1-2-3 续表 1 continued

国家或地区	Country or Area	原始森林 Primary Forest		其他自然再生林 Other Naturally Regenerated Forest		人工林 Planted Forest	
		面积(千公顷) Area(1000 ha)	占比 % of Forest Area	面积(千公顷) Area(1000 ha)	占比 % of Forest Area	面积(千公顷) Area(1000 ha)	占比 % of Forest Area
赤道几内亚	Equatorial Guinea			1626	100		
厄立特里亚	Eritrea			1498	98	34	2
爱沙尼亚	Estonia	964	43	1085	49	168	8
埃塞俄比亚	Ethiopia			11785	96	511	4
斐 济	Fiji	449	44	388	38	177	17
芬 兰	Finland			16252	73	5904	27
法 国	France	30		14291	90	1633	10
法属圭亚那	French Guiana	7690	95	391	5	1	
法属波利尼西亚	French Polynesia	40	26	105	68	10	6
加 蓬	Gabon	14334	65	7636	35	30	
冈 比 亚	Gambia	1		478	100	1	
格鲁吉亚	Georgia	500	18	2059	75	184	7
德 国	Germany			5793	52	5283	48
加 纳	Ghana	395	8	4285	87	260	5
希 腊	Greece			3763	96	140	4
格林纳达	Grenada	2	14	14	85		1
瓜德罗普岛	Guadeloupe	15	23	45	70	4	7
瓜地马拉	Guatemala	1619	44	1865	51	173	5
几 内 亚	Guinea	63	1	6388	98	93	1
几内亚比索	GuineaBissau			2021	100	1	
圭 亚 那	Guyana	6790	45	8415	55		
海 地	Haiti			73	72	28	28
洪都拉斯	Honduras	457	9	4735	91		
匈 牙 利	Hungary			417	21	1612	79
冰 岛	Iceland			3	10	27	90
印 度	India	15701	23	42522	62	10211	15
印度尼西亚	Indonesia	47236	50	43647	46	3549	4
伊 朗	Iran	200	2	10031	91	844	8
伊 拉 克	Iraq			810	98	15	2
爱 尔 兰	Ireland			82	11	657	89
以 色 列	Israel			66	43	88	57
意 大 利	Italy	93	1	8435	92	621	7
牙 买 加	Jamaica	88	26	242	72	7	2
日 本	Japan	4747	19	9906	40	10326	41
约 旦	Jordan			51	52	47	48
哈萨克斯坦	Kazakhstan			2408	73	901	27
肯 尼 亚	Kenya	654	19	2616	75	197	6
基里巴斯	Kiribati			12	100		
朝 鲜	Korea,Dem.	780	14	4104	72	781	14
韩 国	Korea,Rep.	2957	48	1443	23	1823	29
科 威 特	Kuwait					6	100
吉尔吉斯斯坦	Kyrgyzstan	269	28	628	66	57	6
老 挝	Laos	1490	9	14037	89	224	1
拉脱维亚	Latvia	15		2711	81	628	19
黎 巴 嫩	Lebanon			126	92	11	8
莱 索 托	Lesotho			34	76	10	24
利比里亚	Liberia	175	4	4146	96	8	

1-2-3 续表 2 continued

国家或地区	Country or Area	原始森林 Primary Forest		其他自然再生林 Other Naturally Regenerated Forest		人工林 Planted Forest	
		面积(千公顷) Area(1000 ha)	占比 % of Forest Area	面积(千公顷) Area(1000 ha)	占比 % of Forest Area	面积(千公顷) Area(1000 ha)	占比 ·% of Forest Area
利比亚	Libya					217	100
列支敦士登	Liechtenstein	2	22	5	74		4
立陶宛	Lithuania	26	1	1613	75	521	24
卢森堡	Luxembourg			59	68	28	33
马其顿	Macedonia			893	89	105	11
马达加斯加	Madagascar	3036	24	9102	73	415	3
马拉维	Malawi	934	29	1938	60	365	11
马来西亚	Malaysia	3820	19	14829	72	1807	9
马里	Mali			11960	96	530	4
马绍尔群岛	Marshall Islands	8	65			4	35
马提尼克	Martinique			46	95	2	5
毛里塔尼亚	Mauritania			221	91	21	9
毛里求斯	Mauritius			20	58	15	42
马约特岛	Mayotte	1	5	12	87	1	7
墨西哥	Mexico	34310	53	27289	42	3203	5
密克罗尼西亚	Micronesia	48	75	2	2	14	22
摩尔多瓦	Moldova			384	99	2	1
蒙古	Mongolia	5152	47	5601	51	145	1
蒙特塞拉特岛	Montserrat			3	100		
摩洛哥	Morocco			4510	88	621	12
莫桑比克	Mozambique			38960	100	62	
缅甸	Myanmar	3192	10	27593	87	988	3
纳米比亚	Namibia			7290	100		
尼泊尔	Nepal	526	14	3067	84	43	1
荷兰	Netherlands					365	100
新喀里多尼亚	New Caledonia	431	51	398	47	10	1
新西兰	New Zealand	2144	26	4313	52	1812	22
尼加拉瓜	Nicaragua	1179	38	1861	60	74	2
尼日尔	Niger	220	18	836	69	148	12
尼日利亚	Nigeria			8659	96	382	4
纽埃	Niue	6	30	13	68		2
北马里亚纳群岛	Northern Mariana Islands	8	27			22	73
挪威	Norway	223	2	8367	83	1475	15
阿曼	Oman					2	100
巴基斯坦	Pakistan			1347	80	340	20
巴拿巴	Panama			3172	98	79	2
巴布亚新几内亚	Papua New Guinea	26210	91	2430	8	86	
巴拉圭	Paraguay	1850	11	15684	89	48	
秘鲁	Peru	60178	89	6821	10	993	1
菲律宾	Philippines	861	11	6452	84	352	5
波兰	Poland	54	1	394	4	8889	95
葡萄牙	Portugal	24	1	2583	75	849	25
波多黎各	Puerto Rico			552	100		
罗马尼亚	Romania	300	5	4827	73	1446	22
俄罗斯	Russia	256482	32	535618	66	16991	2
卢旺达	Rwanda	7	2	55	13	373	86
圣露西亚	Saint Lucia	12	24	34	73	1	3

1-2-3　续表 3　continued

国家或地区	Country or Area	原始森林 Primary Forest		其他自然再生林 Other Naturally Regenerated Forest		人工林 Planted Forest	
		面积(千公顷) Area(1000 ha)	占比 % of Forest Area	面积(千公顷) Area(1000 ha)	占比 % of Forest Area	面积(千公顷) Area(1000 ha)	占比 % of Forest Area
圣彼埃尔和密克隆岛	Saint Pierre and Miquelon			3	100		
萨 摩 亚	Samoa			139	81	32	19
圣多美和普林西比	Sao Tome and Principe	11	41	16	59		
沙乌地阿拉伯	Saudi Arabia	360	37	617	63		
塞内加尔	Senegal	1553	18	6456	76	464	5
塞尔维亚	Serbia	1		2532	93	180	7
塞 舌 尔	Seychelles	2	5	34	83	5	12
塞拉利昂	Sierra Leone	113	4	2599	95	15	1
新 加 坡	Singapore	2	100				
斯洛伐克	Slovakia	24	1	950	49	959	50
斯洛文尼亚	Slovenia	109	9	1112	89	32	3
所罗门群岛	Solomon Islands	1105	50	1081	49	27	1
索 马 里	Somalia			6744	100	3	
南 非	South Africa	947	10	6531	71	1763	19
西 班 牙	Spain			15493	85	2680	15
斯里兰卡	Sri Lanka	167	9	1508	81	185	10
苏 丹	Sudan	13990	20	49891	71	6068	9
苏 里 南	Suriname	14001	95	744	5	13	
斯威士兰	Swaziland			423	75	140	25
瑞 典	Sweden	2609	9	21981	78	3613	13
瑞 士	Switzerland	40	3	1028	83	172	14
叙 利 亚	Syrian Arab Rep.			198	40	294	60
塔吉克斯坦	Tajikistan	297	72	12	3	101	25
坦桑尼亚	Tanzania			33188	99	240	1
泰 国	Thailand	6726	35	8261	44	3986	21
东 帝 汶	TimorLeste			699	94	43	6
多 哥	Togo			245	85	42	15
汤 加	Tonga	4	44	4	44	1	11
特立尼达和多巴哥	Trinidad and Tobago	62	28	146	64	18	8
突 尼 斯	Tunisia			316	31	690	69
土 耳 其	Turkey	973	9	6943	61	3418	30
土库曼斯坦	Turkmenistan	104	3	4023	97		
乌 干 达	Uganda			2937	98	51	2
乌 克 兰	Ukraine	59	1	4800	49	4846	50
阿 联 酋	United Arab Emirates					317	100
英 国	United Kingdom			662	23	2219	77
美 国	United States	75277	25	203382	67	25363	8
美属维尔京群岛	United States Virgin Islands			20	100		
乌 拉 圭	Uruguay	306	18	460	26	978	56
乌兹别克斯坦	Uzbekistan	72	2	2569	78	635	19
越 南	Viet Nam	80	1	10205	74	3512	25
西撒哈拉	Western Sahara			707	100		
也 门	Yemen			549	100		
赞 比 亚	Zambia			49406	100	62	
津巴布韦	Zimbabwe	801	5	14715	94	108	1

1-2-4 森林用地变化

Trends in Extent of Forest Area

资料来源：粮农组织2010版《全球森林资源评价》。
Source:FAO Global Forest Resources Assessment 2010.

国家或地区	Country or Area	1990-2000		2000-2005		2005-2010	
		变化量（千公顷/年） Variation (1000 ha/yr)	年均变化率 Change Rate (%)	变化量（千公顷/年） Variation (1000 ha/yr)	年均变化率 Change Rate (%)	变化量（千公顷/年） Variation (1000 ha/yr)	年均变化率 Change Rate (%)
世界	**World**	**-8323**	**-0.20**	**-4841**	**-0.12**	**-5581**	**-0.14**
阿尔巴尼亚	Albania	-2	-0.26	3	0.34	-1	-0.15
阿尔及利亚	Algeria	-9	-0.54	-9	-0.55	-9	-0.58
美属萨摩亚	American Samoa		-0.19		-0.19		-0.19
安哥拉	Angola	-125	-0.21	-125	-0.21	-125	-0.21
安提瓜和巴布达	Antigua and Barbuda		-0.30		-0.40		
阿根廷	Argentina	-293	-0.88	-252	-0.81	-240	-0.80
亚美尼亚	Armenia	-4	-1.31	-4	-1.42	-4	-1.53
澳大利亚	Australia	42	0.03	-200	-0.13	-924	-0.61
奥地利	Austria	6	0.16	5	0.12	5	0.13
巴林	Bahrain		5.56		3.84		3.26
孟加拉国	Bangladesh	-3	-0.18	-3	-0.18	-3	-0.18
白俄罗斯	Belarus	49	0.62	33	0.39	39	0.46
比利时	Belgium	-1	-0.15	1	0.16	1	0.15
伯利兹	Belize	-10	-0.63	-10	-0.65	-10	-0.68
贝宁	Benin	-70	-1.29	-50	-1.01	-50	-1.06
不丹	Bhutan	11	0.34	11	0.34	11	0.34
玻利维亚	Bolivia	-270	-0.44	-271	-0.46	-308	-0.53
波黑	Bosnia and Herzegovina	-3	-0.11				
博茨瓦纳	Botswana	-118	-0.90	-118	-0.96	-118	-1.01
巴西	Brazil	-2890	-0.51	-3090	-0.57	-2194	-0.42
英属维尔京群岛	British Virgin Islands		-0.11		-0.05		-0.11
文莱	Brunei Darussalam	-2	-0.39	-2	-0.41	-2	-0.47
保加利亚	Bulgaria	5	0.14	55	1.58	55	1.47
布基纳法索	Burkina Faso	-60	-0.91	-60	-0.98	-60	-1.03
布隆迪	Burundi	-9	-3.71	-3	-1.78	-2	-1.01
柬埔寨	Cambodia	-140	-1.14	-163	-1.45	-127	-1.22
喀麦隆	Cameroon	-220	-0.94	-220	-1.02	-220	-1.07
佛得角	Cape Verde	2	3.58		0.36		0.36
中非共和国	Central African Rep.	-30	-0.13	-30	-0.13	-30	-0.13
乍得	Chad	-79	-0.62	-79	-0.65	-79	-0.67
智利	Chile	57	0.37	42	0.26	38	0.23
哥伦比亚	Colombia	-101	-0.16	-101	-0.16	-101	-0.17
科摩罗	Comoros		-3.97	-1	-8.97		-9.71
刚果(金)	Congo,Dem.Rep.	-311	-0.20	-311	-0.20	-311	-0.20
刚果(布)	Congo,Rep.	-17	-0.08	-17	-0.08	-12	-0.05
哥斯达黎加	Costa Rica	-19	-0.76	23	0.95	23	0.90
科特迪瓦	Côte d'Ivoire	11	0.10	15	0.15		
克罗地亚	Croatia	4	0.19	4	0.19	3	0.18
古巴	Cuba	38	1.70	52	2.06	35	1.25
塞浦路斯	Cyprus	1	0.63		0.14		0.04

1-2-4 续表 1 continued

国家或地区	Country or Area	1990-2000		2000-2005		2005-2010	
		变化量 (千公顷/年) Variation (1000 ha/yr)	年均变化率 Change Rate (%)	变化量 (千公顷/年) Variation (1000 ha/yr)	年均变化率 Change Rate (%)	变化量 (千公顷/年) Variation (1000 ha/yr)	年均变化率 Change Rate (%)
捷　　克	Czech Rep.	1	0.03	2	0.08	2	0.08
丹　　麦	Denmark	4	0.89	10	1.90	2	0.37
多米尼加	Dominica		-0.55		-0.57		-0.59
厄瓜多尔	Ecuador	-198	-1.53	-198	-1.73	-198	-1.89
埃　　及	Egypt	2	2.98	2	2.58	1	0.88
萨尔瓦多	El Salvador	-5	-1.26	-5	-1.43	-4	-1.47
赤道几内亚	Equatorial Guinea	-12	-0.65	-12	-0.67	-12	-0.71
厄立特里亚	Eritrea	-5	-0.28	-4	-0.28	-4	-0.28
爱沙尼亚	Estonia	15	0.71	2	0.08	-7	-0.31
埃塞俄比亚	Ethiopia	-141	-0.97	-141	-1.05	-141	-1.11
斐　　济	Fiji	3	0.29	3	0.34	3	0.34
芬　　兰	Finland	57	0.26	-60	-0.27		
法　　国	France	82	0.55	72	0.47	48	0.30
法属圭亚那	French Guiana	-7	-0.09	-4	-0.04	-4	-0.04
法属波利尼西亚	French Polynesia	5	6.68	5	4.36	5	3.58
冈 比 亚	Gambia	2	0.42	2	0.43	2	0.38
格鲁吉亚	Georgia	-1	-0.04	-3	-0.09	-3	-0.09
德　　国	Germany	34	0.31				
加　　纳	Ghana	-135	-1.99	-115	-1.97	-115	-2.19
希　　腊	Greece	30	0.88	30	0.82	30	0.79
瓜德罗普岛	Guadeloupe		-0.30		-0.31		-0.28
危地马拉	Guatemala	-54	-1.20	-54	-1.32	-56	-1.47
几 内 亚	Guinea	-36	-0.51	-36	-0.53	-36	-0.54
几内亚比绍	Guinea-Bissau	-10	-0.44	-10	-0.46	-10	-0.49
海　　地	Haiti	-1	-0.62	-1	-0.74	-1	-0.77
洪都拉斯	Honduras	-174	-2.38	-120	-1.95	-120	-2.16
匈 牙 利	Hungary	11	0.57	15	0.78	9	0.46
冰　　岛	Iceland	1	7.78	1	6.66	1	3.32
印　　度	India	145	0.22	464	0.70	145	0.21
印度尼西亚	Indonesia	-1914	-1.75	-310	-0.31	-685	-0.71
伊 拉 克	Iraq	1	0.17	1	0.17		
爱 尔 兰	Ireland	17	3.16	12	1.82	9	1.24
以 色 列	Israel	2	1.49		0.26		-0.13
意 大 利	Italy	78	0.98	78	0.92	78	0.88
牙 买 加	Jamaica		-0.11		-0.10		-0.12
日　　本	Japan	-7	-0.03	12	0.05	9	0.04
哈萨克斯坦	Kazakhstan	-6	-0.17	-6	-0.17	-6	-0.17
肯 尼 亚	Kenya	-13	-0.35	-12	-0.34	-11	-0.31
朝　　鲜	Korea,Dem.	-127	-1.67	-127	-1.90	-127	-2.10
韩　　国	Korea,Rep	-8	-0.13	-7	-0.11	-7	-0.11
科 威 特	Kuwait		3.46		2.73		2.40
吉尔吉斯斯坦	Kyrgyzstan	2	0.26	2	0.26	17	1.87

1-2-4 续表 2 continued

国家或地区	Country or Area	1990-2000		2000-2005		2005-2010	
		变化量 (千公顷/年) Variation (1000 ha/yr)	年均变化率 Change Rate (%)	变化量 (千公顷/年) Variation (1000 ha/yr)	年均变化率 Change Rate (%)	变化量 (千公顷/年) Variation (1000 ha/yr)	年均变化率 Change Rate (%)
老 挝	Laos	-78	-0.46	-78	-0.48	-78	-0.49
拉脱维亚	Latvia	7	0.21	11	0.34	11	0.34
黎 巴 嫩	Lebanon			1	0.83		0.06
莱 索 托	Lesotho		0.49		0.47		0.46
利比里亚	Liberia	-30	-0.63	-30	-0.66	-30	-0.68
立 陶 宛	Lithuania	8	0.38	20	0.98	8	0.37
马 其 顿	Macedonia	5	0.49	3	0.35	5	0.47
马达加斯加	Madagascar	-57	-0.42	-57	-0.44	-57	-0.45
马 拉 维	Malawi	-33	-0.88	-33	-0.94	-33	-0.99
马来西亚	Malaysia	-79	-0.36	-140	-0.66	-87	-0.42
马 里	Mali	-79	-0.58	-79	-0.60	-79	-0.62
毛里塔尼亚	Mauritania	-10	-2.66	-10	-3.37	-5	-1.95
毛里求斯	Mauritius		-0.03	-1	-2.05		0.06
马约特岛	Mayotte		-1.15		-1.26		-1.35
墨 西 哥	Mexico	-354	-0.52	-235	-0.35	-155	-0.24
密克罗尼西亚	Micronesia		0.04		0.04		0.04
摩尔多瓦	Moldova	1	0.16	8	2.30	5	1.24
蒙 古	Mongolia	-82	-0.67	-82	-0.71	-82	-0.74
摩 洛 哥	Morocco	-3	-0.06	13	0.25	10	0.20
莫桑比克	Mozambique	-219	-0.52	-222	-0.54	-211	-0.53
缅 甸	Myanmar	-435	-1.17	-309	-0.90	-310	-0.95
纳米比亚	Namibia	-73	-0.87	-74	-0.94	-74	-0.99
尼 泊 尔	Nepal	-92	-2.09	-53	-1.39		
荷 兰	Netherlands	2	0.43	1	0.28		
新 西 兰	New Zealand	55	0.69	9	0.11	-8	-0.10
尼加拉瓜	Nicaragua	-70	-1.67	-70	-1.91	-70	-2.11
尼 日 尔	Niger	-62	-3.74	-12	-0.95	-12	-1.00
尼日利亚	Nigeria	-410	-2.68	-410	-3.33	-410	-4.00
纽 埃	Niue		-0.50		-0.52		-0.53
北马里亚纳群岛	Northern Mariana Islands		-0.50		-0.52		-0.53
挪 威	Norway	17	0.19	76	0.81	76	0.78
巴基斯坦	Pakistan	-41	-1.76	-43	-2.11	-43	-2.37
帕 劳	Palau		0.37		0.36		
巴 拿 巴	Panama	-42	-1.18	-12	-0.35	-12	-0.36
巴布亚新几内亚	Papua New Guinea	-139	-0.45	-139	-0.47	-142	-0.49
巴 拉 圭	Paraguay	-179	-0.88	-179	-0.94	-179	-0.99
秘 鲁	Peru	-94	-0.14	-94	-0.14	-150	-0.22
菲 律 宾	Philippines	55	0.80	55	0.76	55	0.73
波 兰	Poland	18	0.20	28	0.31	27	0.30
葡 萄 牙	Portugal	9	0.28	3	0.10	4	0.11
波多黎各	Puerto Rico	18	4.92	9	1.83	9	1.68
留尼旺岛	Réunion				-0.46	1	0.70

1-2-4 续表 3 continued

国家或地区	Country or Area	1990-2000		2000-2005		2005-2010	
		变化量 (千公顷/年) Variation (1000 ha/yr)	年均变化率 Change Rate (%)	变化量 (千公顷/年) Variation (1000 ha/yr)	年均变化率 Change Rate (%)	变化量 (千公顷/年) Variation (1000 ha/yr)	年均变化率 Change Rate (%)
罗马尼亚	Romania	-1	-0.01	5	0.08	36	0.56
俄 罗 斯	Russia	32		-96	-0.01	60	0.01
卢 旺 达	Rwanda	3	0.79	8	2.28	10	2.47
圣卢西亚	Saint Lucia		0.64		0.13		
圣皮埃尔和密克隆	Saint Pierre and Miquelon		-0.60		-1.28		-0.68
圣文森特和格林纳丁斯	Saint Vincent and the Grenadines		0.27		0.23		0.30
萨 摩 亚	Samoa	4	2.78				
塞内加尔	Senegal	-45	-0.49	-45	-0.51	-40	-0.47
塞尔维亚	Serbia	15	0.62	3	0.13	47	1.85
塞拉利昂	Sierra Leone	-20	-0.65	-20	-0.68	-20	-0.70
斯洛伐克	Slovakia		-0.01	2	0.11		0.01
斯洛文尼亚	Slovenia	5	0.37	2	0.16	2	0.16
所罗门群岛	Solomon Islands	-6	-0.24	-5	-0.24	-6	-0.25
索 马 里	Somalia	-77	-0.97	-77	-1.04	-77	-1.10
西 班 牙	Spain	317	2.09	61	0.36	176	1.00
斯里兰卡	Sri Lanka	-27	-1.20	-30	-1.47	-15	-0.77
苏 丹	Sudan	-589	-0.80	-54	-0.08	-54	-0.08
苏 里 南	Suriname					-4	-0.02
斯威士兰	Swaziland	5	0.93	5	0.87	4	0.80
瑞 典	Sweden	11	0.04	163	0.59		
瑞 士	Switzerland	4	0.37	5	0.38	5	0.38
叙 利 亚	Syrian Arab Rep.	6	1.51	6	1.31	6	1.27
坦桑尼亚	Tanzania	-403	-1.02	-403	-1.10	-403	-1.16
泰 国	Thailand	-55	-0.28	-21	-0.11	15	0.08
东 帝 汶	Timor-Leste	-11	-1.22	-11	-1.35	-11	-1.44
多 哥	Togo	-20	-3.37	-20	-4.50	-20	-5.75
特里尼达和多巴哥	Trinidad and Tobago	-1	-0.30	-1	-0.31	-1	-0.32
突 尼 斯	Tunisia	19	2.67	17	2.00	16	1.72
土 耳 其	Turkey	47	0.47	119	1.14	119	1.08
乌 干 达	Uganda	-88	-2.03	-88	-2.39	-88	-2.72
乌 克 兰	Ukraine	24	0.25	13	0.14	26	0.27
阿 联 酋	United Arab Emirates	7	2.38		0.13	1	0.34
英 国	United Kingdom	18	0.68	10	0.37	7	0.25
美 国	United States	386	0.13	383	0.13	383	0.13
美属维尔京群岛	United States Virgin Islands		-0.73		-0.78		-0.81
乌 拉 圭	Uruguay	49	4.38	22	1.48	45	2.79
乌兹别克斯坦	Uzbekistan	17	0.54	17	0.51	-4	-0.12
委内瑞拉	Venezuela	-288	-0.57	-288	-0.59	-288	-0.61
越 南	Viet Nam	236	2.28	270	2.21	144	1.08
瓦利斯和富图纳群岛	Wallis and Futuna Islands		0.03		0.07		0.03
赞 比 亚	Zambia	-167	-0.32	-167	-0.33	-167	-0.33
津巴布韦	Zimbabwe	-327	-1.58	-327	-1.79	-327	-1.97

1-2-5 森林年平均消失率(2000-2010年)

Deforestation Average Annual % (2000–2010)

资料来源：世界银行WDI数据库。
Source:World Bank WDI Database.

单位：%　　　　(%)

国家或地区	Country or Area	年平均消失率 Deforestation Average Annual	国家或地区	Country or Area	年平均消失率 Deforestation Average Annual
世　界	**World**	**0.11**	塞浦路斯	Cyprus	-0.09
阿尔巴尼亚	Albania	-0.10	捷克共和国	Czech Republic	-0.08
阿尔及利亚	Algeria	0.57	丹　麦	Denmark	-1.14
美属萨摩亚	American Samoa	0.19	多米尼克	Dominica	0.58
安哥拉	Angola	0.21	多米尼加	Dominican Republic	1.81
安提瓜和巴布达	Antigua and Barbuda	0.20	埃　及	Egypt	-1.73
阿根廷	Argentina	0.81	萨尔瓦多	El Salvador	1.45
亚美尼亚	Armenia	1.48	赤道几内亚	Equatorial Guinea	0.69
澳大利亚	Australia	0.37	厄立特里亚	Eritrea	0.28
奥地利	Austria	-0.13	爱沙尼亚	Estonia	0.12
巴　林	Bahrain	-3.55	埃塞俄比亚	Ethiopia	1.08
孟加拉国	Bangladesh	0.18	斐　济	Fiji	-0.34
白俄罗斯	Belarus	-0.43	芬　兰	Finland	0.14
比利时	Belgium	-0.16	法　国	France	-0.39
伯利兹	Belize	0.67	冈比亚	Gambia, The	-0.41
贝　宁	Benin	1.04	格鲁吉亚	Georgia	0.09
不　丹	Bhutan	-0.34	加　纳	Ghana	2.08
玻利维亚	Bolivia	0.50	希　腊	Greece	-0.81
博茨瓦纳	Botswana	0.99	危地马拉	Guatemala	1.40
巴　西	Brazil	0.50	几内亚	Guinea	0.54
文　莱	Brunei Darussalam	0.44	几内亚比绍	Guinea-Bissau	0.48
保加利亚	Bulgaria	-1.53	海　地	Haiti	0.76
布基纳法索	Burkina Faso	1.01	洪都拉斯	Honduras	2.06
布隆迪	Burundi	1.40	匈牙利	Hungary	-0.62
柬埔寨	Cambodia	1.34	冰　岛	Iceland	-4.99
喀麦隆	Cameroon	1.05	印　度	India	-0.46
佛得角	Cape Verde	-0.36	印度尼西亚	Indonesia	0.51
中非共和国	Central African Rep.	0.13	伊拉克	Iraq	-0.09
乍　得	Chad	0.66	爱尔兰	Ireland	-1.53
智　利	Chile	-0.25	以色列	Israel	-0.07
哥伦比亚	Colombia	0.17	意大利	Italy	-0.90
科摩罗	Comoros	9.34	牙买加	Jamaica	0.11
刚果(金)	Congo, Dem. Rep.	0.20	日　本	Japan	-0.05
刚果(布)	Congo, Rep.	0.07	哈萨克斯坦	Kazakhstan	0.17
哥斯达黎加	Costa Rica	-0.93	肯尼亚	Kenya	0.33
科特迪瓦	Côte d'Ivoire	-0.15	朝　鲜	Korea, Dem. Rep.	2.00
克罗地亚	Croatia	-0.19	韩　国	Korea, Rep.	0.11
古　巴	Cuba	-1.66	科威特	Kuwait	-2.57

1-2-5 续表 continued

单位：% (%)

国家或地区	Country or Area	年平均消失率 Deforestation Average Annual	国家或地区	Country or Area	年平均消失率 Deforestation Average Annual
吉尔吉斯	Kyrgyz Republic	–1.07	波多黎各	Puerto Rico	–1.76
老　挝	Laos	0.49	罗马尼亚	Romania	–0.32
拉脱维亚	Latvia	–0.34	卢 旺 达	Rwanda	–2.38
黎 巴 嫩	Lebanon	–0.45	塞内加尔	Senegal	0.49
莱 索 托	Lesotho	–0.47	塞尔维亚	Serbia	–0.99
利比里亚	Liberia	0.67	塞拉利昂	Sierra Leone	0.69
立 陶 宛	Liechtenstein	–0.68	斯洛伐克共和国	Slovak Republic	–0.06
马 其 顿	Macedonia	–0.41	斯洛文尼亚	Slovenia	–0.16
马达加斯加	Madagascar	0.45	所罗门群岛	Solomon Islands	0.25
马 拉 维	Malawi	0.97	索 马 里	Somalia	1.07
马来西亚	Malaysia	0.54	西 班 牙	Spain	–0.68
马　里	Mali	0.61	斯里兰卡	Sri Lanka	1.12
毛里塔尼亚	Mauritania	2.66	圣卢西亚	St. Lucia	–0.07
毛里求斯	Mauritius	1.00	苏　丹	Sudan	0.08
墨 西 哥	Mexico	0.30	苏 里 南	Suriname	0.01
密克罗尼西亚	Micronesia, Fed.	–0.04	斯威士兰	Swaziland	–0.84
摩尔多瓦	Moldova	–1.77	瑞　典	Sweden	–0.30
蒙　古	Mongolia	0.73	瑞　士	Switzerland	–0.38
摩 洛 哥	Morocco	–0.23	叙 利 亚	Syrian Arab Republic	–1.29
莫桑比克	Mozambique	0.54	坦桑尼亚	Tanzania	1.13
缅　甸	Myanmar	0.93	泰　国	Thailand	0.02
纳米比亚	Namibia	0.97	东 帝 汶	Timor-Leste	1.40
尼 泊 尔	Nepal	0.70	多　哥	Togo	5.13
荷　兰	Netherlands	–0.14	特里尼达和多巴哥	Trinidad and Tobago	0.32
新 西 兰	New Zealand	–0.01	突 尼 斯	Tunisia	–1.86
尼加拉瓜	Nicaragua	2.01	土 耳 其	Turkey	–1.11
尼 日 尔	Niger	0.98	乌 干 达	Uganda	2.56
尼日利亚	Nigeria	3.67	乌 克 兰	Ukraine	–0.21
北马里亚纳群岛	Northern Mariana Islands	0.53	阿 拉 酋	United Arab Emirates	–0.24
挪　威	Norway	–0.80	英　国	United Kingdom	–0.31
巴基斯坦	Pakistan	2.24	美　国	United States	–0.13
帕　劳	Palau	–0.18	乌 拉 圭	Uruguay	–2.14
巴 拿 马	Panama	0.36	乌兹别克斯坦	Uzbekistan	–0.20
巴布亚新几内亚	Papua New Guinea	0.48	委内瑞拉	Venezuela, RB	0.60
巴 拉 圭	Paraguay	0.97	越　南	Vietnam	–1.65
秘　鲁	Peru	0.18	美属维尔京群岛	Virgin Islands (U.S.)	0.80
菲 律 宾	Philippines	–0.75	约旦河西岸和加沙	West Bank and Gaza	–0.10
波　兰	Poland	–0.31	赞 比 亚	Zambia	0.33
葡 萄 牙	Portugal	–0.11	津巴布韦	Zimbabwe	1.88

1-2-6 原始森林面积

Area of Primary Forest

资料来源：粮农组织2010版《全球森林资源评价》。
Source:FAO Global Forest Resources Assessment 2010.

单位：千公顷 (1000 ha)

国家或地区	Country or Area	1990	2000	2005	2010
阿尔巴尼亚	Albania	85	85	85	85
阿根廷	Argentina	1738	1738	1738	1738
亚美尼亚	Armenia	17	15	14	13
澳大利亚	Australia			5233	5039
阿塞拜疆	Azerbaijan	400	400	400	400
孟加拉国	Bangladesh	436	436	436	436
白俄罗斯	Belarus	400	400	400	400
伯利兹	Belize	599	599	599	599
不丹	Bhutan	413	413	413	413
玻利维亚	Bolivia	40804	39046	38164	37164
波黑	Bosnia and Herzegovina	2	2	2	2
巴西	Brazil	530041	501926	488254	476573
文莱	Brunei Darussalam	313	288	275	263
保加利亚	Bulgaria	157	270	304	338
布隆迪	Burundi	110	40	40	40
柬埔寨	Cambodia	766	456	322	322
加拿大	Canada	165448	165448	165448	165448
中非共和国	Central African Rep.	3900	3135	2752	2370
乍得	Chad	209	196	190	184
智利	Chile	4631	4536	4488	4439
哥伦比亚	Colombia	8828	8685	8614	8543
刚果(布)	Congo,Rep.	7548	7492	7464	7436
哥斯达黎加	Costa Rica	623	623	623	623
科特迪瓦	Côte d'Ivoire	625	625	625	625
克罗地亚	Croatia	7	7	7	7
塞浦路斯	Cyprus	13	13	13	13
捷克	Czech Rep.	9	9	9	9
丹麦	Denmark	21	23	25	25
多米尼克	Dominica	28	28	27	27
厄瓜多尔	Ecuador		4682	4743	4805
萨尔瓦多	El Salvador	5	5	5	5
爱沙尼亚	Estonia		976	980	964
斐济	Fiji	490	445	448	449
法国	France	30	30	30	30
法属圭亚那	French Guiana	8006	7816	7738	7690
加蓬	Gabon	20934	17634	15984	14334
冈比亚	Gambia	1	1	1	1
格鲁吉亚	Georgia	500	500	500	500
加纳	Ghana	395	395	395	395

1-2-6　续表 1　continued

单位：千公顷　　　　(1000 ha)

国家或地区	Country or Area	1990	2000	2005	2010
格林纳达	Grenada	2	2	2	2
瓜德罗普岛	Guadeloupe	15	15	15	15
危地马拉	Guatemala	2359	2091	1957	1619
几 内 亚	Guinea	63	63	63	63
圭 亚 那	Guyana		6790	6790	6790
洪都拉斯	Honduras			457	457
印　　度	India	15701	15701	15701	15701
印　　尼	Indonesia		49270	47750	47236
伊　　朗	Iran	200	200	200	200
意 大 利	Italy	93	93	93	93
牙 买 加	Jamaica	89	88	88	88
日　　本	Japan	3764	4054	4449	4747
肯 尼 亚	Kenya	694	674	664	654
朝　　鲜	Korea,Dem.	1129	954	867	780
韩　　国	Korea,Rep.		4277	3617	2957
吉尔吉斯斯坦	Kyrgyzstan	237	240	241	269
老　　挝	Laos	1490	1490	1490	1490
拉脱维亚	Latvia	17	17	16	15
利比里亚	Liberia	175	175	175	175
列支敦士登	Liechtenstein	2	2	2	2
立 陶 宛	Lithuania	20	21	26	26
马达加斯加	Madagascar	3367	3214	3137	3036
马 拉 维	Malawi	1727	1330	1132	934
马来西亚	Malaysia	3820	3820	3820	3820
马绍尔群岛	Marshall Islands	8	8	8	8
马约特岛	Mayotte	1	1	1	1
墨 西 哥	Mexico	39492	35469	34531	34310
密克罗尼西亚	Micronesia	40	44	46	48
蒙　　古	Mongolia	6043	5539	5346	5152
缅　　甸	Myanmar	3192	3192	3192	3192
尼 泊 尔	Nepal	391	548	526	526
新喀里多尼亚	New Caledonia	431	431	431	431
新 西 兰	New Zealand			2144	2144
尼加拉瓜	Nicaragua			1315	1179
尼 日 尔	Niger	220	220	220	220
尼日利亚	Nigeria	1556	736	326	
北马里亚纳群岛	Northern Mariana Islands	10	9	9	8
挪　　威	Norway	223	223	223	223
巴布亚新几内亚	Papua New Guinea	31329	29534	28344	26210

1-2-6 续表 2 continued

单位：千公顷 (1000 ha)

国家或地区	Country or Area	1990	2000	2005	2010
巴拉圭	Paraguay	1850	1850	1850	1850
秘 鲁	Peru	62910	62188	61065	60178
菲律宾	Philippines	861	861	861	861
波 兰	Poland	30	51	54	54
葡萄牙	Portugal		24	24	24
留尼旺岛	Réunion	55	55	55	55
罗马尼亚	Romania	300	300	300	300
俄罗斯	Russia	241726	258131	255470	256482
卢旺达	Rwanda	7	7	7	7
圣卢西亚	Saint Lucia	10	10	10	12
圣多美和普林西比	Sao Tome and Principe	11	11	11	11
沙特阿拉伯	Saudi Arabia	360	360	360	360
塞内加尔	Senegal	1759	1653	1598	1553
塞尔维亚	Serbia	1	1	1	1
塞舌尔	Seychelles	2	2	2	2
塞拉利昂	Sierra Leone	224	157	133	113
新加坡	Singapore	2	2	2	2
斯洛伐克	Slovakia	24	24	24	24
斯洛文尼亚	Slovenia	63	95	111	109
所罗门群岛	Solomon Islands	1105	1105	1105	1105
南 非	South Africa	947	947	947	947
斯里兰卡	Sri Lanka	257	197	167	167
苏 丹	Sudan	15276	14098	14044	13990
苏里南	Suriname	14208	14137	14093	14001
瑞 典	Sweden	2609	2609	2609	2609
瑞 士	Switzerland	40	40	40	40
塔吉克斯坦	Tajikistan	297	297	297	297
泰 国	Thailand	6726	6726	6726	6726
汤 加	Tonga	4	4	4	4
特里尼达和多巴哥	Trinidad and Tobago	62	62	62	62
土耳其	Turkey	739	897	922	973
土库曼斯坦	Turkmenistan	104	104	104	104
乌克兰	Ukraine	59	59	59	59
美 国	United States	69980	72878	74075	75277
乌拉圭	Uruguay	288	297	302	306
乌兹别克斯坦	Uzbekistan	57	57	57	72
越 南	Viet Nam	384	187	85	80
津巴布韦	Zimbabwe	801	801	801	801

1-2-7 人工造林面积

Area of Planted Forest

资料来源：粮农组织2010版《全球森林资源评价》。
Source:FAO Global Forest Resources Assessment 2010.

单位：千公顷 (1000 ha)

国家或地区	Country or Area	1990	2000	2005	2010
阿尔巴尼亚	Albania	103	96	98	94
阿尔及利亚	Algeria	333	345	370	404
安哥拉	Angola	140	134	131	128
阿根廷	Argentina	766	1076	1203	1394
亚美尼亚	Armenia	14	11	10	21
澳大利亚	Australia	1023	1176	1628	1903
阿塞拜疆	Azerbaijan	20	20	20	20
巴林	Bahrain				1
孟加拉国	Bangladesh	239	271	278	237
巴巴多斯	Barbados				
白俄罗斯	Belarus	1518	1692	1757	1857
比利时	Belgium	446	408	395	396
伯利兹	Belize	2	2	2	2
贝宁	Benin	10	13	15	19
不丹	Bhutan	1	2	2	3
玻利维亚	Bolivia	20	20	20	20
波黑	Bosnia and Herzegovina	1047	999	999	999
巴西	Brazil	4984	5176	5765	7418
文莱	Brunei Darussalam	1	1	2	3
保加利亚	Bulgaria	1032	933	874	815
布基纳法索	Burkina Faso	7	58	78	109
布隆迪	Burundi		86	78	69
柬埔寨	Cambodia	67	79	74	69
喀麦隆	Cameroon			84	
加拿大	Canada	1357	5820	8048	8963
佛得角	Cape Verde	58	82	84	85
中非共和国	Central African Rep.	2	2	2	2
乍得	Chad	11	14	15	17
智利	Chile	1707	1936	2063	2384
哥伦比亚	Colombia	137	255	330	405
科摩罗	Comoros	2	2	1	1
刚果(布)	Congo,Dem. Rep.	56	57	57	59
刚果(金)	Congo,Rep.	51	51	51	75
库克群岛	Cook Islands	1	1	1	1
哥斯达黎加	Costa Rica	295	203	222	241
科特迪瓦	Côte d'Ivoire	154	261	337	337
克罗地亚	Croatia	92	81	76	70
古巴	Cuba	347	342	388	486
塞浦路斯	Cyprus	24	28	29	31
捷克	Czech Rep.	2610	2616	2626	2635
丹麦	Denmark	331	361	397	407

1-2-7 续表 1 continued

单位：千公顷 (1000 ha)

国家或地区	Country or Area	1990	2000	2005	2010
厄瓜多尔	Ecuador		161	165	167
埃　及	Egypt	44	59	67	70
萨尔瓦多	El Salvador	10	13	14	15
厄立特里亚	Eritrea	10	21	28	34
爱沙尼亚	Estonia		170	170	168
埃塞俄比亚	Ethiopia	491	491	491	511
斐　济	Fiji	92	130	153	177
芬　兰	Finland	4393	4956	5904	5904
法　国	France	1539	1593	1608	1633
法属圭亚那	French Guiana	1	1	1	1
法属波利尼西亚	French Polynesia		9	9	10
加　蓬	Gabon	30	30	30	30
冈比亚	Gambia	1	1	1	1
格鲁吉亚	Georgia	54	60	61	184
德　国	Germany	5121	5283	5283	5283
加　纳	Ghana	50	60	160	260
希　腊	Greece	118	129	134	140
瓜德罗普岛	Guadeloupe	4	4	4	4
危地马拉	Guatemala	51	93	101	173
几内亚	Guinea	60	72	82	93
几内亚比绍	Guinea-Bissau			1	1
海　地	Haiti	12	20	24	28
匈牙利	Hungary	1453	1509	1566	1612
冰　岛	Iceland	6	15	22	27
印　度	India	5716	7167	9486	10211
印度尼西亚	Indonesia		3672	3699	3549
伊　朗	Iran	844	844	844	844
伊拉克	Iraq	15	15	15	15
爱尔兰	Ireland	383	553	612	657
以色列	Israel	66	88	88	88
意大利	Italy	547	584	602	621
牙买加	Jamaica	9	8	8	7
日　本	Japan	10287	10331	10324	10326
约　旦	Jordan			47	47
哈萨克斯坦	Kazakhstan	1034	1056	909	901
肯尼亚	Kenya	238	212	202	197
朝　鲜	Korea,Dem.	1130	955	868	781
韩　国	Korea,Rep.		1738	1781	1823
科威特	Kuwait	3	5	6	6
吉尔吉斯斯坦	Kyrgyzstan	46	59	66	57
老　挝	Laos	3	99	224	224
拉脱维亚	Latvia	724	709	691	628

1-2-7　续表 2　continued

单位：千公顷　(1000 ha)

国家或地区	Country or Area	1990	2000	2005	2010
黎 巴 嫩	Lebanon			10	11
莱 索 托	Lesotho	6	8	9	10
利比里亚	Liberia	8	8	8	8
利 比 亚	Libya	217	217	217	217
列支敦士登	Liechtenstein				
立 陶 宛	Lithuania	411	461	491	521
卢 森 堡	Luxembourg	28	28	28	28
马 其 顿	Macedonia	105	105	105	105
马达加斯加	Madagascar	231	272	290	415
马 拉 维	Malawi	132	197	285	365
马来西亚	Malaysia	1956	1659	1573	1807
马　　里	Mali	5	55	205	530
马绍尔群岛	Marshall Islands	4	4	4	4
马提尼克	Martinique	2	2	2	2
毛里塔尼亚	Mauritania	5	13	17	21
毛里求斯	Mauritius	15	15	15	15
马约特岛	Mayotte			1	1
墨 西 哥	Mexico		1058	2394	3203
密克罗尼西亚	Micronesia	20	17	16	14
摩尔多瓦	Moldova	1	1	1	2
蒙　　古	Mongolia	25	76	116	145
摩 洛 哥	Morocco	478	523	561	621
莫桑比克	Mozambique	38	38	24	62
缅　　甸	Myanmar	394	696	849	988
尼 泊 尔	Nepal	40	42	43	43
荷　　兰	Netherlands	345	360	365	365
新喀里多尼亚	New Caledonia	9	10	10	10
新 西 兰	New Zealand	1261	1809	1854	1812
尼加拉瓜	Nicaragua			74	74
尼 日 尔	Niger	48	73	110	148
尼日利亚	Nigeria	251	316	349	382
北马里亚纳群岛	Northern Mariana Islands	24	23	22	22
挪　　威	Norway	1089	1325	1400	1475
阿　　曼	Oman	2	2	2	2
巴基斯坦	Pakistan	234	296	318	340
巴 拿 巴	Panama	13	44	62	79
巴布亚新几内亚	Papua New Guinea	63	82	92	86
巴 拉 圭	Paraguay	23	36	43	48
秘　　鲁	Peru	263	715	754	993
菲 律 宾	Philippines	302	327	340	352
波　　兰	Poland	8511	8645	8767	8889
葡 萄 牙	Portugal		776	812	849

1-2-7 续表 3 continued

单位：千公顷 (1000 ha)

国家或地区	Country or Area	1990	2000	2005	2010
留尼旺岛	Réunion	5	5	5	5
罗马尼亚	Romania	1402	1401	1406	1446
俄罗斯	Russia	12651	15360	16963	16991
卢旺达	Rwanda	248	282	323	373
圣卢西亚	Saint Lucia	1	1	1	1
萨摩亚	Samoa		32	32	32
塞内加尔	Senegal	205	306	407	464
塞尔维亚	Serbia	39	39	39	180
塞舌尔	Seychelles	5	5	5	5
塞拉利昂	Sierra Leone	7	8	11	15
斯洛伐克	Slovakia	960	958	965	959
斯洛文尼亚	Slovenia	34	36	37	32
所罗门群岛	Solomon Islands	44	28	27	27
索马里	Somalia	3	3	3	3
南非	South Africa	1626	1724	1750	1763
西班牙	Spain	2038	2505	2550	2680
斯里兰卡	Sri Lanka	242	221	195	185
苏丹	Sudan	5424	5639	5854	6068
苏里南	Suriname	13	13	13	13
斯威士兰	Swaziland	160	150	145	140
瑞典	Sweden	2328	3557	3613	3613
瑞士	Switzerland	159	165	168	172
叙利亚	Syrian Arab Rep.	175	234	264	294
塔吉克斯坦	Tajikistan	99	101	101	101
坦桑尼亚	Tanzania	150	200	230	240
泰国	Thailand	2668	3111	3444	3986
东帝汶	Timor-Leste	29	43	43	43
多哥	Togo	24	34	38	42
汤加	Tonga	1	1	1	1
特里尼达和多巴哥	Trinidad and Tobago	15	16	17	18
突尼斯	Tunisia	293	519	606	690
土耳其	Turkey	1778	2344	2620	3418
乌干达	Uganda	34	32	31	51
乌克兰	Ukraine	4637	4755	4787	4846
阿联酋	United Arab Emirates	245	310	312	317
英国	United Kingdom	1965	2145	2189	2219
美国	United States	17938	22560	24425	25363
乌拉圭	Uruguay	201	669	766	978
乌兹别克斯坦	Uzbekistan	203	464	594	635
越南	Viet Nam	967	2050	2794	3512
赞比亚	Zambia	60	60	60	62
津巴布韦	Zimbabwe	154	120	108	108

1-2-8　森林主要用途构成(2010年)

Primary Designated Functions of Forest (2010)

资料来源：粮农组织《全球森林资源评价》2010年。
Source:FAO Global Forest Resources Assessment 2010.

单位：%　　(%)

国家或地区	Country or Area	主要用途 Primary Designated Function (%)			
		生产 Production	水土保护 Protection of Soil and Water	保持多样化物种 Conservation of Biodiversity	其他 Other
世　界	**World**	**30**	**8**	**12**	**51**
阿尔巴尼亚	Albania	79	17	4	
阿尔及利亚	Algeria	35	53	12	
安 哥 拉	Angola	4		3	93
阿 根 廷	Argentina	5		4	92
亚美尼亚	Armenia	24	46		30
澳大利亚	Australia	1		15	84
奥 地 利	Austria	60	37	3	1
阿塞拜疆	Azerbaijan		92	8	
巴　林	Bahrain		100		
孟加拉国	Bangladesh	49	8	17	26
巴巴多斯	Barbados			4	96
白俄罗斯	Belarus	50	19	14	18
比 利 时	Belgium		15	31	55
伯 利 兹	Belize			43	57
贝　宁	Benin	31		28	40
不　丹	Bhutan	16	46	27	11
玻利维亚	Bolivia			19	81
波　黑	Bosnia and Herzegovina	56		1	43
巴　西	Brazil	7	8	9	76
文　莱	Brunei Darussalam	58	5	21	16
保加利亚	Bulgaria	73	12	1	14
布吉纳法索	Burkina Faso	11		6	84
布 隆 迪	Burundi	9			91
柬 埔 寨	Cambodia	33	5	39	22
喀 麦 隆	Cameroon	73	3	17	7
加 拿 大	Canada	1		5	94
佛 得 角	Cape Verde	80	9	11	
中非共和国	Central African Rep.	21		1	78
乍　得	Chad	90		10	
智　利	Chile	46	29	14	11
哥伦比亚	Colombia	13	1	14	72
科 摩 罗	Comoros	33	67		
刚果(金)	Congo,Dem. Rep.	5		17	78
刚果(布)	Congo,Rep.	88		4	7
库克群岛	Cook Islands		7		93
哥斯达黎加	Costa Rica	14	11	24	51
科特迪瓦	Côte d'Ivoire	89	3	8	
克罗地亚	Croatia	82	4	3	11
古　巴	Cuba	31	47	21	
塞浦路斯	Cyprus	24		2	74
捷　克	Czech Rep.	75	9	13	3
丹　麦	Denmark	55		7	38

1-2-8 续表 1 continued

单位：% (%)

国家或地区	Country or Area	主要用途 Primary Designated Function (%)			
		生产 Production	水土保护 Protection of Soil and Water	保持多样化物种 Conservation of Biodiversity	其他 Other
厄瓜多尔	Ecuador	2	24	49	25
埃 及	Egypt	2	49	3	46
萨尔瓦多	El Salvador	24	5	11	60
赤道几内亚	Equatorial Guinea	5		36	59
厄立特里亚	Eritrea	2	1	5	92
爱沙尼亚	Estonia	66	12	9	13
埃塞俄比亚	Ethiopia	4			96
斐 济	Fiji	17	9	9	65
芬 兰	Finland	87		9	4
法 国	France	75	2	1	22
法属圭亚那	French Guiana			30	70
法属波利尼西亚	French Polynesia	4	2	5	90
加 蓬	Gabon	45		18	36
冈比亚	Gambia		12	9	78
格鲁吉亚	Georgia		79	8	13
德 国	Germany			26	74
加 纳	Ghana	23	7	1	69
希 腊	Greece	92		4	4
格林纳达	Grenada	1	3	14	82
瓜德罗普岛	Guadeloupe	4			95
危地马拉	Guatemala	28		63	9
几内亚	Guinea	2	9	46	43
几内亚比绍	Guinea-Bissau	29	12	55	3
圭亚那	Guyana	97		1	2
海 地	Haiti	54		4	42
洪都拉斯	Honduras	21	22	44	13
匈牙利	Hungary	64	14	21	1
冰 岛	Iceland	20	13		67
印 度	India	25	16	29	30
印度尼西亚	Indonesia	53	24	16	7
伊 朗	Iran	14		1	85
伊拉克	Iraq		80	20	
爱尔兰	Ireland	43		11	46
以色列	Israel		15	18	67
意大利	Italy	45	20	36	
牙买加	Jamaica	2	4	21	72
日 本	Japan	17	70		13
约 旦	Jordan		98	1	1
哈萨克斯坦	Kazakhstan			16	84
肯尼亚	Kenya	6	94		
基里巴斯	Kiribati			2	98
朝 鲜	Korea，Dem.	86		14	
韩 国	Korea，Rep.	77	5	1	16
科威特	Kuwait		100		

1-2-8 续表 2 continued

单位：% (%)

国家或地区	Country or Area	主要用途 Primary Designated Function (%)			
		生产 Production	水土保护 Protection of Soil and Water	保持多样化物种 Conservation of Biodiversity	其他 Other
吉尔吉斯斯坦	Kyrgyzstan		75	9	16
老挝	Laos	23	58	19	
拉脱维亚	Latvia	79	4	15	2
黎巴嫩	Lebanon	6	25	3	66
莱索托	Lesotho	24			76
利比里亚	Liberia	25		4	71
利比亚	Libya		100		
列支敦斯登	Liechtenstein	32	40	20	8
立陶宛	Lithuania	71	10	9	11
卢森堡	Luxembourg	33			68
马其顿	Macedonia	81			19
马达加斯加	Madagascar	26	1	38	34
马拉维	Malawi	37		23	40
马来西亚	Malaysia	62	13	10	15
马里	Mali	47	6	32	15
马耳他	Malta			100	
马提尼克岛	Martinique	3	5	12	80
毛利塔尼亚	Mauritania		7	20	73
毛里求斯	Mauritius	30	42	19	9
马约特岛	Mayotte		31		69
墨西哥	Mexico	5		13	82
摩尔多瓦	Moldova		10	17	73
蒙古	Mongolia	7	45	47	1
黑山	Montenegro	64	10	5	21
摩洛哥	Morocco	21		12	67
莫桑比克	Mozambique	67	22	11	
缅甸	Myanmar	62	4	7	27
纳米比亚	Namibia			9	91
尼泊尔	Nepal	10	12	14	63
荷兰	Netherlands	1		25	74
新喀里多尼亚	New Caledonia	2	15	9	74
新西兰	New Zealand	24	1	76	
尼加拉瓜	Nicaragua	20	6	65	10
尼日尔	Niger	1		18	81
尼日利亚	Nigeria	29		28	43
挪威	Norway	60	27	2	11
阿曼	Oman	100			
巴基斯坦	Pakistan	32		13	55
巴拿巴	Panama	14	2	41	43
巴布亚新几内亚	Papua New Guinea	25		5	71
巴拉圭	Paraguay			11	89
秘鲁	Peru	37		27	36
菲律宾	Philippines	76	8	16	
波兰	Poland	40	20	5	35

1-2-8 续表 3 continued

单位：% (%)

国家或地区	Country or Area	主要用途 Primary Designated Function (%) 生产 Production	水土保护 Protection of Soil and Water	保持多样化物种 Conservation of Biodiversity	其他 Other
葡萄牙	Portugal	59	7	5	30
留尼旺岛	Réunion	5	3	28	64
罗马尼亚	Romania	48	39	5	9
俄罗斯	Russia	51	9	2	38
卢旺达	Rwanda	74	12		14
圣卢西亚岛	Saint Lucia			5	95
萨摩亚	Samoa	47	20	17	16
塞内加尔	Senegal	60		18	22
塞尔维亚	Serbia	89	7	5	
塞舌尔	Seychelles	1	16	5	78
塞拉利昂	Sierra Leone	9		7	84
新加坡	Singapore			100	
斯洛伐克	Slovakia	7	18	4	71
斯洛文尼亚	Slovenia	31	6	46	17
所罗门群岛	Solomon Islands	17	28	22	33
南非	South Africa	19		10	71
西班牙	Spain	20	20	12	48
斯里兰卡	Sri Lanka	9	1	30	60
苏丹	Sudan	50	3	17	30
苏里南	Suriname	27		15	59
斯威士兰	Swaziland	25			75
瑞典	Sweden	74		10	15
瑞士	Switzerland	40	1	7	52
塔吉克斯坦	Tajikistan	5	11	84	
坦桑尼亚	Tanzania	71		6	24
泰国	Thailand	14	7	47	33
东帝汶	Timor-Leste	33	42	25	
多哥	Togo	68	16	16	
汤加	Tonga	11	7	82	
特立尼达和多巴哥	Trinidad and Tobago	34	23	9	36
突尼斯	Tunisia	24	41	4	32
土耳其	Turkey	70	17	8	6
土库曼斯坦	Turkmenistan		97	3	
乌干达	Uganda	12		36	52
乌克兰	Ukraine	46	31	4	19
英国	United Kingdom	32		5	63
美国	United States	30		25	46
乌拉圭	Uruguay	64	21	15	
乌兹别克斯坦	Uzbekistan		93	6	
委内瑞拉	Venezuela	49	17	34	
越南	Viet Nam	47	37	16	
瓦利斯和富图纳群岛	Wallis and Futuna Islands	5	87	8	
赞比亚	Zambia	24		22	54
津巴布韦	Zimbabwe	10	3	5	82

第三章 水资源

Water Resources

1-3-1 全球水储量(2011年)

Major Stocks of Water (2011)

资料来源：联合国粮农组织水资源数据库。
Source:FAO Aquastat Database.

水的类型	Water Types	水储量(万亿立方米) Water Stocks Total ($1000km^3$)	占全球水总储量的比重(%) As % of Total Water	占全球淡水资源储量的比重(%) As % of Total Freshwater
世界总量	**Total Water**	**1386000**	**100**	
咸水	**Salt Water**		**97.5**	
海洋	Oceans	1338000	96.54	
含盐地下水	Saline/Brackish Groundwater	12870	0.93	
咸水湖	Salt Water Lakes	85	0.006	
淡水总量	**Total Freshwater**	**35029**	**2.5**	**100**
内陆水域	**Inland Waters**			
冰川和永久雪盖	Glaciers, Permanent Snow Cover	24064	1.75	68.7
地下水淡水	Fresh Groundwater	10530	0.76	30.06
永冻土底冰	Ground Ice, Permafrost	300	0.022	0.86
湖泊水	Freshwater Lakes	91	0.007	0.26
土壤水	Soil Moisture	16.5	0.001	0.05
大气水	Atmospheric Water Vapour	12.9	0.001	0.04
沼泽湿地水	Marshes, Wetlands	11.5	0.001	0.03
河床水	Rivers	2.12	0.0002	0.006
生物水	Incorporated In Biota	1.12	0.0001	0.003

1-3-2 世界渔业概况

World Fishery

资料来源：联合国粮农组织水资源数据库。
Source:FAO Aquastat Database.
单位：万吨 (10000 tons)

国家或地区	Country or Area	2006	2007	2008	2009	2010	2011
世界渔业总产量	**Total World Fisheries**	**13730**	**14020**	**14260**	**14530**	**14850**	**15400**
捕鱼量	Capture	9000	9030	8970	8960	8860	9040
内陆水域	Inland Waters	980	1000	1020	1040	1120	1150
海洋水域	Marine	8020	8040	7950	7920	7740	7890
水产养殖	Aquaculture	4730	4990	5290	5570	5990	6360
内陆水域	Inland Waters	3130	3340	3600	3810	4170	4430
海洋水域	Marine	1600	1660	1690	1760	1810	1930
使用	Utilization						
人类消费	Human Consumption	11430	11730	11970	12360	12830	13080
非食物利用	Non-Food Uses	2300	2300	2290	2180	2020	2320
人均食用鱼供应量(公斤)	Per Capita Food Fish Supply (kg)	17.4	17.6	17.8	18.1	18.6	18.8

1-3-3　国外可再生水资源情况（2011年）
Foreign Renewable Water Resources (2011)

资料来源：联合国粮农组织水资源数据库。
Source:FAO Aquastat Database.

国家或地区	Country or Area	可再生水资源(亿m^3) Renewable Water Resources (100 million m^3)	国家或地区	Country or Area	人均可再生水资源(m^3/人) Renewable Water Resources per Capita (m^3/inhab)
巴　西	Brazil	82330	圭亚那	Guyana	318783
俄罗斯	Russian,Fed	45080	苏里南	Suriname	230624
美　国	United States	30690	刚果(布)	Congo,Rep. .	200966
加拿大	Canada	29020	巴布亚新几内亚	Papua New Guinea	114200
哥伦比亚	Colombia	28400	加　蓬	Gabon	106910
印　度	India	21320	不　丹	Bhutan	105691
印度尼西亚	Indonesia	20810	加拿大	Canada	84483
秘　鲁	Peru	20190	所罗门群岛	Solomon Islands	80978
刚果(金)	Congo,Dem. Rep.	19130	挪　威	Norway	77563
委内瑞拉	Venezuela	12830	新西兰	New Zealand	74066
孟加拉国	Bangladesh	12330	秘　鲁	Peru	65068
缅　甸	Myanmar	12270	玻利维亚	Bolivia	61707
智　利	Chile	11680	伯利兹	Belize	58333
越　南	Viet Nam	9220	利比里亚	Liberia	56188
刚果(布)	Congo,Rep.	8841	智　利	Chile	53387
阿根廷	Argentina	8320	老　挝	Laos	53038
巴布亚新几内亚	Papua New Guinea	8140	巴拉圭	Paraguay	51157
玻利维亚	Bolivia	8010	哥伦比亚	Colombia	45432
马来西亚	Malaysia	6225	委内瑞拉	Venezuela	41886
澳大利亚	Australia	5800	巴　西	Brazil	41865
菲律宾	Philippines	4920	巴拿巴	Panama	41445
柬埔寨	Cambodia	4790	乌拉圭	Uruguay	41124
墨西哥	Mexico	4761	赤道几内亚	Equatorial Guinea	36111
泰　国	Thailand	4572	尼加拉瓜	Nicaragua	33492
厄瓜多尔	Ecuador	4386	柬埔寨	Cambodia	33282
日　本	Japan	4320	斐　济	Fiji	32892
挪　威	Norway	4300	中非共和国	Central African	32182
马达加斯加	Madagascar	3820	俄罗斯	Russia	31561
巴拉圭	Paraguay	3370	厄瓜多尔	Ecuador	28938
老　挝	Laos	3360	塞拉利昂	Sierra Leone	26680
新西兰	New Zealand	3335	缅　甸	Myanmar	24164
巴基斯坦	Pakistan	3270	克罗地亚	Croatia	23999
尼日利亚	Nigeria	3201	哥斯达黎加	Costa Rica	23778
喀麦隆	Cameroon	2862	几内亚	Guinea	22109
圭亚那	Guyana	2855	澳大利亚	Australia	21764
利比里亚	Liberia	2410	文　莱	Brunei Darussalam	20936
土耳其	Turkey	2320	芬　兰	Finland	20427
几内亚	Guinea	2317	马来西亚	Malaysia	20098
莫桑比克	Mozambique	2260	几内亚比绍	Guinea-Bissau	20039
罗马尼亚	Romania	2171	阿根廷	Argentina	19968
法　国	France	2119	刚果(金)	Congo,Dem, Rep.	18935
尼泊尔	Nepal	2110	瑞　典	Sweden	18430
尼加拉瓜	Nicaragua	2102	塞尔维亚	Serbia	16460
冰　岛	Iceland	524691	意大利	Italy	1913

1-3-3 续表 1 continued

国家或地区	Country or Area	可再生水资源(亿m^3) Renewable Water Resources (100 million m^3)	国家或地区	Country or Area	人均可再生水资源(m^3/人) Renewable Water Resources per Capita (m^3/inhab)
瑞　典	Sweden	1740	拉脱维亚	Latvia	15805
冰　岛	Iceland	1700	斯洛文尼亚	Slovenia	15661
加　蓬	Gabon	1640	格鲁吉亚	Georgia	14629
塞拉利昂	Sierra Leone	1600	喀麦隆	Cameroon	14254
德　国	Germany	1540	阿尔巴尼亚	Albania	12966
苏丹和南苏丹	Sudan&South Sudan	1490	圣多美和普林西比	Sao Tome &Principe	12899
安哥拉	Angola	1480	蒙　古	Mongolia	12429
巴拿巴	Panama	1480	洪都拉斯	Honduras	12370
英　国	United Kingdom	1470	爱尔兰	Ireland	11489
中非共和国	Central African	1444	匈牙利	Hungary	10435
乌克兰	Ukraine	1396	波　黑	Bosnia&Herzegovina	9995
乌拉圭	Uruguay	1390	越　南	Viet Nam	9957
伊　朗	Iran	1386	罗马尼亚	Romania	9885
哈萨克斯坦	Kazakhstan	1354	美　国	United States	9802
埃塞俄比亚	Ethiopia	1220	爱沙尼亚	Estonia	9553
苏里南	Suriname	1220	奥地利	Austria	9236
乌兹别克斯坦	Uzbekistan	1185	斯洛伐克	Slovakia	9156
哥斯达黎加	Costa Rica	1124	莫桑比克	Mozambique	9072
西班牙	Spain	1115	印度尼西亚	Indonesia	8332
危地马拉	Guatemala	1113	孟加拉国	Bangladesh	8153
芬　兰	Finland	1100	赞比亚	Zambia	7807
克罗地亚	Croatia	1055	纳米比亚	Namibia	7625
赞比亚	Zambia	1052	安哥拉	Angola	7544
匈牙利	Hungary	1040	危地马拉	Guatemala	7542
马　里	Mali	1000	立陶宛	Lithuania	7529
塔吉克斯坦	Tajikistan	977	东帝汶	Timor-Leste	7119
伊拉克	Iraq	966	瑞　士	Switzerland	6946
坦桑尼亚	Tanzania	963	尼泊尔	Nepal	6895
洪都拉斯	Honduras	959	哈萨克斯坦	Kazakhstan	6633
荷　兰	Netherlands	910	希　腊	Greece	6519
埃　及	Egypt	858	葡萄牙	Portugal	6427
土库曼斯坦	Turkmenistan	816	马　里	Mali	6313
科特迪瓦	Cote d'Ivoire	811	泰　国	Thailand	6309
不　丹	Bhutan	780	白俄罗斯	Belarus	6068
奥地利	Austria	777	博茨瓦纳	Botswana	6027
葡萄牙	Portugal	774	卢森堡	Luxembourg	6008
朝　鲜	Korea，Dem.	772	荷　兰	Netherlands	5461
希　腊	Greece	743	菲律宾	Philippines	5050
阿富汗	Afghanistan	739	土库曼斯坦	Turkmenistan	4852
韩　国	Korea.Rep.	697	冈比亚	Gambia	4505
格鲁吉亚	Georgia	665	吉尔吉斯斯坦	Kyrgyzstan	4380
乌干达	Uganda	660	萨尔瓦多	El Salvador	4052
波　兰	Poland	616	科特迪瓦	Cote d'Ivoire	4026
马达加斯加	Madagascar	15810	白俄罗斯	Belarus	580

1-3-3 续表 2 continued

国家或地区	Country or Area	可再生水资源(亿m³) Renewable Water Resources (100 million m³)	国家或地区	Country or Area	人均可再生水资源(m³/人) Renewable Water Resources per Capita (m³/inhab)
叙利亚	Syrian Arab Rep.	558	墨西哥	Mexico	3983
瑞士	Switzerland	535	斯威士兰	Swaziland	3749
加纳	Ghana	532	乍得	Chad	3731
斯里兰卡	Sri Lanka	528	阿塞拜疆	Azerbaijan	3727
爱尔兰	Ireland	520	安道尔	Andorra	3670
南非	South Africa	514	牙买加	Jamaica	3418
斯洛伐克	Slovakia	501	日本	Japan	3399
吉尔吉斯斯坦	Kyrgyzstan	495	古巴	Cuba	3387
纳米比亚	Namibia	455	法国	France	3343
所罗门群岛	Solomon Islands	447	摩尔多瓦	Moldova	3286
乍得	Chad	430	毛里塔尼亚	Mauritania	3219
阿尔巴尼亚	Albania	417	朝鲜	Korea，Dem.	3155
塞内加尔	Senegal	388	意大利	Italy	3147
古巴	Cuba	381	塔吉克斯坦	Tajikistan	3140
波黑	Bosnia&Herzegovina	375	马其顿	Macedonia	3101
拉脱维亚	Latvia	355	乌克兰	Ukraine	3089
蒙古	Mongolia	348	塞内加尔	Senegal	3039
阿塞拜疆	Azerbaijan	347	贝宁	Benin	2900
尼日尔	Niger	337	土耳其	Turkey	2873
斯洛文尼亚	Slovenia	319	保加利亚	Bulgaria	2861
几内亚比绍	Guinea-Bissau	310	特里尼达多巴哥	Trinidad&Tobago	2853
肯尼亚	Kenya	307	伊拉克	Iraq	2751
摩洛哥	Morocco	290	斯里兰卡	Sri Lanka	2509
斐济	Fiji	286	亚美尼亚	Armenia	2506
贝宁	Benin	264	西班牙	Spain	2400
赤道几内亚	Equatorial Guinea	260	多哥	Togo	2388
萨尔瓦多	El Salvador	252	英国	United Kingdom	2346
立陶宛	Lithuania	249	加纳	Ghana	2131
保加利亚	Bulgaria	213	毛里求斯	Mauritius	2105
多明尼加	Dominican Rep.	210	尼日尔	Niger	2094
津巴布韦	Zimbabwe	200	多明尼加	Dominican Rep.	2088
伯利兹	Belize	186	坦桑尼亚	Tanzania	2083
比利时	Belgium	183	阿富汗	Afghanistan	2019
马拉维	Malawi	173	乌干达	Uganda	1913
索马里	Somalia	147	波多黎各	Puerto Rico	1895
多哥	Togo	147	德国	Germany	1874
海地	Haiti	140	伊朗	Iran	1832
捷克	Czech Rep.	132	尼日利亚	Nigeria	1762
爱沙尼亚	Estonia	128	乌兹别克斯坦	Uzbekistan	1760
布隆迪	Burundi	125	比利时	Belgium	1702
布基纳法索	Burkina Faso	125	波兰	Poland	1608
博茨瓦纳	Botswana	122	科摩罗	Comoros	1592
阿尔及利亚	Algeria	117	津巴布韦	Zimbabwe	1568

1-3-3 续表 3 continued

国家或地区	Country or Area	可再生水资源(亿m^3) Renewable Water Resources (100 million m^3)	国家或地区	Country or Area	人均可再生水资源(m^3/人) Renewable Water Resources per Capita (m^3/inhab)
摩尔多瓦	Moldova	117	索马里	Somalia	1538
毛里塔尼亚	Mauritania	114	布隆迪	Burundi	1462
卢旺达	Rwanda	95	苏丹和南苏丹	Sudan&South Sudan	1445
牙买加	Jamaica	94	埃塞俄比亚	Ethiopia	1440
文莱	Brunei Darussalam	85	韩国	Korea.Rep.	1440
东帝汶	Timor-Leste	82	巴基斯坦	Pakistan	1396
冈比亚	Gambia	80	海地	Haiti	1386
亚美尼亚	Armenia	78	莱索托	Lesotho	1377
波多黎各	Puerto Rico	71	捷克	Czech Rep.	1248
马其顿	Macedonia	64	厄立特里亚	Eritrea	1163
厄立特里亚	Eritrea	63	马拉维	Malawi	1123
丹麦	Denmark	60	丹麦	Denmark	1077
莱索托	Lesotho	52	黎巴嫩	Lebanon	1057
黎巴嫩	Lebanon	48	南非	South Africa	1019
突尼斯	Tunisia	46	摩洛哥	Morocco	899
斯威士兰	Swaziland	45	卢旺达	Rwanda	868
特里尼达多巴哥	Trinidad&Tobago	38	叙利亚	Syria	809
卢森堡	Luxembourg	31	肯尼亚	Kenya	738
毛里求斯	Mauritius	28	布基纳法索	Burkina Faso	737
沙特阿拉伯	Saudi Arabia	24	塞浦路斯	Cyprus	698
圣多美和普林西比	Sao Tome&Principe	22	埃及	Egypt	694
也门	Yemen	21	佛得角	Cape Verde	599
以色列	Israel	18	安提瓜和巴布达	Antigua&Barbuda	578
约旦	Jordan	16	阿曼	Oman	492
阿曼	Oman	14	圣基茨和尼维斯	Saint Kitts&Nevis	453
科摩罗	Comoros	12	突尼斯	Tunisia	434
巴勒斯坦	Palestinian	8	吉布提	Djibouti	331
塞浦路斯	Cyprus	8	阿尔及利亚	Algeria	324
利比亚	Libya	7	巴巴多斯	Barbados	292
新加坡	Singapore	6	以色列	Israel	235
佛得角	Cape Verde	3	巴勒斯坦	Palestinian	202
吉布提	Djibouti	3	约旦	Jordan	148
阿联酋	United Arab Emirates	2	马耳他	Malta	121
巴林	Bahrain	1	新加坡	Singapore	116
巴巴多斯	Barbados	0.8	利比亚	Libya	109
卡塔尔	Qatar	0.6	马尔代夫	Maldives	94
安提瓜和巴布达	Antigua&Barbuda	0.5	巴林	Bahrain	88
马耳他	Malta	0.5	沙特阿拉伯	Saudi Arabia	85
马尔代夫	Maldives	0.3	也门	Yemen	85
圣基茨和尼维斯	Saint Kitts&Nevis	0.2	巴哈马	Bahamas	58
巴哈马	Bahamas	0.2	卡塔尔	Qatar	31
科威特	Kuwait	0.2	阿联酋	United Arab Emirates	19
印度	India	1539	科威特	Kuwait	7

1-3-4 可再生水资源总量(2011年)

Total Renewable Water Resources(2011)

资料来源：联合国粮农组织aquastat数据库。
Source:FAO Aquastat Database.

单位：亿立方米 (100 million m^3)

国家或地区	Country or Area	自然可再生水资源 Total Natural Renewable Water Resources			可再生水资源依赖程度(%)	水库容量(立方米/人)
		总量 Total	境内 Internal	境外 External	Dependency Ratio (%)	Total Dam Capacity (m^3/inhab)
阿富汗	Afghanistan	739	472	267	28.7	113
阿尔巴尼亚	Albania	417	269	148	35.5	1253
阿尔及利亚	Algeria	117	113	4	3.6	158
安哥拉	Angola	1480	1480			481
阿根廷	Argentina	8140	2760	5380	66.1	
亚美尼亚	Armenia	78	69	9	11.7	
澳大利亚	Australia	4920	4920			3175
奥地利	Austria	777	550	227	29.2	192
阿塞拜疆	Azerbaijan	347	81	266	76.6	2310
巴林	Bahrain	1	0	1	96.6	
孟加拉国	Bangladesh	12270	1050	11220	91.4	
白俄罗斯	Belarus	580	372	208	35.9	128
比利时	Belgium	183	120	63	34.4	7
伯利兹	Belize	186	160	26	13.8	
贝宁	Benin	264	103	161	61.0	3
不丹	Bhutan	780	780			
玻利维亚	Bolivia	6225	3035	3190	51.2	30
波黑	Bosnia&Herzegovina	375	355	20	5.3	776
博茨瓦纳	Botswana	122	24	98	80.4	223
巴西	Brazil	82330	54180	28150	34.2	2609
文莱	Brunei Darussalam	85	85			
保加利亚	Bulgaria	213	210	3	1.4	899
布吉纳法索	Burkina Faso	125	125			253
布隆迪	Burundi	125	101	25	19.8	
柬埔寨	Cambodia	4761	1206	3555	74.7	
喀麦隆	Cameroon	2855	2730	125	4.4	779
加拿大	Canada	29020	28500	520	1.8	25092
佛得角	Cape Verde	3	3			
中非共和国	Central African Rep.	1444	1410	34	2.4	
乍得	Chad	430	150	280	65.1	
智利	Chile	9220	8840	380	4.1	270
哥伦比亚	Colombia	21320	21120	200	0.9	
科摩罗	Comoros	12	12			
刚果(金)	Congo,Dem. Rep.	12830	9000	3830	29.9	1
刚果(布)	Congo,Rep. .	8320	2220	6100	73.3	2
哥斯达黎加	Costa Rica	1124	1124			
科特迪瓦	Côte d'Ivoire	811	768	43	5.3	1876
克罗地亚	Croatia	1055	377	678	64.3	218
古巴	Cuba	381	381			
塞浦路斯	Cyprus	8	8			
捷克共和国	Czech Rep.	132	132			302

1-3-4 续表 1 continued

单位：亿立方米 (100 million m³)

国家或地区	Country or Area	自然可再生水资源 Total Natural Renewable Water Resources			可再生水资源依赖程度(%) Dependency Ratio (%)	水库容量(立方米/人) Total Dam Capacity (m^3/inhab)
		总量 Total	境内 Internal	境外 External		
丹　麦	Denmark	60	60			
吉布提	Djibouti	3	3			
多米尼加共和国	Dominican Rep.	210	210			272
厄瓜多尔	Ecuador	4320	4320			
埃　及	Egypt	858	18	840	96.9	2038
萨尔瓦多	El Salvador	252	178	75	29.7	
赤道几内亚	Equatorial Guinea	260	260			
厄立特里亚	Eritrea	63	28	35	55.6	8
爱沙尼亚	Estonia	128	127	1	0.7	
埃塞俄比亚	Ethiopia	1220	1220			66
斐　济	Fiji	286	286			
芬　兰	Finland	1100	1070	30	2.7	3287
法　国	France	2110	2000	110	5.2	157
加　蓬	Gabon	1640	1640			143
冈比亚	Gambia	80	30	50	62.5	
格鲁吉亚	Georgia	665	581	84	8.2	789
德　国	Germany	1540	1070	470	30.5	49
加　纳	Ghana	532	303	229	43.1	5948
希　腊	Greece	743	580	163	21.9	1033
危地马拉	Guatemala	1113	1092	21	1.9	
几内亚	Guinea	2260	2260			180
几内亚比绍	Guinea-Bissau	310	160	150	48.4	
圭亚那	Guyana	2410	2410			
海　地	Haiti	140	130	10	7.2	
洪都拉斯	Honduras	959	959			1162
匈牙利	Hungary	1040	60	980	94.2	3
冰　岛	Iceland	1700	1700			5744
印　度	India	20810	14460	6352	30.5	
印度尼西亚	Indonesia	20190	20190			
伊　朗	Iran	1386	1285	101	6.8	423
伊拉克	Iraq	966	352	614	60.8	4647
爱尔兰	Ireland	520	490	30	5.8	192
以色列	Israel	18	8	10	57.9	
意大利	Italy	1913	1825	88	4.6	
牙买加	Jamaica	94	94			
日　本	Japan	4300	4300			
约　旦	Jordan	16	7	9	27.2	43
哈萨克斯坦	Kazakhstan	1354	644	711	40.1	5893
肯尼亚	Kenya	307	207	100	32.6	595
朝　鲜	Korea，Dem.	772	670	102	13.2	432
韩　国	Korea，Rep.	697	649	49	7.0	
吉尔吉斯斯坦	Kyrgyzstan	495	489	6	1.1	

1-3-4 续表 2 continued

单位:.亿立方米 (100 million m^3)

国家或地区	Country or Area	自然可再生水资源 Total Natural Renewable Water Resources			可再生水资源依赖程度(%) Dependency Ratio (%)	水库容量(立方米/人) Total Dam Capacity (m^3/inhab)
		总量 Total	境内 Internal	境外 External		
老 挝	Laos	3335	1904	1431	42.9	1242
拉脱维亚	Latvia	355	167	187	52.8	386
黎 巴 嫩	Lebanon	48	48	0	0.8	54
莱 索 托	Lesotho	52	52			1285
利比里亚	Liberia	2320	2000	320	13.8	58
利 比 亚	Libya	7	7			60
立 陶 宛	Lithuania	249	156	93	37.5	
卢 森 堡	Luxembourg	31	10	21	67.7	120
马 其 顿	Macedonia	64	54	10	15.6	1109
马达加斯加	Madagascar	3370	3370			23
马 拉 维	Malawi	173	161	11	6.6	3
马来西亚	Malaysia	5800	5800			822
马 里	Mali	1000	600	400	40.0	860
马 耳 他	Malta	1	1			
毛利塔尼亚	Mauritania	114	4	110	96.5	141
毛里求斯	Mauritius	28	28			71
墨 西 哥	Mexico	4572	4090	482	10.6	1307
摩尔多瓦	Moldova	117	10	107	91.4	846
蒙 古	Mongolia	348	348			
摩 洛 哥	Morocco	290	290			524
莫桑比克	Mozambique	2171	1003	1168	53.8	3237
缅 甸	Myanmar	11680	10030	1650	14.1	
纳米比亚	Namibia	455	62	393	65.2	305
尼 泊 尔	Nepal	2102	1982	120	5.7	3
荷 兰	Netherlands	910	110	800	87.9	554
新 西 兰	New Zealand	3270	3270			3830
尼加拉瓜	Nicaragua	1966	1897	70	3.5	74
尼 日 尔	Niger	337	35	302	89.6	
尼日利亚	Nigeria	2862	2210	652	22.8	281
挪 威	Norway	3820	3820			7968
阿 曼	Oman	14	14			31
巴基斯坦	Pakistan	3201	550	2651	77.7	153
巴 拿 巴	Panama	1480	1474	6	0.4	
巴布亚新几内亚	Papua New Guinea	8010	8010			95
巴 拉 圭	Paraguay	3360	940	2420	72.0	5738
秘 鲁	Peru	19130	16160	2970	15.5	132
菲 律 宾	Philippines	4790	4790			
波 兰	Poland	616	536	80	13.0	77
葡 萄 牙	Portugal	774	380	394	44.7	1086
波多黎各	Puerto Rico	71	71			
卡 塔 尔	Qatar	1	1	0	3.4	
罗马尼亚	Romania	2119	423	1696	80.0	468

1-3-4　续表 3　continued

单位：亿立方米　(100 million m^3)

国家或地区	Country or Area	自然可再生水资源 Total Natural Renewable Water Resources 总量 Total	境内 Internal	境外 External	可再生水资源依赖程度(%) Dependency Ratio (%)	水库容量(立方米/人) Total Dam Capacity (m^3/inhab)
俄罗斯	Russia	45080	43130	1946	4.3	5690
卢旺达	Rwanda	95	95			
圣多美和普林西比	Sao Tome&Principe	22	22			
沙特阿拉伯	Saudi Arabia	24	24			36
塞内加尔	Senegal	388	258	130	33.5	20
塞拉利昂	Sierra Leone	1600	1600			37
新加坡	Singapore	6	6			14
斯洛伐克	Slovakia	501	126	375	74.9	322
斯洛文尼亚	Slovenia	319	187	132	41.4	
所罗门群岛	Solomon Islands	447	447			
索马里	Somalia	147	60	87	59.2	
南非	South Africa	514	448	66	12.8	605
西班牙	Spain	1115	1112	3	0.3	1133
斯里兰卡	Sri Lanka	528	528			
苏丹和南苏丹	Sudan&South Sudan	1490	300	1190	76.9	196
苏里南	Suriname	1220	880	340	27.9	42911
斯威士兰	Swaziland	45	26	19	41.5	486
瑞典	Sweden	1740	1710	30	1.7	3817
瑞士	Switzerland	535	404	131	24.5	434
叙利亚	Syrian Arab Rep.	558	71	487	72.4	
塔吉克斯坦	Tajikistan	977	635	342	17.3	4228
泰国	Thailand	4386	2245	2141	48.8	1104
东帝汶	Timor-Leste	82	82			
多哥	Togo	147	115	32	21.8	279
特立尼达和多巴哥	Trinidad&Tobago	38	38			
突尼斯	Tunisia	46	42	4	8.7	237
土耳其	Turkey	2317	2270	47	1.5	
土库曼斯坦	Turkmenistan	816	14	802	97.0	1218
乌干达	Uganda	660	390	270	40.9	2318
乌克兰	Ukraine	1396	531	865	62.0	1078
阿联酋	United Arab Emirates	2	2			8
英国	United Kingdom	1470	1450	20	1.4	83
坦桑尼亚	Tanzania	963	840	123	12.8	2255
美国	United States	30690	28180	2510	8.2	2173
乌拉圭	Uruguay	1390	590	800	57.6	5556
乌兹别克斯坦	Uzbekistan	1185	163	1022	80.1	798
委内瑞拉	Venezuela	12330	7224	5107	41.4	5575
越南	Viet Nam	8841	3594	5247	59.4	316
也门	Yemen	21	21			
赞比亚	Zambia	1052	802	250	23.8	7503
津巴布韦	Zimbabwe	200	123	77	38.7	7798

1-3-5 淡水资源(2011年)

Freshwater (2011)

资料来源：世界银行WDI数据库。
Source: World Bank WDI Database.

国家或地区	Country or Area	淡水抽取量(亿立方米) Total Freshwater Withdrawals (100 million m^3)	人均可再生淡水资源(立方米) Renewable Internal Freshwater Resources per Capita(m^3)	年度淡水抽取量 Freshwater Withdrawals			
				占水资源总量的比重(%) % of Internal Resources	农业用水 % for Agriculture	工业用水 % for Industry	生活用水 % for Domestic
世　　界	**World**	**38938**	**6123**	**9.2**	**70.0**	**18.3**	**11.8**
阿富汗	Afghanistan	203	1620	43.0	98.6	0.6	0.8
阿尔巴尼亚	Albania	18	8529	6.8	57.7	12.4	30.0
阿尔及利亚	Algeria	62	298	54.8	64.0	13.5	22.5
安哥拉	Angola	6	7334	0.4	32.8	28.8	38.4
安提瓜和巴布达	Antigua and Barbuda	0	590	9.6	20.0	20.0	60.0
阿根廷	Argentina	326	6777	11.8	66.1	12.2	21.7
荷　兰	Netherlands	106	659	96.5	0.7	87.5	11.8
亚美尼亚	Armenia	28	2314	41.2	65.8	4.4	29.8
澳大利亚	Australia	226	22039	4.6	73.8	10.6	15.6
奥地利	Austria	37	6529	6.7	2.7	79.0	18.3
阿塞拜疆	Azerbaijan	122	885	150.5	76.4	19.3	4.3
巴　林	Bahrain	4	3	8935.0	44.5	5.7	49.8
孟加拉国	Bangladesh	359	687	34.2	87.8	2.2	10.0
巴巴多斯	Barbados	1	284	76.1	32.8	38.4	28.7
白俄罗斯	Belarus	43	3927	11.7	19.4	53.8	26.9
比利时	Belgium	62	1086	51.8	0.6	87.7	11.7
伯利兹	Belize	2	50588	0.9	20.0	73.3	6.7
贝　宁	Benin	1	1053	1.3	45.4	23.1	31.5
不　丹	Bhutan	3	106933	0.4	94.1	0.9	5.0
玻利维亚	Bolivia	20	29396	0.7	57.2	15.2	27.6
波　黑	Bosnia and Herzegovinian	3	9246	1.0		14.4	99.0
博茨瓦纳	Botswana	2	1208	8.1	41.2	18.0	40.7
巴　西	Brazil	581	27512	1.1	54.6	17.5	28.0
文　莱	Brunei Darussalam	1	20910	1.1			
保加利亚	Bulgaria	61	2858	29.1	16.3	67.7	16.0
布基纳法索	Burkina Faso	10	781	7.9	70.1	1.6	28.3
布隆迪	Burundi	3	1054	2.9	77.1	5.9	17.0
柬埔寨	Cambodia	22	8257	1.8	94.0	1.5	4.5
喀麦隆	Cameroon	10	12904	0.4	76.1	7.1	16.8
加拿大	Canada	460	82647	1.6	11.8	68.7	19.6
佛得角	Cape Verde	0	612	7.3	90.9	1.8	7.3
中　非	Central African Rep.	1	31784	0.1	1.5	16.5	82.0
乍　得	Chad	4	1242	2.5	51.8	24.1	24.1
智　利	Chile	113	51073	1.3	70.3	20.5	9.2
哥伦比亚	Colombia	127	44861	0.6	38.9	4.2	56.9
科摩罗	Comoros	0	1714	0.8	47.0	5.0	48.0
刚果(金)	Congo, Dem. Rep.	6	14078	0.1	17.7	19.8	62.6
刚果(布)	Congo, Rep.	0	52540	0.0	8.7	21.7	69.6
哥斯达黎加	Costa Rica	27	23725	2.4	53.4	17.2	29.5
科特迪瓦	Cote D'Ivoire	14	3963	1.8	42.6	19.1	38.3
克罗地亚	Croatia	6	8807	1.7	1.7	13.6	84.6
古　巴	Cuba	76	3381	19.8	74.7	9.9	15.5

1-3-5 续表 1 continued

国家或地区	Country or Area	淡水抽取量(亿立方米) Total Freshwater Withdrawals (100 million m^3)	人均可再生淡水资源(立方米) Renewable Internal Freshwater Resources per Capita(m^3)	年度淡水抽取量 Freshwater Withdrawals 占水资源总量的比重(%) % of Internal Resources	农业用水 % for Agriculture	工业用水 % for Industry	生活用水 % for Domestic
塞浦路斯	Cyprus	2	699	23.6	86.4	3.3	10.3
捷　克	Czech Rep.	17	1253	12.9	1.8	56.5	41.7
丹　麦	Denmark	7	1077	11.0	36.1	5.5	58.5
吉布提	Djibouti	0	354	6.3	15.8		84.2
多米尼加	Dominican Rep.	35	2069	16.6	64.3	1.9	33.9
厄瓜多尔	Ecuador	153	28334	3.5	91.5	2.5	6.0
埃　及	Egypt	683	23	3794.4	86.4	5.9	7.8
萨尔瓦多	El Salvador	14	2837	7.8	55.2	17.2	27.5
赤道几内亚	Equatorial Guinea	0	36313	0.1	5.8	14.9	79.3
厄立特里亚	Eritrea	6	472	20.8	94.5	0.2	5.3
爱沙尼亚	Estonia	18	9486	14.1	0.5	96.6	3.0
埃塞俄比亚	Ethiopia	56	1365	4.6	93.6	0.4	6.0
斐　济	Fiji	1	32895	0.3	61.2	10.8	28.0
芬　兰	Finland	16	19858	1.5	3.1	72.2	24.7
法　国	France	316	3059	15.8	12.4	69.3	18.3
加　蓬	Gabon	1	102884	0.1	38.5	8.8	52.8
冈比亚	Gambia	1	1729	2.4	28.1	24.4	47.6
格鲁吉亚	Georgia	18	12966	3.1	58.2	22.1	19.8
德　国	Germany	323	1308	30.2	0.3	83.9	15.9
加　纳	Ghana	10	1221	3.2	66.4	9.7	23.9
希　腊	Greece	95	5133	16.3	89.3	1.8	8.9
危地马拉	Guatemala	29	7425	2.7	54.9	30.4	14.7
几内亚	Guinea	16	20248	0.7	84.0	3.2	12.9
几内亚比绍	Guinea-Bissau	2	9851	1.1	82.3	4.6	13.1
圭亚那	Guyana	16	304723	0.7	97.6	0.6	1.8
海　地	Haiti	12	1297	9.2	77.5	3.8	18.8
洪都拉斯	Honduras	12	12336	1.3	57.8	24.8	17.4
匈牙利	Hungary	56	602	93.2	5.6	82.5	11.9
冰　岛	Iceland	2	532892	0.1	42.4	8.5	49.1
印　度	India	7610	1184	52.6	90.4	2.2	7.4
印度尼西亚	Indonesia	1133	8281	5.6	81.9	6.5	11.6
伊　朗	Iran	933	1704	72.6	92.2	1.2	6.7
伊拉克	Iraq	660	1108	187.5	78.8	14.7	6.5
爱尔兰	Ireland	8	10706	1.6	10.0	74.0	16.0
以色列	Israel	20	97	260.5	57.8	5.8	36.4
意大利	Italy	454	3005	24.9	44.1	35.9	20.1
牙买加	Jamaica	6	3475	6.2	34.2	21.9	43.9
卢森堡	Luxemburg	1	1929	6.0	0.3	36.5	63.1
日　本	Japan	900	3364	20.9	63.1	17.6	19.3
约　旦	Jordan	9	110	138.0	65.0	4.1	31.0
哈萨克斯坦	Kazakhstan	211	3886	32.9	66.2	29.6	4.2
肯尼亚	Kenya	27	493	13.2	79.2	3.7	17.2
朝　鲜	Korea, Dem.	87	2720	12.9	76.4	13.2	10.4
韩　国	Korea, Rep.	255	1303	39.3	62.0	12.0	26.0

1-3-5 续表 2 continued

国家或地区	Country or Area	淡水抽取量（亿立方米） Total Freshwater Withdrawals (100 million m^3)	人均可再生淡水资源（立方米） Renewable Internal Freshwater Resources per Capita(m^3)	年度淡水抽取量 Freshwater Withdrawals			
				占水资源总量的比重(%) % of Internal Resources	农业用水 % for Agriculture	工业用水 % for Industry	生活用水 % for Domestic
科 威 特	Kuwait	9			53.9	2.3	43.9
吉尔吉斯斯坦	Kyrgyzstan	101	8873	20.6	93.8	3.1	3.2
老 挝	Laos	43	29197	2.2	93.0	4.0	3.1
拉脱维亚	Latvia	4	8133	2.5	11.6	49.6	38.7
黎 巴 嫩	Lebanon	13	1095	27.3	59.5	11.5	29.0
莱 索 托	Lesotho	1	2577	1.0	20.0	40.0	40.0
利比里亚	Liberia	2	49023	0.1	33.6	26.6	39.8
利 比 亚	Libya	43	115	618.0	82.9	3.1	14.1
立 陶 宛	Lithuania	24	5135	15.3	3.5	90.0	6.6
马 其 顿	Macedonia	10	2567	19.0	12.3	66.6	21.1
马达加斯加	Madagascar	147	15545	4.4	97.5	0.9	1.6
马 拉 维	Malawi	10	1044	6.0	83.6	4.1	12.3
马来西亚	Malaysia	132	20168	2.3	34.2	36.3	29.5
马尔代夫	Maldives	0	90	19.7		5.1	94.9
马 里	Mali	65	4162	10.9	90.1	0.9	9.0
马 耳 他	Malta	1	121	106.7	35.3	0.9	63.8
毛里塔尼亚	Mauritania	16	108	400.3	93.7	1.6	4.7
毛里求斯	Mauritius	7	2139	26.4	67.7	2.8	29.5
墨 西 哥	Mexico	798	3427	19.5	76.7	9.3	14.0
摩尔多瓦	Moldova	19	281	191.5	39.7	51.8	8.6
摩 纳 哥	Monaco	0					100.0
蒙 古	Mongolia	4	12635	1.2	53.0	27.1	19.9
黑 山	Montenegro	2			1.1	39.0	59.9
摩 洛 哥	Morocco	126	905	43.5	87.3	2.9	9.8
莫桑比克	Mozambique	7	4080	0.7	73.9	3.3	22.8
缅 甸	Myanmar	332	19159	3.3	89.0	1.0	10.0
纳米比亚	Namibia	3	2778	4.9	71.0	4.7	24.3
尼 泊 尔	Nepal	98	7298	4.9	98.2	0.3	1.5
新 西 兰	New Zealand	48	74230	1.5	74.3	4.2	21.5
尼加拉瓜	Nicaragua	13	32125	0.7	83.9	2.1	14.1
尼 日 尔	Niger	24	212	67.5	88.0	1.2	10.8
尼日利亚	Nigeria	103	1346	4.7	53.4	15.1	31.5
挪 威	Norway	29	77124	0.8	28.8	42.9	28.3
阿 曼	Oman	13	463	94.4	88.4	1.4	10.1
巴基斯坦	Pakistan	1835	312	333.6	94.0	0.8	5.3
巴 拿 马	Panama	5	39409	0.3	50.9	3.3	45.8
巴布亚新几内亚	Papua New Guinea	4	114217	0.1	0.3	42.7	57.0
巴 拉 圭	Paraguay	5	14301	0.5	71.4	8.2	20.4
秘 鲁	Peru	193	54567	1.2	84.9	8.3	6.8
菲 律 宾	Philippines	816	5039	17.0	82.2	10.1	7.7
波 兰	Poland	120	1391	22.3	9.7	59.6	30.7
葡 萄 牙	Portugal	85	3600	22.3	73.0	19.4	7.6
波多黎各	Puerto Rico	10	1922	14.0	7.4	1.7	90.9
卡 塔 尔	Qatar	4	29	792.9	59.0	1.8	39.2

1-3-5 续表 3 continued

国家或地区	Country or Area	淡水抽取量（亿立方米）Total Freshwater Withdrawals (100 million m^3)	人均可再生淡水资源（立方米）Renewable Internal Freshwater Resources per Capita(m^3)	年度淡水抽取量 Freshwater Withdrawals			
				占水资源总量的比重(%) % of Internal Resources	农业用水 % for Agriculture	工业用水 % for Industry	生活用水 % for Domestic
罗马尼亚	Romania	69	1978	16.3	17.0	61.1	21.9
俄 罗 斯	Russia	662	30169	1.5	19.9	59.8	20.2
卢 旺 达	Rwanda	2	852	1.6	68.0	8.0	24.0
圣多美和普林西比	Sao Tome and Principe	…	11901	0.3			
沙特阿拉伯	Saudi Arabia	237	86	986.3	88.0	3.0	9.0
塞内加尔	Senegal	22	1935	8.6	93.0	2.6	4.4
塞尔维亚	Serbia	41	1158	49.0	1.9	81.6	16.6
塞 舌 尔	Seychelles	0			6.6	27.7	65.7
塞拉利昂	Sierra Leone	5	27278	0.3	71.0	9.7	19.4
新 加 坡	Singapore	2	116	31.7	4.0	51.0	45.0
斯洛伐克	Slovakia	7	2334	5.5	3.2	50.3	46.5
斯洛文尼亚	Slovenia	9	9095	5.1	0.2	82.3	17.5
索 马 里	Somalia	33	606	55.0	99.5	0.1	0.5
南 非	South Africa	125	886	27.9	62.7	6.1	31.2
西 班 牙	Spain	325	2408	29.2	60.5	21.7	17.8
斯里兰卡	Sri Lanka	130	2530	24.5	87.3	6.4	6.2
苏 丹	Sudan	371	641	123.8	97.1	0.6	2.3
苏 里 南	Suriname	7	166113	0.8	92.5	3.0	4.5
斯威士兰	Swaziland	10	2178	39.5	96.6	1.2	2.3
瑞 典	Sweden	26	18097	1.5	4.1	58.7	37.2
瑞 士	Switzerland	26	5106	6.5	1.9	57.5	40.6
叙 利 亚	Syrian Arab Republic	168	325	235.0	87.5	3.7	8.8
塔吉克斯坦	Tajikistan	115	8120	18.1	90.9	3.6	5.6
坦桑尼亚	Tanzania	52	1812	6.2	89.4	0.5	10.2
泰 国	Thailand	573	3372	25.5	90.4	4.9	4.8
东 帝 汶	Timor-Leste	12	6986	14.3	91.4	0.2	8.5
多 哥	Togo	2	1777	1.5	45.0	2.4	52.7
特立尼达和多巴哥	Trinidad and Tobago	2	2881	6.0	8.6	25.2	66.2
突 尼 斯	Tunisia	29	393	67.9	76.0	3.9	12.8
土 耳 其	Turkey	401	3107	17.7	73.8	10.7	15.5
土库曼斯坦	Turkmenistan	280	275	1989.3	94.3	3.0	2.7
乌 干 达	Uganda	3	1110	0.8	37.8	14.5	47.7
乌 克 兰	Ukraine	385	1162	72.5	51.2	36.4	12.5
阿 联 酋	United Arab Emirates	40	17	2665.3	82.8	1.7	15.4
英 国	United Kingdom	130	2311	9.0	9.9	33.0	57.1
美 国	United States	4784	9044	17.0	40.2	46.1	13.7
乌 拉 圭	Uruguay	37	17438	6.2	86.6	2.2	11.2
乌兹别克斯坦	Uzbekistan	560	557	342.7	90.0	2.7	7.3
委内瑞拉	Venezuela	91	24488	1.3	43.8	7.5	48.7
越 南	Viet Nam	820	4092	22.8	94.8	3.8	1.5
约旦河西岸和加沙	West Bank and Gaza	4	207	51.5	45.2	6.9	47.9
也 门	Yemen	36	90	169.8	90.7	1.8	7.4
赞 比 亚	Zambia	17	5882	2.2	75.9	7.5	16.7
津巴布韦	Zimbabwe	42	918	34.3	78.9	7.1	14.0

1-3-6 不同来源的淡水资源利用情况(2011年)

Freshwater Withdrawals by Source(2011)

资料来源：联合国粮农组织水资源数据库。
Source:FAO Aquastat Database.
单位：亿立方米 (100 million m^3)

国家或地区	Country or Area	地表水抽取 Surface Water	地下水抽取 Ground Water	淡化水利用 Desalinated Water Produced	处理废水的直接利用 Direct Use of Treated Municipal Wastewater
亚美尼亚	Armenia	22.2	6.1		
阿塞拜疆	Azerbaijan	107.9	7.1		
巴 林	Bahrain		2.4	1.0	0.2
孟加拉国	Bangladesh	73.9	284.8		
比 利 时	Belgium	55.7	6.5		
波 黑	Bosnia and Herzegovina	1.9	1.5		
保加利亚	Bulgaria	55.4	5.8		
塞浦路斯	Cyprus	0.4	1.5	0.3	2.3
捷 克	Czech Republic	15.7	3.8	0.0	
丹 麦	Denmark	0.1	6.5	0.2	
爱沙尼亚	Estonia	13.0	2.7		
法 国	France	259.1	57.1	0.1	4.1
格鲁吉亚	Georgia	10.7	5.5		
德 国	Germany	264.8	58.3		
希 腊	Greece	58.2	36.5	0.1	0.3
冰 岛	Iceland	0.1	1.6		
印 度	India	5100.0	2510.0	0.0	
伊 朗	Iran	400.0	531.0	2.0	1.5
约 旦	Jordan	3.8	5.5	0.1	
哈萨克斯坦	Kazakhstan	189.6	10.3	8.5	1.9
吉尔吉斯斯坦	Kyrgyzstan	74.0	3.1		0.0
黎 巴 嫩	Lebanon	5.6	7.0	4.7	
马 其 顿	Macedonia	10.9	0.7		
毛里求斯	Mauritius	5.8	1.5		
墨 西 哥	Mexico	465.4	301.0	0.2	29.5
蒙 古	Mongolia	0.9	4.2		
荷 兰	Netherlands	96.4	9.7		
巴基斯坦	Pakistan	1218.0	616.0		
菲 律 宾	Philippines	783.5	32.1		
波多黎各	Puerto Rico	8.0	2.0		
卡 塔 尔	Qatar		2.2	1.8	0.4
罗马尼亚	Romania	62.5	6.3		
沙特阿拉伯	Saudi Arabia	11.0	213.7	10.3	1.7
塞尔维亚	Serbia	35.9	5.3		
斯洛伐克	Slovakia	3.3	3.6		
斯洛文尼亚	Slovenia	7.5	1.9		
索 马 里	Somalia	31.6	1.3		
西 班 牙	Spain	267.7	57.0	1.0	3.7
瑞 典	Sweden	22.9	3.5	0.0	
泰 国	Thailand	474.8	98.3		
特里尼达和多巴哥	Trinidad and Tobago	2.3	0.9	0.4	
土 耳 其	Turkey		124.2	0.0	10.0
土库曼斯坦	Turkmenistan	272.4	3.1		
阿 联 酋	United Arab Emirates		28.0	9.5	2.5
英 国	United Kingdom	108.3	21.6	0.3	1.6
美 国	United States of America	3695.0	1083.0	5.8	0.0
乌兹别克斯坦	Uzbekistan	441.6	50.0		
越 南	Viet Nam	804.5	14.0		

第四章 矿产资源

Mineral Resources

1-4-1 各类矿产储量(2012年)

Mineral Reserves (2012)

资料来源：美国地质调查局数据库。
Source:USGS Database.

单位：万君 (10000 tons)

国家或地区	Country or Area	铁矿（亿吨原矿石） Iron Ore (100 Millon tons of Crude ore)	镉 Cadmium	锰矿（百万吨毛重） Manganese (Million tons of Gross Weight)	锌矿（百万吨金属含量） Zink (Million tons of Metal Content)	镍矿 Nickel	钨矿（金属含量） Tungsten (Metal Content)	云母矿 Cadmium
世　界	**World**	**1700**	**50**	**630**	**250**	**7500**		**7700**
美　国	United States	69	3		11	1	14	
加拿大	Canada	63	2		8	330	12	
巴　西	Brazil	290		110		750		36
玻利维亚	Bolivia				6		5	
哥伦比亚	Colombia					110		
古　巴	Cuba					550		
多米尼加	Dominican Republic					97		
墨西哥	Mexico	7	5	5	16			310
秘　鲁	Peru		6		18			
澳大利亚	Australia	350		97	70	2000		
新喀里多尼亚	New Caledonia					1200		
奥地利	Austria						1	
波　兰	Poland		2					
葡萄牙	Portugal						0.42	
瑞　典	Sweden	35						
俄罗斯	Russia	250	4			610	25	
乌克兰	Ukrain	65		140				
印　度	India	70	4	49	12			1100
印度尼西亚	Indonesia					390		
伊　朗	Iran	25			1			
哈萨克斯坦	Kazakhstan	25	3	5	10			
菲律宾	Philippines					110		
博茨瓦纳	Botswana					49		
加　蓬	Gabon			27				
马达加斯加	Madagascar					160		94
毛里塔尼亚	Mauritania	11						
南　非	South Africa	10		150		370		
委内瑞拉	Venezuela	40						
其他国家	Other Countries	120	13		55	460	76	

1-4-1 续表 1 continued

单位：万吨金属含量 (10000 Tons of Metal Content)

国家或地区	Country or Area	锡矿 Tin	铝土矿 (亿吨) Bauxite and Alumina (100 Million Tons)	铜矿 Copper	钼矿 Molybdenum	锑矿 Antimony	水银 Mercury	钻石 (万克拉) Diamond (10000 Carats)
世　界	**World**	**490**	**280**	**68000**	**1100**	**180**	**9**	**60000**
美　国	United States		0	3900	270			
加拿大	Canada			1000	22			
巴　西	Brazil	71	26					
玻利维亚	Bolivia	40				31		
智　利	Chile			19000	230			
牙买加	Jamaica		20					
墨西哥	Mexico			3800	13		3	
秘　鲁	Peru	31		7600	45			
澳大利亚	Australia	24	60	8600				11000
希　腊	Greece		6					
波　兰	Poland			2600				
俄罗斯	Russia	35	2	3000	25	35		4000
亚美尼亚	Armenia				15			
印　度	India		9					
印度尼西亚	Indonesia	80	10	2800				
马来西亚	Malaysia	25						
蒙　古	Mongolia				16			
伊　朗	Iran				5			
哈萨克斯坦	Kazakhstan		2	700	13			
乌兹别克斯坦	Uzbekistan				6			
吉尔吉斯斯坦	Kyrgyzstan				10		1	
塔吉克斯坦	Tajikistan					5		
泰　国	Thailand	17						
越　南	Vietnam		21					
博茨瓦纳	Botswana							13000
刚果(布)	Congo，Rep.			2000				15000
几内亚	Guinea		74					
圭亚那	Guyana		9					
塞拉利昂	Sierra Leone		2					
南　非	South Africa					3		7000
苏里南	Suriname		6					
委内瑞拉	Venezuela		3					
赞比亚	Zambia			2000				
其他国家	Other Countries	18	21	8000		15	4	8500

1-4-1 续表 2 continued

单位：万吨金属含量 (10000 Tons Metal Content)

国家或地区	Country or Area	铅矿 Lead	银矿 Silver	金矿 (吨金属含量) Gold (Tons of Metal Content)	铂族金属 (万公斤) PGMs (10000 kgs)	铬矿 (万吨毛重) Chromium (10000 Tons of Gross Weight)	钴矿 Cobalt	石膏 (万吨) Gypsum (10000 Tons)
世　界	**World**	**8900**	**54.0**	**52000**	**6600**	**46000**	**750**	
美　国	United States	500	2.5	3000		62	3	70000
加拿大	Canada	45	0.7	920	31		14	45000
巴　西	Brazil			2600			9	23000
玻利维亚	Bolivia	160	2.2					
智　利	Chile		7.7	3900				
古　巴	Cuba						50	
墨西哥	Mexico	560	3.7	1400				
摩洛哥	Morocco						2	
秘　鲁	Peru	790	12.0	2200				
澳大利亚	Australia	3600	6.9	7400			120	
新喀里多尼亚	New Caledonia						37	
爱尔兰	Ireland	60						
波　兰	Poland	170	8.5					5500
瑞　典	Sweden	110						
俄罗斯	Russia	920		5000	110		25	
印　度	India	260				5400		6900
印度尼西亚	Indonesia			3000				
哈萨克斯坦	Kazakhstan					21000		
乌兹别克斯坦	Uzbekistan			1700				
刚果(布)	Congo，Rep.						340	
加　纳	Ghana			1600				
巴布新几内亚	Papua New Guinea			1200				
南　非	South Africa	30		6000	6300	20000		
赞比亚	Zambia						27	
其他国家	Other Countries	300	5.0	10000	80		110	

1-4-2 铅矿采掘量
Mine Production of Lead

资料来源：英国地质调查局《世界矿产品生产年鉴》。
Source:BGS "World Mineral Production".

单位：吨金属含量 (Tons of Metal Content)

国家或地区	Country or Area	2007	2008	2009	2010	2011
世 界	**World**	**3700000**	**3800000**	**3900000**	**4400000**	**4700000**
阿根廷	Argentina	17045	20788	24753	22600	22800
澳大利亚	Australia	641000	650000	566000	712000	621000
玻利维亚	Bolivia	22798	81602	84538	72803	100051
波 黑	Bosnia and Herzegovina	4633	6029	3781	5811	6648
巴 西	Brazil	15522	15000	9000	12000	11000
保加利亚	Bulgaria	17768	14577	12981	12705	14369
缅 甸	Burma	1000	1000	5000	7000	8700
加拿大	Canada	75135	99810	68839	64844	54797
智 利	Chile	1305	3985	1511	695	841
希 腊	Greece	13400	14000	10000	12200	13400
危地马拉	Guatemala	363				
洪都拉斯	Honduras	10215	12545	14471	16954	13100
印 度	India	77717	82053	82629	83342	91493
伊 朗	Iran	31864	26905	39254	40000	35000
爱尔兰	Ireland	56800	50200	49500	39100	50700
意大利	Italy	3000	3000	2000	3000	3000
哈萨克斯坦	Kazakhstan	40200	38800	34000	35000	38800
朝 鲜	Korea, Dem.	35000	33000	25000	26000	26000
韩 国	Korea,Rep.	12	225	1032	584	1289
科索沃	Kosovo			3000	5700	4900
老 挝	Laos	222	710	400	542	544
马其顿	Macedonia	36039	49877	46788	41293	37295
墨西哥	Mexico	137133	141173	143838	192062	223717
摩洛哥	Morocco	42240	33477	34517	32647	30850
纳米比亚	Namibia	10543	14062	10129	10140	10000
尼日利亚	Nigeria	9800	3500	5200	3300	9100
巴基斯坦	Pakistan				1000	2900
秘 鲁	Peru	329154	345109	302459	261990	230019
波 兰	Poland	61330	67070	62910	48050	42636
罗马尼亚	Romania	784		3000	3000	3000
俄罗斯	Russia	48000	60000	72000	97000	113000
沙特阿拉伯	Saudi Arabia	123	347	685	543	400
塞尔维亚	Serbia	1600	1600	1800	1800	2100
南 非	South Africa	41857	46440	49149	50625	54460
西班牙	Spain			1000	300	5705
瑞 典	Sweden	63224	63489	69293	67697	62028
塔吉克斯坦	Tajikistan				3900	6000
土耳其	Turkey	20800	31800	21600	38500	39500
英 国	United Kingdom	300	300	243	251	280
美 国	United States	444300	410100	405800	369000	342000
越 南	Vietnam	4400		6000	3700	4100

1-4-3　银矿采掘量
Mine Production of Silver

资料来源：英国地质调查局《世界矿产品生产年鉴》。
Source:BGS "World Mineral Production".
单位：吨金属含量　　(Tons of Metal Content)

国家或地区	Country or Area	2007	2008	2009	2010	2011
世　界	**World**	**20947000**	**21454000**	**22281000**	**23406000**	**23294000**
阿尔及利亚	Algeria	500	114	200	147	100
阿根廷	Argentina	255567	355596	415235	693600	702000
亚美尼亚	Armenia	6900	9200	9000	16400	16100
澳大利亚	Australia	1880000	1926000	1631000	1880000	1725000
阿塞拜疆	Azerbaijan				1400	3805
玻利维亚	Bolivia	525000	1114000	1325730	1259000	1215586
巴　西	Brazil	18620	17412	14590	14630	14600
保加利亚	Bulgaria	55000	55000	55000	55000	55000
缅　甸	Burma	200				
加拿大	Canada	860449	755103	617777	591482	572333
智　利	Chile	1936465	1405020	1301018	1286688	1291272
哥伦比亚	Colombia	9766	9162	10827	15300	24045
刚果(金)	Congo, Dem,Rep.	76200	34100		5875	9187
多米尼加	Dominican Rep.			23120	22816	18554
埃塞俄比亚	Ethiopia	700	2714	771	2400	2400
斐　济	Fiji		265	313	328	418
芬　兰	Finland	44895	69906	70062	64596	73081
加　纳	Ghana	3300	3200	3928	3900	3900
希　腊	Greece	38300	33500	27500	29000	29000
危地马拉	Guatemala	88247	99131	127836	190973	272771
洪都拉斯	Honduras	53894	58936	57698	58158	48365
印　度	India	80697	105284	138780	148288	162000
印度尼西亚	Indonesia	268967	226051	359451	335040	199578
伊　朗	Iran	40000	40000	40000	40000	40000
爱尔兰	Ireland	9650	7172	5267	3818	6109
哈萨克斯坦	Kazakhstan	722927	645627	613544	548990	646685
朝　鲜	Korea, Dem.	50000	50000	50000	50000	50000
韩　国	Korea,Rep.	1400	1500	1700	2025	2649
老　挝	Laos	4499	6706	14726	17234	17976
马其顿	Macedonia	30000	40000	35000	32000	30000

1-4-3　续表　continued

单位：吨金属含量　(Tons of Metal Content)

国家或地区	Country or Area	2007	2008	2009	2010	2011
马来西亚	Malaysia	296	349	367	436	459
墨西哥	Mexico	3135430	3236312	3553841	4410749	4777710
蒙古	Mongolia	20455	19954	20397	19641	19107
摩洛哥	Morocco	177712	201195	210000	243000	186000
纳米比亚	Namibia	7902	1215	700		1841
新西兰	New Zealand	8553	18269	14264	17136	14324
尼加拉瓜	Nicaragua	3420	3720	4491	6995	7928
尼日尔	Niger	139	289	256	326	300
阿曼	Oman	3863	2140	2162	1290	1300
巴布亚新几内亚	Papua New Guinea	48677	48062	55082	83957	90055
秘鲁	Peru	3493090	3685931	3922708	3640444	3414010
菲律宾	Philippines	27754	14224	33808	41004	45530
波兰	Poland	1199500	1161000	1206000	1183000	1167000
葡萄牙	Portugal	26514	26273	20483	20561	25545
罗马尼亚	Romania	18000	18000	18000	18000	18000
俄罗斯	Russia	911300	1132200	1312600	1144600	1134000
沙特阿拉伯	Saudi Arabia	9028	8233	8527	7600	7500
塞尔维亚	Serbia	2300	2300	4424	4384	7380
斯洛伐克	Slovakia	50	198	201	320	330
南非	South Africa	70089	75199	77780	79315	73180
西班牙	Spain			2200	20800	29900
苏丹	Sudan	2405		413	631	3500
瑞典	Sweden	323171	293068	288590	302145	301959
坦桑尼亚	Tanzania	12381	10388	8231	12040	13524
泰国	Thailand	7727	5465	15300	15300	16423
土耳其	Turkey	315000	294000	351600	348000	292400
英国	United Kingdom	212	398	514	506	531
美国	United States	1281000	1250000	1245000	1270000	1120000
乌兹别克斯坦	Uzbekistan	77800	74600	52900	59100	60000
津巴布韦	Zimbabwe	1100	500			

1-4-4 金矿采掘量

Mine Production of Gold

资料来源：英国地质调查局《世界矿产品生产年鉴》。
Source:BGS "World Mineral Production".

单位：公斤 (Kilograms)

国家或地区	Country or Area	2007	2008	2009	2010	2011
世　界	**World**	**2350000**	**2290000**	**2490000**	**2590000**	**2600000**
阿尔及利亚	Algeria	236	647	998	723	341
阿根廷	Argentina	42021	42046	46588	63139	61964
亚美尼亚	Armenia	565	565	682	1033	1056
澳大利亚	Australia	247000	215000	223000	260000	258000
阿塞拜疆	Azerbaijan			333	2093	1775
玻利维亚	Bolivia	8818	8431	7217	6400	6513
博茨瓦纳	Botswana	2722	3176	1626	1774	1562
巴　西	Brazil	49600	54000	56100	57900	65200
保加利亚	Bulgaria	3964	4160	4482	4489	5302
布基纳法索	Burkina Faso	2250	7633	13181	22926	31711
缅　甸	Burma	100	100	100	100	100
布隆迪	Burundi	2423	2170	980	293	1052
喀麦隆	Cameroon	600	600	600	600	600
加拿大	Canada	102377	96501	97235	102693	100379
乍　得	Chad	150	100	100	100	100
智　利	Chile	41528	39162	40834	39494	45137
哥伦比亚	Colombia	15483	34321	47838	53606	55908
刚果(金)	Congo, Dem,Rep.	5100	3300	2000	3500	3500
哥斯达黎加	Costa Rica	1221	154	205	300	500
多明尼加	Dominican Rep.		44	425	488	451
厄瓜多尔	Ecuador	4588	4133	5392	4753	4149
埃　及	Egypt				4675	6305
赤道几内亚	Equatorial Guinea	200	200	200	200	200
厄立特里亚	Eritrea	87	32	30	30	11788
埃塞俄比亚	Ethiopia	4368	3465	6251	5936	11000
斐　济	Fiji	29	700	1091	1903	1572
芬　兰	Finland	1639	1336	3808	5644	6438
法属圭亚那	French Guiana	2844	1941	1250	1140	1300
加　蓬	Gabon	300	300	300	300	300
格鲁吉亚	Georgia	3100	3100	3100	3100	3100
加　纳	Ghana	83558	80503	91143	92380	90959
格陵兰	Greenland	1835	1648			93
危地马拉	Guatemala	7100	7448	8484	9213	11898
几内亚	Guinea	15303	17981	21402	24836	15779
圭亚那	Guyana	7412	8131	9326	8744	11293
洪都拉斯	Honduras	3012	1846	2127	2200	1893
印　度	India	2969	2438	2084	2239	2174
印度尼西亚	Indonesia	117854	64390	140488	119726	75240
伊　朗	Iran	252	303	340	341	400
象牙海岸	Ivory Coast	1243	4205	6947	5316	10685
日　本	Japan	8869	6868	7708	8544	8200
哈萨克斯坦	Kazakhstan	21824	20825	22525	29941	36670
肯尼亚	Kenya	3023	340	1055	2035	2100
韩　国	Korea ,Rep.	162	175	274	235	209
朝　鲜	Korea, Dem.	2000	2000	2000	2000	2000
吉尔吉斯斯坦	Kyrgyzstan	10559	18132	17130	18464	18940

1-4-4 续表 continued

单位：公斤 (Kilograms)

国家或地区	Country or Area	2007	2008	2009	2010	2011
老 挝	Laos	4161	4333	5021	5138	3984
利比里亚	Liberia	311	624	524	666	469
马来西亚	Malaysia	2913	2490	2794	3766	4215
马 里	Mali	52753	41160	42364	38524	40415
毛里塔尼亚	Mauritania	2332	5528	7838	8326	8211
墨西哥	Mexico	39355	50365	62439	79376	88649
蒙 古	Mongolia	17473	15184	9803	6037	5703
摩洛哥	Morocco	771	587	470	650	520
莫桑比克	Mozambique	97	298	511	106	500
纳米比亚	Namibia	2488	2115	2057	2683	2053
新西兰	New Zealand	8833	13403	13442	13469	11761
尼加拉瓜	Nicaragua	3330	2960	2590	4924	6395
尼日尔	Niger	3427	2314	2067	1929	1453
尼日利亚	Nigeria	180	2890	1350	3718	3700
阿 曼	Oman	248	118	93	82	80
巴拿巴	Panama			800	868	1728
巴布亚新几内亚	Papua New Guinea	57549	67466	68173	66901	62271
秘 鲁	Peru	170128	179870	182390	164070	164008
菲律宾	Philippines	38792	35568	37047	40847	31120
波 兰	Poland	883	902	814	776	703
罗马尼亚	Romania	500	500	500	500	500
俄罗斯	Russia	156912	184488	205236	201300	185263
沙特阿拉伯	Saudi Arabia	4438	4527	4857	4400	4206
塞内加尔	Senegal	600	600	5655	5354	4089
塞尔维亚	Serbia	500	712	818	856	1534
塞拉利昂	Sierra Leone	212	196	157	270	164
斯洛伐克	Slovakia	92	198	346	534	398
所罗门群岛	Solomon Islands	93	141	130	130	1588
南 非	South Africa	252345	212744	197628	188702	180184
苏 丹	Sudan	2701	2251	1922	2129	2231
苏里南	Suriname	8585	10290	12800	12933	12606
瑞 典	Sweden	5159	4953	5542	6285	5994
塔吉克斯坦	Tajikistan	2000	1672	1361	2049	2240
坦桑尼亚	Tanzania	40193	36434	39113	39448	40390
泰 国	Thailand	3401	2721	5400	5300	5568
多 哥	Togo	10159	11835	12955	10452	16469
土耳其	Turkey	9920	11016	14450	16400	23248
乌干达	Uganda	2543	2055	931	918	163
英 国	United Kingdom	88	163	187	177	202
美 国	United States	238136	233327	223323	231000	234000
乌拉圭	Uruguay	3172	2429	2010	1704	1899
乌兹别克斯坦	Uzbekistan	72850	73000	73000	73000	73000
委内瑞拉	Venezuela	11809	10815	12232	6991	7000
越 南	Vietnam	3000	3000	3000	3000	3000
赞比亚	Zambia	1269	1693	3108	3410	3493
津巴布韦	Zimbabwe	7018	3579	4966	9620	12993

1-4-5 铜矿采掘量

Mine Production of Copper

资料来源：英国地质调查局《世界矿产品生产年鉴》。
Source:BGS "World Mineral Production".
单位：万吨 (10000 Tons)

国家或地区	Country or Area	2007	2008	2009	2010	2011
世　界	**World**	**1550.00**	**1560.00**	**1590.00**	**1620.00**	**1620.00**
阿尔巴尼亚	Albania	0.24	0.36	0.26	0.27	0.44
阿根廷	Argentina	18.02	15.69	14.31	14.03	11.67
亚美尼亚	Armenia	1.76	1.88	2.32	3.11	3.36
澳大利亚	Australia	87.10	88.60	85.60	87.10	96.00
玻利维亚	Bolivia	0.06	0.06	0.06	0.21	0.42
博茨瓦纳	Botswana	2.00	2.31	2.44	4.80	2.82
巴　西	Brazil	20.57	22.20	21.70	21.30	22.38
保加利亚	Bulgaria	11.62	10.72	11.07	11.29	11.46
缅　甸	Burma	1.51	0.69	0.98	1.20	1.20
加拿大	Canada	59.62	60.80	48.46	52.51	56.61
智　利	Chile	555.70	532.76	539.44	541.89	526.28
哥伦比亚	Colombia	0.08	0.11	0.11	0.07	0.08
刚果(金)	Congo,Dem. Rep.	14.46	23.92	29.92	37.79	48.00
塞浦路斯	Cyprus	0.30	0.30	0.24	0.26	0.37
多米尼加	Dominican Rep.		0.26	1.15	0.90	1.17
芬　兰	Finland	1.36	1.33	1.46	1.47	1.40
格鲁吉亚	Georgia	1.13	1.87	1.66	1.13	1.02
印　度	India	3.27	3.05	2.85	3.17	3.03
印度尼西亚	Indonesia	79.69	65.50	98.85	87.84	54.27
伊　朗	Iran	24.42	24.81	26.25	25.66	25.91
哈萨克斯坦	Kazakhstan	44.40	46.70	45.60	42.70	41.70
朝　鲜	Korea, Dem.	1.20	1.20	1.20	1.20	1.20
老　挝	Laos	6.25	8.90	12.16	13.20	13.88
马其顿	Macedonia	0.70	0.81	0.74	0.79	0.76
毛里塔尼亚	Mauritania	2.88	3.31	3.66	3.70	3.53
墨西哥	Mexico	33.75	24.66	24.06	27.01	44.36
蒙　古	Mongolia	13.02	12.70	12.98	12.50	12.16
摩洛哥	Morocco	0.56	0.59	1.18	1.50	1.21
纳米比亚	Namibia	0.58	0.88			0.34
阿　曼	Oman	0.93	1.87	1.97	2.09	2.67
巴基斯坦	Pakistan	1.88	1.87	1.96	1.94	2.00
巴布亚新几内亚	Papua New Guinea	16.92	15.97	16.67	15.98	13.05
秘　鲁	Peru	119.03	126.79	127.62	124.72	123.52
菲律宾	Philippines	2.29	2.12	4.91	5.84	6.38
波　兰	Poland	45.19	42.97	43.94	42.57	42.67
葡萄牙	Portugal	9.02	8.90	8.65	7.40	8.22
罗马尼亚	Romania	0.22	0.03	0.31	0.51	0.64
俄罗斯	Russia	69.00	70.50	67.57	70.27	71.31
沙特阿拉伯	Saudi Arabia	0.07	0.15	0.17	0.16	0.20
塞尔维亚	Serbia	1.65	1.76	1.94	2.25	2.58
南　非	South Africa	9.70	10.87	10.76	10.26	9.66
西班牙	Spain	0.63	0.71	1.77	5.43	6.80
瑞　典	Sweden	6.29	5.77	5.54	7.65	8.30
坦桑尼亚	Tanzania	0.33	0.29	0.31	0.64	0.67
土耳其	Turkey	8.10	8.30	8.71	8.15	9.50
美　国	United States	117.00	131.00	118.00	111.00	112.00
乌兹别克斯坦	Uzbekistan	8.00	8.00	8.00	8.00	8.00
越　南	Vietnam	1.25	1.15	1.29	1.23	1.13
赞比亚	Zambia	52.40	56.77	60.12	73.17	73.98
津巴布韦	Zimbabwe	0.27	0.28	0.36	0.46	0.66

1-4-6　钴矿开采量

Mine Production of Cobalt

资料来源：英国地质调查局《世界矿产品生产年鉴》。
Source:BGS "World Mineral Production".

单位：吨金属含量　　(Tons of Metal Content)

国家或地区	Country or Area	2007	2008	2009	2010	2011
世　界	**World**	**58000**	**82000**	**87000**	**136000**	**151000**
澳大利亚	Australia	5325	5770	5365	4838	4254
博茨瓦纳	Botswana	242	337	342	272	149
巴　西	Brazil	1311	2631	2075	3139	3150
加拿大	Canada	8692	8953	3919	4636	7071
刚果(金)	Congo, Democratic	17886	42461	56258	97693	108888
古　巴	Cuba	4549	3175	3500	3721	3850
芬　兰	Finland	120	100	27	140	480
印　尼	Indonesia	650	650	650	650	650
马达加斯加	Madagascar				700	
摩洛哥	Morocco	1573	1791	1600	1582	1518
新喀里多尼亚	New Caledonia	1620	869	913	1735	2404
菲律宾	Philippines	1000	1200	1500	1500	1500
俄罗斯	Russia	3587	2502	2352	2460	2337
南　非	South Africa	307	244	238	840	862
乌干达	Uganda	698	663	673	624	661
赞比亚	Zambia	4335	3841	1535	5134	5956
津巴布韦	Zimbabwe	29	28	39	58	174

1-4-7　镍矿采掘

Mine Production of Nickel

资料来源：英国地质调查局《世界矿产品生产年鉴》。
Source:BGS "World Mineral Production".

单位：吨金属含量　　(Tons of Metal Content)

国家或地区	Country or Area	2007	2008	2009	2010	2011
世　界	**World**	**1585000**	**1556000**	**1359000**	**1540000**	**1826000**
阿尔巴尼亚	Albania	2197	3500	550	1954	914
澳大利亚	Australia	184000	200000	166000	169000	215000
博茨瓦纳	Botswana	22844	28940	29616	24931	15675
巴　西	Brazil	38400	67116	56950	66200	74000
加拿大	Canada	254915	259651	135037	158376	219612
哥伦比亚	Colombia	49312	41638	51802	49433	37800
古　巴	Cuba	73900	67300	60000	66000	66000
多明尼加	Dominican Rep.	29128	18742			13498
芬　兰	Finland	3600	6200	1600	12100	19100
希　腊	Greece	21200	18600	9600	16100	21700
印　尼	Indonesia	243500	223000	183900	217300	226300
哈萨克斯坦	Kazakhstan	1200	1600			
科索沃	Kosovo		3655	10565	9100	7728
马其顿	Macedonia	15000	15000	12000	14200	25600
摩洛哥	Morocco	100	100	733	317	217
新喀里多尼亚	New Caledonia	125364	105883	95649	131309	131050
挪　威	Norway	378	377	336	348	339
菲律宾	Philippines	91367	80645	137350	184330	319354
俄罗斯	Russia	279800	266800	261900	270000	270000
南　非	South Africa	37877	31700	34610	39960	43321
西班牙	Spain	6630	8136	8029	6296	
土耳其	Turkey	2000	1500	1199	1900	4300
乌克兰	Ukraine	12000	8000			
委内瑞拉	Venezuela	15666	10886	13749	12063	13400
赞比亚	Zambia		800	1500	2809	2869
津巴布韦	Zimbabwe	8582	6354	4858	6133	7992

1-4-8 锌矿采掘量

Mine Production of Zinc

资料来源：英国地质调查局《世界矿产品生产年鉴》。
Source:BGS "World Mineral Production".

单位：吨金属含量 (Tons of Metal Content)

国家或地区	Country or Area	2007	2008	2009	2010	2011
世 界	**World**	**11200000**	**12000000**	**11600000**	**12400000**	**12800000**
阿根廷	Argentina	27025	30349	31869	32600	45800
亚美尼亚	Armenia	2560	3880	3564	7468	8106
澳大利亚	Australia	1514000	1519000	1290000	1480000	1516000
玻利维亚	Bolivia	214053	383618	430879	411409	427129
波 黑	Bosnia and Herzegovina	4799	8595	6228	10025	12477
巴 西	Brazil	193899	173933	172688	211203	186000
保加利亚	Bulgaria	14453	12819	9339	9904	10977
缅 甸	Burma	10000	7000	6000	7000	8000
加拿大	Canada	630485	750502	699145	648905	611577
智 利	Chile	36453	40519	27801	27662	36602
刚果(金)	Congo, Dem. Rep	16905	7733	9848	4612	9518
芬 兰	Finland	38900	27800	30233	55562	64115
希 腊	Greece	20700	24200	17800	18400	21200
洪都拉斯	Honduras	29211	28462	36370	33839	26000
印 度	India	551268	647537	677824	726526	713416
伊 朗	Iran	75000	86000	72048	72000	72000
爱尔兰	Ireland,	400900	398200	385700	342500	344000
哈萨克斯坦	Kazakhstan	445000	446000	442000	459000	465000
朝 鲜	Korea, Dem.	78000	48000	29000	38000	40000
韩 国	Korea,Rep.	2034	1836	2221	355	743
科索沃	Kosovo		4902	5582	6449	6597
老 挝	Laos	893	1121	760	1140	1642
马其顿	Macedonia	30957	38737	38648	32900	28100
墨西哥	Mexico	452012	453588	489766	570004	631859
蒙 古	Mongolia	77350	71800	70750	56300	52350
摩洛哥	Morocco	54353	80747	44800	43680	45065
纳米比亚	Namibia	196000	204000	208000	209000	197000
巴基斯坦	Pakistan			1000	10000	11123
秘 鲁	Peru	1444354	1602597	1512931	1470450	1255899
菲律宾	Philippines	7400	1619	10035	9268	18170
波 兰	Poland	129600	132400	115500	92800	87800
葡萄牙	Portugal	24380	37900	501	6422	4227
罗马尼亚	Romania	849	14	3000	5000	5000
俄罗斯	Russia	177000	204000	214000	235000	252000
沙特阿拉伯	Saudi Arabia	716	3663	4952	4879	4900
塞尔维亚	Serbia	1200	2400	2700	2600	3100
南 非	South Africa	31062	29002	28200	36142	36629
西班牙	Spain			5900	17323	33197
瑞 典	Sweden	214576	187987	192502	198687	194021
泰 国	Thailand	26406	17811	27493	21971	22259
土耳其	Turkey	140500	126800	136300	196400	158300
美 国	United States	803300	778100	735700	748000	769000
越 南	Vietnam	45000	42000	38000	36000	38000

1-4-9 锡矿采掘量

Mine Production of Tin

资料来源：英国地质调查局《世界矿产品生产年鉴》。
Source:BGS "World Mineral Production".

单位：吨金属含量 (Tons of Metal Content)

国家或地区	Country or Area	2007	2008	2009	2010	2011
世　界	**World**	**344000**	**317000**	**317000**	**320000**	**300000**
澳大利亚	Australia	2071	1783	13269	18646	15400
玻利维亚	Bolivia	15972	17320	19575	20190	20373
巴　西	Brazil	12596	13899	9500	9600	9546
缅　甸	Burma	500	500	600	400	500
布隆迪	Burundi	51	96	20	29	52
刚果(金)	Congo, Dem.Rep.	9551	12817	10083	8720	3549
印度尼西亚	Indonesia	102000	96000	84000	84000	78000
老　挝	Laos	721	358	389	723	434
马来西亚	Malaysia	2263	2605	2410	2668	3346
蒙　古	Mongolia	14	45	8	7	42
尼日尔	Niger	11	10	6	6	
尼日利亚	Nigeria	2500	1800	1800	1300	1800
秘　鲁	Peru	39019	39037	37503	33848	28882
葡萄牙	Portugal	41	29	34	22	39
俄罗斯	Russia	2500	1500	1200	1000	600
卢旺达	Rwanda	2685	2135	3154	3970	4508
泰　国	Thailand	149	235	166	291	282
乌干达	Uganda	24	40		24	
越　南	Vietnam	5400	5400	5400	5400	5400

1-4-10 钨矿采掘量

Mine Production of Tungsten

资料来源：英国地质调查局《世界矿产品生产年鉴》。
Source:BGS "World Mineral Production".

单位：吨金属含量 (Tons of Metal Content)

国家或地区	Country or Area	2007	2008	2009	2010	2011
世　界	**World**	**56500**	**64400**	**64700**	**68600**	**72900**
奥地利	Austria	1117	1122	887	975	861
葡萄牙	Portugal	846	981	823	799	818
俄罗斯	Russia	4700	4000	5500	3000	4200
西班牙	Spain		194	284	303	425
布隆迪	Burundi	163	230	100	100	100
刚果(金)	Congo, Dem.Rep.	621	372	190	40	19
卢旺达	Rwanda	1412	1037	690	630	950
乌干达	Uganda	86	48	7	44	8
加拿大	Canada	2700	2795	2501	364	2368
玻利维亚	Bolivia	1107	1148	1023	1203	1418
巴　西	Brazil	537	408	192	166	250
秘　鲁	Peru	366	456	634	716	546
缅　甸	Burma	183	136	87	163	150
哈萨克斯坦	Kazakhstan	100				
韩　国	Korea, Dem.	230	270	100	100	100
吉尔吉斯斯坦	Kyrgyzstan	100	100	100	100	100
蒙　古	Mongolia	166	97	27	13	8
泰　国	Thailand	687	718	274	481	229
乌兹别克斯坦	Uzbekistan	300	300	300	300	300
澳大利亚	Australia	30	11	17	11	40

1-4-11 铁矿产量

Production of Iron Ore

资料来源：英国地质调查局《世界矿产品生产年鉴》。
Source:BGS "World Mineral Production".

单位：万吨 (10000 Tons)

国家或地区	Country or Area	2007	2008	2009	2010	2011
世 界	**World**	**205200**	**220500**	**227500**	**262000**	**301200**
阿尔及利亚	Algeria	198	208	131	147	150
澳大利亚	Australia	29904	34244	39407	43345	48811
奥地利	Austria	215	203	200	207	221
阿塞拜疆	Azerbaijan	2	3		6	21
波 黑	Bosnia and Herzegovina	294	267	273	140	189
巴 西	Brazil	35467	35120	33100	37230	46040
加拿大	Canada	3316	3210	3170	3700	3357
智 利	Chile	882	932	824	913	1262
哥伦比亚	Colombia	62	47	28	8	17
埃 及	Egypt	66	77	178	231	332
德 国	Germany	42	46	36	39	49
印 度	India	21325	21296	21855	20800	16853
伊 朗	Iran	3364	3123	3199	3555	4813
哈萨克斯坦	Kazakhstan	1958	2149	4625	5019	5174
朝 鲜	Korea, Dem.	513	532	530	530	530
韩 国	Korea,,Rep.	29	37	46	51	54
马来西亚	Malaysia	80	98	147	356	770
毛里塔尼亚	Mauritania	1182	1097	1028	1111	1118
墨西哥	Mexico	1654	1771	1769	2121	1940
蒙 古	Mongolia	27	139	138	320	568
摩洛哥	Morocco	5	2	3	4	8
新西兰	New Zealand	172	202	209	244	236
尼日利亚	Nigeria	6	6	10	5	5
挪 威	Norway	63	75	90	327	253
巴基斯坦	Pakistan	13	29	32	45	33
秘 鲁	Peru	628	635	544	743	862
俄罗斯	Russia	10500	9990	9200	9550	10400
斯洛伐克	Slovakia	57	39			
南 非	South Africa	4210	4898	5531	5871	5806
瑞 典	Sweden	2471	2389	1768	2529	2611
泰 国	Thailand	155	171	62	98	49
突尼斯	Tunisia	18	11	15	18	17
土耳其	Turkey	455	399	417	538	575
乌克兰	Ukraine	7793	7269	6645	7854	8090
美 国	United States	5250	5360	2670	4950	5400
委内瑞拉	Venezuela	1963	1933	1421	1433	1600
越 南	Vietnam	120	137	191	197	221

1-4-12 铝土矿产量

Production of Bauxite

资料来源：英国地质调查局《世界矿产品生产年鉴》。
Source:BGS "World Mineral Production".
单位：万吨 (10000 Tons)

国家或地区	Country or Area	2007	2008	2009	2010	2011
世　界	**World**	**21300.00**	**21400.00**	**19800.00**	**22600.00**	**24800.00**
澳大利亚	Australia	6242.80	6403.80	6616.80	6853.50	6997.70
波　黑	Bosnia and Herzegovina	86.69	101.83	55.58	82.79	70.77
巴　西	Brazil	2546.07	2809.75	2607.44	3202.80	3369.47
法　国	France	16.00				
加　纳	Ghana	103.34	79.60	44.00	51.22	40.01
希　腊	Greece	212.59	217.40	193.50	190.20	232.40
几内亚	Guinea	1851.90	1768.23	1477.42	1642.73	1759.31
圭亚那	Guyana	224.29	209.22	148.49	108.25	181.84
匈牙利	Hungary	54.63	51.13	31.70	36.50	27.78
印　度	India	2262.50	1546.02	1412.41	1264.08	1299.20
印度尼西亚	Indonesia	1600.00	1800.00	1500.00	2700.00	4100.00
伊　朗	Iran	52.08	52.00	52.20	68.12	68.00
伊拉克	Iraq		0.49	0.03	0.34	
牙买加	Jamaica	1456.77	1463.61	810.39	853.99	1018.89
哈萨克斯坦	Kazakhstan	496.26	516.01	513.10	531.02	549.52
马来西亚	Malaysia	15.68	29.52	27.45	12.43	18.81
墨西哥	Mexico	2.00	2.00	2.00	2.13	1.44
黑山共和国	Montenegro	66.71	67.18	4.58	6.12	15.86
莫桑比克	Mozambique	0.87	0.54	0.36	0.86	1.04
巴基斯坦	Pakistan	1.81	3.58	1.56	1.11	0.90
俄罗斯	Russia	605.39	567.50	530.00	503.50	538.00
塞拉利昂	Sierra Leone	116.90	95.44	74.28	108.91	145.75
苏里南	Suriname	527.32	533.30	338.84	309.67	323.61
坦桑尼亚	Tanzania	0.50	2.06	12.29	13.00	13.00
土耳其	Turkey	86.34	81.89	40.67	85.50	60.00
美　国	United States	14.19	9.88	3.02	5.91	6.31
委内瑞拉	Venezuela	559.33	419.20	361.09	312.62	245.48
越　南	Vietnam	8.00	8.00	8.00	8.00	8.00

1-4-13　锰矿产量

Production of Manganese Ore

资料来源：英国地质调查局《世界矿产品生产年鉴》。
Source:BGS "World Mineral Production".

单位：万吨 (10000 Tons)

国家或地区	Country or Area	2007	2008	2009	2010	2011
世　界	**World**	**3590.00**	**3810.00**	**3400.00**	**4190.00**	**4730.00**
澳大利亚	Australia	528.90	481.90	444.40	647.40	696.10
巴　西	Brazil	186.60	240.00	230.00	260.00	310.00
保加利亚	Bulgaria	2.79	3.91	2.83	10.60	8.56
布基纳法索	Burkina Faso				4.00	6.00
智　利	Chile	2.68	0.51	0.16		
埃　及	Egypt	2.06	1.69	1.25	0.65	3.72
加　蓬	Gabon	333.38	325.00	199.21	320.06	356.23
格鲁吉亚	Georgia	36.84	37.00	37.00	37.00	37.00
加　纳	Ghana	116.73	108.90	101.29	119.41	182.77
匈牙利	Hungary	5.10	4.96	4.30	5.50	5.80
印　度	India	269.70	278.90	249.20	288.11	238.70
伊　朗	Iran	10.34	11.52	12.55	13.16	13.50
象牙海岸	Ivory Coast	8.04	14.81	10.00	8.00	6.00
哈萨克斯坦	Kazakhstan	248.20	248.50	245.74	109.40	293.00
马来西亚	Malaysia	5.65	53.67	56.80	89.97	57.68
墨西哥	Mexico	41.83	47.71	33.03	46.66	43.73
摩洛哥	Morocco	4.16	10.23	5.18	7.56	5.80
纳米比亚	Namibia	4.76	2.82	5.15	3.57	3.60
罗马尼亚	Romania	4.94	4.36	2.03	1.31	
苏　丹	Sudan	0.04		0.05	37.90	40.00
泰　国	Thailand	0.95	11.10	6.49	5.05	
乌克兰	Ukraine	172.00	144.70	93.20	158.90	159.00

1-4-14 高岭土产量

Production of Kaolin

资料来源：英国地质调查局《世界矿产品生产年鉴》。
Source: BGS "World Mineral Production".
单位：万吨 (10000 Tons)

国家或地区	Country or Area	2007	2008	2009	2010	2011
世　界	**World**	**2750.00**	**2730.00**	**2380.00**	**2520.00**	**2570.00**
阿尔及利亚	Algeria	10.66	5.08	8.78	7.11	7.00
阿根廷	Argentina	6.94	7.38	7.88	7.87	8.00
澳大利亚	Australia	21.36	18.17	10.94	10.47	3.81
奥地利	Austria	1.69	1.65	1.81	1.89	1.89
比利时	Belgium	30.00	30.00	30.00	30.00	30.00
波　黑	Bosnia and Herzegovina	18.80	25.93	14.84	4.18	23.21
巴　西	Brazil	248.00	266.70	198.70	190.00	220.00
保加利亚	Bulgaria	24.00	22.00	14.00	19.00	25.00
智　利	Chile	8.79	6.35	4.84	6.22	5.99
捷　克	Czech Republic	68.20	66.40	48.80	63.60	66.00
厄瓜多尔	Ecuador	1.86	1.50	1.50	1.50	1.50
埃　及	Egypt	33.17	52.33	52.33	30.42	30.00
厄立特里亚	Eritrea	0.02	0.02	0.02	0.02	0.02
埃塞俄比亚	Ethiopia	0.40	0.13	0.16	0.15	0.15
法　国	France	30.73	33.55	35.00	35.00	35.00
德　国	Germany	384.25	362.22	451.38	457.81	489.85
希　腊	Greece	3.00	0.44		0.35	0.21
危地马拉	Guatemala	2.82	0.28	0.19	0.21	0.16
印　度	India	11.51	9.63	8.00	7.47	6.50
印度尼西亚	Indonesia	1.50	1.50	1.50	1.50	1.50
伊　朗	Iran	94.79	127.41	90.75	148.03	150.00
伊拉克	Iraq	0.35	0.15	0.20	0.26	
意大利	Italy	18.00	18.00	18.00	18.00	18.00
日　本	Japan	1.20	1.20	1.20	1.20	1.20
乔　丹	Jordan	10.06	18.10	17.75	11.49	8.99
肯尼亚	Kenya	0.09	0.09	0.09	0.09	0.09
韩　国	Korea，Rep.	105.36	118.22	89.02	96.23	105.18
马来西亚	Malaysia	58.75	50.65	48.76	53.03	44.26
墨西哥	Mexico	97.06	69.04	40.64	51.69	37.25
新西兰	New Zealand	1.41	1.28	0.90	10.78	2.15
尼日利亚	Nigeria	10.00	10.00	10.00	10.00	10.00
巴基斯坦	Pakistan	3.10	3.15	1.72	2.28	1.61
巴拉圭	Paraguay	6.60	6.60	6.60	6.60	6.60
秘　鲁	Peru	0.48	1.32	0.97	1.64	1.82
菲律宾	Philippines	0.22	0.24	0.24	0.25	0.35
波　兰	Poland	15.37	16.56	13.66	25.00	14.30
葡萄牙	Portugal	18.36	21.74	27.49	27.39	32.20
罗马尼亚	Romania	0.76	0.31	0.07	0.03	
俄罗斯	Russia	4.50	4.50	4.50	4.50	4.50
沙特阿拉伯	Saudi Arabia	0.44	0.56	0.42	0.42	0.42
塞尔维亚	Serbia	9.74	39.89	16.36	7.62	9.05
斯洛伐克	Slovakia	4.60	4.40	1.00		0.40
南　非	South Africa	5.12	3.95	3.10	2.99	1.52
西班牙	Spain	48.94	35.57	27.03	31.10	30.26
斯里兰卡	Sri Lanka	1.12	1.00	0.95	0.82	1.12
约　旦	Sudan	2.78	8.72	3.68	3.27	3.00
坦桑尼亚	Tanzania	0.10	1.39	1.86	4.26	...
泰　国	Thailand	15.92	16.22	13.11	15.68	17.59
土耳其	Turkey	45.62	23.27	23.46	78.73	65.00
乌干达	Uganda	0.82	0.37	0.47	2.72	2.09
乌克兰	Ukraine	24.40	24.00	10.00	10.00	10.00
英　国	United Kingdom	167.14	135.54	105.98	100.00	100.00
美　国	United States	711.00	675.00	529.00	537.00	548.00
乌兹别克斯坦	Uzbekistan	15.00	15.00	15.00	15.00	15.00
委内瑞拉	Venezuela	0.02	0.19	0.03	0.94	...
越　南	Vietnam	65.00	65.00	65.00	65.00	65.00

1-4-15　云母矿产量

Production of Mica

资料来源：英国地质调查局《世界矿产品生产年鉴》。
Source:BGS "World Mineral Production".

单位：吨　　(Tons)

国家或地区	Country or Area	2007	2008	2009	2010	2011
世　界	**World**	**340000**	**380000**	**260000**	**308000**	**307000**
阿根廷	Argentina	10171	8790	8668	9638	10000
巴　西	Brazil	4000	4000	4000	4000	4000
加拿大	Canada	18000	17000	15000	15500	15000
埃　及	Egypt	200	50	50	50	50
芬　兰	Finland	11449	10706	7855	13809	12896
法　国	France	20000	20000	18000	19000	19000
印　度	India	1242	1462	1061	1293	1736
伊　朗	Iran	1800	1510	6797	2860	2900
韩　国	Korea,Rep.	42385	49474	27078	36486	31260
马达加斯加	Madagascar	1349	1233	358	947	1165
马来西亚	Malaysia	6118	5593	4324	4515	4244
墨西哥	Mexico	9600	5000	5000	160	
俄罗斯	Russia	12000	10000	9000	9000	9000
南　非	South Africa	419	393	299	904	633
西班牙	Spain	5569	4254	3655	4034	3775
斯里兰卡	Sri Lanka	3224	2364	2347	2095	2927
苏　丹	Sudan		66	100	10	200
土耳其	Turkey	3313	8392	4172	4500	4500
美　国	United States	97000	85000	51000	53000	50000

1-4-16　石墨矿产量

Production of Graphite

资料来源：英国地质调查局《世界矿产品生产年鉴》。
Source:BGS "World Mineral Production".

单位：吨　　(Tons)

国家或地区	Country or Area	2007	2008	2009	2010	2011
世　界	**World**	**2500000**	**2400000**	**2200000**	**2100000**	**2100000**
奥地利	Austria		250	750	420	925
波　黑	Bosnia and Herzegovina	393762	272084	133819	45079	
捷　克	Czech Rep.	3000	3000			
挪　威	Norway	3000	4100	4562	6270	7789
罗马尼亚	Romania			24352	6633	
俄罗斯	Russia	14000	14000	14000	14000	14000
土耳其	Turkey		3236	2400		
乌克兰	Ukraine	8000	8000	8000	8000	8000
马达加斯加	Madagascar	5400	4900	3400	3654	3951
津巴布韦	Zimbabwe	5418	5134	2463	741	7252
加拿大	Canada	15000	20000	7000	20000	20000
墨西哥	Mexico	9900	7229	5105	6628	7348
巴　西	Brazil	77163	80500	59400	84000	89900
印　度	India	170813	117767	124625	114836	143429
朝　鲜	Korea, Dem.	30000	30000	30000	30000	30000
韩　国	Korea,Rep.	52	73	48	34	
巴基斯坦	Pakistan			700	950	
斯里兰卡	Sri Lanka	9593	6615	3171	3437	3357

1-4-17 膨润土产量

Production of Bentonite

资料来源：美国地质调查局数据库

Source:USGS Database.

单位：吨 (Tons)

国家或地区	Country or Area	2007	2008	2009	2010	2011
世　界	**World**	**12000000**	**12300000**	**9280000**	**10600000**	**10300000**
阿尔及利亚	Algeria	32600	30600	31000	34000	34000
阿 根 廷	Argentina	250000	256000	148000	204000	200000
亚美尼亚	Armenia	1130	1100	1000	1400	1400
澳大利亚	Australia	255000	250000	240000	230000	230000
阿塞拜疆	Azerbaijan	50500	40700	10600	18100	20000
玻利维亚	Bolivia		1	323	440	591
波　黑	Bosnia and Herzegovina	32900	30500	16000	314	
巴　西	Brazil	330000	340000	264000	532000	532000
保加利亚	Bulgaria	99000	178000	108000	100000	100000
缅　甸	Burma	971	1000	1000	1000	1000
智　利	Chile	533				1260
克罗地亚	Croatia	19600	19800			
塞浦路斯	Cyprus	150000	150000	150000	150000	150000
捷　克	Czech Rep.	335000	235000	177000	183000	160000
埃　及	Egypt	29800	32000	32000	27000	32000
格鲁吉亚	Georgia	5000	5000	5000	5000	5000
德　国	Germany	385000	414000	326000	363000	350000
希　腊	Greece	950000	1500000	845000	850000	850000
危地马拉	Guatemala	23600	62700	14300	22400	20000
匈 牙 利	Hungary	5400	5000	5300	3000	3000
印度尼西亚	Indonesia	5500	6000	6000	6500	6500
伊　朗	Iran	254000	358000	387000	400000	400000
意 大 利	Italy	306000	281000	146000	111000	110000
日　本	Japan	430000	435000	432000	430000	425000
肯 尼 亚	Kenya	70	70	70	70	70
马 其 顿	Macedonia	35200	22900	15400	12800	14500
马 拉 维	Malawi	2080	7020	8050	1020	1000
墨 西 哥	Mexico	614000	375000	511000	591000	53800
摩 洛 哥	Morocco	81000	80000	80000	80000	80000
莫桑比克	Mozambique	10500	17700	7390	6990	24000
新 西 兰	New Zealand	6150	753	880	1220	1000
巴基斯坦	Pakistan	32400	31500	33500	35000	36000
秘　鲁	Peru	21500	31600	119000	119000	27500
菲 律 宾	Philippines	1150	1420	1410	1480	1500
波　兰	Poland	1300	3000	3000	3000	3000
罗马尼亚	Romania	16900	16600	13800	14000	14000
斯洛伐克	Slovakia	149000	145000	109000	110000	110000
南　非	South Africa	45800	44100	40300	54300	61000
西 班 牙	Spain	155000	155000	155000	155000	155000
土 耳 其	Turkey	1740000	1550000	932000	900000	1000000
土库曼斯坦	Turkmenistan	50300	50300	50300	50300	50300
乌 克 兰	Ukraine	300000	200000	195000	185000	185000
美　国	United States	4820000	4910000	3650000	4600000	4810000
乌兹别克斯坦	Uzbekistan	15000	15000	15000	15000	15000
津巴布韦	Zimbabwe	100	100			

1-4-18　盐矿产量

Production of Salt

资料来源：美国地质调查局数据。
Source:USGS Database.

单位：万吨　　(10000 Tons)

国家或地区	Country or Area	2007	2008	2009	2010	2011
阿富汗	Afghanistan	17	16	18	19	19
阿尔及利亚	Algeria	18	20	27	19	20
阿根廷	Argentina	236	168	148	150	150
亚美尼亚	Armenia	3	4	4	4	4
澳大利亚	Australia	1086	1116	1032	1197	1174
奥地利	Austria	74	87	104	108	105
巴哈马	Bahamas	88	102	100	104	100
孟加拉国	Bangladesh	36	36	36	36	36
白俄罗斯	Belarus	167	148	170	170	170
波黑	Bosnia And Herzegovina	50	56	56	66	83
博兹瓦纳	Botswanae	21	21	21	21	20
巴西	Brazil	699	702	702	702	702
保加利亚	Bulgaria	200	210	130	130	130
加拿大	Canada	1186	1439	1462	1054	1262
智利	Chile	440	643	838	769	997
哥伦比亚	Colombia	51	63	61	64	64
古巴	Cuba	14	16	27	26	26
丹麦	Denmark	60	60	60	6	6
埃及	Egypt	121	188	295	280	300
埃塞俄比亚	Ethiopia	26	30	35	55	56
法国	France	614	610	610	610	610
德国	Germany	1881	1583	1894	1968	1880
印度	India	1600	1600	1650	1700	1700
印度尼西亚	Indonesia	70	70	59	60	65
伊朗	Iran	256	216	220	220	200
伊拉克	Iraq	15	11	11	10	11
以色列	Israel	40	42	36	42	43
意大利	Italy	221	220	220	220	220
日本	Japan	119	120	120	125	130
约旦	Jordan	2	3	2	3	4
哈萨克斯坦	Kazakhstan	23	50	22	23	32
韩国	Korea, Rep.	25	35	38	22	25
朝鲜	Korea,Dem	50	50	50	50	50
墨西哥	Mexico	840	881	745	843	881
摩洛哥	Morocco	25	25	25	25	25

1-4-18 续表 continued

单位：万吨 (10000 Tons)

国家或地区	Country or Area	2007	2008	2009	2010	2011
莫桑比克	Mozambique	11	11	11	11	11
纳米比亚	Namibia	81	73	81	77	80
荷　　兰	Netherland	500	500	500	500	500
新 西 兰	New Zealand	10	10	10	10	10
巴基斯坦	Pakistan	185	193	203	225	220
巴 拿 马	Panama	2	2	2	2	2
秘　　鲁	Peru	119	128	157	157	147
菲 律 宾	Philippines	44	51	52	56	56
波　　兰	Poland	352	340	353	370	374
葡 萄 牙	Portugal	59	56	56	56	56
罗马尼亚	Romania	248	245	204	205	205
俄 罗 斯	Russia	220	220	220	220	220
沙特阿拉伯	Saudi Arabia	151	160	164	180	180
塞内加尔	Senegal	21	24	22	23	23
塞尔维亚	Serbia	3	3	3	3	2
南　　非	South Africa	41	43	41	39	34
西 班 牙	Spain	435	435	435	435	435
斯里兰卡	Sri Lanka	7	11	1	1	1
苏　　丹	Sudan	2	1	4	14	15
斯威士兰	Switzerland	30	30	30	30	30
叙 利 亚	Syria	8	9	8	8	8
塔吉克斯坦	Tajikistan	5	5	5	5	5
坦桑尼亚	Tanzania	4	3	3	2	3
泰　　国	Thailand	123	131	130	130	130
突 尼 斯	Tunisia	93	106	128	180	150
土 耳 其	Turkey	237	247	377	400	400
土库曼斯坦	Turkmenistan	22	22	22	22	22
乌 干 达	Uganda	1	1	1	1	1
乌 克 兰	Ukrain	555	443	540	491	490
英　　国	United Kingdom	580	580	580	580	580
美　　国	United States	4450	4800	4600	4330	4500
委内瑞拉	Venezuela	35	35	35	35	35
越　　南	Vietnam	86	72	68	106	105
也　　门	Yemen	5	6	7	8	7

主要统计指标解释

国土面积 是一个国家包括陆地面积和内陆水域在内的总面积，不包括离岸的领海面积。

陆地面积 是一个国家扣除内陆水域面积、国家宣称拥有的大陆架和专属经济区之后的总面积。

人口密度 是特定年份每一平方公里国土面积上的人口数量。

耕地面积 是指种植短期作物的土地（种植两季作物的土地面积只计算一次），割草或放牧的短期性草场，供应市场和自用菜园，以及暂时休耕地，不包括因轮垦而抛荒的土地面积。

多年生作物面积 是几年内不需要再重新种植的长期生长作物的土地面积，如可可树和咖啡树。它包括花卉型的树木和灌木（如玫瑰和茉莉）及苗圃，但不包括归入森林类的树木、多年生草场和牧场。

多年牧场和草场 是用于长期（五年以上）种植草本饲料作物的土地面积，包括人工种植或自然形成的野生大草原或放牧地。

森林 是指面积在 0.5 公顷以上、树木高于 5 米、林冠覆盖率超过 10%，或树木在原生境能够达到这一阈值的土地。不包括主要为农业和城市用途的土地。

森林消失 是指林区永久转换用作其他用途，包括农业、畜牧、定居点和基础设施等。但不包括为重新种植而砍伐的林区或同为薪材、酸雨和森林火灾而减少的林区。

国家级保护区 指总面积或部分面积不少于 1000 公顷的全部或部分被保护区域：限制公众进入的科学保护地、国家公园、自然遗址、自然保护区、野生动植物栖息地、受保护的陆地景观及为可持续使用的管理区域。不包括海洋保护地区、未分类地区、海滨地区和地方法律法规保护地。

其他林地 指未被列入“森林”的土地，其面积超过 0.5 公顷；树高超过 5 米和林冠覆盖率达到 5-10%，或树木在原生境可以达到这些阈值；或灌木、灌丛和树木的总覆盖率超过 10%。不包括主要为农业和城市用途的土地。

活立木总蓄积量 指一定范围内土地上全部树木蓄积总量。

森林蓄积量 是指一定森林面积上存在着的林木树干部分的总材积。

原始森林 指没有明显人类活动迹象而且生态进程未受重大干扰的本地种的自然再生林。

其他自然再生林 指有明显人类活动迹象的自然再生林。

人工林 主要由种植或特意播种的树木组成的森林。

森林主要用途（1）生产 指定主要用于生产木材、纤维、生物能源和/或非木材林产品的森林面积。（2）水土保持 指定主要用于水土保持的森林面积。（3）生物多样性保护 指定主要用于生物多样性保护的森林面积。（4）其他用途 指定主要用于生产、水土保持、保护生物多样性等多用途以外的其他功能的森林面积。

可再生淡水资源 指国内可再生的淡水资源流量，包括国内江河水流量、降水补给的地下水量。

年度淡水抽取量 指水源总抽取量，不计水库的水蒸发量。在淡化水是水资源的重要来源的国家，水资源抽取量还包括来自淡化水厂的水量。抽取量占可再生资源比重可超过百分之百，更多的抽取量来自一次性的含水层、海水淡化厂或此地有较强的水资源再使用能力。工农业的抽取量指用于灌溉、畜牧生产以及工业直接使用的总抽取量(包括热电厂冷却用水抽取量)。民用抽取量包括饮用水、市政用水或供水、公共设施用水、商业机构用水和家庭用水。

地表水 指存在于河流，湖泊，冰川等可再生的动态水资源总量。

地下水 指以各种形式埋藏在地壳岩石中的水。

矿产储量 等于探明储量减去已开采的矿产量和由采矿引起的矿产损失的数量。

Explanatory Notes on Main Statistical Indicators

Country Area is a country total area including land area and inland water bodies, but excluding offshore territorial waters.

Land Area is a country's total area, excluding area under inland water bodies, national claims to continental shelf, and exclusive economic zones.

Population Density is number of persons in the total population for a given year per square kilometer of total surface area.

Arable Area includes land defined by the FAO as land under temporary crops (double-cropped areas are counted once), temporary meadows for mowing or for pasture, land under market or kitchen gardens, and land temporarily fallow. Land abandoned as a result of shifting cultivation is excluded.

Permanent Crop Area is the land cultivated with long-term crops which do not have to be replanted for several years (such as cocoa and coffee); land under trees and shrubs producing flowers, such as roses and jasmine; and nurseries (except those for forest trees, which should be classified under "forest"). Permanent meadows and pastures are excluded from land under permanent crops.

Permanent Meadows and Pastures is the land used permanently (five years or more) to grow herbaceous forage crops, either cultivated or growing wild (wild prairie or grazing land).

Forest Land spanning more than 0.5 hectares with trees higher than 5 meters and a canopy cover of more than 10 percent, or trees able to reach these thresholds *in situ*. It does not include land that is predominantly under agricultural or urban land use.

Deforestation is the permanent conversion of natural forest area to other uses, including agriculture, ranching, settlements, and infrastructure. Deforested areas do not include areas logged but intended for regeneration or areas degraded by fuel-wood gathering, acid precipitation, or forest fires.

National Protected Areas are totally or partially protected areas of at least 1,000 hectares that are designated as scientific reserves with limited public access, national parks, natural monuments, nature reserves or wildlife sanctuaries, protected landscapes, and areas managed mainly for sustainable use. Marine areas, unclassified areas, and littoral (intertidal) areas are excluded. The data also do not include sites protected under local or provincial law.

Other Wooded Land lands not classified as forest, spanning more than 0.5 hectares; with trees higher than 5 meters and a canopy cover of 5-10 percent, or trees able to reach these thresholds in situ; or with a combined cover of shrubs, bushes and trees above 10 percent. It does not include land that is predominantly under agricultural or urban land use.

Growing Stock refers to the total stock volume of trees growing in land.

Growing Stock in Forest refers to total stock volume of wood growing in forest area, which shows the total size and level of forest resources of a country or a region.

Primary Forest Naturally regenerated forest of native species, where there are no clearly visible indications of human activities and the ecological processes are not significantly disturbed.

Other Naturally Regenerated Forest Naturally regenerated forest where there are clearly visible indications of human activities.

Planted Forest refer to forest predominantly composed of trees established through planting and/or deliberate seeding.

Primary Designated Functions of Forest (1) Production: Forest area designated primarily for production of wood, fibre, bio-energy and/or non-wood forest products. (2) Protection of soil and water—Forest area designated primarily for protection of soil and water. (3) Forest area designated primarily for conservation of biological diversity. Includes but is not limited to areas designated for biodiversity conservation within the protected areas. (4) Forest areas designated primarily for a function other than production, protection, conservation use.

Annual Freshwater Withdrawals refer to total water withdrawals, not counting evaporation losses from storage basins. Withdrawals also include water from desalination plants in countries where they are a significant source. Withdrawals can exceed 100 percent of total renewable resources where extraction from nonrenewable aquifers or desalination plants is considerable or where there is significant water reuse. Withdrawals for agriculture and industry are total withdrawals for irrigation and livestock production and for direct industrial use (including withdrawals for cooling thermoelectric plants). Withdrawals for domestic uses include drinking water, municipal use or supply, and use for public services, commercial establishments, and homes.

Surface Water Resources refers to total volume of year by year renewable dynamic resources which exist in rivers, lakes, glaciers and other surface water and are the natural run-off of rivers.

Groundwater Resources refers to total volume of year by year renewable dynamic resources which exist in saturation acquifers of groundwater.

Mineral Reserves refer to the actual mineral reserves, which equal to the proven mineral reserves (including industrial reserves and prospective reserves) minus extracted parts and underground losses.

第二篇　能源

Energy

第一章 能源总表

Major Indicators of Energy

2-1-1 世界能源主要指标

Major Energy Indicators of the World

资料来源：国际能源机构。
Source: International Energy Agency.

年份 Year	能源生产量(百万吨标准油) Energy Production (mtoe)	一次能源供应总量(百万吨标准油) Total Primary Energy Supply (mtoe)	石油供应量(百万吨标准油) Oil Supply (mtoe)	电力消费量(十亿千瓦时) Electricity Consumption (twh)	单位GDP一次能源供应量(吨标准油/千美元，2005年不变价) TPES/GDP (toe per thousand 2005 USD)	人均一次能源供应量(吨标准油/人) TPES/Population (toe per capita)	人均石油供应量(吨标准油/人) Oil Supply/Population (toe per capita)	人均电力消费量(千瓦时/人) Electricity Consumption/Population (kwh per capita)
1971	5654.6	5530.6	2436.1	4831.2	0.343	1.469	0.647	1283.2
1972	5898.3	5797.3	2615.7	5226.2	0.341	1.509	0.681	1360.7
1973	6224.4	6109.0	2815.5	5630.6	0.337	1.559	0.719	1437.3
1974	6293.7	6145.7	2775.7	5784.7	0.332	1.539	0.695	1448.9
1975	6297.7	6192.2	2752.3	5969.1	0.331	1.523	0.677	1467.8
1976	6626.0	6530.9	2938.3	6392.7	0.333	1.578	0.710	1544.1
1977	6879.3	6763.4	3055.2	6703.0	0.331	1.605	0.725	1590.8
1978	7026.5	7024.1	3170.1	7058.8	0.330	1.638	0.739	1646.0
1979	7354.7	7241.1	3213.7	7376.7	0.326	1.659	0.736	1689.9
1980	7315.4	7217.0	3100.8	7622.2	0.320	1.624	0.698	1715.4
1981	7219.8	7167.4	2971.0	7811.6	0.313	1.585	0.657	1727.4
1982	7188.2	7168.9	2902.4	7862.7	0.312	1.557	0.630	1707.9
1983	7223.3	7251.3	2862.9	8190.6	0.307	1.548	0.611	1747.9
1984	7582.6	7537.3	2895.7	8684.7	0.305	1.581	0.607	1821.5
1985	7711.5	7742.3	2899.5	9029.8	0.303	1.596	0.598	1861.2
1986	7957.2	7904.4	2978.1	9330.0	0.300	1.601	0.603	1889.6
1987	8177.2	8199.3	3053.1	9806.4	0.301	1.632	0.608	1951.3
1988	8479.4	8486.6	3154.0	10256.8	0.298	1.659	0.617	2005.3
1989	8643.4	8630.8	3206.3	10601.6	0.293	1.659	0.616	2037.5
1990	8820.2	8781.9	3230.4	10864.8	0.290	1.660	0.611	2054.3
1991	8836.9	8843.3	3246.7	11180.6	0.289	1.645	0.604	2079.3
1992	8890.4	8852.4	3263.7	11270.6	0.284	1.621	0.598	2063.9
1993	8919.2	8938.7	3285.0	11480.2	0.283	1.612	0.593	2070.9
1994	9049.1	9006.4	3303.5	11775.3	0.276	1.601	0.587	2093.3
1995	9274.6	9237.6	3370.5	12158.3	0.275	1.619	0.591	2130.6
1996	9500.3	9471.1	3456.6	12557.2	0.273	1.637	0.597	2169.7
1997	9623.8	9566.7	3542.8	12861.1	0.266	1.630	0.604	2191.5
1998	9736.7	9613.2	3553.2	13155.1	0.261	1.616	0.597	2211.3
1999	9755.2	9826.7	3624.9	13514.1	0.258	1.630	0.601	2241.7
2000	10051.7	10082.3	3656.8	14132.7	0.254	1.651	0.599	2313.7
2001	10217.4	10162.7	3696.0	14272.2	0.251	1.643	0.598	2307.3
2002	10286.5	10362.3	3734.8	14772.2	0.251	1.655	0.596	2359.0
2003	10707.9	10717.3	3808.5	15328.8	0.253	1.691	0.601	2418.4
2004	11240.9	11246.3	3981.6	16019.4	0.255	1.753	0.621	2497.3
2005	11608.4	11532.0	4020.7	16715.6	0.253	1.777	0.619	2575.1
2006	11922.5	11840.9	4055.1	17387.1	0.249	1.803	0.617	2647.2
2007	12109.6	12121.4	4081.3	18194.1	0.245	1.824	0.614	2737.8
2008	12385.3	12279.7	4071.0	18568.8	0.245	1.826	0.606	2761.7
2009	12292.7	12217.8	4009.5	18461.9	0.249	1.796	0.590	2714.3
2010	12868.1	12904.8	4146.4	19762.0	0.253	1.876	0.603	2872.4
2011	13201.8	13113.4	4136.0	20406.6	0.250	1.885	0.594	2932.8

2-1-2　OECD能源主要指标

Major Energy Indicators of OECD

资料来源：国际能源机构。
Source: International Energy Agency.

年份 Year	能源产量 (百万吨标准油) Energy Production (mtoe)	能源净进口 (百万吨标准油) Net Imports (mtoe)	一次能源供应总量 (百万吨标准油) Total Primary Energy Supply (mtoe)	石油净进口量 (百万吨标准油) Net Oil Imports (mtoe)	石油供应量 (百万吨标准油) Oil Supply (mtoe)	电力消费量 (十亿千瓦时) Electricity Consumption (twh)	能源自给率(%) Total Self-sufficiency(%)	煤炭自给率(%) Coal and Peat Self-sufficiency (%)
1971	2355.0	1144.7	3372.3	1124.8	1707.5	3551.6	69.8	99.4
1972	2418.9	1233.8	3543.7	1212.0	1837.7	3843.2	68.3	101.3
1973	2457.6	1400.9	3740.6	1377.4	1967.4	4140.5	65.7	97.0
1974	2442.7	1375.3	3694.9	1346.2	1892.7	4198.5	66.1	96.4
1975	2471.7	1289.9	3617.6	1257.3	1843.2	4255.4	68.3	104.6
1976	2507.4	1443.6	3848.8	1401.0	1973.5	4551.4	65.2	99.8
1977	2603.3	1510.1	3942.9	1461.1	2040.0	4754.3	66.0	101.0
1978	2679.7	1460.4	4064.0	1406.5	2089.3	4969.9	65.9	97.8
1979	2839.0	1485.2	4163.9	1416.1	2086.9	5162.1	68.2	100.4
1980	2913.1	1304.4	4067.6	1228.6	1945.5	5259.9	71.6	100.4
1981	2955.2	1113.7	3966.6	1038.6	1817.1	5359.6	74.5	98.7
1982	3005.6	974.6	3872.5	896.4	1744.0	5300.4	77.6	102.5
1983	3000.6	915.0	3878.0	837.4	1707.5	5491.9	77.4	97.9
1984	3175.4	951.8	4033.2	857.2	1739.7	5808.8	78.7	98.9
1985	3258.8	909.7	4123.3	803.9	1717.7	6013.2	79.0	96.6
1986	3269.6	1023.6	4163.0	908.3	1765.5	6132.2	78.5	100.1
1987	3358.6	1052.0	4299.0	926.5	1794.5	6431.1	78.1	99.3
1988	3393.3	1114.4	4430.3	981.6	1851.2	6703.2	76.6	96.8
1989	3397.7	1209.2	4508.5	1064.3	1877.3	6925.3	75.4	98.0
1990	3441.6	1251.0	4522.5	1084.7	1869.8	7103.9	76.1	99.3
1991	3473.9	1212.2	4575.6	1041.8	1868.2	7351.3	75.9	97.5
1992	3500.0	1260.8	4624.0	1087.8	1913.4	7410.2	75.7	97.9
1993	3495.4	1290.9	4692.6	1110.7	1937.8	7559.8	74.5	93.2
1994	3606.8	1322.6	4774.6	1128.9	1980.8	7783.0	75.5	95.5
1995	3674.5	1314.2	4873.5	1109.3	1999.0	8015.6	75.4	96.5
1996	3771.7	1380.6	5020.1	1156.7	2052.4	8252.6	75.1	94.5
1997	3802.0	1428.2	5068.2	1186.7	2080.2	8418.7	75.0	95.1
1998	3809.2	1463.7	5085.4	1211.7	2086.4	8616.4	74.9	95.1
1999	3790.3	1510.8	5181.0	1216.0	2111.9	8822.1	73.2	93.3
2000	3830.1	1575.3	5292.7	1246.3	2114.4	9173.6	72.4	87.8
2001	3872.0	1611.1	5274.2	1261.0	2124.6	9124.1	73.4	91.9
2002	3847.0	1605.2	5310.4	1237.7	2117.0	9330.5	72.4	89.1
2003	3816.3	1701.4	5373.3	1298.8	2152.2	9449.2	71.0	85.8
2004	3856.4	1795.4	5479.9	1362.1	2184.1	9665.3	70.4	86.0
2005	3836.5	1857.1	5511.7	1423.9	2188.9	9911.0	69.6	87.9
2006	3847.9	1899.3	5505.7	1423.5	2153.6	9981.3	69.9	88.4
2007	3848.5	1866.7	5548.1	1390.8	2133.0	10161.0	69.4	87.2
2008	3861.0	1822.5	5472.6	1361.2	2058.1	10187.0	70.6	89.8
2009	3790.5	1648.5	5224.7	1236.7	1954.3	9770.9	72.6	94.0
2010	3877.5	1674.0	5406.2	1243.3	1960.9	10266.0	71.7	90.7
2011	3853.9	1622.4	5304.8	1183.7	1921.3	10204.7	72.7	92.0
2012	3875.0	1530.6	5237.9	1127.3	1890.9	10151.4	74.0	92.8

2-1-2 续表 continued

年份 Year	石油自给率(%) Oil Self-sufficiency (%)	天然气自给率(%) Gas Self-sufficiency (%)	单位GDP一次能源供应量(吨标准油/千美元，2005年不变价) TPES/GDP (toe per thousand 2005 USD)	人均一次能源供应量(吨标准油/人) TPES/Population (toe per capita)	单位GDP的石油供应(吨标准油/千美元，2005年不变价) Oil Supply/ GDP (toe per thousand 2005 USD)	人均石油供应量(吨标准油/人) Oil Supply/ Population (toe per capita)	单位GDP的电力消费量(千瓦时/美元，2005年不变价) Electricity Consumption/ GDP (kwh per 2005 USD)	人均电力消费量(千瓦时/人) Electricity Consumption/ Population (kwh per capita)
1971	40.6	100.4	0.250	3.769	0.127	1.908	0.264	3970
1972	38.5	99.4	0.249	3.916	0.129	2.031	0.270	4247
1973	36.1	100.0	0.247	4.085	0.130	2.149	0.274	4521
1974	36.2	98.0	0.242	3.993	0.124	2.045	0.274	4537
1975	36.6	97.8	0.236	3.870	0.120	1.972	0.277	4552
1976	34.0	94.8	0.239	4.079	0.123	2.092	0.283	4824
1977	35.0	97.0	0.237	4.140	0.122	2.142	0.285	4992
1978	36.7	94.4	0.234	4.228	0.120	2.174	0.286	5171
1979	38.8	93.5	0.231	4.292	0.116	2.151	0.286	5321
1980	43.6	92.4	0.223	4.151	0.107	1.985	0.288	5368
1981	47.8	93.5	0.213	4.012	0.098	1.838	0.288	5421
1982	52.1	92.4	0.208	3.885	0.094	1.749	0.284	5317
1983	54.7	88.6	0.202	3.860	0.089	1.699	0.286	5466
1984	56.0	89.5	0.201	3.984	0.087	1.718	0.290	5737
1985	57.5	87.3	0.198	4.042	0.083	1.684	0.289	5894
1986	54.9	87.1	0.194	4.050	0.082	1.718	0.286	5966
1987	54.3	86.0	0.194	4.152	0.081	1.733	0.290	6212
1988	52.3	85.5	0.191	4.247	0.080	1.774	0.289	6425
1989	49.3	83.9	0.187	4.288	0.078	1.785	0.288	6586
1990	49.4	85.2	0.182	4.250	0.075	1.757	0.287	6676
1991	50.5	83.0	0.182	4.254	0.075	1.737	0.293	6835
1992	50.1	83.7	0.181	4.261	0.075	1.763	0.289	6829
1993	49.7	83.7	0.181	4.288	0.075	1.771	0.291	6909
1994	50.4	85.4	0.178	4.330	0.074	1.796	0.291	7058
1995	50.7	82.3	0.178	4.385	0.073	1.799	0.292	7212
1996	50.5	83.3	0.178	4.484	0.073	1.833	0.292	7372
1997	50.5	82.7	0.173	4.495	0.071	1.845	0.288	7466
1998	50.1	82.8	0.169	4.479	0.070	1.838	0.287	7590
1999	48.2	79.7	0.167	4.532	0.068	1.848	0.284	7717
2000	49.2	78.1	0.164	4.595	0.066	1.836	0.284	7964
2001	48.4	81.0	0.161	4.547	0.065	1.832	0.279	7865
2002	48.7	78.3	0.160	4.545	0.064	1.812	0.281	7986
2003	47.5	77.6	0.158	4.567	0.063	1.829	0.279	8031
2004	45.9	76.7	0.157	4.626	0.063	1.844	0.277	8158
2005	43.8	74.8	0.154	4.621	0.061	1.835	0.276	8310
2006	43.3	75.2	0.149	4.585	0.058	1.793	0.270	8312
2007	43.4	72.9	0.146	4.587	0.056	1.764	0.268	8401
2008	43.4	74.3	0.144	4.492	0.054	1.689	0.269	8362
2009	45.6	75.5	0.143	4.262	0.054	1.594	0.267	7970
2010	45.6	73.1	0.144	4.383	0.052	1.590	0.273	8322
2011	46.8	74.4	0.139	4.276	0.050	1.549	0.267	8226
2012	49.8	75.1	0.135	4.202	0.049	1.517	0.263	8144

2-1-3 非OECD国家能源主要指标
Major Energy Indicators of Non-OECD

资料来源：国际能源机构。
Source: International Energy Agency.

年份 Year	能源产量（百万吨标准油）Energy Production (mtoe)	能源净进口（百万吨标准油）Net Imports (mtoe)	一次能源供应总量（百万吨标准油）Total Primary Energy Supply (mtoe)	石油净进口量（百万吨标准油）Net Oil Imports (mtoe)	石油供应量（百万吨标准油）Oil Supply (mtoe)	电力消费量（十亿千瓦时）Electricity Consumption (twh)	能源自给率(%) Total Self-sufficiency (%)	煤炭自给率(%) Coal and Peat Self-sufficiency (%)
1971	3299.6	-1217.7	1993.5	-1209.5	563.8	1279.6	165.5	100.5
1972	3479.5	-1314.0	2080.2	-1304.3	604.6	1383.1	167.3	100.5
1973	3766.8	-1477.5	2186.2	-1464.2	665.8	1490.1	172.3	100.5
1974	3851.0	-1480.0	2278.9	-1458.3	711.1	1586.2	169.0	100.7
1975	3826.0	-1330.1	2412.2	-1305.0	746.7	1713.8	158.6	100.6
1976	4118.6	-1521.3	2516.1	-1485.5	798.8	1841.3	163.7	100.6
1977	4276.0	-1531.7	2649.5	-1489.0	844.2	1948.7	161.4	100.9
1978	4346.8	-1437.3	2786.0	-1385.8	906.7	2088.9	156.0	101.4
1979	4515.7	-1554.9	2897.6	-1485.0	947.2	2214.5	155.8	101.5
1980	4402.4	-1334.3	2972.4	-1254.2	978.3	2362.4	148.1	101.7
1981	4264.6	-1146.2	3031.6	-1063.6	984.7	2452.0	140.7	101.6
1982	4182.5	-951.4	3135.1	-871.9	997.1	2562.3	133.4	101.5
1983	4222.7	-909.0	3217.4	-823.6	999.6	2698.8	131.2	101.5
1984	4407.2	-962.4	3344.5	-860.7	996.4	2875.8	131.8	102.1
1985	4452.7	-890.9	3450.1	-780.0	1012.9	3016.7	129.1	103.0
1986	4687.6	-1004.6	3559.0	-885.3	1030.3	3197.7	131.7	102.4
1987	4818.6	-1001.4	3714.5	-873.0	1072.8	3375.3	129.7	100.5
1988	5086.1	-1127.5	3860.6	-990.4	1107.0	3553.6	131.8	100.6
1989	5245.7	-1196.9	3921.6	-1046.1	1128.3	3676.4	133.8	103.3
1990	5378.6	-1258.8	4058.7	-1089.0	1160.0	3760.9	132.5	101.1
1991	5363.0	-1216.9	4064.6	-1045.7	1175.4	3829.3	131.9	102.2
1992	5390.4	-1268.8	4013.4	-1092.5	1135.3	3860.4	134.3	103.8
1993	5423.8	-1302.0	4032.4	-1119.5	1133.4	3920.4	134.5	101.8
1994	5442.3	-1339.7	4009.9	-1150.7	1100.7	3992.3	135.7	102.4
1995	5600.0	-1354.2	4134.3	-1145.7	1141.8	4142.7	135.5	103.9
1996	5728.6	-1411.3	4215.0	-1182.4	1168.3	4304.6	135.9	103.9
1997	5821.8	-1455.2	4253.9	-1206.6	1218.0	4442.4	136.9	106.4
1998	5927.5	-1531.2	4276.0	-1270.7	1215.0	4538.7	138.6	105.7
1999	5964.9	-1511.1	4382.8	-1213.6	1250.0	4691.9	136.1	105.0
2000	6221.7	-1605.0	4518.5	-1271.0	1271.2	4959.1	137.7	105.6
2001	6345.4	-1610.9	4627.5	-1255.3	1310.4	5148.1	137.1	109.6
2002	6439.5	-1551.0	4779.0	-1196.8	1345.0	5441.7	134.8	108.6
2003	6891.6	-1681.2	5069.1	-1285.9	1381.5	5879.6	136.0	109.7
2004	7384.5	-1778.6	5466.3	-1359.9	1497.3	6354.1	135.1	108.3
2005	7771.9	-1924.5	5704.8	-1463.6	1516.3	6804.6	136.2	109.7
2006	8074.7	-1913.3	6004.0	-1421.5	1570.3	7405.8	134.5	108.6
2007	8261.1	-1842.0	6228.4	-1364.6	1603.4	8033.1	132.6	108.7
2008	8524.3	-1821.0	6460.1	-1353.9	1665.8	8381.8	132.0	108.5
2009	8502.2	-1612.9	6661.7	-1212.9	1723.7	8691.0	127.6	106.8
2010	8990.6	-1614.3	7143.7	-1167.3	1830.7	9496.1	125.9	106.1
2011	9347.9	-1644.1	7447.9	-1181.8	1854.0	10201.9	125.5	105.9

2-1-3 续表 continued

年份 Year	石油自给率(%) Oil Self-sufficiency (%)	天然气自给率(%) Gas Self-sufficiency (%)	单位GDP一次能源供应量(吨标准油/千美元，2005年不变价) TPES/GDP (toe per thousand 2005 USD)	人均一次能源供应量(吨标准油/人) TPES/ Population (toe per capita)	单位GDP的石油供应(吨标准油/千美元，2005年不变价) Oil Supply/GDP (toe per thousand 2005 USD)	人均石油供应量(吨标准油/人) Oil Supply/ Population (toe per capita)	单位GDP的电力消费量(千瓦时/美元，2005年不变价) Electricity Consumption/ GDP(kwh per 2005 USD)	人均电力消费量(千瓦时/人) Electricity Consumption/ Population (kwh per capita)
1971	329.7	103.0	0.760	0.695	0.215	0.196	0.488	446
1972	329.2	103.9	0.751	0.709	0.218	0.206	0.500	471
1973	334.6	105.3	0.727	0.728	0.221	0.222	0.496	496
1974	317.2	107.7	0.713	0.743	0.222	0.232	0.496	517
1975	284.7	109.4	0.724	0.770	0.224	0.238	0.514	547
1976	295.4	110.5	0.707	0.787	0.224	0.250	0.517	576
1977	286.9	110.9	0.704	0.813	0.224	0.259	0.518	598
1978	265.4	112.3	0.710	0.837	0.231	0.273	0.532	628
1979	262.7	115.0	0.695	0.854	0.227	0.279	0.532	652
1980	237.7	114.9	0.693	0.858	0.228	0.283	0.550	682
1981	216.4	114.9	0.707	0.858	0.230	0.279	0.571	694
1982	196.2	114.1	0.722	0.869	0.230	0.276	0.590	710
1983	190.8	114.8	0.720	0.874	0.224	0.272	0.604	733
1984	195.2	115.0	0.721	0.891	0.215	0.265	0.620	766
1985	185.6	115.9	0.727	0.901	0.213	0.264	0.636	787
1986	195.7	116.9	0.722	0.910	0.209	0.264	0.649	818
1987	190.6	116.9	0.729	0.931	0.211	0.269	0.662	846
1988	197.9	117.0	0.733	0.948	0.210	0.272	0.675	873
1989	201.1	118.0	0.721	0.945	0.207	0.272	0.676	886
1990	199.8	118.1	0.744	0.961	0.213	0.275	0.689	890
1991	195.5	117.9	0.738	0.945	0.213	0.273	0.695	890
1992	204.6	117.8	0.723	0.917	0.204	0.260	0.695	882
1993	206.8	119.5	0.711	0.906	0.200	0.255	0.691	881
1994	212.5	120.9	0.686	0.887	0.188	0.243	0.683	883
1995	208.6	122.1	0.678	0.900	0.187	0.249	0.680	902
1996	209.5	122.6	0.661	0.903	0.183	0.250	0.675	922
1997	207.9	121.1	0.637	0.897	0.183	0.257	0.666	937
1998	213.8	123.6	0.630	0.888	0.179	0.252	0.669	943
1999	204.2	124.9	0.623	0.897	0.178	0.256	0.667	960
2000	209.4	126.6	0.608	0.912	0.171	0.257	0.668	1001
2001	203.9	124.6	0.601	0.921	0.170	0.261	0.669	1024
2002	196.3	125.5	0.595	0.938	0.168	0.264	0.678	1068
2003	201.6	125.8	0.596	0.982	0.162	0.268	0.691	1139
2004	199.5	125.9	0.597	1.045	0.163	0.286	0.694	1215
2005	203.9	126.9	0.581	1.077	0.154	0.286	0.693	1284
2006	200.0	126.8	0.566	1.119	0.148	0.293	0.698	1380
2007	194.9	125.6	0.540	1.146	0.139	0.295	0.696	1478
2008	191.9	126.0	0.529	1.173	0.136	0.303	0.686	1523
2009	180.0	123.2	0.531	1.195	0.138	0.309	0.693	1559
2010	174.0	123.5	0.531	1.265	0.136	0.324	0.706	1682
2011	174.5	124.2	0.523	1.303	0.130	0.324	0.716	1784

2-1-4 能源平衡表(2011年)
Energy Balance Sheet (2011)

资料来源：国际能源机构。
Source:International Energy Agency.
单位：千吨标准油 (ktoe)

国家或地区	Country or Area	能源生产量 Energy Production				进口 Imports			
		总计 Total	煤和煤制品 Coal&Coal Product	原油,天然气凝析液和给料 Crude, NGL, Feedstocks	天然气 Nature Gas	总计 Total	煤和煤制品 Coal&Coal Product	原油,天然气凝析液和给料 Crude, NGL, Feedstocks	石油产品 Oil Products
世界	**World**	**13201756**	**3846627**	**4132970**	**2805353**	**5008453**	**696593**	**2299339**	**1077388**
阿尔巴尼亚	Albania	1486	2	895	12	1504	70	99	1054
阿尔及利亚	Algeria	145846		76198	69589	2718	295	208	2158
安哥拉	Angola	92160		83304	612	3602			3602
阿根廷	Argentina	77239	53	33251	34895	13388	1192		5537
亚美尼亚	Armenia	887				2092			403
澳大利亚	Australia	296726	222573	23092	44741	46415	34	25955	14804
奥地利	Austria	11505		843	1457	30595	3069	7906	5547
阿塞拜疆	Azerbaijan	59958		45909	13722	38			27
巴林	Bahrain	18081		10084	7998	3549		3529	
孟加拉国	Bangladesh	26090	450	115	16614	5725	462	1419	3844
白俄罗斯	Belarus	4295		1690	184	42226	127	20538	4164
比利时	Belgium	18210		365		78185	3661	32811	21398
贝宁	Benin	2113				2031			1951
玻利维亚	Bolivia	18003		2504	13400	882			882
波黑	Bosnia and Herzegovina	4621	4061			3592	1041	1185	780
博茨瓦纳	Botswana	979	486			1254	2		978
巴西	Brazil	249201	2121	112833	14159	67657	13679	17139	24205
文莱	Brunei Darussalam	18695		7996	10698	236		11	225
保加利亚	Bulgaria	12370	6209	21	351	11900	2043	5905	1551
柬埔寨	Cambodia	3793				1568	9		1417
喀麦隆	Cameroon	8194		3037	238	1851		1567	284
加拿大	Canada	409029	33658	173317	132349	81260	5954	34510	12790
智利	Chile	9881	245	641	1244	25483	5454	9269	7371
哥伦比亚	Colombia	120505	55772	47725	9161	2816			2815
刚果(金)	Congo, Dem. Rep.	24751	86	1180	7	1108	250		854
刚果(布)	Congo, Rep.	16672		15703	123	293			290
哥斯达黎加	Costa Rica	2412				2500	64	178	2233
科特迪瓦	Cote d'Ivoire	11885		1708	1307	2475		2379	96
克罗地亚	Croatia	3786		706	2006	6761	692	3173	1429
古巴	Cuba	5674		3378	810	6831	30	5638	1163
塞浦路斯	Cyprus	96				2646	0		2621
捷克	Czech Republic	32062	20896	341	153	21115	2184	7023	3176
丹麦	Denmark	21012		11248	6319	15349	3588	3102	6307

2-1-4 续表 1 continued

单位：千吨标准油 (ktoe)

国家或地区	Country or Area	能源生产量 Energy Production				进口 Imports			
		总计 Total	煤和煤制品 Coal&Coal Product	原油,天然气凝析液和给料 Crude, NGL, Feedstocks	天然气 Nature Gas	总计 Total	煤和煤制品 Coal&Coal Product	原油,天然气凝析液和给料 Crude, NGL, Feedstocks	石油产品 Oil Products
多米尼加	Dominican Republic	786				6738	615	1315	4029
厄瓜多尔	Ecuador	28329		26290	374	4740			4629
埃及	Egypt	88209		35421	49890	12704	1454	2160	9089
萨尔瓦多	El Salvador	2242				2193		737	1437
厄立特里亚	Eritrea	599				167			167
爱沙尼亚	Estonia	5038	3982			1822	43		1130
埃塞俄比亚	Ethiopia	32114				2315			2315
芬兰	Finland	17086		42		27016	4591	11787	5566
法国	France	136074	93	1048	506	159101	10271	64470	41381
加蓬	Gabon	14273		12912	140	245			245
格鲁吉亚	Georgia	1117	59	51	4	2604	4	8	1044
德国	Germany	124194	46529	3454	10890	238363	32656	92441	33282
加纳	Ghana	10114		3455		4878		1527	2652
直布罗陀	Gibraltar					2768			2768
希腊	Greece	9605	7505	89	6	29596	237	18222	6393
危地马拉	Guatemala	7332		604		3877	289		3542
海地	Haiti	2505				724			724
洪都拉斯	Honduras	2311				2797	150		2644
匈牙利	Hungary	10779	1645	968	2115	17546	1309	6180	2055
冰岛	Iceland	4804				1129	89		1040
印度	India	540939	252166	43171	38478	277979	75643	175507	14444
印度尼西亚	Indonesia	394573	206883	46147	71029	47304	28	18759	28517
伊朗	Iran	353671	692	224330	127191	14590	888	1313	2085
伊拉克	Iraq	142062		136675	5005	10030			9406
爱尔兰	Ireland	1788	c		284	14092	1416	3128	5571
以色列	Israel	4705	30	20	3522	23800	7555	12159	3502
意大利	Italy	31556	58	5581	6918	169216	15476	78704	11104
牙买加	Jamaica	549				2901	35	1222	1644
日本	Japan	51670		672	3201	435733	108211	180240	49685
约旦	Jordan	275		1	134	6866		3193	2784
哈萨克斯坦	Kazakhstan	160148	50896	83190	25306	10459	540	4607	1300
肯尼亚	Kenya	16202				4791	234	1781	2772
韩国	Korea, Rep.	46988	959	707	406	282250	79484	127916	32961
朝鲜	Korea, Dem.	25194	22990			971	135	530	307

2-1-4 续表 2 continued

单位：千吨标准油 (ktoe)

国家或地区	Country or Area	能源生产量 Energy Production				进口 Imports			
		总计 Total	煤和煤制品 Coal&Coal Product	原油,天然气凝析液和给料 Crude, NGL, Feedstocks	天然气 Nature Gas	总计 Total	煤和煤制品 Coal&Coal Product	原油,天然气凝析液和给料 Crude, NGL, Feedstocks	石油产品 Oil Products
科索沃	Kosovo	1795	1545			935	34		629
科威特	Kuwait	154345		143293	11051	2826			
吉尔吉斯斯坦	Kyrgyzstan	1619	287	90	22	2157	449	15	1437
拉脱维亚	Latvia	2074				4192	126	4	2222
黎巴嫩	Lebanon	206				6409	165		6165
利比亚	Libya	30962		24371	6419	3631			3626
立陶宛	Lithuania	1534		116		14236	272	9576	821
卢森堡	Luxembourg	116				4688	58		2941
马其顿	Macedonia	1784	1458			1820	145	706	623
马来西亚	Malaysia	84267	1838	30699	47400	42997	13794	9323	13565
马耳他	Malta	48				2215			2215
墨西哥	Mexico	228207	7789	158736	41788	51776	4565	367	31925
摩尔多瓦	Moldova	123		13		3251	103		835
蒙古	Mongolia	19310	18812	351		1067			1045
黑山	Montenegro	791	434			490			311
摩洛哥	Morocco	770		9	50	18317	2728	7152	7334
莫桑比克	Mozambique	12774	408	31	2812	1625			888
缅甸	Myanmar	22394	411	872	10051	240		4	236
纳米比亚	Namibia	334				1303	7		1083
尼泊尔	Nepal	9039	10			1454	280		1112
荷兰	Netherlands	64404		1701	57725	179487	15020	59959	85454
荷属安的列斯群岛	Netherlands Antilles					12491		8910	3581
新西兰	New Zealand	16127	2894	2382	3481	7383	91	5396	1895
尼加拉瓜	Nicaragua	1529				1600		818	781
尼日利亚	Nigeria	256927	20	129955	29211	8222			8222
挪威	Norway	195353	930	95904	86264	7418	787	1257	4241
阿曼	Oman	73508		47406	26102	1917			182
巴基斯坦	Pakistan	65067	1416	3533	26938	20751	2678	6339	11734
巴拿马	Panama	818				5501	199		5295
巴拉圭	Paraguay	7335				1561			1561
秘鲁	Peru	23373	114	6695	11756	7641	443	4750	2354
菲律宾	Philippines	23888	3632	770	3291	21358	6507	9006	5723
波兰	Poland	68507	55761	676	3849	49881	8852	24725	5521
葡萄牙	Portugal	5305				22613	2243	11200	4037
卡塔尔	Qatar	211229		76710	134519	92			92

2-1-4　续表 3　continued

单位：千吨标准油　　　　(ktoe)

国家或地区	Country or Area	能源生产量 Energy Production				进　口 Imports			
		总　计 Total	煤和煤制品 Coal&Coal Product	原油,天然气凝析液和给料 Crude, NGL, Feedstocks	天然气 Nature Gas	总　计 Total	煤和煤制品 Coal&Coal Product	原油,天然气凝析液和给料 Crude, NGL, Feedstocks	石油产品 Oil Products
罗马尼亚	Romania	27572	6662	4129	8664	11919	1101	5602	2336
俄 罗 斯	Russia	1314875	179701	514864	552728	27688	16330	468	4200
沙特阿拉伯	Saudi Arabia	601724		531688	70036	10388			10384
塞内加尔	Senegal	1659			15	2156	168	751	1237
塞尔维亚	Serbia	11173	7825	1124	405	5852	802	1516	1556
新 加 坡	Singapore	934				135978		58737	69180
斯洛伐克	Slovak Republic	6417	602	223	103	16385	3193	6043	1280
斯洛文尼亚	Slovenia	3764	1201		2	4963	258		3326
南　　非	South Africa	162577	142745	143	1112	32183	1769	20346	6362
西 班 牙	Spain	31778	2649	102	45	122271	9512	57480	22359
斯里兰卡	Sri Lanka	5329				5381	532	1990	2859
苏　　丹	Sudan	34756		23040		1189			1189
瑞　　典	Sweden	32503				32137	2257	19486	8051
瑞　　士	Switzerland	12333				17591	114	4605	7173
叙 利 亚	Syrian Arab Republic	23612		16947	6376	4320	6		4034
塔吉克斯坦	Tajikistan	1542	102	28	33	927	6		599
坦桑尼亚	Tanzania	19265	28		708	1644			1644
泰　　国	Thailand	68744	6185	18089	21986	66055	12370	41813	2077
多　　哥	Togo	2279				562			497
特里尼达和多巴哥	Trinidad and Tobago	42163		6288	35861	4492		4323	169
突 尼 斯	Tunisia	7533		3534	2595	5392		327	3335
土 耳 其	Turkey	32064	17840	2342	625	88524	15533	17963	18521
土库曼斯坦	Turkmenistan	65245		11334	53910				
乌 克 兰	Ukraine	85485	40222	3407	15528	58055	8335	5783	7750
阿 联 酋	United Arab Emirates	190120		146287	43833	34638	1250		18507
英　　国	United Kingdom	129538	10873	53223	40748	150531	20346	59338	23220
美　　国	United States	1784773	536369	360760	530907	701422	8232	531244	76406
乌 拉 圭	Uruguay	1865				2913	1	1171	1628
乌兹别克斯坦	Uzbekistan	57268	1351	3842	51194	1529	35	10	
委内瑞拉	Venezuela	200759	1533	167431	23948	2012			
越　　南	Vietnam	66596	24916	16956	7446	15080	643		13901
也　　门	Yemen	18928		10216	8604	4297			4297
赞 比 亚	Zambia	7770				836		678	156
津巴布韦	Zimbabwe	8608	2063			934	32		677

2-1-4 续表 4 continued

单位：千吨标准油 (ktoe)

国家或地区	Country or Area	进口 Imports		出口 Exports					
		天然气 Natural Gas	电力 Electricity	总计 Total	煤和煤制品 Coal&Coal Product	原油,天然气凝析液和给料 Crude, NGL, Feedstocks	石油产品 Oil Products	天然气 Natural Gas	电力 Electricity
世界	**World**	**865301**	**55781**	**-5030231**	**-726197**	**-2210801**	**-1164024**	**-861715**	**-55811**
阿尔巴尼亚	Albania		281	-797		-697	-100		
阿尔及利亚	Algeria		57	-105991		-40163	-20954	-44806	-69
安哥拉	Angola			-81592		-80549	-1043		
阿根廷	Argentina	5719	940	-8244	-53	-3057	-3314	-168	-109
亚美尼亚	Armenia	1671	18	-218				-86	-132
澳大利亚	Australia	5610		-226067	-184069	-16469	-2198	-23331	
奥地利	Austria	10980	2148	-7085	-2	-44	-2213	-2978	-1443
阿塞拜疆	Azerbaijan		11	-47188		-39216	-2181	-5722	-69
巴林	Bahrain		20	-11406			-11397		-9
孟加拉国	Bangladesh			-166			-166		
白俄罗斯	Belarus	16598	799	-17625	-125	-1684	-15498		-319
比利时	Belgium	18668	1134	-28758	-719	-3834	-19706	-3464	-916
贝宁	Benin		80	-219			-219		
玻利维亚	Bolivia			-10969			-436	-10533	
波黑	Bosnia and Herzegovina	227	359	-1229	-472		-270		-487
博茨瓦纳	Botswana		273						
巴西	Brazil	8729	3305	-39046	-40	-31221	-6548		-219
文莱	Brunei Darussalam			-14850		-7292	-26	-7532	
保加利亚	Bulgaria	2264	125	-4760	-63		-3565		-1041
柬埔寨	Cambodia		141						
喀麦隆	Cameroon			-3206		-2623	-583		
加拿大	Canada	25960	1287	-239722	-20076	-118761	-19053	-76831	-4430
智利	Chile	3326	63	-633			-633		
哥伦比亚	Colombia		1	-90315	-52252	-31104	-5252	-1574	-133
刚果(金)	Congo, Dem. Rep.		4	-1250		-1236			-15
刚果(布)	Congo, Rep.		2	-14401		-14212	-189		
哥斯达黎加	Costa Rica		24	-45			-18		-28
科特迪瓦	Cote d'Ivoire			-3102		-1652	-1396		-53
克罗地亚	Croatia	711	751	-2085	-1		-1597	-210	-89
古巴	Cuba			-1163			-1163		
塞浦路斯	Cyprus								
捷克	Czech Republic	7640	899	-9083	-4770	-19	-1563	-137	-2365
丹麦	Denmark	330	1006	-17005		-7609	-5659	-2795	-892
多米尼加	Dominican Republic	779							
厄瓜多尔	Ecuador		111	-19122		-17210	-1910		-1
埃及	Egypt		1	-22258	-415	-9048	-5061	-7571	-139
萨尔瓦多	El Salvador		19	-91			-83		-9
厄立特里亚	Eritrea								
爱沙尼亚	Estonia	503	145	-1039	-47	-395			-452
埃塞俄比亚	Ethiopia								
芬兰	Finland	3359	1518	-7850	-4		-7325		-327
法国	France	41633	817	-32705	-102	-494	-22913	-3371	-5669
加蓬	Gabon			-12234		-11962	-272		
格鲁吉亚	Georgia	1507	41	-141		-59	-2		-80

2-1-4 续表 5 continued

单位：千吨标准油 (ktoe)

国家或地区	Country or Area	进口 Imports		出口 Exports					
		天然气 Natural Gas	电力 Electricity	总计 Total	煤和煤制品 Coal&Coal Product	原油,天然气凝析液和给料 Crude, NGL, Feedstocks	石油产品 Oil Products	天然气 Natural Gas	电力 Electricity
德国	Germany	75109	4386	-39327	-964	-383	-17954	-14749	-4710
加纳	Ghana	692	7	-4265		-3556	-650		-59
直布罗陀	Gibraltar								
希腊	Greece	3972	617	-10006	-5	-699	-8958		-340
危地马拉	Guatemala		45	-708		-534	-158		-16
海地	Haiti								
洪都拉斯	Honduras		4	-355			-334		-20
匈牙利	Hungary	6597	1261	-4424	-280	-17	-2862	-465	-690
冰岛	Iceland								
印度	India	11902	482	-64522	-1324		-63187		-11
印度尼西亚	Indonesia			-232107	-175435	-15209	-4894	-36268	
伊朗	Iran	9990	314	-153414	-209	-125875	-18570	-8015	-745
伊拉克	Iraq		625	-110786		-110732	-55		
爱尔兰	Ireland	3831	63	-1639	-17	-49	-1552		-21
以色列	Israel	579		-4957			-4593		-363
意大利	Italy	57616	4087	-28101	-191	-1426	-26066	-102	-154
牙买加	Jamaica								
日本	Japan	97596		-14633	-703		-13930		
约旦	Jordan	739	149	-7					-7
哈萨克斯坦	Kazakhstan	3789	224	-94001	-13454	-70413	-4881	-5096	-156
肯尼亚	Kenya		3	-70			-66		-4
韩国	Korea, Rep.	41890		-54887		-584	-54303		
朝鲜	Korea, Dem.			-7128	-7128				
科索沃	Kosovo		270	-237	-4				-234
科威特	Kuwait	2826		-123330		-90792	-32538		
吉尔吉斯斯坦	Kyrgyzstan	256		-346	-13	-2	-91		-240
拉脱维亚	Latvia	1409	345	-1315	-4	-3	-469		-238
黎巴嫩	Lebanon		72						
利比亚	Libya		5	-21047		-18129	-932	-1976	-9
立陶宛	Lithuania	2724	695	-8299	-15	-82	-7881		-116
卢森堡	Luxembourg	1032	610	-239			-7		-225
马其顿	Macedonia	110	230	-387	-7		-377		
马来西亚	Malaysia	6279	32	-47043	-141	-11533	-10100	-25196	-1
马耳他	Malta			-60			-60		
墨西哥	Mexico	14868	51	-87734	-6	-78406	-9012	-209	-100
摩尔多瓦	Moldova	2256	57	-15			-15		
蒙古	Mongolia		22	-16281	-15929	-350			-2
黑山	Montenegro		171	-94	-12		-16		-37
摩洛哥	Morocco	662	441	-928			-883		-45
莫桑比克	Mozambique		737	-4110	-368	-31		-2682	-1028
缅甸	Myanmar			-8633				-8633	
纳米比亚	Namibia		213	-7					-7
尼泊尔	Nepal		62	-3					-3
荷兰	Netherlands	16485	1773	-150244	-7477	-2091	-99101	-40015	-992
荷属安的列斯群岛	Netherlands Antilles			-7616			-7616		
新西兰	New Zealand			-4202	-1535	-2371	-296		

2-1-4 续表 6 continued

单位：千吨标准油 (ktoe)

国家或地区	Country or Area	进口 Imports		出口 Exports					
		天然气 Natural Gas	电力 Electricity	总计 Total	煤和煤制品 Coal&Coal Product	原油,天然气凝析液和给料 Crude, NGL, Feedstocks	石油产品 Oil Products	天然气 Natural Gas	电力 Electricity
尼加拉瓜	Nicaragua		1	-24			-20		-4
尼日利亚	Nigeria			-146439		-123944	-1312	-21184	
挪威	Norway		968	-173256	-1009	-73136	-16464	-81328	-1232
阿曼	Oman	1735		-51429		-39481	-2152	-9797	
巴基斯坦	Pakistan			-926			-926		
巴拿马	Panama		6	-2			-1		-1
巴拉圭	Paraguay			-4120					-3966
秘鲁	Peru		1	-9694	-122	-822	-3446	-5305	
菲律宾	Philippines			-3323	-1444	-785	-1093		
波兰	Poland	9661	583	-15314	-9398	-296	-4528	-24	-1034
葡萄牙	Portugal	4532	580	-3533	-95		-2855		-338
卡塔尔	Qatar			-175791		-51230	-19005	-105556	
罗马尼亚	Romania	2463	293	-4287	-24	-75	-3694		-457
俄罗斯	Russia	6551	134	-599497	-80559	-248813	-102770	-165269	-2074
沙特阿拉伯	Saudi Arabia			-414492		-358409	-56084		
塞内加尔	Senegal			-25			-25		
塞尔维亚	Serbia	1391	576	-978	-8	-2	-332		-600
新加坡	Singapore	8061		-56976		-2	-56974		
斯洛伐克	Slovak Republic	4861	966	-5100	-167	-15	-3895	-2	-903
斯洛文尼亚	Slovenia	736	605	-1444	-1		-725		-714
南非	South Africa	2682	1023	-49494	-46037		-1897		-1287
西班牙	Spain	30870	682	-17111	-934		-12995	-1476	-1206
斯里兰卡	Sri Lanka								
苏丹	Sudan			-18991		-18472	-519		
瑞典	Sweden	1158	1073	-13295	-17	-601	-10982		-1695
瑞士	Switzerland	2669	2995	-3214			-433		-2772
叙利亚	Syrian Arab Republic	203	78	-7312	-3	-5353	-1852		-103
塔吉克斯坦	Tajikistan	316	6	-41		-4	-21		-16
坦桑尼亚	Tanzania								
泰国	Thailand	8791	919	-11836	-4	-1771	-9836		-141
多哥	Togo		65						
特里尼达和多巴哥	Trinidad and Tobago			-25563		-2061	-6993	-16509	
突尼斯	Tunisia	1718	11	-3157		-2812	-332		-14
土耳其	Turkey	36115	392	-8369			-7467	-588	-313
土库曼斯坦	Turkmenistan			-40042		-2311	-2688	-34823	-219
乌克兰	Ukraine	36179	3	-10303	-5571		-4172		-544
阿联酋	United Arab Emirates	14822	4	-141763		-115844	-18873	-6344	-701
英国	United Kingdom	45213	747	-78013	-687	-34593	-28156	-14211	-212
美国	United States	80595	4498	-243803	-63381	-12818	-129140	-34643	-1293
乌拉圭	Uruguay	71	40	-56			-55		-2
乌兹别克斯坦	Uzbekistan	439	1046	-11042	-14		-230	-9745	-1053
委内瑞拉	Venezuela	2012		-131517	-1328	-99645	-30523		-21
越南	Vietnam		536	-21854	-10023	-10086	-1653		-92
也门	Yemen			-15798		-6857	-1114	-7826	
赞比亚	Zambia		1	-65			-15		-50
津巴布韦	Zimbabwe		225	-221	-128				-93

2-1-4　续表 7　continued

单位：千吨标准油　　(ktoe)

国家或地区	Country or Area	国际运输燃料 International Bunkers		库存变化 Stock changes				
		海　运 Marine	空　运 Aviation	总　计 Total	煤和煤制品 Coal&Coal Product	原油,天然气凝析液和给料 Crude, NGL, Feedstocks	石油产品 Oil Products	天然气 Natural Gas
世　界	**World**			**-66600**	**-45278**	**-1938**	**3055**	**-21985**
阿尔巴尼亚	Albania		-21					
阿尔及利亚	Algeria	-251	-484	13	1	-24	36	
安 哥 拉	Angola	-169	-217	-208		-191	-17	
阿 根 廷	Argentina	-1358	-660	-251	17	-342	123	
亚美尼亚	Armenia		-45					
澳大利亚	Australia	-624	-3431	9869	9643	576	-351	
奥 地 利	Austria		-694	-1302	404	209	-77	-1707
阿塞拜疆	Azerbaijan	-79	-436	268		-59	17	311
巴　林	Bahrain	-74	-619	-25			-25	
孟加拉国	Bangladesh	-35	-321					
白俄罗斯	Belarus			605	-50	45	272	398
比 利 时	Belgium	-6750	-1473	-320	-35	-8	-199	-85
贝　宁	Benin		-164					
玻利维亚	Bolivia		-51	-161			30	-191
波　黑	Bosnia and Herzegovina		-5	116	116			
博茨瓦纳	Botswana		-18	1	1			
巴　西	Brazil	-4236	-2148	-1401	-328	-759	-237	
文　莱	Brunei Darussalam	-94	-114	-40		-61	3	18
保加利亚	Bulgaria	-76	-169	-49	-96	48	-17	15
柬 埔 寨	Cambodia		-28					
喀 麦 隆	Cameroon	-46	-72					
加 拿 大	Canada	-524	-1214	3016	66	1064	-206	2092
智　利	Chile	-490	-442	-226	-354	64	70	-5
哥伦比亚	Colombia	-676	-755	39	-19	64	-6	
刚果(金)	Congo, Dem. Rep.		-167	55		55		
刚果(布)	Congo, Rep.		-60	-845		-872	27	
哥斯达黎加	Costa Rica	-25	-173	-14		-24	10	
科特迪瓦	Cote d'Ivoire	-12	-48	34		34		
克罗地亚	Croatia	-23	-54	55	11	-164	145	62
古　巴	Cuba	-31	-124					
塞浦路斯	Cyprus	-194	-302	122	7		115	
捷　克	Czech Republic		-308	-357	28	24	41	-447
丹　麦	Denmark	-695	-830	166	-354	6	652	-137
多米尼加	Dominican Republic		-107	-36			-36	
厄瓜多尔	Ecuador	-449	-356	-201		-255	54	
埃　及	Egypt	-378	-821	193			193	
萨尔瓦多	El Salvador		-117	93		40	53	
厄立特里亚	Eritrea		-1					
爱沙尼亚	Estonia	-186	-35	2	10		-4	
埃塞俄比亚	Ethiopia		-365					
芬　兰	Finland	-198	-634	-671	-919	108	-177	
法　国	France	-2459	-5801	-1385	15	715	-390	-1736
加　蓬	Gabon	-214	-64	-10			-10	
格鲁吉亚	Georgia		-36	-1			3	-4

2-1-4 续表 8 continued

单位：千吨标准油 (ktoe)

国家或地区	Country or Area	国际运输燃料 International Bunkers		库存变化 Stock changes				
		海运 Marine	空运 Aviation	总计 Total	煤和煤制品 Coal&Coal Product	原油,天然气凝析液和给料 Crude, NGL, Feedstocks	石油产品 Oil Products	天然气 Natural Gas
德国	Germany	-2697	-7810	-954	-868	809	779	-1674
加纳	Ghana	-129	-149	101		101		
直布罗陀	Gibraltar	-2591	-7					
希腊	Greece	-2752	-739	1020	150	481	397	-8
危地马拉	Guatemala	-301	-39	3		14	-11	
海地	Haiti		-18					
洪都拉斯	Honduras	-1	-23	11			11	
匈牙利	Hungary		-238	1301	84	63	46	1105
冰岛	Iceland	-62	-138	-2	2		-4	
印度	India	-117	-4128	-704	-704			
印度尼西亚	Indonesia	-190	-724	153		110	78	
伊朗	Iran	-2190	-1198	687		1141	-454	
伊拉克	Iraq	-159	-967	41			41	
爱尔兰	Ireland	-95	-676	-254	-159	-23	-108	1
以色列	Israel	-306	-866	878	165	496	218	
意大利	Italy	-2497	-3250	490	567	1934	-1381	-636
牙买加	Jamaica	-283	-194	93			93	
日本	Japan	-4101	-6175	-1027	-88	-466	371	-844
约旦	Jordan	-9	-335	275		87	188	
哈萨克斯坦	Kazakhstan	-19	-249	1763	-210	1129	427	417
肯尼亚	Kenya	-26	-715	-3		-3		
韩国	Korea, Rep.	-8756	-4047	-1108	-207	-12	-169	-720
朝鲜	Korea, Dem.							
科索沃	Kosovo		-12	47	47			
科威特	Kuwait	-1022	-728	433			433	
吉尔吉斯斯坦	Kyrgyzstan		-276	-57		-12	-44	
拉脱维亚	Latvia	-213	-117	-250	-3	1	-48	-121
黎巴嫩	Lebanon	-26	-239					
利比亚	Libya	-109	-95					
立陶宛	Lithuania	-141	-55	12	-27	61	33	-7
卢森堡	Luxembourg		-406	11			11	
马其顿	Macedonia		-4	-91	-116	16	10	
马来西亚	Malaysia	-202	-2558	-1554	91	-1739	195	
马耳他	Malta	-1223	-94	-29			-28	
墨西哥	Mexico	-925	-2741	-2412	-2333	516	-366	-229
摩尔多瓦	Moldova		-13	-15	-5	-1	-11	-1
蒙古	Mongolia		-27	-462	-461	-1		
黑山	Montenegro		-10	2	2			
摩洛哥	Morocco	-126	-600	-150	249	-26	-372	
莫桑比克	Mozambique		-63	-24	-24			
缅甸	Myanmar	-3	-19	77		5	72	
纳米比亚	Namibia		-42					
尼泊尔	Nepal		-95	-4			-4	
荷兰	Netherlands	-14754	-3505	2032	-68	977	1165	-1
荷属安的列斯群岛	Netherlands Antilles	-2281	-94					
新西兰	New Zealand	-316	-785	-40	-13	155	-112	-71

2-1-4　续表 9　continued

单位：千吨标准油　　(ktoe)

国家或地区	Country or Area	国际运输燃料 International Bunkers		库存变化 Stock changes				
		海　运 Marine	空　运 Aviation	总　计 Total	煤和煤制品 Coal&Coal Product	原油,天然气凝析液和给料 Crude, NGL, Feedstocks	石油产品 Oil Products	天然气 Natural Gas
尼加拉瓜	Nicaragua		-20	-48		-28	-19	
尼日利亚	Nigeria	-726	-194	535			535	
挪　威	Norway	-376	-424	-578	138	-465	-251	
阿　曼	Oman	-141	-399	1821		2001	-180	
巴基斯坦	Pakistan	-98	-207	258			252	6
巴拿马	Panama	-2391	-406	538			538	
巴拉圭	Paraguay		-24	106			106	
秘　鲁	Peru	-244	-802	308	232	-78	113	
菲律宾	Philippines	-213	-1070	-189	-248	-113	175	
波　兰	Poland	-169	-466	-1126	-597	53	73	-653
葡萄牙	Portugal	-558	-908	165	62	-82	51	-70
卡塔尔	Qatar		-1572	-672			-672	
罗马尼亚	Romania	-9	-83	718	353	132	296	-26
俄罗斯	Russia	-2990	-6426	-2680	131	511	-522	-2797
沙特阿拉伯	Saudi Arabia	-3315	-2237	-4998		-4134	-863	
塞内加尔	Senegal	-68	-217	10		10		
塞尔维亚	Serbia		-47	186	140	-54	-2	106
新加坡	Singapore	-41550	-6186	1247			1247	
斯洛伐克	Slovak Republic		-43	-310	76	-31	-16	-325
斯洛文尼亚	Slovenia	-32	-24	21	10		12	
南　非	South Africa	-3037	-856					
西班牙	Spain	-8520	-3644	796	1212	-566	598	-456
斯里兰卡	Sri Lanka	-196	-323	230	-152	192	169	
苏　丹	Sudan	-22	-327	17			17	
瑞　典	Sweden	-1703	-740	144	-80	-48	271	
瑞　士	Switzerland	-8	-1509	182	29	-12	164	
叙利亚	Syrian Arab Republic	-964	-31	360		360		
塔吉克斯坦	Tajikistan		-32					
坦桑尼亚	Tanzania	-47	-115					
泰　国	Thailand	-1038	-4054	1277	-300	1175	356	
多　哥	Togo	-5	-71					
特里尼达和多巴哥	Trinidad and Tobago	-374	-70	270		97	173	
突尼斯	Tunisia	-20	-242	-1			-1	
土耳其	Turkey	-151	-1164	1553	553	316	59	625
土库曼斯坦	Turkmenistan		-493					
乌克兰	Ukraine		-246	-6552	-1603	-90	29	-4866
阿联酋	United Arab Emirates	-13582	-3305					
英　国	United Kingdom	-2239	-11173	-569	123	632	247	-1567
美　国	United States	-26389	-21839	-2971	-2217	5019	2791	-8132
乌拉圭	Uruguay	-371	-96	174		213	-37	
乌兹别克斯坦	Uzbekistan							
委内瑞拉	Venezuela	-963	-142	49			49	
越　南	Vietnam	-348	-805	2541		825	1717	
也　门	Yemen	-101	-66					
赞比亚	Zambia		-33	-46			-46	
津巴布韦	Zimbabwe		-9					

2-1-4 续表 10 continued

单位：千吨标准油 (ktoe)

国家或地区	Country or Area	一次能源供应量 TPES 总 计 Total	煤和煤制品 Coal&Coal Product	原油,天然气凝析液和给料 Crude, NGL, Feedstocks	石油产品 Oil Products	天然气 Natural Gas	电力 Electricity
世 界	**World**	**13113378**	**3771746**	**4219570**	**-83581**	**2786953**	**-31**
阿尔巴尼亚	Albania	2173	72	297	934	12	281
阿尔及利亚	Algeria	41852	296	36220	-19494	24783	-12
安 哥 拉	Angola	13576		2564	2156	612	
阿 根 廷	Argentina	80112	1209	29852	327	40446	831
亚美尼亚	Armenia	2716			358	1585	-114
澳大利亚	Australia	122888	48180	33154	8201	27020	
奥 地 利	Austria	33019	3471	8914	2563	7753	705
阿塞拜疆	Azerbaijan	12561		6634	-2652	8311	-58
巴 林	Bahrain	9506		13613	-12115	7998	10
孟加拉国	Bangladesh	31294	912	1534	3324	16614	
白俄罗斯	Belarus	29501	-48	20589	-11062	17180	480
比 利 时	Belgium	59094	2907	29334	-6730	15120	218
贝 宁	Benin	3761			1568		80
玻利维亚	Bolivia	7704		2504	424	2676	
波 黑	Bosnia and Herzegovina	7095	4747	1185	504	227	-128
博茨瓦纳	Botswana	2215	488		960		273
巴 西	Brazil	270028	15431	97992	11035	22887	3086
文 莱	Brunei Darussalam	3832		654	-6	3184	
保加利亚	Bulgaria	19216	8092	5974	-2276	2630	-917
柬 埔 寨	Cambodia	5333	9		1390		141
喀 麦 隆	Cameroon	6720		1980	-418	238	
加 拿 大	Canada	251845	19603	90130	-8207	83569	-3144
智 利	Chile	33574	5345	9973	5876	4564	63
哥伦比亚	Colombia	31613	3500	16685	-3874	7586	-132
刚果(金)	Congo, Dem. Rep.	24497	336		687	7	-11
刚果(布)	Congo, Rep.	1659		619	68	123	2
哥斯达黎加	Costa Rica	4655	64	154	2029		-3
科特迪瓦	Cote d'Ivoire	11233		2469	-1360	1307	-53
克罗地亚	Croatia	8439	703	3714	-100	2569	662
古 巴	Cuba	11187	30	9016	-156	810	
塞浦路斯	Cyprus	2368	7		2240		
捷 克	Czech Republic	43429	18337	7369	1346	7209	-1466
丹 麦	Denmark	17997	3234	6746	-224	3716	114
多米尼加	Dominican Republic	7382	615	1315	3887	779	
厄瓜多尔	Ecuador	12942		8825	1967	374	110
埃 及	Egypt	77649	1039	28533	3021	42319	-138
萨尔瓦多	El Salvador	4319		777	1290		10
厄立特里亚	Eritrea	765			166		
爱沙尼亚	Estonia	5603	3989	-395	906	503	-306
埃塞俄比亚	Ethiopia	34064			1950		
芬 兰	Finland	34749	3668	11937	-2767	3359	1191
法 国	France	252827	10277	65738	9819	37031	-4852
加 蓬	Gabon	1997		951	-314	140	
格鲁吉亚	Georgia	3543	63		1009	1507	-39

2-1-4 续表 11 continued

单位：千吨标准油 (ktoe)

国家或地区	Country or Area	一次能源供应量 TPES					
		总 计 Total	煤和煤制品 Coal&Coal Product	原油,天然气凝析液和给料 Crude, NGL, Feedstocks	石油产品 Oil Products	天然气 Natural Gas	电力 Electricity
德 国	Germany	311770	77353	96321	5600	69576	-324
加 纳	Ghana	10550		1527	1724	692	-52
直布罗陀	Gibraltar	170			170		
希 腊	Greece	26723	7887	18093	-5659	3971	278
危地马拉	Guatemala	10163	289	84	3033		29
海 地	Haiti	3211			706		
洪都拉斯	Honduras	4740	150		2295		-17
匈 牙 利	Hungary	24964	2758	7194	-998	9351	571
冰 岛	Iceland	5731	91		836		
印 度	India	749447	325782	218678	-52988	50380	471
印度尼西亚	Indonesia	209009	31476	49807	22786	34761	
伊 朗	Iran	212145	1371	100909	-20327	129166	-431
伊 拉 克	Iraq	40220		25943	8265	5005	625
爱 尔 兰	Ireland	13216	1241	3056	3140	4116	42
以 色 列	Israel	23254	7750	12676	-2046	4101	-363
意 大 利	Italy	167416	15911	84792	-22089	63796	3933
牙 买 加	Jamaica	3066	35	1222	1260		
日 本	Japan	461468	107420	180446	25851	99952	
约 旦	Jordan	7064		3281	2628	872	142
哈萨克斯坦	Kazakhstan	78101	37770	18513	-3422	24416	68
肯 尼 亚	Kenya	20179	234	1778	1965		0
韩 国	Korea, Rep.	260440	80236	128026	-34315	41576	
朝 鲜	Korea, Dem.	19037	15996	530	307		
科 索 沃	Kosovo	2528	1623		617		36
科 威 特	Kuwait	32523		52501	-33855	13877	
吉尔吉斯斯坦	Kyrgyzstan	3097	723	91	1026	278	-240
拉脱维亚	Latvia	4371	119	2	1375	1288	107
黎 巴 嫩	Lebanon	6349	165		5900		72
利 比 亚	Libya	13342		6242	2490	4442	-4
立 陶 宛	Lithuania	7287	230	9672	-7223	2717	580
卢 森 堡	Luxembourg	4171	58		2539	1032	385
马 其 顿	Macedonia	3122	1481	722	251	110	230
马来西亚	Malaysia	75907	15582	26750	902	28484	31
马 耳 他	Malta	857			810		
墨 西 哥	Mexico	186171	10015	81213	18880	56218	-49
摩尔多瓦	Moldova	3331	98	12	795	2255	57
蒙 古	Mongolia	3607	2422		1018		20
黑 山	Montenegro	1179	424		285		134
摩 洛 哥	Morocco	17283	2977	7135	5353	712	396
莫桑比克	Mozambique	10202	16		825	130	-291
缅 甸	Myanmar	14056	411	881	286	1418	
纳米比亚	Namibia	1589	7		1041		207
尼 泊 尔	Nepal	10391	290		1013		59
荷 兰	Netherlands	77419	7475	60547	-30742	34193	782
荷属安的列斯群岛	Netherlands Antilles	2501		8910	-6409		
新 西 兰	New Zealand	18167	1436	5562	387	3410	

2-1-4　续表 12　continued

单位：千吨标准油　(ktoe)

国家或地区	Country or Area	一次能源供应量 TPES					
		总　计 Total	煤和煤制品 Coal&Coal Product	原油,天然气凝析液和给料 Crude, NGL, Feedstocks	石油产品 Oil Products	天然气 Natural Gas	电力 Electricity
尼加拉瓜	Nicaragua	3038		790	722		-3
尼日利亚	Nigeria	118325	20	6012	6525	8027	
挪　威	Norway	28137	846	23560	-13274	4936	-264
阿　曼	Oman	25276		9927	-2690	18040	
巴基斯坦	Pakistan	84845	4094	9872	10755	26944	
巴拿马	Panama	4058	199		3036		6
巴拉圭	Paraguay	4858			1642		-3966
秘　鲁	Peru	20582	667	10545	-2025	6451	1
菲律宾	Philippines	40452	8447	8877	3522	3291	
波　兰	Poland	101313	54619	25157	430	12833	-451
葡萄牙	Portugal	23084	2210	11117	-233	4462	242
卡塔尔	Qatar	33285		25480	-21157	28963	
罗马尼亚	Romania	35830	8093	9789	-1154	11102	-164
俄罗斯	Russia	730970	115604	267031	-108508	391213	-1940
沙特阿拉伯	Saudi Arabia	187070		169145	-52116	70036	
塞内加尔	Senegal	3515	168	761	927	15	
塞尔维亚	Serbia	16185	8758	2584	1175	1902	-24
新加坡	Singapore	33447		58735	-34283	8061	
斯洛伐克	Slovak Republic	17349	3704	6221	-2674	4636	63
斯洛文尼亚	Slovenia	7249	1467		2557	737	-109
南　非	South Africa	141372	98477	20489	572	3794	-264
西班牙	Spain	125570	12438	57015	-2202	28984	-524
斯里兰卡	Sri Lanka	10421	380	2182	2509		
苏　丹	Sudan	16622		4568	338		
瑞　典	Sweden	49045	2160	18837	-5103	1158	-622
瑞　士	Switzerland	25375	143	4593	5387	2669	222
叙利亚	Syrian Arab Republic	19986	3	11954	1186	6579	-25
塔吉克斯坦	Tajikistan	2395	108	24	546	349	-11
坦桑尼亚	Tanzania	20747	28		1482	708	
泰　国	Thailand	119147	18251	59306	-12495	30777	777
多　哥	Togo	2764			421		65
特里尼达和多巴哥	Trinidad and Tobago	20918		8646	-7095	19353	
突尼斯	Tunisia	9504		1049	2741	4313	-3
土耳其	Turkey	112459	33925	20621	9798	36778	78
土库曼斯坦	Turkmenistan	24710		9023	-3181	19087	-219
乌克兰	Ukraine	126438	41383	9100	3360	46841	-541
阿联酋	United Arab Emirates	66108	1250	30443	-17254	52310	-696
英　国	United Kingdom	188074	30655	78599	-18102	70182	535
美　国	United States	2191193	479002	884205	-98171	568727	3205
乌拉圭	Uruguay	4430	1	1384	1069	71	39
乌兹别克斯坦	Uzbekistan	47755	1372	3851	-230	41888	-8
委内瑞拉	Venezuela	70198	205	67786	-31579	25960	-21
越　南	Vietnam	61210	15536	7694	12812	7446	444
也　门	Yemen	7260		3359	3016	778	
赞比亚	Zambia	8462		678	63		-49
津巴布韦	Zimbabwe	9312	1966		668		132

2-1-4 续表 13 continued

单位：千吨标准油 (ktoe)

国家或地区	Country or Area	终端能源消费量 Total Final Consumption 总 计 Total	煤和煤制品 Coal&Coal Product	原油,天然气凝析液和给料 Crude, NGL, Feedstocks	石油产品 Oil Products	天然气 Natural Gas	电力 Electricity
世 界	**World**	**8917531**	**903117**	**18756**	**3614512**	**1380497**	**1582119**
阿尔巴尼亚	Albania	1925	72		1146	2	487
阿尔及利亚	Algeria	27660	95		14660	9805	3085
安哥拉	Angola	10849			3998	612	419
阿根廷	Argentina	58080	429		25068	20391	9975
亚美尼亚	Armenia	2001			358	1182	443
澳大利亚	Australia	77847	3413	14	39562	13005	18140
奥地利	Austria	26802	450		10463	4721	5292
阿塞拜疆	Azerbaijan	7563			3037	3215	1141
巴 林	Bahrain	5089			1131	2903	1055
孟加拉国	Bangladesh	23581	698		3964	6890	3194
白俄罗斯	Belarus	21155	387		7332	4638	2570
比利时	Belgium	42637	734		20073	10945	6890
贝 宁	Benin	3316			1541		74
玻利维亚	Bolivia	6243			2817	1129	542
波 黑	Bosnia and Herzegovina	3339	395		1534	164	928
博茨瓦纳	Botswana	2031	317		953		268
巴 西	Brazil	217889	8296		100209	12744	39280
文 莱	Brunei Darussalam	1735			624	847	264
保加利亚	Bulgaria	9613	500		3085	1526	2444
柬埔寨	Cambodia	4507			1073		204
喀麦隆	Cameroon	5967			1197		410
加拿大	Canada	203975	3117		90009	55912	44625
智 利	Chile	25181	355		12880	1953	4982
哥伦比亚	Colombia	25050	2509	332	11163	3747	4189
刚果(金)	Congo, Dem. Rep.	23403	280		684		578
刚果(布)	Congo, Rep.	1191			600		52
哥斯达黎加	Costa Rica	3444	36		1979		746
科特迪瓦	Cote d'Ivoire	5952			909	181	351
克罗地亚	Croatia	6747	148		2954	1598	1353
古 巴	Cuba	5961	26	1415	1840	387	1205
塞浦路斯	Cyprus	1658	7		1140		406
捷 克	Czech Republic	25964	2922		8329	5678	4872
丹 麦	Denmark	14088	157		5855	1581	2700
多米尼加	Dominican Republic	4278	71		2890		737
厄瓜多尔	Ecuador	9976			8150		1312
埃 及	Egypt	52169	470		25888	12696	11521
萨尔瓦多	El Salvador	2596			1551		445
厄立特里亚	Eritrea	507			76		23
爱沙尼亚	Estonia	2849	126		978	203	570
埃塞俄比亚	Ethiopia	32147			1937		348
芬 兰	Finland	25192	437		7757	1003	6901
法 国	France	152203	3192		69853	27606	36096
加 蓬	Gabon	1755			494	2	114
格鲁吉亚	Georgia	3035	63		997	956	696

2-1-4 续表 14 continued

单位：千吨标准油 (ktoe)

国家或地区	Country or Area	终端能源消费量 Total Final Consumption 总计 Total	煤和煤制品 Coal&Coal Product	原油,天然气凝析液和给料 Crude, NGL, Feedstocks	石油产品 Oil Products	天然气 Natural Gas	电力 Electricity
德国	Germany	221023	8232		91966	51167	44850
加纳	Ghana	7892			2748		662
直布罗陀	Gibraltar	142			129		14
希腊	Greece	18997	217		11422	1468	4454
危地马拉	Guatemala	8712			2719		656
海地	Haiti	2878			617		23
洪都拉斯	Honduras	4046	119		1506		450
匈牙利	Hungary	17701	420	3	5843	6201	2970
冰岛	Iceland	2962	91		835		1377
印度	India	492513	85693		141447	26347	66526
印度尼西亚	Indonesia	158301	11214	1704	62720	16650	13749
伊朗	Iran	162901	294		58093	87915	16293
伊拉克	Iraq	22994			19073	238	3668
爱尔兰	Ireland	10440	387		5883	1554	2139
以色列	Israel	14079			8641	118	4210
意大利	Italy	126749	2337		53609	35951	25957
牙买加	Jamaica	2074	35		1416		359
日本	Japan	314473	26463	401	167333	35350	80790
约旦	Jordan	4716			3423		1159
哈萨克斯坦	Kazakhstan	44312	16134	1514	10373	3942	5569
肯尼亚	Kenya	13265	234		2843		555
韩国	Korea, Rep.	161041	9612		82080	21569	40473
朝鲜	Korea, Dem.	16514	13488		567		1390
科索沃	Kosovo	1317	83		595		394
科威特	Kuwait	14556			8223	3118	3215
吉尔吉斯斯坦	Kyrgyzstan	2635	536		1112	84	755
拉脱维亚	Latvia	3948	107		1361	397	532
黎巴嫩	Lebanon	3797	165		2182		1319
利比亚	Libya	8200			5425	708	1895
立陶宛	Lithuania	5844	229		1709	1567	738
卢森堡	Luxembourg	3889	58		2538	606	558
马其顿	Macedonia	1967	165		856	43	645
马来西亚	Malaysia	44936	1759		24459	7718	9242
马耳他	Malta	392			201		156
墨西哥	Mexico	116070	1721		73944	13646	19429
摩尔多瓦	Moldova	2329	96		787	739	403
蒙古	Mongolia	2682	534		937		314
黑山	Montenegro	816	6		284		294
摩洛哥	Morocco	13067	15		10308	50	2205
莫桑比克	Mozambique	8078	13		824	123	872
缅甸	Myanmar	13080	232		1097	682	492
纳米比亚	Namibia	1548			1039		295
尼泊尔	Nepal	10276	290		1012		245
荷兰	Netherlands	59628	807	4547	21601	20498	9242
荷属安的列斯群岛	Netherlands Antilles	1010			926		84
新西兰	New Zealand	12658	556		5798	1703	3321

2-1-4 续表 15 continued

单位：千吨标准油 (ktoe)

国家或地区	Country or Area	终端能源消费量 Total Final Consumption 总计 Total	煤和煤制品 Coal&Coal Product	原油,天然气凝析液和给料 Crude, NGL, Feedstocks	石油产品 Oil Products	天然气 Natural Gas	电力 Electricity
尼加拉瓜	Nicaragua	2102			890		239
尼日利亚	Nigeria	108947	20		10858	1351	2036
挪威	Norway	20292	613		8174	851	9064
阿曼	Oman	17681			5657	10432	1592
巴基斯坦	Pakistan	71474	3919	7	12445	19733	6601
巴拿马	Panama	3167	53		2140		568
巴拉圭	Paraguay	4367			1639		651
秘鲁	Peru	15470	626		7784	1423	2856
菲律宾	Philippines	23719	2017		11298	78	4825
波兰	Poland	68315	11878		23109	10359	10487
葡萄牙	Portugal	18122	20		9393	1643	4159
卡塔尔	Qatar	14493			6894	5212	2387
罗马尼亚	Romania	23853	664		7155	7016	3673
俄罗斯	Russia	458571	15684	97	116161	137951	62679
沙特阿拉伯	Saudi Arabia	118189		4209	70245	25636	18094
塞内加尔	Senegal	2322	168		975		209
塞尔维亚	Serbia	9778	1094		3218	1134	2407
新加坡	Singapore	24323			19497	1237	3588
斯洛伐克	Slovak Republic	10968	1183		2997	3315	2134
斯洛文尼亚	Slovenia	5041	57		2549	583	1084
南非	South Africa	71127	16676		24321	1631	17790
西班牙	Spain	88596	1230	12	46331	14588	20635
斯里兰卡	Sri Lanka	8926	81		3065		859
苏丹	Sudan	11260			4031		575
瑞典	Sweden	32728	881		11139	663	10718
瑞士	Switzerland	19455	143		10002	2458	5038
叙利亚	Syrian Arab Republic	12928	1		8626	1458	2836
塔吉克斯坦	Tajikistan	2088	108		567	168	1158
坦桑尼亚	Tanzania	18075	11		1468	102	354
泰国	Thailand	88375	9376	458	45771	5818	12788
多哥	Togo	1721			411		62
特里尼达和多巴哥	Trinidad and Tobago	15468			1249	13496	711
突尼斯	Tunisia	6970			3622	1114	1138
土耳其	Turkey	81458	13094		28229	17666	15805
土库曼斯坦	Turkmenistan	16112			5533	9566	814
乌克兰	Ukraine	75852	9398	11	12237	29188	12023
阿联酋	United Arab Emirates	48675	1250		13430	27069	6871
英国	United Kingdom	126301	2543		54137	38752	27349
美国	United States	1503707	24577	1643	745662	326788	325929
乌拉圭	Uruguay	3687	1		1662	50	800
乌兹别克斯坦	Uzbekistan	34884	424	60	3129	25133	3718
委内瑞拉	Venezuela	47590	205		25403	14042	7295
越南	Vietnam	51313	10396	517	18316	451	7819
也门	Yemen	5405			4998		353
赞比亚	Zambia	6516			670		679
津巴布韦	Zimbabwe	8444	1103		650		844

2-1-5 原油探明储量

Total Proved Reserves of Crude Oil

资料来源：美国能源署。
Source: Energy Information Administration - USA

单位：亿桶 (100 Million Barrels)

国家或地区	Country or Area	1980	1990	2000	2010	2011	2012	2013
世　界	**World**	**6419.34**	**10005.13**	**10167.72**	**13557.43**	**14737.61**	**15259.57**	**16459.84**
北　美	**North America**	**678.60**	**890.00**	**550.95**	**2063.00**	**2089.01**	**2105.28**	**2138.98**
加拿大	Canada	68.00	61.34	49.31	1752.14	1752.14	1736.25	1731.05
墨西哥	Mexico	312.50	563.65	283.99	104.04	104.20	103.59	102.64
美　国	United States	298.10	265.01	217.65	206.82	232.67	265.44	305.29
中南美洲	**Central & South America**	**252.23**	**686.62**	**895.32**	**1246.40**	**2371.12**	**2388.17**	**3259.30**
阿根廷	Argentina	24.00	22.80	27.53	25.20	25.05	25.05	28.05
巴巴多斯	Barbados	0.02	0.03	0.03	0.02	0.02	0.02	0.02
伯利兹	Belize				0.07	0.07	0.07	0.07
玻利维亚	Bolivia	1.50	1.82	1.32	4.65	4.65	2.10	2.10
巴　西	Brazil	12.20	28.16	73.57	128.02	128.57	139.87	131.54
智　利	Chile	4.00	3.00	1.50	1.50	1.50	1.50	1.50
哥伦比亚	Colombia	7.10	20.60	25.77	13.55	19.00	19.88	22.00
古　巴	Cuba			2.84	1.24	1.24	1.24	1.24
厄瓜多尔	Ecuador	11.00	15.14	21.15	65.00	65.10	72.10	82.40
危地马拉	Guatemala	0.16	0.42	5.26	0.83	0.83	0.83	0.83
秘　鲁	Peru	6.55	4.12	3.55	4.47	5.33	5.82	5.79
苏里南	Surime		0.28	0.74	0.80	0.79	0.72	0.77
特里尼达和多巴哥	Trinidad and Tobago	7.00	5.21	6.05	7.28	7.28	7.28	7.28
委内瑞拉	Venezuela	178.70	585.04	726.00	993.77	2111.70	2111.70	2975.70
欧　洲	**Europe**	**236.01**	**188.22**	**206.35**	**133.09**	**120.84**	**118.78**	**120.19**
阿尔巴尼亚	Albania			1.65	1.99	1.99	1.99	1.72
奥地利	Austria	1.41	0.66	0.86	0.50	0.50	0.50	0.47
保加利亚	Bulgaria			0.15	0.15	0.15	0.15	0.15
克罗地亚	Croatia			0.92	0.73	0.71	0.71	0.71
捷　克	Czech Republic			0.15	0.15	0.15	0.15	0.15
丹　麦	Denmark	3.75	8.49	10.69	10.60	8.12	9.00	8.05
法　国	France	0.50	1.90	1.07	1.01	0.92	0.90	0.85
德　国	Germany	4.80	4.00	3.57	2.76	2.76	2.76	2.54
希　腊	Greece	1.50	0.73	0.10	0.10	0.10	0.10	0.10
匈牙利	Hungary			1.10	0.27	0.27	0.32	0.27
意大利	Italy	6.45	7.27	6.22	4.24	4.76	5.23	5.21
荷　兰	Netherlands	0.60	1.70	1.07	1.00	3.10	2.87	2.44
挪　威	Norway	57.50	115.46	107.87	66.80	56.70	53.20	53.66
波　兰	Poland			1.15	0.96	0.96	1.55	1.57
罗马尼亚	Romania			14.26	6.00	6.00	6.00	6.00
塞尔维亚	Serbia				0.78	0.78	0.78	0.78
斯洛伐克	Slovakia			0.09	0.09	0.09	0.09	0.09
西班牙	Spain	1.50	0.25	0.14	1.50	1.50	1.50	1.50
土耳其	Turkey	1.25	5.21	2.99	2.62	2.70	2.70	2.70
英　国	United Kingdom	154.00	42.56	51.53	30.84	28.58	28.27	31.22
欧亚大陆	**Eurasia**	**670.00**	**584.00**	**570.00**	**988.86**	**988.86**	**988.86**	**1188.86**
阿塞拜疆	Azerbaijan			11.78	70.00	70.00	70.00	70.00
白俄罗斯	Belarus			1.98	1.98	1.98	1.98	1.98
格鲁吉亚	Georgia			0.35	0.35	0.35	0.35	0.35
哈萨克斯坦	Kazakhstan			54.17	300.00	300.00	300.00	300.00
吉尔吉斯斯坦	Kyrgyzstan			0.40	0.40	0.40	0.40	0.40
立陶宛	Lithuania			0.12	0.12	0.12	0.12	0.12
俄罗斯	Russia			485.73	600.00	600.00	600.00	800.00
塔吉克斯坦	Tajikistan			0.12	0.12	0.12	0.12	0.12
土库曼斯坦	Turkmenistan			5.46	6.00	6.00	6.00	6.00
乌克兰	Ukraine			3.95	3.95	3.95	3.95	3.95
乌兹别克斯坦	Uzbekistan			5.94	5.94	5.94	5.94	5.94

2-1-5　续表　continued

单位：亿桶　(100 Million Barrels)

国家或地区	Country or Area	1980	1990	2000	2010	2011	2012	2013
中　　东	**Middle East**	**3618.22**	**6602.47**	**6756.36**	**7533.58**	**7529.18**	**7996.07**	**8021.57**
巴　　林	Bahrain	2.40	1.12	1.48	1.25	1.25	1.25	1.25
伊　　朗	Iran	580.00	928.60	897.00	1376.20	1370.10	1511.70	1545.80
伊 拉 克	Iraq	310.00	1000.00	1125.00	1150.00	1150.00	1431.00	1413.50
以 色 列	Israel	0.01	0.01	0.04	0.02	0.02	0.12	0.12
约　　旦	Jordan		0.05	0.01	0.01	0.01	0.01	0.01
科 威 特	Kuwait	685.30	971.25	965.00	1040.00	1040.00	1040.00	1040.00
阿　　曼	Oman	24.00	42.50	52.83	55.00	55.00	55.00	55.00
卡 塔 尔	Qatar	37.60	45.00	37.00	254.10	253.80	253.80	253.80
沙特阿拉伯	Saudi Arabia	1664.80	2575.59	2635.00	2624.00	2626.00	2670.20	2679.10
叙 利 亚	Syria	20.00	17.30	25.00	25.00	25.00	25.00	25.00
阿 联 酋	United Arab Emirates	294.11	981.05	978.00	978.00	978.00	978.00	978.00
也　　门	Yemen		40.00	40.00	30.00	30.00	30.00	30.00
非　　洲	**Africa**	**570.72**	**588.37**	**748.90**	**1191.14**	**1236.09**	**1242.09**	**1277.39**
阿尔及利亚	Algeria	84.40	92.00	92.00	122.00	122.00	122.00	122.00
安 哥 拉	Angola	12.00	20.24	54.12	95.00	95.00	95.00	104.70
贝　　宁	Benin		1.00	0.08	0.08	0.08	0.08	0.08
喀 麦 隆	Cameroon	1.40	4.00	4.00	2.00	2.00	2.00	2.00
乍　　得	Chad				15.00	15.00	15.00	15.00
刚果(金)	Congo,Dem.Rep.	1.35	0.96	1.87	1.80	1.80	1.80	1.80
刚果(布)	Congo,Rep.	4.00	8.30	15.06	16.00	16.00	16.00	16.00
科特迪瓦	Cote dIvoire		1.00	1.00	1.00	1.00	1.00	1.00
埃　　及	Egypt	31.00	45.00	29.48	37.00	44.00	44.00	44.00
赤道几内亚	Equatorial Guinea			0.12	11.00	11.00	11.00	11.00
加　　蓬	Gabon	5.00	7.33	24.99	20.00	20.00	20.00	20.00
加　　纳	Ghana	0.07	0.01	0.17	0.15	6.60	6.60	6.60
利 比 亚	Libya	235.00	228.00	295.00	442.70	464.20	471.00	480.10
毛里塔尼亚	Mauritania				1.00	1.00	0.20	0.20
摩 洛 哥	Morocco	0.00	0.03	0.02	0.01	0.01	0.01	0.01
尼日利亚	Nigeria	174.00	160.00	225.00	372.00	372.00	372.00	372.00
南　　非	South Africa			0.29	0.15	0.15	0.15	0.15
苏丹和南苏丹	Sudan and South Sudan		3.00	2.62	50.00	50.00	50.00	50.00
突 尼 斯	Tunisia	22.50	17.50	3.08	4.25	4.25	4.25	4.25
亚洲及大洋洲	**Asia & Oceania**	**393.55**	**465.45**	**439.85**	**401.37**	**402.52**	**420.31**	**453.56**
澳大利亚	Australia	21.30	16.77	28.95	33.18	33.18	14.26	14.33
孟加拉国	Bangladesh		0.01	0.57	0.28	0.28	0.28	0.28
文　　莱	Brunei	18.00	13.75	13.50	11.00	11.00	11.00	11.00
缅　　甸	Myanmar	0.25	0.51	0.50	0.50	0.50	0.50	0.50
印　　度	India	26.00	75.16	48.38	56.25	56.82	56.06	54.76
印度尼西亚	Indonesia	96.00	82.00	49.80	39.90	39.90	38.85	40.30
日　　本	Japan	0.55	0.61	0.59	0.44	0.44	0.44	0.44
马来西亚	Malaysia	28.00	29.50	39.00	40.00	40.00	40.00	40.00
新 西 兰	New Zealand	1.10	1.46	1.27	0.60	1.13	0.96	0.81
巴基斯坦	Pakistan	2.00	1.19	2.08	3.13	3.13	2.81	2.48
巴布亚新几内亚	Papua New Guinea		2.00	3.33	0.88	0.88	1.82	1.54
菲 律 宾	Philippines	0.25	0.15	2.89	1.39	1.39	1.39	1.39
越　　南	Vietnam			6.00	6.00	6.00	44.00	44.00

2-1-6 天然气探明储量

Total Proved Reserves of Natural Gas

资料来源：美国能源署。
Source: Energy Information Administration - USA

单位：万亿立方英尺 (Trillion Cubic Feet)

国家或地区	Country or Area	1980	1990	2000	2010	2011	2012	2013
世　界	**World**	**2592.03**	**3987.53**	**5149.96**	**6638.19**	**6708.19**	**6809.26**	**6845.57**
北　美	**North America**	**345.50**	**334.80**	**261.34**	**347.16**	**378.54**	**412.39**	**393.83**
加拿大	Canada	85.50	94.30	63.87	61.95	61.95	61.00	68.17
墨西哥	Mexico	59.00	73.38	30.06	12.70	11.97	17.32	17.22
美　国	United States	201.00	167.12	167.41	272.51	304.63	334.07	308.44
中南美洲	**Central & South America**	**85.50**	**161.02**	**222.66**	**266.80**	**268.54**	**270.05**	**268.92**
阿根廷	Argentina	15.20	27.30	24.25	14.07	13.38	13.38	11.74
玻利维亚	Bolivia	5.40	5.48	4.34	26.50	26.50	9.94	9.94
巴　西	Brazil	1.50	3.85	7.98	12.86	12.94	14.73	13.97
智　利	Chile	2.50	4.20	3.46	3.46	3.46	3.46	3.46
哥伦比亚	Colombia	5.00	4.02	6.94	3.96	4.00	4.74	6.00
古　巴	Cuba		0.71	0.64	2.50	2.50	2.50	2.50
厄瓜多尔	Ecuador	4.00	3.99	3.67	0.28	0.28	0.28	0.25
秘　鲁	Peru	1.10	0.65	9.00	11.80	12.20	12.46	12.70
特里尼达和多巴哥	Trinidad and Tobago	8.00	9.97	19.77	15.40	14.42	13.46	13.26
委内瑞拉	Venezuela	42.80	100.85	142.50	175.97	178.86	195.10	195.10
欧　洲	**Europe**	**154.63**	**207.10**	**181.69**	**166.31**	**153.82**	**146.94**	**145.52**
阿尔巴尼亚	Albania	0.28	0.11	0.10	0.03	0.03	0.03	0.03
奥地利	Austria	0.41	0.40	0.92	0.57	0.57	0.57	0.38
保加利亚	Bulgaria	0.18	0.25	0.21	0.20	0.20	0.20	0.20
克罗地亚	Croatia			1.24	1.08	0.88	0.88	0.88
捷　克	Czech Republic			0.14	0.14	0.14	0.14	0.14
丹　麦	Denmark	2.82	4.45	3.39	2.17	2.05	1.84	1.52
法　国	France	6.30	1.18	0.51	0.25	0.24	0.20	0.38
德　国	Germany	6.35	6.64	11.99	6.20	6.20	6.20	4.41
希　腊	Greece	4.00	0.21	0.04	0.04	0.04	0.04	0.04
匈牙利	Hungary	4.06	3.81	2.87	0.29	0.29	0.28	0.29
爱尔兰	Ireland	1.00	1.73	0.70	0.35	0.35	0.35	0.35
意大利	Italy	3.50	11.69	8.07	2.47	2.25	2.33	2.20
荷　兰	Netherlands	59.50	61.10	62.54	50.00	49.00	46.00	43.44
挪　威	Norway	23.50	82.16	41.39	81.68	72.00	70.87	73.10
波　兰	Poland	3.89	5.79	5.12	5.82	5.82	3.36	3.25
罗马尼亚	Romania	9.89	4.70	13.20	2.23	2.23	2.23	3.73
塞尔维亚	Serbia				1.70	1.70	1.70	1.70
斯洛伐克	Slovakia			0.53	0.50	0.50	0.50	0.50
西班牙	Spain	2.00	0.81	0.06	0.09	0.09	0.09	0.09
土耳其	Turkey	0.50	0.71	0.31	0.22	0.22	0.22	0.22
英　国	United Kingdom	25.00	20.84	26.66	10.31	9.04	8.93	8.69
阿塞拜疆	Azerbaijan			4.40	30.00	30.00	30.00	35.00
白俄罗斯	Belarus			0.10	0.10	0.10	0.10	0.10
格鲁吉亚	Georgia			0.30	0.30	0.30	0.30	0.30
哈萨克斯坦	Kazakhstan			65.00	85.00	85.00	85.00	85.00
吉尔吉斯斯坦	Kyrgyzstan			0.20	0.20	0.20	0.20	0.20
俄罗斯	Russia			1700.00	1680.00	1680.00	1680.00	1688.00
塔吉克斯坦	Tajikistan			0.20	0.20	0.20	0.20	0.20
土库曼斯坦	Turkmenistan			101.00	265.00	265.00	265.00	265.00
乌克兰	Ukraine			39.60	39.00	39.00	39.00	39.00
乌兹别克斯坦	Uzbekistan			66.20	65.00	65.00	65.00	65.00
中　东	**Middle East**	**739.83**	**1226.15**	**1749.24**	**2658.27**	**2686.37**	**2799.98**	**2823.23**
巴　林	Bahrain	9.00	6.48	3.88	3.25	3.25	3.25	3.25
伊　朗	Iran	490.00	500.00	812.30	1045.67	1045.67	1168.00	1187.00
伊拉克	Iraq	27.50	95.00	109.80	111.94	111.94	111.52	111.52

2-1-6　续表　continued

单位：万亿立方英尺 (Trillion Cubic Feet)

国家或地区	Country or Area	1980	1990	2000	2010	2011	2012	2013
以色列	Israel	0.10	0.01	0.01	1.08	7.00	9.56	9.48
约　旦	Jordan		0.06	0.24	0.21	0.21	0.21	0.21
科威特	Kuwait	33.50	54.60	52.70	63.50	63.50	63.50	63.50
阿　曼	Oman	2.00	9.26	28.42	30.00	30.00	30.00	30.00
卡塔尔	Qatar	60.00	163.10	300.00	899.33	895.80	890.00	890.00
沙特阿拉伯	Saudi Arabia	95.73	187.35	204.50	263.50	275.70	283.50	287.84
叙利亚	Syria	1.50	4.00	8.50	8.50	8.50	8.50	8.50
阿联酋	United Arab Emirates	20.50	200.80	212.00	214.40	227.90	215.04	215.03
非　洲	**Africa**	**211.20**	**271.60**	**394.57**	**496.17**	**518.55**	**510.36**	**514.81**
阿尔及利亚	Algeria	132.00	114.00	159.70	159.00	159.00	159.00	159.05
安哥拉	Angola	1.18	2.10	1.62	9.60	10.94	10.95	12.93
贝　宁	Benin			0.04	0.04	0.04	0.04	0.04
喀麦隆	Cameroon		3.88	3.90	4.77	4.77	4.77	4.77
刚果(金)	Congo,Dem.Rep.	0.05	0.03	0.04	0.04	0.04	0.04	0.04
刚果(布)	Congo,Rep.	2.20	2.58	3.20	3.20	3.20	3.20	3.20
科特迪瓦	Cote dIvoire		3.53	1.05	1.00	1.00	1.00	1.00
埃　及	Egypt	3.00	11.72	35.18	58.50	77.20	77.20	77.20
赤道几内亚	Equatorial Guinea		0.85	1.30	1.30	1.30	1.30	1.30
埃塞俄比亚	Ethiopia		0.80	0.88	0.88	0.88	0.88	0.88
加　蓬	Gabon	0.50	0.56	1.20	1.00	1.00	1.00	1.00
加　纳	Ghana			0.84	0.80	0.80	0.80	0.80
利比亚	Libya	24.00	25.50	46.40	54.36	54.68	52.80	54.63
马达加斯加	Madagascar		0.07	0.07	0.07	0.07	0.07	
毛里塔尼亚	Mauritania				1.00	1.00	1.00	1.00
摩洛哥	Morocco	0.03	0.10	0.05	0.05	0.05	0.05	0.05
莫桑比克	Mozambique		2.29	2.00	4.50	4.50	4.50	4.50
纳米比亚	Namibia		2.01	3.00	2.20	2.20	2.20	2.20
尼日利亚	Nigeria	41.40	87.40	124.00	185.28	186.88	180.46	182.00
卢旺达	Rwanda		2.01	2.00	2.00	2.00	2.00	2.00
索马里	Somalia		0.21	0.20	0.20	0.20	0.20	0.20
南　非	**South Africa**		**1.76**	**0.78**	**0.49**	**0.42**	**0.53**	
坦桑尼亚	Tanzania	0.85	4.10	0.98	0.23	0.23	0.23	0.23
突尼斯	Tunisia	6.00	3.10	2.75	2.30	2.30	2.30	2.30
亚洲及大洋洲	**Asia & Oceania**	**155.38**	**286.86**	**363.47**	**538.67**	**537.56**	**504.75**	**521.46**
阿富汗	Afghanistan	2.19	3.53	3.53	1.75	1.75	1.75	1.75
澳大利亚	Australia	31.00	16.47	44.64	110.00	110.00	27.85	43.04
孟加拉国	Bangladesh	8.00	12.36	10.62	6.90	6.90	6.49	6.49
文　莱	Brunei	7.70	11.37	13.80	13.80	13.80	13.80	13.80
缅　甸	Myanmar	0.14	9.43	10.00	10.00	10.00	10.00	10.00
印　度	India	9.30	22.97	22.88	37.96	37.93	40.75	43.83
印度尼西亚	Indonesia	24.00	87.02	72.27	106.00	106.00	141.06	108.40
日　本	Japan	0.60	1.12	1.41	0.74	0.74	0.74	0.74
马来西亚	Malaysia	17.00	51.90	81.70	83.00	83.00	83.00	83.00
新西兰	New Zealand	6.00	5.12	2.45	1.20	1.21	0.98	1.04
巴基斯坦	Pakistan	15.80	18.00	21.60	29.67	29.67	26.62	24.00
巴布亚新几内亚	Papua New Guinea		4.52	5.44	8.00	8.00	5.48	5.48
泰　国	Thailand	8.00	6.91	12.53	12.08	11.03	10.59	10.06
越　南	Vietnam			6.80	6.80	6.80	24.70	24.70

2-1-7　煤炭探明储量(2008年)

Total Proved Reserves of Coal (2008)

资料来源：美国能源署。
Source: Energy Information Administration - USA
单位：百万吨　(Million Tons)

国家或地区	Country or Area	煤炭储量 Proved Reserves of Coal	国家或地区	Country or Area	煤炭储量 Proved Reserves of Coal
世　界	**World**	**948000**	俄罗斯	Russia	173074
北　美	**North America**	**269343**	塔吉克斯坦	Tajikistan	413
加拿大	Canada	7255	乌克兰	Ukraine	37339
格陵兰	Greenland	202	乌兹别克斯坦	Uzbekistan	2094
墨西哥	Mexico	1335	**中　东**	**Middle East**	**1326**
美　国	United States	260551	伊　朗	Iran	1326
中南美洲	**Central & South America**	**13788**	**非　洲**	**Africa**	**34934**
阿根廷	Argentina	551	阿尔及利亚	Algeria	65
玻利维亚	Bolivia	1	博茨瓦纳	Botswana	44
巴　西	Brazil	5025	中非共和国	Central African Rep.	3
智　利	Chile	171	刚果(金)	Congo,Dem.Rep.	97
哥伦比亚	Colombia	7436	埃　及	Egypt	18
厄瓜多尔	Ecuador	26	马拉维	Malawi	2
秘　鲁	Peru	49	摩洛哥	Morocco	
委内瑞拉	Venezuela	528	莫桑比克	Mozambique	234
欧　洲	**Europe**	**84202**	尼日尔	Niger	77
阿尔巴尼亚	Albania	875	尼日利亚	Nigeria	209
波　黑	Bosnia and Herzegovina	3145	南　非	South Africa	33241
保加利亚	Bulgaria	2608	斯威士兰	Swaziland	159
捷　克	Czech Republic	1213	坦桑尼亚	Tanzania	220
德　国	Germany	44863	赞比亚	Zambia	11
希　腊	Greece	3329	津巴布韦	Zimbabwe	553
匈牙利	Hungary	1830	**亚洲和大洋洲**	**Asia & Oceania**	**293042**
爱尔兰	Ireland	15	阿富汗	Afghanistan	73
意大利	Italy	11	澳大利亚	Australia	84217
马其顿	Macedonia	366	孟加拉国	Bangladesh	323
黑　山	Montenegro	157	缅　甸	Myanmar	2
挪　威	Norway	6	印　度	India	66800
波　兰	Poland	6293	印度尼西亚	Indonesia	6095
葡萄牙	Portugal	40	日　本	Japan	386
罗马尼亚	Romania	321	朝　鲜	Korea.Dem	661
塞尔维亚	Serbia	15179	韩　国	Korea,Rep	139
斯洛伐克	Slovakia	289	老　挝	Laos	554
斯洛文尼亚	Slovenia	246	马来西亚	Malaysia	4
西班牙	Spain	584	蒙　古	Mongolia	2778
土耳其	Turkey	2583	尼泊尔	Nepal	1
英　国	United Kingdom	251	新喀里多尼亚	New Caledonia	2
欧亚大陆	**Eurasia**	**251364**	新西兰	New Zealand	629
亚美尼亚	Armenia	180	巴基斯坦	Pakistan	2282
白俄罗斯	Belarus	110	菲律宾	Philippines	348
格鲁吉亚	Georgia	222	泰　国	Thailand	1366
哈萨克斯坦	Kazakhstan	37038	越　南	Vietnam	165
吉尔吉斯斯坦	Kyrgyzstan	895			

2-1-8 万美元国内生产总值能耗

Energy Consumption per Ten Thousand US Dollar of GDP

资料来源：世界银行WDI数据库。
Source: World Bank WDI Database.

单位：吨标准油/万美元 (toe per 10 000 USD)

国家或地区	Country or Area	1971	1980	1990	2000	2010	2011	2012
世界	**World**	**3.45**	**3.18**	**2.83**	**2.46**	**2.45**	**2.42**	
阿尔巴尼亚	Albania		6.20	4.76	2.74	1.92	1.97	
阿尔及利亚	Algeria	1.35	2.16	3.25	3.35	3.43	3.50	
安哥拉	Angola			3.61	4.26	2.66	2.59	
阿根廷	Argentina	3.44	3.38	4.33	3.67			
荷兰	Netherlands	1.89	1.83	1.50	1.22	1.22	1.12	1.15
亚美尼亚	Armenia			18.97	7.31	4.20	4.39	
澳大利亚	Australia	2.20	2.29	2.03	1.83	1.54	1.50	1.58
奥地利	Austria	1.48	1.34	1.15	1.02	1.05	0.98	0.97
阿塞拜疆	Azerbaijan			18.97	16.06	4.09	4.39	
巴林	Bahrain		5.60	7.45	5.85	5.32	5.23	
孟加拉国	Bangladesh	3.25	4.18	4.40	4.02	3.78	3.60	
白俄罗斯	Belarus			19.18	11.74	6.45	6.51	
比利时	Belgium	2.32	2.04	1.73	1.68	1.52	1.45	1.41
贝宁	Benin	8.78	8.12	7.25	5.56	6.98	6.94	
玻利维亚	Bolivia	2.54	4.37	4.61	4.56	6.15	6.13	
波黑	Bosnia and Herzegovinian				5.06	5.04	5.47	
博茨瓦纳	Botswana			2.77	2.31	1.86	1.72	
巴西	Brazil	2.75	2.22	2.34	2.44	2.42	2.40	
文莱	Brunei Darussalam		1.63	2.51	2.77	3.29	3.81	
保加利亚	Bulgaria		14.45	11.30	8.45	5.43	5.72	
柬埔寨	Cambodia				8.47	5.78	5.73	
喀麦隆	Cameroon	5.63	4.20	4.13	4.56	3.63	3.38	
加拿大	Canada	3.55	3.38	2.78	2.51	2.08	2.04	2.01
智利	Chile	2.81	2.52	2.57	2.49	2.10	2.15	1.98
哥伦比亚	Colombia	3.37	2.67	2.57	2.10	1.76	1.62	
刚果(金)	Congo, Dem. Rep.	6.91	8.90	11.36	28.57	25.18	24.28	
刚果(布)	Congo, Rep.	3.24	2.29	1.79	1.63	1.92	2.04	
哥斯达黎加	Costa Rica	1.71	1.64	1.71	1.76	1.86	1.78	
科特迪瓦	Cote D'Ivoire	3.09	2.94	3.32	4.12	5.38	6.47	
克罗地亚	Croatia				2.16	1.85	1.82	
古巴	Cuba	5.86	5.80	4.59	3.85	2.05		
塞浦路斯	Cyprus		1.64	1.42	1.47	1.27	1.23	
捷克	Czech Rep.			4.91	3.85	2.97	2.87	2.86
丹麦	Denmark	1.47	1.25	0.93	0.77	0.75	0.69	0.66
多米尼加	Dominican Rep.	3.35	2.74	2.57	2.62	1.50	1.48	
厄瓜多尔	Ecuador	1.98	2.41	2.18	2.39	2.55	2.46	
埃及	Egypt	4.90	5.21	6.53	5.39	6.08	6.30	
萨尔瓦多	El Salvador	2.09	2.50	2.54	2.61	2.30	2.30	
厄立特里亚	Eritrea				7.31	7.05	6.66	
爱沙尼亚	Estonia				4.79	3.98	3.69	3.61
埃塞俄比亚	Ethiopia			28.79	28.02	16.50	15.76	

2-1-8 续表 1 continued

单位：吨标准油/万美元 (toe per 10 000 USD)

国家或地区	Country or Area	1971	1980	1990	2000	2010	2011	2012
芬 兰	Finland	2.48	2.37	2.02	1.87	1.79	1.66	1.61
法 国	France	1.68	1.49	1.38	1.28	1.18	1.12	1.12
加 蓬	Gabon	3.59	2.44	1.75	1.84	2.05	1.93	
格鲁吉亚	Georgia			10.35	6.37	3.79	4.02	
德 国	Germany	2.23	2.03	1.58	1.25	1.11	1.02	1.00
加 纳	Ghana	6.62	9.04	9.60	9.22	6.76	6.20	
希 腊	Greece	0.87	1.03	1.37	1.38	1.15	1.19	1.24
危地马拉	Guatemala	3.13	2.64	2.82	3.00	3.15	2.99	
海 地	Haiti				4.71	5.59	7.06	
洪都拉斯	Honduras	5.13	4.24	4.25	3.86	3.94	3.94	
匈 牙 利	Hungary	3.71	3.62	3.28	2.78	2.35	2.25	2.15
冰 岛	Iceland	1.88	1.91	2.03	2.35	3.28	3.40	3.53
印 度	India	10.15	10.06	9.04	7.60	5.80	5.65	
印度尼西亚	Indonesia	8.64	6.89	6.57	6.82	5.59	5.19	
伊 朗	Iran	2.47	4.60	6.83	8.41			
伊 拉 克	Iraq				5.19	8.39	8.21	
爱 尔 兰	Ireland				0.85	0.69	0.63	0.63
以 色 列	Israel	1.86	1.62	1.66	1.51	1.40	1.34	1.35
意 大 利	Italy	1.31	1.14	1.01	1.01	0.97	0.95	0.92
卢 森 堡	Luxemburg	4.29	2.99	1.75	1.06	1.02	0.99	0.99
日 本	Japan	1.62	1.41	1.14	1.20	1.07	1.00	0.96
约 旦	Jordan		3.31	5.84	5.26	4.17	4.04	
哈萨克斯坦	Kazakhstan			14.62	10.23	9.63	9.40	
肯 尼 亚	Kenya	10.69	8.42	8.20	8.97	8.38	8.22	
韩 国	Korea, Rep.	1.94	2.53	2.48	2.77	2.45	2.46	2.44
科 威 特	Kuwait				3.45	3.78	3.55	
吉尔吉斯斯坦	Kyrgyzstan			24.41	11.34	9.18	9.57	
拉脱维亚	Latvia			5.46	3.54	3.03	2.71	
黎 巴 嫩	Lebanon			2.05	2.70	2.13	2.06	
立 陶 宛	Lithuania			6.49	4.00	2.57	2.51	
前南马其顿	Macedonia, FYR			4.08	4.82	4.04	4.25	
马来西亚	Malaysia	3.82	3.71	3.76	4.14	4.08	4.05	
马 耳 他	Malta	2.27	1.37	2.04	1.18	1.27	1.27	
墨 西 哥	Mexico	1.72	2.07	2.22	1.88	1.94	1.94	1.86
摩尔多瓦	Moldova			16.60	13.58	9.58	7.85	
蒙 古	Mongolia			18.44	13.00	10.00	8.89	
黑 山	Montenegro					4.19	4.07	
摩 洛 哥	Morocco	1.51	1.92	1.88	2.19	2.14	2.18	
莫桑比克	Mozambique		26.90	23.36	16.64	10.82	10.41	
纳米比亚	Namibia				1.71	1.74	1.69	
尼 泊 尔	Nepal	17.07	17.13	13.69	11.78	10.11	9.90	
新 西 兰	New Zealand		1.54	1.84	1.82	1.55	1.52	1.50
尼加拉瓜	Nicaragua	2.76	3.46	5.22	4.66	4.05	3.95	
尼日利亚	Nigeria	8.80	9.20	11.13	10.87	7.41	7.10	
挪 威	Norway	1.35	1.24	1.11	0.96	1.02	0.88	0.90

2-1-8　续表 2　continued

单位：吨标准油/万美元　　(toe per 10 000 USD)

国家和地区	Country or Area	1971	1980	1990	2000	2010	2011	2012
阿　曼	Oman	0.55	1.64	2.55	3.11	5.52	6.01	
巴基斯坦	Pakistan	8.44	7.80	7.34	7.46	6.29	6.15	
巴拿马	Panama	3.39	2.12	1.95	2.05	1.60	1.58	
巴拉圭	Paraguay	7.26	4.97	4.90	4.85	4.30	4.18	
秘　鲁	Peru	2.64	2.37	2.22	1.89	1.71	1.72	
菲律宾	Philippines	4.91	4.26	4.61	4.84	3.09	2.98	
波　兰	Poland			5.72	3.41	2.65	2.53	2.37
葡萄牙	Portugal	0.94	1.00	1.22	1.34	1.19	1.19	1.16
卡塔尔	Qatar				3.76	3.13	3.18	
罗马尼亚	Romania		7.88	7.00	4.83	3.10	3.10	
俄罗斯	Russia			10.43	10.91	7.72	7.71	
沙特阿拉伯	Saudi Arabia	1.01	1.47	3.02	3.92	4.40	3.95	
塞内加尔	Senegal	3.72	3.94	3.30	3.46	3.32	3.32	
塞尔维亚	Serbia			5.63	7.05	5.57	5.71	
新加坡	Singapore	2.49	2.20	2.35	1.91	2.02	1.88	
斯洛伐克	Slovakia			4.51	3.68	2.31	2.18	2.07
斯洛文尼亚	Slovenia			2.28	2.14	1.85	1.85	1.86
南　非	South Africa	4.12	4.44	5.32	5.34	4.91	4.72	
西班牙	Spain	1.06	1.24	1.23	1.27	1.08	1.06	1.07
斯里兰卡	Sri Lanka	7.20	5.66	4.57	4.14	2.96	2.90	
苏　丹	Sudan	11.00	9.45	9.40	6.74	4.64	4.80	
瑞　典	Sweden	2.04	1.91	1.79	1.47	1.28	1.18	1.17
瑞　士	Switzerland		0.77	0.75	0.69	0.61	0.58	0.58
叙利亚	Syrian Arab Republic	5.01	4.01	7.58	6.95	5.91		
塔吉克斯坦	Tajikistan			13.94	14.82	7.42	6.98	
坦桑尼亚	Tanzania			13.06	13.31	10.16	9.88	
泰　国	Thailand	6.06	5.27	4.72	5.26	5.59	5.67	
多　哥	Togo	7.59	6.12	7.84	10.55	10.87	10.65	
特立尼达和多巴哥	Trinidad and Tobago	4.34	3.80	7.46	9.91	11.25	11.31	
突尼斯	Tunisia	2.65	2.84	3.03	2.82	2.41	2.41	
土耳其	Turkey	1.70	1.94	1.95	1.97	1.86	1.83	1.84
土库曼斯坦	Turkmenistan			21.79	23.53	17.08	16.23	
乌克兰	Ukraine			18.39	22.47	14.61	13.28	
阿联酋	United Arab Emirates		0.87	2.31	2.44	3.09	3.11	
英　国	United Kingdom	2.10	1.68	1.36	1.12	0.85	0.79	0.81
美　国	United States	3.64	3.11	2.40	2.04	1.71	1.66	1.50
乌拉圭	Uruguay	2.64	2.14	1.83	1.80	1.82	1.81	
乌兹别克斯坦	Uzbekistan			41.32	46.16	20.36	20.52	
委内瑞拉	Venezuela	2.62	3.68	4.18	4.40	4.33	3.86	
越　南	Viet Nam			10.06	7.80	7.93	7.78	
也　门	Yemen			3.20	3.48	4.04	3.92	
赞比亚	Zambia	8.38	9.40	10.17	11.00	8.22	8.08	
津巴布韦	Zimbabwe	14.74	14.07	13.10	11.68	17.58	16.63	
科索沃	Kosovo				5.84	5.18	4.99	

2-1-9 世界能源价格

World Energy Price

资料来源：世界银行全球经济监测数据库。
Source: World Bank GEM Database.

年份	三大市场平均原油价格(美元/桶) Crude Oil, Avg,Spot ($/bbl)	北海布伦特原油价格(美元/桶) Crude Oil, Brendt ($/bbl)	迪拜原油价格(美元/桶) Crude Oil, Dubai ($/bbl)	西德克萨斯原油价格(美元/桶) Crude Oil, WTI ($/bbl)	澳大利亚煤炭价格(美元/吨) Coal, Australia ($/mt)	液化天然气价格(美元/百万英国热量单位) Natural Gas LNG ($/mmbtu)	欧洲天然气价格(美元/百万英国热量单位) Natural Gas,Europe ($/mmbtu)	美国天然气价格(美元/百万英国热量单位) Natural Gas,US ($/mmbtu)
1970	1.21		1.21		7.80		0.45	0.17
1971	1.69		1.69		8.68		0.50	0.18
1972	1.82		1.82		9.60		0.54	0.19
1973	2.81		2.81		11.48		0.69	0.21
1974	10.97		10.97		16.89		1.73	0.29
1975	10.43		10.43		26.84		1.68	0.43
1976	11.63		11.63		27.16		1.74	0.58
1977	12.57		12.57		28.68	2.77	1.79	0.79
1978	12.92		12.92		29.06	3.04	2.30	0.91
1979	29.82	32.11	29.82		30.89	3.69	3.26	1.18
1980	36.87	37.89	35.85		40.14	5.70	4.22	1.59
1981	35.48	36.68	34.29		53.62	6.03	4.60	1.98
1982	32.65	33.42	31.76	32.77	54.77	6.05	4.45	2.47
1983	29.66	29.83	28.73	30.41	38.19	5.55	4.05	2.59
1984	28.56	28.80	27.49	29.38	30.96	5.24	3.76	2.66
1985	27.18	27.33	26.46	27.76	33.75	5.23	3.65	2.51
1986	14.35	14.77	13.20	15.08	31.13	4.10	3.65	1.94
1987	18.15	18.34	16.94	19.16	27.50	3.35	2.59	1.66
1988	14.72	14.97	13.22	15.97	34.88	3.34	2.36	1.68
1989	17.84	18.22	15.70	19.60	38.00	3.28	2.09	1.70
1990	22.88	23.68	20.46	24.49	39.67	3.64	2.82	1.70
1991	19.37	20.07	16.56	21.48	39.67	3.99	3.11	1.49
1992	19.02	19.31	17.19	20.56	38.56	3.60	2.56	1.77
1993	16.84	17.02	14.94	18.56	31.33	3.51	2.67	2.12
1994	15.89	15.83	14.67	17.16	32.30	3.18	2.44	1.92
1995	17.18	17.07	16.12	18.37	39.37	3.45	2.73	1.72
1996	20.42	20.65	18.54	22.07	38.07	3.67	2.84	2.73
1997	19.17	19.09	18.10	20.33	35.10	3.91	2.74	2.48
1998	13.06	12.72	12.13	14.35	29.23	3.02	2.42	2.09
1999	18.07	17.81	17.17	19.24	25.89	3.14	2.13	2.27
2000	28.23	28.27	26.08	30.33	26.25	4.71	3.86	4.31
2001	24.35	24.42	22.71	25.92	32.31	4.63	4.06	3.96
2002	24.93	24.97	23.72	26.09	25.31	4.28	3.05	3.36
2003	28.90	28.85	26.74	31.11	26.09	4.73	3.91	5.49
2004	37.73	38.30	33.46	41.44	52.95	5.13	4.28	5.89
2005	53.39	54.43	49.29	56.44	47.62	5.99	6.33	8.92
2006	64.29	65.39	61.43	66.04	49.09	7.08	8.47	6.72
2007	71.12	72.70	68.37	72.28	65.73	7.68	8.56	6.98
2008	96.99	97.64	93.78	99.56	127.10	12.53	13.41	8.86
2009	61.76	61.86	61.75	61.65	71.84	8.94	8.71	3.95
2010	79.04	79.64	78.06	79.43	98.97	10.85	8.29	4.39
2011	104.01	110.94	106.03	95.05	121.45	14.66	10.52	4.00
2012	105.01	111.97	108.90	94.16	96.36	16.55	11.47	2.75

第二章 能源生产

Energy Production

2-2-1 一次能源生产总量

Total Primary Energy Production

资料来源：国际能源机构。
Source: International Energy Agency.
单位：千吨标准油 (ktoe)

国家或地区	Country or Area	1971	1980	1990	2000	2010	2011	2012
世 界	**World**	**5654615**	**7315429**	**8820177**	**10051712**	**12868126**	**13201756**	
阿尔巴尼亚	Albania	2434	3448	2460	986	1622	1486	
阿尔及利亚	Algeria	41506	65736	100109	142222	150525	145846	
安 哥 拉	Angola	9118	11301	28652	43749	98930	92160	
阿 根 廷	Argentina	30558	38814	48417	82265	79494	77239	
亚美尼亚	Armenia			149	643	878	887	
澳大利亚	Australia	53852	85411	157523	233552	308573	296726	314692
奥 地 利	Austria	7366	7632	8125	9781	12168	11505	12647
阿塞拜疆	Azerbaijan			20775	18808	65515	59958	
巴 林	Bahrain	10668	11988	13437	14860	17725	18081	
孟加拉国	Bangladesh	4848	6745	10758	15144	25760	26090	
白俄罗斯	Belarus			3340	3520	4145	4295	
比 利 时	Belgium	6845	8093	13105	13734	16040	18210	16453
贝 宁	Benin	1002	1212	1774	1445	2055	2113	
玻利维亚	Bolivia	2295	4365	4923	5543	16743	18003	
波 黑	Bosnia and Herzegovina			4604	3076	4374	4621	
博茨瓦纳	Botswana			910	1127	1096	979	
巴 西	Brazil	49121	64346	104143	147641	246630	249201	
文 莱	Brunei Darussalam	6651	21136	15642	19684	18573	18695	
保加利亚	Bulgaria	5712	7737	9602	9917	10590	12370	
柬 埔 寨	Cambodia				2718	3621	3793	
喀 麦 隆	Cameroon	2452	6707	10976	11145	8405	8194	
加 拿 大	Canada	155839	207159	273717	372706	395972	409029	419809
智 利	Chile	5344	5801	7928	8587	9211	9881	9761
哥伦比亚	Colombia	19370	17707	48179	72329	105460	120505	
刚果(金)	Congo, Dem.Rep.	5932	8582	12019	17509	24082	24751	
刚果(布)	Congo, Rep.	334	3819	8746	14584	17371	16672	
哥斯达黎加	Costa Rica	336	495	682	1218	2436	2412	
科特迪瓦	Cote d'Ivoire	1639	2419	3382	6012	10850	11885	
克罗地亚	Croatia			5129	3584	4219	3786	
古 巴	Cuba	4293	5175	7905	7207	5284	5674	
塞浦路斯	Cyprus	9	6	6	44	89	96	
捷 克	Czech Republic	39949	41207	40920	30659	31620	32062	32003
丹 麦	Denmark	329	952	10081	27735	23299	21012	19927
多米尼加	Dominican Republic	1212	1327	1009	863	789	786	
厄瓜多尔	Ecuador	1324	11710	16279	22452	27359	28329	
埃 及	Egypt	16356	33479	54869	53090	88397	88209	
萨尔瓦多	El Salvador	1255	1912	1692	2119	2261	2242	
厄立特里亚	Eritrea				508	581	599	
爱沙尼亚	Estonia			5415	3181	4930	5038	5057
埃塞俄比亚	Ethiopia	11629	13923	18954	24168	31431	32114	
芬 兰	Finland	4983	6912	12081	14893	17353	17086	17140
法 国	France	47608	52600	111869	130733	135339	136074	133117
加 蓬	Gabon	6453	9441	14630	15141	14322	14273	
格鲁吉亚	Georgia			2016	1324	1312	1117	

2-2-1 续表 1 continued

国家或地区	Country or Area	1971	1980	1990	2000	2010	2011	2012
德　国	Germany	175208	185625	186167	135336	132642	124194	123314
加　纳	Ghana	2337	3305	4392	5884	6734	10114	
希　腊	Greece	2085	3696	9198	9986	9445	9605	10121
危地马拉	Guatemala	1934	2583	3382	5271	7536	7332	
海　地	Haiti	1378	1877	1253	1542	1734	2505	
洪都拉斯	Honduras	1012	1315	1694	1522	2220	2311	
匈牙利	Hungary	11848	14489	14687	11618	11046	10779	10482
冰　岛	Iceland	423	904	1400	2306	4429	4804	5102
印　度	India	141561	186873	291816	366389	531304	540939	
印度尼西亚	Indonesia	71731	125049	168509	236618	381429	394573	
伊　朗	Iran	238648	80757	187832	253650	350126	353671	
伊拉克	Iraq	85980	135499	110342	134909	126045	142062	
爱尔兰	Ireland	1423	1894	3467	2158	1932	1788	1384
以色列	Israel	5938	153	424	642	3856	4705	3257
意大利	Italy	19530	19895	25313	28169	29755	31556	32681
牙买加	Jamaica	277	224	485	589	464	549	
日　本	Japan	35786	43291	75211	105841	99514	51670	27201
约　旦	Jordan	1	1	162	286	272	275	
哈萨克斯坦	Kazakhstan			90975	78575	156750	160148	
肯尼亚	Kenya	4144	5828	8748	11484	15779	16202	
韩　国	Korea, Rep.	6378	9272	22623	34445	44922	46988	47288
朝　鲜	Korea, Dem.	18169	27209	28914	18789	20725	25194	
科索沃	Kosovo				1097	1861	1795	
科威特	Kuwait	161274	93598	50373	114316	134653	154345	
吉尔吉斯斯坦	Kyrgyzstan			2502	1368	1273	1619	
拉脱维亚	Latvia			1122	1409	2114	2074	
黎巴嫩	Lebanon	168	178	143	171	207	206	
利比亚	Libya	137512	96549	73173	75931	93837	30962	
立陶宛	Lithuania			4936	3386	1519	1534	
卢森堡	Luxembourg	5	29	29	64	123	116	118
马其顿	Macedonia			1257	1535	1616	1784	
马来西亚	Malaysia	4975	17664	47341	74298	85878	84267	
马耳他	Malta			1	1	3	48	
墨西哥	Mexico	43361	147033	194653	222301	227842	228207	225116
摩尔多瓦	Moldova			84	91	130	123	
蒙　古	Mongolia			2741	1949	14686	19310	
黑　山	Montenegro					891	791	
摩洛哥	Morocco	620	878	773	571	879	770	
莫桑比克	Mozambique	6165	6086	5608	7258	12061	12774	
缅　甸	Myanmar	7341	9515	10654	15418	22530	22394	
纳米比亚	Namibia				286	317	334	
尼泊尔	Nepal	3597	4403	5501	7138	8878	9039	
荷　兰	Netherlands	37342	71821	60544	57568	69815	64404	64721
新西兰	New Zealand	3417	5471	11522	14286	16880	16127	15917
尼加拉瓜	Nicaragua	721	912	1425	1354	1534	1529	

2-2-1 续表 2 continued

国家或地区	Country or Area	1971	1980	1990	2000	2010	2011	2012
尼日利亚	Nigeria	111495	148479	150452	201603	254779	256927	
挪　　威	Norway	6029	54970	119069	227205	203457	195353	202006
阿　　曼	Oman	15204	15090	38313	61005	72140	73508	
巴基斯坦	Pakistan	14355	20922	34178	46895	64303	65067	
巴 拿 马	Panama	342	527	612	755	843	818	
巴 拉 圭	Paraguay	1168	1605	4577	6838	7101	7335	
秘　　鲁	Peru	7354	14470	10596	9361	19362	23373	
菲 律 宾	Philippines	7476	12165	17225	19549	23416	23888	
波　　兰	Poland	99249	126641	103873	79585	67412	68507	71546
葡 萄 牙	Portugal	1384	1481	3393	3846	5582	5305	4811
卡 塔 尔	Qatar	22027	26477	27694	59469	178345	211229	
罗马尼亚	Romania	42808	52586	40834	28325	27473	27572	
俄 罗 斯	Russia			1293100	977983	1293049	1314875	
沙特阿拉伯	Saudi Arabia	244143	533640	370193	479295	538054	601724	
塞内加尔	Senegal	825	886	964	1192	1618	1659	
塞尔维亚	Serbia			13768	11874	10553	11173	
新 加 坡	Singapore			58	168	842	934	
斯洛伐克	Slovak Republic	2690	3466	5284	6326	6207	6417	6436
斯洛文尼亚	Slovenia			3069	3098	3729	3764	3558
南　　非	South Africa	37774	73170	114535	145625	163215	162577	
西 班 牙	Spain	10450	15774	34591	31561	34299	31778	32186
斯里兰卡	Sri Lanka	2810	3209	4191	4748	5544	5329	
苏　　丹	Sudan	5668	7089	8775	19983	35037	34756	
瑞　　典	Sweden	7386	16128	29685	30521	33501	32503	34932
瑞　　士	Switzerland	2905	7030	10294	12018	12628	12333	12638
叙 利 亚	Syrian Arab Republic	5315	9501	22319	33016	27670	23612	
塔吉克斯坦	Tajikistan			2026	1264	1509	1542	
坦桑尼亚	Tanzania	6872	7296	9064	12691	18650	19265	
泰　　国	Thailand	7893	11182	26576	43948	70559	68744	
多　　哥	Togo	614	751	1054	1765	2231	2279	
特里尼达和多巴哥	Trinidad and Tobago	8166	13157	12629	19834	44171	42163	
突 尼 斯	Tunisia	4653	6672	5728	6634	8121	7533	
土 耳 其	Turkey	13809	17137	25815	25857	32225	32064	31117
土库曼斯坦	Turkmenistan			73005	45967	47244	65245	
乌 克 兰	Ukraine			135791	76436	78712	85485	
阿 联 酋	United Arab Emirates	52785	90214	110199	156403	176291	190120	
英　　国	United Kingdom	109808	197848	207998	272474	148329	129538	116769
美　　国	United States	1436416	1553262	1652505	1667284	1723409	1784773	1811652
乌 拉 圭	Uruguay	520	766	1149	1028	2054	1865	
乌兹别克斯坦	Uzbekistan			38646	54962	55107	57268	
委内瑞拉	Venezuela	209949	140105	148791	221060	198568	200759	
越　　南	Vietnam	9985	13182	18280	39919	66388	66596	
也　　门	Yemen	49	60	9384	22030	19384	18928	
赞 比 亚	Zambia	2692	4029	4918	5922	7482	7770	
津巴布韦	Zimbabwe	5103	5793	8550	8612	8349	8608	

2-2-2 煤及煤制品生产量
Production of Coal and Coal Products

资料来源：国际能源机构。
Source: International Energy Agency.
单位：千吨标准油 (ktoe)

国家或地区	Country or Area	1971	1980	1990	2000	2010	2011	2012
世　界	**World**	**1423860**	**1797609**	**2228229**	**2290617**	**3643628**	**3846627**	**3966139**
阿尔巴尼亚	Albania	236	497	487	7	3	2	5
阿根廷	Argentina	373	230	163	153	38	53	47
澳大利亚	Australia	32680	51898	106103	164578	236405	222573	233291
巴　西	Brazil	942	2492	1931	2631	2093	2121	2353
保加利亚	Bulgaria	4701	5189	5383	4321	4941	6209	5437
加拿大	Canada	9459	20247	37927	34407	33800	33658	33571
智　利	Chile	1130	780	1451	243	254	245	289
哥伦比亚	Colombia	1781	2707	13894	24857	48327	55772	58143
刚果(金)	Congo, Dem. Rep.	70	83	76	58	84	86	80
捷　克	Czech Republic	39239	40349	36314	25049	20730	20896	20075
爱沙尼亚	Estonia			4834	2588	3855	3982	3996
法　国	France	22962	13376	8240	2482	162	93	180
德　国	Germany	150049	143144	121689	60600	45125	46529	48123
希　腊	Greece	1407	2953	7119	8222	7315	7505	7904
匈牙利	Hungary	6186	6341	4224	2893	1593	1645	1600
印　度	India	35007	53629	104692	146235	247327	252166	258338
印度尼西亚	Indonesia	124	174	5847	45455	186328	206883	249401
伊　朗	Iran	227	618	558	761	685	692	786
以色列	Israel			21	27	30	30	29
意大利	Italy	511	322	275	3	64	58	51
哈萨克斯坦	Kazakhstan			58011	34130	48547	50896	55411
韩　国	Korea, Rep.	6265	8195	7576	3638	959	959	962
朝　鲜	Korea, Dem.	16700	25437	26618	16907	18508	22990	23048
吉尔吉斯斯坦	Kyrgyzstan			1412	157	212	287	424
马其顿	Macedonia			1215	1212	1194	1458	1327
马来西亚	Malaysia			70	242	1511	1838	1930
墨西哥	Mexico	1243	1733	3387	5415	6324	7789	7552
蒙　古	Mongolia			2664	1807	14239	18812	19374
莫桑比克	Mozambique	196	124	24	10	23	408	2455
缅　甸	Myanmar	9	14	35	320	409	411	695
新西兰	New Zealand	1104	1142	1423	2074	3137	2894	2873
尼日利亚	Nigeria	122	108	55	2	23	20	20
挪　威	Norway	305	202	203	424	1299	930	825
巴基斯坦	Pakistan	597	627	1098	1237	1369	1416	1196
秘　鲁	Peru	23	29	68	12	62	114	104
菲律宾	Philippines	12	172	649	715	3510	3632	4222
波　兰	Poland	92909	120345	98969	71299	55381	55761	57917
罗马尼亚	Romania	5203	8103	8649	5602	5903	6662	6386
俄罗斯	Russia			191257	128062	179787	179701	199206
塞尔维亚	Serbia			10172	8351	7229	7825	7238
斯洛伐克	Slovak Republic	1699	1697	1397	1018	613	602	580
斯洛文尼亚	Slovenia			1350	1062	1196	1201	1141
南　非	South Africa	33064	66756	100163	126926	143775	142745	146293
西班牙	Spain	6915	9824	11745	7966	3296	2649	2450
塔吉克斯坦	Tajikistan			368	9	86	102	89
泰　国	Thailand	103	412	3602	5135	5320	6185	5315
土耳其	Turkey	4220	6153	12370	12485	17524	17840	16396
乌克兰	Ukraine			85305	36232	33614	40222	40925
英　国	United Kingdom	86455	73956	53615	18658	10751	10873	9799
美　国	United States	313422	447918	542320	536855	531848	536369	497629
乌兹别克斯坦	Uzbekistan			2259	906	1277	1351	1434
委内瑞拉	Venezuela	32	31	1598	5756	1993	1533	2278
越　南	Vietnam	1674	2912	2597	6501	25108	24916	23574
津巴布韦	Zimbabwe	1843	1785	3446	2747	1887	2063	1932

2-2-3 原油、天然气凝析液和给料生产量

Production of Crude, NGL and Feedstocks

资料来源：国际能源机构。
Source: International Energy Agency.
单位：千吨标准油 (kote)

国家或地区	Country or Area	1971	1980	1990	2000	2010	2011	2012
世界	**World**	**2552450**	**3173356**	**3240583**	**3701635**	**4078285**	**4132970**	**4249466**
阿尔巴尼亚	Albania	1657	2000	1162	314	744	895	971
阿尔及利亚	Algeria	39069	54223	61237	72318	78496	76198	76678
安哥拉	Angola	5841	7584	23827	37598	90332	83304	89633
阿根廷	Argentina	22138	25974	26087	41380	35333	33251	32477
澳大利亚	Australia	14826	21304	29026	33910	23906	23092	23007
奥地利	Austria	2628	1523	1208	1092	1026	843	933
阿塞拜疆	Azerbaijan			12573	14086	51143	45909	44553
巴林	Bahrain	9909	9556	9885	9890	9640	10084	9817
孟加拉国	Bangladesh			95	97	93	115	100
白俄罗斯	Belarus			2054	1860	1708	1690	1612
贝宁	Benin			210				
玻利维亚	Bolivia	1964	1397	1304	1835	2431	2504	2823
巴西	Brazil	8662	9469	33393	65337	109591	112833	110452
文莱	Brunei Darussalam	6537	12186	7697	10221	8307	7996	7328
保加利亚	Bulgaria	310	280	61	45	22	21	21
喀麦隆	Cameroon		3621	6927	5864	3350	3037	3335
加拿大	Canada	72408	83641	94147	128428	163118	173317	186278
智利	Chile	1766	1830	1166	427	611	641	531
哥伦比亚	Colombia	11476	6646	23028	35829	40923	47725	49348
刚果(金)	Congo, Dem. Rep.		914	1461	1177	1116	1180	1126
刚果(布)	Congo, Rep.	15	3433	8230	13971	16490	15703	15977
科特迪瓦	Cote d'Ivoire		75	93	371	2008	1708	1626
克罗地亚	Croatia			2775	1350	765	706	633
古巴	Cuba	147	550	864	2860	3150	3378	3183
捷克	Czech Republic	35	236	218	384	269	341	314
丹麦	Denmark		304	6113	18261	12486	11248	10583
厄瓜多尔	Ecuador	185	10654	15024	21099	25541	26290	26541
埃及	Egypt	15201	30257	46227	36108	35237	35421	35033
法国	France	2499	2256	3471	1811	1080	1048	935
加蓬	Gabon	5889	8815	13738	14045	12963	12912	12498
格鲁吉亚	Georgia			187	111	52	51	46
德国	Germany	7724	5660	4709	3937	3315	3454	3373
希腊	Greece			837	256	105	89	76
危地马拉	Guatemala		211	200	1146	660	604	549
匈牙利	Hungary	1990	2522	2273	1681	1090	968	1021
印度	India	7460	10738	35324	37240	42818	43171	42909
印度尼西亚	Indonesia	44947	79505	74589	71595	48442	46147	44388
伊朗	Iran	231252	75859	167418	202581	226043	224330	189471
伊拉克	Iraq	85181	134367	106845	132258	121421	136675	151487
以色列	Israel	5830	20	13	4	4	20	20
意大利	Italy	1254	1734	4468	4692	5560	5581	5663
日本	Japan	852	560	696	778	695	672	621
约旦	Jordan				2	1	1	1
哈萨克斯坦	Kazakhstan			26452	36104	82864	83190	81922

2-2-3　续表　continued

单位：千吨标准油　　　　(ktoe)

国家或地区	Country or Area	1971	1980	1990	2000	2010	2011	2012
韩　国	Korea, Rep.				670	698	707	719
科威特	Kuwait	157030	87970	47083	106477	125072	143293	154084
吉尔吉斯斯坦	Kyrgyzstan			159	77	83	90	81
利比亚	Libya	136112	92202	67985	70990	79940	24371	74462
立陶宛	Lithuania			12	316	118	116	116
马来西亚	Malaysia	3341	13707	30629	32280	34404	30699	31665
墨西哥	Mexico	25654	114636	152756	171116	160616	158736	158215
摩尔多瓦	Moldova					11	13	13
蒙　古	Mongolia				9	301	351	335
摩洛哥	Morocco	21	13	14	12	9	9	9
莫桑比克	Mozambique					30	31	31
缅　甸	Myanmar	880	1574	735	572	935	872	823
荷　兰	Netherlands	1748	1608	4069	2425	1684	1701	1785
新西兰	New Zealand		370	1966	1944	2745	2382	2090
尼日利亚	Nigeria	77110	103926	90176	116902	132372	129955	126366
挪　威	Norway	286	24228	83256	166932	98919	95904	89102
阿　曼	Oman	15204	14778	35876	51418	46403	47406	49555
巴基斯坦	Pakistan	425	494	2704	2991	3498	3533	3244
秘　鲁	Peru	3201	9956	6547	5177	6908	6695	6581
菲律宾	Philippines		488	234	56	852	770	752
波　兰	Poland	396	336	175	717	744	676	709
卡塔尔	Qatar	21202	23632	22137	37691	71078	76710	81666
罗马尼亚	Romania	13390	11175	7697	6204	4186	4129	4055
俄罗斯	Russia			526252	323256	506541	514864	522290
沙特阿拉伯	Saudi Arabia	242993	524491	348957	445057	471562	531688	555624
塞尔维亚	Serbia			1085	999	942	1124	1022
斯洛伐克	Slovak Republic	163	44	77	59	210	223	258
南　非	South Africa				943	143	143	117
西班牙	Spain	127	1790	1168	231	125	102	145
苏　丹	Sudan				9017	23520	23040	4872
叙利亚	Syrian Arab Republic	5310	9235	20712	27791	20197	16947	8154
塔吉克斯坦	Tajikistan			148	18	27	28	25
泰　国	Thailand	13	14	2863	8065	17490	18089	19033
特里尼达和多巴哥	Trinidad and Tobago	6526	10691	7867	6829	6709	6288	6103
突尼斯	Tunisia	4232	5816	4754	3808	3985	3534	3435
土耳其	Turkey	3529	2268	3613	2729	2478	2342	2310
土库曼斯坦	Turkmenistan			4177	7765	10359	11334	13019
乌克兰	Ukraine			5274	3707	3590	3407	3432
阿联酋	United Arab Emirates	51909	83911	93344	123013	133322	146287	165970
英　国	United Kingdom	237	82594	95248	131669	64368	53223	45687
美　国	United States	549436	498346	432545	365606	346692	360760	406764
乌兹别克斯坦	Uzbekistan			2814	7744	4080	3842	2944
委内瑞拉	Venezuela	200102	124471	122716	182198	165558	167431	172942
越　南	Vietnam			2750	16860	16078	16956	19126
也　门	Yemen			9307	21952	13698	10216	7954

2-2-4 天然气生产量

Production of Natural Gas

资料来源：国际能源机构。
Source: International Energy Agency.
单位：千吨标准油 (ktoe)

国家或地区	Country or Area	1971	1980	1990	2000	2010	2011	2012
世　界	**World**	**904637**	**1242726**	**1691660**	**2062309**	**2720029**	**2805353**	**2854736**
阿尔巴尼亚	Albania	106	322	203	9	12	12	13
阿尔及利亚	Algeria	2161	11481	38851	69846	71962	69589	68406
安哥拉	Angola	36	64	441	465	596	612	612
阿根廷	Argentina	5652	8546	17011	33689	35361	34895	33848
澳大利亚	Australia	1792	7465	17135	28532	42242	44741	52203
奥地利	Austria	1639	1669	1096	1532	1486	1457	1564
阿塞拜疆	Azerbaijan			8042	4571	13986	13722	14408
巴　林	Bahrain	759	2432	3552	4970	8085	7998	7894
孟加拉国	Bangladesh	378	1044	3724	7374	16490	16614	17955
白俄罗斯	Belarus			241	213	177	184	181
玻利维亚	Bolivia	59	2140	2764	2817	12340	13400	15410
巴　西	Brazil	109	823	3239	6068	12486	14159	15249
文　莱	Brunei Darussalam	97	8941	7942	9463	10266	10698	10441
保加利亚	Bulgaria	247	146		12	59	351	351
喀麦隆	Cameroon					259	238	238
加拿大	Canada	51265	63625	88554	148319	132388	132349	129724
智　利	Chile	639	720	1410	1598	1546	1244	1033
哥伦比亚	Colombia	1118	2394	3374	5456	9422	9161	9967
刚果(金)	Congo, Dem. Rep.					7	7	7
刚果(布)	Congo, Rep.					84	123	123
科特迪瓦	Cote d'Ivoire				1267	1326	1307	1384
克罗地亚	Croatia			1619	1354	2214	2006	1635
古　巴	Cuba	4	14	26	456	852	810	810
捷　克	Czech Republic	390	316	201	169	167	153	168
丹　麦	Denmark			2769	7409	7342	6319	5738
厄瓜多尔	Ecuador					423	374	374
埃　及	Egypt	70	1585	6731	14432	50302	49890	49341
法　国	France	6049	6325	2515	1504	646	506	452
加　蓬	Gabon	78	13	89	102	159	140	139
格鲁吉亚	Georgia			49	56	5	4	4
德　国	Germany	12119	16264	13528	15796	10984	10890	9295
希　腊	Greece			138	42	8	6	5
匈牙利	Hungary	3091	5089	3810	2474	2234	2115	1768
印　度	India	594	1260	10568	23062	42424	38478	33475
印度尼西亚	Indonesia	242	14963	42099	61110	74741	71029	66909
伊　朗	Iran	6792	3658	19116	49838	122256	127191	133805
伊拉克	Iraq	759	1046	3250	2572	4188	5005	4755
爱尔兰	Ireland		737	1872	958	316	284	305
以色列	Israel	105	131	28	8	2671	3522	2053
意大利	Italy	11020	10260	14026	13619	6883	6918	7046
日　本	Japan	2146	1937	1917	2285	3209	3201	3050
约　旦	Jordan			102	213	136	134	134
哈萨克斯坦	Kazakhstan			5764	7620	24599	25306	25810

2-2-4 续表 continued

单位：千吨标准油 (ktoe)

国家或地区	Country or Area	1971	1980	1990	2000	2010	2011	2012
韩国	Korea, Rep.					485	406	391
科威特	Kuwait	4243	5627	3290	7840	9581	11051	11825
吉尔吉斯斯坦	Kyrgyzstan			67	27	19	22	23
利比亚	Libya	1303	4222	5063	4802	13727	6419	9949
马来西亚	Malaysia	71	2020	13934	38293	45895	47400	46926
墨西哥	Mexico	9255	21549	22750	26720	41899	41788	40435
摩洛哥	Morocco	43	55	43	38	44	50	53
莫桑比克	Mozambique				1	2682	2812	2812
缅甸	Myanmar	55	286	760	5175	10211	10051	9991
荷兰	Netherlands	33131	68892	54598	52173	63414	57725	57419
新西兰	New Zealand	105	794	3871	5055	3854	3481	3798
尼日利亚	Nigeria	172	1238	3266	10175	27004	29211	30964
挪威	Norway		22766	24141	46269	91489	86264	97915
阿曼	Oman		312	2437	9588	25736	26102	28451
巴基斯坦	Pakistan	2361	5024	10077	16665	26978	26938	28420
秘鲁	Peru	315	449	407	494	7624	11756	12273
菲律宾	Philippines				9	3048	3291	3247
波兰	Poland	4538	4542	2377	3312	3692	3849	3826
卡塔尔	Qatar	825	2845	5556	21779	107267	134519	141917
罗马尼亚	Romania	22442	31267	22904	10965	8616	8664	8446
俄罗斯	Russia			516675	470605	540003	552728	538926
沙特阿拉伯	Saudi Arabia	1151	9149	21236	34238	66492	70036	77741
塞内加尔	Senegal			6	1	16	15	16
塞尔维亚	Serbia			528	623	308	405	404
斯洛伐克	Slovak Republic	495	171	338	133	88	103	127
斯洛文尼亚	Slovenia			20	6	6	2	2
南非	South Africa			1504	1397	1260	1112	1107
西班牙	Spain	1		1273	148	45	45	52
叙利亚	Syrian Arab Republic		40	1369	4942	7243	6376	5465
塔吉克斯坦	Tajikistan			91	32	33	33	33
坦桑尼亚	Tanzania					643	708	708
泰国	Thailand			4993	15635	24707	21986	24515
特里尼达和多巴哥	Trinidad and Tobago	1602	2435	4696	12955	37448	35861	35503
突尼斯	Tunisia	1	351	331	1885	2726	2595	2509
土耳其	Turkey			174	526	562	625	521
土库曼斯坦	Turkmenistan			68768	38202	36885	53910	57146
乌克兰	Ukraine			22593	14996	15426	15528	15074
阿联酋	United Arab Emirates	876	6303	16854	33390	42970	43833	43176
英国	United Kingdom	15647	31314	40914	97526	51453	40748	34976
美国	United States	504708	454564	418088	446821	494647	530907	558156
乌兹别克斯坦	Uzbekistan			32998	45802	48814	51194	51040
委内瑞拉	Venezuela	8917	13966	20748	27069	23748	23948	24320
越南	Vietnam			3	1119	8122	7446	8190
也门	Yemen					5581	8604	6798

2-2-5 生物燃料和废物能源生产量

Production of Biofuels and Waste

资料来源：国际能源机构。
Source: International Energy Agency.
单位：千吨标准油 (ktoe)

国家或地区	Country or Area	1971	1980	1990	2000	2010	2011	2012
世 界	**World**	**621050**	**747611**	**905808**	**1032041**	**1294266**	**1310637**	
阿尔巴尼亚	Albania	375	375	363	260	205	208	
阿尔及利亚	Algeria	6	8	11	54	52	16	
安哥拉	Angola	3189	3601	4322	5607	7683	7899	
阿根廷	Argentina	2262	2152	1722	2955	4002	4663	
亚美尼亚	Armenia			15	12	9	9	
澳大利亚	Australia	3558	3613	3961	5035	4156	4043	4064
奥地利	Austria	665	1127	2455	3168	5971	5882	6311
阿塞拜疆	Azerbaijan			17	19	90	97	
孟加拉国	Bangladesh	4455	5651	6863	7609	8730	8836	
白俄罗斯	Belarus			204	958	1684	1731	
比利时	Belgium		57	755	931	2545	4871	4871
贝 宁	Benin	1002	1212	1564	1445	2055	2113	
玻利维亚	Bolivia	195	736	754	723	1784	1897	
波 黑	Bosnia and Herzegovina			163	180	183	182	
博茨瓦纳	Botswana			421	543	488	493	
巴 西	Brazil	35693	40476	47220	45747	83368	78405	
保加利亚	Bulgaria	266	196	174	562	979	1063	
柬埔寨	Cambodia				2718	3619	3789	
喀麦隆	Cameroon	2362	2969	3820	4985	4429	4541	
加拿大	Canada	7624	7647	8170	11722	12062	12106	11384
智 利	Chile	1395	1793	3133	4727	4904	5915	6221
哥伦比亚	Colombia	4422	4732	5520	3430	3310	3641	
刚果(金)	Congo, Dem. Rep.	5566	7219	9998	15758	22200	22803	
刚果(布)	Congo, Rep.	313	377	474	588	760	778	
哥斯达黎加	Costa Rica	248	313	391	248	802	734	
科特迪瓦	Cote d'Ivoire	1627	2227	3176	4224	7377	8717	
克罗地亚	Croatia			312	375	500	657	
古 巴	Cuba	4131	4603	7007	3883	1273	1476	
塞浦路斯	Cyprus	9	6	6	9	24	21	
捷 克	Czech Republic			808	1363	2772	2847	3059
丹 麦	Denmark	327	643	1140	1687	2772	2576	2677
多米尼加	Dominican Republic	1166	1279	979	798	666	655	
厄瓜多尔	Ecuador	1102	981	825	697	649	705	
埃 及	Egypt	651	794	1057	1325	1589	1617	
萨尔瓦多	El Salvador	1210	1408	1191	1343	771	750	
厄立特里亚	Eritrea				508	581	599	
爱沙尼亚	Estonia			188	511	961	942	980
埃塞俄比亚	Ethiopia	11603	13882	18862	24022	30992	31658	
芬 兰	Finland	4043	3479	4328	6547	8328	8111	8492
法 国	France	9420	8642	10986	10769	15314	13865	14020
加 蓬	Gabon	486	591	743	925	1129	1151	

2-2-5 续表 1 continued

单位：千吨标准油 (ktoe)

国家或地区	Country or Area	1971	1980	1990	2000	2010	2011	2012
格鲁吉亚	Georgia			467	645	359	315	
德　国	Germany	2539	4422	4796	7862	29602	26670	27158
加　纳	Ghana	2087	2851	3900	5315	5948	6009	
希　腊	Greece	450	450	893	1009	919	1113	1180
危地马拉	Guatemala	1911	2352	3034	3890	6359	6322	
海　地	Haiti	1376	1858	1213	1517	1719	2495	
洪都拉斯	Honduras	991	1247	1498	1328	1965	2069	
匈牙利	Hungary	573	527	700	758	1843	1768	1772
冰　岛	Iceland				1	1	1	1
印　度	India	95780	116460	133459	148863	180088	184801	
印度尼西亚	Indonesia	26351	30292	43549	49224	54328	53334	
伊　朗	Iran	147	138	218	153	308	308	
伊拉克	Iraq	22	27	23	26	26	26	
爱尔兰	Ireland			108	141	334	299	357
以色列	Israel	4	3	3	4	19	13	13
意大利	Italy	218	817	849	1736	6995	8128	8462
牙买加	Jamaica	266	214	477	579	446	528	
日　本	Japan			4995	5863	9909	10397	10397
约　旦	Jordan	1	1	1	2	6	5	
哈萨克斯坦	Kazakhstan			115	73	50	79	
肯尼亚	Kenya	4115	5737	8255	11001	14233	14616	
韩　国	Korea, Rep.			707	1352	3430	3856	4171
朝　鲜	Korea, Dem,	681	860	955	1005	1065	1070	
科索沃	Kosovo				163	235	240	
吉尔吉斯斯坦	Kyrgyzstan			5	4	4	4	
拉脱维亚	Latvia			675	1150	1805	1820	
黎巴嫩	Lebanon	96	104	100	129	120	120	
利比亚	Libya	97	125	125	140	170	172	
立陶宛	Lithuania			285	652	1114	1076	
卢森堡	Luxembourg		21	23	51	106	102	100
马其顿	Macedonia				206	201	190	
马来西亚	Malaysia	1473	1818	2364	2883	3511	3674	
马耳他	Malta			1	1	2	47	
墨西哥	Mexico	5971	6877	8552	8939	8362	8268	8445
摩尔多瓦	Moldova			62	59	84	79	
蒙　古	Mongolia			77	132	146	147	
黑　山	Montenegro					228	253	
摩洛哥	Morocco	126	260	317	436	485	490	
莫桑比克	Mozambique	5950	5937	5560	6418	7895	8077	
缅　甸	Myanmar	6355	7572	9021	9188	10535	10617	
纳米比亚	Namibia				173	208	212	
尼泊尔	Nepal	3591	4385	5425	6988	8593	8744	

2-2-5 续表 2 continued

单位：千吨标准油 (ktoe)

国家或地区	Country or Area	1971	1980	1990	2000	2010	2011	2012
荷　兰	Netherlands		227	951	1831	3281	3401	3983
新西兰	New Zealand		519	754	1114	1190	1203	1203
尼加拉瓜	Nicaragua	703	868	1058	1221	1217	1238	
尼日利亚	Nigeria	33955	42967	56577	74040	94832	97255	
挪　威	Norway		584	1031	1360	1572	1719	1799
巴基斯坦	Pakistan	10629	14028	18767	24003	28832	29355	
巴拿马	Panama	335	444	422	462	482	465	
巴拉圭	Paraguay	1154	1549	2242	2238	2451	2379	
秘　鲁	Peru	3447	3434	2674	2234	3042	2947	
菲律宾	Philippines	7464	9416	11121	8103	6795	6807	
波　兰	Poland	1271	1216	2229	4072	7165	7708	8469
葡萄牙	Portugal	702	718	2476	2770	3137	3230	3217
罗马尼亚	Romania	1386	955	602	2853	3979	3646	
俄罗斯	Russia			12180	7008	6955	7091	
塞内加尔	Senegal	825	886	957	1164	1567	1608	
塞尔维亚	Serbia			1169	869	1045	1069	
新加坡	Singapore			58	168	842	933	
斯洛伐克	Slovak Republic	205	181	174	421	971	1049	966
斯洛文尼亚	Slovenia			237	458	622	583	578
南　非	South Africa	4700	6328	10579	12872	14625	14799	
西班牙	Spain	12	266	4067	4130	6181	6291	6048
斯里兰卡	Sri Lanka	2738	3082	3921	4472	5053	4923	
苏　丹	Sudan	5647	7040	8692	10865	10984	11160	
瑞　典	Sweden	2889	4131	5506	8262	11900	10015	10526
瑞　士	Switzerland	231	467	1476	1813	2325	2247	2353
叙利亚	Syrian Arab Republic	1	6	3	5	6	7	
坦桑尼亚	Tanzania	6846	7237	8928	12458	17757	18304	
泰　国	Thailand	7601	10647	14688	14593	22564	21773	
多　哥	Togo	608	747	1046	1756	2223	2270	
特里尼达和多巴哥	Trinidad and Tobago	38	30	66	49	14	14	
突尼斯	Tunisia	415	503	638	934	1393	1390	
土耳其	Turkey	5798	7680	7205	6513	4558	3661	3695
乌克兰	Ukraine			360	262	1458	1580	
英　国	United Kingdom			627	1922	4284	4764	5620
美　国	United States	35117	54489	62255	73172	90602	93968	91835
乌拉圭	Uruguay	393	467	546	421	1303	1299	
乌兹别克斯坦	Uzbekistan			4	4	4	4	
委内瑞拉	Venezuela	435	384	549	628	667	651	
越　南	Vietnam	8258	10142	12468	14187	14707	14706	
也　门	Yemen	49	60	77	77	105	108	
赞比亚	Zambia	2135	2902	4012	5140	6512	6789	
津巴布韦	Zimbabwe	3052	3664	4728	5591	5946	5980	

2-2-6 核能生产量
Production of Nuclear

资料来源：国际能源机构。
Source: International Energy Agency.
单位：千吨标准油 (ktoe)

国家或地区	Country or Area	1971	1980	1990	2000	2010	2011	2012
世　界	**World**	**28950**	**186410**	**525614**	**675588**	**718959**	**674006**	
阿根廷	Argentina		610	1897	1610	1869	1660	
亚美尼亚	Armenia				523	649	664	
比利时	Belgium		3270	11134	12550	12494	12570	10501
巴　西	Brazil			583	1576	3785	4081	
保加利亚	Bulgaria		1607	3822	4748	3997	4274	
加拿大	Canada	1112	10401	19398	18972	23626	24390	25134
捷　克	Czech Republic			3280	3542	7322	7393	7926
芬　兰	Finland		1830	5008	5858	5942	6043	5988
法　国	France	2433	15962	81851	108194	111675	115288	110854
德　国	Germany	1620	14495	39836	44200	36630	28159	25920
匈牙利	Hungary			3578	3710	4119	4100	4128
印　度	India	310	782	1600	4405	6845	8675	
日　本	Japan	2085	21524	52713	83928	75114	26520	2928
韩　国	Korea, Rep.		906	13783	28397	38725	40322	40366
立陶宛	Lithuania			4504	2246			
墨西哥	Mexico			765	2142	1532	2629	2286
荷　兰	Netherlands	106	1095	913	1023	1034	1079	1030
巴基斯坦	Pakistan	27	1	76	520	891	1372	
罗马尼亚	Romania				1422	3029	3061	
俄罗斯	Russia			31299	34419	44761	45439	
斯洛伐克	Slovak Republic		1179	3137	4298	3858	4069	4089
斯洛文尼亚	Slovenia			1205	1241	1474	1620	1441
南　非	South Africa			2202	3390	3153	3519	
西班牙	Spain	658	1352	14143	16211	16155	15045	15994
瑞　典	Sweden	23	6903	17769	14937	15070	15760	16559
瑞　士	Switzerland	363	3742	6181	6918	6895	6992	6661
乌克兰	Ukraine			19853	20156	23387	23672	
英　国	United Kingdom	7179	9648	17135	22168	16194	17977	18348
美　国	United States	10568	69369	159384	207890	218631	214063	208409

2-2-7 水能生产量

Production of Hydro

资料来源：国际能源机构。
Source: International Energy Agency.
单位：千吨标准油 (ktoe)

国家或地区	Country or Area	1971	1980	1990	2000	2010	2011	2012
世　界	**World**	**103487**	**147650**	**184426**	**225360**	**295982**	**300172**	
阿尔巴尼亚	Albania	60	254	245	395	652	358	
阿尔及利亚	Algeria	28	22	12	5	15	43	
安哥拉	Angola	52	51	62	78	318	345	
阿根廷	Argentina	133	1302	1537	2475	2888	2715	
亚美尼亚	Armenia			134	108	220	214	
澳大利亚	Australia	996	1113	1217	1407	1161	1441	1206
奥地利	Austria	1395	2470	2710	3598	3301	2939	3401
阿塞拜疆	Azerbaijan			143	132	296	230	
孟加拉国	Bangladesh	15	50	76	64	63	75	
白俄罗斯	Belarus			2	2	4	4	
比利时	Belgium	12	24	23	40	27	17	32
玻利维亚	Bolivia	77	91	101	167	188	202	
波　黑	Bosnia and Herzegovina			263	438	690	377	
巴　西	Brazil	3715	11086	17777	26179	34683	36837	
保加利亚	Bulgaria	187	319	162	230	435	251	
柬埔寨	Cambodia				…	2	4	
喀麦隆	Cameroon	90	117	228	296	366	378	
加拿大	Canada	13972	21599	25519	30832	30216	32309	32681
智　利	Chile	414	677	768	1592	1868	1807	1653
哥伦比亚	Colombia	573	1229	2365	2758	3474	4204	
刚果(金)	Congo, Dem. Rep.	296	365	484	516	675	675	
刚果(布)	Congo, Rep.	5	9	42	25	37	68	
哥斯达黎加	Costa Rica	88	182	291	489	625	614	
科特迪瓦	Cote d'Ivoire	12	116	114	152	139	153	
克罗地亚	Croatia			322	505	716	386	
古　巴	Cuba	9	8	8	8	8	9	
捷　克	Czech Republic	104	206	100	151	240	169	193
丹　麦	Denmark	2	3	2	3	2	1	1
多米尼加	Dominican Republic	46	48	30	66	123	132	
厄瓜多尔	Ecuador	38	75	429	654	743	957	
埃　及	Egypt	434	843	854	1178	1122	1112	
萨尔瓦多	El Salvador	45	81	142	101	179	173	
爱沙尼亚	Estonia				0	2	3	4
埃塞俄比亚	Ethiopia	26	42	91	142	424	439	
芬　兰	Finland	914	879	934	1261	1111	1070	1445
法　国	France	4201	5978	4627	5774	5360	3854	4852
加　蓬	Gabon		22	61	69	70	70	
格鲁吉亚	Georgia			652	504	806	679	

2-2-7 续表 1 continued

单位：千吨标准油 (ktoe)

国家或地区	Country or Area	1971	1980	1990	2000	2010	2011	2012
德　国	Germany	1157	1640	1499	1869	1757	1485	1844
加　纳	Ghana	250	454	492	568	602	650	
希　腊	Greece	228	293	152	318	642	345	369
危地马拉	Guatemala	22	20	148	217	283	279	
海　地	Haiti	2	19	39	24	15	10	
洪都拉斯	Honduras	21	67	196	194	255	242	
匈牙利	Hungary	8	10	15	15	16	19	18
冰　岛	Iceland	134	265	362	547	1083	1076	1061
印　度	India	2411	4004	6162	6404	9840	11237	
印度尼西亚	Indonesia	66	116	491	861	1501	1068	
伊　朗	Iran	230	483	523	314	819	1037	
伊拉克	Iraq	17	59	224	53	410	356	
爱尔兰	Ireland	40	72	60	73	52	61	69
以色列	Israel			0	3	2	2	2
意大利	Italy	3361	3891	2720	3802	4396	3941	3602
牙买加	Jamaica	11	10	8	10	13	9	
日　本	Japan	7241	7593	7680	7504	7070	7155	6684
约　旦	Jordan			1	3	5	5	
哈萨克斯坦	Kazakhstan			633	648	690	678	
肯尼亚	Kenya	29	91	213	114	295	297	
韩　国	Korea，Rep.	114	171	547	345	317	395	316
朝　鲜	Korea, Dem.	788	912	1342	877	1152	1135	
科索沃	Kosovo				4	13	9	
吉尔吉斯斯坦	Kyrgyzstan			859	1103	955	1216	
拉脱维亚	Latvia			387	242	303	248	
黎巴嫩	Lebanon	72	73	43	39	72	69	
立陶宛	Lithuania			36	29	46	41	
卢森堡	Luxembourg	5	8	6	11	9	5	8
马其顿	Macedonia			42	101	209	123	
马来西亚	Malaysia	90	120	343	599	557	656	
墨西哥	Mexico	1237	1452	2019	2849	3192	3119	2740
摩尔多瓦	Moldova			22	32	35	30	
黑　山	Montenegro					237	104	
摩洛哥	Morocco	131	130	105	62	284	161	
莫桑比克	Mozambique	19	26	24	830	1432	1446	
缅　甸	Myanmar	41	68	103	163	439	443	
纳米比亚	Namibia				114	107	121	
尼泊尔	Nepal	6	17	75	140	276	285	
荷　兰	Netherlands			7	12	9	5	9

2-2-7　续表 2　continued

单位：千吨标准油　(ktoe)

国家或地区	Country or Area	1971	1980	1990	2000	2010	2011	2012
新西兰	New Zealand	1128	1628	1994	2101	2126	2157	1960
尼加拉瓜	Nicaragua	17	44	35	18	43	38	
尼日利亚	Nigeria	135	239	377	484	548	486	
挪威	Norway	5439	7191	10418	12196	10041	10390	12197
巴基斯坦	Pakistan	316	749	1456	1479	2736	2452	
巴拿马	Panama	7	83	190	294	361	352	
巴拉圭	Paraguay	14	57	2336	4600	4650	4956	
秘鲁	Peru	369	603	900	1390	1721	1855	
菲律宾	Philippines		303	521	671	671	834	
波兰	Poland	135	202	122	181	251	200	175
葡萄牙	Portugal	531	689	788	974	1389	992	479
罗马尼亚	Romania	387	1087	981	1271	1710	1267	
俄罗斯	Russia			14269	14111	14318	14263	
塞内加尔	Senegal					22	22	
塞尔维亚	Serbia			815	1032	1023	745	
斯洛伐克	Slovak Republic	127	194	162	397	452	325	356
斯洛文尼亚	Slovenia			254	330	388	306	335
南非	South Africa	10	85	87	95	182	177	
西班牙	Spain	2736	2541	2190	2430	3638	2631	1763
斯里兰卡	Sri Lanka	72	127	270	275	485	397	
苏丹	Sudan	21	49	82	102	533	556	
瑞典	Sweden	4473	5063	6235	6758	5710	5713	6759
瑞士	Switzerland	2311	2821	2562	3168	3101	2786	3320
叙利亚	Syrian Arab Republic	4	220	235	278	223	282	
塔吉克斯坦	Tajikistan			1419	1206	1363	1378	
坦桑尼亚	Tanzania	27	59	133	184	221	225	
泰国	Thailand	176	109	428	518	476	702	
多哥	Togo	7	3	8	9	8	9	
突尼斯	Tunisia	4	2	4	6	4	5	
土耳其	Turkey	224	976	1991	2656	4454	4501	4976
乌克兰	Ukraine			904	970	1131	941	
英国	United Kingdom	289	335	448	437	313	489	450
美国	United States	22660	23975	23491	21776	22555	27669	24082
乌拉圭	Uruguay	126	299	603	606	745	557	
乌兹别克斯坦	Uzbekistan			572	506	932	877	
委内瑞拉	Venezuela	464	1254	3181	5408	6603	7196	
越南	Vietnam	53	128	462	1251	2369	2565	
赞比亚	Zambia	78	791	684	667	969	982	
津巴布韦	Zimbabwe	209	345	376	275	516	565	

2-2-8 地热能生产量
Production of Geothermal

资料来源：国际能源机构。
Source: International Energy Agency.
单位：千吨标准油 (ktoe)

国家或地区	Country or Area	1971	1980	1990	2000	2010	2011	2012
世　界	**World**	**4202**	**12396**	**33923**	**52120**	**64588**	**65872**	
澳大利亚	Australia					…	1	…
奥地利	Austria			4	25	35	34	25
比利时	Belgium			2	3	4	4	4
保加利亚	Bulgaria					33	33	
哥斯达黎加	Costa Rica				466	979	1028	
克罗地亚	Croatia					7	7	
塞浦路斯	Cyprus					1	1	
丹　麦	Denmark			2	3	10	8	14
厄瓜多尔	Ecuador				2	2	2	
萨尔瓦多	El Salvador		423	360	676	1311	1319	
埃塞俄比亚	Ethiopia				4	15	16	
法　国	France	1	11	110	126	91	83	83
格鲁吉亚	Georgia				6	46	9	
德　国	Germany			7	123	529	584	662
希　腊	Greece			3	2	27	26	25
危地马拉	Guatemala				17	233	126	
匈牙利	Hungary			86	86	99	104	102
冰　岛	Iceland	289	639	1039	1758	3345	3728	4040
印度尼西亚	Indonesia			1934	8372	16088	16112	
意大利	Italy	2290	2297	2970	4258	4775	5014	4945
日　本	Japan		774	1576	3099	2440	2481	2351
肯尼亚	Kenya			280	369	1249	1288	
韩　国	Korea, Rep.					33	48	69
立陶宛	Lithuania					5	3	
马其顿	Macedonia				16	12	12	
墨西哥	Mexico		787	4405	5073	5690	5594	5001
荷　兰	Netherlands					8	8	12
新西兰	New Zealand	1080	1019	1476	1949	3643	3798	3772
尼加拉瓜	Nicaragua			332	115	260	235	
菲律宾	Philippines		1786	4699	9995	8536	8547	
波　兰	Poland				3	13	13	16
葡萄牙	Portugal		1	3	70	190	202	131
罗马尼亚	Romania				7	23	24	
俄罗斯	Russia			24	50	430	449	
塞尔维亚	Serbia					5	6	
斯洛伐克	Slovak Republic					8	6	6
斯洛文尼亚	Slovenia					34	38	38
西班牙	Spain			4	5	16	17	18
瑞　士	Switzerland			69	103	259	249	239
泰　国	Thailand			1	2	2	1	
土耳其	Turkey	38	60	433	684	1966	2059	2265
英　国	United Kingdom			1	1	1	1	1
美　国	United States	504	4601	14101	13088	8408	8554	9590

2-2-9　太阳能、风能及其它能源生产量

Production of Solar, Wind and Others

资料来源：国际能源机构。
Source: International Energy Agency.
单位：千吨标准油 (ktoe)

国家或地区	Country or Area	2000	2005	2008	2009	2001	2011	2012
世　界	**World**	**7884.7**	**16466.5**	**31161.3**	**38892.5**	**47317.2**	**61132.7**	
阿尔巴尼亚	Albania	2.0	2.3	6.5	6.6	6.7	11.7	
阿根廷	Argentina	3.1	6.5	3.6	4.0	2.2	2.5	
亚美尼亚	Armenia			0.2	0.3	0.6	0.5	
澳大利亚	Australia	89.9	145.6	436.7	54.8	71.3	835.9	921.3
奥地利	Austria	68.4	27.4	29.8	325.8	345.9	346.8	48.0
白俄罗斯	Belarus		0.9	0.9	0.9	0.9	0.9	
比利时	Belgium	2.4	22.4	64.2	111.1	171.4	313.7	396.4
玻利维亚	Bolivia			0.9	0.2	0.3	0.3	
巴　西	Brazil	3.5	20.0	34.5	416.5	555.6	652.6	
文　莱	Brunei Darussalam						0.2	
保加利亚	Bulgaria		0.4	1.5	2.6	7.8	96.6	
柬埔寨	Cambodia	0.9	0.9	0.2	0.2	0.3	0.3	
加拿大	Canada	26.8	13.6	324.6	582.6	762.7	9.7	137.8
智　利	Chile		0.6	3.3	6.8	28.6	29.7	32.2
哥伦比亚	Colombia		4.2	4.6	5.0	3.4	3.5	
哥斯达黎加	Costa Rica	15.7	17.5	17.3	28.4	3.9	35.8	
克罗地亚	Croatia		0.9	7.8	9.4	17.2	23.4	
古　巴	Cuba			0.7	0.3	1.3	1.6	
塞浦路斯	Cyprus	35.5	41.4	56.3	58.3	64.4	73.5	
捷　克	Czech Republic		4.3	27.6	38.8	9.5	232.7	235.5
丹　麦	Denmark	372.8	579.0	68.5	592.5	687.8	86.6	914.6
厄瓜多尔	Ecuador			0.3	0.3	0.3	0.3	
埃　及	Egypt	11.8	47.5	8.7	97.4	146.5	168.4	
厄立特里亚	Eritrea	0.9	0.9	0.2	0.2	0.2	0.2	
爱沙尼亚	Estonia		4.6	11.4	16.8	23.8	31.6	37.3
芬　兰	Finland	7.3	15.4	23.6	25.2	26.6	42.8	43.9
法　国	France	72.9	15.7	58.8	788.4	12.0	1338.2	175.0
德　国	Germany	919.4	2695.2	4224.6	4295.6	471.9	6422.5	6940.0
希　腊	Greece	137.6	29.8	366.3	45.3	43.3	52.4	561.3
匈牙利	Hungary		2.8	21.5	33.9	51.4	59.8	72.5
印　度	India	18.8	632.2	1363.1	1829.2	1961.5	241.7	
印度尼西亚	Indonesia					0.9	0.9	
伊　朗	Iran	3.2	6.2	16.9	19.4	14.2	18.3	
爱尔兰	Ireland	21.1	96.9	21.6	258.5	248.7	384.8	355.2
以色列	Israel	595.8	725.4	163.3	142.2	1128.6	1117.3	1139.5
意大利	Italy	6.9	231.6	51.6	75.8	182.9	1916.4	2912.7
牙买加	Jamaica		4.3	4.2	5.7	4.6	12.4	
日　本	Japan	847.0	847.0	934.2	991.2	177.7	1246.0	1169.9

2-2-9 续表 continued

单位：千吨标准油 (ktoe)

国家或地区	Country or Area	2000	2005	2008	2009	2001	2011	2012
约　旦	Jordan	65.3	67.3	11.3	12.3	124.3	13.3	
肯尼亚	Kenya				1.4	1.5	1.3	
韩　国	Korea, Rep.	43.6	47.2	91.8	145.9	182.8	25.9	24.4
科索沃	Kosovo	0.1	0.2	0.5	0.6	0.8	0.6	
拉脱维亚	Latvia	0.3	4.4	5.7	4.3	4.2	6.2	
黎巴嫩	Lebanon	3.8	7.5	11.5	13.3	15.4	16.8	
立陶宛	Lithuania		0.2	11.3	13.6	19.3	4.9	
卢森堡	Luxembourg	2.3	6.3	7.5	7.8	7.4	8.7	1.4
马其顿	Macedonia						0.9	
马耳他	Malta		0.5	1.0	0.9	1.0	1.4	
墨西哥	Mexico	45.7	86.9	158.4	213.6	226.5	284.4	444.4
摩洛哥	Morocco	5.5	17.7	25.6	33.6	56.7	59.5	
纳米比亚	Namibia		0.7	0.5	1.2	1.7	1.7	
荷　兰	Netherlands	13.9	221.5	42.8	431.4	385.8	484.9	482.9
新西兰	New Zealand	1.3	58.5	98.6	135.6	149.0	176.4	184.6
尼加拉瓜	Nicaragua				9.5	14.2	18.1	
挪　威	Norway	2.7	42.9	78.5	84.2	75.6	111.2	133.8
秘　鲁	Peru	53.3	55.6	7.3	7.3	5.8	6.4	
菲律宾	Philippines		1.6	5.3	5.6	5.4	7.7	
波　兰	Poland	0.4	11.8	73.3	99.4	151.5	286.0	416.6
葡萄牙	Portugal	32.9	175.2	528.6	73.6	866.4	879.5	983.1
罗马尼亚	Romania			0.5	0.8	26.4	119.5	
俄罗斯	Russia	0.2	0.6	0.4	0.3	0.3	0.4	
塞内加尔	Senegal	0.2	0.3	0.2	0.3	0.3	0.3	
新加坡	Singapore			0.9	0.3	0.4	0.7	
斯洛伐克	Slovak Republic		0.6	0.7	0.6	6.3	39.6	54.3
斯洛文尼亚	Slovenia			0.9	8.8	9.4	14.4	22.8
南　非	South Africa		22.3	59.4	68.7	76.8	82.4	
西班牙	Spain	439.2	1886.8	3182.2	3988.3	4842.2	4997.4	5717.9
斯里兰卡	Sri Lanka	0.9	1.4	1.6	1.7	6.2	9.5	
瑞　典	Sweden	44.7	86.6	181.5	224.2	312.3	534.7	628.4
瑞　士	Switzerland	14.5	2.8	29.6	35.8	45.0	58.4	63.9
泰　国	Thailand			0.3	0.9	1.7	8.6	
突尼斯	Tunisia	2.0	3.6	3.4	8.3	12.0	9.4	
土耳其	Turkey	264.7	389.9	492.7	557.2	682.7	136.6	953.8
乌克兰	Ukraine	0.5	3.3	3.9	3.7	4.4	1.2	
英　国	United Kingdom	92.7	279.8	667.5	871.4	965.4	1463.7	189.2
美　国	United States	274.6	295.9	6458.8	884.7	127.5	12483.8	15187.3
乌拉圭	Uruguay			0.3	3.6	5.8	9.5	
越　南	Vietnam			0.9	0.9	4.3	7.5	

2-2-10　电力生产量

Production of Electricity

资料来源：国际能源机构。
Source: International Energy Agency.
单位：百万千瓦小时　　　　(gwh)

国家或地区	Country or Area	1971	1980	1990	2000	2010	2011	2012
世　界	**World**	**5256516**	**8297807**	**11865658**	**15489557**	**21515962**	**22200994**	
阿尔巴尼亚	Albania	1225	3715	3198	4738	7580	4159	
阿尔及利亚	Algeria	2229	7123	16104	25412	45734	51224	
安 哥 拉	Angola	742	675	841	1445	5449	5651	
阿 根 廷	Argentina	23624	39706	51005	88977	125594	129892	
亚美尼亚	Armenia			10362	5958	6491	7433	
澳大利亚	Australia	53302	96073	155019	210224	252155	252623	252317
奥 地 利	Austria	28755	41965	50294	61257	71124	65699	68360
阿塞拜疆	Azerbaijan			23152	18699	18710	20294	
巴　林	Bahrain	430	1660	3482	6297	13230	13826	
孟加拉国	Bangladesh	1030	2353	7732	15771	41710	44061	
白俄罗斯	Belarus			39526	26101	34895	32192	
比 利 时	Belgium	33261	53642	70923	84012	95120	90235	78562
贝　宁	Benin		10	21	84	150	154	
玻利维亚	Bolivia	1040	1619	2311	3880	6768	7222	
波　黑	Bosnia and Herzegovina			14632	10429	17124	15280	
博茨瓦纳	Botswana			906	947	457	372	
巴　西	Brazil	51579	139381	222821	348910	515798	531758	
文　莱	Brunei Darussalam	250	343	1172	2543	3792	3725	
保加利亚	Bulgaria	21016	34835	42141	40924	46653	50797	
柬 埔 寨	Cambodia				448	994	1053	
喀 麦 隆	Cameroon	1075	1453	2697	3480	5899	5996	
加 拿 大	Canada	221966	373379	482152	605707	602004	636989	645764
智　利	Chile	8524	11751	18372	40078	60434	65713	68385
哥伦比亚	Colombia	10240	20446	36357	43125	56792	61822	
刚果(金)	Congo, Dem. Rep.	3545	4445	5650	5999	7888	7882	
刚果(布)	Congo, Rep.	88	155	493	296	785	1293	
哥斯达黎加	Costa Rica	1148	2226	3468	6919	9584	9833	
科特迪瓦	Cote d'Ivoire	588	1749	1983	4800	5959	6099	
克罗地亚	Croatia			8693	10702	14105	10831	
古　巴	Cuba	5020	9989	15024	15032	17397	17755	
塞浦路斯	Cyprus	665	1034	1974	3370	5322	4929	
捷　克	Czech Republic	36372	52656	62559	73466	85910	87454	87574
丹　麦	Denmark	18624	26765	25982	36053	38792	35171	30403
多明尼加	Dominican Republic	1743	3258	3698	8538	12462	12975	
厄瓜多尔	Ecuador	1050	3372	6349	10612	19273	20266	
埃　及	Egypt	7998	18939	42256	78143	146795	156586	
萨尔瓦多	El Salvador	738	1460	2218	3377	5985	5805	
厄立特里亚	Eritrea				210	311	337	
爱沙尼亚	Estonia			17392	8509	12964	12893	11966
埃塞俄比亚	Ethiopia	593	689	1202	1674	4980	5161	
芬　兰	Finland	21681	40747	54377	69968	80668	73481	70372
法　国	France	155862	257979	420733	540734	569156	561960	561225
加　蓬	Gabon	114	530	978	1315	1853	1769	
格鲁吉亚	Georgia			13724	7424	10124	10194	

2-2-10 续表 1 continued

单位：百万千瓦小时 (gwh)

国家或地区	Country or Area	1971	1980	1990	2000	2010	2011	2012
德 国	Germany	329054	467578	550015	576543	628896	608665	617600
加 纳	Ghana	2944	5317	5721	7223	10167	11200	
直布罗陀	Gibraltar	47	54	79	125	177	171	
希 腊	Greece	11562	22653	35003	53843	57392	59436	57834
危地马拉	Guatemala	713	1952	2186	6048	8832	8146	
海 地	Haiti	82	314	597	547	587	718	
洪都拉斯	Honduras	391	906	2319	3652	6734	7126	
匈 牙 利	Hungary	14994	23876	28436	35191	37371	35983	34408
冰 岛	Iceland	1621	3184	4510	7684	17059	17211	17549
印 度	India	66384	119260	289438	561248	959943	1052330	
印度尼西亚	Indonesia	1756	7502	32667	93325	168655	182384	
伊 朗	Iran	8105	22380	59102	121369	232955	239705	
伊 拉 克	Iraq	2800	11383	24000	31900	50167	54240	
爱 尔 兰	Ireland	6304	10883	14515	23977	28612	27655	27716
以 色 列	Israel	7639	12404	20898	42661	58566	59645	60714
意 大 利	Italy	124860	185741	216600	276642	302064	302581	296310
牙 买 加	Jamaica	1676	1676	2458	6606	4194	5141	
日 本	Japan	385600	576331	842044	1058548	1117122	1051251	1033748
约 旦	Jordan	230	1070	3638	7375	14777	14647	
哈萨克斯坦	Kazakhstan			87379	51324	82646	86586	
肯 尼 亚	Kenya	728	1630	3235	4194	7501	7849	
韩 国	Korea, Rep.	10540	37239	105371	290126	499508	523286	530989
朝 鲜	Korea, Dem.	14860	21200	27700	19400	21665	21630	
科 索 沃	Kosovo				2957	5168	5801	
科 威 特	Kuwait	2623	9023	18477	32323	57029	57457	
吉尔吉斯斯坦	Kyrgyzstan			15732	14931	12100	15158	
拉脱维亚	Latvia			6648	4136	6627	6094	
黎 巴 嫩	Lebanon	1375	2752	1500	9757	15712	16365	
利 比 亚	Libya	508	4800	10169	15496	32753	27614	
立 陶 宛	Lithuania			28405	11425	5749	4822	
卢 森 堡	Luxembourg	2347	1110	1377	1169	4592	3717	3803
马 其 顿	Macedonia			5758	6811	7260	6876	
马来西亚	Malaysia	3795	10049	23016	69255	125060	130090	
马 耳 他	Malta	305	527	1100	1917	2115	2194	
墨 西 哥	Mexico	31039	66962	115837	204177	271050	295837	296014
摩尔多瓦	Moldova			16221	5606	6113	5786	
蒙 古	Mongolia			3471	3000	4481	4753	
摩 洛 哥	Morocco	2290	5247	9628	12863	23672	25005	
莫桑比克	Mozambique	674	462	454	9696	16666	16830	
缅 甸	Myanmar	691	1487	2478	5118	7543	7327	
纳米比亚	Namibia				1325	1305	1430	
尼 泊 尔	Nepal	86	217	878	1659	3207	3312	
荷 兰	Netherlands	44904	64806	71938	89631	118140	112968	102152
荷属安的列斯群岛	Netherlands Antilles	710	850	790	1121	1289	1305	
新 西 兰	New Zealand	15478	22596	32266	39247	44878	44496	44262

2-2-10 续表 2 continued

单位：百万千瓦小时 (gwh)

国家或地区	Country or Area	1971	1980	1990	2000	2010	2011	2012
尼加拉瓜	Nicaragua	612	1005	1457	2351	3659	3825	
尼日利亚	Nigeria	1887	7169	13463	14727	26121	27034	
挪威	Norway	63563	84099	121848	142982	123640	128148	147845
阿曼	Oman	13	818	4501	9111	19819	21874	
巴基斯坦	Pakistan	7572	14974	37673	68125	94453	95258	
巴拿马	Panama	899	1812	2661	4887	7419	7857	
巴拉圭	Paraguay	235	767	27185	53492	54066	57626	
秘鲁	Peru	5951	10031	13808	19914	35889	39223	
菲律宾	Philippines	9145	18009	26327	45290	67742	69176	
波兰	Poland	69887	121871	136311	145184	157657	163548	162030
葡萄牙	Portugal	7933	15263	28501	43764	54091	52459	46574
卡塔尔	Qatar	315	2416	4818	9134	28144	30730	
罗马尼亚	Romania	39454	67486	64309	51934	60979	62217	
俄罗斯	Russia			1082152	877766	1038030	1054765	
沙特阿拉伯	Saudi Arabia	2082	20452	69208	126191	240067	250077	
塞内加尔	Senegal	382	676	945	1604	3083	3014	
塞尔维亚	Serbia			40948	34140	38103	38600	
新加坡	Singapore	2585	6991	15714	31665	45365	45999	
斯洛伐克	Slovak Republic	10865	20076	26132	31158	27858	28656	28557
斯洛文尼亚	Slovenia			12444	13624	16433	16057	15715
南非	South Africa	54647	98951	167226	210670	259601	262538	
西班牙	Spain	62516	110483	151920	224472	301527	291360	297120
斯里兰卡	Sri Lanka	900	1668	3150	7004	10765	11646	
苏丹	Sudan	495	817	1515	2569	7747	8600	
瑞典	Sweden	66549	96695	146514	145266	148563	150376	165459
瑞士	Switzerland	32145	49247	56181	67520	67823	64640	69690
叙利亚	Syrian Arab Republic	1345	3960	11611	25217	46413	41079	
塔吉克斯坦	Tajikistan			18146	14247	16410	16219	
坦桑尼亚	Tanzania	491	792	1628	2480	5106	5302	
泰国	Thailand	5083	14426	44176	95977	159518	155986	
多哥	Togo	153	51	158	175	132	139	
特里尼达和多巴哥	Trinidad and Tobago	991	2035	3577	5459	8485	8867	
突尼斯	Tunisia	926	2924	5811	10596	16096	16130	
土耳其	Turkey	9781	23275	57543	124922	211208	229393	239497
土库曼斯坦	Turkmenistan			14610	9845	16660	17220	
乌克兰	Ukraine			298835	171445	188584	194947	
阿联酋	United Arab Emirates	203	6306	17080	39944	97728	99137	
英国	United Kingdom	256709	285303	319737	377069	381771	367802	363185
美国	United States	1703380	2427320	3218621	4052667	4378422	4349571	4299794
乌拉圭	Uruguay	2411	4600	7444	7588	10995	10344	
乌兹别克斯坦	Uzbekistan			56325	46864	51710	52400	
委内瑞拉	Venezuela	13589	35803	59321	85271	118370	122059	
越南	Vietnam	2300	3559	8681	26561	94903	99179	
也门	Yemen	209	503	1663	3413	7756	6206	
赞比亚	Zambia	1216	9300	8013	7798	11302	11454	
津巴布韦	Zimbabwe	3602	4541	9362	6995	8160	8925	

2-2-11 煤发电量占总发电量的比重

Electricity Production from Coal Sources as Percentage of Total

资料来源：世界银行WDI数据库。
Source: World Bank WDI Database.

单位：% (%)

国家或地区	Country or Area	1970	1980	1990	2000	2010	2011	2012
世　界	**World**		**32.9**	**37.3**	**38.8**	**40.2**	**41.2**	
阿根廷	Argentina		2.1	1.3	2.0	2.2	2.5	
荷　兰	Netherlands	19.8	13.7	38.3	30.2	21.8	21.9	26.7
澳大利亚	Australia	76.0	73.3	78.7	83.0	71.8	68.6	69.7
奥地利	Austria	9.7	7.0	14.2	11.3	9.9	11.8	9.7
孟加拉国	Bangladesh		...	...	...	1.7	1.8	
比利时	Belgium	33.6	29.4	28.2	19.4	6.3	6.0	7.1
波　黑	Bosnia and Herzegovinian			71.8	50.7	52.5	70.7	
博茨瓦纳	Botswana			88.1	97.1	100.0	100.0	
巴　西	Brazil		2.5	2.1	3.2	2.2	2.3	
保加利亚	Bulgaria		49.2	50.3	42.3	49.1	55.0	
柬埔寨	Cambodia					3.1	3.2	
加拿大	Canada	17.9	16.0	17.1	19.4	13.8	12.0	11.8
智　利	Chile		16.1	35.5	21.1	27.9	29.9	35.1
哥伦比亚	Colombia		7.9	10.2	5.1	6.6	3.5	
克罗地亚	Croatia			7.7	14.5	17.0	24.1	
捷　克	Czech Rep.		84.8	76.4	75.1	58.8	57.5	53.8
丹　麦	Denmark	31.2	81.8	90.7	46.2	43.8	39.7	34.7
多米尼加	Dominican Rep.		...	1.2	2.7	15.0	15.4	
爱沙尼亚	Estonia			86.2	91.9	88.4	87.9	85.3
芬　兰	Finland	20.2	30.9	18.5	13.1	18.8	14.0	10.5
法　国	France	30.6	27.4	8.5	5.8	4.7	3.1	4.1
德　国	Germany	74.5	62.9	58.7	53.1	44.0	45.1	46.9
希　腊	Greece	38.3	44.8	72.4	64.2	53.7	52.5	55.8
危地马拉	Guatemala		...	...	8.9	13.9	14.4	
匈牙利	Hungary	65.0	50.4	30.5	27.6	17.0	18.3	18.8
印　度	India		51.5	66.2	68.9	67.1	67.9	
印度尼西亚	Indonesia			29.9	36.4	40.6	44.4	
伊　朗	Iran		0.5	0.1	0.4	0.2	0.2	
爱尔兰	Ireland	1.2	0.7	41.6	28.8	14.5	17.0	20.0
以色列	Israel			50.1	68.8	58.5	59.0	69.9
意大利	Italy	4.9	9.9	16.8	11.3	14.9	16.7	16.0
日　本	Japan	16.9	9.6	14.0	22.1	26.9	27.0	28.4
哈萨克斯坦	Kazakhstan			71.1	69.5	80.7	81.1	
朝　鲜	Korea, Dem.		48.0	40.1	43.3	35.5	36.3	

2-2-11　续表　continued

单位：%　　　　(%)

国家或地区	Country or Area	1970	1980	1990	2000	2010	2011	2012
韩　国	Korea, Rep.		6.7	16.8	38.6	44.1	43.2	42.2
吉尔吉斯斯坦	Kyrgyzstan			13.1	4.3	4.3	3.2	
马其顿	Macedonia			89.7	76.5	65.3	76.9	
马来西亚	Malaysia			12.7	11.1	34.3	40.7	
墨西哥	Mexico			6.7	9.5	12.0	11.5	11.5
蒙　古	Mongolia			92.4	97.1	96.0	95.1	
黑　山	Montenegro					31.6	54.7	
摩洛哥	Morocco		19.5	23.0	68.3	46.2	47.0	
缅　甸	Myanmar		2.0	1.6	...	8.9	7.6	
纳米比亚	Namibia				0.4	4.2	1.4	
新西兰	New Zealand	6.1	1.9	2.1	3.9	4.6	4.9	8.0
挪　威	Norway				0.1	0.1	0.1	0.1
巴基斯坦	Pakistan		0.2	0.1	0.4	0.1	0.1	
秘　鲁	Peru		…	…	1.7	2.5	1.6	
菲律宾	Philippines		1.0	7.3	36.8	34.4	36.6	
波　兰	Poland	91.7	94.7	97.5	96.2	88.0	86.7	84.3
葡萄牙	Portugal	4.9	2.3	32.1	33.9	13.2	19.0	28.9
罗马尼亚	Romania		31.4	28.8	37.2	34.2	40.0	
俄罗斯	Russia			14.3	19.9	16.0	15.5	
塞尔维亚	Serbia			69.1	62.8	67.1	75.7	
斯洛伐克	Slovakia		37.9	31.9	19.8	14.9	14.3	13.3
斯洛文尼亚	Slovenia			31.3	33.8	32.5	33.4	33.1
南　非	South Africa		99.0	94.3	93.1	94.2	93.8	
西班牙	Spain	21.7	30.0	40.1	36.6	8.8	15.5	19.0
斯里兰卡	Sri Lanka						8.9	
瑞　典	Sweden	0.3	0.2	1.1	1.7	1.3	0.9	0.9
坦桑尼亚	Tanzania				2.7	1.2	1.1	
泰　国	Thailand		9.8	25.0	18.5	18.8	22.3	
土耳其	Turkey	32.8	25.6	35.1	30.6	26.1	28.9	28.4
乌克兰	Ukraine			38.2	30.1	36.9	38.2	
英　国	United Kingdom	68.8	73.2	65.0	32.7	28.7	30.0	39.9
美　国	United States	46.4	51.2	53.1	52.9	45.8	43.3	38.3
乌兹别克斯坦	Uzbekistan			7.4	4.1	4.1	4.1	
越　南	Viet Nam		39.9	23.1	11.8	20.7	21.1	
津巴布韦	Zimbabwe		11.7	53.3	53.4	25.3	25.3	
科索沃	Kosovo				97.6	96.5	97.8	

2-2-12 石油发电量占总发电量的比重

Electricity Production from Oil Sources as Percentage of Total

资料来源：世界银行WDI数据库。
Source: World Bank WDI Database.

单位：% (%)

国家或地区	Country or Area	1970	1980	1990	2000	2010	2011	2012
世 界	**World**		**15.7**	**10.0**	**7.0**	**3.8**	**3.9**	
阿尔巴尼亚	Albania		20.6	10.9	3.0			
阿尔及利亚	Algeria		12.2	5.4	3.0	2.1	5.5	
安哥拉	Angola		11.9	13.8	36.9	32.0	29.1	
阿根廷	Argentina		31.6	9.8	3.2	13.3	15.1	
荷 兰	Netherlands	32.6	38.4	4.3	2.9	1.1	1.3	1.1
亚美尼亚	Armenia			68.6				
澳大利亚	Australia	4.6	5.4	2.3	0.9	1.7	1.6	1.4
奥地利	Austria	7.0	14.0	3.8	2.8	1.9	1.6	1.2
阿塞拜疆	Azerbaijan			92.8	72.0	0.1	1.7	
孟加拉国	Bangladesh		26.6	4.3	6.5	4.7	4.8	
白俄罗斯	Belarus			47.8	6.6	2.0	1.1	
比利时	Belgium	52.1	34.7	1.9	1.0	0.4	0.3	0.1
贝 宁	Benin		100.0	100.0	97.6	99.3	99.4	
玻利维亚	Bolivia		12.7	8.6	0.8	1.9	1.6	
波 黑	Bosnia and Herzegovinian			7.3	0.5	0.3	0.2	
博茨瓦纳	Botswana			11.9	2.9			
巴 西	Brazil		3.8	2.2	4.3	3.1	2.8	
文 莱	Brunei Darussalam		1.2	0.9	0.9	1.0	1.0	
保加利亚	Bulgaria		22.5	2.9	1.6	0.9	0.3	
柬埔寨	Cambodia				99.8	92.0	90.3	
喀麦隆	Cameroon		6.1	1.5	1.1	19.7	18.3	
加拿大	Canada	3.1	3.7	3.4	1.8	1.2	1.0	1.0
智 利	Chile		14.7	9.6	4.3	14.0	9.7	9.1
哥伦比亚	Colombia		1.8	1.0	0.2	0.9	0.8	
刚果(金)	Congo, Dem. Rep.		4.5	0.4	0.1	0.1	0.1	
刚果(布)	Congo, Rep.		35.5	0.6	0.3	1.5	0.7	
哥斯达黎加	Costa Rica		4.3	2.5	0.9	6.7	8.8	
科特迪瓦	Cote D'Ivoire		22.7	33.3	0.3	1.4	0.5	
克罗地亚	Croatia			33.3	15.8	4.0	7.0	
古 巴	Cuba		89.0	87.5	57.1	39.5	43.3	
塞浦路斯	Cyprus		100.0	100.0	100.0	98.6	96.4	
捷 克	Czech Rep.		9.6	0.9	0.5	0.2	0.1	0.1
丹 麦	Denmark	68.7	18.0	3.4	1.9	2.0	1.3	1.2
多米尼加	Dominican Rep.		80.6	88.7	87.9	48.7	47.6	
厄瓜多尔	Ecuador		74.1	21.5	28.3	41.3	32.7	
埃 及	Egypt		27.7	31.7	28.6	21.0	15.8	
萨尔瓦多	El Salvador		1.5	6.8	41.9	35.0	34.1	
厄立特里亚	Eritrea				99.5	99.4	99.4	
爱沙尼亚	Estonia			8.3	0.7	0.3	0.3	0.5
埃塞俄比亚	Ethiopia		29.8	11.6	1.4	0.6	0.6	
芬 兰	Finland	27.5	10.8	3.1	0.8	0.6	0.6	0.6

2-2-12 续表 1 continued

单位：% (%)

国家或地区	Country or Area	1970	1980	1990	2000	2010	2011	2012
法　国	France	22.0	18.8	2.1	1.3	1.0	0.6	0.6
加　蓬	Gabon		50.9	11.2	20.5	19.8	20.7	
格鲁吉亚	Georgia			29.2	3.7	0.3	0.1	
德　国	Germany	12.2	5.7	1.9	0.8	1.3	1.1	1.6
希　腊	Greece	34.8	40.1	22.3	16.6	10.6	10.0	7.6
危地马拉	Guatemala		85.3	8.4	39.4	19.2	18.7	
海　地	Haiti		26.1	20.6	48.3	69.8	79.0	
洪都拉斯	Honduras		13.7	1.7	38.1	53.9	54.7	
匈 牙 利	Hungary	19.9	13.9	4.8	12.5	1.3	0.4	0.5
冰　岛	Iceland	3.0	1.5	0.1	0.1			
印　度	India		6.4	3.5	4.3	1.8	1.2	
印度尼西亚	Indonesia		82.1	46.9	19.7	20.3	23.2	
伊　朗	Iran		49.6	37.1	20.9	19.8	27.8	
伊 拉 克	Iraq		72.6	73.5	79.3	15.5	12.9	
爱 尔 兰	Ireland	53.8	60.4	10.0	19.6	2.1	1.5	1.5
以 色 列	Israel		100.0	49.9	31.1	3.7	7.3	8.6
意 大 利	Italy	49.2	57.0	48.2	31.8	7.3	6.6	6.3
牙 买 加	Jamaica		76.0	92.4	95.2	92.1	91.8	
卢 森 堡	Luxemburg	18.1	10.9	1.4				
日　本	Japan	59.2	46.2	18.5	9.9	6.7	10.1	11.5
约　旦	Jordan		100.0	87.8	89.4	28.3	72.5	
哈萨克斯坦	Kazakhstan			10.0	5.2	0.8	0.6	
肯 尼 亚	Kenya		26.4	7.1	50.6	30.5	32.7	
朝　鲜	Korea, Dem.		2.0	3.6	4.1	2.6	2.7	
韩　国	Korea, Rep.		78.7	17.9	12.0	3.8	3.2	4.1
科 威 特	Kuwait		43.9	55.5	67.1	65.4	62.0	
拉脱维亚	Latvia			5.4	2.6			
黎 巴 嫩	Lebanon		69.1	66.7	95.4	88.4	95.1	
利 比 亚	Libya		100.0	100.0	78.1	53.2	43.7	
立 陶 宛	Lithuania			14.6	5.6	13.0	4.9	
马 其 顿	Macedonia			1.8	6.3	0.8	1.0	
马来西亚	Malaysia		84.9	48.3	5.2	2.9	7.7	
马 耳 他	Malta		100.0	44.1	100.0	99.9	99.4	
墨 西 哥	Mexico		57.9	53.6	46.2	16.2	16.4	18.8
摩尔多瓦	Moldova			25.4	0.6	0.5	0.3	
蒙　古	Mongolia			7.6	2.9	4.0	4.9	
摩 洛 哥	Morocco		51.6	64.4	25.6	24.3	26.4	
莫桑比克	Mozambique		17.3	23.6	0.4			
缅　甸	Myanmar		31.3	10.9	13.5	0.4	0.4	
纳米比亚	Namibia					0.2	0.4	
尼 泊 尔	Nepal		6.5	0.1	1.6	0.1	0.1	
新 西 兰	New Zealand	3.3	0.2					
尼加拉瓜	Nicaragua		47.1	38.6	78.6	63.0	66.0	

2-2-12 续表 2 continued

单位: % (%)

国家或地区	Country or Area	1970	1980	1990	2000	2010	2011	2012
尼日利亚	Nigeria		17.7	13.7	1.5	11.3	15.8	
阿　曼	Oman		21.5	18.4	17.2	18.0	18.0	
巴基斯坦	Pakistan		1.1	20.6	39.5	35.2	35.4	
巴拿马	Panama		45.6	14.7	29.6	43.2	41.1	
巴拉圭	Paraguay		8.5					
秘　鲁	Peru		27.4	21.5	12.3	5.6	5.8	
菲律宾	Philippines		67.9	47.2	20.3	10.5	4.9	
波　兰	Poland	2.2	2.9	1.2	1.3	1.8	1.5	1.3
葡萄牙	Portugal	14.5	42.9	33.1	19.4	5.6	5.2	5.3
卡塔尔	Qatar		2.7					
罗马尼亚	Romania		9.6	18.4	6.5	1.1	1.2	
俄罗斯	Russia			11.5	3.8	0.9	2.6	
沙特阿拉伯	Saudi Arabia		28.3	22.5	27.7	24.1	26.5	
塞内加尔	Senegal		94.1	93.0	89.9	86.6	86.2	
塞尔维亚	Serbia			4.6	0.9	0.3	0.2	
新加坡	Singapore		100.0	98.9	80.0	18.7	18.4	
斯洛伐克	Slovakia		17.9	6.4	0.7	2.2	2.1	1.9
斯洛文尼亚	Slovenia			7.9	0.4	…	0.1	0.1
南　非	South Africa					0.1	0.1	
西班牙	Spain	27.2	35.2	5.7	10.2	5.6	5.1	5.3
斯里兰卡	Sri Lanka		11.3	0.2	54.2	46.7	50.2	
苏　丹	Sudan		30.0	36.8	54.0	20.0	24.8	
瑞　典	Sweden	30.9	10.4	0.9	1.1	1.2	0.5	0.6
瑞　士	Switzerland	6.0	1.0	0.7	0.3	0.1	0.1	0.1
叙利亚	Syrian Arab Republic		31.9	56.0	50.1	39.4	39.6	
坦桑尼亚	Tanzania		13.6	4.9	10.9	0.8	0.8	
泰　国	Thailand		81.4	23.5	10.4	0.7	1.3	
多　哥	Togo		25.5	39.9	42.9	24.2	24.5	
特立尼达和多巴哥	Trinidad and Tobago		2.3	0.1	0.1	0.3	0.3	
突尼斯	Tunisia		64.5	35.5	11.6	…	0.1	
土耳其	Turkey	30.2	25.1	6.9	7.5	1.0	0.4	0.7
乌克兰	Ukraine			16.1	0.7	0.4	0.3	
阿联酋	United Arab Emirates		3.7	3.7	3.1	1.7	1.7	
英　国	United Kingdom	18.6	11.7	10.9	2.3	1.3	1.0	1.0
美　国	United States	12.1	10.8	4.1	2.9	1.1	0.9	0.7
乌拉圭	Uruguay		24.2	5.1	6.6	11.8	27.2	
乌兹别克斯坦	Uzbekistan			4.4	10.1	1.5	1.0	
委内瑞拉	Venezuela		32.4	11.5	9.0	15.2	14.3	
越　南	Viet Nam		18.3	15.0	17.0	4.2	4.8	
也　门	Yemen		100.0	100.0	100.0	73.4	78.4	
赞比亚	Zambia		0.5	0.3	0.4	0.3	0.3	
津巴布韦	Zimbabwe				0.9	0.3	0.3	

2-2-13 天然气发电量占总发电量的比重

Electricity Production from Natural Gas Sources as Percentage of Total

资料来源：世界银行WDI数据库。
Source: World Bank WDI Database.

单位：%　　(%)

国家或地区	Country or Area	1970	1980	1990	2000	2010	2011	2012
世　界	**World**		**8.9**	**14.6**	**17.7**	**22.2**	**21.9**	
阿尔及利亚	Algeria		84.2	93.7	96.7	97.5	93.5	
阿根廷	Argentina		22.0	39.2	54.7	50.2	51.4	
荷　兰	Netherlands	46.7	39.8	50.9	57.5	62.8	60.6	54.3
亚美尼亚	Armenia			16.4	45.2	22.2	32.2	
澳大利亚	Australia	0.9	7.3	9.3	7.7	17.9	19.7	19.4
奥地利	Austria	12.4	9.2	15.7	13.1	21.1	19.9	15.0
阿塞拜疆	Azerbaijan				19.8	81.5	85.1	
巴　林	Bahrain		100.0	100.0	100.0	100.0	100.0	
孟加拉国	Bangladesh		48.6	84.3	88.7	91.8	91.5	
白俄罗斯	Belarus			52.1	93.3	97.1	98.3	
比利时	Belgium	13.3	11.2	7.7	19.3	33.5	28.6	26.6
玻利维亚	Bolivia		19.6	38.9	47.7	65.2	62.5	
波　黑	Bosnia and Herzegovinian					0.3	0.3	
巴　西	Brazil			0.1	1.2	7.1	4.7	
文　莱	Brunei Darussalam		98.8	99.1	99.1	99.0	99.0	
保加利亚	Bulgaria			7.6	4.7	4.3	4.2	
喀麦隆	Cameroon					7.1	7.3	
加拿大	Canada	3.0	2.5	2.0	5.5	8.5	9.8	9.6
智　利	Chile		1.3	1.0	26.1	17.7	20.9	18.3
哥伦比亚	Colombia		19.3	12.4	19.1	20.4	13.4	
刚果(金)	Congo, Dem. Rep.					0.4	0.4	
刚果(布)	Congo, Rep.					43.7	38.1	
科特迪瓦	Cote D'Ivoire				63.0	70.4	69.3	
克罗地亚	Croatia			15.7	14.7	18.2	24.5	
古　巴	Cuba		0.5	0.2	8.7	13.0	11.6	
捷　克	Czech Rep.		1.1	0.6	2.3	1.3	1.4	1.7
丹　麦	Denmark			2.7	24.3	20.3	16.5	14.0
多米尼加	Dominican Rep.					24.5	25.1	
厄瓜多尔	Ecuador					11.4	9.5	
埃　及	Egypt		20.5	44.8	53.7	69.0	74.7	
爱沙尼亚	Estonia			5.5	7.0	2.3	1.9	1.0
芬　兰	Finland		4.2	8.6	14.5	14.0	12.9	9.4
法　国	France	4.5	2.7	0.7	2.1	4.2	4.8	3.7
加　蓬	Gabon			16.4	17.9	36.1	33.0	
格鲁吉亚	Georgia			15.6	17.4	7.2	22.5	
德　国	Germany	4.7	14.2	7.4	9.2	14.0	13.9	11.5
加　纳	Ghana					10.7	24.3	
希　腊	Greece			0.3	11.1	17.1	23.6	20.8
匈牙利	Hungary	14.5	35.2	15.7	18.8	31.0	29.8	26.7
印　度	India		0.5	3.4	10.0	12.0	10.3	
印度尼西亚	Indonesia			2.2	28.0	23.2	20.3	
伊　朗	Iran		24.8	52.5	75.7	75.9	66.8	
伊拉克	Iraq		21.4	15.7	18.8	56.2	62.1	
爱尔兰	Ireland		15.2	27.7	39.1	62.3	53.8	49.7
以色列	Israel					37.5	33.1	20.9
意大利	Italy	4.9	5.0	18.6	37.5	51.1	48.1	46.1
卢森堡	Luxemburg	0.1	23.5	5.4	50.9	90.3	88.5	87.1
日　本	Japan	1.3	14.2	20.0	24.0	27.1	35.9	41.5
约　旦	Jordan			11.9	10.1	71.2	27.0	

2-2-13 续表 continued

单位：% (%)

国家或地区	Country or Area	1970	1980	1990	2000	2010	2011	2012
哈萨克斯坦	Kazakhstan			10.5	10.7	8.9	9.2	
韩 国	Korea, Rep.			9.1	10.2	20.8	22.3	22.9
科威特	Kuwait		56.1	44.5	32.9	34.6	38.0	
吉尔吉斯斯坦	Kyrgyzstan			23.5	9.8	3.9	3.5	
拉脱维亚	Latvia			26.1	27.3	45.1	49.5	
利比亚	Libya				21.9	46.8	56.3	
立陶宛	Lithuania			23.8	14.5	63.8	62.8	
前南马其顿	Macedonia, FYR					0.3	1.3	
马来西亚	Malaysia		1.2	21.7	73.6	56.6	44.7	
墨西哥	Mexico		15.5	12.5	20.3	52.0	52.8	52.2
摩尔多瓦	Moldova			42.3	89.8	92.9	93.6	
摩洛哥	Morocco					12.6	16.3	
莫桑比克	Mozambique					0.1	0.1	
缅 甸	Myanmar		13.2	39.3	49.5	23.0	21.7	
新西兰	New Zealand	0.1	7.5	17.7	24.4	22.1	19.1	20.3
尼日利亚	Nigeria		43.5	53.7	60.3	64.3	63.3	
挪 威	Norway				0.1	3.9	3.2	1.8
阿 曼	Oman		78.5	81.6	82.8	82.0	82.0	
巴基斯坦	Pakistan		40.5	33.6	32.0	27.4	29.0	
秘 鲁	Peru		1.9	1.7	4.0	34.1	35.7	
菲律宾	Philippines					28.8	29.8	
波 兰	Poland	3.2	0.1	0.1	0.6	3.1	3.6	3.8
葡萄牙	Portugal				16.5	27.8	28.7	22.9
卡塔尔	Qatar		97.3	100.0	100.0	100.0	100.0	
罗马尼亚	Romania		40.2	35.1	17.3	12.0	13.5	
俄罗斯	Russia			47.3	42.3	50.2	49.3	
沙特阿拉伯	Saudi Arabia		71.7	51.0	46.0	46.1	43.3	
塞内加尔	Senegal			2.3	0.1	1.8	1.8	
塞尔维亚	Serbia			3.2	1.1	0.9	1.3	
新加坡	Singapore				18.5	77.2	78.0	
斯洛伐克	Slovakia		10.2	7.2	10.9	8.0	11.1	10.4
斯洛文尼亚	Slovenia				2.2	3.4	3.1	3.4
西班牙	Spain		2.7	1.0	9.1	31.8	29.2	25.0
瑞 典	Sweden			0.3	0.3	1.9	1.0	1.0
瑞 士	Switzerland		0.6	0.6	1.3	1.6	1.6	1.5
叙利亚	Syrian Arab Republic		3.4	20.5	37.1	55.0	52.4	
塔吉克斯坦	Tajikistan			9.1	1.6	3.4	1.2	
坦桑尼亚	Tanzania					47.6	48.8	
泰 国	Thailand			40.2	64.2	74.8	68.3	
特立尼达和多巴哥	Trinidad and Tobago		96.5	99.0	99.6	99.7	99.7	
突尼斯	Tunisia		34.7	63.7	87.6	98.8	98.9	
土耳其	Turkey			17.7	37.0	46.5	45.4	43.6
土库曼斯坦	Turkmenistan			95.2	100.0	100.0	100.0	
乌克兰	Ukraine			16.7	17.5	8.3	9.5	
阿联酋	United Arab Emirates		96.3	96.3	96.9	98.3	98.3	
英 国	United Kingdom	0.3	0.7	1.6	39.6	46.4	40.2	27.7
美 国	United States	24.6	15.3	11.9	15.8	23.4	24.2	29.8
乌拉圭	Uruguay			…	…	0.7	0.9	
乌兹别克斯坦	Uzbekistan			76.4	73.3	73.5	75.4	
委内瑞拉	Venezuela		26.9	26.2	17.3	19.9	17.2	
越 南	Viet Nam			0.1	16.4	45.9	43.9	
也 门	Yemen					26.6	21.6	

第三章 能源供应量

Energy Supply

2-3-1 一次能源供应量
Total Primary Energy Supply

资料来源：国际能源机构。
Source: International Energy Agency.
单位：千吨标准油 (ktoe)

国家或地区	Country or Area	1971	1980	1990	2000	2010	2011	2012
世　界	**World**	**5530555**	**7216971**	**8781906**	**10082280**	**12904815**	**13113378**	
阿尔巴尼亚	Albania	1718	3072	2673	1763	2059	2173	
阿尔及利亚	Algeria	3464	11205	22187	26998	40105	41852	
安哥拉	Angola	3851	4563	5883	7499	13378	13576	
阿根廷	Argentina	33655	41820	46074	60954	78162	80112	
亚美尼亚	Armenia			7708	2015	2483	2716	
澳大利亚	Australia	51614	69603	86226	108110	122512	122888	133681
奥地利	Austria	18815	23154	24842	28558	34228	33019	32896
阿塞拜疆	Azerbaijan			22662	11296	11586	12561	
巴　林	Bahrain	1409	2805	4350	5865	9472	9506	
孟加拉国	Bangladesh	5686	8402	12736	18591	30756	31294	
白俄罗斯	Belarus			45498	24695	27686	29501	
比利时	Belgium	39660	46768	48284	58508	60892	59094	57286
贝　宁	Benin	1105	1353	1661	1983	3653	3761	
玻利维亚	Bolivia	1021	2444	2611	3737	7341	7704	
波　黑	Bosnia and Herzegovina			7018	4346	6451	7095	
博茨瓦纳	Botswana			1261	1836	2263	2215	
巴　西	Brazil	69766	113853	140206	187442	265887	270028	
文　莱	Brunei Darussalam	177	1350	1727	2385	3240	3832	
保加利亚	Bulgaria	19025	28389	28213	18688	17897	19216	
柬埔寨	Cambodia				3412	5024	5333	
喀麦隆	Cameroon	2695	3655	4981	6310	6944	6720	
加拿大	Canada	141353	191957	208565	251450	250992	251845	252651
智　利	Chile	8704	9478	14009	25174	30920	33574	32720
哥伦比亚	Colombia	13852	17706	24223	25814	32235	31613	
刚果(金)	Congo, Dem.Rep.	6679	8466	11798	16679	23766	24497	
刚果(布)	Congo, Rep.	509	620	776	814	1511	1659	
哥斯达黎加	Costa Rica	807	1255	1678	2874	4646	4655	
科特迪瓦	Cote d'Ivoire	2455	3574	4323	6734	9800	11233	
克罗地亚	Croatia			9026	7790	8564	8439	
古　巴	Cuba	10740	14983	17689	12859	11308	11187	
塞浦路斯	Cyprus	587	865	1365	2137	2443	2368	
捷　克	Czech Republic	45384	46949	49570	40993	44043	43429	42823
丹　麦	Denmark	18505	19135	17361	18634	19307	17997	17041
多米尼加	Dominican Republic	2341	3435	4078	7499	7178	7382	
厄瓜多尔	Ecuador	2237	4996	5841	7815	12428	12942	
埃　及	Egypt	7779	15161	32333	40658	73575	77649	
萨尔瓦多	El Salvador	1752	2519	2469	3968	4210	4319	
厄立特里亚	Eritrea				708	745	765	
爱沙尼亚	Estonia			9911	4715	5568	5603	5721
埃塞俄比亚	Ethiopia	12108	14425	19768	25242	33250	34064	
芬　兰	Finland	18168	24599	28381	32233	36429	34749	33475
法　国	France	158571	191770	224001	251981	261157	252827	251706
加　蓬	Gabon	1070	1374	1181	1463	1984	1997	
格鲁吉亚	Georgia			12416	2869	3122	3543	
德　国	Germany	305049	357176	351145	336584	329769	311770	307381

2-3-1 续表 1 continued

单位：千吨标准油 (ktoe)

国家或地区	Country or Area	1971	1980	1990	2000	2010	2011	2012
加　　纳	Ghana	2996	4023	5291	7736	10011	10550	
直布罗陀	Gibraltar	33	38	58	128	176	170	
希　　腊	Greece	8690	14982	21441	27086	27615	26723	25991
危地马拉	Guatemala	2735	3792	4411	7041	10251	10163	
海　　地	Haiti	1504	2083	1560	2010	2409	3211	
洪都拉斯	Honduras	1389	1871	2380	2990	4567	4740	
匈 牙 利	Hungary	19034	28353	28757	24999	25667	24964	23499
冰　　岛	Iceland	902	1497	2088	3100	5369	5731	6021
印　　度	India	156465	205155	316743	457198	723743	749447	
印度尼西亚	Indonesia	35053	55712	98623	154768	211296	209009	
伊　　朗	Iran	16609	38068	69337	122983	210678	212145	
伊 拉 克	Iraq	4129	9648	19709	25937	37845	40220	
爱 尔 兰	Ireland	6718	8236	9870	13574	14219	13216	13350
以 色 列	Israel	5739	7823	11466	18234	23195	23254	24079
意 大 利	Italy	105397	130838	146556	171522	170239	167416	158616
牙 买 加	Jamaica	2010	2278	2785	3829	2830	3066	
日　　本	Japan	267528	344523	439325	518964	499092	461468	451501
约　　旦	Jordan	492	1522	3274	4864	7105	7064	
哈萨克斯坦	Kazakhstan			73449	35679	74443	78101	
肯 尼 亚	Kenya	5284	7358	10675	14055	19719	20179	
韩　　国	Korea, Rep.	16971	41211	93087	188161	249964	260440	263002
朝　　鲜	Korea, Dem.	19414	30363	33222	19717	18794	19037	
科 索 沃	Kosovo				1545	2496	2528	
科 威 特	Kuwait	6120	10451	9110	18805	32586	32523	
吉尔吉斯斯坦	Kyrgyzstan			7486	2317	2805	3097	
拉脱维亚	Latvia			7854	3832	4644	4371	
黎 巴 嫩	Lebanon	1848	2474	1954	4907	6382	6349	
利 比 亚	Libya	1570	6890	11168	15901	21611	13342	
立 陶 宛	Lithuania			16064	7131	7052	7287	
卢 森 堡	Luxembourg	4062	3559	3389	3335	4220	4171	4080
马 其 顿	Macedonia			2478	2668	2883	3122	
马来西亚	Malaysia	6093	11902	21549	47110	72645	75907	
马 耳 他	Malta	211	318	695	676	848	857	
墨 西 哥	Mexico	42983	95115	122493	145384	178924	186171	191924
摩尔多瓦	Moldova			9892	2883	3426	3331	
蒙　　古	Mongolia			3408	2397	3454	3607	
黑　　山	Montenegro					1174	1179	
摩 洛 哥	Morocco	2430	4870	6941	10238	16183	17283	
莫桑比克	Mozambique	6896	6720	5922	7173	9875	10202	
缅　　甸	Myanmar	7905	9422	10679	12841	13997	14056	
纳米比亚	Namibia				978	1552	1589	
尼 泊 尔	Nepal	3658	4562	5789	8108	10218	10391	
荷　　兰	Netherlands	50869	64365	65685	73223	83426	77419	78220
荷属安的列斯群岛	Netherlands Antilles	5470	3926	1458	2116	1864	2501	
新 西 兰	New Zealand	6912	8985	12868	17056	18287	18167	18566
尼加拉瓜	Nicaragua	1224	1539	2023	2522	2951	3038	

2-3-1　续表 2　continued

单位：千吨标准油　(ktoe)

国家或地区	Country or Area	1971	1980	1990	2000	2010	2011	2012
尼日利亚	Nigeria	36071	52460	70582	90596	115138	118325	
挪　威	Norway	13298	18317	21003	26092	32338	28137	29818
阿　曼	Oman	227	1150	4218	8083	23158	25276	
巴基斯坦	Pakistan	17038	24760	42857	64067	84311	84845	
巴拿马	Panama	1656	1412	1491	2569	3710	4058	
巴拉圭	Paraguay	1368	2085	3072	3850	4789	4858	
秘　鲁	Peru	9128	11258	9734	12222	19207	20582	
菲律宾	Philippines	15313	22406	28616	39872	40512	40452	
波　兰	Poland	86124	126620	103105	89116	101539	101313	96543
葡萄牙	Portugal	6276	9986	16739	24673	23541	23084	21949
卡塔尔	Qatar	926	3312	6526	10876	28973	33285	
罗马尼亚	Romania	42127	65227	62254	36228	35031	35830	
俄罗斯	Russia			879193	619265	702292	730970	
沙特阿拉伯	Saudi Arabia	7358	31100	59759	101325	192004	187070	
塞内加尔	Senegal	1242	1561	1686	2398	3426	3515	
塞尔维亚	Serbia			19714	13728	15536	16185	
新加坡	Singapore	2730	5132	11515	18692	34280	33447	
斯洛伐克	Slovak Republic	14258	19849	21327	17743	17828	17349	16676
斯洛文尼亚	Slovenia			5710	6413	7230	7249	7143
南　非	South Africa	45429	65382	90956	109264	142291	141372	
西班牙	Spain	42606	67694	90090	121856	127749	125570	124679
斯里兰卡	Sri Lanka	3798	4535	5516	8327	9844	10421	
苏　丹	Sudan	7028	8365	10629	13340	16605	16622	
瑞　典	Sweden	36041	40485	47198	47556	51315	49045	48877
瑞　士	Switzerland	16389	20036	24362	25005	26199	25375	25500
叙利亚	Syrian Arab Republic	2378	4465	10465	15765	21649	19986	
塔吉克斯坦	Tajikistan			5308	2149	2370	2395	
坦桑尼亚	Tanzania	7576	8015	9733	13390	20043	20747	
泰　国	Thailand	13689	22002	41944	72284	117429	119147	
多　哥	Togo	727	888	1263	2111	2692	2764	
特里尼达和多巴哥	Trinidad and Tobago	2637	3828	5987	10854	21370	20918	
突尼斯	Tunisia	1656	3268	4946	7306	9674	9504	
土耳其	Turkey	19544	31445	52756	76348	105133	112459	115701
土库曼斯坦	Turkmenistan			17518	14871	22675	24710	
乌克兰	Ukraine			251982	133794	132308	126438	
阿联酋	United Arab Emirates	1012	7232	20424	33944	63099	66108	
英　国	United Kingdom	208676	198432	205920	222940	201829	188074	192381
美　国	United States	1587470	1804678	1914996	2273332	2215504	2191193	2132446
乌拉圭	Uruguay	2417	2643	2251	3092	4174	4430	
乌兹别克斯坦	Uzbekistan			46368	50757	43747	47755	
委内瑞拉	Venezuela	19564	35427	43555	56424	75502	70198	
越　南	Vietnam	13222	14392	17866	28736	58912	61210	
也　门	Yemen	735	1272	2513	4747	8360	7260	
赞比亚	Zambia	3502	4498	5399	6244	8054	8462	
津巴布韦	Zimbabwe	5439	6493	9297	9865	9000	9312	

2-3-2 人均一次能源供应量

Total Primary Energy Supply per Capita

资料来源：国际能源机构。
Source: International Energy Agency.
单位：吨标准油/人 (toe per capita)

国家或地区	Country or Area	1971	1980	1990	2000	2010	2011	2012
世　界	**World**	**1.47**	**1.62**	**1.66**	**1.65**	**1.88**	**1.88**	
阿尔巴尼亚	Albania	0.78	1.15	0.81	0.57	0.64	0.68	
阿尔及利亚	Algeria	0.24	0.60	0.88	0.88	1.13	1.16	
安哥拉	Angola	0.64	0.60	0.57	0.54	0.70	0.69	
阿根廷	Argentina	1.38	1.49	1.41	1.65	1.93	1.97	
亚美尼亚	Armenia			2.17	0.65	0.80	0.88	
澳大利亚	Australia	3.91	4.70	5.02	5.61	5.46	5.40	5.79
奥地利	Austria	2.51	3.07	3.24	3.56	4.08	3.92	3.91
阿塞拜疆	Azerbaijan			3.17	1.40	1.28	1.37	
巴　林	Bahrain	6.40	7.84	8.82	9.19	7.51	7.18	
孟加拉国	Bangladesh	0.08	0.10	0.12	0.14	0.21	0.21	
白俄罗斯	Belarus			4.47	2.47	2.92	3.11	
比利时	Belgium	4.11	4.74	4.84	5.71	5.60	5.38	5.19
贝　宁	Benin	0.38	0.37	0.35	0.30	0.41	0.41	
玻利维亚	Bolivia	0.24	0.46	0.39	0.45	0.74	0.76	
波　黑	Bosnia and Herzegovina			1.63	1.18	1.72	1.89	
博茨瓦纳	Botswana			0.91	1.04	1.13	1.09	
巴　西	Brazil	0.71	0.94	0.94	1.07	1.36	1.37	
文　莱	Brunei Darussalam	1.35	7.14	6.85	7.29	8.12	9.44	
保加利亚	Bulgaria	2.23	3.20	3.24	2.29	2.38	2.57	
柬埔寨	Cambodia				0.27	0.36	0.37	
喀麦隆	Cameroon	0.38	0.40	0.41	0.40	0.35	0.34	
加拿大	Canada	6.44	7.83	7.53	8.19	7.35	7.30	7.26
智　利	Chile	0.89	0.85	1.06	1.63	1.81	1.94	1.88
哥伦比亚	Colombia	0.63	0.66	0.73	0.65	0.70	0.67	
刚果(金)	Congo, Dem. Rep.	0.32	0.31	0.32	0.34	0.36	0.36	
刚果(布)	Congo, Rep.	0.37	0.34	0.32	0.26	0.37	0.40	
哥斯达黎加	Costa Rica	0.43	0.54	0.55	0.73	1.00	0.98	
科特迪瓦	Cote d'Ivoire	0.43	0.42	0.35	0.41	0.50	0.56	
克罗地亚	Croatia			1.89	1.76	1.94	1.91	
古　巴	Cuba	1.21	1.53	1.67	1.16	1.00	0.99	
塞浦路斯	Cyprus	0.95	1.69	2.35	3.10	3.04	2.95	
捷　克	Czech Republic	4.62	4.55	4.78	3.99	4.19	4.14	4.08
丹　麦	Denmark	3.73	3.73	3.38	3.49	3.48	3.23	3.05
多米尼加	Dominican Republic	0.50	0.59	0.57	0.87	0.72	0.73	
厄瓜多尔	Ecuador	0.36	0.63	0.57	0.63	0.86	0.88	
埃　及	Egypt	0.21	0.34	0.57	0.60	0.91	0.94	
萨尔瓦多	El Salvador	0.46	0.54	0.46	0.67	0.68	0.69	
厄立特里亚	Eritrea				0.19	0.14	0.14	
爱沙尼亚	Estonia			6.24	3.44	4.16	4.18	4.27
埃塞俄比亚	Ethiopia	0.38	0.38	0.38	0.38	0.40	0.40	
芬　兰	Finland	3.94	5.15	5.69	6.23	6.79	6.45	6.19
法　国	France	3.03	3.48	3.85	4.15	4.03	3.88	3.86
加　蓬	Gabon	1.98	2.01	1.27	1.18	1.32	1.30	
格鲁吉亚	Georgia			2.59	0.65	0.70	0.79	
德　国	Germany	3.89	4.56	4.42	4.10	4.03	3.81	3.77

2-3-2 续表 1 continued

单位：吨标准油/人 (toe per capita)

国家或地区	Country or Area	1971	1980	1990	2000	2010	2011	2012
加 纳	Ghana	0.34	0.37	0.36	0.40	0.41	0.42	
直布罗陀	Gibraltar	1.25	1.34	2.05	4.41	5.67	5.48	
希 腊	Greece	0.97	1.53	2.07	2.48	2.44	2.36	2.29
危地马拉	Guatemala	0.49	0.54	0.49	0.63	0.71	0.69	
海 地	Haiti	0.31	0.37	0.22	0.23	0.24	0.32	
洪都拉斯	Honduras	0.50	0.52	0.49	0.48	0.60	0.61	
匈 牙 利	Hungary	1.84	2.65	2.77	2.45	2.57	2.50	2.36
冰 岛	Iceland	4.38	6.57	8.19	11.03	16.88	17.97	18.88
印 度	India	0.28	0.29	0.36	0.43	0.59	0.60	
印度尼西亚	Indonesia	0.29	0.37	0.54	0.73	0.88	0.86	
伊 朗	Iran	0.56	0.99	1.26	1.88	2.85	2.84	
伊 拉 克	Iraq	0.40	0.70	1.08	1.07	1.18	1.22	
爱 尔 兰	Ireland	2.26	2.42	2.82	3.57	3.12	2.89	2.91
以 色 列	Israel	1.86	2.01	2.45	2.89	3.04	3.00	3.04
意 大 利	Italy	1.95	2.32	2.58	3.01	2.81	2.76	2.62
牙 买 加	Jamaica	1.06	1.07	1.17	1.48	1.05	1.13	
日 本	Japan	2.55	2.94	3.55	4.09	3.90	3.61	3.55
约 旦	Jordan	0.31	0.70	1.03	1.01	1.18	1.14	
哈萨克斯坦	Kazakhstan			4.49	2.40	4.56	4.72	
肯 尼 亚	Kenya	0.45	0.45	0.46	0.45	0.49	0.49	
韩 国	Korea, Rep.	0.52	1.08	2.17	4.00	5.06	5.23	5.26
朝 鲜	Korea, Dem.	1.33	1.76	1.65	0.86	0.77	0.78	
科 索 沃	Kosovo				0.91	1.41	1.41	
科 威 特	Kuwait	7.55	7.59	4.36	9.69	11.91	11.54	
吉尔吉斯斯坦	Kyrgyzstan			1.70	0.47	0.51	0.56	
拉脱维亚	Latvia			2.95	1.61	2.07	1.97	
黎 巴 嫩	Lebanon	0.73	0.89	0.66	1.31	1.51	1.49	
利 比 亚	Libya	0.75	2.25	2.58	3.04	3.40	2.08	
立 陶 宛	Lithuania			4.34	2.04	2.15	2.28	
卢 森 堡	Luxembourg	11.88	9.78	8.87	7.63	8.31	8.04	7.70
马 其 顿	Macedonia			1.30	1.33	1.40	1.51	
马来西亚	Malaysia	0.54	0.86	1.18	2.01	2.56	2.63	
马 耳 他	Malta	0.70	1.00	1.96	1.77	2.04	2.05	
墨 西 哥	Mexico	0.86	1.45	1.51	1.48	1.65	1.70	1.74
摩尔多瓦	Moldova			2.68	0.79	0.96	0.94	
蒙 古	Mongolia			1.55	0.99	1.25	1.29	
黑 山	Montenegro					1.86	1.87	
摩 洛 哥	Morocco	0.15	0.25	0.28	0.36	0.51	0.54	
莫桑比克	Mozambique	0.71	0.55	0.44	0.39	0.42	0.43	
缅 甸	Myanmar	0.29	0.29	0.27	0.29	0.29	0.29	
纳米比亚	Namibia				0.52	0.68	0.68	
尼 泊 尔	Nepal	0.30	0.30	0.30	0.33	0.34	0.34	
荷 兰	Netherlands	3.86	4.55	4.39	4.60	5.02	4.64	4.67
荷属安的列斯群岛	Netherlands Antilles	33.98	22.69	7.72	10.08	8.14	10.92	
新 西 兰	New Zealand	2.41	2.86	3.82	4.41	4.17	4.11	4.17
尼加拉瓜	Nicaragua	0.50	0.47	0.49	0.50	0.51	0.52	

2-3-2 续表 2 continued

单位：吨标准油/人 (toe per capita)

国家或地区	Country or Area	1971	1980	1990	2000	2010	2011	2012
尼日利亚	Nigeria	0.61	0.69	0.72	0.73	0.73	0.73	
挪 威	Norway	3.41	4.48	4.95	5.81	6.61	5.68	5.94
阿 曼	Oman	0.30	0.97	2.26	3.57	8.32	8.88	
巴基斯坦	Pakistan	0.28	0.31	0.38	0.44	0.49	0.48	
巴拿马	Panama	1.07	0.72	0.62	0.87	1.05	1.14	
巴拉圭	Paraguay	0.54	0.65	0.72	0.72	0.74	0.74	
秘 鲁	Peru	0.67	0.65	0.45	0.47	0.66	0.70	
菲律宾	Philippines	0.42	0.48	0.46	0.52	0.43	0.43	
波 兰	Poland	2.63	3.56	2.71	2.33	2.64	2.63	2.51
葡萄牙	Portugal	0.72	1.01	1.67	2.41	2.21	2.17	2.06
卡塔尔	Qatar	7.85	14.92	13.77	18.40	16.47	17.80	
罗马尼亚	Romania	2.06	2.93	2.68	1.61	1.63	1.68	
俄罗斯	Russia			5.93	4.23	4.95	5.15	
沙特阿拉伯	Saudi Arabia	1.22	3.17	3.70	5.05	7.00	6.66	
塞内加尔	Senegal	0.29	0.29	0.23	0.25	0.28	0.28	
塞尔维亚	Serbia			2.07	1.70	2.13	2.23	
新加坡	Singapore	1.29	2.13	3.78	4.64	6.75	6.45	
斯洛伐克	Slovak Republic	3.12	3.97	4.03	3.29	3.28	3.19	3.06
斯洛文尼亚	Slovenia			2.86	3.22	3.53	3.53	3.47
南 非	South Africa	2.01	2.37	2.58	2.48	2.85	2.79	
西班牙	Spain	1.24	1.80	2.31	3.03	2.77	2.72	2.71
斯里兰卡	Sri Lanka	0.30	0.31	0.32	0.44	0.48	0.50	
苏 丹	Sudan	0.46	0.42	0.40	0.39	0.38	0.37	
瑞 典	Sweden	4.45	4.87	5.51	5.36	5.47	5.19	5.13
瑞 士	Switzerland	2.58	3.14	3.58	3.47	3.36	3.22	3.22
叙利亚	Syrian Arab Republic	0.36	0.50	0.85	0.99	1.06	0.96	
塔吉克斯坦	Tajikistan			1.00	0.35	0.34	0.34	
坦桑尼亚	Tanzania	0.54	0.43	0.38	0.39	0.45	0.45	
泰 国	Thailand	0.36	0.46	0.73	1.14	1.70	1.71	
多 哥	Togo	0.34	0.33	0.34	0.44	0.45	0.45	
特里尼达和多巴哥	Trinidad and Tobago	2.70	3.55	4.93	8.40	15.94	15.54	
突尼斯	Tunisia	0.32	0.51	0.61	0.76	0.92	0.89	
土耳其	Turkey	0.54	0.71	0.96	1.19	1.44	1.52	1.54
土库曼斯坦	Turkmenistan			4.78	3.30	4.50	4.84	
乌克兰	Ukraine			4.86	2.72	2.88	2.77	
阿联酋	United Arab Emirates	3.71	7.12	11.29	11.19	8.40	8.38	
英 国	United Kingdom	3.73	3.52	3.60	3.79	3.24	3.00	3.04
美 国	United States	7.64	7.92	7.65	8.05	7.15	7.02	6.77
乌拉圭	Uruguay	0.86	0.91	0.72	0.94	1.24	1.31	
乌兹别克斯坦	Uzbekistan			2.26	2.06	1.53	1.63	
委内瑞拉	Venezuela	1.77	2.36	2.21	2.32	2.62	2.40	
越 南	Vietnam	0.30	0.27	0.27	0.37	0.68	0.70	
也 门	Yemen	0.12	0.16	0.21	0.27	0.35	0.29	
赞比亚	Zambia	0.82	0.78	0.69	0.61	0.62	0.63	
津巴布韦	Zimbabwe	1.01	0.89	0.89	0.79	0.72	0.73	

2-3-3 煤和煤制品供应量

Total Primary Energy Supply of Coal and Coal Products

资料来源：国际能源机构。
Source: International Energy Agency.
单位：千吨标准油 (ktoe)

国家或地区	Country or Area	1971	1980	1990	2000	2010	2011	2012
世 界	**World**	**1425997**	**1780167**	**2223327**	**2353944**	**3591096**	**3771746**	
阿尔巴尼亚	Albania	299	608	630	17	58	72	
阿尔及利亚	Algeria	204	127	686	521	343	296	
阿 根 廷	Argentina	813	971	947	528	1058	1209	
澳大利亚	Australia	21121	27318	34980	48156	50047	48180	48835
奥 地 利	Austria	4085	3653	4096	3594	3377	3471	3243
孟加拉国	Bangladesh	93	124	281	330	904	912	
白俄罗斯	Belarus			1409	379	-59	-48	
比 利 时	Belgium	10154	11396	10567	7877	3183	2907	2741
波 黑	Bosnia and Herzegovina			4178	2462	4026	4747	
博茨瓦纳	Botswana			502	641	611	488	
巴 西	Brazil	2190	5930	9670	13015	14450	15431	
保加利亚	Bulgaria	8434	9389	8892	6480	6929	8092	
柬 埔 寨	Cambodia					8	9	
加 拿 大	Canada	15874	20579	24276	31661	22317	19603	19127
智 利	Chile	1321	1221	2496	3071	4562	5345	5579
哥伦比亚	Colombia	1744	1790	3079	2635	3218	3500	
刚果(金)	Congo, Dem. Rep.	212	210	222	209	319	336	
哥斯达黎加	Costa Rica	1	1		1	65	64	
克罗地亚	Croatia			811	432	683	703	
古 巴	Cuba	51	96	140	27	30	30	
塞浦路斯	Cyprus			64	32	17	7	
捷 克	Czech Republic	37114	33346	31468	21580	18435	18337	17439
丹 麦	Denmark	1447	5876	6088	3986	3809	3234	2447
多米尼加	Dominican Republic			10	57	508	615	
埃 及	Egypt	366	592	835	923	1069	1039	
爱沙尼亚	Estonia			5750	2899	3839	3989	4005
芬 兰	Finland	2059	4431	4100	3643	4616	3668	3078
法 国	France	33538	32892	20211	15043	12070	10277	11469
格鲁吉亚	Georgia			896	13	49	63	
德 国	Germany	141751	141017	128562	84828	77117	77353	77691
希 腊	Greece	1623	3264	8066	9038	7863	7887	8204
危地马拉	Guatemala		14		132	303	289	
洪都拉斯	Honduras			1	83	114	150	
匈 牙 利	Hungary	7851	8431	6203	3849	2703	2758	2667
冰 岛	Iceland	1	18	64	98	90	91	97
印 度	India	35540	49447	103383	161457	310073	325782	
印度尼西亚	Indonesia	133	157	3549	12009	30483	31476	
伊 朗	Iran	227	1196	710	1423	1440	1371	
爱 尔 兰	Ireland	746	756	2080	1815	1214	1241	1509
以 色 列	Israel	5	1	2286	6474	7406	7750	9219
意 大 利	Italy	8551	11682	14631	12560	14168	15911	15531
牙 买 加	Jamaica			32	33	33	35	
日 本	Japan	56042	59556	76615	96859	114965	107420	112905
哈萨克斯坦	Kazakhstan			39953	19764	34515	37770	
肯 尼 亚	Kenya	52	11	93	66	165	234	
韩 国	Korea, Rep.	6271	13485	25558	41952	73426	80236	78086
朝 鲜	Korea, Dem.	17082	25880	28263	16813	15743	15996	
科 索 沃	Kosovo				969	1675	1623	

2-3-3 续表 continued

单位：千吨标准油 (ktoe)

国家或地区	Country or Area	1971	1980	1990	2000	2010	2011	2012
吉尔吉斯斯坦	Kyrgyzstan			2530	468	695	723	
拉脱维亚	Latvia			631	73	107	119	
黎巴嫩	Lebanon	2	4		132	149	165	
立陶宛	Lithuania			780	81	200	230	
卢森堡	Luxembourg	2517	1824	1110	109	67	58	54
马其顿	Macedonia			1328	1338	1305	1481	
马来西亚	Malaysia	9	53	1355	2308	14601	15582	
墨西哥	Mexico	1512	2366	3467	7106	9504	10015	9900
摩尔多瓦	Moldova			2002	85	95	98	
蒙古	Mongolia			2489	1817	2459	2422	
黑山	Montenegro					411	424	
摩洛哥	Morocco	302	404	1132	2649	2792	2977	
莫桑比克	Mozambique	374	172	35		6	16	
缅甸	Myanmar	142	153	67	320	409	411	
纳米比亚	Namibia				2	19	7	
尼泊尔	Nepal	7	50	49	258	303	290	
荷兰	Netherlands	3381	3791	8934	7850	7599	7475	8179
新西兰	New Zealand	1087	1020	1185	1107	1312	1436	1393
尼日利亚	Nigeria	131	96	39	2	23	20	
挪威	Norway	939	1006	863	1051	763	846	848
巴基斯坦	Pakistan	655	692	1959	1862	4185	4094	
巴拿马	Panama	1		20	37	72	199	
秘鲁	Peru	122	143	145	631	871	667	
菲律宾	Philippines	22	510	1433	5044	7748	8447	
波兰	Poland	70697	99802	78872	56303	55398	54619	50207
葡萄牙	Portugal	582	425	2757	3805	1657	2210	2906
罗马尼亚	Romania	7135	12557	12930	7446	6948	8093	
俄罗斯	Russia			190046	119273	114586	115604	
塞内加尔	Senegal					163	168	
塞尔维亚	Serbia			10172	8645	7753	8758	
斯洛伐克	Slovak Republic	8040	8198	7831	4271	3897	3704	3480
斯洛文尼亚	Slovenia			1575	1306	1452	1467	1483
南非	South Africa	32099	47682	66539	82000	100944	98477	
西班牙	Spain	8945	12427	19283	20940	7938	12438	15202
斯里兰卡	Sri Lanka	1	1	5	1	68	380	
瑞典	Sweden	1725	1703	2723	2218	2139	2160	1941
瑞士	Switzerland	458	328	359	138	153	143	131
叙利亚	Syrian Arab Republic	5	3		3	3	3	
塔吉克斯坦	Tajikistan			627	12	92	108	
坦桑尼亚	Tanzania		1	3	49	29	28	
泰国	Thailand	114	471	3819	7673	16362	18251	
土耳其	Turkey	4314	6988	16905	22905	32034	33925	35067
乌克兰	Ukraine			81097	38436	38131	41383	
阿联酋	United Arab Emirates					716	1250	
英国	United Kingdom	84026	68798	63107	36503	30202	30655	38611
美国	United States	279377	376234	460199	533627	502642	479002	426081
乌拉圭	Uruguay	28	3	1	1	2	1	
乌兹别克斯坦	Uzbekistan			3386	1246	1306	1372	
委内瑞拉	Venezuela	143	157	463	132	199	205	
越南	Vietnam	1433	2275	2223	4372	14650	15536	
津巴布韦	Zimbabwe	1630	1632	3436	2556	1798	1966	

2-3-4 原油、天然气凝析液和给料供应量

Total Primary Energy Supply of Crude, NGL and Feedstocks

资料来源：国际能源机构。
Source: International Energy Agency.
单位：千吨标准油 (ktoe)

国家或地区	Country or Area	1971	1980	1990	2000	2010	2011	2012
世 界	**World**	**2486557**	**3149337**	**3293188**	**3743761**	**4201763**	**4219570**	
阿尔巴尼亚	Albania	1514	2000	1184	314	156	297	
阿尔及利亚	Algeria	2721	12136	28027	32788	37752	36220	
安哥拉	Angola	709	1259	1669	1884	2530	2564	
阿根廷	Argentina	24196	27793	25512	28620	32270	29852	
澳大利亚	Australia	25111	31656	33074	36577	30641	33154	32707
奥地利	Austria	7784	10831	9160	9010	8306	8914	8685
阿塞拜疆	Azerbaijan			16530	8470	6458	6634	
巴林	Bahrain	13006	12259	13075	13486	13973	13613	
孟加拉国	Bangladesh	816	1241	1082	1455	1238	1534	
白俄罗斯	Belarus			39749	13524	16581	20589	
比利时	Belgium	30880	34201	27350	34754	31705	29334	30886
玻利维亚	Bolivia	735	1408	1304	1680	2430	2504	
波黑	Bosnia and Herzegovina			2042	543	1130	1185	
巴西	Brazil	27364	55840	61302	83638	95658	97992	
文莱	Brunei Darussalam		5	115	642	617	654	
保加利亚	Bulgaria	7993	13514	8437	5463	6125	5974	
喀麦隆	Cameroon		214	875	1638	2355	1980	
加拿大	Canada	68352	94947	82797	96682	95352	90130	97680
智利	Chile	4991	5222	6572	10176	9267	9973	9384
哥伦比亚	Colombia	7933	7925	13008	15854	17865	16685	
刚果(布)	Congo, Rep.			576	409	693	619	
哥斯达黎加	Costa Rica	426	521	501	91	513	154	
科特迪瓦	Cote d'Ivoire	838	1847	2175	3207	3036	2469	
克罗地亚	Croatia			7214	5543	4449	3714	
古巴	Cuba	4842	6611	7090	4535	9317	9016	
捷克	Czech Republic	5995	9479	7702	6079	8124	7369	7509
丹麦	Denmark	10761	6888	8124	9331	7310	6746	7518
多米尼加	Dominican Republic		1601	1605	2102	1389	1315	
厄瓜多尔	Ecuador	1301	4829	6423	8548	7651	8825	
埃及	Egypt	5128	13264	26298	26058	30780	28533	
萨尔瓦多	El Salvador	489	675	709	1016	840	777	
芬兰	Finland	8858	12797	9252	11669	11288	11937	11655
法国	France	109418	115239	78404	85293	65545	65738	57718
加蓬	Gabon	1119	1398	354	631	955	951	

2-3-4 续表 1 continued

单位：千吨标准油 (ktoe)

国家或地区	Country or Area	1971	1980	1990	2000	2010	2011	2012
德国	Germany	122750	124760	94807	110007	98274	96321	97507
加纳	Ghana	896	1061	801	1308	1716	1527	
希腊	Greece	5498	14323	15840	20372	20655	18093	22116
危地马拉	Guatemala	849	859	590	1015	75	84	
匈牙利	Hungary	6691	9985	8385	7397	6945	7194	6804
印度	India	20695	27344	55864	112967	210012	218678	
印度尼西亚	Indonesia	9573	18124	42261	54205	50879	49807	
伊朗	Iran	29499	37665	48231	85979	100099	100909	
伊拉克	Iraq	4107	10213	20199	28600	25181	25943	
爱尔兰	Ireland	2993	2079	1862	3378	2972	3056	3233
以色列	Israel	6338	7538	8817	11600	12791	12676	13598
意大利	Italy	112859	92175	83025	94142	88452	84792	79056
牙买加	Jamaica	1539	886	1338	1066	1155	1222	
日本	Japan	188860	218230	204614	220097	185523	180446	182715
约旦	Jordan	580	1801	2731	3855	3440	3281	
哈萨克斯坦	Kazakhstan			20099	6943	22430	18513	
肯尼亚	Kenya	2586	3054	2321	2023	1646	1778	
韩国	Korea，Rep.	11794	24838	43240	126493	120993	128026	130149
朝鲜	Korea, Dem.	152	2124	2548	394	532	530	
科威特	Kuwait	18716	21126	14775	43732	53976	52501	
吉尔吉斯斯坦	Kyrgyzstan				149	103	91	
利比亚	Libya	459	7149	13843	19082	19486	6242	
立陶宛	Lithuania			9539	5008	9486	9672	
马其顿	Macedonia			1242	813	875	722	
马来西亚	Malaysia	4068	5783	10025	22581	24908	26750	
墨西哥	Mexico	25709	67974	82018	78347	80883	81213	84618
摩洛哥	Morocco	1514	4273	5800	6962	6389	7135	
缅甸	Myanmar	1312	1368	762	1114	892	881	
荷兰	Netherlands	62497	51546	52918	63224	62860	60547	60073
荷属安的列斯群岛	Netherlands Antilles	41255	28373	10573	11509	4559	8910	
新西兰	New Zealand	3214	3194	4373	5430	5479	5562	5834
尼加拉瓜	Nicaragua	478	573	612	846	776	790	
尼日利亚	Nigeria	2000	7307	13712	4940	4946	6012	
挪威	Norway	5668	8338	13853	15654	21969	23560	23998
阿曼	Oman	142	284	3285	3498	7848	9927	
巴基斯坦	Pakistan	3552	4494	6151	9857	10402	9872	

2-3-4 续表 2 continued

单位：千吨标准油 (ktoe)

国家或地区	Country or Area	1971	1980	1990	2000	2010	2011	2012
秘　　鲁	Peru	4630	7621	7202	7616	10844	10545	
菲 律 宾	Philippines	8805	9307	11087	15488	8953	8877	
波　　兰	Poland	8394	16215	12682	18609	23888	25157	25548
葡 萄 牙	Portugal	4148	7774	10675	12550	12091	11117	11692
卡 塔 尔	Qatar	40	540	4094	5330	24537	25480	
罗马尼亚	Romania	16165	26670	23395	10752	10246	9789	
俄 罗 斯	Russia			321938	183807	256925	267031	
沙特阿拉伯	Saudi Arabia	30668	45892	105023	128396	181729	169145	
塞内加尔	Senegal	573	766	706	932	610	761	
塞尔维亚	Serbia			5003	1285	3068	2584	
新 加 坡	Singapore	17136	32640	41678	42668	58005	58735	
斯洛伐克	Slovak Republic	5634	9732	6193	5395	5673	6221	5707
南　　非	South Africa	12083	11509	12556	17736	19471	20489	
西 班 牙	Spain	35877	50335	54887	59309	57452	57015	61977
斯里兰卡	Sri Lanka	1582	1942	1811	2342	1912	2182	
苏　　丹	Sudan	987	981	852	2275	5079	4568	
瑞　　典	Sweden	11623	16924	17123	20343	19745	18837	20777
瑞　　士	Switzerland	5528	4748	3168	4803	4688	4593	3561
叙 利 亚	Syrian Arab Republic	2549	6430	11930	13033	12246	11954	
塔吉克斯坦	Tajikistan			148	13	23	24	
泰　　国	Thailand	5441	7803	12682	39858	58643	59306	
特里尼达和多巴哥	Trinidad and Tobago	20233	11718	4787	9012	8178	8646	
突 尼 斯	Tunisia	1191	1678	1874	1882	421	1049	
土 耳 其	Turkey	9120	13192	23597	23850	19466	20621	21114
土库曼斯坦	Turkmenistan			4629	6157	9053	9023	
乌 克 兰	Ukraine			58639	9481	11497	9100	
阿 联 酋	United Arab Emirates		1275	13985	28147	28468	30443	
英　　国	United Kingdom	107927	88135	90864	92506	77402	78599	72230
美　　国	United States	642552	790548	783541	887052	875559	884205	876352
乌 拉 圭	Uruguay	1831	1917	1260	2169	2009	1384	
乌兹别克斯坦	Uzbekistan			8040	7749	4089	3851	
委内瑞拉	Venezuela	70489	51799	51970	63850	65321	67786	
也　　门	Yemen	3808	3536	4857	4656	4828	3359	
赞 比 亚	Zambia		777	731	25	637	678	

2-3-5 天然气供应量

Total Primary Energy Supply of Natural Gas

资料来源：国际能源机构。
Source: International Energy Agency.
单位：千吨标准油 (ktoe)

国家或地区	Country or Area	1971	1980	1990	2000	2010	2011	2012
世　界	**World**	**894940**	**1233817**	**1667803**	**2072097**	**2740110**	**2786953**	
阿尔巴尼亚	Albania	106	322	203	9	12	12	
阿尔及利亚	Algeria	1030	5831	12172	16838	23318	24783	
安 哥 拉	Angola	36	64	441	465	596	612	
阿 根 廷	Argentina	5652	10430	18831	29804	37974	40446	
亚美尼亚	Armenia			3593	1120	1291	1585	
澳大利亚	Australia	1792	7465	14786	19269	26207	27020	34688
奥 地 利	Austria	2842	4154	5183	6517	8212	7753	7417
阿塞拜疆	Azerbaijan			14457	4827	7849	8311	
巴　林	Bahrain	759	2432	3552	4970	8085	7998	
孟加拉国	Bangladesh	311	1044	3724	7374	16490	16614	
白俄罗斯	Belarus			12541	14255	18145	17180	
比 利 时	Belgium	4712	8908	8167	13365	16994	15120	14320
玻利维亚	Bolivia	59	243	627	1138	2607	2676	
波　黑	Bosnia and Herzegovina			397	199	199	227	
巴　西	Brazil	109	823	3243	7909	23018	22887	
文　莱	Brunei Darussalam	97	1164	1676	1850	2677	3184	
保加利亚	Bulgaria	247	3180	5383	2931	2300	2630	
加 拿 大	Canada	31169	45552	54728	74237	78678	83569	83451
智　利	Chile	639	720	1142	5206	4467	4564	4238
哥伦比亚	Colombia	1118	2394	3374	5456	8227	7586	
科特迪瓦	Cote d'Ivoire				1267	1326	1307	
克罗地亚	Croatia			2194	2209	2632	2569	
古　巴	Cuba	4	14	26	456	852	810	
捷　克	Czech Republic	856	2588	5246	7498	7595	7209	6809
丹　麦	Denmark			1817	4448	4422	3716	3474
多米尼加	Dominican Republic					703	779	
厄瓜多尔	Ecuador					423	374	
埃　及	Egypt	70	1585	6731	14432	38192	42319	
爱沙尼亚	Estonia			1222	662	562	503	545
芬　兰	Finland		767	2182	3421	3836	3359	2994
法　国	France	9733	21638	26025	35756	42528	37031	38230
加　蓬	Gabon	78	13	89	102	159	140	
格鲁吉亚	Georgia			4553	953	1015	1507	
德　国	Germany	16804	51194	54965	71833	75757	69576	67777
加　纳	Ghana					354	692	
希　腊	Greece			138	1704	3234	3971	3765
匈 牙 利	Hungary	3254	7970	8911	9654	9813	9351	8377
印　度	India	594	1260	10568	23062	52719	50380	
印度尼西亚	Indonesia	242	4949	15804	26542	38789	34761	
伊　朗	Iran	2347	3658	17480	52618	122685	129166	
伊 拉 克	Iraq	759	1046	1617	2572	4188	5005	
爱 尔 兰	Ireland		737	1872	3435	4694	4116	4010
以 色 列	Israel	105	131	28	8	4406	4101	2103
意 大 利	Italy	10848	22720	38990	57924	68037	63796	61338
日　本	Japan	3314	21396	44161	65652	86014	99952	105170
约　旦	Jordan			102	213	2288	872	
哈萨克斯坦	Kazakhstan			10680	6572	22309	24416	
韩　国	Korea, Rep.			2724	17005	38625	41576	44966
科 威 特	Kuwait	4243	5627	4923	7840	11852	13877	
吉尔吉斯斯坦	Kyrgyzstan			1519	574	247	278	

2-3-5 续表 continued

单位：千吨标准油 (ktoe)

国家或地区	Country or Area	1971	1980	1990	2000	2010	2011	2012
拉脱维亚	Latvia			2379	1092	1461	1288	
利比亚	Libya	899	2479	4050	4148	5725	4442	
立陶宛	Lithuania			4677	2063	2491	2717	
卢森堡	Luxembourg	15	424	429	671	1196	1032	1051
马其顿	Macedonia				54	96	110	
马来西亚	Malaysia	71	2013	6119	22250	28067	28484	
墨西哥	Mexico	8775	19131	23120	28921	53264	56218	58105
摩尔多瓦	Moldova			3274	2126	2312	2255	
摩洛哥	Morocco	43	55	43	38	562	712	
莫桑比克	Mozambique				1	128	130	
缅甸	Myanmar	55	286	760	1197	1332	1418	
荷兰	Netherlands	19954	30423	30801	34984	39195	34193	32745
新西兰	New Zealand	105	791	3871	5057	3727	3410	3840
尼日利亚	Nigeria	172	1238	3266	5757	7160	8027	
挪威	Norway		869	1975	4143	6227	4936	5171
阿曼	Oman		312	2437	5928	16824	18040	
巴基斯坦	Pakistan	2361	5024	10077	16666	26962	26944	
秘鲁	Peru	315	449	407	494	5495	6451	
菲律宾	Philippines				9	3048	3291	
波兰	Poland	5716	8770	8935	9957	12801	12833	13596
葡萄牙	Portugal				2033	4487	4462	4025
卡塔尔	Qatar	825	2845	5556	9468	23326	28963	
罗马尼亚	Romania	22279	32371	28830	13676	10785	11102	
俄罗斯	Russia			367287	318916	383435	391213	
沙特阿拉伯	Saudi Arabia	1151	9149	21236	34238	66492	70036	
塞内加尔	Senegal			6	1	16	15	
塞尔维亚	Serbia			2587	1533	1853	1902	
新加坡	Singapore				1119	7797	8061	
斯洛伐克	Slovak Republic	1309	2317	5087	5775	5005	4636	4364
斯洛文尼亚	Slovenia			763	825	863	737	710
南非	South Africa			1504	1397	3814	3794	
西班牙	Spain	357	1453	4969	15215	31120	28984	28239
瑞典	Sweden			577	776	1466	1158	1006
瑞士	Switzerland	44	866	1631	2433	3009	2669	2926
叙利亚	Syrian Arab Republic		40	1369	4942	7802	6579	
塔吉克斯坦	Tajikistan			1387	627	358	349	
坦桑尼亚	Tanzania					643	708	
泰国	Thailand			4993	17362	32936	30777	
特里尼达和多巴哥	Trinidad and Tobago	1602	2435	4696	9598	19676	19353	
突尼斯	Tunisia	1	351	1234	2732	4378	4313	
土耳其	Turkey			2855	12634	31386	36778	37251
土库曼斯坦	Turkmenistan			12249	10899	17336	19087	
乌克兰	Ukraine			91828	62251	55229	46841	
阿联酋	United Arab Emirates	876	4124	14172	27465	50566	52310	
英国	United Kingdom	16400	40311	47190	87374	84789	70182	66293
美国	United States	516927	476783	438232	547580	555918	568727	594784
乌拉圭	Uruguay				31	64	71	
乌兹别克斯坦	Uzbekistan			32482	41550	37669	41888	
委内瑞拉	Venezuela	8917	13966	20748	27069	25827	25960	
越南	Vietnam			3	1119	8122	7446	
也门	Yemen					733	778	

2-3-6 生物燃料及废物能源供应量

Total Primary Energy Supply of Biofuels and Waste

资料来源：国际能源机构。
Source: International Energy Agency.
单位：千吨标准油 (ktoe)

国家或地区	Country or Area	1971	1980	1990	2000	2010	2011	2012
世　界	**World**	**620819**	**747516**	**906515**	**1032885**	**1295064**	**1312151**	
阿尔巴尼亚	Albania	375	375	363	258	205	208	
阿尔及利亚	Algeria	6	8	11	54	52	16	
安哥拉	Angola	3189	3601	4322	5607	7683	7899	
阿根廷	Argentina	2262	2152	1722	2955	2741	3069	
亚美尼亚	Armenia			15	12	9	9	
澳大利亚	Australia	3558	3613	3961	5035	4173	4055	4064
奥地利	Austria	673	1137	2502	3134	6364	6290	6750
阿塞拜疆	Azerbaijan			17	19	90	97	
孟加拉国	Bangladesh	4455	5651	6863	7609	8730	8836	
白俄罗斯	Belarus			204	958	1684	1731	
比利时	Belgium		57	755	1036	3110	5271	5258
贝　宁	Benin	1002	1212	1564	1445	2055	2113	
玻利维亚	Bolivia	195	736	754	723	1784	1897	
波　黑	Bosnia and Herzegovina			163	180	183	182	
博茨瓦纳	Botswana			421	543	488	493	
巴　西	Brazil	35606	40391	47757	46619	81618	77912	
保加利亚	Bulgaria	266	196	172	558	933	988	
柬埔寨	Cambodia				2718	3619	3789	
喀麦隆	Cameroon	2362	2969	3820	4985	4429	4541	
加拿大	Canada	7624	7647	8158	11688	12047	12295	11633
智　利	Chile	1395	1793	3133	4727	4904	5915	6221
哥伦比亚	Colombia	4422	4732	5520	3430	3310	3641	
刚果(金)	Congo, Dem. Rep.	5566	7219	9998	15758	22200	22803	
刚果(布)	Congo, Rep.	313	377	474	588	760	778	
哥斯达黎加	Costa Rica	248	313	391	248	802	734	
科特迪瓦	Cote d'Ivoire	1627	2227	3176	4224	7377	8717	
克罗地亚	Croatia			312	375	398	475	
古　巴	Cuba	4121	4630	7007	3883	1273	1476	
塞浦路斯	Cyprus	9	6	6	10	48	46	
捷　克	Czech Republic			808	1366	2652	2808	2996
丹　麦	Denmark	327	643	1140	1745	3574	3538	3631
多米尼加	Dominican Republic	1166	1279	979	798	666	655	
厄瓜多尔	Ecuador	1102	981	825	697	649	705	
埃　及	Egypt	652	794	1057	1306	1567	1594	
萨尔瓦多	El Salvador	1210	1408	1191	1349	771	750	
厄立特里亚	Eritrea				508	581	599	
爱沙尼亚	Estonia			188	512	820	797	794
埃塞俄比亚	Ethiopia	11603	13882	18862	24022	30992	31658	
芬　兰	Finland	4048	3473	4563	6547	8259	8088	8424
法　国	France	9420	8642	10986	10770	15476	14250	14392
加　蓬	Gabon	486	591	743	925	1129	1151	
格鲁吉亚	Georgia			458	645	359	315	

2-3-6 续表 1 continued

单位：千吨标准油 (ktoe)

国家或地区	Country or Area	1971	1980	1990	2000	2010	2011	2012
德 国	Germany	2539	4352	4796	7862	29409	26598	27306
加 纳	Ghana	2087	2851	3900	5315	5948	6009	
希 腊	Greece	450	450	893	1009	1075	1261	1340
危地马拉	Guatemala	1911	2352	3034	3890	6359	6322	
海 地	Haiti	1376	1858	1213	1517	1719	2495	
洪都拉斯	Honduras	991	1247	1498	1328	1965	2069	
匈牙利	Hungary	542	515	656	758	1877	1804	1778
冰 岛	Iceland				1	1	1	1
印 度	India	95780	116460	133459	148863	180088	184801	
印度尼西亚	Indonesia	26338	30262	43499	49118	54041	52998	
伊 朗	Iran	147	138	218	153	308	308	
伊拉克	Iraq	27	27	23	26	26	26	
爱尔兰	Ireland			108	141	375	387	431
以色列	Israel	4	3	3	9	24	18	18
意大利	Italy	218	916	941	2251	8738	10201	10653
牙买加	Jamaica	266	214	477	579	446	528	
日 本	Japan			4995	5863	9909	10397	10397
约 旦	Jordan	1	1	2	3	6	6	
哈萨克斯坦	Kazakhstan			115	73	50	79	
肯尼亚	Kenya	4115	5737	8255	11001	14233	14616	
韩 国	Korea, Rep.			731	1379	3448	3856	4171
朝 鲜	Korea, Dem.	681	860	955	1005	1065	1070	
科索沃	Kosovo				212	236	242	
吉尔吉斯斯坦	Kyrgyzstan			5	4	4	4	
拉脱维亚	Latvia			659	948	1292	1225	
黎巴嫩	Lebanon	96	107	103	129	126	126	
利比亚	Libya	97	125	125	140	170	172	
立陶宛	Lithuania			285	645	994	970	
卢森堡	Luxembourg		21	23	51	143	142	144
马其顿	Macedonia				212	199	190	
马来西亚	Malaysia	1449	1828	2386	2866	3414	3504	
马耳他	Malta			1	1	1	46	
墨西哥	Mexico	5971	6877	8552	8939	8362	8268	8445
摩尔多瓦	Moldova			62	60	84	83	
蒙 古	Mongolia			77	132	146	147	
黑 山	Montenegro					227	231	
摩洛哥	Morocco	126	260	317	436	485	490	
莫桑比克	Mozambique	5950	5937	5560	6418	7895	8077	
缅 甸	Myanmar	6355	7572	9021	9188	10535	10617	
纳米比亚	Namibia				173	208	212	
尼泊尔	Nepal	3591	4385	5425	6988	8593	8744	
荷 兰	Netherlands		227	953	1732	3468	3587	3685
新西兰	New Zealand		519	754	1114	1191	1205	1208

2-3-6 续表 2 continued

单位：千吨标准油 (ktoe)

国家或地区	Country or Area	1971	1980	1990	2000	2010	2011	2012
尼加拉瓜	Nicaragua	703	868	1058	1221	1217	1238	
尼日利亚	Nigeria	33955	42967	56577	74040	94832	97255	
挪威	Norway		585	1031	1365	1727	1797	1908
巴基斯坦	Pakistan	10629	14028	18767	24003	28832	29355	
巴拿马	Panama	335	444	422	462	482	465	
巴拉圭	Paraguay	1154	1549	2228	2238	2303	2226	
秘鲁	Peru	3447	3434	2674	2234	3140	3081	
菲律宾	Philippines	7392	9413	11121	8103	6902	6927	
波兰	Poland	1249	1215	2229	4065	7595	8211	8614
葡萄牙	Portugal	702	718	2476	2770	3178	3211	3232
罗马尼亚	Romania	1386	955	602	2859	4131	3686	
俄罗斯	Russia			12180	6897	6943	7088	
沙特阿拉伯	Saudi Arabia	1	1	12	4	4	4	
塞内加尔	Senegal	825	886	957	1164	1567	1608	
塞尔维亚	Serbia			1169	802	1035	1038	
新加坡	Singapore	10	5	58	168	842	933	
斯洛伐克	Slovak Republic	211	181	174	413	892	961	883
斯洛文尼亚	Slovenia			267	458	650	618	629
南非	South Africa	4700	6305	10412	12635	14355	14526	
西班牙	Spain	12	266	4067	4130	6594	7168	7537
斯里兰卡	Sri Lanka	2738	3082	3916	4468	5053	4943	
苏丹	Sudan	5647	7040	8692	10865	10984	11160	
瑞典	Sweden	2889	4131	5506	8262	11900	10015	10526
瑞士	Switzerland	231	472	1483	1813	2342	2273	2379
叙利亚	Syrian Arab Republic	1	5	2	5	6	7	
坦桑尼亚	Tanzania	6846	7237	8928	12458	17757	18304	
泰国	Thailand	7601	10647	14686	14607	22605	21818	
多哥	Togo	608	747	1046	1756	2223	2270	
特里尼达和多巴哥	Trinidad and Tobago	38	30	66	49	14	14	
突尼斯	Tunisia	415	503	638	934	1393	1390	
土耳其	Turkey	5798	7680	7205	6513	4558	3661	3695
乌克兰	Ukraine			360	262	1476	1563	
阿联酋	United Arab Emirates				17	52	55	
英国	United Kingdom			627	1922	5827	6275	6965
美国	United States	35117	54489	62255	73232	89304	91456	90313
乌拉圭	Uruguay	393	467	546	422	1298	1299	
乌兹别克斯坦	Uzbekistan			4	4	4	4	
委内瑞拉	Venezuela	435	384	549	628	667	651	
越南	Vietnam	8258	10142	12468	14187	14707	14706	
也门	Yemen	49	60	77	77	105	108	
赞比亚	Zambia	2135	2902	4012	5140	6512	6789	
津巴布韦	Zimbabwe	3052	3664	4728	5591	5946	5980	

第四章 能源消费量

Energy Consumption

2-4-1　能源终端消费总量
Total Final Consumption of Energy

资料来源：国际能源机构。
Source: International Energy Agency.
单位：千吨标准油　(ktoe)

国家或地区	Country or Area	1971	1980	1990	2000	2010	2011
世　界	**World**	**4255856**	**5387824**	**6292842**	**7093670**	**8771804**	**8917531**
阿尔巴尼亚	Albania	1416	2693	2239	1538	1937	1925
阿尔及利亚	Algeria	2126	5882	12723	15401	26500	27660
安哥拉	Angola	2899	3418	4531	5733	10633	10849
阿根廷	Argentina	23221	29299	30068	47319	56691	58080
亚美尼亚	Armenia			6475	1107	1825	2001
澳大利亚	Australia	36075	46790	56548	69564	76317	77847
奥地利	Austria	14566	18642	19715	23538	28111	26802
阿塞拜疆	Azerbaijan			16702	6531	6917	7563
巴　林	Bahrain	293	1271	2372	2548	5150	5089
孟加拉国	Bangladesh	5361	7784	10972	15298	22846	23581
白俄罗斯	Belarus			34447	18136	19927	21155
比利时	Belgium	29236	32287	32069	41384	42198	42637
贝　宁	Benin	965	1176	1436	1666	3209	3316
玻利维亚	Bolivia	855	1965	2159	2939	5760	6243
波　黑	Bosnia and Herzegovina			4893	2258	3222	3339
博茨瓦纳	Botswana			900	1441	2060	2031
巴　西	Brazil	62448	95899	111336	153351	210902	217889
文　莱	Brunei Darussalam	97	212	351	575	1312	1735
保加利亚	Bulgaria	14710	19615	17475	9555	9119	9613
柬埔寨	Cambodia				2954	4262	4507
喀麦隆	Cameroon	2573	3473	4752	5936	5824	5967
加拿大	Canada	116623	155064	158952	189630	199153	203975
智　利	Chile	6543	7295	11099	20387	23840	25181
哥伦比亚	Colombia	11650	14376	18927	21109	22835	25050
刚果(金)	Congo, Dem. Rep.	6337	8114	10597	16285	22726	23403
刚果(布)	Congo, Rep.	425	511	603	587	1091	1191
哥斯达黎加	Costa Rica	687	1141	1468	2266	3459	3444
科特迪瓦	Cote d'Ivoire	1691	2478	2880	4267	5414	5952
克罗地亚	Croatia			6597	6003	6899	6747
古　巴	Cuba	9129	11507	14094	9747	6006	5961
塞浦路斯	Cyprus	438	611	877	1441	1721	1658
捷　克	Czech Republic	32607	34659	34296	25690	27033	25964
丹　麦	Denmark	14667	14736	13169	14226	14894	14088
多米尼加	Dominican Republic	1792	2344	2426	4919	4403	4278
厄瓜多尔	Ecuador	2121	3976	5288	6486	9721	9976
埃　及	Egypt	6725	13117	22907	31120	49643	52169
萨尔瓦多	El Salvador	1648	2058	2026	3003	2568	2596
厄立特里亚	Eritrea				533	489	507
爱沙尼亚	Estonia			6001	2580	2910	2849
埃塞俄比亚	Ethiopia	11327	13540	18538	23876	31370	32147
芬　兰	Finland	16247	19343	22241	24647	26811	25192
法　国	France	125607	141285	143080	163213	162699	152203
加　蓬	Gabon	616	1002	1009	1327	1727	1755
格鲁吉亚	Georgia			8975	2297	2615	3035
德　国	Germany	218225	248663	240730	231363	229910	221023

2-4-1 续表 1 continued

单位：千吨标准油 (ktoe)

国家或地区	Country or Area	1971	1980	1990	2000	2010	2011
加　纳	Ghana	2585	3417	4321	6080	7478	7892
直布罗陀	Gibraltar	25	25	46	107	147	142
希　腊	Greece	6758	10702	14494	18455	19439	18997
危地马拉	Guatemala	2406	3294	4037	5975	8481	8712
海　地	Haiti	1261	1701	1235	1712	2170	2878
洪都拉斯	Honduras	1312	1783	2334	2718	4004	4046
匈 牙 利	Hungary	14795	21566	20640	17185	18121	17701
冰　岛	Iceland	844	1282	1641	2109	2939	2962
印　度	India	143123	179281	251694	318598	474546	492513
印度尼西亚	Indonesia	32071	49648	79817	120323	156113	158301
伊　朗	Iran	12428	27577	54660	92706	156405	162901
伊 拉 克	Iraq	2576	7685	14916	19047	19550	22994
爱 尔 兰	Ireland	5020	6342	7544	10628	11339	10440
以 色 列	Israel	3290	4514	6967	11980	14837	14079
意 大 利	Italy	86291	102225	114941	128832	129765	126749
牙 买 加	Jamaica	1431	1793	1956	2178	1849	2074
日　本	Japan	199261	231887	299435	343271	323154	314473
约　旦	Jordan	383	1163	2329	3540	4609	4716
哈萨克斯坦	Kazakhstan			59630	21607	44124	44312
肯 尼 亚	Kenya	3757	5284	7492	9415	13035	13265
韩　国	Korea, Rep.	13605	31287	64907	127107	157657	161041
朝　鲜	Korea, Dem.	16417	25277	27330	17027	16303	16514
科 索 沃	Kosovo				767	1190	1317
科 威 特	Kuwait	3405	6255	3954	8149	14578	14556
吉尔吉斯斯坦	Kyrgyzstan			6905	1705	2361	2635
拉脱维亚	Latvia			6419	3299	4214	3948
黎 巴 嫩	Lebanon	1417	1480	1138	3289	3865	3797
利 比 亚	Libya	777	3989	5492	9387	14368	8200
立 陶 宛	Lithuania			10407	4395	5404	5844
卢 森 堡	Luxembourg	2455	2712	2778	3236	3892	3889
马 其 顿	Macedonia			1509	1570	1820	1967
马来西亚	Malaysia	4663	7284	13947	29568	43329	44936
马 耳 他	Malta	127	163	267	318	359	392
墨 西 哥	Mexico	34335	65921	84316	98284	113614	116070
摩尔多瓦	Moldova			6680	1600	2323	2329
蒙　古	Mongolia			2807	1470	2472	2682
黑　山	Montenegro					806	816
摩 洛 哥	Morocco	2191	3918	4991	7786	12207	13067
莫桑比克	Mozambique	5436	5267	4755	5549	7793	8078
缅　甸	Myanmar	7158	8358	9401	11477	12896	13080
纳米比亚	Namibia				956	1506	1548
尼 泊 尔	Nepal	3649	4553	5761	8041	10106	10276
荷　兰	Netherlands	37574	54312	49138	56694	64770	59628
新 西 兰	New Zealand	5111	6907	9715	12936	12813	12658
尼加拉瓜	Nicaragua	1078	1343	1470	1911	2097	2102

2-4-1 续表 2 continued

单位：千吨标准油 (ktoe)

国家或地区	Country or Area	1971	1980	1990	2000	2010	2011
尼日利亚	Nigeria	34813	49469	62906	83599	106588	108947
挪　威	Norway	12419	15981	17435	19800	21351	20292
阿　曼	Oman	82	552	1878	3069	15415	17681
巴基斯坦	Pakistan	15647	22486	36202	51588	70124	71474
巴拿马	Panama	794	1123	1230	1987	3021	3167
巴拉圭	Paraguay	1288	1973	2928	3652	4305	4367
秘　鲁	Peru	7889	9164	8560	10604	14858	15470
菲律宾	Philippines	12655	16541	19798	24014	23832	23719
波　兰	Poland	55906	78007	61425	58178	69912	68315
葡萄牙	Portugal	5037	7912	13346	19437	18944	18122
卡塔尔	Qatar	457	1915	3773	5816	14168	14493
罗马尼亚	Romania	32607	57891	43134	23773	23379	23853
俄罗斯	Russia			625004	417836	440669	458571
沙特阿拉伯	Saudi Arabia	2080	21143	37183	57724	112578	118189
塞内加尔	Senegal	815	1050	1081	1453	2278	2322
塞尔维亚	Serbia			12124	7142	9479	9778
新加坡	Singapore	1095	2128	5007	9415	24143	24323
斯洛伐克	Slovak Republic	9793	13026	15751	11421	11438	10968
斯洛文尼亚	Slovenia			3693	4646	5125	5041
南　非	South Africa	33208	43743	51048	56194	67975	71127
西班牙	Spain	32790	48116	60614	85493	92192	88596
斯里兰卡	Sri Lanka	3627	4276	5303	7361	8774	8926
苏　丹	Sudan	3807	4660	6068	7525	11493	11260
瑞　典	Sweden	32535	34601	32118	35297	35275	32728
瑞　士	Switzerland	15176	16617	18672	19569	21039	19455
叙利亚	Syrian Arab Republic	1666	3853	7606	10523	13535	12928
塔吉克斯坦	Tajikistan			4682	1801	2073	2088
坦桑尼亚	Tanzania	6715	7121	8745	12005	17436	18075
泰　国	Thailand	9567	15182	28873	50574	84970	88375
多　哥	Togo	474	592	847	1284	1669	1721
特里尼达和多巴哥	Trinidad and Tobago	883	1756	3713	8413	15833	15468
突尼斯	Tunisia	1282	2365	3642	5513	7165	6970
土耳其	Turkey	16173	26317	40072	57846	77609	81458
土库曼斯坦	Turkmenistan			12484	9212	14438	16112
乌克兰	Ukraine			150154	72344	74004	75852
阿联酋	United Arab Emirates	964	5565	16190	25445	45863	48675
英　国	United Kingdom	134431	131280	137793	150503	137405	126301
美　国	United States	1228606	1311288	1293504	1546230	1518826	1503707
乌拉圭	Uruguay	1916	2118	1932	2509	3626	3687
乌兹别克斯坦	Uzbekistan			34958	37421	31513	34884
委内瑞拉	Venezuela	9877	23029	27463	34988	52688	47590
越　南	Vietnam	12454	13059	16056	25088	48731	51313
也　门	Yemen	322	993	1811	3317	6240	5405
赞比亚	Zambia	2874	3612	4294	4959	6181	6516
津巴布韦	Zimbabwe	4954	6120	7969	8560	8191	8444

2-4-2 煤和煤制品终端消费量

Total Final Consumption of Coal and Coal Products

资料来源：国际能源机构。
Source: International Energy Agency.
单位：千吨标准油 (ktoe)

国家或地区	Country or Area	1971	1980	1990	2000	2010	2011
世　界	**World**	**642120**	**711159**	**767630**	**576776**	**864107**	**903117**
阿尔巴尼亚	Albania	265	517	580	11	58	72
阿尔及利亚	Algeria	74	30	252	80	108	95
阿根廷	Argentina	277	214	191	380	428	429
澳大利亚	Australia	5264	4507	4461	4184	3117	3413
奥地利	Austria	2507	1970	1348	877	460	450
孟加拉国	Bangladesh	93	121	281	330	654	698
白俄罗斯	Belarus			1645	595	345	387
比利时	Belgium	5550	4234	3536	2575	790	734
波　黑	Bosnia and Herzegovina			1912	329	354	395
博茨瓦纳	Botswana			115	191	401	317
巴　西	Brazil	660	2070	3668	5721	7308	8296
保加利亚	Bulgaria	3585	3568	1612	746	467	500
加拿大	Canada	5087	4326	3089	3514	3286	3117
智　利	Chile	759	569	630	637	422	355
哥伦比亚	Colombia	1020	1349	1605	2246	1526	2509
刚果(金)	Congo,Dem.Rep.	222	180	190	175	266	280
哥斯达黎加	Costa Rica	1	1	…	1	34	36
克罗地亚	Croatia			535	83	155	148
古　巴	Cuba	28	83	126	19	25	26
塞浦路斯	Cyprus			64	32	17	7
捷　克	Czech Republic	23240	19528	13945	4658	2898	2922
丹　麦	Denmark	423	582	432	306	149	157
多明尼加	Dominican Republic					71	71
埃　及	Egypt	191	291	358	399	484	470
爱沙尼亚	Estonia			518	147	98	126
芬　兰	Finland	826	879	1163	640	491	437
法　国	France	15949	8607	7777	4429	3462	3192
格鲁吉亚	Georgia			648	8	36	63
德　国	Germany	60217	49201	39245	8959	7364	8232
希　腊	Greece	378	469	1218	878	302	217
洪都拉斯	Honduras			0	83	114	119
匈牙利	Hungary	4607	3539	2313	541	394	420
冰　岛	Iceland	1	18	64	98	90	91
印　度	India	24800	27519	41808	33481	82573	85693
印度尼西亚	Indonesia	94	90	2127	4653	12768	11214
伊　朗	Islamic Republic of Iran	64	276	177	259	230	294
爱尔兰	Ireland	777	896	1114	482	433	387
意大利	Italy	4084	3816	3570	2681	1934	2337
牙买加	Jamaica			32	33	33	35
日　本	Japan	22969	25249	31678	25228	27232	26463
哈萨克斯坦	Kazakhstan			15776	3850	14980	16134
肯尼亚	Kenya	52	11	93	66	165	234
韩　国	Korea	5171	9741	11717	9071	9544	9612
朝　鲜	Democratic People抯 Republic of Korea	13944	20445	22240	14119	13278	13488
科索沃	Kosovo				37	76	83

2-4-2 续表 continued

单位：千吨标准油 (ktoe)

国家或地区	Country or Area	1971	1980	1990	2000	2010	2011
吉尔吉斯斯坦	Kyrgyzstan			2082	204	495	536
拉脱维亚	Latvia			305	61	93	107
黎巴嫩	Lebanon	2	4		132	149	165
立陶宛	Lithuania			743	77	199	229
卢森堡	Luxembourg	985	1040	525	109	67	58
马其顿	Former Yugoslav Republic of Macedonia			115	101	112	165
马来西亚	Malaysia	9	53	513	991	1826	1759
墨西哥	Mexico	1096	1606	1759	1495	1783	1721
摩尔多瓦	Republic of Moldova			874	59	94	96
蒙　古	Mongolia			1002	286	526	534
摩洛哥	Morocco	196	24	347	529	16	15
莫桑比克	Mozambique	374	153	20	…	3	13
缅　甸	Myanmar	127	139	51	320	234	232
尼泊尔	Nepal	7	49	42	258	303	290
荷　兰	Netherlands	1249	775	1380	908	808	807
新西兰	New Zealand	848	822	675	516	604	556
尼日利亚	Nigeria	121	101	39	2	23	20
挪　威	Norway	820	871	775	954	592	613
巴基斯坦	Pakistan	581	640	1522	1374	3950	3919
巴拿马	Panama	1		20	37	72	53
秘　鲁	Peru	81	85	112	448	606	626
菲律宾	Philippines	5	217	760	868	1999	2017
波　兰	Poland	28984	31956	17342	13254	13281	11878
葡萄牙	Portugal	380	250	646	475	50	20
罗马尼亚	Romania	2852	5645	3126	773	707	664
俄罗斯	Russia			54461	17871	14242	15684
塞内加尔	Senegal					163	168
塞尔维亚	Serbia			947	1236	882	1094
斯洛伐克	Slovak Republic	3596	4091	4113	1413	1178	1183
斯洛文尼亚	Slovenia			234	91	52	57
南　非	South Africa	15755	18890	16348	15926	15312	16676
西班牙	Spain	4736	2775	3395	1366	977	1230
斯里兰卡	Sri Lanka	1	1	5	1	67	81
瑞　典	Sweden	961	919	1069	767	840	881
瑞　士	Switzerland	508	327	352	140	153	143
叙利亚	Syrian Arab Republic	3	2	…	1	1	1
塔吉克斯坦	Tajikistan			627	12	92	108
坦桑尼亚	United Republic of Tanzania		1	3	30	12	11
泰　国	Thailand	20	94	1309	3539	9211	9376
土耳其	Turkey	2405	4201	7529	10845	14116	13094
乌克兰	Ukraine			24467	9863	8370	9398
阿联酋	United Arab Emirates					716	1250
英　国	United Kingdom	40421	14142	10772	4115	2652	2543
美　国	United States	78495	56165	55655	32575	26853	24577
乌拉圭	Uruguay	20	15	10	10	2	1
乌兹别克斯坦	Uzbekistan			1269	388	371	424
委内瑞拉	Venezuela	89	96	353	132	199	205
越　南	Vietnam	961	1513	1330	3223	9814	10396
津巴布韦	Zimbabwe	1065	1243	1595	1094	1009	1103

2-4-3 石油产品终端消费量

Total Final Consumption of Oil Products

资料来源：国际能源机构。

Source: International Energy Agency.

单位：千吨标准油 (ktoe)

国家或地区	Country or Area	1971	1980	1990	2000	2010	2011
世　界	**World**	**1974284**	**2420906**	**2599656**	**3115051**	**3591399**	**3614512**
阿尔巴尼亚	Albania	575	1230	890	900	1178	1146
阿尔及利亚	Algeria	1684	4612	8021	8332	14349	14660
安哥拉	Angola	463	654	848	1030	3973	3998
阿根廷	Argentina	16629	19068	15541	22252	25251	25068
亚美尼亚	Armenia			2355	291	382	358
澳大利亚	Australia	22388	26919	28994	34716	38706	39562
奥地利	Austria	8482	9757	8840	10381	11155	10463
阿塞拜疆	Azerbaijan			4058	1933	2658	3037
巴　林	Bahrain	76	257	399	595	1198	1131
孟加拉国	Bangladesh	560	1236	1570	2718	3754	3964
白俄罗斯	Belarus			15608	5368	5808	7332
比利时	Belgium	18164	16853	16131	20951	20566	20073
贝　宁	Benin	100	125	75	464	1483	1541
玻利维亚	Bolivia	604	1113	1119	1619	2621	2817
波　黑	Bosnia and Herzegovina			1562	1062	1532	1534
博茨瓦纳	Botswana			296	569	904	953
巴　西	Brazil	24779	49645	53455	80064	93862	100209
文　莱	Brunei Darussalam	63	177	262	364	577	624
保加利亚	Bulgaria	8476	8221	5518	3580	3150	3085
柬埔寨	Cambodia				534	985	1073
喀麦隆	Cameroon	232	527	908	945	1153	1197
加拿大	Canada	66737	79991	68787	80778	89799	90009
智　利	Chile	3799	4029	5488	9186	12103	12880
哥伦比亚	Colombia	5203	6386	8087	10840	10152	11163
刚果(布)	Congo, Rep.	178	209	209	171	541	600
刚果(金)	Congo, Dem. Rep.	489	702	690	306	643	684
哥斯达黎加	Costa Rica	359	666	798	1535	1941	1979
科特迪瓦	Cote d'Ivoire	629	962	734	887	994	909
克罗地亚	Croatia			3080	2868	3045	2954
古　巴	Cuba	4643	6655	6511	4268	2012	1840
塞浦路斯	Cyprus	380	528	655	1109	1179	1140
捷　克	Czech Republic	6204	9228	8197	7292	8569	8329
丹　麦	Denmark	12992	11318	6856	6568	6138	5855
多明尼加	Dominican Republic	754	1077	1504	3686	3034	2890
厄瓜多尔	Ecuador	947	2747	4051	5117	8024	8150
埃　及	Egypt	5290	9948	15963	19930	25171	25888
萨尔瓦多	El Salvador	388	543	687	1360	1526	1551
厄立特里亚	Eritrea				113	71	76
爱沙尼亚	Estonia			1980	788	930	978
埃塞俄比亚	Ethiopia	323	377	646	1068	1808	1937
芬　兰	Finland	9056	10006	9191	8393	8291	7757
法　国	France	82965	87357	75124	81185	71535	69853
加　蓬	Gabon	122	373	201	321	482	494
格鲁吉亚	Georgia			2882	634	898	997

2-4-3 续表 1 continued

单位：千吨标准油 (ktoe)

国家或地区	Country or Area	1971	1980	1990	2000	2010	2011
德　国	Germany	116939	122681	111156	113961	94729	91966
加　纳	Ghana	621	723	899	1541	2452	2748
直布罗陀	Gibraltar	22	21	39	98	133	129
希　腊	Greece	5081	8057	9779	12414	12182	11422
危地马拉	Guatemala	596	828	1004	2083	2598	2719
海　地	Haiti	103	179	224	408	601	617
洪都拉斯	Honduras	300	480	694	1032	1534	1506
匈牙利	Hungary	5102	8999	7117	5201	6080	5843
冰　岛	Iceland	455	546	594	696	848	835
印　度	India	17814	26920	52574	95689	135625	141447
印度尼西亚	Indonesia	6381	17292	25090	46968	59596	62720
伊　朗	Islamic Republic of Iran	9182	23262	38789	54977	64298	58093
伊拉克	Iraq	1946	6212	12133	15239	16174	19073
爱尔兰	Ireland	3267	3897	3734	6521	6638	5883
以色列	Israel	2563	3437	5003	8035	9450	8641
意大利	Italy	63415	64198	61450	62296	54325	53609
牙买加	Jamaica	1285	1685	1645	1397	1302	1416
日　本	Japan	144162	155766	183888	208081	170968	167333
约　旦	Jordan	375	1090	2008	2952	3378	3423
哈萨克斯坦	Kazakhstan			15083	6380	8731	10373
肯尼亚	Kenya	865	1275	1604	1811	2952	2843
韩　国	Korea	7641	18731	43660	79876	81865	82080
朝　鲜	Democratic People扭 Republic of Korea	711	2424	2110	657	568	567
科索沃	Kosovo				318	518	595
科威特	Kuwait	875	2717	1506	3393	8982	8223
吉尔吉斯斯坦	Kyrgyzstan			2952	407	1038	1112
拉脱维亚	Latvia			2066	1101	1399	1361
黎巴嫩	Lebanon	1220	1167	930	2196	2290	2182
利比亚	Libya	376	2591	3576	6227	10069	5425
立陶宛	Lithuania			4150	1443	1727	1709
卢森堡	Luxembourg	1233	1008	1477	1996	2446	2538
马其顿	Former Yugoslav Republic of Macedonia			893	642	819	856
马来西亚	Malaysia	3442	5275	9195	18008	24631	24459
马耳他	Malta	103	121	188	183	220	201
墨西哥	Mexico	18915	39687	51211	61663	73859	73944
摩尔多瓦	Republic of Moldova			3601	380	726	787
蒙　古	Mongolia			720	401	766	937
黑　山	Montenegro					299	284
摩洛哥	Morocco	1662	3206	3582	5680	9623	10308
莫桑比克	Mozambique	322	387	298	425	721	824
缅　甸	Myanmar	1189	1155	587	1529	1035	1097
纳米比亚	Namibia				591	1021	1039
尼泊尔	Nepal	44	105	243	692	989	1012
荷　兰	Netherlands	19573	24351	18074	20788	23168	21601
荷属安的列斯群岛	Netherlands Antilles	2080	1037	576	803	915	926
新西兰	New Zealand	3087	3617	4026	5306	5841	5798

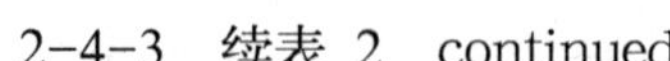

2-4-3　续表 2　continued

单位：千吨标准油　　　　　　　　(ktoe)

国家或地区	Country or Area	1971	1980	1990	2000	2010	2011
尼加拉瓜	Nicaragua	354	445	433	708	921	890
尼日利亚	Nigeria	1471	7096	6398	9800	11242	10858
挪　威	Norway	6951	8091	7362	7506	8544	8174
阿　曼	Oman	81	494	1256	2076	5214	5657
巴基斯坦	Pakistan	2661	4150	7748	12325	12157	12445
巴拿马	Panama	402	594	649	1180	1989	2140
巴拉圭	Paraguay	173	421	638	1085	1566	1639
秘　鲁	Peru	4128	5025	4803	6516	7566	7784
菲律宾	Philippines	5777	7040	8147	13112	11460	11298
波　兰	Poland	6950	13004	10929	17510	23064	23109
葡萄牙	Portugal	3446	5771	8309	12304	10118	9393
卡塔尔	Qatar	82	426	977	1478	7137	6894
罗马尼亚	Romania	9342	14674	8743	6431	6607	7155
俄罗斯	Russia			144780	89720	103667	116161
沙特阿拉伯	Saudi Arabia	1913	19359	27771	40127	67792	70245
塞内加尔	Senegal	280	459	429	695	966	975
塞尔维亚	Serbia			4314	1176	3218	3218
新加坡	Singapore	882	1601	3809	6961	19448	19497
斯洛伐克	Slovak Republic	3377	5014	4878	3010	3071	2997
斯洛文尼亚	Slovenia			1495	2334	2533	2549
南　非	South Africa	8795	11234	15076	16060	23017	24321
西班牙	Spain	23824	36672	38124	52148	49972	46331
斯里兰卡	Sri Lanka	825	1072	1180	2501	2923	3065
苏　丹	Sudan	986	1125	1665	1528	4387	4031
瑞　典	Sweden	23549	20164	14016	14172	11239	11139
瑞　士	Switzerland	12124	12043	11600	11318	11013	10002
叙利亚	Syrian Arab Republic	1568	3583	6142	6672	8904	8626
塔吉克斯坦	Tajikistan			1682	188	540	567
坦桑尼亚	United Republic of Tanzania	416	442	463	651	1380	1468
泰　国	Thailand	4583	7281	14928	28772	43508	45771
多　哥	Togo	87	117	169	281	389	411
特里尼达和多巴哥	Trinidad and Tobago	357	732	615	698	1290	1249
突尼斯	Tunisia	825	1620	2334	3339	3848	3622
土耳其	Turkey	7259	12695	20370	26125	28389	28229
土库曼斯坦	Turkmenistan			4726	3617	5178	5533
乌克兰	Ukraine			42664	10587	12234	12237
阿联酋	United Arab Emirates	136	3091	6221	7246	12629	13430
英　国	United Kingdom	67551	59620	61219	62570	55975	54137
美　国	United States	633284	689138	683293	793424	756926	745662
乌拉圭	Uruguay	1344	1405	1065	1484	1616	1662
乌兹别克斯坦	Uzbekistan			7335	4724	3347	3129
委内瑞拉	Venezuela	6369	12666	14357	18023	27959	25403
越　南	Vietnam	3478	1661	2329	6511	16638	18316
也　门	Yemen	280	921	1664	3100	5755	4998
赞比亚	Zambia	466	601	549	456	554	670
津巴布韦	Zimbabwe	534	617	874	972	602	650

2-4-4　天然气终端消费量

Total Final Consumption of Natural Gas

资料来源：国际能源机构。
Source: International Energy Agency.
单位：千吨标准油　(ktoe)

国家或地区	Country or Area	1971	1980	1990	2000	2010	2011
世　界	**World**	**581917**	**815860**	**944154**	**1118873**	**1355596**	**1380497**
阿尔巴尼亚	Albania	106	322	203	1	1	2
阿尔及利亚	Algeria	222	806	3357	5308	9112	9805
安哥拉	Angola	36	64	441	465	596	612
阿根廷	Argentina	2890	5406	9571	15591	19437	20391
亚美尼亚	Armenia			2747	439	1021	1182
澳大利亚	Australia	1009	5026	8643	11386	12825	13005
奥地利	Austria	1047	2830	3035	4273	5055	4721
阿塞拜疆	Azerbaijan			9283	3072	3062	3215
巴　林	Bahrain	180	871	1714	1479	2907	2903
孟加拉国	Bangladesh	194	655	1853	3570	6693	6890
白俄罗斯	Belarus			4311	3210	4687	4638
比利时	Belgium	3127	7078	6818	10163	11598	10945
玻利维亚	Bolivia		37	165	353	988	1129
波　黑	Bosnia and Herzegovina			349	155	140	164
巴　西	Brazil	153	890	2419	4856	12762	12744
文　莱	Brunei Darussalam					485	847
保加利亚	Bulgaria	247	3180	2597	1709	1250	1526
加拿大	Canada	20789	36223	43301	53411	52161	55912
智　利	Chile	3	99	901	3291	2354	1953
哥伦比亚	Colombia	105	543	914	1623	3580	3747
科特迪瓦	Cote d'Ivoire				493	185	181
克罗地亚	Croatia			1237	1447	1692	1598
古　巴	Cuba	33	50	57	196	380	387
捷　克	Czech Republic	682	1178	4243	5914	6349	5678
丹　麦	Denmark			1122	1651	1737	1581
埃　及	Egypt		749	2416	3953	11658	12696
爱沙尼亚	Estonia			439	276	207	203
芬　兰	Finland		431	981	943	1056	1003
法　国	France	6972	19267	23919	32138	32988	27606
加　蓬	Gabon		1	1	1	2	2
格鲁吉亚	Georgia			2593	463	608	956
德　国	Germany	11483	33482	39052	55097	56597	51167
希　腊	Greece			97	378	1135	1468
匈牙利	Hungary	2294	4610	6198	6690	6428	6201
印　度	India	282	682	5637	9666	25070	26347
印度尼西亚	Indonesia	100	2363	6022	11549	15849	16650
伊　朗	Iran	1498	1611	9352	29213	75571	87915
伊拉克	Iraq	380	523	808	1286	199	238
爱尔兰	Ireland		345	998	1583	1613	1554
以色列	Israel	91	131	28	5	63	118
意大利	Italy	9564	19725	30394	38577	39054	35951
日　本	Japan	2495	5839	15238	23097	34510	35350
哈萨克斯坦	Kazakhstan			7770	2674	3316	3942
韩　国	Korea, Rep.			673	10924	20581	21569
科威特	Kuwait	2370	3163	1616	3034	2395	3118
吉尔吉斯斯坦	Kyrgyzstan			606	163	75	84
拉脱维亚	Latvia			698	329	498	397

2-4-4 续表 continued

单位：千吨标准油 (ktoe)

国家或地区	Country or Area	1971	1980	1990	2000	2010	2011
利比亚	Libya	275	1010	1289	2149	1773	708
立陶宛	Lithuania			2126	905	1100	1567
卢森堡	Luxembourg	13	357	420	604	676	606
马其顿	Macedonia				7	41	43
马来西亚	Malaysia	6	32	983	3476	5627	7718
墨西哥	Mexico	6124	12836	14160	12949	12742	13646
摩尔多瓦	Moldova			978	474	714	739
摩洛哥	Morocco	43	55	43	38	44	50
莫桑比克	Mozambique				0	124	123
缅甸	Myanmar	16	84	225	324	596	682
荷兰	Netherlands	13507	24249	22678	23338	24198	20498
新西兰	New Zealand	51	348	1798	3011	1734	1703
尼日利亚	Nigeria	30	39	716	969	1205	1351
挪威	Norway				593	773	851
阿曼	Oman			323	405	8814	10432
巴基斯坦	Pakistan	1497	3017	6009	10177	19124	19733
秘鲁	Peru	42	72	67	1	1135	1423
菲律宾	Philippines					70	78
波兰	Poland	3484	6962	7687	8156	10547	10359
葡萄牙	Portugal				790	1564	1643
卡塔尔	Qatar	347	1302	2403	3677	4913	5212
罗马尼亚	Romania	13012	27254	19848	7278	6777	7016
俄罗斯	Russia			143083	117140	143187	137951
沙特阿拉伯	Saudi Arabia		240	4368	6488	21193	25636
塞尔维亚	Serbia			2361	1159	1147	1134
新加坡	Singapore	20	46	62	105	1160	1237
斯洛伐克	Slovak Republic	1177	1631	3913	4166	3701	3315
斯洛文尼亚	Slovenia			714	686	699	583
南非	South Africa					1658	1631
西班牙	Spain	166	719	4324	12290	14813	14588
瑞典	Sweden			334	443	664	663
瑞士	Switzerland	13	708	1487	2186	2758	2458
叙利亚	Syrian Arab Republic			750	2592	1730	1458
塔吉克斯坦	Tajikistan			734	384	161	168
坦桑尼亚	Tanzania					100	102
泰国	Thailand			138	1109	4584	5818
特里尼达和多巴哥	Trinidad and Tobago	459	862	2816	7289	13851	13496
突尼斯	Tunisia	1	77	314	610	1105	1114
土耳其	Turkey			710	4910	13134	17666
土库曼斯坦	Turkmenistan			6737	4980	8277	9566
乌克兰	Ukraine			33222	28506	28396	29188
阿联酋	United Arab Emirates	812	1997	8734	14926	25643	27069
英国	United Kingdom	8451	37245	41774	52420	47012	38752
美国	United States	357941	337411	302989	359886	327172	326788
乌拉圭	Uruguay				30	46	50
乌兹别克斯坦	Uzbekistan			19679	26213	21789	25133
委内瑞拉	Venezuela	2122	7520	8337	10984	16842	14042
越南	Vietnam				18	492	451

2-4-5 生物燃料及废物终端消费量

Total Final Consumption of Biofuels and Waste

资料来源：国际能源机构。
Source: International Energy Agency.
单位：千吨标准油 (ktoe)

国家或地区	Country or Area	1971	1980	1990	2000	2010	2011
世　界	**World**	**593956**	**707676**	**798127**	**925297**	**1100422**	**1111743**
阿尔巴尼亚	Albania	375	375	363	258	205	208
阿尔及利亚	Algeria	6	8	11	54	52	16
安哥拉	Angola	2355	2659	3191	4138	5661	5819
阿根廷	Argentina	1723	1784	1295	2606	1879	2217
亚美尼亚	Armenia			15	12	9	9
澳大利亚	Australia	3522	3502	3252	4340	3432	3450
奥地利	Austria	656	1059	2183	2488	4101	3956
阿塞拜疆	Azerbaijan			17	19	90	97
孟加拉国	Bangladesh	4455	5651	6863	7609	8730	8836
白俄罗斯	Belarus			204	748	991	1042
比利时	Belgium			376	532	1399	3318
贝　宁	Benin	863	1042	1346	1167	1654	1701
玻利维亚	Bolivia	186	692	720	669	1644	1755
波　黑	Bosnia and Herzegovina			163	180	179	178
博茨瓦纳	Botswana			421	512	488	493
巴　西	Brazil	33210	33100	33663	35060	58946	56939
保加利亚	Bulgaria	266	196	172	555	919	970
柬埔寨	Cambodia				2387	3102	3230
喀麦隆	Cameroon	2253	2830	3643	4758	4253	4360
加拿大	Canada	7433	7417	7181	9695	9908	9766
智　利	Chile	1372	1757	2747	4113	4253	5011
哥伦比亚	Colombia	4402	4598	5355	3247	3144	3111
刚果(金)	Congo, Dem. Rep.	5311	6889	9541	15414	21279	21861
刚果(布)	Congo, Rep.	241	290	365	394	508	539
哥斯达黎加	Costa Rica	242	306	386	235	748	684
科特迪瓦	Cote d'Ivoire	1020	1396	1990	2651	3872	4511
克罗地亚	Croatia			310	375	385	444
古　巴	Cuba	3569	4025	6059	3395	947	1088
塞浦路斯	Cyprus	7	4	4	7	43	40
捷　克	Czech Republic			808	955	2039	2053
丹　麦	Denmark	57	387	561	648	1260	1280
多米尼加	Dominican Republic	946	1054	655	722	591	580
厄瓜多尔	Ecuador	1102	981	825	689	483	511
埃　及	Egypt	652	794	1057	1306	1567	1594
萨尔瓦多	El Salvador	1207	1406	1181	1337	610	601
厄立特里亚	Eritrea				405	396	408
爱沙尼亚	Estonia			188	425	550	497
埃塞俄比亚	Ethiopia	10958	13110	17814	22686	29233	29862
芬　兰	Finland	4048	3449	3521	4500	4836	4722
法　国	France	8633	7814	9661	8982	12849	11656
加　蓬	Gabon	486	591	741	919	1123	1145
格鲁吉亚	Georgia			458	645	359	315

2-4-5 续表 1 continued

单位：千吨标准油 (ktoe)

国家或地区	Country or Area	1971	1980	1990	2000	2010	2011
德　国	Germany	1854	1906	2973	4705	13539	13653
加　纳	Ghana	1729	2303	3038	4016	4437	4482
希　腊	Greece	450	450	893	946	995	1173
危地马拉	Guatemala	1752	2280	2847	3563	5213	5336
海　地	Haiti	1153	1503	969	1280	1550	2238
洪都拉斯	Honduras	982	1237	1485	1328	1917	1971
匈 牙 利	Hungary	525	494	618	694	1086	1149
冰　岛	Iceland					1	1
印　度	India	95780	116460	133459	148091	169793	172148
印度尼西亚	Indonesia	25351	29341	41992	48305	53336	52266
伊　朗	Iran	90	71	162	135	305	305
伊 拉 克	Iraq	21	20	13	15	15	15
爱 尔 兰	Ireland			108	117	297	305
以 色 列	Israel	4	3	3	9	12	9
意 大 利	Italy		745	863	1578	5121	5438
牙 买 加	Jamaica	16	19	137	230	231	264
日　本	Japan			2626	2664	2751	3004
约　旦	Jordan	1	1	2	3	4	4
哈萨克斯坦	Kazakhstan			115	73	50	79
肯 尼 亚	Kenya	2764	3855	5546	7236	9379	9632
韩　国	Korea, Rep.			729	1274	2629	2735
朝　鲜	Korea, Dem.	681	860	955	1005	1065	1070
科 索 沃	Kosovo				212	236	242
吉尔吉斯斯坦	Kyrgyzstan			5	4	4	4
拉脱维亚	Latvia			615	824	1109	1047
黎 巴 嫩	Lebanon	96	106	92	116	114	114
利 比 亚	Libya	97	125	125	140	170	172
立 陶 宛	Lithuania			272	605	737	727
卢 森 堡	Luxembourg				22	107	102
马 其 顿	Macedonia				204	198	189
马来西亚	Malaysia	923	1177	1541	1829	1712	1758
马 耳 他	Malta			1	1	1	1
墨 西 哥	Mexico	5971	6877	8552	8183	7229	7189
摩尔多瓦	Moldova			62	60	71	73
蒙　古	Mongolia			53	84	93	94
黑　山	Montenegro					227	231
摩 洛 哥	Morocco	126	260	317	436	485	490
莫桑比克	Mozambique	4701	4691	4394	4946	6099	6246
缅　甸	Myanmar	5783	6890	8389	9022	10495	10577
纳米比亚	Namibia				173	208	212
尼 泊 尔	Nepal	3591	4385	5425	6979	8578	8729
荷　兰	Netherlands			375	347	747	832

2-4-5 续表 2 continued

单位：千吨标准油 (ktoe)

国家或地区	Country or Area	1971	1980	1990	2000	2010	2011
新西兰	New Zealand		441	621	962	1036	1049
尼加拉瓜	Nicaragua	674	821	943	1073	963	973
尼日利亚	Nigeria	33055	41828	55076	72081	92323	94682
挪威	Norway		585	898	1199	1300	1255
巴基斯坦	Pakistan	10448	13788	18447	23524	28255	28768
巴拿马	Panama	324	402	385	443	423	405
巴拉圭	Paraguay	1098	1486	2120	2184	2148	2077
秘鲁	Peru	3175	3235	2565	2096	2830	2776
菲律宾	Philippines	6160	7818	9066	6891	5550	5501
波兰	Poland	907	762	1630	3887	5781	6045
葡萄牙	Portugal	620	636	2327	2414	2515	2494
罗马尼亚	Romania	1386	955	589	2795	4054	3654
俄罗斯	Russia			8106	3051	2348	2449
沙特阿拉伯	Saudi Arabia	1	1	12	4	4	4
塞内加尔	Senegal	509	546	590	678	946	971
塞尔维亚	Serbia			1169	802	1037	1034
斯洛伐克	Slovak Republic	211	181	174	320	556	565
斯洛文尼亚	Slovenia			263	435	579	532
南非	South Africa	4650	5660	7714	9233	10512	10638
西班牙	Spain		168	3921	3433	5166	5578
斯里兰卡	Sri Lanka	2738	3082	3894	4442	4993	4921
苏丹	Sudan	2790	3478	4294	5811	6589	6654
瑞典	Sweden	2829	3858	4635	5288	6089	5174
瑞士	Switzerland	231	319	907	991	1269	1145
叙利亚	Syrian Arab Republic	1	3	2	5	6	6
坦桑尼亚	Tanzania	6263	6620	8167	11161	15614	16140
泰国	Thailand	4592	6687	9197	9367	14418	14163
多哥	Togo	375	461	649	963	1221	1247
特里尼达和多巴哥	Trinidad and Tobago	16	15	15	14	12	12
突尼斯	Tunisia	341	413	523	752	1046	1096
土耳其	Turkey	5798	7680	7205	6455	4440	3546
乌克兰	Ukraine			312	250	984	1040
阿联酋	United Arab Emirates				17	52	55
英国	United Kingdom			415	617	2137	2139
美国	United States	35056	54380	22592	52151	69059	70803
乌拉圭	Uruguay	388	461	530	414	1166	1173
乌兹别克斯坦	Uzbekistan			4	4	4	4
委内瑞拉	Venezuela	432	381	545	624	662	646
越南	Vietnam	7860	9653	11865	13410	13822	13811
也门	Yemen	24	29	38	38	52	54
赞比亚	Zambia	1599	2173	3031	3913	4957	5168
津巴布韦	Zimbabwe	3052	3664	4728	5591	5810	5847

2-4-6 电力终端消费量
Total Final Consumption of Electricity

资料来源：国际能源机构。
Source: International Energy Agency.
单位：千吨标准油 (ktoe)

国家或地区	Country or Area	1971	1980	1990	2000	2010	2011
世　界	**World**	**376635**	**585993**	**833077**	**1089768**	**1536698**	**1582119**
阿尔巴尼亚	Albania	95	249	145	366	488	487
阿尔及利亚	Algeria	140	426	1060	1599	2878	3085
安哥拉	Angola	45	41	51	100	403	419
阿根廷	Argentina	1703	2828	3471	6490	9697	9975
亚美尼亚	Armenia			776	309	401	443
澳大利亚	Australia	3893	6814	11112	14856	17983	18140
奥地利	Austria	1875	2839	3678	4433	5274	5292
阿塞拜疆	Azerbaijan			1360	1242	1052	1141
巴　林	Bahrain	37	143	258	474	1044	1055
孟加拉国	Bangladesh	58	121	405	1072	3014	3194
白俄罗斯	Belarus			3414	2303	2527	2570
比利时	Belgium	2396	3728	4987	6669	7165	6890
贝　宁	Benin	3	9	15	34	72	74
玻利维亚	Bolivia	65	122	155	299	507	542
波　黑	Bosnia and Herzegovina			874	504	890	928
博茨瓦纳	Botswana			68	168	268	268
巴　西	Brazil	3646	10194	18131	27620	37656	39280
文　莱	Brunei Darussalam	18	26	87	211	251	264
保加利亚	Bulgaria	1496	2553	3033	2086	2331	2444
柬埔寨	Cambodia				33	175	204
喀麦隆	Cameroon	88	116	202	234	418	410
加拿大	Canada	16578	26076	35960	41421	43512	44625
智　利	Chile	609	840	1332	3161	4707	4982
哥伦比亚	Colombia	758	1373	2310	2867	4107	4189
刚果(金)	Congo, Dem. Rep.	314	342	177	390	539	578
刚果(布)	Congo, Rep.	6	12	30	22	43	52
哥斯达黎加	Costa Rica	86	169	284	495	737	746
科特迪瓦	Cote d'Ivoire	42	119	155	237	363	351
克罗地亚	Croatia			1144	1018	1364	1353
古　巴	Cuba	336	614	1028	1009	1180	1205
塞浦路斯	Cyprus	50	79	154	258	420	406
捷　克	Czech Republic	2300	3257	4143	4247	4920	4872
丹　麦	Denmark	1195	1860	2439	2791	2763	2700
多米尼加	Dominican Republic	92	212	267	511	706	737
厄瓜多尔	Ecuador	72	247	412	678	1211	1312
埃　及	Egypt	592	1335	3113	5532	10764	11521
萨尔瓦多	El Salvador	54	108	157	306	432	445
厄立特里亚	Eritrea				14	22	23
爱沙尼亚	Estonia			603	429	594	570
埃塞俄比亚	Ethiopia	46	53	78	122	330	348
芬　兰	Finland	1857	3198	5069	6508	7179	6901
法　国	France	10857	17984	25992	33102	38192	36096
加　蓬	Gabon	7	37	67	85	120	114
格鲁吉亚	Georgia			1163	541	627	696
德　国	Germany	23289	33701	39137	41577	45490	44850

2-4-6　续表 1　continued

单位：千吨标准油　　(ktoe)

国家或地区	Country or Area	1971	1980	1990	2000	2010	2011
加　纳	Ghana	235	391	384	524	590	662
直布罗陀	Gibraltar	4	4	6	9	14	14
希　腊	Greece	850	1712	2449	3711	4568	4454
危地马拉	Guatemala	58	141	170	328	670	656
海　地	Haiti	5	19	34	25	20	23
洪都拉斯	Honduras	30	66	155	275	439	450
匈牙利	Hungary	1309	2200	2717	2532	2942	2970
冰　岛	Iceland	122	246	336	594	1351	1377
印　度	India	4448	7700	18209	31629	61193	66526
印度尼西亚	Indonesia	146	562	2433	6808	12726	13749
伊　朗	Iran	614	1665	4241	8122	16001	16293
伊拉克	Iraq	229	930	1961	2508	3161	3668
爱尔兰	Ireland	448	739	1021	1745	2187	2139
以色列	Israel	559	942	1564	3317	4190	4210
意大利	Italy	9228	13741	18458	23476	25741	25957
牙买加	Jamaica	130	88	142	519	283	359
日　本	Japan	29261	44141	64465	81160	85977	80790
约　旦	Jordan	7	73	261	520	1104	1159
哈萨克斯坦	Kazakhstan			8302	3026	4936	5569
肯尼亚	Kenya	76	144	250	301	539	555
韩　国	Korea, Rep.	792	2815	8117	22628	38644	40473
朝　鲜	Korea, Dem.	1081	1547	2026	1246	1392	1390
科索沃	Kosovo				195	353	394
科威特	Kuwait	149	372	826	1722	3201	3215
吉尔吉斯斯坦	Kyrgyzstan			854	691	609	755
拉脱维亚	Latvia			716	385	534	532
黎巴嫩	Lebanon	99	204	115	840	1298	1319
利比亚	Libya	29	263	502	871	2355	1895
立陶宛	Lithuania			1033	533	717	738
卢森堡	Luxembourg	224	308	357	497	566	558
马其顿	Macedonia			404	448	583	645
马来西亚	Malaysia	283	747	1715	5264	9533	9242
马耳他	Malta	24	43	78	135	138	156
墨西哥	Mexico	2229	4915	8617	13950	17883	19429
摩尔多瓦	Moldova			889	470	478	403
蒙　古	Mongolia			244	169	305	314
黑　山	Montenegro					276	294
摩洛哥	Morocco	164	371	703	1104	2039	2205
莫桑比克	Mozambique	39	35	43	179	845	872
缅　甸	Myanmar	43	90	149	281	535	492
纳米比亚	Namibia				192	276	295
尼泊尔	Nepal	6	14	51	112	236	245
荷　兰	Netherlands	3245	4937	6322	8410	9190	9242
荷属安的列斯群岛	Netherlands Antilles	46	55	52	75	83	84
新西兰	New Zealand	1126	1678	2427	2947	3363	3321
尼加拉瓜	Nicaragua	49	76	93	130	213	239

2-4-6 续表 2 continued

单位：千吨标准油 (ktoe)

国家或地区	Country or Area	1971	1980	1990	2000	2010	2011
尼日利亚	Nigeria	136	405	677	747	1795	2036
挪威	Norway	4648	6435	8325	9420	9757	9064
阿曼	Oman	1	58	299	588	1387	1592
巴基斯坦	Pakistan	459	890	2475	4178	6631	6601
巴拿马	Panama	67	127	177	327	537	568
巴拉圭	Paraguay	17	66	170	384	591	651
秘鲁	Peru	463	748	1014	1490	2716	2856
菲律宾	Philippines	713	1465	1824	3144	4753	4825
波兰	Poland	4218	7312	8276	8484	10232	10487
葡萄牙	Portugal	590	1234	2025	3300	4290	4159
卡塔尔	Qatar	27	187	393	661	2117	2387
罗马尼亚	Romania	2433	4647	4664	2919	3553	3673
俄罗斯	Russia			71090	52333	62495	62679
沙特阿拉伯	Saudi Arabia	166	1093	4724	8513	17442	18094
塞内加尔	Senegal	26	46	62	80	203	209
塞尔维亚	Serbia			2782	2348	2371	2407
新加坡	Singapore	180	473	1115	2348	3528	3588
斯洛伐克	Slovak Republic	926	1636	2014	1893	2076	2134
斯洛文尼亚	Slovenia			795	905	1029	1084
南非	South Africa	4008	7959	11910	14976	17410	17790
西班牙	Spain	4064	7720	10819	16207	21053	20635
斯里兰卡	Sri Lanka	63	121	224	417	792	859
苏丹	Sudan	30	57	108	185	518	575
瑞典	Sweden	5196	7301	10350	11070	11285	10718
瑞士	Switzerland	2300	3032	4006	4504	5140	5038
叙利亚	Syrian Arab Republic	94	265	711	1254	2894	2836
塔吉克斯坦	Tajikistan			1526	1141	1192	1158
坦桑尼亚	Tanzania	36	59	112	165	330	354
泰国	Thailand	373	1120	3298	7562	12842	12788
多哥	Togo	12	15	29	40	59	62
特里尼达和多巴哥	Trinidad and Tobago	50	147	267	413	680	711
突尼斯	Tunisia	65	208	424	772	1165	1138
土耳其	Turkey	673	1681	3866	8245	14610	15805
土库曼斯坦	Turkmenistan			723	502	790	814
乌克兰	Ukraine			17676	9760	11526	12023
阿联酋	United Arab Emirates	15	477	1234	3256	6824	6871
英国	United Kingdom	18008	20153	23601	28330	28275	27349
美国	United States	123830	174195	226487	300954	326965	325929
乌拉圭	Uruguay	165	238	326	571	795	800
乌兹别克斯坦	Uzbekistan			3692	3420	3669	3718
委内瑞拉	Venezuela	840	2366	3871	5225	7026	7295
越南	Vietnam	154	232	532	1927	7476	7819
也门	Yemen	18	43	110	179	433	353
赞比亚	Zambia	376	501	510	519	670	679
津巴布韦	Zimbabwe	304	597	772	902	771	844

2-4-7 工业部门能源终端消费量

Total Final Consumption of Energy in Industry

资料来源：国际能源机构。
Source: International Energy Agency.
单位：千吨标准油 (ktoe)

国家或地区	Country or Area	1971	1980	1990	2000	2010	2011
世 界	**World**	**1407640**	**1781609**	**1814007**	**1905112**	**2477910**	**2556744**
阿尔巴尼亚	Albania	373	716	671	268	293	311
阿尔及利亚	Algeria	394	1399	2455	2766	5227	5386
安哥拉	Angola	157	223	767	754	1162	1202
阿根廷	Argentina	7326	8217	8431	14707	15975	16870
亚美尼亚	Armenia			1825	398	316	352
澳大利亚	Australia	14746	17585	19211	23775	22642	23120
奥地利	Austria	4707	4926	5177	6017	7558	7419
阿塞拜疆	Azerbaijan			8703	1337	739	878
巴 林	Bahrain	195	891	1743	1553	3028	3059
孟加拉国	Bangladesh	320	736	971	1887	4179	4293
白俄罗斯	Belarus			9974	4617	4885	4926
比利时	Belgium	11853	11201	10512	12822	10462	12574
贝 宁	Benin	5	13	17	63	59	60
玻利维亚	Bolivia	208	289	498	893	1656	1673
波 黑	Bosnia and Herzegovina			2205	521	587	662
博茨瓦纳	Botswana			194	335	462	489
巴 西	Brazil	17793	35126	39860	56152	79785	82808
文 莱	Brunei Darussalam	26	46	61	70	621	995
保加利亚	Bulgaria	4006	5134	9027	3310	2495	2711
柬埔寨	Cambodia				608	894	900
喀麦隆	Cameroon	101	119	169	190	352	338
加拿大	Canada	37820	50065	47110	54992	56363	56476
智 利	Chile	2282	2779	3409	6650	8719	9673
哥伦比亚	Colombia	3373	3961	5244	6329	6374	7477
刚果(金)	Congo, Dem. Rep.	1346	1812	2301	3530	5041	5199
刚果(布)	Congo, Rep.	47	22	31	13	31	38
哥斯达黎加	Costa Rica	269	409	494	569	850	805
科特迪瓦	Cote d'Ivoire	231	237	175	323	275	270
克罗地亚	Croatia			2238	1386	1379	1297
古 巴	Cuba	5369	6078	8245	6001	3416	3325
塞浦路斯	Cyprus	138	270	266	441	235	194
捷 克	Czech Republic	18277	18757	15908	9122	7837	7763
丹 麦	Denmark	3431	3155	2692	2936	2414	2385
多米尼加	Dominican Republic	729	963	499	1004	1016	847
厄瓜多尔	Ecuador	294	728	1069	1314	1778	1843
埃 及	Egypt	3031	5674	10003	10418	12755	15342
萨尔瓦多	El Salvador	249	338	503	773	640	642
厄立特里亚	Eritrea				18	11	12
爱沙尼亚	Estonia			2541	571	575	607
埃塞俄比亚	Ethiopia	117	109	215	298	525	564
芬 兰	Finland	4858	5985	9020	11601	10871	10597
法 国	France	44144	41211	32964	34743	29050	28523
加 蓬	Gabon	219	402	227	346	484	498
格鲁吉亚	Georgia			3952	374	433	643
德 国	Germany	79230	78831	66164	51334	54700	54953

2-4-7　续表 1　continued

单位：千吨标准油 (ktoe)

国家或地区	Country or Area	1971	1980	1990	2000	2010	2011
加　纳	Ghana	483	697	687	932	1719	1850
直布罗陀	Gibraltar						
希　腊	Greece	2269	3866	3983	4438	3472	3323
危地马拉	Guatemala	655	537	517	915	689	823
海　地	Haiti	176	220	141	332	360	440
洪都拉斯	Honduras	231	434	580	598	844	844
匈牙利	Hungary	5525	7410	6035	3263	2610	2553
冰　岛	Iceland	204	352	418	718	1302	1326
印　度	India	33903	43735	70261	87099	164296	168068
印度尼西亚	Indonesia	1625	6746	18090	30647	45692	44888
伊　朗	Iran	3571	6779	14186	18588	38494	40103
伊拉克	Iraq	651	1783	3373	4752	3047	3792
爱尔兰	Ireland	1814	2172	1727	2489	2128	2257
以色列	Israel	922	1214	1435	1355	2062	1331
意大利	Italy	35490	35837	34091	38251	29957	28888
牙买加	Jamaica	708	1258	196	472	176	282
日　本	Japan	91182	91233	102215	97909	88574	84731
约　旦	Jordan	54	208	505	843	1012	958
哈萨克斯坦	Kazakhstan			26882	9445	26294	23864
肯尼亚	Kenya	231	351	589	644	1142	1233
韩　国	Korea, Rep.	5345	10310	19262	38472	44978	47200
朝　鲜	Korea, Dem.	11628	17368	19480	11370	10930	11087
科索沃	Kosovo				149	272	309
科威特	Kuwait	1116	1692	1702	3193	3292	3940
吉尔吉斯斯坦	Kyrgyzstan			2521	444	607	787
拉脱维亚	Latvia			1980	575	773	740
黎巴嫩	Lebanon	448	4	101	544	535	640
利比亚	Libya	281	948	975	1503	1186	945
立陶宛	Lithuania			3327	780	898	940
卢森堡	Luxembourg	1785	1640	1311	714	730	665
马其顿	Macedonia			745	528	538	649
马来西亚	Malaysia	2311	3124	5582	11595	13036	11685
马耳他	Malta				43	51	79
墨西哥	Mexico	12146	22226	26548	27917	27569	29186
摩尔多瓦	Moldova			1119	499	667	626
蒙　古	Mongolia			1152	472	779	869
黑　山	Montenegro					190	219
摩洛哥	Morocco	907	1715	1908	2120	2775	3098
莫桑比克	Mozambique	926	703	552	718	1544	1605
缅　甸	Myanmar	511	641	394	1152	1283	1310
纳米比亚	Namibia				60	146	162
尼泊尔	Nepal	21	87	106	379	466	457
荷　兰	Netherlands	11145	12314	11305	13816	13123	12871
荷属安的列斯群岛	Netherlands Antilles	1459	372	196	197	223	226
新西兰	New Zealand	1585	2408	3598	4260	3980	3931
尼加拉瓜	Nicaragua	237	283	227	298	285	296

2-4-7　续表 2　continued

单位：千吨标准油 (ktoe)

国家或地区	Country or Area	1971	1980	1990	2000	2010	2011
尼日利亚	Nigeria	3706	5374	7179	8556	10943	11398
挪　威	Norway	5249	6435	6031	6871	6085	6050
阿　曼	Oman	6	14	743	1098	9218	10931
巴基斯坦	Pakistan	3135	4383	7933	11152	17751	17785
巴拿马	Panama	148	312	246	396	746	883
巴拉圭	Paraguay	336	616	949	1304	1293	1243
秘　鲁	Peru	1760	2550	1891	3003	3921	4250
菲律宾	Philippines	2150	3399	4632	5305	6430	6461
波　兰	Poland	23884	32199	23004	17505	14636	15333
葡萄牙	Portugal	2031	3330	4652	6220	5457	5334
卡塔尔	Qatar	347	867	1382	2220	4661	4188
罗马尼亚	Romania	16985	36465	24414	8587	6476	6779
俄罗斯	Russia			208658	127826	126323	128113
沙特阿拉伯	Saudi Arabia	717	12474	5776	10938	20631	19677
塞内加尔	Senegal	115	197	112	184	355	365
塞尔维亚	Serbia			4610	2161	2392	2702
新加坡	Singapore	211	470	605	3182	8175	8112
斯洛伐克	Slovak Republic	5101	6339	6086	3633	3226	3257
斯洛文尼亚	Slovenia			1529	1424	1274	1235
南　非	South Africa	13910	22821	21715	20486	24978	25566
西班牙	Spain	14773	18813	19259	24641	20904	20489
斯里兰卡	Sri Lanka	540	632	782	1712	2159	2180
苏　丹	Sudan	623	862	876	1198	1776	1404
瑞　典	Sweden	12175	11949	11855	13675	12074	10635
瑞　士	Switzerland	3710	3882	3369	3839	3938	3742
叙利亚	Syrian Arab Republic	577	1572	1293	2479	3368	3226
塔吉克斯坦	Tajikistan			989	462	541	526
坦桑尼亚	Tanzania	704	757	943	1247	2500	2657
泰　国	Thailand	2922	3980	8654	16716	26478	26963
多　哥	Togo	3	4	16	93	38	39
特里尼达和多巴哥	Trinidad and Tobago	104	211	862	2321	3989	3954
突尼斯	Tunisia	303	746	1316	1577	2000	1826
土耳其	Turkey	2638	6546	10900	19741	22583	24957
土库曼斯坦	Turkmenistan			1200	993	1809	2002
乌克兰	Ukraine			79165	32774	25327	26253
阿联酋	United Arab Emirates	813	2748	10711	16613	27908	30063
英　国	United Kingdom	49831	39276	31831	33922	26510	25968
美　国	United States	368505	387376	283734	332256	287447	287006
乌拉圭	Uruguay	535	614	525	476	1219	1227
乌兹别克斯坦	Uzbekistan			1874	7988	6842	7638
委内瑞拉	Venezuela	3626	10021	12871	15612	27941	24885
越　南	Vietnam	1872	3809	4537	7862	17421	18181
也　门	Yemen	2	1		366	1227	1107
赞比亚	Zambia	1122	1238	1198	1139	1322	1443
津巴布韦	Zimbabwe	892	1310	1701	1215	887	960

2-4-8 交通部门能源终端消费量

Total Final Consumption of Energy in Transport

资料来源：国际能源机构。
Source: International Energy Agency.
单位：千吨标准油 (ktoe)

国家或地区	Country or Area	1971	1980	1990	2000	2010	2011
世　界	**World**	**963797**	**1247174**	**1580602**	**1958673**	**2410495**	**2444936**
阿尔巴尼亚	Albania	240	489	232	480	729	764
阿尔及利亚	Algeria	892	2086	5345	5774	10672	11018
安哥拉	Angola	335	329	337	355	2258	2296
阿根廷	Argentina	8095	10473	9553	13941	16178	17125
亚美尼亚	Armenia			1049	207	501	521
澳大利亚	Australia	11324	16825	21111	25657	29287	29932
奥地利	Austria	3292	4085	4852	6491	8136	7936
阿塞拜疆	Azerbaijan			2208	842	1717	1999
巴　林	Bahrain	60	210	338	520	1058	997
孟加拉国	Bangladesh	82	323	544	996	2876	2981
白俄罗斯	Belarus			4154	2346	3789	3882
比利时	Belgium	4034	5403	6780	8185	9200	9163
贝　宁	Benin	82	86	54	311	1061	1109
玻利维亚	Bolivia	334	712	746	984	1891	2081
波　黑	Bosnia and Herzegovina			730	696	1126	1126
博茨瓦纳	Botswana			218	410	677	716
巴　西	Brazil	14415	25713	32964	47370	69987	74179
文　莱	Brunei Darussalam	28	112	188	274	395	431
保加利亚	Bulgaria	1683	1507	2285	1913	2712	2770
柬埔寨	Cambodia				433	630	659
喀麦隆	Cameroon	188	392	581	616	887	924
加拿大	Canada	28727	44320	43121	52141	58820	58808
智　利	Chile	2010	2091	3046	5665	7143	7274
哥伦比亚	Colombia	2315	4018	5569	6299	7366	8117
刚果(金)	Congo, Dem. Rep.	143	207	194	263	549	587
刚果(布)	Congo, Rep.	114	168	158	132	471	520
哥斯达黎加	Costa Rica	226	440	526	995	1520	1548
科特迪瓦	Cote d'Ivoire	294	520	396	422	502	512
克罗地亚	Croatia			1341	1500	2000	1956
古　巴	Cuba	1385	1777	1703	731	497	483
塞浦路斯	Cyprus	204	207	389	575	760	739
捷　克	Czech Republic	1924	2296	2591	4236	5923	5947
丹　麦	Denmark	2518	3027	3448	4029	4326	4254
多米尼加	Dominican Republic	479	602	777	2049	1700	1713
厄瓜多尔	Ecuador	621	1341	2287	2903	5128	5396
埃　及	Egypt	1307	2692	5275	9381	12971	13501
萨尔瓦多	El Salvador	189	285	420	837	1001	1035
厄立特里亚	Eritrea				67	46	50
爱沙尼亚	Estonia			808	557	749	749
埃塞俄比亚	Ethiopia	182	211	305	512	880	945
芬　兰	Finland	2112	2797	3950	3994	4367	4339
法　国	France	20871	30310	38533	45038	43818	43681
加　蓬	Gabon		80	107	98	154	153
格鲁吉亚	Georgia			1338	358	749	809
德　国	Germany	33619	44200	54399	59358	53672	54163

2-4-8　续表 1　continued

单位：千吨标准油　　(ktoe)

国家或地区	Country or Area	1971	1980	1990	2000	2010	2011
加　纳	Ghana	349	424	543	966	1647	1828
直布罗陀	Gibraltar	11	13	28	80	112	108
希　腊	Greece	1629	3188	5039	6398	7480	6710
危地马拉	Guatemala	230	454	572	1291	1896	1862
海　地	Haiti	48	101	142	235	356	365
洪都拉斯	Honduras	152	205	346	703	996	1031
匈牙利	Hungary	2235	2879	2932	3037	4117	3993
冰　岛	Iceland	103	158	212	212	283	275
印　度	India	13986	17283	27096	31970	55506	58419
印度尼西亚	Indonesia	2692	5955	10712	21873	35975	39177
伊　朗	Iran	2498	7118	13030	25491	40046	40642
伊拉克	Iraq	823	3162	7030	8845	9747	11562
爱尔兰	Ireland	960	1538	1641	3435	3916	3608
以色列	Israel	1060	1388	2212	3373	4052	3786
意大利	Italy	16551	24354	32707	39692	38508	38538
牙买加	Jamaica	540	292	365	656	689	712
日　本	Japan	35518	53976	71753	87936	76872	75821
约　旦	Jordan	174	555	907	1199	1752	1792
哈萨克斯坦	Kazakhstan			5453	3321	4667	4632
肯尼亚	Kenya	492	636	895	913	1697	1569
韩　国	Korea, Rep.	2123	4780	14572	26266	29914	29424
朝　鲜	Korea, Dem.	593	1844	1560	563	440	439
科索沃	Kosovo				190	317	328
科威特	Kuwait	659	1788	970	2059	4637	3937
吉尔吉斯斯坦	Kyrgyzstan			2020	295	824	960
拉脱维亚	Latvia			1054	723	1086	1063
黎巴嫩	Lebanon	431	639	642	1377	1737	1741
利比亚	Libya	227	1570	2066	3713	7356	4098
立陶宛	Lithuania			1862	1030	1486	1457
卢森堡	Luxembourg	183	434	880	1609	2185	2321
马其顿	Macedonia			260	328	450	471
马来西亚	Malaysia	1361	2143	4756	10495	14427	14489
马耳他	Malta	68	89	150	152	177	173
墨西哥	Mexico	10259	22801	28530	36159	51847	52055
摩尔多瓦	Moldova			843	185	338	370
蒙　古	Mongolia			522	328	475	558
黑　山	Montenegro					229	212
摩洛哥	Morocco	589	869	1299	2680	4452	4712
莫桑比克	Mozambique	107	100	199	277	556	640
缅　甸	Myanmar	510	634	444	1157	812	829
纳米比亚	Namibia				359	596	605
尼泊尔	Nepal	21	52	111	270	626	633
荷　兰	Netherlands	5816	7593	8890	10971	11527	11645
荷属安的列斯群岛	Netherlands Antilles	490	510	295	446	510	516
新西兰	New Zealand	1719	2289	2957	4063	4566	4576
尼加拉瓜	Nicaragua	230	295	246	478	573	560

2-4-8 续表 2 continued

单位：千吨标准油 (ktoe)

国家或地区	Country or Area	1971	1980	1990	2000	2010	2011
尼日利亚	Nigeria	970	4539	3972	7494	8641	8189
挪　威	Norway	2306	2892	3409	4059	4854	4687
阿　曼	Oman	32	219	576	897	2823	2987
巴基斯坦	Pakistan	1039	2214	4499	8893	12127	12638
巴拿马	Panama	265	348	421	777	1175	1215
巴拉圭	Paraguay	144	372	556	925	1465	1541
秘　鲁	Peru	1779	2044	2377	3204	5602	5828
菲律宾	Philippines	2984	3457	4520	8103	8044	7989
波　兰	Poland	8325	9174	7124	9511	16943	17153
葡萄牙	Portugal	1307	2262	3244	5973	6436	5991
卡塔尔	Qatar	78	349	496	812	4397	4800
罗马尼亚	Romania	2658	2538	4147	3295	4791	4992
俄罗斯	Russia			115872	74475	96485	98413
沙特阿拉伯	Saudi Arabia	1109	6586	16404	20372	35260	36922
塞内加尔	Senegal	146	239	241	385	665	690
塞尔维亚	Serbia			1524	795	2160	1980
新加坡	Singapore	507	945	1358	1993	2870	2913
斯洛伐克	Slovak Republic	1454	1504	1446	1432	2585	2586
斯洛文尼亚	Slovenia			903	1215	1769	1896
南　非	South Africa	8873	8546	10298	12604	16470	17591
西班牙	Spain	8522	15075	21281	30206	33889	32050
斯里兰卡	Sri Lanka	445	683	819	1685	2252	2381
苏　丹	Sudan	670	746	1292	902	2520	2540
瑞　典	Sweden	4845	5829	6913	7393	7817	8199
瑞　士	Switzerland	3294	3699	5158	5839	6051	5969
叙利亚	Syrian Arab Republic	479	1205	2419	2795	4086	4005
塔吉克斯坦	Tajikistan			269	18	105	111
坦桑尼亚	Tanzania	237	230	232	410	1004	1068
泰　国	Thailand	1903	3205	9011	14609	19493	20624
多　哥	Togo	68	105	142	144	313	330
特里尼达和多巴哥	Trinidad and Tobago	247	475	457	551	1047	958
突尼斯	Tunisia	293	584	830	1343	2006	1920
土耳其	Turkey	3475	5486	9224	11758	14631	14849
土库曼斯坦	Turkmenistan			3352	1905	2084	2785
乌克兰	Ukraine			19450	10435	12627	12611
阿联酋	United Arab Emirates	136	2299	3717	4922	9731	10391
英　国	United Kingdom	25016	30370	39180	41870	40748	40308
美　国	United States	373691	425268	487566	588238	595335	589374
乌拉圭	Uruguay	569	551	504	803	998	1080
乌兹别克斯坦	Uzbekistan			2076	3900	3082	3103
委内瑞拉	Venezuela	4093	9186	9736	11692	16636	14764
越　南	Vietnam	968	649	1380	3499	10145	11037
也　门	Yemen	222	763	1349	1491	2232	1986
赞比亚	Zambia	210	289	257	245	224	251
津巴布韦	Zimbabwe	606	570	653	638	387	424

2-4-9　工业部门煤和煤制品终端消费量

Total Final Consumption of Coal and Coal Products in Industry

资料来源：国际能源机构。
Source: International Energy Agency.
单位：千吨标准油　　(ktoe)

国家或地区	Country or Area	1971	1980	1990	2000	2010	2011
世　界	**World**	**351793**	**423941**	**474536**	**430729**	**686684**	**728684**
阿尔巴尼亚	Albania	170	345	170	9	55	70
阿尔及利亚	Algeria	58	30	252	80	108	95
阿根廷	Argentina	257	214	191	380	428	429
澳大利亚	Australia	4883	4092	4185	4028	2908	3258
奥地利	Austria	844	916	636	622	383	374
孟加拉国	Bangladesh	92	121	281	330	654	698
白俄罗斯	Belarus			53	60	60	98
比利时	Belgium	2996	3200	3013	2378	660	628
波　黑	Bosnia and Herzegovina			765	300	186	204
博茨瓦纳	Botswana			111	162	194	208
巴　西	Brazil	602	1931	3553	5579	7165	8175
保加利亚	Bulgaria	2441	2546	865	503	219	207
加拿大	Canada	4292	4095	2711	3213	2605	2450
智　利	Chile	483	442	524	586	401	336
哥伦比亚	Colombia	862	1184	1481	2175	1473	2438
刚果(金)	Congo, Dem. Rep.	222	131	136	114	185	197
哥斯达黎加	Costa Rica	1	1		1	34	36
克罗地亚	Croatia			384	64	144	138
古　巴	Cuba	28	83	126	19	25	26
塞浦路斯	Cyprus			64	32	17	7
捷　克	Czech Republic	13120	11592	7205	3323	1990	2100
丹　麦	Denmark	127	393	322	266	106	116
多米尼加	Dominican Republic					71	71
埃　及	Egypt	160	246	352	391	473	460
爱沙尼亚	Estonia			366	78	71	110
芬　兰	Finland	641	819	1156	634	486	432
法　国	France	8043	5399	5859	3642	3007	2838
格鲁吉亚	Georgia			584		12	55
德　国	Germany	28336	24922	20235	7389	5756	6256
希　腊	Greece	241	318	1068	853	298	211
洪都拉斯	Honduras			0	83	114	119
匈牙利	Hungary	1641	1286	519	292	242	244
冰　岛	Iceland		18	64	98	90	91
印　度	India	11060	14782	28711	25172	70933	77764
印度尼西亚	Indonesia	62	76	2127	4647	12768	11213
伊　朗	Iran	64	276	177	241	60	51
爱尔兰	Ireland	110	121	242	104	108	96
意大利	Italy	2511	2983	3288	2446	1800	2170
牙买加	Jamaica			32	33	33	35
日　本	Japan	16697	21417	30317	24270	26363	25584
哈萨克斯坦	Kazakhstan			15776	3169	10889	12894
肯尼亚	Kenya	6	11	93	66	165	234
韩　国	Korea, Rep.	375	1347	3052	8505	8284	8445
朝　鲜	Korea, Dem.	11001	16230	18095	10682	10144	10303
科索沃	Kosovo				26	49	55
吉尔吉斯斯坦	Kyrgyzstan			2082	204	495	536

2-4-9 续表 continued

单位：千吨标准油 (ktoe)

国家或地区	Country or Area	1971	1980	1990	2000	2010	2011
拉脱维亚	Latvia			32	12	46	55
黎巴嫩	Lebanon	2	4		132	149	165
立陶宛	Lithuania			44	12	85	106
卢森堡	Luxembourg	926	1015	518	107	66	58
马其顿	Macedonia			108	96	110	163
马来西亚	Malaysia	9	53	513	991	1826	1759
墨西哥	Mexico	1096	1606	1735	1495	1783	1721
摩尔多瓦	Moldova			205	6	26	33
蒙古	Mongolia			544	86	115	126
黑山	Montenegro					2	3
摩洛哥	Morocco	175	24	347	529	16	15
莫桑比克	Mozambique	374	153	20		3	13
缅甸	Myanmar	127	139	51	296	223	219
尼泊尔	Nepal	7	49	42	257	302	289
荷兰	Netherlands	694	693	1107	607	530	548
新西兰	New Zealand	634	556	542	434	515	446
尼日利亚	Nigeria	32	95	37	2	23	20
挪威	Norway	559	837	766	881	540	559
巴基斯坦	Pakistan	484	623	1519	1374	3950	3919
巴拿马	Panama	1		20	37	72	53
秘鲁	Peru	81	85	105	441	606	626
菲律宾	Philippines	5	213	590	729	1897	1915
波兰	Poland	9675	10426	6561	7484	3924	4210
葡萄牙	Portugal	233	195	592	433	50	20
罗马尼亚	Romania	1566	3430	2197	729	696	644
俄罗斯	Russia			14558	7260	9875	11351
塞内加尔	Senegal					163	168
塞尔维亚	Serbia			378	683	419	502
斯洛伐克	Slovak Republic	2428	1753	1898	1122	794	765
斯洛文尼亚	Slovenia			124	86	47	53
南非	South Africa	8489	14496	11081	9070	10627	11106
西班牙	Spain	3337	2178	2814	1113	767	1056
斯里兰卡	Sri Lanka	1	1	5	1	67	56
瑞典	Sweden	704	788	957	723	813	857
瑞士	Switzerland	127	225	307	113	144	134
叙利亚	Syrian Arab Republic	3	2		1	1	1
坦桑尼亚	Tanzania		1	3	30	12	11
泰国	Thailand	20	94	1309	3539	9211	9376
土耳其	Turkey	711	2169	4502	8829	7287	6939
乌克兰	Ukraine			17650	7300	7188	7927
阿联酋	United Arab Emirates					716	1250
英国	United Kingdom	16954	5964	6377	2510	1960	1885
美国	United States	61365	48247	46018	30358	25345	23278
乌兹别克斯坦	Uzbekistan				66	91	92
委内瑞拉	Venezuela	89	96	353	132	199	205
越南	Vietnam	5	932	1025	2339	8226	8715
津巴布韦	Zimbabwe	593	774	1029	561	379	413

2-4-10 工业部门石油产品终端消费量

Total Final Consumption of Oil Products in Industry

资料来源：国际能源机构。
Source: International Energy Agency.
单位：千吨标准油 (ktoe)

国家或地区	Country or Area	1971	1980	1990	2000	2010	2011
世　界	**World**	**392545**	**459028**	**325205**	**322896**	**329425**	**312477**
阿尔巴尼亚	Albania	203	372	296	112	145	140
阿尔及利亚	Algeria	106	673	516	704	1032	1144
安 哥 拉	Angola	54	84	236	158	295	309
阿 根 廷	Argentina	3346	2148	1160	3780	3967	4235
澳大利亚	Australia	6080	5379	2885	3548	3590	3493
奥 地 利	Austria	2011	994	674	567	652	619
阿塞拜疆	Azerbaijan			509	257	75	85
孟加拉国	Bangladesh	174	373	138	164	286	309
白俄罗斯	Belarus			1791	269	131	220
比 利 时	Belgium	5039	2558	1614	1603	612	413
贝　宁	Benin	4	9	10	50	45	46
玻利维亚	Bolivia	138	103	125	45	81	87
博茨瓦纳	Botswana			32	88	151	160
巴　西	Brazil	6731	14572	8425	13814	11964	12735
文　莱	Brunei Darussalam	22	40	40	46	149	158
保加利亚	Bulgaria			1071	842	328	222
柬 埔 寨	Cambodia				22	205	193
喀 麦 隆	Cameroon	25	51	52	60	113	117
加 拿 大	Canada	9522	11590	6787	6457	6755	6067
智　利	Chile	1152	1249	1339	2049	3044	3371
哥伦比亚	Colombia	1291	1011	729	1206	659	683
刚果(金)	Congo, Dem. Rep.	1	1	56	13	42	42
刚果(布)	Congo, Rep.	44	15	13	1	10	13
哥斯达黎加	Costa Rica	105	175	215	270	242	240
科特迪瓦	Cote d'Ivoire	220	198	132	241	183	157
克罗地亚	Croatia			621	452	311	285
古　巴	Cuba	2189	3095	2897	2475	764	607
塞浦路斯	Cyprus	122	247	173	369	153	133
捷　克	Czech Republic	3085	4869	2894	651	470	424
丹　麦	Denmark	2938	2111	920	753	548	519
多米尼加	Dominican Republic	208	376	254	483	387	207
厄瓜多尔	Ecuador	149	428	660	823	1275	1222
埃　及	Egypt	2186	3824	6360	5385	2700	4190
萨尔瓦多	El Salvador	107	151	159	335	289	298
厄立特里亚	Eritrea				12	6	6
爱沙尼亚	Estonia			699	89	61	60
埃塞俄比亚	Ethiopia	86	79	173	251	405	435
芬　兰	Finland	2871	2498	1139	1449	1247	1173
法　国	France	25478	19271	6560	5613	5007	5002
加　蓬	Gabon	122	263	43	142	231	242
格鲁吉亚	Georgia			615	64	24	25
德　国	Germany	28472	17911	7070	5143	2634	2093
加　纳	Ghana	128	118	94	221	417	473

2-4-10 续表 1 continued

单位：千吨标准油 (ktoe)

国家或地区	Country or Area	1971	1980	1990	2000	2010	2011
希　　腊	Greece	1520	2645	1683	1943	1338	1035
危地马拉	Guatemala	273	205	210	407	417	556
海　　地	Haiti	47	65	49	81	170	178
洪都拉斯	Honduras	89	170	237	229	268	232
匈 牙 利	Hungary	1178	1698	897	267	138	82
冰　　岛	Iceland	86	140	88	112	38	30
印　　度	India	3468	4455	9734	22377	30745	23622
印度尼西亚	Indonesia	1548	5371	5539	9265	10402	9981
伊　　朗	Iran	1609	4815	8190	7328	7880	5330
伊 拉 克	Iraq	187	926	1786	2431	2307	2802
爱 尔 兰	Ireland	1552	1429	679	1150	611	559
以 色 列	Israel	679	912	968	438	925	180
意 大 利	Italy	20019	15608	8077	6697	3481	3491
牙 买 加	Jamaica	605	1209	146	116	24	33
日　　本	Japan	51413	39420	36669	34783	23450	23705
约　　旦	Jordan	47	184	402	681	733	663
哈萨克斯坦	Kazakhstan			5607	1715	1815	1737
肯 尼 亚	Kenya	186	273	327	381	664	686
韩　　国	Korea, Rep.	4432	7008	10882	10974	5902	5191
朝　　鲜	Korea, Dem.	86	365	373	65	89	89
科 索 沃	Kosovo				72	113	132
科 威 特	Kuwait	89	538	86	159	898	822
拉脱维亚	Latvia			442	157	84	59
黎 巴 嫩	Lebanon			101	191	45	128
利 比 亚	Libya		253	144	316	472	374
立 陶 宛	Lithuania			1197	170	41	38
卢 森 堡	Luxembourg	664	167	272	43	14	12
马 其 顿	Macedonia			380	186	204	212
马来西亚	Malaysia	1942	2433	3481	5283	2799	1996
马 耳 他	Malta					11	1
墨 西 哥	Mexico	3170	6027	7445	7479	5842	5900
摩尔多瓦	Moldova			2	12	5	9
蒙　　古	Mongolia			201	89	275	352
黑　　山	Montenegro					28	30
摩 洛 哥	Morocco	604	1440	1172	967	1867	2122
莫桑比克	Mozambique			16	26	100	120
缅　　甸	Myanmar	348	398	132	189	230	218
纳米比亚	Namibia				60	88	91
尼 泊 尔	Nepal		5	12	32	24	23
荷　　兰	Netherlands	2724	2542	787	1603	667	640
荷属安的列斯群岛	Netherlands Antilles	1432	340	167	156	178	180
新 西 兰	New Zealand	621	611	285	337	347	331
尼加拉瓜	Nicaragua	55	79	101	121	172	156
尼日利亚	Nigeria	209	852	672	274	262	301

2-4-10　续表 2　continued

单位：千吨标准油 (ktoe)

国家或地区	Country or Area	1971	1980	1990	2000	2010	2011
挪　威	Norway	1873	1980	928	765	985	952
阿　曼	Oman	6	13	483	882	1739	1792
巴基斯坦	Pakistan	153	227	1272	1892	1386	1414
巴拿马	Panama	87	185	137	243	539	680
巴拉圭	Paraguay	21	24	46	79	48	44
秘　鲁	Peru	1038	1586	1071	1711	1161	1224
菲律宾	Philippines	1549	2087	2282	2470	1402	1319
波　兰	Poland	1086	2068	940	1822	1126	1041
葡萄牙	Portugal	1085	2101	1804	2365	1057	915
卡塔尔	Qatar					949	211
罗马尼亚	Romania	478	2319	2139	1401	667	844
俄罗斯	Russia			24455	16957	11038	10119
沙特阿拉伯	Saudi Arabia	607	11916	4755	7272	12024	12688
塞内加尔	Senegal	100	166	73	159	101	104
塞尔维亚	Serbia			2044	248	343	461
新加坡	Singapore	129	256	111	2265	5735	5591
斯洛伐克	Slovak Republic	1301	2800	1361	219	109	109
斯洛文尼亚	Slovenia			225	270	128	114
南　非	South Africa	1860	2240	2168	1497	896	987
西班牙	Spain	8640	11162	5729	5700	4895	4336
斯里兰卡	Sri Lanka	91	155	118	252	244	252
苏　丹	Sudan	182	314	209	169	905	522
瑞　典	Sweden	5990	4649	2161	3073	1163	1105
瑞　士	Switzerland	2662	2132	750	894	680	534
叙利亚	Syrian Arab Republic	507	1420	932	1085	1851	1814
坦桑尼亚	Tanzania	73	83	101	109	166	177
泰　国	Thailand	1339	2036	2767	4321	2796	2911
多　哥	Togo			8	82	21	22
特里尼达和多巴哥	Trinidad and Tobago	27	37	90	71	114	183
突尼斯	Tunisia	219	504	771	708	768	634
土耳其	Turkey	1483	3331	3545	4799	1125	1559
土库曼斯坦	Turkmenistan			545	534	875	890
乌克兰	Ukraine			8969	1206	1364	1409
阿联酋	United Arab Emirates		718	1891	1322	1121	1182
英　国	United Kingdom	21094	12190	6301	6026	4913	4346
美　国	United States	66503	89492	44253	25661	30208	30431
乌拉圭	Uruguay	409	399	173	200	181	197
乌兹别克斯坦	Uzbekistan				304	196	181
委内瑞拉	Venezuela	1055	1628	2344	3199	8949	8215
越　南	Vietnam		456	449	1515	2117	2293
也　门	Yemen				366	1222	1095
赞比亚	Zambia	155	181	180	131	228	312
津巴布韦	Zimbabwe	51	53	97	94	63	68

2-4-11 工业部门天然气终端消费量

Total Final Consumption of Natural Gas in Industry

资料来源：国际能源机构。
Source: International Energy Agency.
单位：千吨标准油 (ktoe)

国家或地区	Country or Area	1971	1980	1990	2000	2010	2011
世　界	**World**	**314674**	**417836**	**358476**	**414892**	**485711**	**506383**
阿尔及利亚	Algeria	162	452	1149	1359	2994	3018
安哥拉	Angola	36	64	441	465	596	612
阿根廷	Argentina	1578	2907	4156	5408	6505	6926
亚美尼亚	Armenia			971	308	220	254
澳大利亚	Australia	576	3420	5565	7115	7502	7601
奥地利	Austria	882	1589	1632	2089	2331	2199
阿塞拜疆	Azerbaijan			6263	804	512	622
巴　林	Bahrain	180	871	1714	1479	2907	2903
孟加拉国	Bangladesh	13	166	317	929	1517	1472
白俄罗斯	Belarus			1022	890	1564	1553
比利时	Belgium	2242	3028	2882	4607	4620	5126
玻利维亚	Bolivia		37	165	320	539	607
波　黑	Bosnia and Herzegovina			318	118	72	95
巴　西	Brazil	19	359	1371	3662	8777	9475
文　莱	Brunei Darussalam					457	818
保加利亚	Bulgaria			1925	912	620	844
加拿大	Canada	10183	16201	16851	19313	22645	23876
智　利	Chile	1	8	3	671	1101	992
哥伦比亚	Colombia	105	540	794	976	1934	2031
克罗地亚	Croatia			623	503	511	480
古　巴	Cuba	2	1	1	133	325	322
捷　克	Czech Republic	385	281	2416	2601	2293	2109
丹　麦	Denmark			535	778	711	708
埃　及	Egypt		344	1320	1864	5282	6258
爱沙尼亚	Estonia			191	122	114	114
芬　兰	Finland		396	917	829	671	666
法　国	France	3154	7210	9187	12345	9089	8583
加　蓬	Gabon		1	1	1	2	2
格鲁吉亚	Georgia			1314	197	193	308
德　国	Germany	8123	16838	17042	19251	19132	18982
希　腊	Greece				244	373	555
匈牙利	Hungary	1319	2590	3204	1370	969	976
印　度	India	104	110	231	363	5662	7168
印度尼西亚	Indonesia		1151	1928	5190	11786	12540
伊　朗	Iran	1498	936	4579	8184	25131	28775
伊拉克	Iraq	380	523	808	1286	199	238
爱尔兰	Ireland		345	358	470	466	623
以色列	Israel			2		63	118
意大利	Italy	7197	9042	12967	16620	10347	9305
日　本	Japan	1792	2137	3695	5113	7815	8414
哈萨克斯坦	Kazakhstan					1456	1531
韩　国	Korea, Rep.			73	2880	7090	8273
科威特	Kuwait	1027	1154	1616	3034	2395	3118
拉脱维亚	Latvia			439	207	242	173
利比亚	Libya	275	623	688	924	380	152

2-4-11 续表 continued

单位：千吨标准油 (ktoe)

国家或地区	Country or Area	1971	1980	1990	2000	2010	2011
立陶宛	Lithuania			886	204	286	275
卢森堡	Luxembourg	13	246	279	278	292	274
马其顿	Macedonia				7	39	41
马来西亚	Malaysia		1	428	2094	3878	3869
墨西哥	Mexico	5376	10454	10824	9005	9013	9893
摩尔多瓦	Moldova			526	184	342	375
摩洛哥	Morocco	43	55	43	38	44	50
莫桑比克	Mozambique					63	71
缅甸	Myanmar	10	52	137	239	302	365
荷兰	Netherlands	6055	6664	6513	6262	5256	5006
新西兰	New Zealand	11	258	1228	1338	877	900
尼日利亚	Nigeria	30	39	716	969	1205	1351
挪威	Norway				173	255	241
阿曼	Oman			253	188	7346	8917
巴基斯坦	Pakistan	1125	1693	2264	4041	7455	7385
秘鲁	Peru		37	25		704	834
菲律宾	Philippines					70	77
波兰	Poland	2457	3820	2508	2281	3099	3187
葡萄牙	Portugal				659	1052	1150
卡塔尔	Qatar	347	828	1331	2080	3043	3195
罗马尼亚	Romania	13012	27254	16762	3975	2791	2947
俄罗斯	Russia			30486	25836	32355	31214
塞尔维亚	Serbia			779	685	604	591
新加坡	Singapore					1011	1078
斯洛伐克	Slovak Republic	515	458	1333	1117	888	928
斯洛文尼亚	Slovenia			568	491	483	425
南非	South Africa					1658	1631
西班牙	Spain	145	604	3397	9148	7764	7635
瑞典	Sweden			253	302	323	336
瑞士	Switzerland	6	353	576	695	852	820
叙利亚	Syrian Arab Republic				813	543	458
坦桑尼亚	Tanzania					100	102
泰国	Thailand			138	1107	1987	2240
特里尼达和多巴哥	Trinidad and Tobago	48	83	608	1987	3464	3342
突尼斯	Tunisia	1	77	255	453	791	780
土耳其	Turkey			494	1666	6309	7877
土库曼斯坦	Turkmenistan			312	278	648	818
乌克兰	Ukraine			23289	11949	6437	6572
阿联酋	United Arab Emirates	812	1997	8734	14926	25418	26837
英国	United Kingdom	4637	13496	10401	14192	9412	9628
美国	United States	165885	151529	109886	137881	118684	118717
乌拉圭	Uruguay				30	13	12
乌兹别克斯坦	Uzbekistan				6307	5151	5941
委内瑞拉	Venezuela	1708	6896	7732	9575	15292	12859
越南	Vietnam				18	492	451

2-4-12 工业部门电力终端消费量

Total Final Consumption of Electricity in Industry

资料来源：国际能源机构。
Source: International Energy Agency.
单位：千吨标准油 (ktoe)

国家或地区	Country or Area	1971	1980	1990	2000	2010	2011
世　界	**World**	**203910**	**297935**	**380732**	**460166**	**640294**	**673782**
阿尔巴尼亚	Albania			41	78	89	90
阿尔及利亚	Algeria	68	244	515	594	1092	1130
安哥拉	Angola	11	10	14	31	136	141
阿根廷	Argentina	892	1487	1839	2996	4156	4339
亚美尼亚	Armenia			285	60	90	93
澳大利亚	Australia	1685	2796	5090	6624	6877	7031
奥地利	Austria	934	1219	1546	1779	2313	2305
阿塞拜疆	Azerbaijan			615	63	151	170
巴　林	Bahrain	15	20	29	74	121	157
孟加拉国	Bangladesh	41	76	234	464	1722	1814
白俄罗斯	Belarus			1941	1110	1136	1170
比利时	Belgium	1576	2059	2625	3429	3280	3204
贝　宁	Benin	1	4	7	9	12	12
玻利维亚	Bolivia	42	75	62	107	141	147
波　黑	Bosnia and Herzegovina			523	103	328	362
博茨瓦纳	Botswana			52	85	117	121
巴　西	Brazil	1918	5867	9661	12619	17488	18008
文　莱	Brunei Darussalam	4	6	20	25	15	19
保加利亚	Bulgaria	1066	1424	1595	738	672	724
柬埔寨	Cambodia				3	33	37
喀麦隆	Cameroon	76	68	117	130	239	221
加拿大	Canada	8300	11668	14443	17485	17435	17698
智　利	Chile	422	552	873	2209	3083	3305
哥伦比亚	Colombia	318	434	684	982	1264	1289
刚果(金)	Congo, Dem. Rep.		223	93	163	341	366
刚果(布)	Congo, Rep.	3	6	18	12	21	24
哥斯达黎加	Costa Rica	27	60	65	120	157	156
科特迪瓦	Cote d'Ivoire	11	39	43	82	92	113
克罗地亚	Croatia			515	255	310	298
古　巴	Cuba	182	233	488	343	325	328
塞浦路斯	Cyprus	15	23	29	38	50	45
捷　克	Czech Republic	1506	1914	2315	1629	1943	1988
丹　麦	Denmark	366	497	726	864	743	730
多米尼加	Dominican Republic	26	82	53	143	320	343
厄瓜多尔	Ecuador	25	103	131	189	380	413
埃　及	Egypt	354	862	1451	2111	3500	3620
萨尔瓦多	El Salvador	24	44	49	148	192	197
厄立特里亚	Eritrea				6	6	6
爱沙尼亚	Estonia			254	157	180	176
埃塞俄比亚	Ethiopia	31	30	42	47	120	129
芬　兰	Finland	1275	1962	2797	3689	3471	3401
法　国	France	6419	8201	9861	11580	10100	10139
加　蓬	Gabon		21	34	23	32	31
格鲁吉亚	Georgia			652	77	184	255
德　国	Germany	13027	17161	18617	18197	19384	19836

2-4-12　续表 1　continued

单位：千吨标准油　　(ktoe)

国家或地区	Country or Area	1971	1980	1990	2000	2010	2011
加　纳	Ghana	210	340	306	346	271	335
直布罗陀	Gibraltar						
希　腊	Greece	508	903	1041	1165	1216	1259
危地马拉	Guatemala	30	71	56	126	273	267
海　地	Haiti	1	9	15	9	6	10
洪都拉斯	Honduras	16	33	73	77	109	118
匈牙利	Hungary	827	1187	1183	757	841	850
冰　岛	Iceland	83	170	220	451	1161	1193
印　度	India	3120	4750	9080	13622	27643	29796
印度尼西亚	Indonesia	15	148	1251	2925	4405	4762
伊　朗	Iran	400	752	1241	2834	5423	5946
伊拉克	Iraq	78	326	779	1035	540	752
爱尔兰	Ireland	153	276	386	665	783	816
以色列	Israel	171	301	455	898	1074	1033
意大利	Italy	5763	8086	9539	12199	10997	11015
牙买加	Jamaica	104	49	18	324	61	135
日　本	Japan	20905	28190	29009	31100	28191	24026
约　旦	Jordan	7	24	102	162	279	295
哈萨克斯坦	Kazakhstan			5498	1821	3450	3816
肯尼亚	Kenya	40	68	168	197	312	313
韩　国	Korea, Rep.	539	1954	4970	12934	19618	21160
朝　鲜	Korea, Dem.	541	774	1013	623	696	695
科索沃	Kosovo				20	99	111
科威特	Kuwait						
吉尔吉斯斯坦	Kyrgyzstan			439	241	112	251
拉脱维亚	Latvia			274	123	137	144
黎巴嫩	Lebanon				221	341	346
利比亚	Libya	6	72	143	263	333	418
立陶宛	Lithuania			470	197	228	238
卢森堡	Luxembourg	182	212	242	279	310	280
马其顿	Macedonia			225	134	173	215
马来西亚	Malaysia	156	384	830	2805	4533	4061
马耳他	Malta				43	40	45
墨西哥	Mexico	1288	2598	4592	8559	9901	10671
摩尔多瓦	Moldova			386	243	241	159
蒙　古	Mongolia			155	102	180	184
黑　山	Montenegro					159	186
摩洛哥	Morocco	84	195	345	520	775	838
莫桑比克	Mozambique	17	16	15	133	737	747
缅　甸	Myanmar	26	52	74	117	196	173
纳米比亚	Namibia					58	70
尼泊尔	Nepal	1	5	18	45	90	93
荷　兰	Netherlands	1673	2414	2858	3507	3360	3355
荷属安的列斯群岛	Netherlands Antilles	27	32	28	41	45	46
新西兰	New Zealand	320	660	963	1206	1209	1207
尼加拉瓜	Nicaragua	23	28	31	29	58	83

2-4-12 续表 2 continued

单位：千吨标准油 (ktoe)

国家或地区	Country or Area	1971	1980	1990	2000	2010	2011
尼日利亚	Nigeria	87	150	173	164	298	338
挪　威	Norway	2818	3434	3940	4435	3831	3788
阿　曼	Oman		1	6	28	132	222
巴基斯坦	Pakistan	246	353	889	1234	1824	1875
巴拿马	Panama	10	16	24	44	56	57
巴拉圭	Paraguay	9	32	54	77	140	147
秘　鲁	Peru	296	454	617	846	1444	1553
菲律宾	Philippines	292	706	855	1135	1598	1663
波　兰	Poland	2813	4483	3676	3479	3597	3833
葡萄牙	Portugal	371	706	1051	1372	1502	1458
卡塔尔	Qatar		40	52	140	668	782
罗马尼亚	Romania	1930	3463	3316	1712	1753	1813
俄罗斯	Russia			41428	26867	28109	28622
沙特阿拉伯	Saudi Arabia	110	108	713	1073	2461	2780
塞内加尔	Senegal	16	31	39	25	51	53
塞尔维亚	Serbia			1188	544	627	643
新加坡	Singapore	79	211	473	917	1422	1443
斯洛伐克	Slovak Republic	626	1106	1291	838	940	967
斯洛文尼亚	Slovenia			513	475	472	504
南　非	South Africa	2797	5057	7081	8337	9976	9999
西班牙	Spain	2651	4639	5442	7365	6320	6195
斯里兰卡	Sri Lanka	33	58	78	189	271	291
苏　丹	Sudan	18	20	18	53	76	90
瑞　典	Sweden	2951	3489	4640	4897	4677	4627
瑞　士	Switzerland	915	1023	1482	1555	1657	1652
叙利亚	Syrian Arab Republic	67	150	361	580	973	954
塔吉克斯坦	Tajikistan			989	462	541	526
坦桑尼亚	Tanzania	13	21	34	53	155	166
泰　国	Thailand	258	545	1542	3452	5472	5454
多　哥	Togo	3	4	9	11	14	15
特里尼达和多巴哥	Trinidad and Tobago	29	91	165	263	410	429
突尼斯	Tunisia	39	127	244	377	440	412
土耳其	Turkey	444	1045	2351	3964	6636	7366
土库曼斯坦	Turkmenistan			342	181	285	294
乌克兰	Ukraine			12502	5186	5668	5409
阿联酋	United Arab Emirates	1	33	86	366	653	794
英　国	United Kingdom	7146	7507	8655	9814	8989	8806
美　国	United States	49241	64168	74523	98222	75630	77279
乌拉圭	Uruguay	57	93	127	137	218	217
乌兹别克斯坦	Uzbekistan			1874	1310	1405	1424
委内瑞拉	Venezuela	441	1186	2117	2375	3170	3276
越　南	Vietnam		127	245	782	4000	4140
也　门	Yemen	2	1			5	13
赞比亚	Zambia	311	415	377	357	351	356
津巴布韦	Zimbabwe	190	415	486	457	338	370

2-4-13　交通部门石油产品终端消费量

Total Final Consumption of Oil Products in Transport

资料来源：国际能源机构。
Source: International Energy Agency.
单位：千吨标准油　(ktoe)

国家或地区	Country or Area	1971	1980	1990	2000	2010	2011
世　界	**World**	**899129**	**1188696**	**1484598**	**1867957**	**2237343**	**2265214**
阿尔巴尼亚	Albania	240	489	232	480	729	764
阿尔及利亚	Algeria	890	2084	5027	5081	9995	10278
安哥拉	Angola	335	329	337	355	2258	2296
阿根廷	Argentina	8008	10450	9345	11602	12964	13558
亚美尼亚	Armenia			1016	197	199	172
澳大利亚	Australia	11186	16744	20873	25064	28044	28669
奥地利	Austria	2968	3840	4510	6032	7222	7016
阿塞拜疆	Azerbaijan			1964	766	1670	1952
巴　林	Bahrain	60	210	338	520	1058	997
孟加拉国	Bangladesh	82	323	544	996	1954	2079
白俄罗斯	Belarus			3714	2026	3316	3429
比利时	Belgium	3949	5318	6673	8061	8689	8669
贝　宁	Benin	82	86	54	311	1061	1109
玻利维亚	Bolivia	334	712	746	962	1511	1645
波　黑	Bosnia and Herzegovina			730	696	1115	1114
博茨瓦纳	Botswana			218	410	677	716
巴　西	Brazil	14178	24198	26997	41182	53660	59201
文　莱	Brunei Darussalam	28	112	188	274	395	431
保加利亚	Bulgaria	1421	1419	2173	1704	2451	2457
柬埔寨	Cambodia				433	630	659
喀麦隆	Cameroon	188	392	581	616	887	924
加拿大	Canada	28421	42490	39944	46862	54801	54404
智　利	Chile	1831	2022	3022	5639	7089	7216
哥伦比亚	Colombia	2311	4014	5555	6239	6787	7607
刚果(金)	Congo, Dem. Rep.	143	207	194	263	549	587
刚果(布)	Congo, Rep.	114	168	158	132	471	520
哥斯达黎加	Costa Rica	225	439	525	995	1520	1548
科特迪瓦	Cote d'Ivoire	294	520	396	422	502	512
克罗地亚	Croatia			1305	1479	1972	1929
古　巴	Cuba	1382	1772	1695	723	475	461
塞浦路斯	Cyprus	201	207	385	573	745	723
捷　克	Czech Republic	1631	2000	2319	3942	5428	5380
丹　麦	Denmark	2509	3015	3430	3999	4265	4088
多米尼加	Dominican Republic	479	602	777	2049	1700	1713
厄瓜多尔	Ecuador	621	1341	2287	2903	5124	5392
埃　及	Egypt	1307	2692	5275	9381	12598	13115
萨尔瓦多	El Salvador	189	285	420	837	1001	1035
厄立特里亚	Eritrea				67	46	50
爱沙尼亚	Estonia			788	550	744	744
埃塞俄比亚	Ethiopia	182	211	305	512	880	945
芬　兰	Finland	2092	2778	3914	3933	4167	4084
法　国	France	20229	29692	37769	43699	40270	40128
加　蓬	Gabon		80	107	97	153	153
格鲁吉亚	Georgia			1200	319	673	763
德　国	Germany	30711	42858	53208	57758	48475	49142

2-4-13　续表 1　continued

单位：千吨标准油　(ktoe)

国家或地区	Country or Area	1971	1980	1990	2000	2010	2011
加　　纳	Ghana	349	424	543	966	1647	1828
直布罗陀	Gibraltar	11	13	28	80	112	108
希　　腊	Greece	1605	3178	5028	6378	7322	6571
危地马拉	Guatemala	230	454	572	1291	1896	1862
海　　地	Haiti	48	101	142	235	356	365
洪都拉斯	Honduras	152	205	346	703	996	1031
匈 牙 利	Hungary	1578	2658	2829	2947	3846	3730
冰　　岛	Iceland	103	158	212	212	283	273
印　　度	India	6172	11620	24316	31118	51892	54664
印度尼西亚	Indonesia	2661	5941	10711	21854	35791	38874
伊　　朗	Iran	2498	7118	13030	25383	34919	34955
伊 拉 克	Iraq	823	3162	7030	8845	9747	11562
爱 尔 兰	Ireland	960	1538	1640	3433	3819	3505
以 色 列	Israel	1060	1388	2212	3373	4052	3786
意 大 利	Italy	15955	23683	31920	38633	35429	35343
牙 买 加	Jamaica	540	292	365	656	689	712
日　　本	Japan	33916	52666	70307	86339	75259	74224
约　　旦	Jordan	174	555	907	1199	1752	1792
哈萨克斯坦	Kazakhstan			4897	3191	4399	4292
肯 尼 亚	Kenya	446	636	895	913	1697	1569
韩　　国	Korea, Rep.	2093	4743	14485	26090	28402	27874
朝　　鲜	Korea, Dem.	593	1844	1560	563	440	439
科 索 沃	Kosovo				190	317	328
科 威 特	Kuwait	659	1788	970	2059	4637	3937
吉尔吉斯斯坦	Kyrgyzstan			2008	285	810	945
拉脱维亚	Latvia			999	709	1048	1010
黎 巴 嫩	Lebanon	431	639	642	1377	1737	1741
利 比 亚	Libya	227	1570	2066	3713	7356	4098
立 陶 宛	Lithuania			1844	1023	1410	1385
卢 森 堡	Luxembourg	180	430	875	1604	2133	2267
马 其 顿	Macedonia			258	325	448	469
马来西亚	Malaysia	1361	2143	4756	10484	14182	14202
马 耳 他	Malta	68	89	150	152	177	173
墨 西 哥	Mexico	10238	22764	28461	36059	51733	51946
摩尔多瓦	Moldova			825	134	332	364
蒙　　古	Mongolia			467	296	446	528
黑　　山	Montenegro					227	211
摩 洛 哥	Morocco	583	860	1282	2662	4428	4686
莫桑比克	Mozambique	107	100	199	277	556	638
缅　　甸	Myanmar	510	633	443	1156	644	661
纳米比亚	Namibia				359	596	605
尼 泊 尔	Nepal	21	52	110	269	625	632
荷　　兰	Netherlands	5728	7509	8780	10831	11139	11162
荷属安的列斯群岛	Netherlands Antilles	490	510	295	446	510	516
新 西 兰	New Zealand	1710	2279	2893	4055	4555	4562
尼加拉瓜	Nicaragua	230	295	246	478	573	560

2-4-13 续表 2 continued

单位：千吨标准油 (ktoe)

国家或地区	Country or Area	1971	1980	1990	2000	2010	2011
尼日利亚	Nigeria	887	4538	3970	7494	8641	8189
挪　威	Norway	2263	2833	3353	4003	4624	4449
阿　曼	Oman	32	219	576	897	2823	2987
巴基斯坦	Pakistan	1037	2211	4496	8787	9609	9988
巴 拿 马	Panama	265	348	421	777	1175	1215
巴 拦 圭	Paraguay	131	357	533	916	1414	1487
秘　鲁	Peru	1779	2044	2377	3204	5147	5306
菲 律 宾	Philippines	2984	3457	4520	8098	7851	7777
波　兰	Poland	3996	6961	6479	9051	15552	15717
葡 萄 牙	Portugal	1262	2240	3217	5941	6061	5640
卡 塔 尔	Qatar	78	349	496	812	4397	4800
罗马尼亚	Romania	2111	2373	3901	3108	4549	4665
俄 罗 斯	Russia			72883	42295	56303	59346
沙特阿拉伯	Saudi Arabia	1109	6586	16404	20372	35260	36922
塞内加尔	Senegal	146	239	241	385	665	690
塞尔维亚	Serbia			1485	773	2130	1931
新 加 坡	Singapore	507	945	1342	1968	2665	2692
斯洛伐克	Slovak Republic	1406	1210	1346	1349	2045	2006
斯洛文尼亚	Slovenia			884	1192	1708	1847
南　非	South Africa	5296	6924	9910	12142	16160	17278
西 班 牙	Spain	8316	14901	20965	29766	32082	29965
斯里兰卡	Sri Lanka	445	683	819	1685	2252	2356
苏　丹	Sudan	670	746	1292	902	2520	2540
瑞　典	Sweden	4677	5633	6700	7108	7177	7449
瑞　士	Switzerland	3121	3520	4924	5603	5734	5660
叙 利 亚	Syrian Arab Republic	479	1205	2419	2795	4086	4005
塔吉克斯坦	Tajikistan			252	15	91	98
坦桑尼亚	Tanzania	237	230	232	410	1004	1068
泰　国	Thailand	1903	3205	9010	14604	17370	18045
多　哥	Togo	68	105	142	144	313	330
特里尼达和多巴哥	Trinidad and Tobago	247	475	457	551	1047	958
突 尼 斯	Tunisia	293	580	821	1327	1979	1893
土 耳 其	Turkey	2892	5292	9179	11652	14354	14557
土库曼斯坦	Turkmenistan			841	722	1266	1291
乌 克 兰	Ukraine			18135	6741	8525	8422
阿 联 酋	United Arab Emirates	136	2299	3717	4922	9731	10391
英　国	United Kingdom	24649	30073	38724	41129	39258	38904
美　国	United States	355957	410251	471802	569492	554069	546361
乌 拉 圭	Uruguay	569	551	504	803	989	1058
乌兹别克斯坦	Uzbekistan			1970	2401	1830	1675
委内瑞拉	Venezuela	4093	9186	9713	11572	16601	14731
越　南	Vietnam	968	586	1366	3499	10145	11037
也　门	Yemen	222	763	1349	1491	2232	1986
赞 比 亚	Zambia	201	286	256	244	222	249
津巴布韦	Zimbabwe	333	404	523	627	375	411

2-4-14 交通部门电力终端消费量

Total Final Consumption of Electricity in Transport

资料来源：国际能源机构。
Source: International Energy Agency.
单位：千吨标准油 (ktoe)

国家或地区	Country or Area	1971	1980	1990	2000	2010	2011
世界	**World**	**9712**	**13865**	**21097**	**18817**	**23925**	**25157**
阿尔及利亚	Algeria	2	1	24	30	55	60
阿根廷	Argentina	25	23	27	45	58	58
亚美尼亚	Armenia			33	11	10	10
澳大利亚	Australia	56	77	155	201	339	338
奥地利	Austria	137	196	238	298	296	269
阿塞拜疆	Azerbaijan			69	46	47	47
白俄罗斯	Belarus			262	165	147	144
比利时	Belgium	66	83	107	124	149	140
波黑	Bosnia and Herzegovina					12	12
巴西	Brazil	53	71	103	108	143	146
保加利亚	Bulgaria		89	112	45	34	32
加拿大	Canada	166	196	281	389	324	331
智利	Chile	19	17	18	19	37	41
哥伦比亚	Colombia				4	5	5
克罗地亚	Croatia			32	21	23	22
古巴	Cuba	3	6	8	8	22	22
捷克	Czech Republic	152	197	272	201	189	194
丹麦	Denmark	8	12	18	30	35	34
厄瓜多尔	Ecuador					1	1
爱沙尼亚	Estonia			15	8	5	4
芬兰	Finland	4	19	37	46	64	63
法国	France	502	595	764	1005	1078	1066
格鲁吉亚	Georgia			93	39	47	32
德国	Germany	784	1030	1175	1368	1436	1428
希腊	Greece	4	8	11	20	16	18
匈牙利	Hungary	59	93	102	87	95	96
印度	India	140	195	354	706	1151	1232
伊朗	Iran				1	26	30
爱尔兰	Ireland			1	2	4	4
意大利	Italy	317	413	578	732	917	928
日本	Japan	998	1310	1446	1597	1614	1597
哈萨克斯坦	Kazakhstan			556	130	269	339
韩国	Korea, Rep.		34	87	175	188	193
吉尔吉斯斯坦	Kyrgyzstan			12	10	7	8
拉脱维亚	Latvia			22	13	11	11
立陶宛	Lithuania			18	7	7	6

2-4-14 续表 continued

单位：千吨标准油 (ktoe)

国家或地区	Country or Area	1971	1980	1990	2000	2010	2011
卢森堡	Luxembourg	2	4	5	5	10	10
马其顿	Macedonia			2	2	2	2
马来西亚	Malaysia				4	18	18
墨西哥	Mexico	21	37	69	95	102	96
摩尔多瓦	Moldova			7	8	4	4
蒙古	Mongolia			15	7	12	12
黑山	Montenegro					2	1
摩洛哥	Morocco	7	9	17	18	24	26
尼泊尔	Nepal		0	0	1	0	0
荷兰	Netherlands	82	84	109	140	149	149
新西兰	New Zealand	4	3	5	6	5	5
挪威	Norway	43	59	56	54	59	59
巴基斯坦	Pakistan	2	3	3	1	…	…
菲律宾	Philippines				5	10	10
波兰	Poland	265	415	471	400	282	280
葡萄牙	Portugal	17	21	27	31	41	35
罗马尼亚	Romania		165	225	160	117	122
俄罗斯	Russia			8924	5239	7334	7771
塞尔维亚	Serbia			39	22	19	45
新加坡	Singapore			16	25	184	196
斯洛伐克	Slovak Republic	48	84	100	83	46	46
斯洛文尼亚	Slovenia			19	23	15	14
南非	South Africa	282	372	340	463	310	312
西班牙	Spain	112	164	316	358	277	272
瑞典	Sweden	167	195	213	275	207	227
瑞士	Switzerland	173	180	221	227	272	263
塔吉克斯坦	Tajikistan			17	4	2	2
泰国	Thailand				3	6	9
突尼斯	Tunisia		4	9	16	26	27
土耳其	Turkey	13	13	30	66	52	58
土库曼斯坦	Turkmenistan			89	13	20	21
乌克兰	Ukraine			1245	794	772	850
英国	United Kingdom	238	261	454	742	351	351
美国	United States	390	266	355	380	663	660
乌兹别克斯坦	Uzbekistan			107	113	121	122
委内瑞拉	Venezuela			24	22	25	25
赞比亚	Zambia			1	1	2	2

2-4-15 居民天然气终端消费量

Total Final Consumption of Natural Gas in Residential

资料来源：国际能源机构。
Source: International Energy Agency.
单位：千吨标准油 (ktoe)

国家或地区	Country or Area	1971	1980	1990	2000	2010	2011
世 界	**World**	**138722**	**212308**	**274118**	**367587**	**423815**	**415387**
阿尔及利亚	Algeria	49	313	1045	2044	3676	4243
阿根廷	Argentina	1182	2387	3607	5830	7683	7993
亚美尼亚	Armenia			1129	124	382	442
澳大利亚	Australia	253	968	1889	2547	3097	3182
奥地利	Austria	30	385	764	1123	1340	1190
阿塞拜疆	Azerbaijan			1958	1382	2416	2440
孟加拉国	Bangladesh	1	65	226	693	1938	2048
白俄罗斯	Belarus			737	1003	1452	1406
比利时	Belgium	681	2509	2483	3292	3825	2789
玻利维亚	Bolivia				4	42	54
波 黑	Bosnia and Herzegovina			32	33	43	43
巴 西	Brazil	98	119	138	150	242	265
文 莱	Brunei Darussalam					25	25
保加利亚	Bulgaria				…	49	56
加拿大	Canada	5648	8744	11356	13857	13220	14661
智 利	Chile	2	75	129	242	390	390
哥伦比亚	Colombia		2	91	504	834	920
克罗地亚	Croatia			163	406	595	544
古 巴	Cuba	26	38	43	49	50	60
捷 克	Czech Republic	126	382	918	2049	2382	2002
丹 麦	Denmark			384	645	737	618
埃 及	Egypt			64	330	854	884
爱沙尼亚	Estonia			57	42	55	52
芬 兰	Finland		33	27	23	48	32
法 国	France	1929	5419	6587	12658	13867	11275
格鲁吉亚	Georgia			1118	240	263	345
德 国	Germany		34	13406	23424	24218	20131
希 腊	Greece				5	255	348
匈牙利	Hungary	116	486	1643	3024	3259	2966
印 度	India		12	41	277	1311	1584
印度尼西亚	Indonesia			5	11	19	16
伊 朗	Iran		674	2610	16244	34564	37260
爱尔兰	Ireland			117	438	708	568

2-4-15 续表 continued

单位：千吨标准油 (ktoe)

国家或地区	Country or Area	1971	1980	1990	2000	2010	2011
意大利	Italy	2270	8356	11310	14966	18692	17985
日本	Japan	511	2924	7353	8993	9174	9165
哈萨克斯坦	Kazakhstan					1166	1108
韩国	Korea, Rep.			464	6228	8938	8904
拉脱维亚	Latvia			96	63	124	107
立陶宛	Lithuania			221	104	158	145
卢森堡	Luxembourg		112	141	157	229	188
马来西亚	Malaysia	6	31	3	4	5	6
墨西哥	Mexico	300	470	810	520	737	716
摩尔多瓦	Moldova			219	191	359	249
荷兰	Netherlands	5071	11414	7860	7966	8639	7029
新西兰	New Zealand	20	39	75	156	129	123
挪威	Norway				…	4	3
巴基斯坦	Pakistan	48	301	1485	3132	5162	5822
秘鲁	Peru	42	35	41	1	6	10
波兰	Poland	217	1267	2918	3047	3544	3235
葡萄牙	Portugal				73	299	258
罗马尼亚	Romania			2257	2216	2205	2331
俄罗斯	Russia			47122	43111	40431	39692
塞尔维亚	Serbia				186	215	212
新加坡	Singapore	15	27	30	39	54	55
斯洛伐克	Slovak Republic	178	413	1091	1642	1332	1172
斯洛文尼亚	Slovenia			27	59	114	113
西班牙	Spain	18	85	388	1972	4254	4183
瑞典	Sweden			34	76	76	69
瑞士	Switzerland	7	263	595	854	1156	972
特里尼达和多巴哥	Trinidad and Tobago				121	86	95
突尼斯	Tunisia			37	116	166	198
土耳其	Turkey			41	2694	4847	7225
乌克兰	Ukraine			8733	12815	14063	14060
英国	United Kingdom	3224	19091	23240	28618	30141	22665
美国	United States	116115	110449	102556	116229	110931	109230
乌拉圭	Uruguay				0	17	21
乌兹别克斯坦	Uzbekistan				14276	11659	13448
委内瑞拉	Venezuela	414	624	188	933	1185	904

2-4-16 居民电力终端消费量

Total Final Consumption of Electricity in Residential

资料来源：国际能源机构。
Source: International Energy Agency.
单位：千吨标准油 (ktoe)

国家或地区	Country or Area	1971	1980	1990	2000	2010	2011
世　界	**World**	**85446**	**147786**	**216865**	**307498**	**426256**	**428506**
阿尔巴尼亚	Albania			61	212	223	233
阿尔及利亚	Algeria	33	91	521	974	1011	1111
安哥拉	Angola	33	30	37	68	267	278
阿根廷	Argentina	454	762	956	1838	2945	3118
亚美尼亚	Armenia			176	134	150	165
澳大利亚	Australia	1430	2491	3315	4194	5282	5329
奥地利	Austria	420	754	1022	1287	1552	1532
阿塞拜疆	Azerbaijan			92	852	495	509
巴　林	Bahrain			156	265	513	505
孟加拉国	Bangladesh	11	20	105	473	938	1028
白俄罗斯	Belarus			300	479	590	525
比利时	Belgium	468	1128	1584	2041	1744	1656
贝　宁	Benin	0	4	7	14	31	32
玻利维亚	Bolivia	16	31	62	120	177	197
波　黑	Bosnia and Herzegovina			259	315	391	391
博茨瓦纳	Botswana			7	18	71	75
巴　西	Brazil	794	2001	4185	7191	9327	9630
文　莱	Brunei Darussalam	6	8	29	45	102	103
保加利亚	Bulgaria	243	589	901	848	908	938
柬埔寨	Cambodia				17	89	103
喀麦隆	Cameroon	4	15	27	33	85	90
加拿大	Canada	4226	7295	11165	11888	12625	13161
智　利	Chile	73	154	372	532	805	821
哥伦比亚	Colombia	290	589	1081	957	1690	1724
刚果(金)	Congo, Dem. Rep.		74	82	106	181	194
刚果(布)	Congo, Rep.	3	6	12	10	22	28
哥斯达黎加	Costa Rica	57	104	134	216	289	291
科特迪瓦	Cote d'Ivoire	7	39	46	81	152	149
克罗地亚	Croatia			384	493	572	561
古　巴	Cuba	88	182	284	365	573	592
塞浦路斯	Cyprus	13	16	39	91	149	148
捷　克	Czech Republic	278	531	828	1189	1292	1221
丹　麦	Denmark		640	832	878	893	870
多米尼加	Dominican Republic	66	130	214	368	322	313
厄瓜多尔	Ecuador	26	89	161	240	440	460
埃　及	Egypt	175	392	1148	2025	4418	4873
萨尔瓦多	El Salvador	22	33	56	113	142	142
厄立特里亚	Eritrea				5	10	10
爱沙尼亚	Estonia			80	126	174	166
埃塞俄比亚	Ethiopia	8	13	27	45	127	129
芬　兰	Finland	317	693	1256	1560	2029	1875
法　国	France	2016	5293	8334	11070	13972	12780
加　蓬	Gabon	7	14	20	44	62	59
格鲁吉亚	Georgia			250	229	326	286

2-4-16　续表 1　continued

单位：千吨标准油　(ktoe)

国家或地区	Country or Area	1971	1980	1990	2000	2010	2011
德　　国	Germany	5584	9891	11787	11223	12186	11748
加　　纳	Ghana	14	51	78	138	235	237
希　　腊	Greece	197	486	780	1222	1559	1516
危地马拉	Guatemala	14	38	55	119	218	214
海　　地	Haiti	4	10	13	10	7	7
洪都拉斯	Honduras	12	18	43	114	187	186
匈 牙 利	Hungary	176	432	790	842	963	973
冰　　岛	Iceland	26	56	49	52	80	74
印　　度	India	353	795	2750	6504	13175	14623
印度尼西亚	Indonesia	81	195	783	2628	5169	5666
伊　　朗	Iran	85	471	1492	2693	5238	4883
伊 拉 克	Iraq	126	391			1424	1723
爱 尔 兰	Ireland	197	309	356	548	735	712
以 色 列	Israel	144	257	457	995	1315	1369
意 大 利	Italy	1977	3254	4535	5256	5981	6032
牙 买 加	Jamaica	19	27	45	90	96	90
日　　本	Japan	5371	9984	15837	22175	26253	24958
约　　旦	Jordan		26	75	170	449	487
哈萨克斯坦	Kazakhstan				410	764	810
肯 尼 亚	Kenya	15	39	67	69	149	157
韩　　国	Korea, Rep.	83	457	1525	3191	5271	5320
科 索 沃	Kosovo				145	193	216
科 威 特	Kuwait	145	362	808	1151	2070	2079
吉尔吉斯斯坦	Kyrgyzstan			85	169	188	190
拉脱维亚	Latvia			111	102	167	152
黎 巴 嫩	Lebanon				320	495	503
利 比 亚	Libya	18	143	263	513	547	461
立 陶 宛	Lithuania			152	152	223	225
卢 森 堡	Luxembourg	16	40	49	68	73	73
马 其 顿	Macedonia			144	228	278	288
马来西亚	Malaysia		143	348	975	1937	1970
马 耳 他	Malta			23	48	41	51
墨 西 哥	Mexico	593	863	1754	3107	4249	4515
摩尔多瓦	Moldova			149	123	152	156
蒙　　古	Mongolia			41	44	84	88
黑　　山	Montenegro					110	103
摩 洛 哥	Morocco	42	86	185	356	669	724
莫桑比克	Mozambique	15	13	19	34	77	90
缅　　甸	Myanmar	10	23	54	111	228	221
尼 泊 尔	Nepal	4	7	23	46	104	108
荷　　兰	Netherlands	802	1303	1419	1875	2124	2037
新 西 兰	New Zealand	586	691	877	968	1134	1107
尼加拉瓜	Nicaragua	19	32	32	38	73	79
尼日利亚	Nigeria	50	183	340	381	1029	1167

2-4-16 续表 2 continued

单位：千吨标准油 (ktoe)

国家或地区	Country or Area	1971	1980	1990	2000	2010	2011
挪 威	Norway	1263	1937	2606	2979	3419	3048
阿 曼	Oman	1	35	179	341	722	779
巴基斯坦	Pakistan	55	203	805	1958	3086	3061
巴 拿 马	Panama	22	39	55	96	172	182
巴 拉 圭	Paraguay	7	30	85	247	245	276
秘 鲁	Peru	129	259	367	433	654	645
菲 律 宾	Philippines		253	482	1109	1620	1608
波 兰	Poland	390	922	1739	1809	2461	2430
葡 萄 牙	Portugal	122	282	509	865	1249	1183
卡 塔 尔	Qatar			211	302	668	740
罗马尼亚	Romania	216	420	460	658	974	996
俄 罗 斯	Russia			9197	12102	11154	11256
沙特阿拉伯	Saudi Arabia			2490	4821	9342	9396
塞内加尔	Senegal	5	7	12	34	76	78
塞尔维亚	Serbia			917	1402	1259	1261
新 加 坡	Singapore	40	87	206	492	578	564
斯洛伐克	Slovak Republic	116	205	316	466	376	387
斯洛文尼亚	Slovenia			192	224	277	276
南 非	South Africa	696	1163	1930	2466	3497	3529
西 班 牙	Spain	783	1683	2598	3751	6508	6379
斯里兰卡	Sri Lanka	24	41	57	146	314	343
苏 丹	Sudan	5	19	63	65	267	296
瑞 典	Sweden	1136	2212	3276	3614	3476	3133
瑞 士	Switzerland	599	866	1136	1353	1601	1543
叙 利 亚	Syrian Arab Republic	27	115	350	673	1324	1297
塔吉克斯坦	Tajikistan			112	280	260	252
坦桑尼亚	Tanzania	11	18	38	103	151	162
泰 国	Thailand	68	258	696	1675	2867	2831
多 哥	Togo	5	6	12	18	36	38
特里尼达和多巴哥	Trinidad and Tobago	14	41	73	105	195	203
突 尼 斯	Tunisia	13	42	94	188	320	337
土 耳 其	Turkey	129	301	779	2054	3561	3807
土库曼斯坦	Turkmenistan			88	105	166	171
乌 克 兰	Ukraine			1479	2591	3160	3308
阿 联 酋	United Arab Emirates	8	239	617	1162	2658	2156
英 国	United Kingdom	6938	7405	8066	9618	10219	9596
美 国	United States	42551	61705	79466	102550	124331	122361
乌 拉 圭	Uruguay	78	100	137	249	301	318
乌兹别克斯坦	Uzbekistan			305	621	665	674
委内瑞拉	Venezuela	180	546	817	1305	2047	2115
越 南	Vietnam		80	198	958	2709	2868
也 门	Yemen		8	78	127	288	220
赞 比 亚	Zambia	29	38	50	98	238	241
津巴布韦	Zimbabwe	56	80	131	199	232	254

2-4-17 人均电力消费量

Electricity Consumption per Capita

资料来源：国际能源机构。
Source: International Energy Agency.
单位：千瓦小时/人 (ktoe)

国家或地区	Country or Area	1971	1980	1990	2000	2010	2011
世 界	**World**	**1283**	**2054**	**2314**	**2872**	**2933**	
阿尔巴尼亚	Albania	532	522	1445	1771	1983	
阿尔及利亚	Algeria	141	541	695	1031	1145	
安哥拉	Angola	92	61	89	253	256	
阿根廷	Argentina	870	1303	2085	2905	2965	
亚美尼亚	Armenia		2717	1295	1606	1678	
澳大利亚	Australia	3678	8475	10132	10551	10514	10354
奥地利	Austria	3213	6111	7076	8323	8359	8050
阿塞拜疆	Azerbaijan		2576	2040	1604	1706	
巴 林	Bahrain	1955	6572	8997	9813	9782	
孟加拉国	Bangladesh	11	49	103	252	263	
白俄罗斯	Belarus		4381	2989	3564	3628	
比利时	Belgium	3221	6380	8252	8397	8072	7641
贝 宁	Benin	11	37	61	99	95	
玻利维亚	Bolivia	176	274	422	606	638	
波 黑	Bosnia and Herzegovina		3044	2062	3110	3263	
博茨瓦纳	Botswana		716	906	1586	1568	
巴 西	Brazil	455	1454	1901	2384	2441	
文 莱	Brunei Darussalam	1817	4441	7688	8582	8517	
保加利亚	Bulgaria	2293	4759	3674	4477	4781	
柬埔寨	Cambodia			32	146	168	
喀麦隆	Cameroon	145	193	173	271	270	
加拿大	Canada	9167	16168	17037	16154	16406	16211
智 利	Chile	774	1247	2490	3301	3576	3694
哥伦比亚	Colombia	417	869	843	1012	1126	
刚果(金)	Congo, Dem. Rep.	160	124	92	95	99	
刚果(布)	Congo, Rep.	56	172	95	148	175	
哥斯达黎加	Costa Rica	616	1089	1524	1855	1848	
科特迪瓦	Cote d'Ivoire	91	153	173	216	204	
克罗地亚	Croatia		2965	2856	3814	3789	
古 巴	Cuba	507	1215	1140	1299	1329	
塞浦路斯	Cyprus	992	3212	4612	6354	5939	
捷 克	Czech Republic	3423	5584	5694	6323	6288	6286
丹 麦	Denmark	3059	5946	6485	6329	6124	5948
多米尼加	Dominican Republic	327	388	728	838	902	
厄瓜多尔	Ecuador	147	479	652	1165	1240	
埃 及	Egypt	196	669	994	1608	1677	
萨尔瓦多	El Salvador	167	348	610	856	834	
厄立特里亚	Eritrea			47	52	53	
爱沙尼亚	Estonia		5821	4620	6465	6255	6550
埃塞俄比亚	Ethiopia	17	21	23	54	55	
芬 兰	Finland	4890	12487	15305	16484	15742	15765
法 国	France	2751	5979	7260	7765	7318	7473
加 蓬	Gabon	207	940	875	1007	942	
格鲁吉亚	Georgia		3039	1453	1743	1917	
德 国	Germany	4063	6646	6637	7164	7083	6999

2-4-17 续表 1 continued

单位：千瓦小时/人 (ktoe)

国家或地区	Country or Area	1971	1980	1990	2000	2010	2011
加　纳	Ghana	310	323	340	298	342	
直布罗陀	Gibraltar	1731	2643	4172	5548	5355	
希　腊	Greece	1178	3178	4540	5245	5292	5013
危地马拉	Guatemala	123	208	343	567	537	
海　地	Haiti	12	58	35	24	32	
洪都拉斯	Honduras	128	373	516	671	710	
匈牙利	Hungary	1712	3430	3309	3877	3895	3883
冰　岛	Iceland	7005	16137	26221	51447	52376	53436
印　度	India	98	268	387	631	673	
印度尼西亚	Indonesia	14	160	387	637	684	
伊　朗	Iran	273	967	1553	2652	2671	
伊拉克	Iraq	257	1253	1199	1148	1294	
爱尔兰	Ireland	1894	3776	5798	5913	5701	5685
以色列	Israel	2270	4160	6311	6952	6927	6935
意大利	Italy	2153	4145	5300	5384	5393	5272
牙买加	Jamaica	819	879	2334	1222	1548	
日　本	Japan	3439	6482	7970	8339	7847	7745
约　旦	Jordan	151	1051	1377	2216	2289	
哈萨克斯坦	Kazakhstan		5905	3169	4728	4893	
肯尼亚	Kenya	78	125	113	156	157	
韩　国	Korea, Rep.	296	2373	5907	9745	10162	10279
朝　鲜	Korea, Dem.	919	1247	714	749	745	
科索沃	Kosovo			1557	2649	2942	
科威特	Kuwait	2975	8252	14821	18318	17876	
吉尔吉斯斯坦	Kyrgyzstan		2331	1696	1339	1644	
拉脱维亚	Latvia		3397	2078	3026	3028	
黎巴嫩	Lebanon	489	475	2611	3569	3601	
利比亚	Libya	191	1614	2276	4473	3731	
立陶宛	Lithuania		4023	2517	3271	3337	
卢森堡	Luxembourg	11886	13662	15643	16799	15511	14649
马其顿	Macedonia		2789	2933	3591	3956	
马来西亚	Malaysia	310	1146	2721	4117	4232	
马耳他	Malta	1007	2825	4415	4156	4659	
墨西哥	Mexico	540	1224	1796	2086	2286	2282
摩尔多瓦	Moldova		3235	1638	1723	1471	
蒙　古	Mongolia		1539	1070	1530	1551	
黑　山	Montenegro				5320	5644	
摩洛哥	Morocco	130	360	490	776	821	
莫桑比克	Mozambique	49	41	122	456	459	
缅　甸	Myanmar	21	46	78	131	119	
纳米比亚	Namibia			1179	1407	1478	
尼泊尔	Nepal	6	35	58	93	94	
荷　兰	Netherlands	3147	5220	6561	7011	7036	6844
荷属安的列斯群岛	Netherlands Antilles	3745	3587	4648	4729	4786	
新西兰	New Zealand	4676	8858	9364	9536	9378	9247
尼加拉瓜	Nicaragua	226	310	345	473	525	

2-4-17 续表 2 continued

单位：千瓦小时/人 (ktoe)

国家或地区	Country or Area	1971	1980	1990	2000	2010	2011
尼日利亚	Nigeria	28	85	74	137	151	
挪　威	Norway	14085	23357	24994	24892	23174	23861
阿　曼	Oman	15	2122	3208	5934	6687	
巴基斯坦	Pakistan	92	267	357	457	448	
巴拿马	Panama	529	852	1298	1812	1916	
巴拉圭	Paraguay	81	502	881	1134	1229	
秘　鲁	Peru	399	550	682	1105	1257	
菲律宾	Philippines	238	363	504	643	648	
波　兰	Poland	1955	3279	3256	3750	3833	3864
葡萄牙	Portugal	827	2539	4014	4929	4806	4736
卡塔尔	Qatar	2670	9637	14384	14996	16100	
罗马尼亚	Romania	1632	2925	1988	2409	2486	
俄罗斯	Russia		6673	5209	6452	6533	
沙特阿拉伯	Saudi Arabia	328	4041	5840	7967	8068	
塞内加尔	Senegal	77	108	106	196	195	
塞尔维亚	Serbia		3680	3898	4359	4473	
新加坡	Singapore	1155	4983	7575	8438	8404	
斯洛伐克	Slovak Republic	2686	5543	4945	5165	5306	5202
斯洛文尼亚	Slovenia		5338	5778	6520	6806	6797
南　非	South Africa	2246	4432	4681	4654	4694	
西班牙	Spain	1530	3524	5207	5769	5604	5624
斯里兰卡	Sri Lanka	58	154	290	449	490	
苏　丹	Sudan	25	48	64	139	151	
瑞　典	Sweden	7675	15836	15682	14933	14029	14198
瑞　士	Switzerland	4521	7357	7819	8216	7972	7948
叙利亚	Syrian Arab Republic	176	696	1093	1905	1810	
塔吉克斯坦	Tajikistan		3346	2177	2004	1920	
坦桑尼亚	Tanzania	30	51	58	92	92	
泰　国	Thailand	120	703	1443	2243	2218	
多　哥	Togo	65	94	98	114	117	
特里尼达和多巴哥	Trinidad and Tobago	1013	2698	3916	5895	6271	
突尼斯	Tunisia	154	639	991	1350	1297	
土耳其	Turkey	243	910	1627	2469	2677	2801
土库曼斯坦	Turkmenistan		2293	1698	2403	2445	
乌克兰	Ukraine		4788	2778	3550	3663	
阿联酋	United Arab Emirates	692	8592	12724	11075	10619	
英　国	United Kingdom	4252	5358	6115	5746	5518	5495
美　国	United States	7516	11687	13660	13376	13227	12941
乌拉圭	Uruguay	732	1245	2043	2818	2822	
乌兹别克斯坦	Uzbekistan		2383	1781	1648	1626	
委内瑞拉	Venezuela	1117	2463	2655	3312	3338	
越　南	Vietnam	41	98	295	1035	1073	
也　门	Yemen	34	123	139	249	182	
赞比亚	Zambia	1031	779	610	623	606	
津巴布韦	Zimbabwe	661	862	853	736	793	

2-4-18 核能及其他清洁能源消费占能源总消费比重

Alternative and Nuclear Energy as Percentage of Total Energy Use

资料来源：世界银行WDI数据库。
Source: World Bank WDI Database.
单位：% (%)

国家或地区	Country or Area	1971	1980	1990	2000	2010	2011	2012
世　界	**World**	**2.7**	**5.3**	**8.7**	**9.9**	**9.0**	**8.7**	
阿尔巴尼亚	Albania	3.5	8.3	9.2	22.5	32.0	17.0	
阿尔及利亚	Algeria	0.8	0.2	0.1			0.1	
安哥拉	Angola	1.4	1.1	1.1	1.0	2.4	2.5	
阿根廷	Argentina	0.4	4.6	7.5	6.7	6.1	5.5	
荷　兰	Netherlands	0.2	1.7	1.4	1.6	1.7	2.0	2.0
亚美尼亚	Armenia			1.7	31.3	35.0	32.4	
澳大利亚	Australia	1.9	1.6	1.5	1.4	1.5	1.9	1.6
奥地利	Austria	7.4	10.7	11.0	12.9	10.8	10.1	11.7
阿塞拜疆	Azerbaijan			0.6	1.2	2.6	1.8	
孟加拉国	Bangladesh	0.3	0.6	0.6	0.3	0.2	0.2	
比利时	Belgium		7.0	23.1	21.5	20.9	21.8	19.1
玻利维亚	Bolivia	7.6	3.7	3.9	4.5	2.6	2.6	
波　黑	Bosnia and Herzegovinian			3.7	10.1	10.7	5.3	
巴　西	Brazil	5.3	9.7	13.1	14.8	14.7	15.4	
保加利亚	Bulgaria	1.0	6.8	14.1	26.6	25.3	24.2	
柬埔寨	Cambodia					0.1	0.1	
喀麦隆	Cameroon	3.3	3.2	4.6	4.7	5.3	5.6	
加拿大	Canada	10.7	16.7	21.5	19.8	21.8	22.9	23.3
智　利	Chile	4.8	7.1	5.5	6.3	6.1	5.5	5.2
哥伦比亚	Colombia	4.1	6.9	9.8	10.7	10.8	13.3	
刚果(金)	Congo, Dem. Rep.	4.4	4.3	4.1	3.1	2.8	2.8	
刚果(布)	Congo, Rep.	0.9	1.4	5.4	3.1	2.4	4.1	
哥斯达黎加	Costa Rica	11.0	14.5	17.3	33.8	35.2	36.0	
科特迪瓦	Cote D'Ivoire	0.5	3.3	2.6	2.3	1.4	1.4	
克罗地亚	Croatia			3.6	6.5	8.6	4.9	
古　巴	Cuba	0.1	0.1		0.1	0.1	0.1	
塞浦路斯	Cyprus				1.7	2.7	3.1	
捷　克	Czech Rep.	0.2	0.4	6.8	9.0	17.4	17.9	19.5
丹　麦	Denmark			0.3	2.0	3.6	4.8	5.5
多米尼加	Dominican Rep.	2.0	1.4	0.7	0.9	1.7	1.8	
厄瓜多尔	Ecuador	1.7	1.5	7.3	8.4	6.0	7.4	
埃　及	Egypt	5.6	5.6	2.6	2.9	1.7	1.6	
萨尔瓦多	El Salvador	2.6	20.0	20.3	19.6	35.4	34.5	
爱沙尼亚	Estonia					0.5	0.6	0.7
埃塞俄比亚	Ethiopia	0.2	0.3	0.5	0.6	1.3	1.3	
芬　兰	Finland	5.0	11.0	20.9	22.1	19.4	20.6	22.3
法　国	France	4.2	11.5	38.7	45.3	45.2	47.7	46.7
加　蓬	Gabon		1.6	5.1	4.7	3.5	3.5	

2-4-18 续表 1 continued

单位：% (%)

国家或地区	Country or Area	1971	1980	1990	2000	2010	2011	2012
格鲁吉亚	Georgia			5.2	17.8	27.3	19.4	
德国	Germany	0.9	4.5	11.8	14.0	13.2	11.8	11.5
加纳	Ghana	8.3	11.3	9.3	7.3	6.0	6.2	
希腊	Greece	2.6	2.0	1.0	1.7	4.0	3.3	3.7
危地马拉	Guatemala	0.8	0.5	3.3	3.3	5.0	4.0	
海地	Haiti	0.2	0.9	2.5	1.2	0.6	0.3	
洪都拉斯	Honduras	1.5	3.6	8.2	6.5	5.6	5.1	
匈牙利	Hungary			12.8	15.2	16.7	17.2	18.4
冰岛	Iceland	46.9	60.4	67.0	74.3	82.5	83.8	84.7
印度	India	1.7	2.3	2.5	2.4	2.6	3.0	
印度尼西亚	Indonesia	0.2	0.2	2.5	6.0	8.3	8.2	
伊朗	Iran	1.4	1.3	0.8	0.3	0.4	0.5	
伊拉克	Iraq	0.4	0.6	1.1	0.2	1.1	0.9	
爱尔兰	Ireland	0.6	0.9	0.6	0.7	2.1	3.4	3.2
以色列	Israel			3.1	3.3	4.9	4.8	4.7
意大利	Italy	6.2	5.2	3.9	4.7	6.0	6.5	7.2
牙买加	Jamaica	0.5	0.5	0.3	0.3	0.6	0.7	
卢森堡	Luxemburg	0.1	0.2	0.2	0.4	0.4	0.3	0.5
日本	Japan	3.5	8.7	14.4	18.4	17.2	8.1	2.9
约旦	Jordan			1.8	1.4	1.8	1.9	
哈萨克斯坦	Kazakhstan			0.9	1.8	0.9	0.9	
肯尼亚	Kenya	0.6	1.2	4.6	3.4	7.8	7.9	
朝鲜	Korea, Dem.	4.1	3.0	4.0	4.4	6.1	6.0	
韩国	Korea, Rep.	0.7	2.6	15.4	15.3	15.7	15.7	15.6
吉尔吉斯斯坦	Kyrgyzstan			11.5	47.6	34.1	39.3	
拉脱维亚	Latvia			4.9	6.3	6.6	5.8	
黎巴嫩	Lebanon	3.9	3.0	2.2	0.9	1.4	1.4	
立陶宛	Lithuania			28.3	31.9	1.0	1.2	
马其顿	Macedonia			1.7	4.4	7.7	4.4	
马来西亚	Malaysia	1.5	1.0	1.6	1.3	0.8	0.9	
马耳他	Malta					0.1	0.2	
墨西哥	Mexico	2.9	2.4	5.9	7.0	5.9	6.2	5.5
摩尔多瓦	Moldova			0.2	1.1	1.0	0.9	
黑山	Montenegro					20.1	8.8	
摩洛哥	Morocco	5.4	2.7	1.5	0.7	2.1	1.3	
莫桑比克	Mozambique	0.3	0.4	0.4	11.6	14.5	14.2	
缅甸	Myanmar	0.5	0.7	1.0	1.3	3.1	3.2	
纳米比亚	Namibia				11.6	7.0	7.7	
尼泊尔	Nepal	0.2	0.4	1.3	1.7	2.7	2.7	
新西兰	New Zealand	31.9	29.5	27.0	23.8	32.4	33.7	31.9
尼加拉瓜	Nicaragua	1.4	2.9	18.1	5.3	10.7	9.6	

2-4-18 续表 2 continued

单位：% (%)

国家或地区	Country or Area	1971	1980	1990	2000	2010	2011	2012
尼日利亚	Nigeria	0.4	0.5	0.5	0.5	0.5	0.4	
挪　威	Norway	40.9	39.3	49.6	46.8	31.3	37.3	41.4
巴基斯坦	Pakistan	2.0	3.0	3.6	3.1	4.3	4.5	
巴拿马	Panama	0.4	5.9	12.8	11.4	9.7	8.7	
巴拉圭	Paraguay	1.0	2.7	76.0	119.5	97.1	102.0	
秘　鲁	Peru	4.0	5.4	9.2	11.8	9.0	9.0	
菲律宾	Philippines		9.3	18.2	26.7	22.7	23.2	
波　兰	Poland	0.2	0.2	0.1	0.2	0.4	0.5	0.6
葡萄牙	Portugal	8.5	6.9	4.8	4.4	10.4	9.0	7.3
罗马尼亚	Romania	0.9	1.7	1.6	7.5	13.7	12.5	
俄罗斯	Russia			5.2	7.8	8.5	8.2	
塞内加尔	Senegal					0.6	0.6	
塞尔维亚	Serbia			4.1	7.5	6.6	4.6	
斯洛伐克	Slovakia	0.9	6.9	15.5	26.5	24.3	25.6	27.0
斯洛文尼亚	Slovenia			25.5	24.5	26.4	27.3	25.7
南　非	South Africa		0.1	2.5	3.2	2.4	2.7	
西班牙	Spain	8.0	5.8	18.1	15.7	19.3	18.1	18.8
斯里兰卡	Sri Lanka	1.9	2.8	4.9	3.3	5.0	3.9	
苏　丹	Sudan	0.3	0.6	0.8	0.8	3.2	3.3	
瑞　典	Sweden	12.5	29.6	50.9	45.7	41.1	44.9	49.0
瑞　士	Switzerland	16.3	32.8	36.2	40.8	39.3	39.7	40.3
叙利亚	Syrian Arab Republic	0.2	4.9	2.2	1.8	1.0	1.4	
塔吉克斯坦	Tajikistan			26.7	56.1	57.5	57.5	
坦桑尼亚	Tanzania	0.4	0.7	1.4	1.4	1.1	1.1	
泰　国	Thailand	1.3	0.5	1.0	0.7	0.4	0.6	
多　哥	Togo	0.9	0.4	0.6	0.4	0.3	0.3	
突尼斯	Tunisia	0.3	0.1	0.1	0.1	0.2	0.1	
土耳其	Turkey	1.3	3.3	4.6	4.7	6.8	6.8	7.1
土库曼斯坦	Turkmenistan			0.3				
乌克兰	Ukraine			8.2	15.8	18.5	19.5	
英　国	United Kingdom	3.6	5.0	8.5	10.2	8.7	10.6	10.8
美　国	United States	2.1	5.4	10.3	10.8	11.7	12.0	12.1
乌拉圭	Uruguay	5.2	11.3	26.8	19.6	18.0	12.8	
乌兹别克斯坦	Uzbekistan			1.2	1.0	2.1	1.8	
委内瑞拉	Venezuela	2.4	3.5	7.3	9.6	8.7	10.3	
越　南	Viet Nam	0.4	0.9	2.6	4.4	4.0	4.2	
赞比亚	Zambia	2.2	17.6	12.7	10.7	12.0	11.6	
津巴布韦	Zimbabwe	3.8	5.3	4.0	2.8	5.7	6.1	
科索沃	Kosovo				0.3	0.6	0.4	

2-4-19　易燃的可再生能源及废弃物消费占能源总消费比重

Combustible Renewables and Waste as Percentage of Total Energy Use

资料来源：世界银行WDI数据库。
Source: World Bank WDI Database.

单位：%　　(%)

国家或地区	Country or Area	1971	1980	1990	2000	2010	2011	2012
世　界	**World**	**12.6**	**11.9**	**10.2**	**10.1**	**9.8**	**9.8**	
阿尔巴尼亚	Albania	21.8	12.2	13.6	14.6	10.0	9.6	
阿尔及利亚	Algeria	0.2	0.1		0.2	0.1		
安哥拉	Angola	82.8	78.9	73.5	74.8	57.4	58.2	
阿根廷	Argentina	6.7	5.1	3.7	4.8	3.5	3.8	
荷　兰	Netherlands		0.4	1.5	2.4	4.2	4.6	4.7
亚美尼亚	Armenia			0.2	0.6	0.3	0.3	
澳大利亚	Australia	6.9	5.2	4.6	4.7	3.4	3.3	3.0
奥地利	Austria	3.6	4.9	10.1	11.0	18.6	19.1	20.5
阿塞拜疆	Azerbaijan			0.1	0.2	0.8	0.8	
孟加拉国	Bangladesh	78.4	67.3	53.9	40.9	28.4	28.2	
白俄罗斯	Belarus			0.4	3.9	6.1	5.9	
比利时	Belgium		0.1	1.6	1.8	5.1	8.9	9.2
贝　宁	Benin	90.7	89.6	94.1	72.9	56.2	56.2	
玻利维亚	Bolivia	19.1	30.1	28.9	19.3	24.3	24.6	
波　黑	Bosnia and Herzegovinian			2.3	4.1	2.8	2.6	
博茨瓦纳	Botswana			33.4	29.5	21.5	22.3	
巴　西	Brazil	51.0	35.5	34.1	24.9	30.7	28.9	
文　莱	Brunei Darussalam	8.9	0.7	0.1				
保加利亚	Bulgaria	1.4	0.7	0.6	3.0	5.2	5.1	
柬埔寨	Cambodia				79.7	72.0	71.0	
喀麦隆	Cameroon	87.7	81.2	76.7	79.0	63.8	67.6	
加拿大	Canada	5.4	4.0	3.9	4.6	4.8	4.9	4.6
智　利	Chile	16.0	18.9	22.4	18.8	15.9	17.6	19.0
哥伦比亚	Colombia	31.9	26.7	22.8	13.3	10.3	11.5	
刚果(金)	Congo, Dem. Rep.	83.3	85.3	84.7	94.5	93.4	93.1	
刚果(布)	Congo, Rep.	61.5	60.9	61.1	72.2	50.3	46.9	
哥斯达黎加	Costa Rica	30.7	24.9	23.3	8.6	17.3	15.8	
科特迪瓦	Cote D'Ivoire	66.3	62.3	73.5	62.7	75.3	77.6	
克罗地亚	Croatia			3.5	4.8	4.6	5.6	
古　巴	Cuba	38.4	30.9	39.6	30.2	11.3	13.2	
塞浦路斯	Cyprus	1.6	0.7	0.5	0.5	2.0	2.0	
捷　克	Czech Rep.			1.6	3.3	6.0	6.5	7.0
丹　麦	Denmark	1.8	3.4	6.6	9.4	18.5	19.7	21.3
多米尼加	Dominican Rep.	49.8	37.2	24.0	10.6	9.3	8.9	
厄瓜多尔	Ecuador	49.3	19.6	14.1	8.9	5.2	5.4	
埃　及	Egypt	8.4	5.2	3.3	3.2	2.1	2.1	
萨尔瓦多	El Salvador	69.1	55.9	48.2	34.0	18.3	17.4	
厄立特里亚	Eritrea				71.7	78.0	78.2	
爱沙尼亚	Estonia			1.9	10.9	14.7	14.2	13.9
埃塞俄比亚	Ethiopia	95.8	96.2	95.4	95.2	93.2	92.9	
芬　兰	Finland	22.3	14.1	16.1	20.3	22.7	23.3	25.2

2-4-19 续表 1 continued

单位：% (%)

国家或地区	Country or Area	1971	1980	1990	2000	2010	2011	2012
法 国	France	5.9	4.5	4.9	4.3	5.9	5.6	5.7
加 蓬	Gabon	45.4	43.0	62.9	63.2	56.9	57.7	
格鲁吉亚	Georgia			3.7	22.5	11.5	8.9	
德 国	Germany	0.8	1.2	1.4	2.3	8.9	8.5	8.9
加 纳	Ghana	69.7	70.9	73.7	68.7	59.4	57.0	
希 腊	Greece	5.2	3.0	4.2	3.7	3.9	4.7	5.2
危地马拉	Guatemala	69.9	62.0	68.8	55.3	62.0	62.2	
海 地	Haiti	91.4	89.2	77.7	75.5	71.4	77.7	
洪都拉斯	Honduras	71.4	66.7	63.0	44.4	43.0	43.7	
匈 牙 利	Hungary	2.8	1.8	2.3	3.0	7.3	7.2	7.6
印 度	India	61.2	56.8	42.1	32.6	24.9	24.7	
印度尼西亚	Indonesia	75.1	54.3	44.1	31.7	25.6	25.4	
伊 朗	Iran	0.9	0.4	0.3	0.1	0.1	0.1	
伊 拉 克	Iraq	0.6	0.3	0.1	0.1	0.1	0.1	
爱 尔 兰	Ireland			1.1	1.0	2.6	2.9	3.2
以 色 列	Israel	0.1				0.1	0.1	0.1
意 大 利	Italy	0.2	0.7	0.6	1.3	5.1	6.1	6.7
牙 买 加	Jamaica	13.2	9.4	17.1	15.1	15.8	17.2	
卢 森 堡	Luxemburg		0.6	0.7	1.5	3.4	3.4	3.5
日 本	Japan			1.1	1.1	2.0	2.3	2.3
约 旦	Jordan	0.2		0.1	0.1	0.1	0.1	
哈萨克斯坦	Kazakhstan			0.2	0.2	0.1	0.1	
肯 尼 亚	Kenya	77.9	78.0	77.3	78.3	72.2	72.4	
朝 鲜	Korea, Dem.	3.5	2.8	2.9	5.1	5.7	5.6	
韩 国	Korea, Rep.			0.8	0.7	1.4	1.5	1.6
科 威 特	Kuwait	0.2		0.1				
吉尔吉斯斯坦	Kyrgyzstan			0.1	0.2	0.1	0.1	
拉脱维亚	Latvia			8.4	24.7	27.8	28.0	
黎 巴 嫩	Lebanon	5.2	4.3	5.3	2.6	2.0	2.0	
利 比 亚	Libya	6.2	1.8	1.1	0.9	0.8	1.3	
立 陶 宛	Lithuania			1.8	9.0	14.1	13.3	
前南马其顿	Macedonia, FYR				8.0	6.9	6.1	
马来西亚	Malaysia	23.8	15.4	11.1	6.1	4.7	4.6	
马 耳 他	Malta			0.1	0.1	0.1	5.3	
墨 西 哥	Mexico	13.9	7.2	7.0	6.1	4.7	4.4	4.4
摩尔多瓦	Moldova			0.6	2.1	2.4	2.5	
蒙 古	Mongolia			2.3	5.5	4.2	4.1	
黑 山	Montenegro					19.3	19.6	
摩 洛 哥	Morocco	5.2	5.3	4.6	4.3	3.0	2.8	
莫桑比克	Mozambique	86.3	88.3	93.9	89.5	79.9	79.2	
缅 甸	Myanmar	80.4	80.4	84.5	71.5	75.3	75.5	
纳米比亚	Namibia				17.7	13.4	13.3	
尼 泊 尔	Nepal	98.2	96.1	93.7	86.2	84.1	84.1	

2-4-19　续表 2　continued

单位：%　　　　(%)

国家或地区	Country or Area	1971	1980	1990	2000	2010	2011	2012
新西兰	New Zealand		5.8	5.9	6.5	6.5	6.6	6.5
尼加拉瓜	Nicaragua	57.4	56.4	52.3	48.4	41.2	40.8	
尼日利亚	Nigeria	94.1	81.9	80.2	81.7	82.4	82.2	
挪威	Norway		3.2	4.9	5.2	5.3	6.4	6.4
巴基斯坦	Pakistan	62.4	56.7	43.8	37.5	34.2	34.6	
巴拿马	Panama	20.2	31.5	28.3	18.0	13.0	11.5	
巴拉圭	Paraguay	84.4	74.3	72.5	58.1	48.1	45.8	
秘鲁	Peru	37.8	30.5	27.5	18.3	16.3	15.0	
菲律宾	Philippines	48.3	42.0	38.9	20.3	17.0	17.1	
波兰	Poland	1.5	1.0	2.2	4.6	7.5	8.1	8.9
葡萄牙	Portugal	11.2	7.2	14.8	11.2	13.5	13.9	14.7
罗马尼亚	Romania	3.3	1.5	1.0	7.9	11.8	10.3	
俄罗斯	Russia			1.4	1.1	1.0	1.0	
塞内加尔	Senegal	66.4	56.7	56.7	48.5	45.7	45.8	
塞尔维亚	Serbia			5.9	5.8	6.7	6.4	
新加坡	Singapore	0.4	0.1	0.5	0.9	2.5	2.8	
斯洛伐克	Slovakia	1.5	0.9	0.8	2.3	5.0	5.5	5.3
斯洛文尼亚	Slovenia			4.7	7.1	9.0	8.5	8.8
南非	South Africa	10.3	9.6	11.4	11.6	10.1	10.3	
西班牙	Spain		0.4	4.5	3.4	5.2	5.7	6.0
斯里兰卡	Sri Lanka	72.1	68.0	71.0	53.7	51.3	47.4	
苏丹	Sudan	80.3	84.2	81.8	81.4	66.2	67.1	
瑞典	Sweden	8.0	10.2	11.7	17.4	23.2	20.4	21.5
瑞士	Switzerland	1.4	2.4	6.1	7.3	8.9	9.0	9.3
叙利亚	Syrian Arab Republic		0.1					
坦桑尼亚	Tanzania	90.4	90.3	91.7	93.0	88.6	88.2	
泰国	Thailand	55.5	48.4	35.0	20.2	19.3	18.3	
多哥	Togo	83.6	84.2	82.8	83.2	82.6	82.1	
特立尼达和多巴哥	Trinidad and Tobago	1.4	0.8	1.1	0.5	0.1	0.1	
突尼斯	Tunisia	25.1	15.4	12.9	12.8	14.4	14.6	
土耳其	Turkey	29.7	24.4	13.7	8.5	4.3	3.3	3.2
乌克兰	Ukraine			0.1	0.2	1.1	1.2	
阿联酋	United Arab Emirates				0.1	0.1	0.1	
英国	United Kingdom			0.3	0.9	2.9	3.3	3.6
美国	United States	2.2	3.0	3.3	3.2	4.0	4.2	4.2
乌拉圭	Uruguay	16.3	17.7	24.3	13.7	31.1	29.3	
委内瑞拉	Venezuela	2.2	1.1	1.3	1.1	0.9	0.9	
越南	Viet Nam	62.5	70.5	69.8	49.4	25.0	24.0	
也门	Yemen	6.6	4.7	3.1	1.6	1.3	1.5	
赞比亚	Zambia	61.0	64.5	74.3	82.3	80.9	80.2	
津巴布韦	Zimbabwe	56.1	56.4	50.8	56.7	66.1	64.2	
科索沃	Kosovo				13.7	9.5	9.6	

第五章 能源进出口

Energy Imports and Exports

2-5-1 全部能源进口量
Total Energy Imports

资料来源：国际能源机构。
Source: International Energy Agency.
单位：千吨标准油 (ktoe)

国家或地区	Country or Area	1971	1980	1990	2000	2010	2011	2012
世　界	**World**	**1783106**	**2303404**	**3032772**	**3790398**	**4900157**	**5008453**	
阿尔巴尼亚	Albania	63	111	292	839	1298	1504	
阿尔及利亚	Algeria	505	782	1190	780	1695	2718	
安哥拉	Angola	232	143	197	514	3571	3602	
阿根廷	Argentina	4067	5483	3083	3689	9570	13388	
亚美尼亚	Armenia			7827	1504	1823	2092	
澳大利亚	Australia	13755	14636	14398	26382	42999	46415	47388
奥地利	Austria	12175	17007	18553	22069	29975	30595	29047
阿塞拜疆	Azerbaijan			15560	442	37	38	
巴　林	Bahrain	3108	2871	3201	3589	4349	3549	
孟加拉国	Bangladesh	1088	1881	2293	3530	5488	5725	
白俄罗斯	Belarus			62718	28398	34999	42226	
比利时	Belgium	47502	61699	60945	76178	81843	78185	77140
贝　宁	Benin	108	153	119	582	1973	2031	
玻利维亚	Bolivia	14	50	1	295	726	882	
波　黑	Bosnia and Herzegovina			2439	1604	3276	3592	
博茨瓦纳	Botswana			362	716	1183	1254	
巴　西	Brazil	23337	50315	43243	50533	65090	67657	
文　莱	Brunei Darussalam	105	195	13	17	156	236	
保加利亚	Bulgaria	13624	22892	18753	11406	11785	11900	
柬埔寨	Cambodia				708	1429	1568	
喀麦隆	Cameroon	299	482	1200	1764	2018	1851	
加拿大	Canada	53475	40901	46404	72056	78739	81260	81267
智　利	Chile	4060	4112	7237	18632	22896	25483	24548
哥伦比亚	Colombia	78	2723	1238	470	2489	2816	
刚果(金)	Congo,Dem.Rep.	1082	926	1097	537	1036	1108	
刚果(布)	Congo,Rep.	190	272	10	27	229	293	
哥斯达黎加	Costa Rica	493	814	1075	1862	2503	2500	
科特迪瓦	Cote d'Ivoire	869	2170	2568	3484	3192	2475	
克罗地亚	Croatia			7599	5976	7134	6761	
古　巴	Cuba	6636	10295	10132	5888	8005	6831	
塞浦路斯	Cyprus	627	967	1636	2564	2923	2646	
捷　克	Czech Republic	8361	25812	22188	17867	20462	21115	19432
丹　麦	Denmark	22454	21083	15847	14552	13981	15349	14978
多米尼加	Dominican Rep.	1155	2123	3101	6709	6492	6738	
厄瓜多尔	Ecuador	1248	580	277	1042	5207	4740	
埃　及	Egypt	3233	1022	1763	4834	11187	12704	
萨尔瓦多	El Salvador	507	687	846	2202	2170	2193	
厄立特里亚	Eritrea				210	160	167	
爱沙尼亚	Estonia			5366	1928	1807	1822	1926
埃塞俄比亚	Ethiopia	729	766	1140	1102	2170	2315	
芬　兰	Finland	14605	20550	19556	23518	25569	27016	23856
法　国	France	131204	164709	139392	162843	161389	159101	154711
加　蓬	Gabon	6	66	98	163	233	245	
格鲁吉亚	Georgia			11889	1656	2034	2604	

2-5-1 续表 1 continued

单位：千吨标准油 (ktoe)

国家或地区	Country or Area	1971	1980	1990	2000	2010	2011	2012
德 国	Germany	171369	213750	189137	236033	246968	238363	236868
加 纳	Ghana	958	1102	1179	2342	4168	4878	
直布罗陀	Gibraltar	213	168	498	1140	2612	2768	
希 腊	Greece	7779	24249	22828	26050	31133	29596	31449
危地马拉	Guatemala	946	1487	1316	3052	3824	3877	
海 地	Haiti	133	222	325	497	696	724	
洪都拉斯	Honduras	573	589	766	1512	2400	2797	
匈 牙 利	Hungary	8201	16367	15894	16367	18850	17546	17271
冰 岛	Iceland	550	595	790	1034	1086	1129	1164
印 度	India	15168	24300	34459	100297	263032	277979	
印度尼西亚	Indonesia	2753	10841	9852	25687	45946	47304	
伊 朗	Iran		2539	7411	5721	17944	14590	
伊 拉 克	Iraq	70	478	816	240	9182	10030	
爱 尔 兰	Ireland	6566	6844	7745	13529	14441	14092	13367
以 色 列	Israel	513	9019	12549	21762	24533	23800	26091
意 大 利	Italy	124479	129720	147174	174368	178928	169216	162138
牙 买 加	Jamaica	2133	2240	2604	3838	2809	2901	
日 本	Japan	255161	320708	382774	435297	427174	435733	449871
约 旦	Jordan	622	1799	3510	4768	7333	6866	
哈萨克斯坦	Kazakhstan			32332	8188	11486	10459	
肯 尼 亚	Kenya	2768	3399	2668	4036	4514	4791	
韩 国	Korea,Rep	11857	30765	73942	206669	266844	282250	287268
朝 鲜	Korea.Dem	1245	3215	4616	1186	1026	971	
科 索 沃	Kosovo				433	644	935	
科 威 特	Kuwait	13	5	1640	1	2270	2826	
吉尔吉斯斯坦	Kyrgyzstan			6610	1222	2282	2157	
拉脱维亚	Latvia			8112	2703	3326	4192	
黎 巴 嫩	Lebanon	2243	2493	1864	4884	6436	6409	
利 比 亚	Libya	677	1114	622	996	3224	3631	
立 陶 宛	Lithuania			22754	7961	13716	14236	
卢 森 堡	Luxembourg	4193	3680	3581	3725	4803	4688	4572
马 其 顿	Macedonia			1511	1319	1614	1820	
马来西亚	Malaysia	9693	6781	9743	16277	39468	42997	
马 耳 他	Malta	329	424	797	1454	2403	2215	
墨 西 哥	Mexico	2289	1652	5648	25514	47511	51776	54530
摩尔多瓦	Republic of Moldova			10537	2815	3283	3251	
蒙 古	Mongolia			872	484	868	1067	
黑 山	Montenegro					382	490	
摩 洛 哥	Morocco	2222	4312	7063	11349	17103	18317	
莫桑比克	Mozambique	1277	864	373	733	1521	1625	
缅 甸	Myanmar	425	138	31	1445	239	240	
纳米比亚	Namibia				737	1292	1303	
尼 泊 尔	Nepal	64	174	312	1037	1422	1454	
荷 兰	Netherlands	73166	87774	105040	135674	182153	179487	180936
荷属安的列斯群岛	Netherlands Antilles	41241	33382	13074	14605	8095	12491	
新 西 兰	New Zealand	4073	4285	3812	5942	7138	7383	7253

2-5-1 续表 2 continued

单位：千吨标准油 (ktoe)

国家或地区	Country or Area	1971	1980	1990	2000	2010	2011	2012
尼加拉瓜	Nicaragua	526	660	673	1216	1358	1600	
尼日利亚	Nigeria	288	2760	160	7756	9134	8222	
挪　威	Norway	10219	8876	5290	5598	8123	7418	8955
阿　曼	Oman	1289	910	16	153	1815	1917	
巴基斯坦	Pakistan	3625	5752	9586	18077	22313	20751	
巴拿马	Panama	4812	3087	2882	5503	5599	5501	
巴拉圭	Paraguay	225	532	766	1142	1495	1561	
秘　鲁	Peru	2255	204	1674	5400	7460	7641	
菲律宾	Philippines	9152	11517	12918	22748	22405	21358	
波　兰	Poland	11947	24652	23849	29685	47355	49881	46372
葡萄牙	Portugal	6124	10377	17528	23860	22293	22613	22680
卡塔尔	Qatar	61	63			548	92	
罗马尼亚	Romania	4719	21278	27132	10830	11485	11919	
俄罗斯	Russia			120445	32881	22887	27688	
沙特阿拉伯	Saudi Arabia	813	4524	469	585	9694	10388	
塞内加尔	Senegal	1519	1407	898	1700	2173	2156	
塞尔维亚	Serbia			6297	2111	6122	5852	
新加坡	Singapore	22210	36788	61400	82532	132938	135978	
斯洛伐克	Slovak Republic	12901	18853	18492	15243	15728	16385	14854
斯洛文尼亚	Slovenia			3109	4093	5203	4963	5188
南　非	South Africa	12180	15957	11336	21724	31125	32183	
西班牙	Spain	40074	58789	72810	108823	122060	122271	125672
斯里兰卡	Sri Lanka	1659	2037	1923	3967	4105	5381	
苏　丹	Sudan	1474	1321	1922	640	837	1189	
瑞　典	Sweden	33085	32896	28234	31524	33586	32137	31644
瑞　士	Switzerland	14930	15558	17121	17466	18186	17591	17793
叙利亚	Syrian Arab Republic	998	4554	886	718	5692	4320	
塔吉克斯坦	Tajikistan			4031	1241	930	927	
坦桑尼亚	Tanzania	1591	917	801	783	1545	1644	
泰　国	Thailand	6561	12303	18742	37431	64432	66055	
多　哥	Togo	113	344	241	364	532	562	
特里尼达和多巴哥	Trinidad and Tobago	14793	7229	1047	5176	3619	4492	
突尼斯	Tunisia	640	2380	2980	4390	5678	5392	
土耳其	Turkey	6215	14671	30035	52227	81020	88524	95442
土库曼斯坦	Turkmenistan			2962	88			
乌克兰	Ukraine			161134	64862	51260	58055	
阿联酋	United Arab Emirates	144	4530	7208	9191	32561	34638	
英　国	United Kingdom	133180	70697	82770	89105	144806	150531	160704
美　国	United States	223155	382425	452496	702037	725441	701422	644671
乌拉圭	Uruguay	1919	2135	1417	2491	2826	2913	
乌兹别克斯坦	Uzbekistan			12471	2877	1632	1529	
委内瑞拉	Venezuela	122	142	204	1	3033	2012	
越　南	Vietnam	5832	1856	2957	8882	13572	15080	
也　门	Yemen	4020	4219	4288	1993	4126	4297	
赞比亚	Zambia	828	831	818	522	707	836	
津巴布韦	Zimbabwe	594	986	931	1533	861	934	

2-5-2 全部能源出口量

Total Energy Exports

资料来源：国际能源机构。
Source: International Energy Agency.
单位：千吨标准油 (ktoe)

国家或地区	Country or Area	1971	1980	1990	2000	2010	2011	2012
世　界	**World**	**1856091**	**2333366**	**3040499**	**3820142**	**4840416**	**5030231**	
阿尔巴尼亚	Albania	779	487	121	21	754	797	
阿尔及利亚	Algeria	36772	52053	78532	115747	111110	105991	
安哥拉	Angola	4896	6541	22653	38424	86697	81592	
阿根廷	Argentina	301	1605	4477	24003	8698	8244	
亚美尼亚	Armenia			69	70	94	218	
澳大利亚	Australia	15434	31188	78899	153516	228627	226067	234049
奥地利	Austria	546	885	1235	2990	8247	7085	7840
阿塞拜疆	Azerbaijan			12789	7883	52684	47188	
巴　林	Bahrain	11182	11247	11755	11971	11738	11406	
孟加拉国	Bangladesh	36	93	135	58	157	166	
白俄罗斯	Belarus			20476	7273	11613	17625	
比利时	Belgium	10546	19446	20840	25126	27577	28758	29056
贝　宁	Benin		1	211	25	213	219	
玻利维亚	Bolivia	1253	1999	2316	2103	10098	10969	
波　黑	Bosnia and Herzegovina				343	1284	1229	
巴　西	Brazil	956	1513	4000	6150	40243	39046	
文　莱	Brunei Darussalam	6052	19745	13828	17322	15459	14850	
保加利亚	Bulgaria	45	1860	905	2616	4519	4760	
喀麦隆	Cameroon		3444	7285	6541	3666	3206	
加拿大	Canada	65756	53223	105718	199741	229235	239722	248212
智　利	Chile	44	85	211	889	627	633	754
哥伦比亚	Colombia	5076	2364	22476	46898	74242	90315	
刚果(金)	Congo,Dem.Rep.	115	892	1186	1304	1196	1250	
刚果(布)	Congo,Rep.	22	3432	7912	13763	15887	14401	
哥斯达黎加	Costa Rica			35	97	83	45	
科特迪瓦	Cote d'Ivoire	48	658	1501	2548	4078	3102	
克罗地亚	Croatia			3699	1818	2613	2085	
古　巴	Cuba		530			1805	1163	
捷　克	Czech Republic	2639	19423	14576	8475	9055	9083	8486
丹　麦	Denmark	2516	1893	7202	22017	17525	17005	16610
厄瓜多尔	Ecuador	94	6886	10508	14711	19305	19122	
埃　及	Egypt	11838	18142	22470	14484	24956	22258	
萨尔瓦多	El Salvador	5	63	55	292	130	91	
爱沙尼亚	Estonia			782	290	958	1039	1088
埃塞俄比亚	Ethiopia	140	157	138				
芬　兰	Finland	193	2218	1729	5145	7552	7850	8018
法　国	France	13390	15708	20015	30204	30360	32705	29933
加　蓬	Gabon	5475	8267	12259	13641	12645	12234	
格鲁吉亚	Georgia			1322	98	185	141	
德　国	Germany	28039	30369	21863	30375	42324	39327	40902

2-5-2 续表 1 continued

单位：千吨标准油 (ktoe)

国家或地区	Country or Area	1971	1980	1990	2000	2010	2011	2012
加 纳	Ghana	186	293	213	329	571	4265	
希 腊	Greece	85	10596	7507	4274	9834	10006	12524
危地马拉	Guatemala	34	121	154	1117	780	708	
洪都拉斯	Honduras	203	24	61	2	2	355	
匈 牙 利	Hungary	530	2031	1734	2499	3735	4424	4726
印 度	India	277	715	2797	8816	63233	64522	
印度尼西亚	Indonesia	36621	78977	78877	107016	215140	232107	
伊 朗	Iran	219352	44123	125023	135968	153337	153414	
伊 拉 克	Iraq	81833	126007	90993	108514	96441	110786	
爱 尔 兰	Ireland	752	200	698	1338	1491	1639	1785
以 色 列	Israel	111	562	1146	3593	4053	4957	4462
意 大 利	Italy	28095	12917	19910	21939	30682	28101	30500
牙 买 加	Jamaica	210	62	95	214			
日 本	Japan	2126	1931	5070	6330	18038	14633	14214
约 旦	Jordan		14		0	5	7	
哈萨克斯坦	Kazakhstan			48956	51038	91390	94001	
肯 尼 亚	Kenya	1024	1170	420	497	69	70	
韩 国	Korea,Rep	1231	10	3795	40939	45796	54887	58791
朝 鲜	Korea.Dem		62	308	222	2958	7128	
科 索 沃	Kosovo				16	34	237	
科 威 特	Kuwait	156338	79065	42905	95073	104006	123330	
吉尔吉斯斯坦	Kyrgyzstan			1538	284	500	346	
拉脱维亚	Latvia			646	345	1109	1315	
利 比 亚	Libya	136820	90231	62231	60260	73007	21047	
立 陶 宛	Lithuania			11122	3740	7937	8299	
卢 森 堡	Luxembourg	104	65	78	84	293	239	238
马 其 顿	Macedonia			300	221	341	387	
马来西亚	Malaysia	8401	11771	34727	41871	50580	47043	
马 耳 他	Malta					16	60	
墨 西 哥	Mexico	1969	51001	75521	96860	90524	87734	80914
摩尔多瓦	Republic of Moldova			648		12	15	
蒙 古	Mongolia			169	11	11542	16281	
黑 山	Montenegro					97	94	
摩 洛 哥	Morocco	54	349	561	1417	704	928	
莫桑比克	Mozambique	264	119	4	735	3639	4110	
缅 甸	Myanmar	13	68	22	4071	8879	8633	
纳米比亚	Namibia				5	18	7	
尼 泊 尔	Nepal		0	7	11	3	3	
荷 兰	Netherlands	49150	84403	87410	101023	151038	150244	150975
荷属安的列斯群岛	Netherlands Antilles	34419	25110	9937	10438	3885	7616	
新 西 兰	New Zealand	21	70	1696	2590	4284	4202	3686
尼加拉瓜	Nicaragua	2	19	34	56	28	24	

2-5-2 续表 2 continued

单位：千吨标准油 (ktoe)

国家或地区	Country or Area	1971	1980	1990	2000	2010	2011	2012
尼日利亚	Nigeria	75507	98289	79578	117118	148856	146439	
挪威	Norway	2379	44639	100651	205151	178413	173256	180030
阿曼	Oman	15062	14494	33685	52805	51742	51429	
巴基斯坦	Pakistan	705	1006	340	819	1658	926	
巴拿马	Panama	2778	950	355	1006	3	2	
巴拉圭	Paraguay	7	31	2246	4073	3879	4120	
秘鲁	Peru	158	3040	2227	1997	7040	9694	
菲律宾	Philippines	729	141	681	1840	3847	3323	
波兰	Poland	22685	23183	22980	20110	15201	15314	16277
葡萄牙	Portugal	404	436	2618	1801	3458	3533	4330
卡塔尔	Qatar	21100	23268	20538	50368	148298	175791	
罗马尼亚	Romania	5372	8638	5208	2985	3925	4287	
俄罗斯	Russia			532994	382425	601986	599497	
沙特阿拉伯	Saudi Arabia	224945	501913	307497	374522	358015	414492	
塞内加尔	Senegal	79	168	51	171	27	25	
塞尔维亚	Serbia			207	228	922	978	
新加坡	Singapore	15579	28785	36878	41699	54572	56976	
斯洛伐克	Slovak Republic	1346	2612	2077	3710	4354	5100	4852
斯洛文尼亚	Slovenia			489	714	1621	1444	1551
南非	South Africa	967	19145	33922	53531	48145	49494	
西班牙	Spain	4603	3462	12427	8641	15217	17111	25292
斯里兰卡	Sri Lanka	298	386	220	141			
苏丹	Sudan				7297	19002	18991	
瑞典	Sweden	1950	5253	9890	12207	13887	13295	16369
瑞士	Switzerland	835	1482	2136	3345	3238	3214	3204
叙利亚	Syrian Arab Republic	3539	8613	12023	18524	10074	7312	
塔吉克斯坦	Tajikistan			734	354	39	41	
泰国	Thailand	203	16	894	5370	12982	11836	
特里尼达和多巴哥	Trinidad and Tobago	18417	16254	7434	13444	26393	25563	
突尼斯	Tunisia	3198	4873	3847	3577	3978	3157	
土耳其	Turkey	105	288	1962	1330	7113	8369	7927
土库曼斯坦	Turkmenistan			58196	30856	24025	40042	
乌克兰	Ukraine			40214	7242	9278	10303	
阿联酋	United Arab Emirates	51909	85511	87750	119180	129654	141763	
英国	United Kingdom	20630	58372	78039	129465	84610	78013	74477
美国	United States	46724	75385	110605	95683	192060	243803	268339
乌拉圭	Uruguay		103	240	170	267	56	
乌兹别克斯坦	Uzbekistan			4748	7083	12992	11042	
委内瑞拉	Venezuela	185566	103528	102121	163263	125963	131517	
越南	Vietnam	252	358	3125	18650	20972	21854	
也门	Yemen	2950	2278	10708	19062	14918	15798	
赞比亚	Zambia	3	314	231	118	62	65	
津巴布韦	Zimbabwe	233	230	111	151	203	221	

2-5-3　原油，天然气凝析液和给料进口量

Imports of Crude, NGL and Feedstocks

资料来源：国际能源机构。
Source: International Energy Agency.
单位：千吨标准油　　(ktoe)

国家或地区	Country or Area	1971	1980	1990	2000	2001	2010	2011	2012
世　界	**World**	**1245378**	**1560489**	**1635690**	**2075817**	**2090019**	**2286259**	**2299339**	
阿尔巴尼亚	Albania							99	
阿尔及利亚	Algeria		156	339	313	212	324	208	
阿根廷	Argentina	2270	2255	248	1355	1421			
澳大利亚	Australia	10527	10409	10210	22314	23185	22319	25955	24081
奥地利	Austria	5172	8973	7975	8071	8640	7224	7906	7703
阿塞拜疆	Azerbaijan			4311					
巴　林	Bahrain	3107	2871	3201	3589	2941	4333	3529	
孟加拉国	Bangladesh	856	1287	955	1299	1413	1145	1419	
白俄罗斯	Belarus			37653	12070	11972	14813	20538	
比利时	Belgium	31517	34170	29588	38209	36222	35868	32811	34454
波　黑	Bosnia and Herzegovina			2042	543	270	1130	1185	
巴　西	Brazil	20435	44311	29464	20537	21570	17496	17139	
文　莱	Brunei Darussalam						14	11	
保加利亚	Bulgaria	7683	13234	8349	5389	5728	6103	5905	
喀麦隆	Cameroon			1114	1585	1821	1735	1567	
加拿大	Canada	33724	27909	27134	46942	46685	39320	34510	36651
智　利	Chile	3391	3330	5561	9975	10107	8659	9269	8727
哥伦比亚	Colombia		1046		197	285			
刚果(金)	Congo,Dem.Rep.	684	181	116					
哥斯达黎加	Costa Rica	420	521	448	46	284	506	178	
科特迪瓦	Cote d'Ivoire	765	1896	2083	3181	2920	3060	2379	
克罗地亚	Croatia			4832	4004	4042	3681	3173	
古　巴	Cuba	4695	5946	6225	1675	1743	6167	5638	
塞浦路斯	Cyprus		583	633	1172	1171			
捷　克	Czech Republic	5960	18952	13525	5691	6036	7856	7023	7174
丹　麦	Denmark	10754	6892	4863	4901	4104	2792	3102	4445
多明尼加	Dominican Republic		1545	1605	2102	1937	1373	1315	
埃　及	Egypt	1549					2476	2160	
萨尔瓦多	El Salvador	483	668	702	1016	1048	814	737	
埃塞俄比亚	Ethiopia	677	647	713					
芬　兰	Finland	8937	12864	8705	11942	11250	11387	11787	11582
法　国	France	107566	113597	75650	85649	86329	64204	64470	57132
格鲁吉亚	Georgia			2145		2	6	8	
德　国	Germany	116267	122143	89909	105861	107379	95248	92441	95473
加　纳	Ghana	916	1061	834	1308	1567	1632	1527	
希　腊	Greece	5494	17753	15950	20218	19917	21068	18222	22663
危地马拉	Guatemala	849	756	544	915	873			
洪都拉斯	Honduras	561	500	428					
匈牙利	Hungary	4863	8287	6285	5800	5625	5988	6180	5768
印　度	India	13236	16605	21154	75727	80437	167194	175507	
印度尼西亚	Indonesia			6521	12798	17531	19954	18759	
伊　朗	Iran				634	530	1920	1313	
爱尔兰	Ireland	3034	2080	2053	3055	3448	3114	3128	3099
以色列	Israel	508	7517	8433	11596	11384	12805	12159	13578
意大利	Italy	111704	89607	81965	90337	91163	85607	78704	75492
牙买加	Jamaica	1539	886	1349	1066	1066	1155	1222	
日　本	Japan	191845	222519	207011	221276	208301	184482	180240	182040
约　旦	Jordan	602	1784	2743	3767	3879	3484	3193	
哈萨克斯坦	Kazakhstan			14251	1028	2379	6085	4607	

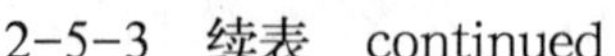

2-5-3 续表 continued

单位：千吨标准油 (ktoe)

国家或地区	Country or Area	1971	1980	1990	2000	2001	2010	2011	2012
肯尼亚	Kenya	2554	3090	2189	2464	1976	1560	1781	
韩国	Korea,Rep	11794	25246	42672	125809	121319	121571	127916	129873
朝鲜	Korea.Dem	152	2124	2548	394	585	532	530	
吉尔吉斯斯坦	Kyrgyzstan				21		15	15	
拉脱维亚	Latvia				87	18	2	4	
黎巴嫩	Lebanon	2074	2266	101					
立陶宛	Lithuania			9506	5041	6762	9493	9576	
马其顿	Macedonia			1239	811	647	864	706	
马来西亚	Malaysia	8812	4034	2244	7708	9145	8115	9323	
墨西哥	Mexico	102			352	308	399	367	477
摩洛哥	Morocco	1674	4044	5761	6950	7362	6176	7152	
缅甸	Myanmar	268			644	535		4	
荷兰	Netherlands	61940	50910	50097	61939	62222	63533	59959	60492
荷属安的列斯群岛	Netherlands Antilles	40247	31395	11273	11509	12922	4559	8910	
新西兰	New Zealand	3213	2868	3293	4724	4679	5233	5396	5469
尼加拉瓜	Nicaragua	486	576	613	838	950	763	818	
挪威	Norway	5569	4700	1463	937	936	1491	1257	3092
巴基斯坦	Pakistan	3127	4000	3738	7301	7336	6904	6339	
巴拿马	Panama	4180	2057	1175	2330	2254			
巴拉圭	Paraguay	179	281	309	108	100			
秘鲁	Peru	1621		887	3089	3742	4805	4750	
菲律宾	Philippines	8941	9175	10853	15398	15102	9016	9006	
波兰	Poland	8009	16402	12941	18529	18186	23688	24725	25189
葡萄牙	Portugal	4148	8481	10907	12408	13448	12004	11200	11478
罗马尼亚	Romania	2775	15495	15589	4661	5460	6032	5602	
俄罗斯	Russia			18592	5921	5144	1105	468	
沙特阿拉伯	Saudi Arabia	600	504	457					
塞内加尔	Senegal	573	762	654	907	985	667	751	
塞尔维亚	Serbia			3918	287	1910	2013	1516	
新加坡	Singapore	16743	31543	43533	42668	41633	58006	58737	
斯洛伐克	Slovak Republic	5521	9756	6137	5282	5510	5484	6043	5435
斯洛文尼亚	Slovenia			603	150				
南非	South Africa	12083	14167	11313	19029	17092	19328	20346	
西班牙	Spain	36110	48420	54272	59881	58923	57257	57480	63406
斯里兰卡	Sri Lanka	1582	1917	1811	2419	2014	1874	1990	
苏丹	Sudan	987	981	852					
瑞典	Sweden	11994	18024	17540	21053	20188	20375	19486	21282
瑞士	Switzerland	5542	4762	3226	4798	5066	4687	4605	3563
叙利亚	Syrian Arab Republic	718	3572	502					
坦桑尼亚	Tanzania	961	633	567					
泰国	Thailand	5510	8008	10751	31679	33440	42743	41813	
特里尼达和多巴哥	Trinidad and Tobago	14709	7223	914	5067	4693	3545	4323	
突尼斯	Tunisia	331	1180	449	1184	1122	190	327	
土耳其	Turkey	5591	10973	20849	21429	23077	16833	17963	19459
乌克兰	Ukraine			53365	6053	13614	7885	5783	
英国	United Kingdom	110351	47833	54291	56275	55430	56308	59338	61811
美国	United States	93875	304027	351036	524256	541010	539779	531244	492308
乌拉圭	Uruguay	1808	1933	1178	2056	1801	1950	1171	
乌兹别克斯坦	Uzbekistan			5226	5	5	9	10	
也门	Yemen	3808	3536	4001	791				
赞比亚	Zambia		777	804	29	231	637	678	

2-5-4　原油，天然气凝析液和给料出口量

Exports of Crude, NGL and Feedstocks

资料来源：国际能源机构。

Source: International Energy Agency.

单位：千吨标准油 (ktoe)

国家或地区	Country or Area	1971	1980	1990	2000	2010	2011
世　界	**World**	**1299469**	**1546600**	**1572048**	**2025936**	**2152560**	**2210801**
阿尔巴尼亚	Albania	143				498	697
阿尔及利亚	Algeria	35250	39118	33604	39843	40881	40163
安哥拉	Angola	4847	6334	22197	37852	85917	80549
阿根廷	Argentina	27		827	14249	2861	3057
澳大利亚	Australia	577		5856	19365	15152	16469
奥地利	Austria				137	43	44
阿塞拜疆	Azerbaijan				5666	44722	39216
白俄罗斯	Belarus				353		1684
比利时	Belgium	74	39	2327	3507	4833	3834
玻利维亚	Bolivia	1253			179		
巴　西	Brazil	766	61		963	32614	31221
文　莱	Brunei Darussalam	6013	11982	7566	9694	7869	7292
喀麦隆	Cameroon		3407	7166	5797	2860	2623
加拿大	Canada	37859	15546	37811	78447	105556	118761
哥伦比亚	Colombia	3544		9991	20023	23075	31104
刚果(金)	Congo,Dem.Rep.		859	1158	1194	1117	1236
刚果(布)	Congo,Rep.	22	3432	7611	13562	15661	14212
科特迪瓦	Cote d'Ivoire		122		345	1956	1652
克罗地亚	Croatia			400	35		
捷　克	Czech Republic		9757	6157	111	20	19
丹　麦	Denmark		428	2833	13776	8009	7609
厄瓜多尔	Ecuador	49	5668	8896	12473	17562	17210
埃　及	Egypt	11623	17146	19929	10049	6933	9048
爱沙尼亚	Estonia				115	367	395
法　国	France			304	1747	53	494
加　蓬	Gabon	4929	7637	12123	13414	12375	11962
格鲁吉亚	Georgia				75	56	59
德　国	Germany	118	71		3285	721	383
加　纳	Ghana						3556
希　腊	Greece		3182	1236		847	699
危地马拉	Guatemala		108	153	1045	563	534
匈牙利	Hungary	187	880		1	17	17
印度尼西亚	Indonesia	33064	60922	38849	30189	17783	15209
伊　朗	Iran	201754	38195	119187	118157	128161	125875
伊拉克	Iraq	81145	124154	86646	103658	96240	110732
爱尔兰	Ireland				14	94	49
意大利	Italy			2437	521	1751	1426
哈萨克斯坦	Kazakhstan			20605	30130	65527	70413
韩　国	Korea				99	481	584
科威特	Kuwait	141570	64830	32308	62745	71096	90792
吉尔吉斯斯坦	Kyrgyzstan			159		3	2

2-5-4 续表 continued

单位：千吨标准油 (ktoe)

国家或地区	Country or Area	1971	1980	1990	2000	2010	2011
拉脱维亚	Latvia						3
利比亚	Libya	135942	85053	54142	51907	60454	18129
立陶宛	Lithuania				311	113	82
马来西亚	Malaysia	8085	11619	22949	17254	17271	11533
墨西哥	Mexico		46126	70433	92202	80002	78406
蒙古	Mongolia				9	286	350
莫桑比克	Mozambique					30	31
缅甸	Myanmar		53		93		
荷兰	Netherlands	1	24	1344	188	2430	2091
荷属安的列斯群岛	Netherlands Antilles	100	1008	705			
新西兰	New Zealand			965	1263	2453	2371
尼日利亚	Nigeria	75109	96619	76464	111600	128106	123944
挪威	Norway	232	20341	69016	151560	78292	73136
阿曼	Oman	15062	14494	32591	47920	39885	39481
巴基斯坦	Pakistan			273	434		
秘鲁	Peru	154	2381	150	687	956	822
菲律宾	Philippines					792	785
波兰	Poland				131	214	296
卡塔尔	Qatar	21100	23148	17530	34320	46541	51230
罗马尼亚	Romania					86	75
俄罗斯	Russia			222907	145135	248266	248813
沙特阿拉伯	Saudi Arabia	212925	479103	244391	316661	294881	358409
塞尔维亚	Serbia					4	2
新加坡	Singapore	108	345	19		1	2
斯洛伐克	Slovak Republic	63			15	13	15
南非	South Africa				172		
苏丹	Sudan				6741	18441	18472
瑞典	Sweden		192	397	590	852	601
叙利亚	Syrian Arab Republic	3479	6341	9779	16650	8170	5353
塔吉克斯坦	Tajikistan				5	4	4
泰国	Thailand			850	541	1564	1771
特里尼达和多巴哥	Trinidad and Tobago	964	6342	3916	2727	2357	2061
突尼斯	Tunisia	3031	4747	3373	2976	3826	2812
土库曼斯坦	Turkmenistan			1156	1608	1306	2311
乌克兰	Ukraine				278	37	
阿联酋	United Arab Emirates	51909	82637	79359	94866	104854	115844
英国	United Kingdom	1603	41207	59142	96578	43257	34593
美国	United States	70	4992	2100	6151	9302	12818
委内瑞拉	Venezuela	129087	72693	68638	117628	100237	99645
越南	Vietnam			2664	15701	8217	10086
也门	Yemen			8451	18104	8870	6857

2-5-5 煤和煤制品进口量

Imports of Coal and Coal Products

资料来源：国际能源机构。
Source: International Energy Agency.
单位：千吨标准油 (ktoe)

国家或地区	Country or Area	1971	1980	1990	2000	2010	2011	2012
世　界	**World**	**129405**	**193083**	**337962**	**414577**	**664650**	**696593**	**762297**
阿尔巴尼亚	Albania	63	111	196	10	55	70	8
阿尔及利亚	Algeria	234	125	699	442	337	295	
阿根廷	Argentina	520	671	888	578	1050	1192	1063
澳大利亚	Australia		1			9	34	23
奥地利	Austria	2829	2804	3175	3065	3373	3069	3392
孟加拉国	Bangladesh	93	124	281	330	519	462	500
白俄罗斯	Belarus			5303	403	83	127	72
比利时	Belgium	4109	8044	10730	8287	3823	3661	3366
波　黑	Bosnia and Herzegovina					912	1041	860
博茨瓦纳	Botswana			13	57	2	2	
巴　西	Brazil	1319	3705	7904	10329	12106	13679	12194
保加利亚	Bulgaria	3794	4272	3510	2461	1747	2043	1384
柬埔寨	Cambodia					8	9	101
加拿大	Canada	11357	10392	9547	15048	7570	5954	6228
智　利	Chile	176	659	1132	2943	3809	5454	5561
刚果(金)	Congo,Dem.Rep.	142	127	147	151	235	250	53
哥斯达黎加	Costa Rica	1	1		1	65	64	
克罗地亚	Croatia			886	485	701	692	763
古　巴	Cuba	51	96	140	27	30	30	
塞浦路斯	Cyprus			64	33	11	…	8
捷　克	Czech Republic	291	1631	1574	1038	2200	2184	1954
丹　麦	Denmark	1467	6092	6249	3857	2684	3588	2290
多米尼加	Dominican Republic			10	57	508	615	293
埃　及	Egypt	274	542	902	1259	1496	1454	1476
爱沙尼亚	Estonia			726	327	46	43	53
芬　兰	Finland	2339	3790	4386	3557	3991	4591	2699
法　国	France	11018	21080	13650	13540	12363	10271	11078
格鲁吉亚	Georgia			481	7	5	4	5
德　国	Germany	14731	14441	11500	22221	32785	32656	30842
希　腊	Greece	259	383	919	810	401	237	73
危地马拉	Guatemala		14		132	352	289	410
洪都拉斯	Honduras			1	83	114	150	31
匈牙利	Hungary	2057	2216	1630	1212	1412	1309	1284
冰　岛	Iceland	1	18	64	98	87	89	97
印　度	India		370	4167	14802	67562	75643	87321
印度尼西亚	Indonesia	22	25	426	94	37	28	
伊　朗	Iran		578	152	700	834	888	
爱尔兰	Ireland	741	842	2010	1697	964	1416	1362
以色列	Israel	5	1	2434	6036	7376	7555	8887
意大利	Italy	8625	12175	13884	13228	14511	15476	15902
牙买加	Jamaica			31	33	33	35	76
日　本	Japan	32225	48992	73419	97302	115344	108211	113914
哈萨克斯坦	Kazakhstan			4788	681	589	540	
肯尼亚	Kenya	52	11	93	66	165	234	296
韩　国	Korea	64	3471	15725	39137	72949	79484	77348
朝　鲜	Korea.Dem	382	505	1953	127	193	135	688
科索沃	Kosovo				11	29	34	
吉尔吉斯斯坦	Kyrgyzstan			2025	318	486	449	444

2-5-5 续表 continued

单位：千吨标准油 (ktoe)

国家或地区	Country or Area	1971	1980	1990	2000	2010	2011	2012
拉脱维亚	Latvia			629	61	115	126	245
黎巴嫩	Lebanon	3	4		132	149	165	207
立陶宛	Lithuania			758	82	213	272	192
卢森堡	Luxembourg	2514	1843	1110	109	67	58	54
马其顿	Macedonia			110	89	134	145	92
马来西亚	Malaysia	9	53	1424	1943	13073	13794	13870
马耳他	Malta			185				
墨西哥	Mexico	236	647	235	1960	4650	4565	4375
摩尔多瓦	Republic of Moldova			2008	65	92	103	80
蒙古	Mongolia			25	15			
摩洛哥	Morocco	36	19	810	2615	2814	2728	3021
莫桑比克	Mozambique	220	107	11				
缅甸	Myanmar	133	138	31				7
纳米比亚	Namibia				2	19	7	7
尼泊尔	Nepal	7	50	49	248	293	280	288
荷兰	Netherlands	2840	5127	11744	14064	12834	15020	7184
新西兰	New Zealand	2		1	11	133	91	1
挪威	Norway	734	878	842	986	754	787	832
巴基斯坦	Pakistan	21	64	592	625	2816	2678	2159
巴拿马	Panama	1		20	37	72	199	192
秘鲁	Peru	81	125	71	588	701	443	395
菲律宾	Philippines	10	349	783	4328	6506	6507	6805
波兰	Poland	889	705	395	1019	8268	8852	5772
葡萄牙	Portugal	302	348	2998	3968	1700	2243	3090
罗马尼亚	Romania	1937	4454	4512	1896	1221	1101	890
俄罗斯	Russia			35087	15373	15306	16330	18737
塞内加尔	Senegal					163	168	249
塞尔维亚	Serbia				295	766	802	277
新加坡	Singapore	5	9	36		7		
斯洛伐克	Slovak Republic	6340	6324	6210	3466	3216	3193	3034
斯洛文尼亚	Slovenia			159	245	280	258	301
南非	South Africa				821	1561	1769	1632
西班牙	Spain	1817	4122	7105	13346	7847	9512	12953
斯里兰卡	Sri Lanka	1	1	5	1	76	532	673
瑞典	Sweden	1773	1761	2597	2359	2456	2257	1618
瑞士	Switzerland	417	506	347	189	131	114	134
叙利亚	Syrian Arab Republic	5	3		6	6	6	
塔吉克斯坦	Tajikistan			444	4	6	6	
泰国	Thailand	11	60	207	2573	10726	12370	10582
突尼斯	Tunisia	68	63	82	79			
土耳其	Turkey		577	4212	9310	13849	15533	18671
土库曼斯坦	Turkmenistan			297				
乌克兰	Ukraine			10569	4042	7789	8335	8628
阿联酋	United Arab Emirates					716	1250	1695
英国	United Kingdom	2659	4491	10322	15232	16308	20346	27708
美国	United States	169	1069	2119	10014	11440	8232	5852
乌拉圭	Uruguay	23	3	1	1	2	1	
乌兹别克斯坦	Uzbekistan			1362	350	42	35	35
委内瑞拉	Venezuela	111	126	204				12
越南	Vietnam	6	8	10		591	643	725
津巴布韦	Zimbabwe	21	70	100	25	29	32	37

2-5-6　煤和煤制品出口量

Exports of Coal and Coal Products

资料来源：国际能源机构。
Source: International Energy Agency.
单位：千吨标准油　(ktoe)

国家或地区	Country or Area	1971	1980	1990	2000	2010	2011	2012
世　界	**World**	**118433**	**190584**	**344505**	**417128**	**684770**	**726197**	**780843**
阿尔巴尼亚	Albania			54				
阿尔及利亚	Algeria			2				
阿 根 廷	Argentina	22	3	56	220	44	53	21
澳大利亚	Australia	12932	27808	67248	121425	190147	184069	194616
奥 地 利	Austria	14	8	2	50	4	2	5
白俄罗斯	Belarus			3925	3	141	125	
比 利 时	Belgium	626	862	1120	1112	696	719	626
波　黑	Bosnia and Herzegovina				16	477	472	3
巴　西	Brazil						40	
保加利亚	Bulgaria	1		52	130	47	63	81
加 拿 大	Canada	4953	10432	21442	19269	19718	20076	20789
智　利	Chile	1	31		27			
哥伦比亚	Colombia	15	959	8836	23119	45109	52252	53411
克罗地亚	Croatia			273	6	1	1	
捷　克	Czech Republic	2398	8409	7264	5780	5200	4770	4112
丹　麦	Denmark	39	40	34	73	42		
埃　及	Egypt	22	12	67	372	427	415	
爱沙尼亚	Estonia			44	37	39	47	31
芬　兰	Finland	2	3	1		3	4	32
法　国	France	1007	851	642	540	178	102	174
格鲁吉亚	Georgia			226	…			
德　国	Germany	18061	15778	8077	533	951	964	1017
希　腊	Greece				41		5	5
匈 牙 利	Hungary	51	19	…	131	280	280	304
印　度	India	115	51	46	670	1344	1324	653
印度尼西亚	Indonesia		66	2724	33540	155882	175435	217678
伊　朗	Iran				38	79	209	48
爱 尔 兰	Ireland	37	27	23	15	18	17	18
意 大 利	Italy	294	523	141	87	213	191	213
日　本	Japan	204	1445	1354	1866	472	703	1069
哈萨克斯坦	Kazakhstan			22847	15287	13766	13454	14127
朝　鲜	Korea,Dem		62	308	222	2958	7128	7660
科 索 沃	Kosovo				2	3	4	

2-5-6 续表 continued

单位：千吨标准油 (ktoe)

国家或地区	Country or Area	1971	1980	1990	2000	2010	2011	2012
吉尔吉斯斯坦	Kyrgyzstan			907	8	2	13	3
拉脱维亚	Latvia			2		1	4	50
立陶宛	Lithuania					20	15	2
马其顿	Macedonia			11	…	12	7	
马来西亚	Malaysia		(ktoe)	28	19	62	141	270
墨西哥	Mexico		53	6	4	4	6	151
蒙古	Mongolia			169		11254	15929	14805
黑山	Montenegro					15	12	
莫桑比克	Mozambique	43	59		10	17	368	2054
荷兰	Netherlands	1576	1411	2285	6061	3596	7477	505
新西兰	New Zealand	3	50	239	1116	1708	1535	1575
挪威	Norway	100	88	174	387	1138	1009	854
秘鲁	Peru					75	122	18
菲律宾	Philippines					2163	1444	558
波兰	Poland	21557	21265	20513	17328	11009	9398	9293
葡萄牙	Portugal			7	54	71	95	85
罗马尼亚	Romania				13	50	24	13
俄罗斯	Russia			40423	25466	85933	80559	85321
塞尔维亚	Serbia				1	40	8	
斯洛伐克	Slovak Republic		48	94	41	264	167	85
斯洛文尼亚	Slovenia			16	…		1	1
南非	South Africa	965	19074	33624	46867	44392	46037	49763
西班牙	Spain	90	10	30	506	1116	934	1370
瑞典	Sweden	7	79	29	22	23	17	15
叙利亚	Syrian Arab Republic				3	3	3	
泰国	Thailand		1			13	4	
乌克兰	Ukraine			14873	1837	4808	5571	3066
英国	United Kingdom	1906	3089	1793	778	859	687	707
美国	United States	33582	58083	67987	38315	48241	63381	73986
乌兹别克斯坦	Uzbekistan			235	9	13	14	
委内瑞拉	Venezuela			1339	5789	1794	1328	2070
越南	Vietnam	252	358	442	1821	11145	10023	10681
赞比亚	Zambia			38	4			
津巴布韦	Zimbabwe	233	230	111	151	117	128	

2-5-7　石油产品进口量

Imports of Oil Products

资料来源：国际能源机构。
Source: International Energy Agency.
单位：千吨标准油　　(ktoe)

国家或地区	Country or Area	1971	1980	1990	2000	2010	2011	2012
世界	**World**	**353274**	**379349**	**581381**	**719210**	**1064049**	**1077388**	
阿尔巴尼亚	Albania			68	724	1072	1054	
阿尔及利亚	Algeria	271	496	134	7	970	2158	
安哥拉	Angola	232	143	197	514	3571	3602	
阿根廷	Argentina	1277	670	52	1132	4632	5537	
亚美尼亚	Armenia			3841	354	428	403	
澳大利亚	Australia	3228	4225	4188	4068	15804	14804	18290
奥地利	Austria	2746	2269	2261	4352	6641	5547	5521
阿塞拜疆	Azerbaijan			119	88	28	27	
巴林	Bahrain	1						
孟加拉国	Bangladesh	139	470	1057	1901	3824	3844	
白俄罗斯	Belarus			3314	862	1532	4164	
比利时	Belgium	7071	10054	12002	15302	20931	21398	19341
贝宁	Benin	105	143	103	550	1893	1951	
玻利维亚	Bolivia	14	50		294	726	882	
波黑	Bosnia and Herzegovina				732	770	780	
博茨瓦纳	Botswana			342	589	925	978	
巴西	Brazil	1583	2300	2992	13968	21827	24205	
文莱	Brunei Darussalam	105	195	13	17	142	225	
保加利亚	Bulgaria	2126	1948	1003	732	1693	1551	
柬埔寨	Cambodia				708	1304	1417	
喀麦隆	Cameroon	299	482	86	179	283	284	
加拿大	Canada	7781	2344	7672	7362	10940	12790	10660
智利	Chile	493	123	544	1941	7340	7371	6991
哥伦比亚	Colombia	78	1676	1221	267	2488	2815	
刚果(金)	Congo,Dem.Rep.	256	618	829	386	787	854	
刚果(布)	Congo,Rep.	190	272	9	5	205	290	
哥斯达黎加	Costa Rica	73	293	602	1813	1919	2233	
科特迪瓦	Cote d'Ivoire	104	275	460	303	132	96	
克罗地亚	Croatia			659	204	1304	1429	
古巴	Cuba	1891	4253	3767	4186	1808	1163	
塞浦路斯	Cyprus	627	384	939	1358	2889	2621	
捷克	Czech Republic	1426	2502	1601	2905	2737	3176	3016
丹麦	Denmark	10171	7928	3702	5008	6582	6307	5638
多米尼加	Dominican Republic	1155	579	1485	4551	3909	4029	
厄瓜多尔	Ecuador	19	580	277	1042	5132	4629	
埃及	Egypt	1409	480	861	3559	7201	9089	
萨尔瓦多	El Salvador	24	19	143	1110	1341	1437	
厄立特里亚	Eritrea				210	160	167	
爱沙尼亚	Estonia			3292	917	1104	1130	1064
埃塞俄比亚	Ethiopia	52	119	427	1102	2170	2315	
芬兰	Finland	3107	2925	3337	3549	4840	5566	4735
法国	France	8264	12388	24857	26879	40684	41381	45763
加蓬	Gabon	6	66	98	163	233	245	
格鲁吉亚	Georgia			4365	714	994	1044	

2-5-7　续表 1　continued

单位：千吨标准油　　　　(ktoe)

国家或地区	Country or Area	1971	1980	1990	2000	2010	2011	2012
德　国	Germany	34159	37850	42330	43002	36008	33282	32610
加　纳	Ghana	41	41	345	959	2173	2652	
直布罗陀	Gibraltar	213	168	498	1140	2612	2768	
希　腊	Greece	2025	6057	5845	3186	5545	6393	4253
危地马拉	Guatemala	97	717	773	1995	3441	3542	
海　地	Haiti	133	222	318	497	696	724	
洪都拉斯	Honduras	12	87	337	1404	2283	2644	
匈牙利	Hungary	662	1789	1646	1191	2571	2055	1883
冰　岛	Iceland	550	577	726	936	999	1040	1067
印　度	India	1932	7325	9013	9639	17499	14444	
印度尼西亚	Indonesia	2731	10815	2905	12794	25955	28517	
伊　朗	Iran		1961	7259	1579	7321	2085	
伊拉克	Iraq	66	477	816	240	8653	9406	
爱尔兰	Ireland	2790	3923	3681	6285	5869	5571	5059
以色列	Israel		1500	1683	4125	2613	3502	3573
意大利	Italy	3844	15380	22856	19395	11284	11104	9114
牙买加	Jamaica	595	1354	1224	2739	1620	1644	
日　本	Japan	29922	29662	60009	53230	44559	49685	52003
约　旦	Jordan	17	15	767	997	1639	2784	
哈萨克斯坦	Kazakhstan			2490	2673	1615	1300	
肯尼亚	Kenya	138	271	370	1488	2786	2772	
韩　国	Korea		2048	12841	24629	33028	32961	37206
朝　鲜	Korea,Dem	711	587	115	665	301	307	
科索沃	Kosovo				327	542	629	
科威特	Kuwait	2	1	1	1			
吉尔吉斯斯坦	Kyrgyzstan			3040	309	1553	1437	
拉脱维亚	Latvia			4188	1260	1935	2222	
黎巴嫩	Lebanon	165	215	1761	4632	5962	6165	
利比亚	Libya	677	1114	622	996	3217	3626	
立陶宛	Lithuania			7277	331	759	821	
卢森堡	Luxembourg	1422	1152	1639	2391	2871	2941	2836
马其顿	Macedonia			117	348	390	623	
马来西亚	Malaysia	860	2663	6035	6622	11965	13565	
马耳他	Malta	329	424	612	1454	2403	2215	
墨西哥	Mexico	1936	952	4994	20703	29993	31925	31359
摩尔多瓦	Republic of Moldova			4868	473	754	835	
蒙　古	Mongolia			827	454	846	1045	
黑　山	Montenegro					319	311	
摩洛哥	Morocco	511	249	484	1584	7201	7334	
莫桑比克	Mozambique	215	14	348	566	787	888	
缅　甸	Myanmar	24			802	239	236	
纳米比亚	Namibia				631	1061	1083	
尼泊尔	Nepal	56	122	261	770	1069	1112	
荷　兰	Netherlands	8385	28832	40318	45206	85287	85454	90919
荷属安的列斯群岛	Netherlands Antilles	995	1987	1801	3096	3536	3581	
新西兰	New Zealand	858	1417	519	1208	1771	1895	1779

2-5-7 续表 2 continued

单位：千吨标准油 (ktoe)

国家或地区	Country or Area	1971	1980	1990	2000	2010	2011	2012
尼加拉瓜	Nicaragua	40	83	54	368	594	781	
尼日利亚	Nigeria	280	2757	155	7756	9134	8222	
挪　威	Norway	3876	3120	2956	3543	4454	4241	4401
阿　曼	Oman	1289	910	16	153	125	182	
巴基斯坦	Pakistan	477	1688	5255	10151	12593	11734	
巴拿马	Panama	630	1029	1677	3124	5521	5295	
巴拉圭	Paraguay	46	232	453	1034	1495	1561	
秘　鲁	Peru	553	79	716	1722	1878	2354	
菲律宾	Philippines	201	1992	1282	3022	6806	5723	
波　兰	Poland	1675	2882	2844	3215	5500	5521	4332
葡萄牙	Portugal	1656	1347	3475	5041	3540	4037	3146
卡塔尔	Qatar	61	63			548	92	
罗马尼亚	Romania	2		290	1495	2180	2336	
俄罗斯	Russia			7330	307	2833	4200	
沙特阿拉伯	Saudi Arabia	212	4018		580	9689	10384	
塞内加尔	Senegal	946	644	244	793	1343	1237	
塞尔维亚	Serbia			287	201	1293	1556	
新加坡	Singapore	5452	5231	17830	38745	67128	69180	
斯洛伐克	Slovak Republic		264	171	277	1356	1280	1242
斯洛文尼亚	Slovenia			1446	2514	3285	3326	3483
南　非	South Africa	97	960		522	6634	6362	
西班牙	Spain	1759	4637	7469	19077	23737	22359	16168
斯里兰卡	Sri Lanka	75	119	107	1545	2155	2859	
苏　丹	Sudan	487	339	1070	640	837	1189	
瑞　典	Sweden	18872	12820	6341	5693	7893	8051	6621
瑞　士	Switzerland	8336	8688	10126	7946	7454	7173	8423
叙利亚	Syrian Arab Republic	276	980	384	712	5067	4034	
塔吉克斯坦	Tajikistan			1698	191	570	599	
坦桑尼亚	Tanzania	630	284	233	778	1545	1644	
泰　国	Thailand	1038	4170	7710	1180	2040	2077	
多　哥	Togo	113	116	222	332	470	497	
特里尼达和多巴哥	Trinidad and Tobago	84	6	133	109	75	169	
突尼斯	Tunisia	242	1137	1546	2280	3835	3335	
土耳其	Turkey	625	3007	2279	9114	18928	18521	19136
土库曼斯坦	Turkmenistan			962	88			
乌克兰	Ukraine			22385	4878	6029	7750	
阿联酋	United Arab Emirates	144	4530	7208	9174	17575	18507	
英　国	United Kingdom	19407	9375	10950	14353	24337	23220	26129
美　国	United States	106668	51913	62245	75822	83347	76406	68329
乌拉圭	Uruguay	84	196	234	289	774	1628	
乌兹别克斯坦	Uzbekistan			2676				
委内瑞拉	Venezuela	11	16			954		
越　南	Vietnam	5826	1847	2947	8882	12499	13901	
也　门	Yemen	212	684	287	1202	4126	4297	
赞比亚	Zambia	501	54	14	493	69	156	
津巴布韦	Zimbabwe	558	669	802	1070	626	677	

2-5-8 石油产品出口量

Exports of Oil Products

资料来源：国际能源机构。
Source: International Energy Agency.
单位：千吨标准油 (ktoe)

国家或地区	Country or Area	1971	1980	1990	2000	2010	2011	2012
世　界	**World**	**383887**	**418884**	**649279**	**793797**	**1121760**	**1164024**	
阿尔巴尼亚	Albania	636	444	57		3	100	
阿尔及利亚	Algeria	392	7279	18221	22868	21516	20954	
安哥拉	Angola	49	207	456	572	781	1043	
阿根廷	Argentina	251	1602	3589	5131	3997	3314	
亚美尼亚	Armenia					1		
澳大利亚	Australia	1926	3381	3446	3463	2442	2198	2299
奥地利	Austria	117	246	554	1322	2163	2213	2533
阿塞拜疆	Azerbaijan			8106	2142	2729	2181	
巴　林	Bahrain	11182	11135	11755	11971	11737	11397	
孟加拉国	Bangladesh	36	93	135	58	157	166	
白俄罗斯	Belarus			13596	6679	11037	15498	
比利时	Belgium	9712	17778	16662	19878	18233	19706	19679
贝　宁	Benin		1	2	25	213	219	
玻利维亚	Bolivia		103	186	245	366	436	
波　黑	Bosnia and Herzegovina				106	214	270	
巴　西	Brazil	187	1238	4000	5065	6537	6548	
文　莱	Brunei Darussalam	40		4	1		26	
保加利亚	Bulgaria	42	1786	714	2003	3580	3565	
喀麦隆	Cameroon		37	119	744	805	583	
加拿大	Canada	1858	6273	11857	14895	20463	19053	22954
智　利	Chile	43	55	211	862	627	633	754
哥伦比亚	Colombia	1517	1405	3649	3753	4793	5252	
刚果(金)	Congo,Dem.Rep.	112	24	23				
刚果(布)	Congo,Rep.			302	201	226	189	
哥斯达黎加	Costa Rica			24	54	71	18	
科特迪瓦	Cote d'Ivoire	48	536	1501	2097	2080	1396	
克罗地亚	Croatia			2987	1743	1947	1597	
古　巴	Cuba		530			1805	1163	
捷　克	Czech Republic	34	808	393	968	1607	1563	1637
丹　麦	Denmark	2246	1148	2984	4620	5240	5659	5687
厄瓜多尔	Ecuador	45	1217	1612	2238	1742	1910	
埃　及	Egypt	193	984	2473	4015	5325	5061	
萨尔瓦多	El Salvador	5	63	54	282	123	83	
爱沙尼亚	Estonia			10	15			36
埃塞俄比亚	Ethiopia	140	157	138				
芬　兰	Finland	191	2114	1697	5102	6859	7325	7591
法　国	France	11899	13662	14291	20943	23056	22913	22537
加　蓬	Gabon	546	630	135	226	270	272	
格鲁吉亚	Georgia			985	5		2	

2-5-8　续表 1　continued

单位：千吨标准油　　(ktoe)

国家或地区	Country or Area	1971	1980	1990	2000	2010	2011	2012
德　国	Germany	8972	11062	10119	18689	17869	17954	18446
加　纳	Ghana	186	255	147	295	482	650	
希　腊	Greece	84	7411	6218	4083	8745	8958	11880
危地马拉	Guatemala	34	12	1		205	158	
洪都拉斯	Honduras	203	23	32	2		334	
匈牙利	Hungary	215	884	1501	1780	2766	2862	2801
印　度	India	162	661	2131	8130	61884	63187	
印度尼西亚	Indonesia	3544	7946	10959	8613	5232	4894	
伊　朗	Iran	13153	5928	4200	17686	17339	18570	
伊拉克	Iraq	688	1852	2714	4856	202	55	
爱尔兰	Ireland	713	172	675	1303	1354	1552	1735
以色列	Israel	108	548	1107	3468	3711	4593	4099
意大利	Italy	27666	12223	17239	21247	28340	26066	27887
牙买加	Jamaica	210	62	95	214			
日　本	Japan	1922	486	3716	4464	17566	13930	13145
哈萨克斯坦	Kazakhstan			1109	1241	6721	4881	
肯尼亚	Kenya	1024	1170	420	497	66	66	
韩　国	Korea，Rep	1061	10	3795	40840	45314	54303	58507
科威特	Kuwait	14767	14234	10596	32327	32910	32538	
吉尔吉斯斯坦	Kyrgyzstan				5	354	91	
拉脱维亚	Latvia			217	115	268	469	
黎巴嫩	Lebanon	232						
利比亚	Libya	474	3435	7076	7699	4539	932	
立陶宛	Lithuania			9556	2863	7414	7881	
卢森堡	Luxembourg	16	48	14	21	10	7	5
马其顿	Macedonia			252	221	327	377	
马来西亚	Malaysia	280	132	3913	8533	8996	10100	
马耳他	Malta					16	60	
墨西哥	Mexico	1488	2404	4915	4431	9667	9012	6853
摩尔多瓦	Republic of Moldova					12	15	
黑　山	Montenegro					17	16	
摩洛哥	Morocco	27	294	561	1417	649	883	
莫桑比克	Mozambique	221	60	4				
缅　甸	Myanmar	13	14	22				
荷　兰	Netherlands	34303	41567	57902	64651	100673	99101	102753
荷属安的列斯群岛	Netherlands Antilles	34319	24102	9233	10438	3885	7616	
新西兰	New Zealand	18	20	492	211	122	296	267
尼加拉瓜	Nicaragua	2	17	34	56	25	20	
尼日利亚	Nigeria	397	1663	3093	1100	905	1312	
挪　威	Norway	1756	2098	7899	9313	13102	16464	16286
阿　曼	Oman			1094	1225	1254	2152	

2-5-8 续表 2 continued

单位：千吨标准油 (ktoe)

国家或地区	Country or Area	1971	1980	1990	2000	2010	2011	2012
巴基斯坦	Pakistan	705	1006	68	385	1658	926	
巴拿马	Panama	2778	950	352	1004		1	
巴拉圭	Paraguay	7	15	94				
秘鲁	Peru	4	659	2077	1310	3864	3446	
菲律宾	Philippines	657	137	681	1840	891	1093	
波兰	Poland	927	1540	1479	1786	3268	4528	5634
葡萄牙	Portugal	402	391	2465	1424	2859	2855	3721
卡塔尔	Qatar		120	3008	3737	17815	19005	
罗马尼亚	Romania	4933	8448	5208	2846	3500	3694	
俄罗斯	Russia			64274	53301	111998	102770	
沙特阿拉伯	Saudi Arabia	12021	22811	63106	57862	63134	56084	
塞内加尔	Senegal	79	168	51	171	27	25	
塞尔维亚	Serbia					366	332	
新加坡	Singapore	15470	28427	36844	41699	54571	56974	
斯洛伐克	Slovak Republic	1267	2548	1806	2911	3416	3895	3481
斯洛文尼亚	Slovenia			240	236	688	725	827
南非	South Africa				5964	2221	1897	
西班牙	Spain	4278	3134	12085	7461	11528	12995	16915
斯里兰卡	Sri Lanka	298	386	215	136			
苏丹	Sudan				556	561	519	
瑞典	Sweden	1638	4738	8201	10423	11907	10982	13006
瑞士	Switzerland	138	49	159	636	396	433	294
叙利亚	Syrian Arab Republic	54	2265	2243	1870	1810	1852	
塔吉克斯坦	Tajikistan			59	13	20	21	
坦桑尼亚	Tanzania	721	48	30				
泰国	Thailand	199	15	20	4810	11232	9836	
多哥	Togo		207					
特里尼达和多巴哥	Trinidad and Tobago	17453	9913	3518	7359	6264	6993	
突尼斯	Tunisia	167	126	474	601	152	332	
土耳其	Turkey	96	237	1884	1293	6414	7467	6916
土库曼斯坦	Turkmenistan				1876	2963	2688	
乌克兰	Ukraine			21513	2157	4066	4172	
阿联酋	United Arab Emirates		695	5709	18388	17543	18873	
英国	United Kingdom	17121	14074	17100	20775	26371	28156	27316
美国	United States	10902	10871	36778	44382	105623	129140	134279
乌拉圭	Uruguay		3	18	104	206	55	
乌兹别克斯坦	Uzbekistan			605	409	245	230	
委内瑞拉	Venezuela	56480	30835	32144	39841	23932	30523	
越南	Vietnam			19	1128	1526	1653	
也门	Yemen	2950	2278	2257	959	1200	1114	
赞比亚	Zambia		92	52		12	15	

2-5-9 天然气进口量
Imports of Natural Gas

资料来源：国际能源机构。
Source: International Energy Agency.
单位：千吨标准油 (ktoe)

国家或地区	Country or Area	1971	1980	1990	2000	2010	2011	2012
世　界	**World**	**48670**	**156353**	**436832**	**534668**	**823328**	**865301**	**852993**
阿根廷	Argentina		1885	1820		3003	5719	7435
亚美尼亚	Armenia			3593	1120	1370	1671	1671
澳大利亚	Australia					4851	5610	4995
奥地利	Austria	1229	2657	4442	5266	10190	10980	9478
阿塞拜疆	Azerbaijan			10890	237			
白俄罗斯	Belarus			15230	14205	17903	16598	16809
比利时	Belgium	4712	8890	8215	13274	19540	18668	18018
波　黑	Bosnia and Herzegovina			397	199	199	227	227
巴　西	Brazil				1841	10533	8729	10897
保加利亚	Bulgaria		3034	5429	2741	2130	2264	2037
加拿大	Canada	323	3	520	1329	18765	25960	25948
智　利	Chile				3670	3006	3326	3205
克罗地亚	Croatia			575	905	868	711	1102
捷　克	Czech Republic	504	2409	4784	7481	6974	7640	6106
丹　麦	Denmark					136	330	228
多米尼加	Dominican Republic					703	779	1004
爱沙尼亚	Estonia			1222	662	562	503	545
芬　兰	Finland		767	2182	3421	3836	3359	2994
法　国	France	3996	16299	24661	36449	42099	41633	39157
格鲁吉亚	Georgia			4504	897	1009	1507	1418
德　国	Germany	4834	37307	42675	61068	78780	75109	73515
加　纳	Ghana					354	692	692
希　腊	Greece				1688	3230	3972	3778
匈牙利	Hungary	168	3200	5189	7345	7910	6597	6743
印　度	India					10295	11902	14082
伊　朗	Iran				2780	7609	9990	5497
爱尔兰	Ireland				2477	4385	3831	3702
以色列	Israel					1735	579	49
意大利	Italy	27	11764	25319	47036	61698	57616	55451
日　本	Japan	1169	19535	42335	63489	82788	97596	101915
约　旦	Jordan					2152	739	399
哈萨克斯坦	Kazakhstan			8100	3538	2946	3789	3857
韩　国	Korea			2680	17066	39279	41890	42840
科威特	Kuwait			1633		2270	2826	2175

2-5-9 续表 continued

单位：千吨标准油 (ktoe)

国家或地区	Country or Area	1971	1980	1990	2000	2010	2011	2012
吉尔吉斯斯坦	Kyrgyzstan			1452	547	228	256	256
拉脱维亚	Latvia			2682	1113	903	1409	1381
黎巴嫩	Lebanon					212		
立陶宛	Lithuania			4822	2064	2484	2724	2656
卢森堡	Luxembourg	15	424	429	671	1196	1032	1051
马其顿	Macedonia				54	96	110	111
马来西亚	Malaysia					6310	6279	6280
墨西哥	Mexico			369	2408	12435	14868	18153
摩尔多瓦	Republic of Moldova			3274	2124	2311	2256	2256
摩洛哥	Morocco					518	662	860
荷兰	Netherlands		2861	2031	12472	18448	16485	18691
阿曼	Oman					1690	1735	1633
波兰	Poland	1178	4304	6772	6639	8909	9661	10039
葡萄牙	Portugal				2039	4504	4532	4015
罗马尼亚	Romania		1289	5926	2711	1815	2463	2301
俄罗斯	Russia			56422	10523	3497	6551	6605
塞尔维亚	Serbia			2060	909	1566	1391	1194
新加坡	Singapore				1119	7797	8061	7676
斯洛伐克	Slovak Republic	813	2208	5352	5705	5001	4861	3958
斯洛文尼亚	Slovenia			723	819	857	736	708
南非	South Africa					2553	2682	2683
西班牙	Spain	370	1411	3689	15462	31946	30870	30496
瑞典	Sweden			577	776	1466	1158	1006
瑞士	Switzerland	44	866	1628	2433	3009	2669	2926
叙利亚	Syrian Arab Republic					559	203	
塔吉克斯坦	Tajikistan			1296	595	325	316	316
泰国	Thailand				1727	8230	8791	8615
突尼斯	Tunisia			903	847	1652	1718	2178
土耳其	Turkey			2681	12048	31311	36115	37801
乌克兰	Ukraine			73462	49659	29551	36179	26592
阿联酋	United Arab Emirates					14217	14822	14822
英国	United Kingdom	753	8997	6176	2014	45606	45213	42368
美国	United States	21837	22820	35160	87756	86893	80595	72638
乌拉圭	Uruguay				31	64	71	72
乌兹别克斯坦	Uzbekistan			1790	1316	549	439	407
委内瑞拉	Venezuela					2079	2012	2012

2-5-10 天然气出口量
Exports of Natural Gas

资料来源：国际能源机构。
Source: International Energy Agency.
单位：千吨标准油 (ktoe)

国家或地区	Country or Area	1971	1980	1990	2000	2010	2011	2012
世　界	**World**	**47968**	**163634**	**434563**	**538056**	**820914**	**861715**	**856678**
阿尔及利亚	Algeria	1131	5650	26679	53008	48644	44806	43462
阿根廷	Argentina				3885	390	168	126
亚美尼亚	Armenia						86	86
澳大利亚	Australia			2349	9263	20886	23331	22510
奥地利	Austria				15	4077	2978	3078
阿塞拜疆	Azerbaijan			4394		5194	5722	5302
白俄罗斯	Belarus			2547				
比利时	Belgium					2753	3464	3792
玻利维亚	Bolivia		1896	2130	1679	9733	10533	12134
文　莱	Brunei Darussalam		7763	6258	7627	7590	7532	7356
加拿大	Canada	20487	18377	33035	82658	79128	76831	73162
哥伦比亚	Colombia					1195	1574	1889
克罗地亚	Croatia					393	210	122
捷　克	Czech Republic	6			1	130	137	6
丹　麦	Denmark			928	2882	3157	2795	2670
埃　及	Egypt					12110	7571	5390
法　国	France	8	129	297	681	2557	3371	2147
德　国	Germany	114	1992	936	4219	17152	14749	15187
匈牙利	Hungary	2	8	20	65	186	465	690
印度尼西亚	Indonesia		10014	26295	34569	35952	36268	32424
伊　朗	Iran	4445		1636		7181	8015	8035
伊拉克	Iraq			1633				
意大利	Italy			15	41	115	102	114
哈萨克斯坦	Kazakhstan			3184	4373	5224	5096	6572
拉脱维亚	Latvia			122				
利比亚	Libya	404	1743	1013	653	8003	1976	5284
立陶宛	Lithuania			146				
马来西亚	Malaysia		7	7815	16043	24137	25196	24188
墨西哥	Mexico	480	2419		207	736	209	68
莫桑比克	Mozambique					2553	2682	2683
缅　甸	Myanmar				3978	8879	8633	8529
荷　兰	Netherlands	13177	41330	25824	29657	42652	40015	43280
尼日利亚	Nigeria				4418	19844	21184	21640
挪　威	Norway		21897	22165	42125	85262	81328	92744
阿　曼	Oman				3660	10603	9797	9758
秘　鲁	Peru					2129	5305	4933
波　兰	Poland			1	34	38	24	3
卡塔尔	Qatar				12311	83942	105556	107157
罗马尼亚	Romania	162	185					
俄罗斯	Russia			201662	156547	154131	165269	158675
斯洛伐克	Slovak Republic						2	39
西班牙	Spain					1005	1476	2431
特里尼达和多巴哥	Trinidad and Tobago				3357	17772	16509	16987
土耳其	Turkey					534	588	507
土库曼斯坦	Turkmenistan			56519	27303	19549	34823	30245
乌克兰	Ukraine				2404	5		
阿联酋	United Arab Emirates		2179	2682	5925	6621	6344	6344
英　国	United Kingdom				11322	13647	14211	11153
美　国	United States	1868	1141	1975	5572	26145	34643	37148
乌兹别克斯坦	Uzbekistan			2306	5568	11694	9745	8926
也　门	Yemen					4848	7826	5854

2-5-11 电力进口量
Imports of Electricity

资料来源：国际能源机构。
Source: International Energy Agency.

单位：千吨标准油 (ktoe)

国家或地区	Country or Area	1971	1980	1990	2000	2010	2011	2012
世　界	**World**	**6278.5**	**13917.0**	**39829.1**	**44912.0**	**50736.0**	**55780.5**	
阿尔巴尼亚	Albania			27.8	105.3	170.8	280.5	
阿尔及利亚	Algeria	…	6.0	17.6	19.2	63.3	56.5	
阿根廷	Argentina		2.1	75.5	623.4	885.7	939.9	
亚美尼亚	Armenia			147.9	30.3	24.3	17.6	
奥地利	Austria	186.6	272.1	588.2	1188.9	1711.2	2147.6	2000.7
阿塞拜疆	Azerbaijan			150.7	116.7	8.6	11.0	
巴　林	Bahrain					16.5	19.5	
白俄罗斯	Belarus			1218.3	857.9	668.0	798.9	
比利时	Belgium	92.0	540.5	411.5	1001.5	1066.0	1134.3	1448.9
贝　宁	Benin	2.8	9.8	16.9	32.2	80.4	79.6	
玻利维亚	Bolivia			0.9	1.4			
波　黑	Bosnia and Herzegovina				129.4	264.5	358.7	
博茨瓦纳	Botswana			7.2	69.6	256.7	273.5	
巴　西	Brazil			2282.9	3813.7	3087.9	3305.0	
保加利亚	Bulgaria	21.1	404.0	463.3	82.9	100.4	124.6	
柬埔寨	Cambodia					116.7	141.4	
加拿大	Canada	290.5	252.8	1529.2	1319.4	1607.0	1286.7	932.6
智　利	Chile	…			102.3	82.4	63.0	63.0
哥伦比亚	Colombia			17.2	6.6	0.9	0.7	
刚果(金)	Congo,Dem.Rep.	…	0.9	5.0	0.5	13.8	3.8	
刚果(布)	Congo,Rep.		0.6	1.2	22.5	24.2	2.3	
哥斯达黎加	Costa Rica			24.9	1.9	14.1	24.3	
科特迪瓦	Cote d'Ivoire			25.3				
克罗地亚	Croatia			646.9	377.2	574.7	750.8	
捷　克	Czech Republic	179.1	318.9	703.4	750.4	571.2	899.3	996.5
丹　麦	Denmark	62.9	170.3	1029.7	723.9	911.5	1005.7	1369.1
厄瓜多尔	Ecuador					75.1	111.4	
埃　及	Egypt				15.6	13.4	1.0	
萨尔瓦多	El Salvador			0.9	69.5	15.0	18.6	
爱沙尼亚	Estonia			126.9	22.2	94.6	145.3	233.1
芬　兰	Finland	222.7	204.2	946.6	1049.7	1351.8	1518.4	1641.7
法　国	France	360.0	1345.0	574.0	317.8	1674.9	817.1	1050.3
格鲁吉亚	Georgia			386.7	38.0	20.0	41.0	
德　国	Germany	1378.3	2009.9	2723.5	3881.5	3694.7	4386.3	3979.1
加　纳	Ghana			…	74.3	9.1	7.0	
希　腊	Greece	0.9	56.2	114.4	148.7	732.5	617.5	512.0
危地马拉	Guatemala				10.6	31.1	45.2	
洪都拉斯	Honduras		1.3	…	24.2	1.9	3.9	
匈牙利	Hungary	439.7	875.7	1143.7	819.0	851.1	1261.1	1459.2
印　度	India		…	123.8	128.7	482.5	482.5	
伊　朗	Iran				28.0	259.3	314.4	
伊拉克	Iraq					529.2	624.5	
爱尔兰	Ireland				14.5	65.4	63.0	67.4
意大利	Italy	278.1	694.2	3059.6	3855.5	3954.9	4086.6	3901.7
约　旦	Jordan	2.8			3.9	57.6	149.5	
哈萨克斯坦	Kazakhstan			2702.6	266.8	250.6	223.6	
肯尼亚	Kenya	25.2	27.1	15.6	17.0	2.7	3.2	
科索沃	Kosovo				45.6	70.4	269.6	

2-5-11 续表 continued

单位：千吨标准油 (ktoe)

国家或地区	Country or Area	1971	1980	1990	2000	2010	2011	2012
吉尔吉斯斯坦	Kyrgyzstan			93.0	27.6	1.1		
拉脱维亚	Latvia			614.0	181.3	341.7	344.8	
黎巴嫩	Lebanon		5.8		120.1	107.1	72.2	
利比亚	Libya					6.4	5.3	
立陶宛	Lithuania			390.3	442.9	703.0	695.4	
卢森堡	Luxembourg	241.8	260.9	402.3	554.3	626.1	610.3	579.0
马其顿	Macedonia			43.9	9.6	122.1	230.1	
马来西亚	Malaysia		7.0	9.0	…		32.0	
墨西哥	Mexico	14.7	53.1	49.5	91.9	34.1	51.3	165.7
摩尔多瓦	Republic of Moldova			386.1	153.5	125.9	57.3	
蒙古	Mongolia			19.6	15.6	22.6	22.2	
黑山	Montenegro					63.0	171.4	
摩洛哥	Morocco			8.9	200.2	394.1	441.3	
莫桑比克	Mozambique	0.2	13.0	14.3	167.1	733.8	737.0	
纳米比亚	Namibia				104.5	211.7	213.3	
尼泊尔	Nepal	0.1	1.6	2.9	19.5	59.7	62.0	
荷兰	Netherlands	0.1	43.9	832.4	1973.4	1340.1	1773.3	2765.3
尼加拉瓜	Nicaragua		0.8	5.7	9.8	0.9	0.9	
挪威	Norway	39.4	175.4	28.7	126.8	1261.9	967.9	360.3
巴拿马	Panama	0.5	…	10.2	11.6	6.1	6.2	
巴拉圭	Paraguay		19.9	4.1				
秘鲁	Peru						0.5	
波兰	Poland	194.9	357.8	897.6	282.9	542.7	583.1	843.1
葡萄牙	Portugal	17.6	201.8	149.0	404.0	500.0	579.8	925.9
罗马尼亚	Romania	5.5	40.6	814.9	66.6	66.0	293.3	
俄罗斯	Russia			3013.3	756.4	141.4	134.0	
塞尔维亚	Serbia			33.7	418.8	483.3	576.3	
斯洛伐克	Slovak Republic	220.6	301.2	623.9	511.8	630.7	965.5	1154.3
斯洛文尼亚	Slovenia			147.6	364.0	741.8	605.1	640.9
南非	South Africa		829.5	23.0	1351.8	1048.6	1022.5	
西班牙	Spain	19.6	198.3	275.9	1055.0	447.7	682.2	669.6
瑞典	Sweden	445.7	289.7	1110.2	1574.5	1284.1	1073.4	1004.7
瑞士	Switzerland	591.1	729.9	1784.8	2092.4	2872.5	2994.9	2713.2
叙利亚	Syrian Arab Republic					59.3	77.6	
塔吉克斯坦	Tajikistan			593.4	450.8	29.2	5.7	
泰国	Thailand	…	65.9	56.1	255.2	626.7	918.7	
多哥	Togo		11.7	18.7	32.4	61.6	64.6	
突尼斯	Tunisia				…	1.6	11.3	
土耳其	Turkey		115.3	15.1	326.0	98.4	391.8	375.2
土库曼斯坦	Turkmenistan			95.5				
乌克兰	Ukraine			1324.5	230.4	2.0	2.8	
阿联酋	United Arab Emirates						4.2	
英国	United Kingdom	10.1	1.9	1031.1	1230.5	614.4	747.3	1186.0
美国	United States	605.8	2595.6	1935.5	4178.9	3877.1	4497.9	4497.9
乌拉圭	Uruguay	3.0	2.9	4.4	114.2	33.3	40.4	
乌兹别克斯坦	Uzbekistan			1416.6	1206.2	1032.0	1045.8	
委内瑞拉	Venezuela				1.2			
越南	Vietnam					481.5	535.9	
赞比亚	Zambia	298.1				1.1	1.1	
津巴布韦	Zimbabwe	15.1	247.8	28.6	438.2	205.7	225.0	

2-5-12　电力出口量

Exports of Electricity

资料来源：国际能源机构。
Source: International Energy Agency.
单位：千吨标准油　(ktoe)

国家或地区	Country or Area	1971	1980	1990	2000	2010	2011	2012
世界	**World**	**6148.8**	**13238.8**	**39595.3**	**43970.0**	**50850.9**	**55811.1**	
阿尔巴尼亚	Albania		43.0	10.1	19.1	252.4		
阿尔及利亚	Algeria		5.8	26.1	27.4	69.1	68.7	
阿根廷	Argentina	0.9	…	4.9	517.9	146.3	108.5	
亚美尼亚	Armenia			68.8	70.1	92.6	131.8	
奥地利	Austria	410.3	613.7	627.6	1306.5	1510.8	1442.8	1759.1
阿塞拜疆	Azerbaijan			288.6	74.2	39.7	69.2	
巴林	Bahrain					1.6	9.2	
白俄罗斯	Belarus			407.4	237.7	435.8	318.5	
比利时	Belgium	134.5	767.1	731.8	629.4	1018.6	916.1	594.3
波黑	Bosnia and Herzegovina				220.9	593.8	486.8	
巴西	Brazil	1.5	18.2	0.6	0.6	108.1	218.8	
保加利亚	Bulgaria	2.3	74.5	137.3	480.2	826.7	1041.5	
加拿大	Canada	599.3	2595.8	1559.2	4384.5	3817.5	4430.5	4956.9
哥伦比亚	Colombia				3.2	68.6	132.7	
刚果(金)	Congo,Dem.Rep.	2.4	9.2	5.3	110.0	78.8	14.7	
哥斯达黎加	Costa Rica			10.8	42.7	11.6	27.5	
科特迪瓦	Cote d'Ivoire				106.5	42.2	52.9	
克罗地亚	Croatia			39.6	33.2	164.9	88.8	
捷克	Czech Republic	201.1	448.6	762.9	1611.8	1856.7	2365.1	2468.8
丹麦	Denmark	231.4	276.2	423.6	666.7	1009.1	892.2	920.7
厄瓜多尔	Ecuador					0.9	1.2	
埃及	Egypt				28.2	137.2	139.5	
萨尔瓦多	El Salvador			0.8	9.6	7.7	8.8	
爱沙尼亚	Estonia			729.0	102.1	374.4	451.7	425.7
芬兰	Finland		100.0	31.3	28.0	448.7	327.1	141.5
法国	France	476.6	1065.9	4481.6	6293.0	4316.2	5668.6	4879.1
格鲁吉亚	Georgia			111.2	17.0	128.3	80.0	
德国	Germany	773.5	1395.3	2643.6	3618.6	4980.9	4710.0	5745.7
加纳	Ghana		37.8	65.8	33.7	89.1	59.4	
希腊	Greece	1.3	3.3	53.2	149.6	241.7	339.5	358.6
危地马拉	Guatemala			…	71.1	12.0	15.7	
洪都拉斯	Honduras		0.9	29.0	…	1.9	20.4	
匈牙利	Hungary	66.0	240.5	185.1	523.1	404.4	689.8	774.3
印度	India		3.6	5.5	16.8	5.3	11.0	
伊朗	Iran				86.3	576.8	745.4	
爱尔兰	Ireland	2.3			6.1	24.9	20.8	31.8
以色列	Israel	2.8	14.2	39.2	125.3	341.1	363.1	363.1
意大利	Italy	135.3	171.1	79.3	41.6	157.1	153.7	196.2
约旦	Jordan				…	5.0	7.4	
哈萨克斯坦	Kazakhstan			1211.6	7.3	151.1	155.6	
肯尼亚	Kenya					2.7	3.6	
科索沃	Kosovo				13.7	30.4	233.7	
吉尔吉斯斯坦	Kyrgyzstan			472.0	271.2	140.7	240.4	
拉脱维亚	Latvia			305.7	27.7	266.6	237.7	
利比亚	Libya					10.7	9.0	

2-5-12　续表　continued

单位：千吨标准油　　　　(ktoe)

国家或地区	Country or Area	1971	1980	1990	2000	2010	2011	2012
立陶宛	Lithuania			1420.1	557.8	187.8	115.8	
卢森堡	Luxembourg	87.8	16.5	64.2	63.4	276.6	224.8	225.5
马其顿	Macedonia			36.7				
马来西亚	Malaysia			14.0		13.0	1.0	
墨西哥	Mexico			167.3	16.8	116.0	100.1	87.5
摩尔多瓦	Republic of Moldova			647.7				
蒙古	Mongolia				2.2	1.9	2.1	
黑山	Montenegro					62.8	37.1	
摩洛哥	Morocco					55.3	45.1	
莫桑比克	Mozambique				725.4	1038.5	1028.0	
纳米比亚	Namibia				5.2	17.8	6.5	
尼泊尔	Nepal		…	7.0	10.8	2.6	2.7	
荷兰	Netherlands	93.1	70.3	40.5	346.7	1101.4	991.7	1293.9
尼加拉瓜	Nicaragua		1.5		…	3.7	3.5	
尼日利亚	Nigeria		7.6					
挪威	Norway	290.1	215.1	1396.7	1765.5	612.7	1232.3	1892.5
巴拿马	Panama			2.5	1.5	3.4	0.7	
巴拉圭	Paraguay		15.9	2151.7	4072.8	3730.5	3966.3	
秘鲁	Peru					9.6		
波兰	Poland	201.2	378.1	987.1	831.0	659.1	1033.9	1087.3
葡萄牙	Portugal	2.3	44.5	145.9	324.0	274.4	337.9	246.9
罗马尼亚	Romania	276.8	4.2		126.4	261.5	457.2	
俄罗斯	Russia			3728.1	1965.1	1641.8	2073.5	
塞尔维亚	Serbia			207.0	160.0	508.9	600.2	
新加坡	Singapore		7.9					
斯洛伐克	Slovak Republic	15.8	15.8	177.1	743.6	541.2	903.0	1124.7
斯洛文尼亚	Slovenia			232.5	477.6	921.7	713.6	719.2
南非	South Africa	1.2	46.7	131.6	291.2	1261.4	1286.9	
西班牙	Spain	234.2	317.2	312.0	673.1	1164.4	1206.0	1632.8
瑞典	Sweden	305.4	243.7	1262.2	1172.2	1105.4	1695.4	2687.9
瑞士	Switzerland	684.0	1433.4	1966.1	2700.4	2827.8	2772.4	2902.4
叙利亚	Syrian Arab Republic	6.1	5.8			89.7	102.5	
塔吉克斯坦	Tajikistan			490.2	336.2	15.5	16.4	
泰国	Thailand	4.0	0.7	2.7	16.7	138.9	141.5	
突尼斯	Tunisia			…			13.8	
土耳其	Turkey			78.0	37.6	164.9	313.5	128.1
土库曼斯坦	Turkmenistan			522.0	68.8	207.3	219.3	
乌克兰	Ukraine			3773.0	561.4	350.7	543.7	
阿联酋	United Arab Emirates					635.8	700.6	
英国	United Kingdom	…	1.6	4.0	11.5	385.4	212.2	150.2
美国	United States	302.2	297.6	1765.2	1262.3	1643.2	1293.3	1293.3
乌拉圭	Uruguay		99.5	222.7	66.0	61.1	1.6	
乌兹别克斯坦	Uzbekistan			1602.1	1096.1	1039.5	1053.3	
委内瑞拉	Venezuela				5.1		21.4	
越南	Vietnam					82.9	92.3	
赞比亚	Zambia	3.1	222.5	140.3	114.0	49.7	50.4	
津巴布韦	Zimbabwe					85.3	93.3	

2-5-13 能源净进口占能源使用比重

Net Energy Imports as Percentage of Energy Use

资料来源：世界银行WDI数据库。
Source: World Bank WDI Database.
单位：% (%)

国家或地区	Country or Area	1971	1980	1990	2000	2010	2011	2012
阿尔巴尼亚	Albania	-42	-12	8	44	21	32	
阿尔及利亚	Algeria	-1097	-487	-351	-427	-275	-248	
安哥拉	Angola	-137	-148	-387	-483	-639	-579	
阿根廷	Argentina	9	7	-5	-35	-2	4	
荷兰	Netherlands	27	-12	8	21	16	17	17
亚美尼亚	Armenia	99	98	98	68	65	67	
澳大利亚	Australia	-4	-23	-83	-116	-152	-141	-135
奥地利	Austria	61	67	67	66	64	65	62
阿塞拜疆	Azerbaijan	42	20	8	-67	-465	-377	
巴林	Bahrain	-657	-327	-209	-153	-87	-90	
孟加拉国	Bangladesh	15	20	16	19	16	17	
白俄罗斯	Belarus	94	92	93	86	85	85	
比利时	Belgium	83	83	73	77	74	69	71
贝宁	Benin	9	10	-7	27	44	44	
玻利维亚	Bolivia	-125	-79	-89	-48	-128	-134	
波黑	Bosnia and Herzegovinian			34	29	32	35	
博茨瓦纳	Botswana			28	39	52	56	
巴西	Brazil	30	43	26	21	7	8	
文莱	Brunei Darussalam	-3652	-1466	-806	-726	-473	-388	
保加利亚	Bulgaria	70	73	66	47	41	36	
柬埔寨	Cambodia				20	28	29	
喀麦隆	Cameroon	9	-83	-120	-77	-21	-22	
加拿大	Canada	-10	-8	-31	-48	-58	-62	-66
智利	Chile	39	39	43	66	70	71	70
哥伦比亚	Colombia	-40	…	-99	-180	-227	-281	
刚果(金)	Congo, Dem. Rep.	11	-1	-2	-5	-1	-1	
刚果(布)	Congo, Rep.	34	-516	-1028	-1691	-1050	-905	
哥斯达黎加	Costa Rica	42	61	59	58	48	48	
科特迪瓦	Cote D'Ivoire	33	32	22	11	-11	-6	
克罗地亚	Croatia			43	54	51	55	
古巴	Cuba	60	65	55	44	53	49	
塞浦路斯	Cyprus	98	99	100	98	96	96	
捷克	Czech Rep.	12	12	17	25	28	26	25
丹麦	Denmark	98	95	42	-49	-21	-17	-17
多米尼加	Dominican Rep.	48	61	75	88	89	89	
厄瓜多尔	Ecuador	40	-134	-179	-187	-120	-119	
埃及	Egypt	-110	-121	-70	-31	-20	-14	
萨尔瓦多	El Salvador	28	24	31	47	46	48	
厄立特里亚	Eritrea				28	22	22	
爱沙尼亚	Estonia	62	48	45	33	11	10	12
埃塞俄比亚	Ethiopia	6	3	4	4	5	6	
芬兰	Finland	73	72	57	54	52	51	49
法国	France	70	73	50	48	48	46	47
加蓬	Gabon	-503	-587	-1138	-935	-622	-615	

2-5-13　续表 1　continued

单位：%　　　(%)

国家或地区	Country or Area	1971	1980	1990	2000	2010	2011	2012
格鲁吉亚	Georgia	89	85	84	54	58	68	
德　国	Germany	43	48	47	60	60	60	60
加　纳	Ghana	22	18	17	24	33	4	
直布罗陀	Gibraltar	100	100	100	100			
希　腊	Greece	76	75	57	63	66	64	61
危地马拉	Guatemala	29	32	23	25	26	28	
海　地	Haiti	8	10	20	23	28	22	
洪都拉斯	Honduras	27	30	29	49	51	51	
匈牙利	Hungary	38	49	49	54	57	57	55
冰　岛	Iceland	53	40	33	26	18	16	15
印　度	India	10	9	8	20	27	28	
印度尼西亚	Indonesia	-105	-124	-71	-53	-81	-89	
伊　朗	Iran	-1337	-112	-171	-106	-66	-67	
伊拉克	Iraq	-1983	-1304	-460	-420	-233	-253	
爱尔兰	Ireland	79	77	65	84	86	86	90
以色列	Israel	-3	98	96	96	83	80	86
意大利	Italy	81	85	83	84	83	81	79
牙买加	Jamaica	86	90	83	85	84	82	
卢森堡	Luxemburg	100	99	99	98	97	97	97
日　本	Japan	87	87	83	80	80	89	94
约　旦	Jordan	100	100	95	94	96	96	
哈萨克斯坦	Kazakhstan	13	-21	-24	-120	-111	-105	
肯尼亚	Kenya	22	21	18	18	20	20	
朝　鲜	Korea, Dem.	6	10	13	5	-10	-32	
韩　国	Korea, Rep.	62	78	76	82	82	82	82
科威特	Kuwait	-2535	-796	-453	-508	-313	-375	
吉尔吉斯斯坦	Kyrgyzstan	77	68	67	41	55	48	
拉脱维亚	Latvia	90	86	86	63	54	53	
黎巴嫩	Lebanon	91	93	93	97	97	97	
利比亚	Libya	-8658	-1301	-555	-378	-334	-132	
立陶宛	Lithuania	78	70	69	53	78	79	
马其顿	Macedonia			49	42	44	43	
马来西亚	Malaysia	18	-48	-120	-58	-18	-11	
马耳他	Malta	100	100	100	100	100	94	
墨西哥	Mexico	-1	-55	-59	-53	-27	-23	-17
摩尔多瓦	Moldova	100	99	99	97	96	96	
蒙　古	Mongolia			20	19	-325	-435	
黑　山	Montenegro					24	33	
摩洛哥	Morocco	75	82	89	94	95	96	
莫桑比克	Mozambique	11	9	5	-1	-22	-25	
缅　甸	Myanmar	7	-1	…	-20	-61	-59	
纳米比亚	Namibia				71	80	79	
尼泊尔	Nepal	2	3	5	12	13	13	
荷属安的列斯	Netherlands Antilles	100	100	100	100			
新西兰	New Zealand	51	39	10	16	8	11	14
尼加拉瓜	Nicaragua	41	41	30	46	48	50	
尼日利亚	Nigeria	-209	-183	-113	-123	-121	-117	

2-5-13 续表 2 continued

单位：% (%)

国家或地区	Country or Area	1971	1980	1990	2000	2010	2011	2012
挪　威	Norway	55	-200	-467	-771	-529	-594	-577
阿　曼	Oman	-6607	-1212	-808	-655	-212	-191	
巴基斯坦	Pakistan	16	15	20	27	24	23	
巴拿马	Panama	80	63	59	71	77	80	
巴拉圭	Paraguay	15	23	-49	-78	-48	-51	
秘　鲁	Peru	19	-29	-9	23	-1	-14	
菲律宾	Philippines	51	46	40	51	42	41	
波　兰	Poland	-15	…	-1	11	34	32	26
葡萄牙	Portugal	78	85	80	84	76	77	78
卡塔尔	Qatar	-2279	-699	-324	-447	-516	-535	
罗马尼亚	Romania	-2	19	34	22	22	23	
俄罗斯	Russia	-4	-43	-47	-58	-84	-80	
沙特阿拉伯	Saudi Arabia	-3218	-1616	-519	-373	-180	-222	
塞内加尔	Senegal	34	43	43	50	53	53	
塞尔维亚	Serbia			30	13	32	31	
新加坡	Singapore	100	100	99	99	98	97	
斯洛伐克	Slovakia	81	83	75	64	65	63	61
斯洛文尼亚	Slovenia			46	52	48	48	50
南　非	South Africa	17	-12	-26	-33	-15	-15	
西班牙	Spain	75	77	62	74	73	75	74
斯里兰卡	Sri Lanka	26	29	24	43	44	49	
苏　丹	Sudan	19	15	17	-50	-111	-109	
瑞　典	Sweden	80	60	37	36	35	34	29
瑞　士	Switzerland	82	65	58	52	52	51	50
叙利亚	Syrian Arab Republic	-124	-113	-113	-109	-28	-18	
塔吉克斯坦	Tajikistan	74	64	62	41	36	36	
坦桑尼亚	Tanzania	9	9	7	5	7	7	
泰　国	Thailand	42	49	37	39	40	42	
多　哥	Togo	15	15	17	16	17	18	
特立尼达和多巴哥	Trinidad and Tobago	-210	-244	-111	-83	-107	-102	
突尼斯	Tunisia	-181	-104	-16	9	16	21	
土耳其	Turkey	29	46	51	66	69	71	73
土库曼斯坦	Turkmenistan	-171	-275	-317	-209	-108	-164	
乌克兰	Ukraine	62	47	46	43	41	32	
阿联酋	United Arab Emirates	-5116	-1147	-440	-361	-179	-188	
英　国	United Kingdom	47	…	-1	-22	27	31	39
美　国	United States	10	14	14	27	22	19	15
乌拉圭	Uruguay	78	71	49	67	51	58	
乌兹别克斯坦	Uzbekistan	41	18	17	-8	-26	-20	
委内瑞拉	Venezuela	-967	-295	-242	-292	-163	-186	
越　南	Viet Nam	24	8	-2	-39	-13	-9	
也　门	Yemen	93	95	-273	-364	-132	-161	
赞比亚	Zambia	23	10	9	5	7	8	
津巴布韦	Zimbabwe	6	11	8	13	7	8	
科索沃	Kosovo				29	25	29	

2-5-14　能源自给率

Total Self-sufficiency

资料来源：国际能源机构。
Source: International Energy Agency.

单位：%　(%)

国家或地区	Country or Area	1971	1980	1990	2000	2010	2011	2012
世　界	**World**	**102.24**	**101.36**	**100.44**	**99.70**	**99.72**	**100.67**	
阿尔巴尼亚	Albania	141.70	112.26	92.03	55.93	78.79	68.40	
阿尔及利亚	Algeria	1198.05	586.65	451.20	526.79	375.33	348.48	
安哥拉	Angola	236.79	247.65	487.02	583.40	739.49	678.84	
阿根廷	Argentina	90.80	92.81	105.09	134.96	101.70	96.41	
亚美尼亚	Armenia			1.93	31.93	35.35	32.66	
澳大利亚	Australia	104.34	122.71	182.69	216.03	251.87	241.46	235.41
奥地利	Austria	39.15	32.96	32.71	34.25	35.55	34.85	38.44
阿塞拜疆	Azerbaijan			91.67	166.51	565.47	477.34	
巴　林	Bahrain	757.25	427.35	308.89	253.39	187.13	190.21	
孟加拉国	Bangladesh	85.27	80.28	84.47	81.46	83.76	83.37	
白俄罗斯	Belarus			7.34	14.25	14.97	14.56	
比利时	Belgium	17.26	17.30	27.14	23.47	26.34	30.82	28.72
贝　宁	Benin	90.70	89.58	106.76	72.89	56.24	56.18	
玻利维亚	Bolivia	224.87	178.57	188.59	148.31	228.06	233.69	
波　黑	Bosnia and Herzegovina			65.61	70.77	67.80	65.12	
博茨瓦纳	Botswana			72.19	61.35	48.44	44.19	
巴　西	Brazil	70.41	56.52	74.28	78.77	92.76	92.29	
文　莱	Brunei Darussalam	3751.92	1566.02	905.79	825.51	573.19	487.83	
保加利亚	Bulgaria	30.02	27.25	34.03	53.07	59.17	64.37	
柬埔寨	Cambodia				79.66	72.08	71.12	
喀麦隆	Cameroon	90.99	183.48	220.35	176.63	121.05	121.94	
加拿大	Canada	110.25	107.92	131.24	148.22	157.76	162.41	166.16
智　利	Chile	61.40	61.20	56.59	34.11	29.79	29.43	29.83
哥伦比亚	Colombia	139.84	100.00	198.90	280.20	327.16	381.19	
刚果(金)	Congo,Dem.Rep.	88.81	101.36	101.87	104.98	101.33	101.04	
刚果(布)	Congo,Rep.	65.78	616.12	1127.58	1791.22	1149.54	1004.92	
哥斯达黎加	Costa Rica	41.64	39.44	40.66	42.39	52.43	51.80	
科特迪瓦	Cote d'Ivoire	66.77	67.68	78.25	89.28	110.72	105.81	
克罗地亚	Croatia			56.83	46.01	49.27	44.86	
古　巴	Cuba	39.97	34.54	44.69	56.04	46.73	50.72	
塞浦路斯	Cyprus	1.55	0.72	0.45	2.07	3.65	4.04	
捷　克	Czech Republic	88.02	87.77	82.55	74.79	71.79	73.83	74.73
丹　麦	Denmark	1.78	4.98	58.07	148.84	120.68	116.75	116.94
多米尼加	Dominican Republic	51.78	38.63	24.74	11.51	10.99	10.65	
厄瓜多尔	Ecuador	59.19	234.38	278.70	287.31	220.14	218.90	
埃　及	Egypt	210.27	220.82	169.70	130.58	120.14	113.60	
萨尔瓦多	El Salvador	71.63	75.92	68.56	53.41	53.71	51.90	
厄立特里亚	Eritrea				71.73	78.03	78.27	
爱沙尼亚	Estonia			54.63	67.47	88.55	89.91	88.40
埃塞俄比亚	Ethiopia	96.04	96.52	95.88	95.74	94.53	94.28	
芬　兰	Finland	27.43	28.10	42.57	46.20	47.63	49.17	51.20
法　国	France	30.02	27.43	49.94	51.88	51.82	53.82	52.89
加　蓬	Gabon	602.88	687.10	1238.38	1035.08	722.02	714.83	
格鲁吉亚	Georgia			16.24	46.16	42.03	31.53	

2-5-14 续表 1 continued

单位：% (%)

国家或地区	Country or Area	1971	1980	1990	2000	2010	2011	2012
德国	Germany	57.44	51.97	53.02	40.21	40.22	39.84	40.12
加纳	Ghana	78.00	82.14	83.00	76.05	67.27	95.87	
希腊	Greece	23.99	24.67	42.90	36.87	34.20	35.94	38.94
危地马拉	Guatemala	70.72	68.11	76.67	74.86	73.51	72.14	
海地	Haiti	91.60	90.10	80.27	76.69	71.99	78.02	
洪都拉斯	Honduras	72.86	70.28	71.19	50.91	48.60	48.76	
匈牙利	Hungary	62.25	51.10	51.07	46.47	43.04	43.18	44.60
冰岛	Iceland	46.87	60.40	67.04	74.38	82.49	83.83	84.73
印度	India	90.47	91.09	92.13	80.14	73.41	72.18	
印度尼西亚	Indonesia	204.63	224.46	170.86	152.89	180.52	188.78	
伊朗	Iran	1436.90	212.14	270.90	206.25	166.19	166.71	
伊拉克	Iraq	2082.59	1404.37	559.87	520.15	333.06	353.21	
爱尔兰	Ireland	21.19	22.99	35.13	15.90	13.59	13.53	10.37
以色列	Israel	103.47	1.96	3.70	3.52	16.62	20.23	13.53
意大利	Italy	18.53	15.21	17.27	16.42	17.48	18.85	20.60
牙买加	Jamaica	13.78	9.83	17.40	15.38	16.39	17.90	
日本	Japan	13.38	12.57	17.12	20.39	19.94	11.20	6.02
约旦	Jordan	0.19	0.05	4.95	5.88	3.83	3.90	
哈萨克斯坦	Kazakhstan			123.86	220.23	210.56	205.05	
肯尼亚	Kenya	78.43	79.21	81.95	81.70	80.02	80.29	
韩国	Korea,Rep	37.58	22.50	24.30	18.31	17.97	18.04	17.98
朝鲜	Korea.Dem	93.59	89.61	87.03	95.29	110.28	132.34	
科索沃	Kosovo				71.04	74.56	71.04	
科威特	Kuwait	2635.33	895.56	552.93	607.89	413.22	474.57	
吉尔吉斯斯坦	Kyrgyzstan			33.42	59.03	45.38	52.29	
拉脱维亚	Latvia			14.29	36.77	45.52	47.45	
黎巴嫩	Lebanon	9.12	7.18	7.31	3.49	3.24	3.24	
利比亚	Libya	8757.83	1401.20	655.23	477.52	434.22	232.06	
立陶宛	Lithuania			30.73	47.48	21.55	21.05	
卢森堡	Luxembourg	0.12	0.83	0.85	1.91	2.91	2.78	2.90
马其顿	Macedonia			50.73	57.53	56.05	57.15	
马来西亚	Malaysia	81.66	148.42	219.69	157.71	118.21	111.01	
马耳他	Malta			0.08	0.08	0.35	5.59	
墨西哥	Mexico	100.88	154.58	158.91	152.91	127.34	122.58	117.29
摩尔多瓦	Republic of Moldova			0.85	3.17	3.79	3.68	
蒙古	Mongolia			80.41	81.31	425.17	535.29	
黑山	Montenegro					75.92	67.05	
摩洛哥	Morocco	25.50	18.03	11.14	5.57	5.43	4.45	
莫桑比克	Mozambique	89.40	90.57	94.70	101.19	122.13	125.21	
缅甸	Myanmar	92.86	100.98	99.76	120.07	160.96	159.32	
纳米比亚	Namibia				29.28	20.42	21.02	
尼泊尔	Nepal	98.34	96.52	95.02	88.04	86.88	86.98	
荷兰	Netherlands	73.41	111.58	92.17	78.62	83.69	83.19	82.74
荷属安的列斯群岛	Netherlands Antilles							
新西兰	New Zealand	49.43	60.89	89.53	83.75	92.30	88.77	85.73

2-5-14 续表 2 continued

单位：% (%)

国家或地区	Country or Area	1971	1980	1990	2000	2010	2011	2012
尼加拉瓜	Nicaragua	58.85	59.28	70.43	53.69	51.99	50.33	
尼日利亚	Nigeria	309.10	283.03	213.16	222.53	221.28	217.14	
挪　威	Norway	45.34	300.11	566.93	870.79	629.15	694.30	677.45
阿　曼	Oman	6706.78	1312.33	908.30	754.75	311.51	290.82	
巴基斯坦	Pakistan	84.26	84.50	79.75	73.20	76.27	76.69	
巴拿马	Panama	20.67	37.33	41.07	29.41	22.72	20.15	
巴拉圭	Paraguay	85.39	77.01	148.99	177.60	148.29	151.01	
秘　鲁	Peru	80.57	128.54	108.85	76.59	100.81	113.56	
菲律宾	Philippines	48.82	54.29	60.19	49.03	57.80	59.05	
波　兰	Poland	115.24	100.02	100.74	89.30	66.39	67.62	74.11
葡萄牙	Portugal	22.06	14.83	20.27	15.59	23.71	22.98	21.92
卡塔尔	Qatar	2378.90	799.48	424.33	546.77	615.55	634.60	
罗马尼亚	Romania	101.61	80.62	65.59	78.19	78.42	76.95	
俄罗斯	Russia			147.08	157.93	184.12	179.88	
沙特阿拉伯	Saudi Arabia	3318.03	1715.86	619.47	473.03	280.23	321.66	
塞内加尔	Senegal	66.44	56.74	57.13	49.72	47.23	47.20	
塞尔维亚	Serbia			69.84	86.50	67.93	69.03	
新加坡	Singapore			0.51	0.90	2.46	2.79	
斯洛伐克	Slovak Republic	18.87	17.46	24.78	35.65	34.82	36.99	38.59
斯洛文尼亚	Slovenia			53.74	48.30	51.57	51.92	49.81
南　非	South Africa	83.15	111.91	125.92	133.28	114.71	115.00	
西班牙	Spain	24.53	23.30	38.40	25.90	26.85	25.31	25.81
斯里兰卡	Sri Lanka	73.99	70.76	75.98	57.02	56.32	51.14	
苏　丹	Sudan	80.65	84.74	82.55	149.80	211.00	209.10	
瑞　典	Sweden	20.49	39.84	62.89	64.18	65.28	66.27	71.47
瑞　士	Switzerland	17.72	35.08	42.25	48.06	48.20	48.60	49.56
叙利亚	Syrian Arab Republic	223.50	212.79	213.26	209.43	127.81	118.14	
塔吉克斯坦	Tajikistan			38.16	58.85	63.69	64.36	
坦桑尼亚	Tanzania	90.71	91.03	93.12	94.78	93.05	92.85	
泰　国	Thailand	57.66	50.82	63.36	60.80	60.09	57.70	
多　哥	Togo	84.51	84.55	83.45	83.61	82.90	82.44	
特里尼达和多巴哥	Trinidad and Tobago	309.61	343.71	210.93	182.73	206.69	201.57	
突尼斯	Tunisia	281.01	204.18	115.80	90.80	83.94	79.26	
土耳其	Turkey	70.66	54.50	48.93	33.87	30.65	28.51	26.89
土库曼斯坦	Turkmenistan			416.76	309.11	208.36	264.04	
乌克兰	Ukraine			53.89	57.13	59.49	67.61	
阿联酋	United Arab Emirates	5216.13	1247.41	539.55	460.76	279.39	287.59	
英　国	United Kingdom	52.62	99.71	101.01	122.22	73.49	68.88	60.70
美　国	United States	90.48	86.07	86.29	73.34	77.79	81.45	84.96
乌拉圭	Uruguay	21.50	28.99	51.03	33.24	49.21	42.11	
乌兹别克斯坦	Uzbekistan			83.35	108.29	125.97	119.92	
委内瑞拉	Venezuela	1073.13	395.47	341.62	391.79	263.00	285.99	
越　南	Vietnam	75.52	91.59	102.32	138.92	112.69	108.80	
也　门	Yemen	6.63	4.73	373.35	464.10	231.88	260.71	
赞比亚	Zambia	76.88	89.56	91.08	94.84	92.90	91.83	
津巴布韦	Zimbabwe	93.82	89.22	91.96	87.31	92.77	92.44	

2-5-15 煤和泥炭自给率

Coal and Peat Self-sufficiency

资料来源：国际能源机构。
Source: International Energy Agency.
单位：%　　(%)

国家或地区	Country or Area	1971	1980	1990	2000	2010	2011	2012
世　界	**World**	**99.85**	**100.98**	**100.23**	**97.29**	**101.45**	**101.97**	
阿尔巴尼亚	Albania	78.96	81.78	77.33	41.1	5.64	2.93	
阿尔及利亚	Algeria	118.08	1.6					
阿根廷	Argentina	45.87	23.7	17.19	28.96	3.63	4.39	
澳大利亚	Australia	154.73	189.97	303.33	341.76	472.37	461.96	477.71
奥地利	Austria	25.43	23.06	15.56	8.14	0.01	0.01	0.01
孟加拉国	Bangladesh					42.59	49.34	
白俄罗斯	Belarus			35.23	50.34	101.41	118.6	
比利时	Belgium	66.92	41.31	11.17	2.61			
波　黑	Bosnia and Herzegovina			100	99.85	86.94	85.55	
博茨瓦纳	Botswana			97.42	91.06	99.6	99.49	
巴　西	Brazil	43	42.02	19.97	20.22	14.49	13.74	
保加利亚	Bulgaria	55.74	55.26	60.54	66.68	71.31	76.73	
加拿大	Canada	59.59	98.38	156.23	108.67	151.45	171.7	175.51
智　利	Chile	85.55	63.91	58.12	7.92	5.56	4.59	5.19
哥伦比亚	Colombia	102.1	151.17	451.29	943.37	1501.94	1593.26	
刚果(金)	Congo,Dem.Rep.	33.19	39.65	34.22	27.74	26.29	25.61	
克罗地亚	Croatia			12.44				
捷　克	Czech Republic	105.7	120.94	115.4	116.07	112.45	113.95	115.11
埃　及	Egypt				3.87			
爱沙尼亚	Estonia			85.17	89.8	100.55	99.94	99.88
芬　兰	Finland	1.26	14.66	34.06	21.18	26.23	29.63	22.32
法　国	France	68.47	40.67	40.77	16.5	1.34	0.9	1.57
格鲁吉亚	Georgia			73.8	21.85	90.23	93.37	
德　国	Germany	105.85	101.51	94.72	71.47	58.51	60.15	61.94
希　腊	Greece	86.71	90.48	88.25	90.97	93.04	95.15	96.35
匈牙利	Hungary	78.79	75.22	68.1	75.16	58.94	59.65	59.99
印　度	India	98.5	108.46	101.27	90.57	79.76	77.4	
印度尼西亚	Indonesia	93.71	110.19	164.76	378.5	611.25	657.27	
伊　朗	Iran	100	51.69	78.57	53.46	47.55	50.48	
爱尔兰	Ireland	66.96	56.83	42.53	38.58	51.65	37.44	11.21
以色列	Israel			0.93	0.42	0.41	0.39	0.31
意大利	Italy	5.97	2.75	1.88	0.03	0.45	0.37	0.33
日　本	Japan	41.87	18.31	5.83	1.59			
哈萨克斯坦	Kazakhstan			145.2	172.69	140.66	134.75	
韩　国	Korea,Rep	99.9	60.77	29.64	8.67	1.31	1.19	1.23
朝　鲜	Korea.Dem	97.77	98.29	94.18	100.56	117.56	143.72	
科索沃	Kosovo				95.95	96.22	95.21	
吉尔吉斯斯坦	Kyrgyzstan			55.82	33.6	30.45	39.72	

2-5-15　续表　continued

单位：%　　　　(%)

国家或地区	Country or Area	1971	1980	1990	2000	2010	2011	2012
拉脱维亚	Latvia			8.56	12.42	2.20	0.20	
立陶宛	Lithuania			1.77	12.81	4.16	4.87	
马其顿	Macedonia			91.47	90.58	91.42	98.38	
马来西亚	Malaysia			5.16	10.49	10.35	11.80	
墨西哥	Mexico	82.26	73.22	97.71	76.19	66.55	77.78	76.28
蒙古	Mongolia			107.02	99.49	579.17	776.63	
黑山	Montenegro					103.69	102.28	
摩洛哥	Morocco	98.81	103.70	26.03	0.66			
莫桑比克	Mozambique	52.56	71.87	68.97		380.00	2627.91	
缅甸	Myanmar	6.63	9.47	53.04	100.00	100.00	100.00	
尼泊尔	Nepal				3.95	3.17	3.51	
荷兰	Netherlands	69.73						
新西兰	New Zealand	101.60	112.02	120.13	187.40	239.12	201.47	206.15
尼日利亚	Nigeria	93.72	113.28	141.19	100.00	100.00	100.00	
挪威	Norway	32.42	20.05	23.57	40.36	170.18	109.93	97.26
巴基斯坦	Pakistan	91.12	90.68	56.03	66.43	32.70	34.58	
秘鲁	Peru	18.89	20.11	46.70	1.89	7.08	17.10	
菲律宾	Philippines	55.30	33.75	45.34	14.19	45.30	42.99	
波兰	Poland	131.42	120.58	125.48	126.64	99.97	102.09	115.36
葡萄牙	Portugal	26.08	17.07	4.18				
罗马尼亚	Romania	72.92	64.53	66.89	75.23	84.86	82.24	
俄罗斯	Russia			100.70	107.14	156.79	155.30	
塞尔维亚	Serbia			100.00	96.60	93.25	89.34	
斯洛伐克	Slovak Republic	21.14	20.70	17.83	23.84	15.74	16.24	16.68
斯洛文尼亚	Slovenia			85.73	81.32	82.36	81.85	76.97
南非	South Africa	103.01	140.00	150.53	154.79	142.43	144.95	
西班牙	Spain	77.31	79.06	60.91	38.04	41.53	21.30	16.12
瑞典	Sweden		0.42	5.65	6.60	9.56	8.82	8.35
塔吉克斯坦	Tajikistan			58.70	69.74	93.56	94.51	
坦桑尼亚	Tanzania		47.75	78.92	100.00	100.00	100.00	
泰国	Thailand	89.98	87.43	94.32	66.93	32.51	33.89	
土耳其	Turkey	97.82	88.05	73.17	54.51	54.71	52.59	46.76
乌克兰	Ukraine			104.56	94.29	88.14	97.24	
英国	United Kingdom	102.89	107.50	84.96	51.11	35.60	35.47	25.38
美国	United States	112.19	119.05	117.84	100.61	105.81	111.98	116.79
乌兹别克斯坦	Uzbekistan			66.71	72.67	97.78	98.44	
委内瑞拉	Venezuela	22.51	19.58	345.30	4356.34	1000.00	747.33	
越南	Vietnam	116.83	128.03	116.85	148.68	171.37	160.36	
赞比亚	Zambia	94.42	92.23	100.53	150.77			
津巴布韦	Zimbabwe	113.03	109.36	100.30	107.48	104.90	104.90	

2-5-16 原油自给率

Oil Self-sufficiency

资料来源：国际能源机构。
Source: International Energy Agency.
单位：% (%)

国家或地区	Country or Area	1971	1980	1990	2000	2010	2011	2012
世　界	**World**	**104.78**	**102.34**	**100.31**	**101.23**	**98.36**	**99.93**	
阿尔巴尼亚	Albania	188.79	128.56	95.68	31.5	61.62	72.7	
阿尔及利亚	Algeria	1779.75	1039.25	657.3	754.13	479.14	455.57	
安哥拉	Angola	1018.19	895.99	2251.91	2789.37	1889.67	1764.87	
阿根廷	Argentina	89.28	98.56	123.82	176.28	114.38	110.18	
澳大利亚	Australia	61.4	70.84	93.03	99.29	59.43	55.84	52.33
奥地利	Austria	26.17	12.6	11.65	9.3	8.28	7.34	8.18
阿塞拜疆	Azerbaijan			155.33	224.47	1512.52	1152.98	
巴　林	Bahrain	1525.25	2560.14	1238.42	1105.92	702.51	673.19	
孟加拉国	Bangladesh			5.28	3.01	2.03	2.37	
白俄罗斯	Belarus			6.95	23.57	24.21	17.74	
比利时	Belgium					2.96	1.62	2.44
贝　宁	Benin			260.61				
玻利维亚	Bolivia	284.73	101.7	115.66	107.48	88.01	85.51	
巴　西	Brazil	30.77	17.02	56.7	74.05	104.64	103.49	
文　莱	Brunei Darussalam	10202.77	6895.29	15783.78	1912.06	1473.31	1234.45	
保加利亚	Bulgaria	3.15	2.09	0.65	1.08	0.58	0.58	
喀麦隆	Cameroon		636.11	743.24	569.9	177.38	194.34	
加拿大	Canada	100.69	94.49	123.05	147.45	190.66	211.56	222.79
智　利	Chile	35.78	36.12	18.02	4.08	4.07	4.04	3.56
哥伦比亚	Colombia	191.45	87.89	233.34	310.7	290.85	372.54	
刚果(金)	Congo,Dem.Rep.		134.35	133.43	384.93	177	171.9	
刚果(布)	Congo,Rep.	8.09	1471.14	3189.07	7817.79	2722.59	2284.93	
科特迪瓦	Cote d'Ivoire		6.12	9.19	30.91	200.82	154.06	
克罗地亚	Croatia			58.06	34.38	20.66	19.53	
古　巴	Cuba	2.25	5.38	8.23	33.71	34.45	38.13	
捷　克	Czech Republic	0.49	2.18	2.50	4.98	3.00	3.91	3.62
丹　麦	Denmark		2.39	79.93	227.82	181.06	172.47	173.31
厄瓜多尔	Ecuador	16.82	270.4	327.56	326.56	242.42	243.60	
埃　及	Egypt	242.97	266.64	202.25	158.23	111.50	112.25	
芬　兰	Finland				0.67	0.43	0.46	0.50
法　国	France	2.52	2.12	4.13	2.20	1.43	1.39	1.26
加　蓬	Gabon	1163.23	1178.56	4750.19	3825.63	2073.55	2028.86	
格鲁吉亚	Georgia			3.35	15.21	5.46	5.08	
德　国	Germany	5.49	3.93	3.88	3.16	3.15	3.39	3.34
加　纳	Ghana					5.78	106.29	
希　腊	Greece			6.94	1.72	0.76	0.72	0.65
危地马拉	Guatemala		14.99	16.25	40.29	21.62	19.39	
匈牙利	Hungary	28.41	23.37	27.23	25.36	16.66	15.63	18.00
印　度	India	34.17	32.34	57.49	33.04	26.47	26.06	
印度尼西亚	Indonesia	543.26	393.05	223.68	123.73	68.82	63.57	
伊　朗	Iran	1693.26	232.75	332.14	295.61	263.67	278.39	
伊拉克	Iraq	2561.69	1577.87	598.74	567.99	371.41	399.54	
以色列	Israel	103.58	0.26	0.15	0.04	0.04	0.19	0.17
意大利	Italy	1.59	1.97	5.36	5.40	8.52	8.90	10.13
日　本	Japan	0.43	0.24	0.28	0.30	0.34	0.33	0.30
约　旦	Jordan				0.04	0.02	0.02	
哈萨克斯坦	Kazakhstan			128.55	431.75	493.84	551.28	

2-5-16　续表　continued

单位：%　　　　　　　　　　　　　　　　　　　　　　　　　　　　　　　　　　　　　(%)

国家或地区	Country or Area	1971	1980	1990	2000	2010	2011	2012
韩　国	Korea,Rep				0.68	0.73	0.75	0.76
科威特	Kuwait	8414.95	1824.94	1126.00	970.98	603.20	768.49	
吉尔吉斯斯坦	Kyrgyzstan			5.38	18.73	7.99	8.10	
利比亚	Libya	23726.25	2151.15	972.31	611.29	508.52	279.11	
立陶宛	Lithuania			0.18	15.49	4.58	4.76	
马来西亚	Malaysia	74.69	173.92	269.85	169.12	132.22	111.02	
墨西哥	Mexico	100.71	177.87	190.32	189.64	165.18	158.59	150.79
摩尔多瓦	Republic of Moldova					1.43	1.62	
蒙　古	Mongolia				2.09	36.33	34.51	
摩洛哥	Morocco	1.17	0.32	0.26	0.18	0.08	0.07	
莫桑比克	Mozambique					4.20	3.78	
缅　甸	Myanmar	67.08	117.18	100.79	28.99	72.96	74.74	
荷　兰	Netherlands	6.35	5.57	17.48	9.37	5.35	5.71	5.83
新西兰	New Zealand		9.22	55.36	34.23	44.97	40.05	33.86
尼日利亚	Nigeria	4597.48	1310.97	873.60	1133.62	1052.71	1036.61	
挪　威	Norway	3.99	278.28	1032.53	1864.85	773.21	932.31	805.72
阿　曼	Oman	6706.78	1764.15	2013.94	2386.13	732.59	655.13	
巴基斯坦	Pakistan	13.93	11.58	25.70	15.31	16.89	17.13	
秘　鲁	Peru	65.65	150.18	116.75	69.78	86.52	78.57	
菲律宾	Philippines		4.70	2.16	0.35	6.26	6.21	
波　兰	Poland	4.75	2.02	1.34	3.74	2.93	2.64	2.99
卡塔尔	Qatar	20961.77	5059.77	2281.97	2675.73	1258.54	1774.60	
罗马尼亚	Romania	119.43	61.33	42.54	64.59	48.88	47.82	
俄罗斯	Russia			199.51	256.33	364.21	324.79	
沙特阿拉伯	Saudi Arabia	3915.55	2389.46	906.12	663.45	375.72	454.32	
塞内加尔	Senegal			0.14				
塞尔维亚	Serbia			21.09	68.55	24.21	29.90	
斯洛伐克	Slovak Republic	3.73	0.59	1.72	2.08	5.80	6.30	7.55
斯洛文尼亚	Slovenia			0.18	0.04			0.05
南　非	South Africa				10.86	0.72	0.68	
西班牙	Spain	0.42	3.60	2.57	0.37	0.22	0.19	0.28
苏　丹	Sudan				379.90	462.29	469.68	
瑞　典	Sweden		0.11	0.02				
瑞　士	Switzerland					0.01		
叙利亚	Syrian Arab Republic	223.62	219.72	233.78	263.75	148.02	128.97	
塔吉克斯坦	Tajikistan			8.34	9.59	5.00	4.93	
泰　国	Thailand	0.23	0.13	15.94	25.29	39.25	38.64	
特里尼达和多巴哥	Trinidad and Tobago	654.19	784.74	642.04	565.82	399.32	405.46	
突尼斯	Tunisia	362.36	247.67	159.11	107.15	102.59	93.27	
土耳其	Turkey	38.49	14.52	15.44	8.98	8.23	7.70	7.39
土库曼斯坦	Turkmenistan			78.26	192.19	186.79	194.01	
乌克兰	Ukraine			9.02	31.05	27.24	27.34	
阿联酋	United Arab Emirates	38100.88	2699.35	1493.12	1903.48	1075.14	1109.16	
英　国	United Kingdom	0.24	104.10	124.71	179.82	101.67	87.98	77.72
美　国	United States	76.10	62.53	57.15	41.97	43.03	45.90	53.47
乌兹别克斯坦	Uzbekistan			27.83	105.50	106.15	106.09	
委内瑞拉	Venezuela	2083.12	632.90	659.24	785.68	392.26	462.43	
越　南	Vietnam			101.44	216.00	86.16	82.69	
也　门	Yemen			382.03	470.13	182.12	160.27	

2-5-17 天然气自给率

Gas Self-sufficiency

资料来源：国际能源机构。
Source: International Energy Agency.
单位：% (%)

国家或地区	Country or Area	1971	1980	1990	2000	2010	2011	2012
世　界	**World**	**101.08**	**100.72**	**101.43**	**99.53**	**99.27**	**100.66**	
阿尔巴尼亚	Albania	100.00	100.00	100.00	100.00	100.00	100.00	
阿尔及利亚	Algeria	209.78	196.90	319.19	414.82	308.61	280.79	
安哥拉	Angola	100.00	100.00	100.00	100.00	100.00	100.00	
阿根廷	Argentina	100.00	81.93	90.34	113.03	93.12	86.27	
澳大利亚	Australia	100.00	100.00	115.89	148.07	161.19	165.58	150.49
奥地利	Austria	57.68	40.19	21.15	23.51	18.09	18.80	21.09
阿塞拜疆	Azerbaijan			55.63	94.70	178.18	165.12	
巴　林	Bahrain	100.00	100.00	100.00	100.00	100.00	100.00	
孟加拉国	Bangladesh	121.47	100.00	100.00	100.00	100.00	100.00	
白俄罗斯	Belarus			1.92	1.50	0.97	1.07	
比利时	Belgium	0.80	0.37	0.12	0.02			
玻利维亚	Bolivia	100.00	880.92	440.88	247.52	473.31	500.65	
巴　西	Brazil	100.00	100.00	99.85	76.72	54.24	61.86	
文　莱	Brunei Darussalam	100.00	768.45	473.93	511.54	383.58	335.96	
保加利亚	Bulgaria	100.00	4.60		0.42	2.57	13.33	
喀麦隆	Cameroon					100.00	100.00	
加拿大	Canada	164.47	139.67	161.81	199.79	168.27	158.37	155.45
智　利	Chile	100.00	100.00	123.49	30.69	34.61	27.25	24.38
哥伦比亚	Colombia	100.00	100.00	100.00	100.00	114.53	120.75	
刚果(金)	Congo,Dem.Rep.					100.00	100.00	
刚果(布)	Congo,Rep.	100.00				100.00	100.00	
科特迪瓦	Cote d'Ivoire				100.00	100.00	100.00	
克罗地亚	Croatia			73.79	61.32	84.13	78.09	
古　巴	Cuba	100.00	100.00	100.00	100.00	100.00	100.00	
捷　克	Czech Republic	45.63	12.20	3.82	2.26	2.20	2.12	2.47
丹　麦	Denmark		100.00	152.39	166.59	166.03	170.03	165.15
厄瓜多尔	Ecuador					100.00	100.00	
埃　及	Egypt	100.00	100.00	100.00	100.00	131.71	117.89	
法　国	France	62.15	29.23	9.66	4.21	1.52	1.37	1.18
加　蓬	Gabon	100.00	100.00	100.00	100.00	100.00	100.00	
格鲁吉亚	Georgia			1.08	5.86	0.53	0.29	
德　国	Germany	72.12	31.77	24.61	21.99	14.50	15.65	13.71
希　腊	Greece			100.00	2.48	0.24	0.16	0.14
匈牙利	Hungary	95.00	63.85	42.76	25.63	22.77	22.61	21.10
印　度	India	100.00	100.00	100.00	100.00	80.47	76.37	
印度尼西亚	Indonesia	100.00	302.36	266.38	230.24	192.69	204.33	
伊　朗	Iran	289.36	100.00	109.36	94.72	99.65	98.47	
伊拉克	Iraq	100.00	100.00	201.01	100.00	100.00	100.00	
爱尔兰	Ireland		100.00	100.00	27.89	6.74	6.90	7.61
以色列	Israel	100.00	100.00	100.00	100.00	60.63	85.88	97.65
意大利	Italy	101.58	45.16	35.97	23.51	10.12	10.84	11.49
日　本	Japan	64.74	9.05	4.34	3.48	3.73	3.20	2.90
约　旦	Jordan			100.00	100.00	5.96	15.34	

2-5-17 续表 continued

单位：% (%)

国家或地区	Country or Area	1971	1980	1990	2000	2010	2011	2012
哈萨克斯坦	Kazakhstan			53.96	115.94	110.26	103.65	
韩　国	Korea					1.26	0.98	0.87
科威特	Kuwait	100.00	100.00	66.82	100.00	80.84	79.64	
吉尔吉斯斯坦	Kyrgyzstan			4.40	4.71	7.74	8.02	
利比亚	Libya	144.90	170.29	125.00	115.75	239.80	144.49	
马来西亚	Malaysia	100.00	100.36	227.72	172.11	163.52	166.41	
墨西哥	Mexico	105.47	112.64	98.40	92.39	78.66	74.33	69.59
摩洛哥	Morocco	100.00	100.00	100.00	100.00	7.88	7.01	
莫桑比克	Mozambique				100.00	2091.57	2165.93	
缅　甸	Myanmar	100.00	100.00	100.00	432.41	766.77	708.80	
荷　兰	Netherlands	166.04	226.45	177.26	149.13	161.79	168.82	175.35
新西兰	New Zealand	100.00	100.33	99.99	99.95	103.40	102.07	98.91
尼日利亚	Nigeria	100.00	100.00	100.00	176.74	377.16	363.90	
挪　威	Norway		2620.68	1222.01	1116.69	1469.19	1747.74	1893.60
阿　曼	Oman		100.00	100.00	161.73	152.98	144.69	
巴基斯坦	Pakistan	100.00	100.00	100.00	99.99	100.06	99.98	
秘　鲁	Peru	100.00	100.00	100.00	100.00	138.75	182.23	
菲律宾	Philippines				100.00	100.00	100.00	
波　兰	Poland	79.39	51.79	26.61	33.27	28.84	29.99	28.14
卡塔尔	Qatar	100.00	100.00	100.00	230.03	459.87	464.46	
罗马尼亚	Romania	100.73	96.59	79.45	80.18	79.89	78.04	
俄罗斯	Russia			140.67	147.56	140.83	141.29	
沙特阿拉伯	Saudi Arabia	100.00	100.00	100.00	100.00	100.00	100.00	
塞内加尔	Senegal			100.00	100.00	100.00	100.00	
塞尔维亚	Serbia			20.39	40.67	16.63	21.27	
斯洛伐克	Slovak Republic	37.85	7.38	6.65	2.30	1.76	2.22	2.91
斯洛文尼亚	Slovenia			2.65	0.73	0.70	0.23	0.24
南　非	South Africa			100.00	100.00	33.04	29.31	
西班牙	Spain	0.40		25.62	0.97	0.14	0.16	0.18
叙利亚	Syrian Arab Republic		100.00	100.00	100.00	92.83	96.92	
塔吉克斯坦	Tajikistan			6.54	5.05	9.34	9.51	
坦桑尼亚	Tanzania					100.00	100.00	
泰　国	Thailand			100.00	90.05	75.01	71.44	
特里尼达和多巴哥	Trinidad and Tobago	100.00	100.00	100.00	134.98	190.32	185.30	
突尼斯	Tunisia	100.00	100.00	26.82	69.00	62.27	60.16	
土耳其	Turkey			6.11	4.16	1.79	1.70	1.40
土库曼斯坦	Turkmenistan			561.40	350.50	212.76	282.44	
乌克兰	Ukraine			24.60	24.09	27.93	33.15	
阿联酋	United Arab Emirates	100.00	152.85	118.92	121.57	84.98	83.79	
英　国	United Kingdom	95.41	77.68	86.70	111.62	60.68	58.06	52.76
美　国	United States	97.64	95.34	95.40	81.60	88.98	93.35	93.84
乌兹别克斯坦	Uzbekistan			101.59	110.23	129.59	122.22	
委内瑞拉	Venezuela	100.00	100.00	100.00	100.00	91.95	92.25	
越　南	Vietnam			100.00	100.00	100.00	100.00	
也　门	Yemen					760.98	1105.76	

第六章 能源库存变化

Stock Changes of Energy

2-6-1　原油，天然气凝析液和给料的库存变化
Stock Changes of Crude, NGL and Feedstocks

资料来源：国际能源机构。
Source: International Energy Agency.
单位：千吨标准油　　　　(ktoe)

国家或地区	Country or Area	1971	1980	1990	2000	2010	2011	2012
世　界	**World**	**-11801.0**	**-37906.8**	**-11036.4**	**-7755.4**	**-10220.7**	**-1938.5**	
阿尔巴尼亚	Albania			22.0		-90.0		
阿尔及利亚	Algeria	-1098.5	-3124.2	55.8		-186.3	-23.6	
安哥拉	Angola	-285.9	9.2	39.8	2138.0	-1885.8	-190.9	
阿根廷	Argentina	-185.8	-436.3	4.0	134.0	-202.0	-342.0	
澳大利亚	Australia	335.4	-57.2	-305.7	-282.6	-432.0	576.0	244.0
奥地利	Austria	-16.2	335.5	-22.9	-16.3	98.5	209.1	48.7
阿塞拜疆	Azerbaijan			-354.8	50.3	37.2	-59.3	
巴　林	Bahrain	-10.2	-56.1	-10.2	7.1			
孟加拉国	Bangladesh	-40.3	-46.3	33.2	59.4			
白俄罗斯	Belarus			42.2	-53.3	60.3	45.2	
比利时	Belgium	-563.6	69.0	88.9	52.4	-63.3	-7.8	101.9
玻利维亚	Bolivia	23.8	10.4		23.8	-1.0		
巴　西	Brazil	-967.0	2121.5	-1555.0	-1272.5	1184.3	-758.6	
文　莱	Brunei Darussalam	-524.8	-198.1	-16.3	115.4	165.4	-61.3	
保加利亚	Bulgaria			27.5	29.5	-1.0	47.8	
喀麦隆	Cameroon				-14.2	129.8		
加拿大	Canada	79.7	-1057.4	-672.0	-241.8	-1529.7	1064.0	502.5
智　利	Chile	-166.1	61.5	-154.7	-225.8	-2.8	63.6	125.6
哥伦比亚	Colombia		233.1	-28.3	-148.3	17.2	63.6	
刚果(金)	Congo,Dem.Rep.			10.1	17.1	1.0	55.4	
刚果(布)	Congo,Rep.	6.2	-1.0	-43.1		-135.5	-871.7	
哥斯达黎加	Costa Rica	6.0		53.4	44.3	7.0	-24.2	
科特迪瓦	Cote d'Ivoire	73.3	-2.0			-76.4	33.6	
克罗地亚	Croatia			7.1	224.8	3.1	-164.2	
古　巴	Cuba		114.5					
塞浦路斯	Cyprus		12.1	12.2	18.3			
捷　克	Czech Republic		48.9	115.8	114.2	19.2	24.4	42.4
丹　麦	Denmark	7.1	120.2	-19.5	-54.9	40.8	6.1	-228.4
多米尼加	Dominican Republic		56.4			16.1		
厄瓜多尔	Ecuador	-62.9	-157.2	295.0	-78.0	-328.0	-255.0	
埃　及	Egypt		153.4					
萨尔瓦多	El Salvador	6.0	7.0	7.0		26.2	40.3	
埃塞俄比亚	Ethiopia	13.2	-35.6	21.4				
芬　兰	Finland	-78.9	-66.9	547.5	-333.5	-133.7	108.3	30.7
法　国	France	-646.9	-614.9	-413.5	-420.1	313.3	714.6	-311.3
加　蓬	Gabon	158.8	219.9	-1260.3		366.5		

2-6-1 续表 1 continued

单位：千吨标准油 (ktoe)

国家或地区	Country or Area	1971	1980	1990	2000	2010	2011	2012
格鲁吉亚	Georgia			64.3	-14.1	2.0		
德　国	Germany	-1122.1	-2971.1	189.9	3492.8	431.0	808.8	-1140.7
加　纳	Ghana	-20.4		-32.6		-99.8	100.8	
希　腊	Greece	4.1	-247.6	289.3	-102.5	329.7	480.6	-352.7
危地马拉	Guatemala					-22.3	14.2	
洪都拉斯	Honduras	21.1	3.0	2.0				
匈牙利	Hungary	24.9	56.7	-173.3	-82.9	-115.9	62.9	41.2
印度尼西亚	Indonesia	-2310.3	-459.4			266.0	110.1	
伊　朗	Iran				922.2	297.3	1140.5	
伊拉克	Iraq	71.6						
爱尔兰	Ireland	-40.9	-1.0	-191.3	336.6	-48.1	-22.5	134.0
以色列	Israel			370.8		-18.0	495.8	
意大利	Italy	-98.8	834.1	-970.9	-365.3	-964.4	1933.8	-75.2
牙买加	Jamaica			-11.1				
日　本	Japan	-3836.0	-4849.1	-3092.8	-1957.2	345.8	-466.0	53.5
约　旦	Jordan	-22.4	17.3	-12.0	86.1	-45.0	87.1	
哈萨克斯坦	Kazakhstan				-59.1	-991.5	1129.0	
肯尼亚	Kenya	32.2	-36.2	131.7	-441.2	86.4	-3.0	
韩　国	Korea		-408.0	567.0	113.1	-794.6	-11.8	-158.6
科威特	Kuwait	3255.3	-2013.7					
吉尔吉斯斯坦	Kyrgyzstan				50.3	7.0	-12.1	
拉脱维亚	Latvia				-2.8	-0.9	0.9	
利比亚	Libya	288.6						
立陶宛	Lithuania			21.2	-38.5	-10.3	61.2	
马其顿	Macedonia			2.0	2.0	11.3	16.4	
马来西亚	Malaysia		-338.6	100.0	-153.2	-339.5	-1738.8	
墨西哥	Mexico	-47.5	-536.1	-305.5	-918.9	-130.7	515.9	-318.7
摩尔多瓦	Republic of Moldova						-1.0	
蒙　古	Mongolia					-15.1	-1.0	
摩洛哥	Morocco	-181.5	216.0	24.3		203.8	-26.4	
缅　甸	Myanmar	163.5	-152.4	27.2	-9.1	-43.4	5.0	
荷　兰	Netherlands	-1190.2	-947.6	96.0	-952.1	73.7	977.2	-190.3
荷属安的列斯群岛	Netherlands Antilles	1107.7	-2014.0	5.0				
新西兰	New Zealand	0.7	-44.3	80.4	25.6	-46.9	155.2	118.8
尼加拉瓜	Nicaragua	-8.1	-3.0	-1.0	7.8	12.7	-28.3	
尼日利亚	Nigeria				-362.5	680.0		
挪　威	Norway	44.9	-249.8	-1849.4	-654.8	-149.2	-464.9	-103.5
阿　曼	Oman					1329.0	2001.2	

2-6-1 续表 2 continued

单位：千吨标准油 (ktoe)

国家或地区	Country or Area	1971	1980	1990	2000	2010	2011	2012
巴基斯坦	Pakistan			-18.4				
巴拿马	Panama	6.0	-208.4	42.3	2.0			
巴拉圭	Paraguay	-1.0	-1.0	12.1	-4.0			
秘鲁	Peru	-37.8	45.9	-81.7	35.7	85.8	-77.6	
菲律宾	Philippines	-136.7	-356.6		33.7	-121.8	-112.9	
波兰	Poland	-11.0	-523.6	-434.2	-506.6	-329.9	52.8	-135.7
葡萄牙	Portugal		-706.8	-231.9	141.7	86.7	-82.5	213.7
卡塔尔	Qatar	-62.6	55.5	-513.0	1959.9			
罗马尼亚	Romania			108.7	-113.4	113.9	131.9	
俄罗斯	Russia				-236.2	-2455.2	510.5	
沙特阿拉伯	Saudi Arabia					5047.5	-4134.1	
塞内加尔	Senegal		3.1	51.9	25.5	-57.0	10.2	
塞尔维亚	Serbia					117.0	-53.8	
新加坡	Singapore	500.8	1441.2	-1836.0				
斯洛伐克	Slovak Republic	13.0	-68.9	-20.9	68.4	-8.1	-31.1	24.1
斯洛文尼亚	Slovenia			-13.4	17.0			
南非	South Africa		-2657.9	1242.1	-2064.3			
西班牙	Spain	-359.7	125.1	-553.2	-804.0	70.1	-565.9	876.2
斯里兰卡	Sri Lanka		24.7		-77.3	38.1	191.6	
瑞典	Sweden	-371.6	-933.5	-22.1	-120.1	222.5	-47.9	154.4
瑞士	Switzerland	-14.5	-14.4	-58.5	5.2	0.1	-11.5	-2.1
叙利亚	Syrian Arab Republic		-36.1	495.0	1891.5	218.9	360.4	
坦桑尼亚	Tanzania	-135.4	-40.7					
泰国	Thailand	-82.5	-218.9	-81.9	655.6	-25.4	1175.2	
特里尼达和多巴哥	Trinidad and Tobago	-38.3	145.3	-78.7	-157.2	280.5	96.9	
突尼斯	Tunisia	-340.9	-571.6	43.3	-134.9	73.1		
土耳其	Turkey		-48.8	-865.3	-308.3	154.7	316.4	-279.8
乌克兰	Ukraine					59.3	-90.4	
英国	United Kingdom	-1058.4	-1085.1	467.3	1139.5	-16.5	631.7	-271.2
美国	United States	-689.8	-6832.9	2059.3	3341.0	-1609.9	5018.9	-2904.4
乌拉圭	Uruguay	22.4	-16.3	81.9	113.2	58.5	213.0	
委内瑞拉	Venezuela	-525.7	21.4	-2107.7	-720.7			
越南	Vietnam			-85.5	-863.3	-772.7	824.6	
也门	Yemen				15.4			
赞比亚	Zambia			-72.4	-3.1			

注：负数代表库存增加,正数代表库存减少。
Note:the negative numbers represents increase in inventories, while the positive ones represents decrease.

2-6-2 天然气库存变化

Stock Changes of Natural Gas

资料来源：国际能源机构。
Source: International Energy Agency.
单位：千吨标准油 (ktoe)

国家或地区	Country or Area	1971	1980	1990	2000	2010	2011	2012
世　界	**World**	**-10399.5**	**-1628.1**	**-26126.7**	**13175.2**	**17666.2**	**-21984.6**	
奥地利	Austria	-26.1	-172.1	-355.9	-267.0	613.8	-1707.4	-547.8
阿塞拜疆	Azerbaijan			-80.2	18.6	-942.9	310.6	
白俄罗斯	Belarus			-382.4	-163.5	65.6	397.6	
比利时	Belgium	-38.2	-14.8	-57.6	88.6	207.4	-84.5	93.9
玻利维亚	Bolivia		-1.7	-6.6			-190.6	
文　莱	Brunei Darussalam		-15.0	-8.5	13.5		18.0	
保加利亚	Bulgaria			-45.8	176.9	110.3	15.2	
加拿大	Canada	68.0	302.0	-1311.7	7247.8	6653.3	2091.7	941.3
智　利	Chile			-268.2	-61.9	-85.2	-5.1	
克罗地亚	Croatia				-50.4	-57.8	61.8	
捷　克	Czech Republic	-33.0	-136.0	261.3	-151.1	583.3	-447.1	540.6
丹　麦	Denmark			-24.2	-80.2	101.0	-137.1	178.4
法　国	France	-304.4	-857.7	-854.3	-1516.3	2339.9	-1736.2	768.0
格鲁吉亚	Georgia						-4.5	
德　国	Germany	-34.7	-384.8	-303.4	-812.3	3145.8	-1673.6	155.4
希　腊	Greece				-26.3	-3.8	-7.7	-18.7
匈牙利	Hungary	-2.5	-311.1	-68.6	-101.0	-145.6	1105.1	557.1
爱尔兰	Ireland			0.1		-6.9	0.9	2.4
意大利	Italy	-199.2	696.9	-339.4	-2689.6	-427.4	-636.2	-1044.8
日　本	Japan		-76.0	-90.6	-121.9	17.5	-844.0	204.8
哈萨克斯坦	Kazakhstan				-213.4	-11.7	417.1	
韩　国	Korea			44.6	-61.3	-1139.1	-720.0	1734.8
拉脱维亚	Latvia			-180.7	-20.9	558.6	-121.2	
立陶宛	Lithuania				-0.8	7.2	-7.2	
墨西哥	Mexico					-334.1	-228.6	-415.0
摩尔多瓦	Republic of Moldova				1.7	1.3	-0.5	
荷　兰	Netherlands		0.3	-4.2	-3.2	-14.4	-1.1	-85.2
新西兰	New Zealand		-2.6	0.4	2.5	-126.6	-70.5	41.8
巴基斯坦	Pakistan				1.5	-16.1	6.1	
波　兰	Poland		-76.2	-212.9	39.4	237.4	-653.0	-267.3
葡萄牙	Portugal				-5.4	-16.4	-69.6	10.4
罗马尼亚	Romania					353.9	-25.5	
俄罗斯	Russia			-4148.1	-5663.8	-5935.0	-2796.6	
塞尔维亚	Serbia					-21.8	106.5	
斯洛伐克	Slovak Republic		-61.7	-603.2	-63.3	-84.5	-325.3	317.4
西班牙	Spain	-13.9	41.2	7.3	-395.6	134.8	-456.3	121.9
土耳其	Turkey			-0.8	60.5	47.6	625.2	-563.7
乌克兰	Ukraine			-4227.2		10256.4	-4866.1	
英　国	United Kingdom			99.8	-843.8	1377.0	-1567.2	102.1
美　国	United States	-7748.6	540.9	-13040.2	18574.8	523.6	-8132.2	1137.5

注：负数代表库存增加，正数代表库存减少。
Note:the negative numbers represents increase in inventories, while the positive ones represents decrease.

2-6-3 煤和煤制品的库存变化

Stock Changes of Coal and Coal Products

资料来源：国际能源机构。
Source: International Energy Agency.
单位：千吨标准油 (ktoe)

国家或地区	Country or Area	1971	1980	1990	2000	2010	2011	2012
世　界	**World**	**-8836.0**	**-19940.5**	**1641.4**	**65877.4**	**-32412.6**	**-45277.6**	**-78095.3**
阿尔及利亚	Algeria	-270.7		-11.5	78.8	5.4	0.7	
阿根廷	Argentina	-58.4	72.2	-47.9	17.0	14.0	17.0	
澳大利亚	Australia	1372.6	3226.9	-3875.0	5003.2	3779.9	9643.3	10137.7
奥地利	Austria	231.2	15.1	285.8	286.1	8.3	404.4	-144.0
白俄罗斯	Belarus			30.6	-20.7	-1.4	-49.7	
比利时	Belgium	-124.3	-494.1	-223.4	496.5	55.8	-34.7	1.4
波　黑	Bosnia and Herzegovina				19.3	90.0	116.1	
博茨瓦纳	Botswana					0.6	0.6	
巴　西	Brazil	-71.0	-266.8	-165.2	54.3	250.3	-328.3	191.6
保加利亚	Bulgaria	-60.5	-71.6	51.0	-171.5	287.4	-96.4	
加拿大	Canada	11.9	372.2	-1755.4	1474.0	665.1	66.4	117.4
智　利	Chile	15.6	-188.1	-86.4	-88.4	499.6	-354.1	-271.5
哥伦比亚	Colombia	-21.5	42.9	-1979.2	897.0		-18.7	
刚果(金)	Congo,Dem.Rep.			-1.2				
克罗地亚	Croatia			96.7	-47.2	-17.1	11.2	
塞浦路斯	Cyprus				-0.7	5.8	7.3	
捷　克	Czech Republic	-17.2	-224.7	844.4	1273.9	704.3	27.8	-478.2
丹　麦	Denmark	18.2	-176.2	-127.8	202.5	1166.3	-354.5	157.3
埃　及	Egypt	114.3	62.0					
爱沙尼亚	Estonia			234.8	21.3	-22.8	10.1	-12.2
芬　兰	Finland	-278.1	644.5	-285.4	85.9	629.4	-918.7	411.2
法　国	France	565.1	-712.3	-1036.6	-440.4	-277.0	15.2	385.2
格鲁吉亚	Georgia			-20.1	3.8			
德　国	Germany	-4968.0	-789.8	3449.9	2540.2	157.8	-868.4	-256.7
希　腊	Greece	-43.6	-71.9	28.5	47.6	146.9	150.4	232.0
危地马拉	Guatemala					-48.7		
匈牙利	Hungary	-341.1	-107.5	349.0	-124.9	-22.2	83.6	86.8
冰　岛	Iceland					3.2	1.7	
印　度	India	647.5	-4499.9	-5429.6	1089.5	-3472.6	-704.1	
印度尼西亚	Indonesia	-13.8	24.6					
爱尔兰	Ireland	-21.9	-100.7	77.4	133.2	267.3	-158.8	164.9
以色列	Israel		-0.6	-169.2	410.3		164.6	303.6
意大利	Italy	-291.0	-291.5	613.2	-583.6	-193.5	566.9	-209.5
牙买加	Jamaica			1.2				
日　本	Japan	558.3	1105.2	84.5	-114.4	93.4	-87.8	59.7
哈萨克斯坦	Kazakhstan				239.7	-855.0	-210.2	
韩　国	Korea,Rep	113.2	1818.5	2257.2	-822.8	-481.5	-207.1	-225.1
科索沃	Kosovo				30.7	36.9	47.0	
拉脱维亚	Latvia			4.8	11.6	-6.9	-2.5	
立陶宛	Lithuania			22.0	-1.4	7.1	-27.3	

2-6-3 续表 continued

单位：千吨标准油 (ktoe)

国家或地区	Country or Area	1971	1980	1990	2000	2010	2011	2012
卢森堡	Luxembourg	2.7	-19.1					
马其顿	Macedonia			14.7	37.4	-10.6	-115.7	
马来西亚	Malaysia			-111.0	141.8	78.8	90.8	
墨西哥	Mexico	31.9	39.4	-150.0	-264.4	-1466.4	-2333.4	-1875.7
摩尔多瓦	Republic of Moldova			-6.7	19.7	3.2	-5.4	
蒙古	Mongolia			-31.3	-5.5	-526.3	-461.0	-1145.0
黑山	Montenegro						2.0	
摩洛哥	Morocco	-6.3	21.0	27.7	16.5	-22.4	248.8	
莫桑比克	Mozambique						-24.5	-358.2
荷兰	Netherlands	-240.4	75.4	-524.7	-153.2	-1638.9	-67.6	1499.7
新西兰	New Zealand	-17.0	-72.7		138.4	-250.2	-12.6	95.9
尼日利亚	Nigeria		-15.4					
挪威	Norway	0.9	13.9	-8.7	27.0	-152.4	138.4	45.6
巴基斯坦	Pakistan	37.1		269.2				
秘鲁	Peru	18.3	-10.9	6.3	30.7	183.3	231.6	
菲律宾	Philippines		-11.6			-104.5	-247.5	
波兰	Poland	-1544.0	15.6	20.9	1312.8	2758.5	-596.6	-4188.6
葡萄牙	Portugal	128.2	4.8	-348.6	-109.1	28.3	62.3	-99.2
罗马尼亚	Romania	-4.4		-230.8	-38.8	-126.3	353.5	-57.2
俄罗斯	Russia			4125.4	1304.4	5425.5	130.9	
塞尔维亚	Serbia					-202.5	139.6	
斯洛伐克	Slovak Republic		225.8	319.3	-172.3	332.2	75.5	-49.5
斯洛文尼亚	Slovenia			81.9	-1.2	-23.8	9.5	41.6
南非	South Africa				1119.4			
西班牙	Spain	303.6	-1509.1	462.7	134.7	-2090.3	1211.5	1168.6
斯里兰卡	Sri Lanka				-0.6	-8.0	-151.6	-154.7
瑞典	Sweden	-41.3	14.6	151.3	-118.9	-293.6	-79.6	338.7
瑞士	Switzerland	54.5	-178.9	21.2	-51.6	22.2	28.8	-3.5
泰国	Thailand			10.4	-35.4	329.3	-299.6	
突尼斯	Tunisia	-0.6						
土耳其	Turkey	103.4	309.6	323.6	1110.0	660.5	552.6	
乌克兰	Ukraine			96.2		1535.1	-1602.8	-459.8
英国	United Kingdom	-3183.1	-6560.4	962.9	3390.6	4001.2	122.8	1811.9
美国	United States	-607.7	-14670.5	-16253.5	25072.0	7595.1	-2217.5	-3414.1
乌拉圭	Uruguay	5.0						
委内瑞拉	Venezuela				165.0			
越南	Vietnam	4.5	-287.3	57.1	-308.0	97.4		
赞比亚	Zambia		28.3	37.2	-35.4			
津巴布韦	Zimbabwe		7.2		-64.8			

注：负数代表库存增加，正数代表库存减少。
Note:the negative numbers represents increase in inventories, while the positive ones represents decrease.

2-6-4　石油产品库存变化

Stock Changes of Oil Products

资料来源：国际能源机构。
Source: International Energy Agency.
单位：千吨标准油　(ktoe)

国家或地区	Country or Area	1971	1980	1990	2000	2010	2011	2012
世　界	**World**	**-19886.7**	**-9039.4**	**5138.3**	**-12388.4**	**2350.8**	**3054.7**	
阿尔巴尼亚	Albania			19.5				
阿尔及利亚	Algeria	-114.4	585.0	172.2	299.6	-28.7	36.2	
安哥拉	Angola					-142.9	-17.2	
阿根廷	Argentina	-213.5	-89.4	-201.3	279.7	-175.2	123.0	
澳大利亚	Australia	-137.5	-459.5	-494.3	312.9	331.2	-350.5	-319.3
奥地利	Austria	-275.1	-643.7	-205.9	246.7	273.0	-76.6	387.8
阿塞拜疆	Azerbaijan			-99.0	-40.3	100.5	17.4	
巴　林	Bahrain	-852.4	-40.2	37.1	-166.4	-123.6	-24.9	
孟加拉国	Bangladesh	-67.8	24.9	-102.4	76.7			
白俄罗斯	Belarus			90.1	186.4	-19.6	272.1	
比利时	Belgium	-464.0	-340.5	268.0	-98.7	-472.4	-199.5	-506.3
贝　宁	Benin			-3.2	2.7	-3.1		
玻利维亚	Bolivia	-58.8	19.2	9.5	24.5	18.9	29.7	
巴　西	Brazil	-298.4	-608.7	-382.9	-757.0	-304.7	-237.4	
文　莱	Brunei Darussalam		0.9	-1.1	14.5	3.0	3.3	
保加利亚	Bulgaria			1024.8	92.4	-99.9	-17.1	
喀麦隆	Cameroon			154.7	37.0	170.3		
加拿大	Canada	-979.2	-564.1	-282.4	37.8	1547.9	-205.9	47.5
智　利	Chile	-171.4	45.1	-64.5	181.8	-57.6	70.0	-126.0
哥伦比亚	Colombia	1.1	-95.5	-78.0	41.3	-147.0	-6.1	
刚果(金)	Congo,Dem.Rep.			1.1				
刚果(布)	Congo,Rep.					-2.5	26.8	
哥斯达黎加	Costa Rica	2.5	-15.0	-18.4	74.3	-23.7	10.3	
科特迪瓦	Cote d'Ivoire	-15.5	159.2			2.3		
克罗地亚	Croatia			-11.6	-28.2	-43.9	145.0	
古　巴	Cuba	-88.6	122.4					
塞浦路斯	Cyprus	3.1	-26.9	10.3	-25.5	-116.3	114.8	
捷　克	Czech Republic		-47.6	37.3	-133.3	21.5	41.4	37.0
丹　麦	Denmark	-478.8	8.1	335.0	359.2	-261.0	651.8	68.6
多米尼加	Dominican Republic		-15.4	6.9		-19.3	-36.1	
厄瓜多尔	Ecuador		7.5	-216.0	-396.9	816.8	53.6	
埃　及	Egypt		-238.6	-33.2	480.1	238.4	193.2	
萨尔瓦多	El Salvador	1.1	-4.1	16.2	11.5	-1.1	52.9	
厄立特里亚	Eritrea					4.4		
爱沙尼亚	Estonia			-102.2	-13.3	34.6	-3.8	8.6
埃塞俄比亚	Ethiopia	-52.9		-16.0	53.6	-9.9		
芬　兰	Finland	-735.5	-275.7	-541.7	-199.3	843.4	-177.2	335.1
法　国	France	-914.8	-1797.6	643.9	-1129.9	215.8	-390.0	765.4
加　蓬	Gabon		-1.0	64.1	69.4	-11.7	-9.6	
格鲁吉亚	Georgia			8.6	12.0		3.1	
德　国	Germany	-705.6	-1409.4	1350.9	-872.6	-407.3	779.1	116.8

2-6-4 续表 1 continued

单位：千吨标准油 (ktoe)

国家或地区	Country or Area	1971	1980	1990	2000	2010	2011	2012
加纳	Ghana	3.7	-19.2	13.1				
直布罗陀	Gibraltar			-1.0				
希腊	Greece	-15.1	-464.4	-77.1	-210.0	-209.8	396.9	-46.9
危地马拉	Guatemala	-2.3	17.8	49.9	93.4	72.8	-10.7	
海地	Haiti		1.1	7.5				
洪都拉斯	Honduras	-6.2	9.0	9.3	-4.6		10.6	
匈牙利	Hungary	-82.0	23.2	-16.6	56.8	26.9	46.4	-44.8
冰岛	Iceland	3.1	26.5	2.7	-38.5	31.1	-4.1	4.1
印度	India	153.7	264.4	94.8				
印度尼西亚	Indonesia	-209.9	-273.3	-3.2	2.1	-350.2	78.0	
伊朗	Iran				272.7	-786.5	-453.6	
伊拉克	Iraq		148.0			164.9	40.6	
爱尔兰	Ireland	-58.7	-34.1	-27.7	-232.8	229.5	-107.9	-79.1
以色列	Israel		-46.0	91.5		18.6	217.6	59.6
意大利	Italy	-1587.2	-1565.2	-1148.6	-964.3	-10.1	-1380.7	957.8
牙买加	Jamaica		8.3	-10.9	-166.0	80.1	93.1	
日本	Japan	-1110.8	-211.2	-454.3	-1744.0	135.9	371.0	-1336.2
约旦	Jordan	-68.4	-88.5	-162.3	18.3	-70.6	188.1	
哈萨克斯坦	Kazakhstan				64.6	-256.4	426.5	
肯尼亚	Kenya	19.8	-114.5					
韩国	Korea,Rep	332.2	150.1	-613.1	-1133.9	-574.0	-168.9	-1315.9
朝鲜	Korea.Dem				-36.5			
科索沃	Kosovo							
科威特	Kuwait		33.5	348.1	398.7	951.5	432.6	
吉尔吉斯斯坦	Kyrgyzstan					82.3	-44.4	
拉脱维亚	Latvia			-19.8	68.9	97.4	-48.5	
黎巴嫩	Lebanon	-11.5	-147.3					
利比亚	Libya	5.2	-234.6	-106.5		-1847.4		
立陶宛	Lithuania			-321.9	-320.0	-79.7	33.0	
卢森堡	Luxembourg	2.2	-1.7	-11.3	-49.3	17.4	11.3	-15.3
马其顿	Macedonia			-1.5	25.2	8.9	9.8	
马来西亚	Malaysia		-115.0	-70.5	211.5	587.2	195.5	
马耳他	Malta				-3.7	18.7	-27.8	
墨西哥	Mexico	-134.6	-331.2	-65.6	-426.9	-436.0	-365.6	-281.1
摩尔多瓦	Republic of Moldova				-24.9	34.8	-11.3	
摩洛哥	Morocco	23.0	121.6	-100.5	37.8	-554.9	-372.1	
莫桑比克	Mozambique	-5.3		17.6	-37.7			
缅甸	Myanmar			-4.3	78.3	173.7	72.1	
尼泊尔	Nepal					8.8	-4.4	
荷兰	Netherlands	509.2	237.0	229.4	-1371.6	1134.8	1164.7	-786.5
荷属安的列斯群岛	Netherlands Antilles			-20.8				
新西兰	New Zealand	0.3	-18.1	-72.8	95.3	90.1	-111.7	-67.5
尼加拉瓜	Nicaragua	6.1	7.9	-13.0	27.4	92.4	-19.4	

2-6-4　续表 2　continued

单位：千吨标准油　(ktoe)

国家或地区	Country or Area	1971	1980	1990	2000	2010	2011	2012
尼日利亚	Nigeria	-118.7	-11.7	54.8	-722.5	251.3	534.6	
挪　威	Norway	224.7	-150.2	17.1	242.3	289.2	-251.0	-105.7
阿　曼	Oman		-6.2	-91.1	7.6	213.7	-180.3	
巴基斯坦	Pakistan	195.7	-192.7	-312.4	57.8	-293.1	252.1	
巴拿马	Panama	-48.1	63.1	-77.6	14.0	327.2	537.6	
巴拉圭	Paraguay	-5.9	-2.7	-14.7	-40.0	95.1	105.8	
秘　鲁	Peru	-98.2	49.7	20.7	-153.3	22.5	113.1	
菲律宾	Philippines	192.9	-359.7	-441.0	74.2	-94.6	175.0	
波　兰	Poland	-113.0	32.4	-389.1	-323.0	38.6	72.7	137.3
葡萄牙	Portugal	9.3	-10.5	123.3	-31.5	122.6	51.3	-22.2
卡塔尔	Qatar		62.2		6.7	-356.3	-672.1	
罗马尼亚	Romania			-148.2	331.1	-200.4	296.3	
俄罗斯	Russia			9591.1	-224.0	-910.0	-521.9	
沙特阿拉伯	Saudi Arabia		263.7			2612.2	-863.4	
塞内加尔	Senegal	20.1	-103.2	13.8	0.9			
塞尔维亚	Serbia					-60.0	-1.9	
新加坡	Singapore	-1382.2	1290.0	1258.8	-274.4	157.8	1246.6	
斯洛伐克	Slovak Republic		46.5	-66.7	86.3	46.9	-16.2	-18.0
斯洛文尼亚	Slovenia			-40.1	-54.8	-12.9	11.9	-20.1
西班牙	Spain	-784.4	403.9	-55.6	-152.7	-118.6	597.9	975.8
斯里兰卡	Sri Lanka		-2.3	1.7	96.9	485.0	168.8	
苏　丹	Sudan		27.6	-28.5	133.8	37.5	16.8	
瑞　典	Sweden	-819.9	-1364.4	61.4	-3.5	814.0	271.1	533.3
瑞　士	Switzerland	-101.0	-195.2	151.8	464.6	16.1	164.3	-157.3
叙利亚	Syrian Arab Republic	-64.2	-59.1			-712.1		
坦桑尼亚	Tanzania	15.7	-12.8	-2.1				
泰　国	Thailand	13.4	-286.7	9.9	-784.1	247.6	356.4	
多哥	Togo			3.3	-2.1			
特里尼达和多巴哥	Trinidad and Tobago	-186.8	53.4	-76.1	-40.4	98.6	173.3	
突尼斯	Tunisia	52.0	-143.7	255.5	298.8	47.2	-0.8	
土耳其	Turkey	-367.0	-296.4	-290.1	-348.2	-276.9	58.7	-554.5
乌克兰	Ukraine			1019.8		-7.0	28.7	
英　国	United Kingdom	-1604.2	1196.4	517.5	-367.0	766.2	246.5	231.6
美　国	United States	-3837.0	-53.6	-10493.3	-61.6	328.7	2791.1	-565.8
乌拉圭	Uruguay	37.0	-61.2	-38.0	-39.5	32.4	-37.2	
委内瑞拉	Venezuela	-1464.5	-440.5	-80.7	142.5	1366.0	49.0	
越　南	Vietnam			-190.6		1594.2	1716.5	
也　门	Yemen		13.1		-6.8			
赞比亚	Zambia		1.1	-5.1		-43.0	-45.9	
津巴布韦	Zimbabwe		0.0	4.2	54.6			

注：负数代表库存增加，正数代表库存减少。
Note:the negative numbers represents increase in inventories, while the positive ones represents decrease.

主要统计指标解释

能源生产量　指一定时期内一个国家或地区的一次能源生产量总和。一次能源生产量包括原煤、原油、天然气、水电、核能及其他动力能(如风能、地热能等)发电量，不包括低热值燃料生产量、生物质能、太阳能等的利用和由一次能源加工转换而成的二次能源产量。

一次能源供应总量　等于国内生产+进口－出口－国际船舶燃油－国际航空燃油+／－库存变化。

终端消费总量　等于使用部门的最终消费总和，但不包括用于加工转化过程和能源生产行业自用的能源。

能源自给率　是能源的生产量除以能源的供应量。

库存变化　是国家范围内由由生产商、进口商、能源转换工业和大型消费者持有的年初库存和年末库存水平的变化。负数表示库存增加，正数表示库存下降。

煤制品　指直接或间接对各类煤进行处理得到的产品，处理过程有碳化、热解工艺、细碎煤炭的聚集或与氧化剂(包括水）的化学反应等。

原油　是一种矿物油，它是由天然的碳氢化合物组成的复杂混合物。它在正常的温度和压力下为液态，其物理特性（密度，粘度等）是高度可变的。

天然气凝析液　是在天然气净化和稳定过程中产生的液体或液化烃。它是通过天然气的液态分离器、相关领域的设备和处理厂回收产生的。它包括乙烷，丙烷，丁烷，戊烷，天然汽油和凝析油等化合物。

给料　是指在炼油之前需要进一步加工处理的原油(如直馏燃料油或蜡油）。它被转换成一个或多个衍生品和其他制成品。

石油　是指化石来源的液态烃。包括（i）原油;（ii）液态天然气（NGL）;（iii）原油精炼出来的全部或部分产品。(iv）来源于植物或动物的功能相似的液体烃类和有机化工产品。

石油产品　包括炼厂气，乙烷，液化石油气、航空汽油、车用汽油、喷气燃料、煤油、汽油/柴油、燃料油、石脑油、溶剂油、润滑油、沥青、石蜡、石油焦等石油产品。石油产品一般可以通过蒸馏技术获得，通常在炼油企业外部使用。不包括那些被归为炼油厂给料的成品。

天然气　是一种烃类气体，主要是甲烷的混合物，但一般还包括乙烷、丙烷和更少量的高烃类和不燃气体，如氮气和二氧化碳。

生物燃料和废物　包括固体生物燃料、液体生物燃料、沼气、工业废物和城市废物等。

Explanatory Notes on Main Statistical Indicators

Energy Production refers to the total production of primary energy by all energy producing enterprises in the country in a given period of time. The production of primary energy includes that of coal, crude oil, natural gas, hydro-power and electricity generated by nuclear energy and other means such as wind power and geothermal power. However, it does not include the production of fuels of low calorific value, bio-energy, solar energy and secondary energy converted from primary energy.

Total Primary Energy Supply made up of: Indigenous production + imports – exports – international marine bunkers – international aviation bunkers +/– stock changes.

Total Final Consumption（TFC） equal to the sum of the consumption in the end-use sectors. Energy used for transformation processes and for own use of the energy producing industries is excluded.

Energy Self-sufficiency is energy production divided by energy supply.

Stock Changes reflect the difference between opening stock levels at the first day of the year and closing levels on the last day of the year of stocks on national territory held by producers, importers, energy transformation industries and large consumers. A stock build is shown as a negative number, and a stock draw as a positive number.

Coal Products refer to products derived directly or indirectly from the various classes of coal by carbonisation or pyrolysis processes, or by the aggregation of finely divided coal or by chemical reactions with oxidising agents, including water.

Crude Oil is a mineral oil consisting of a mixture of hydrocarbons of natural origin and associated impurities, such as sulphur. It exists in the liquid phase under normal surface temperatures and pressure and its physical characteristics (density, viscosity, etc.) are highly variable.

Natural Gas Liquids（NGLs） are the liquid or liquefied hydrocarbons produced in the manufacture, purification and stabilisation of natural gas. These are those portions of natural gas which are recovered as liquids in separators, field facilities, or gas processing plants. NGLs include but are not limited to ethane, propane, butane, pentane, natural gasoline and condensate.

Feedstocks is a processed oil destined for further processing (e.g. straight run fuel oil or vacuum gas oil) other than blending in the refining industry. It is transformed into one or more components and/or finished products.

Oil refers to liquid hydrocarbons of fossil origins comprising (i) crude oil;(ii) liquids extracted from natural gas (NGL); (iii) fully or partly processed products from the refining of crude oil, and (iv) functionally similar liquid hydrocarbons and organic chemicals from vegetal or animal origins.

Oil Products comprise refinery gas, ethane, LPG, aviation gasoline, motor gasoline, jet fuels, kerosene, gas/diesel oil, fuel oil, naphtha, white spirit, lubricants, bitumen, paraffin waxes, petroleum coke and other oil products. Oil products are any oil-based products which can be obtained by distillation and are normally used outside the refining industry. The exceptions to this are those finished products which are classified as refinery feedstocks.

Natural Gas is a mixture of gaseous hydrocarbons, primarily methane, but generally also including ethane, propane and higher hydrocarbons in much smaller amounts and some noncombustible gases such as nitrogen and carbon dioxide.

Biofuels and Waste is comprised of solid biofuels, liquid biofuels, biogases, industrial waste and municipal waste.

第三篇　环境

Environment

第一章 气候和空气环境

Climate and Air Environment

3-1-1 长期平均降水深度(2011年)
Long-term Average Precipitation in Depth(2011)

资料来源：联合国粮农组织数据库。
Source:FAO Database.

单位：毫米/年 (mm/year)

国家或地区	Country or Area	平均降水深度 Average Precipitation in Depth	国家或地区	Country or Area	平均降水深度 Average Precipitation in Depth
阿富汗	Afghanistan	327	捷克	Czech Republic	677
阿尔巴尼亚	Albania	1485	科特迪瓦	Cote d'Ivoire	1348
阿尔及利亚	Algeria	89	朝鲜	Korea Dem.	1054
安哥拉	Angola	1010	丹麦	Denmark	703
安提瓜和巴布达	Antigua and Barbuda	1030	吉布提	Djibouti	220
阿根廷	Argentina	591	多米尼克	Dominica	2083
亚美尼亚	Armenia	562	多米尼加	Dominican Rep.	1410
澳大利亚	Australia	534	厄瓜多尔	Ecuador	2087
奥地利	Austria	1110	埃及	Egypt	51
阿塞拜疆	Azerbaijan	447	萨尔瓦多	El Salvador	1724
巴哈马	Bahamas	1292	赤道几内亚	Equatorial Guinea	2156
巴林	Bahrain	83	爱沙尼亚	Estonia	626
孟加拉国	Bangladesh	2666	埃塞俄比亚	Ethiopia	848
巴巴多斯	Barbados	1422	斐济	Fiji	2592
白俄罗斯	Belarus	618	芬兰	Finland	536
比利时	Belgium	847	法国	France	867
伯利兹	Belize	1705	加蓬	Gabon	1831
贝宁	Benin	1039	冈比亚	Gambia	836
不丹	Bhutan	2200	格鲁吉亚	Georgia	1026
玻利维亚	Bolivia	1146	德国	Germany	700
波黑	Bosnia and Herzegovina	1028	加纳	Ghana	1187
博茨瓦纳	Botswana	416	希腊	Greece	652
巴西	Brazil	1782	格林纳达	Grenada	2350
文莱	Brunei Darussalam	2722	危地马拉	Guatemala	1996
保加利亚	Bulgaria	608	几内亚	Guinea	1651
布基纳法索	Burkina Faso	748	几内亚比绍	Guinea-Bissau	1577
布隆迪	Burundi	1274	圭亚那	Guyana	2387
柬埔寨	Cambodia	1904	海地	Haiti	1440
喀麦隆	Cameroon	1604	洪都拉斯	Honduras	1976
加拿大	Canada	537	匈牙利	Hungary	589
佛得角	Cape Verde	228	冰岛	Iceland	1940
中非	Central African Rep.	1343	印度	India	1083
乍得	Chad	322	印度尼西亚	Indonesia	2702
智利	Chile	1522	伊朗	Iran	228
哥伦比亚	Colombia	2612	伊拉克	Iraq	216
科摩罗	Comoros	900	爱尔兰	Ireland	1118
刚果(金)	Congo,Dem.Rep.	1543	以色列	Israel	435
刚果(布)	Congo	1646	意大利	Italy	832
哥斯达黎加	Costa Rica	2926	牙买加	Jamaica	2051
克罗地亚	Croatia	1113	日本	Japan	1668
古巴	Cuba	1335	约旦	Jordan	111
塞浦路斯	Cyprus	498	哈萨克斯坦	Kazakhstan	250

3-1-1 续表 continued

单位: 毫米/年 (mm/year)

国家或地区	Country or Area	平均降水深度 Average Precipitation in Depth	国家或地区	Country or Area	平均降水深度 Average Precipitation in Depth
肯尼亚	Kenya	630	罗马尼亚	Romania	637
科威特	Kuwait	121	俄罗斯	Russia	460
吉尔吉斯斯坦	Kyrgyzstan	533	卢旺达	Rwanda	1212
老挝	Laos	1834	圣基茨和尼维斯	Saint Kitts and Nevis	1427
拉脱维亚	Latvia	641	圣卢西亚	Saint Lucia	2301
黎巴嫩	Lebanon	661	圣文森特和格林纳丁斯	Saint Vincent and the Grenadines	1583
莱索托	Lesotho	788	圣多美和普林西比	Sao Tome and Principe	3200
利比里亚	Liberia	2391	沙特阿拉伯	Saudi Arabia	59
利比亚	Libya	56	塞内加尔	Senegal	686
立陶宛	Lithuania	656	塞舌尔	Seychelles	2330
卢森堡	Luxembourg	934	塞拉利昂	Sierra Leone	2526
马达加斯加	Madagascar	1513	新加坡	Singapore	2497
马拉维	Malawi	1181	斯洛伐克	Slovakia	824
马来西亚	Malaysia	2875	斯洛文尼亚	Slovenia	1162
马尔代夫	Maldives	1972	所罗门群岛	Solomon Islands	3028
马里	Mali	282	索马里	Somalia	282
马耳他	Malta	560	南非	South Africa	495
毛里塔尼亚	Mauritania	92	西班牙	Spain	636
毛里求斯	Mauritius	2041	斯里兰卡	Sri Lanka	1712
墨西哥	Mexico	752	苏丹	Sudan and South Sudan	416
蒙古	Mongolia	241	苏里南	Suriname	2331
摩洛哥	Morocco	346	斯威士兰	Swaziland	788
莫桑比克	Mozambique	1032	瑞典	Sweden	624
缅甸	Myanmar	2091	瑞士	Switzerland	1537
纳米比亚	Namibia	285	叙利亚	Syrian Arab Republic	252
尼泊尔	Nepal	1500	塔吉克斯坦	Tajikistan	691
荷兰	Netherlands	778	泰国	Thailand	1622
新西兰	New Zealand	1732	东帝汶	Timor-Leste	1500
尼加拉瓜	Nicaragua	2391	多哥	Togo	1168
尼日尔	Niger	151	特立尼达和多巴哥	Trinidad and Tobago	2200
尼日利亚	Nigeria	1150	突尼斯	Tunisia	207
挪威	Norway	1414	土耳其	Turkey	593
巴勒斯坦	Palestinian	402	土库曼斯坦	Turkmenistan	161
阿曼	Oman	125	乌干达	Uganda	1180
巴基斯坦	Pakistan	494	乌克兰	Ukraine	1875
巴拿马	Panama	2692	阿联酋	United Arab Emirates	78
巴布亚新几内亚	Papua New Guinea	3142	英国	United Kingdom	1220
巴拉圭	Paraguay	1130	坦桑尼亚	United Republic of Tanzania	1071
秘鲁	Peru	1738	美国	United States of America	715
菲律宾	Philippines	2348	乌拉圭	Uruguay	1265
波兰	Poland	600	乌兹别克斯坦	Uzbekistan	206
葡萄牙	Portugal	854	委内瑞拉	Venezuela	1875
波多黎各	Puerto Rico	2054	越南	Viet Nam	1821
卡塔尔	Qatar	74	也门	Yemen	167
韩国	Korea,Rep.	1274	赞比亚	Zambia	1020
摩尔多瓦	Republic of Moldova	450	津巴布韦	Zimbabwe	657

3-1-2　长期平均降雨量(2011年)

Long-term Average Precipitation in Volume in 2011

资料来源：联合国FAO数据库。
Source:FAO Database.
单位：十亿立方米 (billion m^3)

国家或地区	Country or Area	平均降雨量 Average Precipitation in Volume	国家或地区	Country or Area	平均降雨量 Average Precipitation in Volume
阿富汗	Afghanistan	213.30	吉布提	Djibouti	5.10
阿尔巴尼亚	Albania	42.69	多米尼克	Dominica	1.56
阿尔及利亚	Algeria	212.00	多米尼加	Dominican Rep.	68.62
安道尔	Andorra	0.47	厄瓜多尔	Ecuador	535.00
安哥拉	Angola	1259.00	埃及	Egypt	51.07
安提瓜和巴布达	Antigua and Barbuda	0.45	萨尔瓦多	El Salvador	36.27
阿根廷	Argentina	1643.00	赤道几内亚	Equatorial Guinea	60.48
亚美尼亚	Armenia	16.71	爱沙尼亚	Estonia	28.31
澳大利亚	Australia	4134.00	埃塞俄比亚	Ethiopia	936.40
奥地利	Austria	93.11	斐济	Fiji	47.36
阿塞拜疆	Azerbaijan	38.71	芬兰	Finland	181.40
巴哈马	Bahamas	17.93	法国	France	476.10
巴林	Bahrain	0.06	加蓬	Gabon	490.10
孟加拉国	Bangladesh	383.90	冈比亚	Gambia	9.45
巴巴多斯	Barbados	0.61	格鲁吉亚	Georgia	71.51
白俄罗斯	Belarus	128.30	德国	Germany	250.00
比利时	Belgium	25.86	加纳	Ghana	283.10
伯利兹	Belize	39.16	希腊	Greece	86.04
贝宁	Benin	119.20	格林纳达	Grenada	0.80
不丹	Bhutan	84.46	危地马拉	Guatemala	217.30
玻利维亚	Bolivia	1259.00	几内亚	Guinea	405.90
波黑	Bosnia and Herzegovina	52.64	几内亚比绍	Guinea-Bissau	56.98
博茨瓦纳	Botswana	242.00	圭亚那	Guyana	513.10
巴西	Brazil	15174.00	海地	Haiti	39.96
文莱	Brunei Darussalam	15.71	洪都拉斯	Honduras	222.30
保加利亚	Bulgaria	67.49	匈牙利	Hungary	54.79
布基纳法索	Burkina Faso	205.10	冰岛	Iceland	199.80
布隆迪	Burundi	35.46	印度	India	3560.00
柬埔寨	Cambodia	344.70	印度尼西亚	Indonesia	5146.00
喀麦隆	Cameroon	762.60	伊朗	Iran	397.90
加拿大	Canada	5362.00	伊拉克	Iraq	94.01
佛得角	Cape Verde	0.92	爱尔兰	Ireland	78.57
中非共和国	Central African Rep.	836.70	以色列	Israel	9.60
乍得	Chad	413.40	意大利	Italy	250.70
智利	Chile	1151.00	牙买加	Jamaica	22.54
哥伦比亚	Colombia	2982.00	日本	Japan	630.40
科摩罗	Comoros	1.68	约旦	Jordan	9.92
刚果(布)	Congo	562.90	哈萨克斯坦	Kazakhstan	681.20
哥斯达黎加	Costa Rica	149.50	肯尼亚	Kenya	365.60
克罗地亚	Croatia	62.98	科威特	Kuwait	2.16
古巴	Cuba	146.70	吉尔吉斯斯坦	Kyrgyzstan	106.60
塞浦路斯	Cyprus	4.61	老挝	Laos	434.30
捷克	Czech Republic	53.39	拉脱维亚	Latvia	41.33
科特迪瓦	Cote d'Ivoire	434.70	黎巴嫩	Lebanon	6.91
朝鲜	Korea,Dem.	127.00	莱索托	Lesotho	23.92
刚果(金)	Congo,Dem.Rep.	3618.00	利比里亚	Liberia	266.30
丹麦	Denmark	30.29	利比亚	Libya	98.53

3-1-2 续表 continued

单位：十亿立方米 (billion m^3)

国家或地区	Country or Area	平均降雨量 Average Precipitation in Volume	国家或地区	Country or Area	平均降雨量 Average Precipitation in Volume
立陶宛	Lithuania	42.84	圣文森特和格林纳丁斯	Saint Vincent and the Grenadines	0.62
卢森堡	Luxembourg	2.42	圣多美和普林西比	Sao Tome and Principe	3.07
马达加斯加	Madagascar	888.20	沙特阿拉伯	Saudi Arabia	126.80
马拉维	Malawi	139.90	塞内加尔	Senegal	134.90
马来西亚	Malaysia	951.00	塞尔维亚	Serbia	49.98
马尔代夫	Maldives	0.59	塞舌尔	Seychelles	1.07
马里	Mali	349.70	塞拉利昂	Sierra Leone	181.20
马耳他	Malta	0.18	新加坡	Singapore	1.77
毛里塔尼亚	Mauritania	94.82	斯洛伐克	Slovakia	40.41
毛里求斯	Mauritius	4.16	斯洛文尼亚	Slovenia	23.55
墨西哥	Mexico	1477.00	所罗门群岛	Solomon Islands	87.51
蒙古	Mongolia	377.00	索马里	Somalia	179.80
摩洛哥	Morocco	154.50	南非	South Africa	603.40
莫桑比克	Mozambique	825.00	西班牙	Spain	321.60
缅甸	Myanmar	1415.00	斯里兰卡	Sri Lanka	112.30
纳米比亚	Namibia	234.90	苏丹	Sudan and South Sudan	1050.00
尼泊尔	Nepal	220.80	苏里南	Suriname	381.90
荷兰	Netherlands	32.32	斯威士兰	Swaziland	13.68
新西兰	New Zealand	463.70	瑞典	Sweden	281.00
尼加拉瓜	Nicaragua	311.70	瑞士	Switzerland	63.45
尼日尔	Niger	191.30	叙利亚	Syrian Arab Republic	46.67
尼日利亚	Nigeria	1062.00	塔吉克斯坦	Tajikistan	98.50
挪威	Norway	457.80	泰国	Thailand	832.30
巴勒斯坦	Palestinian	2.42	东帝汶	Timor-Leste	22.30
阿曼	Oman	38.69	多哥	Togo	66.33
巴基斯坦	Pakistan	393.30	特立尼达和多巴哥	Trinidad and Tobago	11.29
巴拿马	Panama	203.00	突尼斯	Tunisia	33.87
巴布亚新几内亚	Papua New Guinea	1454.00	土耳其	Turkey	464.70
巴拉圭	Paraguay	459.60	土库曼斯坦	Turkmenistan	78.58
秘鲁	Peru	2234.00	乌干达	Uganda	285.00
菲律宾	Philippines	704.40	乌克兰	Ukraine	1132.00
波兰	Poland	187.60	阿联酋	United Arab Emirates	6.52
葡萄牙	Portugal	78.64	英国	United Kingdom	297.20
波多黎各	Puerto Rico	18.22	坦桑尼亚	United Republic of Tanzania	1015.00
卡塔尔	Qatar	0.86	美国	United States of America	7030.00
韩国	Korea,Rep.	127.30	乌拉圭	Uruguay	222.90
摩尔多瓦	Republic of Moldova	15.23	乌兹别克斯坦	Uzbekistan	92.16
罗马尼亚	Romania	151.90	委内瑞拉	Venezuela	1710.00
俄罗斯	Russia	7865.00	越南	Viet Nam	602.70
卢旺达	Rwanda	31.92	也门	Yemen	88.17
圣基茨和尼维斯	Saint Kitts and Nevis	0.37	赞比亚	Zambia	767.70
圣卢西亚	Saint Lucia	1.43	津巴布韦	Zimbabwe	256.70

3-1-3 受威胁物种数量(2012年)
Number of Threatened Species(2012)

资料来源：世界银行WDI数据库。
Source:World Bank WDI Database.

单位：种 (number)

国家或地区	Country or Area	受威胁鱼类数量 Fish Species, Threatened	受威胁哺乳动物数量 Mammal Species, Threatened
阿富汗	Afghanistan	2	14
阿尔巴尼亚	Albania		6
阿尔及利亚	Algeria	13	11
美国萨摩亚	American Samoa	1	8
安道尔	Andorra		1
安哥拉	Angola	33	25
安提瓜和巴布达	Antigua and Barbuda	4	1
阿根廷	Argentina	36	50
亚美尼亚	Armenia	1	13
阿鲁巴	Aruba	1	1
澳大利亚	Australia	46	51
奥地利	Austria	10	9
阿塞拜疆	Azerbaijan		15
巴哈马	Bahamas	5	6
巴林	Bahrain		3
孟加拉国	Bangladesh	16	31
巴巴多斯	Barbados	2	2
白俄罗斯	Belarus	1	6
比利时	Belgium		4
伯利兹	Belize	27	5
贝宁	Benin	13	9
百慕大	Bermuda	3	1
不丹	Bhutan	2	18
玻利维亚	Bolivia	73	53
博茨瓦纳	Botswana	1	10
巴西	Brazil	400	152
文莱	Brunei Darussalam	98	24
保加利亚	Bulgaria	6	14
布基纳法索	Burkina Faso	3	9
布隆迪	Burundi	3	12
柬埔寨	Cambodia	32	26
喀麦隆	Cameroon	376	24
加拿大	Canada	1	16
佛得角	Cape Verde	3	4
开曼群岛	Cayman Islands	2	1
中非共和国	Central African Rep.	17	13
乍得	Chad	3	11
智利	Chile	34	33
哥伦比亚	Colombia	215	112
科摩罗	Comoros	4	9
刚果(金)	Congo, Dem.	85	35
刚果(布)	Congo, Rep.	37	4
哥斯达黎加	Costa Rica	113	22
科特迪瓦	Cote d'Ivoire	104	20
克罗地亚	Croatia	6	12
古巴	Cuba	155	17
库拉索	Curacao		1
塞浦路斯	Cyprus	16	5
捷克	Czech Republic	9	7
丹麦	Denmark	1	4
吉布提	Djibouti	2	9
多米尼克	Dominica	9	3
多米尼加	Dominican Rep.	29	14
厄瓜多尔	Ecuador	1714	93
埃及	Egypt	2	10
萨尔瓦多	El Salvador	23	6
赤道几内亚	Equatorial Guinea	67	6
厄立特里亚	Eritrea	4	14
爱沙尼亚	Estonia		5
埃塞俄比亚	Ethiopia	25	26
法罗群岛	Faeroe Islands		1
斐济	Fiji	61	14
芬兰	Finland	1	6
法国	France	28	9
加蓬	Gabon	119	5
冈比亚	Gambia	4	10
格鲁吉亚	Georgia		11
德国	Germany	14	7
加纳	Ghana	115	17
希腊	Greece	55	12
格陵兰	Greenland		1
格林纳达	Grenada	3	1
关岛	Guam	3	14
危地马拉	Guatemala	73	14
几内亚	Guinea	22	17
几内亚比绍	Guinea-Bissau	4	9
圭亚那	Guyana	21	13
海地	Haiti	29	13
洪都拉斯	Honduras	107	11
匈牙利	Hungary	9	10
印度	India	300	80
印度尼西亚	Indonesia	385	122
伊朗	Iran	2	22
伊拉克	Iraq	1	16
爱尔兰	Ireland	1	3
以色列	Israel		14
意大利	Italy	62	10
牙买加	Jamaica	206	10
日本	Japan	7	40
约旦	Jordan	1	10
哈萨克斯坦	Kazakhstan	17	22
肯尼亚	Kenya	128	34
朝鲜	Korea, Dem. Rep.	6	25
韩国	Korea, Rep.	4	29
科威特	Kuwait		8
吉尔吉斯共和国	Kyrgyz Republic	14	12
老挝	Laos	24	24
拉脱维亚	Latvia		6
黎巴嫩	Lebanon	1	9
莱索托	Lesotho	4	7

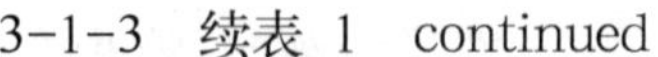

3-1-3 续表 1 continued

单位：种 (number)

国家或地区	Country or Area	受威胁鱼类数量 Fish Species, Threatened	受威胁哺乳动物数量 Mammal Species, Threatened	国家或地区	Country or Area	受威胁鱼类数量 Fish Species, Threatened	受威胁哺乳动物数量 Mammal Species, Threatened
利比里亚	Liberia	47	13	沙特阿拉伯	Saudi Arabia	3	15
利比亚	Libya	3	4	塞内加尔	Senegal	9	13
立陶宛	Lithuania	1	6	塞尔维亚	Serbia	3	11
卢森堡	Luxembourg		1	塞舌尔	Seychelles	55	10
马其顿	Macedonia		11	塞拉利昂	Sierra Leone	48	13
马达加斯加	Madagascar	358	35	新加坡	Singapore	57	15
马拉维	Malawi	16	15	斯洛伐克	Slovak Republic	6	8
马来西亚	Malaysia	676	45	斯洛文尼亚	Slovenia	7	5
马里	Mali	7	13	所罗门群岛	Solomon Islands	16	20
马耳他	Malta	4	3	索马里	Somalia	23	14
马绍尔群岛	Marshall Islands		4	南非	South Africa	67	41
毛里塔尼亚	Mauritania		13	南苏丹	South Sudan		14
毛里求斯	Mauritius	88	11	西班牙	Spain	205	12
墨西哥	Mexico	196	61	斯里兰卡	Sri Lanka	283	15
密克罗尼西亚联邦	Micronesia	3	10	圣卢西亚	St. Lucia	5	5
摩尔多瓦	Moldova	2	8	苏丹	Sudan	17	17
蒙古	Mongolia		20	苏里南	Suriname	26	7
黑山	Montenegro	2	12	斯威士兰	Swaziland	3	11
摩洛哥	Morocco	29	11	瑞典	Sweden	4	4
莫桑比克	Mozambique	42	26	瑞士	Switzerland	2	3
缅甸	Myanmar	39	44	叙利亚	Syrian	2	15
纳米比亚	Namibia	25	26	塔吉克斯坦	Tajikistan	13	12
尼泊尔	Nepal	2	33	坦桑尼亚	Tanzania	295	44
荷兰	Netherlands		4	泰国	Thailand	116	47
新喀里多尼亚	New Caledonia	230	15	东帝汶	Timor-Leste	1	7
新西兰	New Zealand	19	70	多哥	Togo	10	9
尼加拉瓜	Nicaragua	39	14	汤加	Tonga	2	5
尼日尔	Niger	2	9	特里尼达和多巴哥	Trinidad and Tobago	1	4
尼日利亚	Nigeria	167	18	突尼斯	Tunisia	6	7
北马里亚纳群岛	Northern Mariana Islands	4	15	土耳其	Turkey	7	16
挪威	Norway	2	4	土库曼斯坦	Turkmenistan	4	16
阿曼	Oman	6	10	特克斯和凯科斯群岛	Turks and Caicos Islands	7	2
巴基斯坦	Pakistan	2	29	图瓦卢	Tuvalu		1
帕劳	Palau	3	4	乌干达	Uganda	37	22
巴拿马	Panama	191	19	乌克兰	Ukraine	17	14
巴布亚新几内亚	Papua New Guinea	142	37	阿联酋	United Arab Emirates		9
巴拉圭	Paraguay	10	28	英国	United Kingdom	11	4
秘鲁	Peru	270	124	美国	United States	232	79
菲律宾	Philippines	212	74	乌拉圭	Uruguay		24
波兰	Poland	9	8	乌兹别克斯坦	Uzbekistan	17	16
葡萄牙	Portugal	68	9	瓦努阿图	Vanuatu	8	9
波多黎各	Puerto Rico	51	8	委内瑞拉	Venezuela	68	40
卡塔尔	Qatar		4	越南	Vietnam	141	45
罗马尼亚	Romania	5	14	美属维尔京群岛	Virgin Islands (U.S.)	12	1
俄罗斯	Russia	8	52	约旦河西岸和加沙	West Bank and Gaza		10
卢旺达	Rwanda	5	14	也门	Yemen, Rep.	159	15
萨摩亚	Samoa	2	6	赞比亚	Zambia	10	15
圣多美和普林西比	Sao Tome and Principe	34	13	津巴布韦	Zimbabwe	14	

3-1-3　续表 2　continued

单位：种　　(number)

国家或地区	Country or Area	受威胁鱼类数量 Fish Species, Threatened	受威胁哺乳动物数量 Mammal Species, Threatened
阿富汗	Afghanistan	5	11
阿尔巴尼亚	Albania	39	3
阿尔及利亚	Algeria	36	14
美属萨摩亚	American Samoa	9	1
安道尔	Andorra		2
安哥拉	Angola	39	15
安提瓜和巴布达	Antigua and Barbuda	18	2
阿根廷	Argentina	37	38
亚美尼亚	Armenia	3	9
阿鲁巴	Aruba	15	2
澳大利亚	Australia	102	55
奥地利	Austria	11	3
阿塞拜疆	Azerbaijan	10	7
巴哈马	Bahamas	29	6
巴林	Bahrain	8	3
孟加拉国	Bangladesh	17	34
巴巴多斯	Barbados	20	3
白俄罗斯	Belarus	2	4
比利时	Belgium	11	2
伯利兹	Belize	30	8
贝宁	Benin	27	11
百慕大	Bermuda	16	4
不丹	Bhutan	3	27
玻利维亚	Bolivia		20
博茨瓦纳	Botswana	2	7
巴西	Brazil	83	81
文莱	Brunei Darussalam	7	34
保加利亚	Bulgaria	19	7
布基纳法索	Burkina Faso	4	9
布隆迪	Burundi	17	11
柬埔寨	Cambodia	40	37
喀麦隆	Cameroon	111	38
加拿大	Canada	35	11
佛得角	Cape Verde	24	3
开曼群岛	Cayman Islands	19	1
中非共和国	Central African Rep.	3	8
乍得	Chad	1	13
智利	Chile	20	20
哥伦比亚	Colombia	54	53
科摩罗	Comoros	6	5
刚果(金)	Congo, Dem.	83	30
刚果(布)	Congo, Rep.	45	11
哥斯达黎加	Costa Rica	50	9
科特迪瓦	Cote d'Ivoire	45	23
克罗地亚	Croatia	60	7
古巴	Cuba	35	14
库拉索	Curacao	9	1
塞浦路斯	Cyprus	19	5
捷克	Czech Republic	2	2
丹麦	Denmark	15	2
吉布提	Djibouti	17	8
多米尼克	Dominica	19	3
多米尼加	Dominican Republic	22	6
厄瓜多尔	Ecuador	50	43
埃及	Egypt	40	18
萨尔瓦多	El Salvador	14	5
赤道几内亚	Equatorial Guinea	28	19
厄立特里亚	Eritrea	19	10
爱沙尼亚	Estonia	5	1
埃塞俄比亚	Ethiopia	14	33
法罗群岛	Faeroe Islands	8	4
斐济	Fiji	13	6
芬兰	Finland	6	1
法国	France	43	8
法属波利尼西亚	French Polynesia	27	1
加蓬	Gabon	61	14
冈比亚	Gambia, The	23	10
格鲁吉亚	Georgia	9	10
德国	Germany	23	5
加纳	Ghana	44	16
希腊	Greece	74	10
格陵兰	Greenland	7	7
格林纳达	Grenada	19	3
关岛	Guam	9	2
危地马拉	Guatemala	25	16
几内亚	Guinea	66	21
几内亚比绍	Guinea-Bissau	31	12
圭亚那	Guyana	28	10
海地	Haiti	21	5
洪都拉斯	Honduras	28	7
匈牙利	Hungary	9	2
冰岛	Iceland	12	6
印度	India	212	94
印度尼西亚	Indonesia	141	184
伊朗	Iran	30	16
伊拉克	Iraq	11	13
爱尔兰	Ireland	21	5
马恩岛	Isle of Man	2	
以色列	Israel	36	15
意大利	Italy	46	7
牙买加	Jamaica	22	5
日本	Japan	65	27
约旦	Jordan	13	13
哈萨克斯坦	Kazakhstan	15	16
肯尼亚	Kenya	68	28
基里巴斯	Kiribati	11	1
朝鲜	Korea, Dem. Rep.	14	9
韩国	Korea, Rep.	19	9
科威特	Kuwait	11	6
吉尔吉斯斯坦	Kyrgyz Republic	3	6
老挝	Lao	54	45
拉脱维亚	Latvia	6	1
黎巴嫩	Lebanon	22	10
莱索托	Lesotho	1	2
利比里亚	Liberia	53	18
利比亚	Libya	24	12

3-1-3 续表 3 continued

单位：种 (number)

国家或地区	Country or Area	受威胁鱼类数量 Fish Species, Threatened	受威胁哺乳动物数量 Mammal Species, Threatened
立陶宛	Lithuania	6	3
卢森堡	Luxembourg	1	0
马其顿	Macedonia	13	5
马达加斯加	Madagascar	86	65
马拉维	Malawi	101	7
马来西亚	Malaysia	68	70
马尔代夫	Maldives	18	2
马里	Mali	2	12
马耳他	Malta	17	3
马绍尔群岛	Marshall Islands	12	2
毛里塔尼亚	Mauritania	32	16
毛里求斯	Mauritius	15	6
墨西哥	Mexico	152	100
密克罗尼西亚	Micronesia	20	7
摩尔多瓦	Moldova	8	4
摩纳哥	Monaco	11	2
蒙古	Mongolia	2	11
黑山	Montenegro	25	6
摩洛哥	Morocco	45	17
莫桑比克	Mozambique	54	12
缅甸	Myanmar	41	46
纳米比亚	Namibia	28	12
尼泊尔	Nepal	7	31
荷兰	Netherlands	13	3
新喀里多尼亚	New Caledonia	30	9
新西兰	New Zealand	23	9
尼加拉瓜	Nicaragua	31	6
尼日尔	Niger	4	12
尼日利亚	Nigeria	59	26
北马里亚纳群岛	Northern Mariana Islands	12	5
挪威	Norway	19	7
阿曼	Oman	27	9
巴基斯坦	Pakistan	35	23
帕劳	Palau	15	4
巴拿马	Panama	41	15
巴布亚新几内亚	Papua New Guinea	45	39
巴拉圭	Paraguay	0	8
秘鲁	Peru	20	54
菲律宾	Philippines	73	38
波兰	Poland	7	5
葡萄牙	Portugal	54	11
波多黎各	Puerto Rico	20	3
卡塔尔	Qatar	11	3
罗马尼亚	Romania	19	7
俄罗斯	Russia	36	31
卢旺达	Rwanda	9	20
萨摩亚	Samoa	13	2
圣多美和普林西比	Sao Tome and Principe	14	5
沙特阿拉伯	Saudi Arabia	24	9
塞内加尔	Senegal	45	16
塞尔维亚	Serbia	11	6
塞舌尔	Seychelles	18	5
塞拉利昂	Sierra Leone	47	17
新加坡	Singapore	25	11
斯洛伐克	Slovak Republic	5	3
斯洛文尼亚	Slovenia	29	4
所罗门群岛	Solomon Islands	18	20
索马里	Somalia	28	15
南非	South Africa	85	24
西班牙	Spain	70	16
斯里兰卡	Sri Lanka	44	29
圣基茨和尼维斯	St. Kitts and Nevis	19	2
圣卢西亚	St. Lucia	20	2
苏丹	Sudan	20	15
苏里南	Suriname	26	8
斯威士兰	Swaziland	4	6
瑞典	Sweden	12	1
瑞士	Switzerland	9	2
叙利亚	Syrian	34	16
塔吉克斯坦	Tajikistan	5	8
坦桑尼亚	Tanzania	175	35
泰国	Thailand	96	57
东帝汶	Timor-Leste	5	4
多哥	Togo	23	11
汤加	Tonga	12	2
特里尼达和多巴哥	Trinidad and Tobago	25	2
突尼斯	Tunisia	35	13
土耳其	Turkey	70	17
土库曼斯坦	Turkmenistan	11	9
图瓦卢	Tuvalu	10	2
乌干达	Uganda	61	22
乌克兰	Ukraine	21	11
阿联酋	United Arab Emirates	13	7
英国	United Kingdom	43	5
美国	United States	185	36
乌拉圭	Uruguay	36	11
乌兹别克斯坦	Uzbekistan	7	10
瓦努阿图	Vanuatu	15	8
委内瑞拉	Venezuela, RB	37	32
越南	Vietnam	73	54
美属维尔京群岛	Virgin Islands (U.S.)	15	2
约旦河西岸和加沙	West Bank and Gaza	0	3
也门	Yemen, Rep.	24	9
赞比亚	Zambia	20	9
津巴布韦	Zimbabwe	3	

3-1-4　爬行动物的种类及濒危数量

Total Number of Known Species and Endangered Species of Reptiles

资料来源：经合组织数据库。
Source:OECD Database.

单位：种　　　　(number)

国家或地区	Country or Area	已知物种 Total Number of Known Species	已知本土物种 Total Number of Indigenous Known Species	极度濒危物种 Number of Critically Endangered Species	极度濒危的本土物种 Number of Critically Endangered Indigenous Species	濒临灭绝的物种 Number of Endangered Species	濒临灭绝的本土物种 Number of Endangered Indigenous Species
澳大利亚	Australia	933	868	4		16	
奥地利	Austria	14	14	3	3	3	3
比利时	Belgium	10	7			2	2
加拿大	Canada	48	46			19	19
智利	Chile	131	131			8	8
捷克	Czech Republic	13	11	3		3	
丹麦	Denmark	8	8				
爱沙尼亚	Estonia	5	5				
芬兰	Finland	5	5				
法国	France	37		2		3	
德国	Germany	13	13	4	4	3	3
希腊	Greece	66	64	1	1	2	2
匈牙利	Hungary	15	15			1	1
爱尔兰	Ireland	3	2			1	1
以色列	Israel	105	14	13	4	7	2
意大利	Italy	60	56	9		6	
日本	Japan	98		4		9	
韩国	Korea	32				3	
卢森堡	Luxembourg	6					
墨西哥	Mexico	804	368			27	17
荷兰	Netherlands	7		1		1	
新西兰	New Zealand	100	99		6		3
挪威	Norway	6	5				
波兰	Poland	11	9	1	1	1	1
葡萄牙	Portugal	37	34			3	3
斯洛伐克	Slovak Republic	12	12	1	1		
斯洛文尼亚	Slovenia	24	24			7	7
西班牙	Spain	74	59	4	4	4	4
瑞典	Sweden	6	6				
瑞士	Switzerland	19	19		3		7
英国	United Kingdom	33	16				
美国	United States	345	301	8	8	20	20
俄罗斯	Russia	75					

3-1-4　续表　continued

单位：种　(number)

国家或地区	Country or Area	渐危物种 Number of Vulnerable Species	渐危本土物种 Number of Vulnerable Indigenous Species	受威胁物种 Total Number of Threatened Species	本土受威胁物种 Total Number of Indigenous Threatened Species	受威胁物种占已知物种的比重(%) Threatened Species as % of Known Species	本土受威胁物种占本土物种的比重(%) Threatened Indigenous Species as % of Indigenous Spec.
澳大利亚	Australia	37		57		6.1	
奥地利	Austria	3	3	9	9	64.3	64.3
比利时	Belgium	2	2	4	4	40.0	57.1
加拿大	Canada	10	10	29	29	60.4	63.0
智利	Chile	19	19	27	27	20.6	20.6
捷克	Czech Republic	2		8		61.5	
爱沙尼亚	Estonia	1	1	1	1	20.0	20.0
芬兰	Finland	2	2	2	2	40.0	40.0
法国	France	2		7		18.9	
德国	Germany	1	1	8	8	61.5	61.5
希腊	Greece	6	6	9	9	13.6	14.1
匈牙利	Hungary	4	4	5	5	33.3	33.3
爱尔兰	Ireland			1	1	33.3	50.0
以色列	Israel	15	5	35	11	33.3	78.6
意大利	Italy	6		21		35.0	
日本	Japan	23		36		36.7	
韩国	Korea	2		5		15.6	
卢森堡	Luxembourg	2		2		33.3	
墨西哥	Mexico	142	96	169	113	21.0	30.7
荷兰	Netherlands	3		5		71.4	
新西兰	New Zealand		8		17		17.2
波兰	Poland	1	1	3	3	27.3	33.3
葡萄牙	Portugal	6	6	9	9	24.3	26.5
斯洛伐克	Slovak Republic	4	4	5	5	41.7	41.7
斯洛文尼亚	Slovenia	11	11	18	18	75.0	75.0
西班牙	Spain	11	11	19	19	25.7	32.2
瑞典	Sweden	2	2	2	2	33.3	33.3
瑞士	Switzerland		5		15		78.9
美国	United States	34	33	62	61	18.0	20.3
俄罗斯	Russia			9		12.0	

3-1-5　两栖动物种类及濒危数量

Number of Known Species and Endangered Species of Amphibians

资料来源：经合组织数据库。
Source:OECD Database.

单位：种　　(number)

国家或地区	Country or Area	已知物种 Total Number of Known Species	已知本土物种 Total number of indigenous known species	极度濒危物种 Number of Critically Endangered Species	极度濒危本土物种 Number of Critically Endangered Indigenous Species	濒临灭绝的物种 Number of Endangered Species	濒临灭绝本土物种 Number of Endangered Indigenous Species
澳大利亚	Australia	226	212	2		15	
奥地利	Austria	20	20	1	1	3	3
比利时	Belgium	19	16	3	3	3	3
加拿大	Canada	47	47			10	10
智利	Chile	63	62	8	8	18	18
捷克	Czech Republic	22	21	5		5	
丹麦	Denmark	15	15	1	1		
爱沙尼亚	Estonia	11	10	1	1	1	1
芬兰	Finland	5	5				
法国	France	34		2		2	
德国	Germany	22	20			2	2
希腊	Greece	23	22	1	1	2	2
匈牙利	Hungary	18	18			1	1
爱尔兰	Ireland	3	3			1	1
以色列	Israel	7		2		2	
意大利	Italy	39	38	4		6	
日本	Japan	66		1		10	
韩国	Korea	20				2	
卢森堡	Luxembourg	14		2		1	
墨西哥	Mexico	361	174			7	6
荷兰	Netherlands	8		1		3	
新西兰	New Zealand	8	5		1		
挪威	Norway	6	6	1	1		
波兰	Poland	18	18				
葡萄牙	Portugal	18	17				
斯洛伐克	Slovak Republic	18	18			3	3
斯洛文尼亚	Slovenia	21	21			3	3
西班牙	Spain	36	33	1	1	2	2
瑞典	Sweden	13	13	1	1	1	1
瑞士	Switzerland	21	20				9
土耳其	Turkey	141				10	
英国	United Kingdom	20	8				
美国	United States	270	260	31	31	36	36
俄罗斯	Russia	27					

3-1-5 续表 continued

单位：种 (number)

国家或地区	Country or Area	渐危物种 Number of Vulnerable Species	渐危本土物种 Number of Vulnerable Indigenous Species	受威胁物种 Total Number of Threatened Species	受威胁本土物种 Total Number of Indigenous Threatened Species	受威胁物种占已知物种的比重(%) Threatened Species as % of Known Species	本土受威胁物种占本土物种的比重(%) Threatened Indigenous Species as % of Indigenous Spec.
澳大利亚	Australia	12		29		12.8	
奥地利	Austria	8	8	12	12	60.0	60.0
比利时	Belgium			6	6	31.6	37.5
加拿大	Canada	5	5	15	15	31.9	31.9
智利	Chile	10	10	36	36	57.1	58.1
捷克	Czech Republic	3		13		59.1	
丹麦	Denmark			1	1	6.7	6.7
爱沙尼亚	Estonia	2	2	4	4	36.4	40.0
芬兰	Finland	1	1	1	1	20.0	20.0
法国	France	3		7		20.6	
德国	Germany	6	6	8	8	36.4	40.0
希腊	Greece	3	3	6	6	26.1	27.3
匈牙利	Hungary	4	4	5	5	27.8	27.8
爱尔兰	Ireland			1	1	33.3	33.3
以色列	Israel	1		5		71.4	
意大利	Italy	6		16		41.0	
日本	Japan	11		22		33.3	
韩国	Korea	3		5		25.0	
卢森堡	Luxembourg	1		4		28.6	
墨西哥	Mexico	44	37	51	43	14.1	24.7
荷兰	Netherlands	3		7		87.5	
新西兰	New Zealand		2		3		60.0
挪威	Norway	1	1	2	2	33.3	33.3
波兰	Poland						
葡萄牙	Portugal	2	2	2	2	11.1	11.8
斯洛伐克	Slovak Republic	5	5	8	8	44.4	44.4
斯洛文尼亚	Slovenia	14	14	17	17	81.0	81.0
西班牙	Spain	8	8	11	11	30.6	33.3
瑞典	Sweden	2	2	4	4	30.8	30.8
瑞士	Switzerland		4		13		65.0
土耳其	Turkey			10		7.1	
美国	United States	42	42	109	109	40.4	41.9
俄罗斯	Russia			5		18.5	

3-1-6　消耗臭氧层物质的消费量(2008年)
Consumption of Ozone-Depleting Substances(2008)

资料来源：联合国千年发展指标数据库。
Source:UNSD Millennium Development Goals Database.

国家或地区	Country or Area	氯氟化碳的消费量 Consumption of CFCs			全部消耗臭氧层物质的消费量 Consumption of all ODS		
		消耗臭氧层潜力(吨) ODP tonnes		比基线减少(%) Reduction from Baseline(%)	消耗臭氧层潜力(吨) ODP tonnes		比2002年减少(%) Reduction from 2002(%)
		基线 Baseline	2008		2002	2008	
阿富汗	Afghanistan	380.0	40.0	89.5	181.5	47.9	73.6
阿尔巴尼亚	Albania	40.8		100.0	50.5	4.1	91.9
阿尔及利亚	Algeria	2119.5	149.6	92.9	1966.1	236.9	88.0
安道尔	Andorra	67.5					
安哥拉	Angola	114.8	9.7	91.6	110.0	20.2	81.6
安提瓜和巴布达	Antigua and Barbuda	10.7	0.1	99.1	4.0	0.3	92.5
阿根廷	Argentina	4697.2	50.9	98.9	2386.0	654.8	72.6
亚美尼亚	Armenia	196.5	13.6	93.1	174.4	18.4	89.4
澳大利亚	Australia	14290.4	-42.0	100.3	389.5	58.5	85.0
阿塞拜疆	Azerbaijan	480.6		100.0	12.1	0.8	93.4
巴哈马	Bahamas	64.9		100.0	58.4	3.9	93.3
巴林	Bahrain	135.4	11.7	91.4	138.1	50.5	63.4
孟加拉国	Bangladesh	581.6	158.3	72.8	350.1	223.1	36.3
巴巴多斯	Barbados	21.5	1.1	94.9	12.1	3.2	73.6
白俄罗斯	Belarus	2510.9		100.0	2.7	1.0	63.0
伯利兹	Belize	24.4		100.0	21.7	1.8	91.7
贝宁	Benin	59.9	5.2	91.3	36.0	6.0	83.3
不丹	Bhutan	0.2		100.0	0.1	0.1	
玻利维亚	Bolivia	75.7	2.6	96.6	67.4	8.6	87.2
波黑	Bosnia and Herzegovina	24.2	8.8	63.6	259.2	16.4	93.7
博茨瓦纳	Botswana	6.9	0.3	95.7	10.2	13.6	-33.3
巴西	Brazil	10525.8	290.4	97.2	3589.4	2089.8	41.8
文莱	Brunei Darussalam	78.2	2.4	96.9	46.3	7.6	83.6
布基纳法索	Burkina Faso	36.3		100.0	16.3	27.2	-66.9
布隆迪	Burundi	59.0	1.0	98.3	19.2	1.0	94.8
柬埔寨	Cambodia	94.2	1.4	98.5	97.0	9.3	90.4
喀麦隆	Cameroon	256.9	17.0	93.4	261.7	36.1	86.2
加拿大	Canada	19958.2		100.0	923.1	509.9	44.8
佛得角	Cape Verde	2.3		100.0	1.8	0.8	55.6
中非共和国	Central African Republic	11.2		100.0	4.6	6.7	-45.7
乍得	Chad	34.6	2.2	93.6	27.3	21.5	21.2
智利	Chile	828.7	47.9	94.2	591.9	304.0	48.6
哥伦比亚	Colombia	2208.2	208.0	90.6	1002.2	414.8	58.6
科摩罗	Comoros	2.5		100.0	1.9	0.2	89.5
刚果	Congo	11.9	1.4	88.2	7.0	2.0	71.4

3-1-6 续表 1 continued

国家或地区	Country or Area	氯氟化碳的消费量 Consumption of CFCs			全部消耗臭氧层物质的消费量 Consumption of all ODS		
		消耗臭氧层潜力(吨) ODP tonnes		比基线减少(%) Reduction from Baseline(%)	消耗臭氧层潜力(吨) ODP tonnes		比2002年减少(%) Reduction from 2002(%)
		基线 Baseline	2008		2002	2008	
库克群岛	Cook Islands	1.7		100.0			
哥斯达黎加	Costa Rica	250.2	13.9	94.4	425.4	237.0	44.3
科特迪瓦	Cote d'Ivoire	294.2	12.0	95.9	121.2	24.1	80.1
克罗地亚	Croatia	219.3		100.0	172.3	7.7	95.5
古　　巴	Cuba	625.1	74.4	88.1	518.0	87.7	83.1
刚果(金)	Congo Dem.	665.7	8.6	98.7	1081.3	16.6	98.5
吉 布 提	Djibouti	21.0	0.9	95.7	15.8	1.5	90.5
多米尼克	Dominica	1.5		100.0	3.1		100.0
多明尼加	Dominican Republic	539.8	4.5	99.2	406.9	53.4	86.9
厄瓜多尔	Ecuador	301.4	8.2	97.3	273.4	79.8	70.8
埃　　及	Egypt	1668.0	187.8	88.7	1944.1	726.2	62.6
萨尔瓦多	El Salvador	306.5		100.0	108.1	11.6	89.3
赤道几内亚	Equatorial Guinea	31.5	2.3	92.7	27.9	8.1	71.0
厄立特里亚	Eritrea	41.1	2.8	93.2	32.2	3.1	90.4
埃塞俄比亚	Ethiopia	33.8	4.3	87.3	86.6	4.3	95.0
斐　　济	Fiji	33.4		100.0	5.3	4.8	9.4
加　　蓬	Gabon	10.3		100.0	6.9	5.2	24.6
冈 比 亚	Gambia	23.8	0.4	98.3	4.9	0.5	89.8
格鲁吉亚	Georgia	22.5		100.0	64.3	5.9	90.8
加　　纳	Ghana	35.8		100.0	24.0	21.6	10.0
格林纳达	Grenada	6.0		100.0	2.3	0.5	78.3
危地马拉	Guatemala	224.6	1.4	99.4	952.5	184.3	80.7
几 内 亚	Guinea	42.4	1.6	96.2	31.4	2.7	91.4
几内亚比绍	Guinea-Bissau	26.3	1.4	94.7	27.2	2.2	91.9
圭 亚 那	Guyana	53.2		100.0	15.6	1.7	89.1
海　　地	Haiti	169.0	2.3	98.6	197.7	3.7	98.1
洪都拉斯	Honduras	331.6	23.4	92.9	555.7	216.2	61.1
冰　　岛	Iceland	195.1		100.0	2.6	2.2	15.4
印　　度	India	6681.0	216.5	96.8	15026.9	2904.9	80.7
印度尼西亚	Indonesia	8332.7		100.0	5787.4	299.9	94.8
伊　　朗	Iran	4571.7	240.6	94.7	8572.9	508.6	94.1
伊 拉 克	Iraq	1517.0	1597.1	-5.3	1580.6	1752.4	-10.9
以 色 列	Israel	4141.6		100.0	1241.3	475.4	61.7
牙 买 加	Jamaica	93.2		100.0	39.2	8.5	78.3
日　　本	Japan	118134.0	-0.7	100.0	2466.8	1050.0	57.4
约　　旦	Jordan	673.3	6.0	99.1	267.0	95.8	64.1
哈萨克斯坦	Kazakhstan	1206.2		100.0	146.9	128.8	12.3
肯 尼 亚	Kenya	239.5	7.5	96.9	322.0	75.7	76.5
基里巴斯	Kiribati	0.7		100.0		0.2	-100.0
朝　　鲜	Korea, Dem.	441.7	33.5	92.4	2326.3	91.2	96.1
韩　　国	Korea, Rep。	9159.8	1114.8	87.8	11745.9	4050.2	65.5
科 威 特	Kuwait	480.4	33.0	93.1	515.7	408.5	20.8
吉尔吉斯斯坦	Kyrgyzstan	72.8	5.0	93.1	50.2	12.4	75.3
老　　挝	Lao	43.3	2.0	95.4	42.9	3.6	91.6
黎 巴 嫩	Lebanon	725.5	33.8	95.3	710.8	58.2	91.8
莱 索 托	Lesotho	5.1		100.0	4.6	11.6	-152.2

3-1-6　续表 2　continued

国家或地区	Country or Area	氯氟化碳的消费量 Consumption of CFCs			全部消耗臭氧层物质的消费量 Consumption of all ODS		
		消耗臭氧层潜力(吨) ODP tonnes		比基线减少(%) Reduction from Baseline(%)	消耗臭氧层潜力(吨) ODP tonnes		比2002年减少(%) Reduction from 2002(%)
		基线 Baseline	2008		2002	2008	
利比里亚	Liberia	56.1	0.6	98.9	54.0	3.4	93.7
利 比 亚	Libyan	716.7	21.9	96.9	1596.5	111.6	93.0
列支敦士登	Liechtenstein	37.2		100.0	0.1		100.0
马达加斯加	Madagascar	47.9	0.8	98.3	8.8	3.0	65.9
马 拉 维	Malawi	57.7		100.0	75.4	6.7	91.1
马来西亚	Malaysia	3271.1	173.7	94.7	1966.3	571.2	71.0
马尔代夫	Maldives	4.6		100.0	4.0	3.7	7.5
马　　里	Mali	108.1	3.0	97.2	28.3	5.1	82.0
马绍尔群岛	Marshall Islands	1.1		100.0	0.3	0.2	33.3
毛里塔尼亚	Mauritania	15.7	1.0	93.6	16.5	6.5	60.6
毛里求斯	Mauritius	29.1		100.0	14.4	6.9	52.1
墨 西 哥	Mexico	4624.9	-130.4	102.8	3954.7	1992.3	49.6
摩 纳 哥	Monaco	6.2		100.0	0.1	0.1	
蒙　　古	Mongolia	10.6	0.4	96.2	7.3	2.6	64.4
黑　　山	Montenegro	104.9	0.1	99.9	15.4	0.5	96.8
摩 洛 哥	Morocco	802.3		100.0	1070.0	212.7	80.1
莫桑比克	Mozambique	18.2	2.3	87.4	14.4	4.9	66.0
缅　　甸	Myanmar	54.3		100.0	45.7	2.0	95.6
纳米比亚	Namibia	21.9		100.0	20.0	5.8	71.0
瑙　　鲁	Nauru	0.5		100.0			
尼 泊 尔	Nepal	27.0		100.0	2.6	1.4	46.2
新 西 兰	New Zealand	2088.0		100.0	42.8	17.4	59.3
尼加拉瓜	Nicaragua	82.8		100.0	64.9	3.9	94.0
尼 日 尔	Niger	32.0	2.9	90.9	27.6	3.1	88.8
尼日利亚	Nigeria	3650.0	16.5	99.5	3933.3	312.7	92.0
纽　　埃	Niue	0.1		100.0			
挪　　威	Norway	1313.0	-3.8	100.3	-42.8	15.6	136.4
阿　　曼	Oman	248.4	8.5	96.6	201.5	33.2	83.5
巴基斯坦	Pakistan	1679.4	167.4	90.0	2347.2	356.9	84.8
帕　　劳	Palau	1.6	0.1	93.8	0.2	0.1	50.0
巴 拿 马	Panama	384.1	11.5	97.0	204.7	40.2	80.4
巴布亚新几内亚	Papua New Guinea	36.3	-1.6	104.4	39.7	1.5	96.2
巴 拉 圭	Paraguay	210.6	27.3	87.0	105.5	39.0	63.0
秘　　鲁	Peru	289.5		100.0	203.6	28.0	86.2
菲 律 宾	Philippines	3055.8	169.4	94.5	1795.1	397.4	77.9
卡 塔 尔	Qatar	101.4	5.1	95.0	105.4	43.8	58.4
摩尔多瓦	Republic of Moldova	73.3		100.0	29.6	2.8	90.5
俄 罗 斯	Russia	100352.0	324.0	99.7	892.3	1457.6	-63.4
卢 旺 达	Rwanda	30.4	1.2	96.1	30.4	2.9	90.5
圣基茨和尼维斯	Saint Kitts and Nevis	3.7		100.0	6.3	0.4	93.7
圣卢西亚	Saint Lucia	8.3		100.0	7.7	0.1	98.7

3-1-6 续表 3 continued

国家或地区	Country or Area	氯氟化碳的消费量 Consumption of CFCs 消耗臭氧层潜力(吨) ODP tonnes 基线 Baseline	2008	比基线减少(%) Reduction from Baseline(%)	全部消耗臭氧层物质的消费量 Consumption of all ODS 消耗臭氧层潜力(吨) ODP tonnes 2002	2008	比2002年减少(%) Reduction from 2002(%)
萨摩亚	Samoa	4.5		100.0	2.6	0.1	96.2
圣多美和普林西比	Sao Tome and Principe	4.7	0.2	95.7	4.4	0.2	95.5
沙特阿拉伯	Saudi Arabia	1798.5	365.0	79.7	1926.4	1643.6	14.7
塞内加尔	Senegal	155.8	10.0	93.6	82.3	19.5	76.3
塞尔维亚	Serbia	849.2	76.7	91.0	384.9	88.0	77.1
塞舌尔	Seychelles	2.9		100.0	166.1	0.6	99.6
塞拉利昂	Sierra Leone	78.6	4.2	94.7	84.4	5.8	93.1
新加坡	Singapore	2718.2		100.0	146.7	149.5	-1.9
所罗门群岛	Solomon Islands	2.1		100.0	5.7	1.2	78.9
索马里	Somalia	241.4	20.0	91.7	124.1	28.3	77.2
南非	South Africa	592.6		100.0	848.8	435.1	48.7
斯里兰卡	Sri Lanka	445.6		100.0	227.4	10.3	95.5
圣文森特和格林纳丁斯	St. Vincent and the Grenadines	1.8		100.0	6.4	0.1	98.4
苏丹	Sudan	456.8	44.8	90.2	258.2	91.9	64.4
苏里南	Suriname	41.3		100.0	51.0	0.7	98.6
斯威士兰	Swaziland	24.6		100.0	2.4	3.3	-37.5
瑞士	Switzerland	7960.0		100.0	26.2	10.0	61.8
叙利亚	Syrian	2224.6	166.0	92.5	1754.1	289.8	83.5
塔吉克斯坦	Tajikistan	211.0		100.0	12.6	3.9	69.0
泰国	Thailand	6082.1	190.3	96.9	3612.5	1197.5	66.9
马其顿	Macedonia	519.7		100.0	44.6	3.5	92.2
东帝汶	Timor-Leste	36.0			2.7		
多哥	Togo	39.8	3.2	92.0	35.3	9.4	73.4
汤加	Tonga	1.3		100.0	1.0	0.2	80.0
特里尼达和多巴哥	Trinidad and Tobago	120.0		100.0	93.9	56.8	39.5
突尼斯	Tunisia	870.1	12.2	98.6	552.5	59.2	89.3
土耳其	Turkey	3805.7	-0.1	100.0	1336.4	762.5	42.9
土库曼斯坦	Turkmenistan	37.3	1.2	96.8	10.9	10.1	7.3
图瓦卢	Tuvalu	0.3		100.0			
乌干达	Uganda	12.8		100.0	44.9		100.0
乌克兰	Ukraine	4725.2		100.0	145.5	75.0	48.5
阿联酋	United Arab Emirates	529.3	52.9	90.0	624.2	560.7	10.2
坦桑尼亚	Tanzania	253.9	13.9	94.5	71.5	15.4	78.5
美国	United States	305963.6	-569.2	100.2	16206.4	6229.6	61.6
乌拉圭	Uruguay	199.1	26.4	86.7	100.9	53.9	46.6
乌兹别克斯坦	Uzbekistan	1779.2		100.0	0.8	2.3	-187.5
瓦努阿图	Vanuatu		0.7	-100.0		1.0	-100.0
委内瑞拉	Venezuela	3322.4	-15.0	100.5	1653.0	133.5	91.9
越南	Viet Nam	500.0	20.4	95.9	447.4	277.5	38.0
也门	Yemen	1796.1	247.7	86.2	1135.8	431.0	62.1
赞比亚	Zambia	27.4	2.0	92.7	24.0	6.9	71.3
津巴布韦	Zimbabwe	451.4	7.0	98.4	345.8	37.3	89.2

3-1-7　人类活动产生的一氧化碳排放量
Emission of Carbon Monoxide by Man-Made

资料来源：经合组织数据库。
Source:OECD Database.

单位：千吨　(1000 tons)

国家或地区	Country or Area	人类活动产生的一氧化碳排放量 Carbon Monoxide Emission by Man-Made		汽车排放量 Mobile Emission		工业排放量 Industrial Emission	
		2000	2011	2000	2011	2000	2011
澳大利亚	Australia	5759	3009	3967	1513	1792	1496
奥地利	Austria	957	607	411	184	546	423
比利时	Belgium	894	384	234	88	660	296
加拿大	Canada	11324	8487	6499	3574	4826	4912
智利	Chile	1661		960		701	
捷克	Czech Republic	648	382	336	155	312	227
丹麦	Denmark	492	382	365	236	127	146
爱沙尼亚	Estonia	183	148	68	22	114	125
芬兰	Finland	586	450	442	280	144	169
法国	France	6577	3580	2951	869	3626	2710
德国	Germany	4854	3304	2599	1112	2255	2192
希腊	Greece	921	492	728	317	193	174
匈牙利	Hungary	633	396	436	142	197	254
冰岛	Iceland	21	18	20	17	1	1
爱尔兰	Ireland	251	126	194	71	57	55
以色列	Israel	376	174	367	162	9	12
意大利	Italy	4654	2462	3576	1193	1078	1269
日本	Japan	3845	2370	1860	468	1985	1902
韩国	Korea	901		776		125	
卢森堡	Luxembourg	93	38	84	31	9	7
荷兰	Netherlands	735	522	497	339	238	182
新西兰	New Zealand	672	704	491	531	180	173
挪威	Norway	520	311	290	139	230	172
波兰	Poland	2633	2916	916	761	1718	2155
葡萄牙	Portugal	729	383	371	112	358	271
斯洛伐克	Slovak Republic	300	227	115	48	185	179
斯洛文尼亚	Slovenia	213	148	117	41	96	107
西班牙	Spain	2681	1794	1195	274	1485	1520
瑞典	Sweden	826	571	604	278	222	293
瑞士	Switzerland	443	286	320	211	113	65
土耳其	Turkey	4297	2955	2468	1329	1829	1626
英国	United Kingdom	5657	2139	4211	1114	1447	1025
美国	United States	92914	53194	83680	38502	9234	14692
俄罗斯	Russia				10087		

3-1-8 人均一氧化碳排放量

Total Emissions of Carbon Monoxide per Capita

资料来源：经合组织数据库。
source:OECD Database.

单位：公斤 (kg)

国家或地区	Country or Area	1995	2000	2005	2008	2009	2010	2011
澳大利亚	Australia	358.7	300.7	201.6	152.9	146.3	140.0	133.0
奥地利	Austria	158.1	118.0	98.8	81.8	76.0	76.6	72.1
比利时	Belgium	104.0	87.2	68.4	57.3	35.2	42.7	34.8
加拿大	Canada	458.8	369.0	293.3	270.9	261.8	256.2	246.1
智利	Chile	97.8	107.9	98.5				
捷克	Czech Republic	90.6	63.1	49.9	42.1	38.5	38.3	36.4
丹麦	Denmark	124.9	92.2	86.2	82.5	77.0	75.5	68.7
爱沙尼亚	Estonia	137.0	133.3	117.1	124.3	125.5	128.3	110.2
芬兰	Finland	123.6	113.2	98.8	88.3	86.1	88.6	83.4
法国	France	162.1	111.4	85.1	68.6	60.7	67.9	56.6
德国	Germany	80.8	59.1	44.8	41.8	37.3	42.8	40.4
希腊	Greece	89.6	84.4	64.8	55.2	52.2	46.4	43.5
匈牙利	Hungary	73.7	62.0	58.2	51.0	31.2	48.0	39.7
冰岛	Iceland	143.7	75.0	61.2	62.6	61.6	58.2	56.1
爱尔兰	Ireland	86.9	66.2	45.7	34.9	33.0	30.3	27.5
以色列	Israel		59.8	37.1	29.3	26.7	24.6	22.4
意大利	Italy	122.8	81.4	56.2	45.8	41.4	41.9	40.8
日本	Japan	33.6	30.3	22.1	19.8	19.2	19.6	18.5
韩国	Korea	21.0	19.2	16.4	14.2			
卢森堡	Luxembourg	692.0	213.4	138.8	89.7	75.3	76.9	75.2
墨西哥	Mexico			403.8	309.7			
荷兰	Netherlands	58.5	46.1	38.2	36.3	32.9	32.7	31.3
新西兰	New Zealand	173.4	174.1	175.0	168.1	162.6	163.5	159.8
挪威	Norway	148.0	115.8	85.9	71.9	67.2	69.1	62.8
波兰	Poland	117.4	68.8	69.4	72.7	71.2	79.9	76.3
葡萄牙	Portugal	86.8	71.3	49.5	41.5	38.5	37.7	36.3
斯洛伐克	Slovak Republic	80.4	55.7	50.5	45.3	38.4	40.9	42.1
斯洛文尼亚	Slovenia	151.2	106.8	88.5	78.1	75.8	78.1	71.9
西班牙	Spain	80.2	66.6	48.6	42.4	38.1	39.9	38.9
瑞典	Sweden	127.7	93.1	74.0	65.9	65.2	62.5	60.4
瑞士	Switzerland	80.1	61.7	45.7	37.5	35.0	33.5	36.2
土耳其	Turkey	78.3	66.9	47.6	40.4	48.2	47.6	40.0
英国	United Kingdom	130.0	96.1	59.7	46.1	38.9	36.4	34.6
美国	United States	409.1	329.3	259.5	208.5	201.1	187.8	170.7
俄罗斯	Russia				113.8	109.3	107.5	110.9

3-1-9 一氧化碳排放指数

Total Emissions of Carbon Monoxide Index

资料来源：经合组织数据库。
Source:OECD Database.

单位：1990年=100 (1990=100)

国家或地区	Country or Area	1995	2000	2005	2008	2009	2010	2011
澳大利亚	Australia	111.7	99.2	70.8	56.6	55.3	53.8	51.8
奥地利	Austria	88.6	66.7	56.6	47.5	44.3	44.8	42.3
比利时	Belgium	77.9	66.1	53.0	45.3	28.1	34.4	28.4
加拿大	Canada	87.5	73.7	61.5	58.7	57.4	56.9	55.2
智利	Chile	135.3	159.6	154.0				
捷克	Czech Republic	89.1	61.7	48.6	41.8	38.4	38.3	36.4
丹麦	Denmark	89.3	67.3	63.8	61.9	58.1	57.2	52.2
爱沙尼亚	Estonia	86.9	80.6	69.6	73.6	74.3	75.9	65.2
芬兰	Finland	89.4	82.9	73.4	66.4	65.1	67.3	63.7
法国	France	85.0	59.6	47.2	38.7	34.4	38.7	32.4
德国	Germany	53.2	39.1	29.8	27.7	24.6	28.2	26.6
希腊	Greece	84.2	81.4	63.6	54.9	52.1	46.4	43.4
匈牙利	Hungary	76.4	63.5	58.9	51.3	31.4	48.1	39.7
冰岛	Iceland	85.6	46.9	40.3	44.5	43.8	41.2	39.8
爱尔兰	Ireland	78.1	62.7	47.3	39.1	37.4	34.5	31.4
意大利	Italy	100.0	66.8	46.9	39.0	35.5	36.1	35.3
日本	Japan	95.2	86.7	63.7	57.0	55.3	56.7	53.5
韩国	Korea	55.7	53.0	46.4	41.0			
卢森堡	Luxembourg	59.0	19.2	13.2	9.0	7.7	8.0	8.0
荷兰	Netherlands	81.2	65.9	56.0	53.5	48.9	48.8	46.8
新西兰	New Zealand	105.9	111.6	120.3	119.3	116.6	118.7	117.0
挪威	Norway	86.3	69.6	53.1	45.9	43.4	45.2	41.7
波兰	Poland	60.7	35.6	35.8	37.4	36.7	41.2	39.4
葡萄牙	Portugal	100.0	83.8	60.0	50.6	47.0	45.9	44.0
斯洛伐克	Slovak Republic	75.6	52.7	47.7	43.0	36.5	38.8	39.9
斯洛文尼亚	Slovenia	89.5	63.3	52.8	47.1	46.1	47.7	44.0
西班牙	Spain	86.1	73.1	57.5	52.8	47.8	50.1	48.9
瑞典	Sweden	88.1	64.5	52.2	47.4	47.4	45.8	44.6
瑞士	Switzerland	67.4	53.0	40.7	34.3	32.4	31.3	34.2
土耳其	Turkey	128.4	117.9	89.5	78.7	95.2	95.4	81.1
英国	United Kingdom	83.1	62.3	39.1	31.2	26.1	24.6	23.6
美国	United States	83.6	71.3	58.9	48.7	47.3	44.6	40.8

3-1-10 人类活动产生的非甲烷挥发性有机化合物排放量

Emissions of Non-methane Volatile Organic Compounds by Man-made

资料来源：经合组织OLIS数据库。
Source: OECD OLIS Database.

单位：万吨 (10 000 tons)

国家或地区	Country or Area	2000	2005	2006	2007	2008	2009	2010	2011
经合组织国家	**OECD Countries**	**3374.4**	**3078.3**	**3019.6**	**2933.6**	**2829.5**	**2736.1**	**2729.5**	**2631.4**
经合组织欧洲国家	**OECD Europe**	**1173.0**	**957.0**	**952.6**	**914.8**	**874.4**	**811.3**	**838.8**	**809.3**
非经合组织国家	**Non-OECD Countries**			**346.1**	**346.3**	**288.9**	**292.5**	**289.4**	**297.7**
澳大利亚	Australia	123.4	116.1	114.9	114.6	112.5	113.5	113.5	109.4
奥地利	Austria	17.5	16.4	17.4	16.1	15.1	12.2	13.4	12.8
比利时	Belgium	18.7	14.4	13.9	12.9	11.9	10.6	10.6	10.0
加拿大	Canada	256.4	227.3	222.3	216.0	211.1	201.2	208.4	200.7
智利	Chile	61.6	53.1	57.5					
捷克	Czech Rep.	22.7	18.3	18.0	17.4	16.6	15.1	15.1	14.0
丹麦	Denmark	13.9	11.4	10.9	10.4	9.9	9.1	8.8	8.1
爱沙尼亚	Estonia	4.5	4.0	3.8	3.9	3.7	3.5	3.5	3.3
芬兰	Finland	16.5	13.9	13.7	13.3	11.9	11.2	11.6	10.7
法国	France	172.3	123.1	111.7	99.7	91.2	81.6	80.5	73.4
德国	Germany	139.4	114.6	113.4	107.1	101.6	92.9	105.5	100.6
希腊	Greece	26.6	22.1	23.1	22.0	22.8	21.2	18.5	15.9
匈牙利	Hungary	17.3	17.7	17.7	14.8	14.1	12.8	10.9	10.0
冰岛	Iceland	0.7	0.6	0.6	0.6	0.6	0.6	0.5	0.5
爱尔兰	Ireland	7.0	5.6	5.4	5.3	5.0	4.7	4.5	4.3
以色列	Israel	23.9	23.3	23.8	24.8	24.5	25.9	26.3	26.7
意大利	Italy	151.4	125.2	122.4	117.3	111.4	105.7	100.2	98.8
日本	Japan	179.4	170.0	166.0	164.4	158.5	155.5	156.4	156.6
韩国	Korea, Rep.	68.0	73.0	76.8	84.4	82.7			
卢森堡	Luxemburg	1.2	1.2	1.1	1.1	1.0	1.0	0.9	0.9
墨西哥	Mexico		516.4			602.8			
荷兰	Netherlands	30.4	24.9	24.2	24.0	23.9	23.2	23.1	22.9
新西兰	New Zealand	17.3	17.2	17.4	17.6	17.5	17.4	17.6	17.6
挪威	Norway	38.0	22.1	19.2	18.8	15.6	14.0	14.2	13.9
波兰	Poland	57.4	57.2	63.0	61.1	63.4	61.5	65.4	65.2
葡萄牙	Portugal	26.5	21.4	20.7	20.0	19.4	18.2	18.4	18.7
斯洛伐克	Slovakia	6.6	7.3	7.0	6.7	6.7	6.4	6.2	6.8
斯洛文尼亚	Slovenia	4.8	4.0	4.0	3.8	3.6	3.5	3.5	3.2
西班牙	Spain	102.2	81.5	78.9	77.0	70.7	64.1	63.9	61.5
瑞典	Sweden	22.4	19.9	19.5	19.3	18.9	18.4	18.3	17.7
瑞士	Switzerland	14.7	10.1	10.1	9.7	9.5	8.9	8.8	8.4
土耳其	Turkey	110.9	115.3	132.9	135.5	137.2	130.8	155.5	152.6
英国	United Kingdom	149.5	104.8	100.1	97.2	88.6	79.8	77.1	75.1
美国	United States	1532.9	1494.4	1445.7	1397.0	1348.3	1328.6	1285.9	1228.4
俄罗斯	Russia			346.1	346.3	288.9	292.5	289.4	297.7

3-1-11 全氟化碳排放量
Total Emissions of Perfluorocarbons

资料来源：经合组织数据库
source:OECD Database.
单位：千吨二氧化碳当量 (1000t.CO_2 eq.)

国家或地区	Country or Area	1995	2000	2005	2008	2009	2010	2011
澳大利亚	Australia	1312.6	1103.5	1536.2	381.1	307.9	243.8	259.3
奥地利	Austria	68.4	67.5	125.0	167.1	28.6	63.9	60.1
比利时	Belgium	2335.2	360.9	154.3	201.9	115.8	85.4	179.0
加拿大	Canada	5489.6	4311.1	3317.3	2252.3	2172.0	1607.5	1450.9
捷克	Czech Republic	0.1	8.8	10.1	27.5	27.1	29.4	29.4
丹麦	Denmark	0.5	17.9	13.9	12.8	14.2	13.3	11.1
芬兰	Finland	0.1	22.5	9.9	11.2	9.3	0.8	1.4
法国	France	2561.8	2486.9	1430.4	563.1	365.3	382.9	429.5
德国	Germany	1780.3	792.2	694.5	472.4	337.7	285.3	229.6
希腊	Greece	54.0	105.1	69.9	89.1	69.9	101.6	77.7
匈牙利	Hungary	166.8	212.2	210.3	3.8	2.9	1.0	1.7
冰岛	Iceland	58.8	127.2	26.1	349.0	152.7	145.6	63.2
爱尔兰	Ireland	75.4	305.4	168.3	106.2	65.6	37.0	13.2
以色列	Israel				50.9	30.6	37.6	64.7
意大利	Italy	1266.4	1217.4	1715.0	1500.6	1062.8	1330.8	1454.5
日本	Japan	14271.1	9583.3	6990.7	4615.1	3265.3	3408.7	3016.4
韩国	Korea		2300.0	2800.0				
卢森堡	Luxembourg		…	0.2	0.2	0.2	0.2	0.2
墨西哥	Mexico	66.9	543.3	128.4	128.4	128.4	128.4	
荷兰	Netherlands	1937.8	1580.6	265.3	251.1	168.0	208.9	182.9
新西兰	New Zealand	131.2	58.1	59.6	38.8	46.1	40.8	30.2
挪威	Norway	2008.0	1318.1	828.7	772.7	376.7	205.1	225.7
波兰	Poland	149.0	151.9	160.6	139.8	59.2	56.1	49.9
葡萄牙	Portugal		…	0.1	…	…		
斯洛伐克	Slovak Republic	114.3	11.6	20.3	36.2	17.8	21.2	17.0
斯洛文尼亚	Slovenia	106.5	105.6	132.7	20.9	7.4	13.7	28.6
西班牙	Spain	832.5	436.0	288.2	314.8	297.3	303.7	313.5
瑞典	Sweden	343.4	240.5	257.1	225.0	35.3	158.2	183.0
瑞士	Switzerland	14.7	69.1	32.9	39.1	35.2	36.7	39.4
土耳其	Turkey	516.4	515.1	487.8				
英国	United Kingdom	461.8	460.6	297.9	203.9	145.0	220.6	325.3
美国	United States	15587.0	13473.8	6194.6	6607.1	4458.5	5946.5	7017.6
俄罗斯	Russia	10019.3	7298.6	4722.1	3720.6	2524.6	2677.6	2544.2

3-1-12　氢氟碳化合物排放量
Total Emissions of Hydrofluorocarbons

资料来源：经合组织数据库。
Source:OECD Database.
单位：千吨二氧化碳当量　(1000t.CO_2 eq.)

国家或地区	Country or Area	1995	2000	2005	2008	2009	2010	2011
澳大利亚	Australia	812.5	1357.0	4097.7	5693.2	6278.5	7020.7	7641.5
奥地利	Austria	339.6	646.8	997.4	1082.0	1134.3	1285.6	1349.0
比利时	Belgium	451.7	943.3	1461.8	1821.6	1882.5	1936.3	1996.1
加拿大	Canada	479.4	2936.1	5296.5	5550.7	6306.3	7072.6	7526.8
智利	Chile			4.1				
捷克	Czech Republic	0.7	262.5	594.2	1262.5	1020.2	1467.9	1130.4
丹麦	Denmark	217.8	613.0	819.0	871.6	817.0	823.1	777.5
爱沙尼亚	Estonia	25.4	69.5	118.2	131.3	138.1	152.6	159.4
芬兰	Finland	29.3	491.8	863.5	993.2	888.8	1164.0	1025.9
法国	France	1731.0	5706.2	11240.7	13605.1	14386.2	15170.5	15849.3
德国	Germany	7012.2	7623.2	8639.9	8843.0	9442.7	8963.1	9176.7
希腊	Greece	3290.4	4243.8	3968.9	2844.3	3226.7	3512.2	3507.5
匈牙利	Hungary	23.9	213.6	675.4	948.6	880.2	959.0	987.6
冰岛	Iceland	8.5	35.8	58.4	70.6	95.0	122.5	121.4
爱尔兰	Ireland	54.6	259.8	475.8	566.7	523.3	559.3	538.6
以色列	Israel				660.4	719.6	1280.8	1746.6
意大利	Italy	671.3	1985.7	5400.6	7513.0	8163.9	8744.6	9306.0
日本	Japan	20260.2	18800.4	10518.2	15298.3	16554.2	18307.2	20467.0
韩国	Korea	5100.0	8400.0	6600.0				
卢森堡	Luxembourg	15.6	28.6	53.0	63.5	65.5	66.5	67.0
墨西哥	Mexico	1723.1	5686.2	8351.1	15189.5	14905.4	18692.3	
荷兰	Netherlands	6018.7	3891.7	1512.5	1931.5	2072.0	2259.9	2132.8
新西兰	New Zealand	122.8	253.0	712.2	807.3	872.4	1077.7	1885.2
挪威	Norway	80.3	327.3	524.1	692.0	736.5	914.4	950.2
波兰	Poland	189.9	1127.8	4424.9	5114.1	5453.3	5694.3	6210.8
葡萄牙	Portugal	66.3	319.0	848.1	1248.6	1378.9	1515.0	1491.5
斯洛伐克	Slovak Republic	11.6	77.0	206.0	335.2	380.1	420.2	439.5
斯洛文尼亚	Slovenia	31.8	40.9	133.0	187.9	195.8	207.4	217.2
西班牙	Spain	4645.5	8365.6	5405.4	7043.2	7368.8	8294.4	8279.4
瑞典	Sweden	132.1	567.9	789.5	866.6	868.5	845.2	813.4
瑞士	Switzerland	180.8	498.5	900.7	1025.6	1065.1	1119.0	1171.5
土耳其	Turkey		818.4	2379.0	2669.4	2839.2	4009.3	5308.3
英国	United Kingdom	15327.8	9342.4	12110.4	13686.6	14033.3	14388.3	14653.9
美国	United States	64035.1	104964.8	115002.7	117451.9	111949.1	121275.1	128951.7
拉脱维亚	Latvia	0.6	5.1	28.4	73.0	74.5	72.3	83.0
立陶宛	Lithuania	2.7	13.6	68.4	152.6	167.1	190.2	216.7
俄罗斯	Russia	12220.8	21037.2	15450.9	14421.6	10146.0	10859.9	9142.1

3-1-13 六氟化硫排放量

Total Emission of Sulphur Hexafluoride

资料来源：经合组织数据库。
Source:OECD Database.
单位：千吨二氧化碳当量 (1000 t.CO_2 eq.)

国家或地区	Country or Area	1995	2000	2005	2008	2009	2010	2011
澳大利亚	Australia	316.9	199.9	190.8	158.4	143.2	145.2	149.3
奥地利	Austria	1153.2	602.2	517.1	390.9	357.5	351.5	321.5
比利时	Belgium	2205.2	111.5	86.0	91.2	97.2	111.2	116.3
加拿大	Canada	2395.6	3051.9	1492.1	683.9	393.1	462.2	415.3
智利	Chile		19.8	71.2				
捷克	Czech Republic	75.2	141.9	85.9	47.0	49.6	16.2	34.6
丹麦	Denmark	107.5	59.3	21.9	31.8	36.9	38.5	73.4
爱沙尼亚	Estonia	3.2	2.7	1.1	1.4	1.4	1.8	1.8
芬兰	Finland	71.3	54.0	65.9	51.2	49.8	35.1	35.8
法国	France	2243.1	1818.8	1186.4	856.7	712.7	666.1	547.6
德国	Germany	6779.2	4269.0	3480.0	3114.6	3065.0	3194.0	3315.7
希腊	Greece	3.6	4.0	6.5	7.5	5.3	6.1	5.2
匈牙利	Hungary	169.6	195.3	237.7	275.5	220.6	234.9	184.4
冰岛	Iceland	1.3	1.4	2.6	3.2	3.2	4.9	3.1
爱尔兰	Ireland	82.9	54.3	101.6	56.7	38.2	34.5	48.3
以色列	Israel				1106.7	165.7	69.7	83.2
意大利	Italy	601.5	493.4	465.4	435.5	398.0	373.3	351.4
日本	Japan	16961.5	7188.5	4807.9	3795.2	1851.3	1862.4	1637.9
韩国	Korea	6300.0	11700.0	16700.0				
卢森堡	Luxembourg	1.6	2.2	5.0	6.6	7.0	7.4	7.8
墨西哥	Mexico	42.6	56.9	91.4	110.1	108.1	124.4	
荷兰	Netherlands	286.8	295.3	240.0	183.8	170.4	184.1	146.6
新西兰	New Zealand	17.9	10.6	19.0	15.1	19.8	20.5	17.6
挪威	Norway	607.8	934.4	312.0	65.4	61.5	75.4	60.7
波兰	Poland	30.5	24.2	28.1	34.5	39.4	37.1	40.9
葡萄牙	Portugal	6.8	9.7	25.7	35.6	40.9	43.6	42.9
斯洛伐克	Slovak Republic	9.9	13.1	16.3	18.5	19.4	19.9	20.7
斯洛文尼亚	Slovenia	12.7	15.7	18.9	16.7	15.9	16.5	16.5
西班牙	Spain	108.3	204.6	271.6	366.1	362.9	378.6	394.4
瑞典	Sweden	126.7	93.6	142.5	83.9	80.5	72.6	60.4
瑞士	Switzerland	97.7	157.8	213.0	244.7	187.1	154.8	164.4
土耳其	Turkey		322.9	858.7	843.1	803.5	875.8	950.2
英国	United Kingdom	1239.3	1798.5	1110.4	711.8	661.6	689.6	607.5
美国	United States	27959.5	18827.5	14986.6	11391.2	9815.9	10070.1	9379.5
拉脱维亚	Latvia	0.3	1.3	7.5	10.1	13.5	13.1	12.5
立陶宛	Lithuania	0.0	0.3	1.4	3.2	2.8	5.9	8.1
俄罗斯	Russia	416.3	696.5	1340.0	830.9	790.6	667.5	509.4

3-1-14 二氧化碳排放量

Emissions of CO_2

资料来源：世界银行WDI数据库。
Source:World Bank WDI Database.
单位：千吨 (1000 t)

国家或地区	Country or Area	2000	2010	国家或地区	Country or Area	2000	2010
阿富汗	Afghanistan	781	8236	多米尼加	Dominican Republic	20117	20964
阿尔巴尼亚	Albania	3022	4283	厄瓜多尔	Ecuador	20942	32636
阿尔及利亚	Algeria	87931	123475	埃及	Egypt	141326	204776
安道尔	Andorra	524	517	萨尔瓦多	El Salvador	5743	6249
安哥拉	Angola	9542	30418	赤道几内亚	Equatorial Guinea	455	4679
安提瓜和巴布达	Antigua and Barbuda	345	513	厄立特里亚	Eritrea	609	513
阿根廷	Argentina	141077	180512	爱沙尼亚	Estonia	15181	18339
亚美尼亚	Armenia	3465	4221	埃塞俄比亚	Ethiopia	5831	6494
阿鲁巴	Aruba	2233	2321	法罗群岛	Faeroe Islands	711	711
澳大利亚	Australia	329605	373081	斐济	Fiji	865	1291
奥地利	Austria	63696	66897	芬兰	Finland	52141	61844
阿塞拜疆	Azerbaijan	29508	45731	法国	France	365560	361273
巴哈马	Bahamas	1668	2464	加蓬	Gabon	1052	2574
巴林	Bahrain	18643	24202	冈比亚	Gambia, The	275	473
孟加拉国	Bangladesh	27869	56153	格鲁吉亚	Georgia	4536	6241
巴巴多斯	Barbados	1188	1503	德国	Germany	829978	745384
白俄罗斯	Belarus	53469	62222	加纳	Ghana	6289	8999
比利时	Belgium	115709	108947	希腊	Greece	91616	86717
伯利兹	Belize	689	422	格陵兰	Greenland	532	634
贝宁	Benin	1617	5189	格林纳达	Grenada	191	260
百慕大	Bermuda	495	477	危地马拉	Guatemala	9916	11118
不丹	Bhutan	400	477	几内亚	Guinea	1280	1236
玻利维亚	Bolivia	10224	15456	几内亚比绍	Guinea-Bissau	147	238
波黑	Bosnia and Herzegovina	23223	31125	圭亚那	Guyana	1610	1701
博茨瓦纳	Botswana	4276	5233	海地	Haiti	1368	2120
巴西	Brazil	327984	419754	洪都拉斯	Honduras	5031	8108
文莱	Brunei Darussalam	6527	9160	匈牙利	Hungary	57238	50583
保加利亚	Bulgaria	43531	44679	冰岛	Iceland	2164	1962
布基纳法索	Burkina Faso	1041	1683	印度	India	1186663	2008823
布隆迪	Burundi	301	308	印度尼西亚	Indonesia	263419	433989
柬埔寨	Cambodia	1977	4180	伊朗	Iran	372703	571612
喀麦隆	Cameroon	3432	7235	伊拉克	Iraq	72445	114667
加拿大	Canada	534484	499137	爱尔兰	Ireland	41345	40000
佛得角	Cape Verde	187	356	以色列	Israel	62691	70656
开曼群岛	Cayman Islands	455	590	意大利	Italy	451441	406307
中非共和国	Central African Republic	268	264	牙买加	Jamaica	10319	7158
乍得	Chad	176	469	日本	Japan	1219589	1170715
智利	Chile	58694	72258	约旦	Jordan	15508	20821
哥伦比亚	Colombia	57924	75680	哈萨克斯坦	Kazakhstan	127769	248729
科摩罗	Comoros	84	139	肯尼亚	Kenya	10418	12427
刚果(金)	Congo, Dem.	1646	3040	基里巴斯	Kiribati	33	62
刚果(布)	Congo, Rep.	1049	2028	朝鲜	Korea, Dem.	76699	71624
哥斯达黎加	Costa Rica	5475	7770	韩国	Korea, Rep.	447561	567567
科特迪瓦	Cote d'Ivoire	6791	5805	科威特	Kuwait	55181	93696
克罗地亚	Croatia	19644	20884	吉尔吉斯共和国	Kyrgyz Republic	4529	6399
古巴	Cuba	26039	38364	老挝	Lao	972	1874
塞浦路斯	Cyprus	6850	7708	拉脱维亚	Latvia	6241	7616
捷克	Czech Republic	124649	111752	黎巴嫩	Lebanon	15354	20403
丹麦	Denmark	47260	46303	利比里亚	Liberia	436	799
吉布提	Djibouti	403	539	利比亚	Libya	47114	59035
多米尼克	Dominica	103	136	立陶宛	Lithuania	12200	13561

3-1-14 续表 continued

单位：千吨 (1000 t)

国家或地区	Country or Area	2000	2010	国家或地区	Country or Area	2000	2010
卢森堡	Luxembourg	8240	10829	塞内加尔	Senegal	3938	7059
马其顿	Macedonia	12064	10873	塞舌尔	Seychelles	565	704
马达加斯加	Madagascar	1874	2013	塞拉利昂	Sierra Leone	425	689
马拉维	Malawi	906	1239	新加坡	Singapore	49006	13520
马来西亚	Malaysia	126603	216804	斯洛伐克	Slovak Republic	37312	36094
马尔代夫	Maldives	499	1074	斯洛文尼亚	Slovenia	14265	15328
马里	Mali	543	623	所罗门群岛	Solomon Islands	165	202
马耳他	Malta	2065	2589	索马里	Somalia	517	609
马绍尔群岛	Marshall Islands	77	103	南非	South Africa	368611	460124
毛里塔尼亚	Mauritania	1236	2215	西班牙	Spain	294434	269675
毛里求斯	Mauritius	2769	4118	斯里兰卡	Sri Lanka	10161	12710
墨西哥	Mexico	381518	443674	圣基茨和尼维斯	St. Kitts and Nevis	103	249
密克罗尼西亚	Micronesia	136	103	圣卢西亚	St. Lucia	330	403
摩尔多瓦	Moldova	3513	4855	圣文森特和格林纳丁斯	St. Vincent and the Grenadines	158	209
蒙古	Mongolia	7506	11511	苏丹	Sudan	5534	14173
黑山	Montenegro		2582	苏里南	Suriname	2127	2384
摩洛哥	Morocco	33905	50608	斯威士兰	Swaziland	1188	1023
莫桑比克	Mozambique	1349	2882	瑞典	Sweden	49794	52515
缅甸	Myanmar	10088	8995	瑞士	Switzerland	39050	38757
纳米比亚	Namibia	1643	3176	叙利亚	Syrian Arab Republic	51048	61859
尼泊尔	Nepal	3234	3755	塔吉克斯坦	Tajikistan	2237	2860
荷兰	Netherlands	165363	182078	坦桑尼亚	Tanzania	2651	6846
新喀里多尼亚	New Caledonia	2299	3920	泰国	Thailand	188355	295282
新西兰	New Zealand	32897	31551	东帝汶	Timor-Leste		183
尼加拉瓜	Nicaragua	3762	4547	多哥	Togo	1357	1540
尼日尔	Niger	796	1412	汤加	Tonga	121	158
尼日利亚	Nigeria	79182	78910	特里尼达和多巴哥	Trinidad and Tobago	24514	50682
挪威	Norway	38808	57187	突尼斯	Tunisia	19923	25878
阿曼	Oman	21896	57202	土耳其	Turkey	216148	298002
巴基斯坦	Pakistan	106449	161396	土库曼斯坦	Turkmenistan	35365	53054
帕劳	Palau	117	216	特克斯和凯科斯群岛	Turks and Caicos Islands	15	161
巴拿马	Panama	5790	9633	乌干达	Uganda	1533	3784
巴布亚新几内亚	Papua New Guinea	2688	3135	乌克兰	Ukraine	320774	304805
巴拉圭	Paraguay	3689	5075	阿联酋	United Arab Emirates	112562	167597
秘鲁	Peru	30297	57579	英国	United Kingdom	543662	493505
菲律宾	Philippines	73307	81591	美国	United States	5713560	5433057
波兰	Poland	301691	317254	乌拉圭	Uruguay	5306	6645
葡萄牙	Portugal	62966	52361	乌兹别克斯坦	Uzbekistan	119951	104443
卡塔尔	Qatar	34730	70531	瓦努阿图	Vanuatu	81	117
罗马尼亚	Romania	89985	78745	委内瑞拉	Venezuela	152415	201747
俄罗斯	Russia	1558112	1740776	越南	Vietnam	53645	150230
卢旺达	Rwanda	686	594	约旦河西岸和加沙	West Bank and Gaza	792	2365
萨摩亚	Samoa	139	161	也门	Yemen, Rep.	14639	21852
圣多美和普林西比	Sao Tome and Principe	48	99	赞比亚	Zambia	1819	2428
沙特阿拉伯	Saudi Arabia	296935	464481	津巴布韦	Zimbabwe	13887	9428

3-1-15 人均二氧化碳排放量

Emissions of CO_2 per Capita

资料来源：世界银行WDI数据库。
Source:World Bank WDI Database.

单位：吨 (ton)

国家或地区	Country or Area	2000	2010	国家或地区	Country or Area	2000	2010
阿富汗	Afghanistan	0.04	0.29	捷克共和国	Czech Republic	12.13	10.62
阿尔巴尼亚	Albania	0.91	1.36	丹麦	Denmark	8.85	8.35
阿尔及利亚	Algeria	2.77	3.33	吉布提	Djibouti	0.56	0.65
安道尔	Andorra	8.02	6.64	多米尼克	Dominica	1.47	1.91
安哥拉	Angola	0.69	1.56	多米尼加	Dominican Rep.	2.32	2.09
安提瓜和巴布达	Antigua and Barbuda	4.44	5.89	厄瓜多尔	Ecuador	1.67	2.18
阿根廷	Argentina	3.82	4.47	埃及	Egypt	2.14	2.62
亚美尼亚	Armenia	1.13	1.42	萨尔瓦多	El Salvador	0.96	1.00
阿鲁巴	Aruba	24.58	22.85	赤道几内亚	Equatorial Guinea	0.88	6.72
澳大利亚	Australia	17.21	16.91	厄立特里亚	Eritrea	0.15	0.09
奥地利	Austria	7.95	7.97	爱沙尼亚	Estonia	11.09	13.68
阿塞拜疆	Azerbaijan	3.67	5.05	埃塞俄比亚	Ethiopia	0.09	0.07
巴哈马	Bahamas, The	5.60	6.84	法罗群岛	Faeroe Islands	15.30	14.35
巴林	Bahrain	27.90	19.34	斐济	Fiji	1.07	1.50
孟加拉国	Bangladesh	0.21	0.37	芬兰	Finland	10.07	11.53
巴巴多斯	Barbados	4.45	5.36	法国	France	6.00	5.56
白俄罗斯	Belarus	5.34	6.56	加蓬	Gabon	0.86	1.65
比利时	Belgium	11.29	10.00	冈比亚	Gambia, The	0.22	0.28
伯利兹	Belize	2.89	1.37	格鲁吉亚	Georgia	1.03	1.40
贝宁	Benin	0.23	0.55	德国	Germany	10.10	9.11
百慕大	Bermuda	8.01	7.32	加纳	Ghana	0.33	0.37
不丹	Bhutan	0.71	0.66	希腊	Greece	8.39	7.67
玻利维亚	Bolivia	1.20	1.52	格陵兰	Greenland	9.46	11.15
波斯尼亚和黑塞哥维那	Bosnia and Herzegovina	6.06	8.09	格林纳达	Grenada	1.88	2.49
博茨瓦纳	Botswana	2.44	2.66	危地马拉	Guatemala	0.88	0.78
巴西	Brazil	1.88	2.15	几内亚	Guinea	0.15	0.11
文莱	Brunei Darussalam	19.67	22.87	几内亚比绍	Guinea-Bissau	0.12	0.15
保加利亚	Bulgaria	5.33	5.93	圭亚那	Guyana	2.16	2.16
布基纳法索	Burkina Faso	0.09	0.11	海地	Haiti	0.16	0.21
布隆迪	Burundi	0.05	0.03	洪都拉斯	Honduras	0.81	1.06
柬埔寨	Cambodia	0.16	0.29	匈牙利	Hungary	5.61	5.06
喀麦隆	Cameroon	0.22	0.35	冰岛	Iceland	7.69	6.17
加拿大	Canada	17.37	14.63	印度	India	1.14	1.67
佛得角	Cape Verde	0.42	0.73	印度尼西亚	Indonesia	1.26	1.80
开曼群岛	Cayman Islands	10.91	10.64	伊朗	Iran	5.65	7.68
中非共和国	Central African Rep.	0.07	0.06	伊拉克	Iraq	3.04	3.70
乍得	Chad	0.02	0.04	爱尔兰	Ireland	10.87	8.94
智利	Chile	3.80	4.21	以色列	Israel	9.97	9.27
哥伦比亚	Colombia	1.45	1.63	意大利	Italy	7.93	6.72
科摩罗	Comoros	0.16	0.20	牙买加	Jamaica	3.99	2.65
刚果(金)	Congo, Dem.	0.04	0.05	日本	Japan	9.61	9.19
刚果(布)	Congo, Rep.	0.34	0.49	约旦	Jordan	3.23	3.44
哥斯达黎加	Costa Rica	1.39	1.66	哈萨克斯坦	Kazakhstan	8.58	15.24
科特迪瓦	Cote d'Ivoire	0.42	0.31	肯尼亚	Kenya	0.33	0.30
克罗地亚	Croatia	4.44	4.73	基里巴斯	Kiribati	0.40	0.64
古巴	Cuba	2.34	3.40	朝鲜	Korea, Dem.	3.36	2.92
塞浦路斯	Cyprus	7.26	6.98	韩国	Korea, Rep.	9.52	11.49

3-1-15 续表 continued

单位：吨 (ton)

国家或地区	Country or Area	2000	2010	国家或地区	Country or Area	2000	2010
科威特	Kuwait	28.95	31.32	卢旺达	Rwanda	0.08	0.05
吉尔吉斯斯坦	Kyrgyz Republic	0.92	1.17	萨摩亚	Samoa	0.80	0.87
老挝	Lao PDR	0.18	0.29	圣多美和普林西比	Sao Tome and Principe	0.34	0.56
拉脱维亚	Latvia	2.63	3.40	沙特阿拉伯	Saudi Arabia	14.74	17.04
黎巴嫩	Lebanon	4.75	4.70	塞内加尔	Senegal	0.40	0.55
莱索托	Lesotho		0.01	塞尔维亚	Serbia		6.30
利比里亚	Liberia	0.15	0.20	塞舌尔	Seychelles	6.96	7.84
利比亚	Libya	9.10	9.77	塞拉利昂	Sierra Leone	0.10	0.12
立陶宛	Lithuania	3.49	4.13	新加坡	Singapore	12.17	2.66
卢森堡	Luxembourg	18.89	21.36	斯洛伐克	Slovak Republic	6.92	6.65
马其顿	Macedonia	5.88	5.17	斯洛文尼亚	Slovenia	7.17	7.48
马达加斯加	Madagascar	0.12	0.10	所罗门群岛	Solomon Islands	0.40	0.38
马拉维	Malawi	0.08	0.08	索马里	Somalia	0.07	0.06
马来西亚	Malaysia	5.41	7.67	南非	South Africa	8.38	9.20
马尔代夫	Maldives	1.83	3.30	西班牙	Spain	7.31	5.85
马里	Mali	0.05	0.04	斯里兰卡	Sri Lanka	0.53	0.62
马耳他	Malta	5.41	6.22	圣基茨和尼维斯	St. Kitts and Nevis	2.25	4.76
马绍尔群岛	Marshall Islands	1.48	1.96	圣卢西亚	St. Lucia	2.10	2.27
毛里塔尼亚	Mauritania	0.46	0.61	圣文森特和格林纳丁斯	St. Vincent and the Grenadines	1.46	1.91
毛里求斯	Mauritius	2.33	3.21	苏丹	Sudan	0.16	0.31
墨西哥	Mexico	3.67	3.76	苏里南	Suriname	4.56	4.54
密克罗尼西亚	Micronesia, Fed. Sts.	1.26	0.99	斯威士兰	Swaziland	1.12	0.86
摩尔多瓦	Moldova	0.97	1.36	瑞典	Sweden	5.61	5.60
蒙古	Mongolia	3.13	4.24	瑞士	Switzerland	5.44	4.95
黑山	Montenegro		4.16	叙利亚	Syrian Arab Republic	3.12	2.87
摩洛哥	Morocco	1.18	1.60	塔吉克斯坦	Tajikistan	0.36	0.38
莫桑比克	Mozambique	0.07	0.12	坦桑尼亚	Tanzania	0.08	0.15
缅甸	Myanmar	0.21	0.17	泰国	Thailand	3.02	4.45
纳米比亚	Namibia	0.87	1.46	东帝汶	Timor-Leste		0.16
尼泊尔	Nepal	0.14	0.14	多哥	Togo	0.28	0.24
荷兰	Netherlands	10.38	10.96	汤加	Tonga	1.24	1.51
新喀里多尼亚	New Caledonia	10.78	15.68	特里尼达和多巴哥	Trinidad and Tobago	19.33	38.16
新西兰	New Zealand	8.53	7.22	突尼斯	Tunisia	2.08	2.45
尼加拉瓜	Nicaragua	0.74	0.78	土耳其	Turkey	3.42	4.13
尼日尔	Niger	0.07	0.09	土库曼斯坦	Turkmenistan	7.86	10.52
尼日利亚	Nigeria	0.64	0.49	特克斯和凯科斯群岛	Turks and Caicos Islands	0.78	5.21
挪威	Norway	8.64	11.70	乌干达	Uganda	0.06	0.11
阿曼	Oman	9.99	20.41	乌克兰	Ukraine	6.52	6.64
巴基斯坦	Pakistan	0.74	0.93	阿联酋	United Arab Emirates	37.19	19.85
帕劳	Palau	6.12	10.57	英国	United Kingdom	9.23	7.93
巴拿马	Panama	1.90	2.62	美国	United States	20.25	17.56
巴布亚新几内亚	Papua New Guinea	0.50	0.46	乌拉圭	Uruguay	1.60	1.97
巴拉圭	Paraguay	0.69	0.79	乌兹别克斯坦	Uzbekistan	4.87	3.66
秘鲁	Peru	1.17	1.97	瓦努阿图	Vanuatu	0.44	0.50
菲律宾	Philippines	0.94	0.87	委内瑞拉	Venezuela	6.24	6.95
波兰	Poland	7.85	8.31	越南	Vietnam	0.69	1.73
葡萄牙	Portugal	6.16	4.92	约旦河西岸和加沙	West Bank and Gaza	0.27	0.62
卡塔尔	Qatar	58.50	40.31	也门	Yemen	0.84	0.96
罗马尼亚	Romania	4.01	3.67	赞比亚	Zambia	0.18	0.18
俄罗斯	Russia	10.65	12.23	津巴布韦	Zimbabwe	1.11	0.72

3-1-16 新乘用车每公里平均二氧化碳排放
Average Carbon Dioxide Emissions per km from New Passenger Cars

资料来源：欧盟统计局。
Source: Eurostat.

单位：克 (g)

国家或地区	Country or Area	2000	2001	2002	2003	2004	2005
比利时	Belgium	166.5	163.7	161.1	158.1	156.5	155.2
捷克	Czech Rep.					154.0	155.3
丹麦	Denmark	175.7	172.9	170.0	169.0	165.9	163.7
德国	Germany	182.2	179.5	177.4	175.9	174.9	173.4
爱沙尼亚	Estonia					179.0	183.7
爱尔兰	Ireland	161.3	166.6	164.3	166.7	167.6	166.8
希腊	Greece	180.3	166.5	167.8	168.9	168.8	167.4
西班牙	Spain	159.2	156.8	156.4	157.0	155.3	155.3
法国	France	163.6	159.8	156.8	155.0	153.1	152.3
意大利	Italy	155.1	158.3	156.6	152.9	150.0	149.5
塞浦路斯	Cyprus					173.4	173.0
拉脱维亚	Latvia					192.4	187.2
立陶宛	Lithuania					187.5	186.3
卢森堡	Luxemburg	176.7	177.0	173.8	173.5	169.7	168.6
匈牙利	Hungary					158.5	156.3
马耳他	Malta					148.8	150.5
荷兰	Netherlands	174.2	174.0	172.4	173.5	171.0	169.9
奥地利	Austria	168.0	165.6	164.4	163.8	161.9	162.1
波兰	Poland					154.1	155.2
葡萄牙	Portugal	169.2		154.0	149.9	147.1	144.9
斯洛文尼亚	Slovenia					152.7	157.2
斯洛伐克	Slovakia						157.4
芬兰	Finland	181.1	178.1	177.2	178.3	179.8	179.5
瑞典	Sweden	200.0	200.2	198.2	198.5	197.2	193.8
英国	United Kingdom	185.4	177.9	174.8	172.7	171.4	169.7
爱尔兰	Ireland	161.3	166.6	164.3	166.7	167.6	166.8

3-1-16 续表 continued

单位：克 (g)

国家或地区	Country or Area	2006	2007	2008	2009	2010	2011
比利时	Belgium	153.9	152.8	147.8	142.1	133.4	127.2
保加利亚	Bulgaria		171.6	171.5	172.1	158.9	151.4
捷克	Czech Rep.	154.2	154.2	154.4	155.5	148.9	144.5
丹麦	Denmark	162.5	159.8	146.4	139.1	126.2	125.0
德国	Germany	172.5	169.5	164.8	154.0	151.1	145.6
爱沙尼亚	Estonia	182.7	181.6	177.4	170.3	162.0	156.9
爱尔兰	Ireland	166.3	161.6	156.8	144.4	133.2	128.3
希腊	Greece	166.5	165.3	160.8	157.4	143.7	132.7
西班牙	Spain	155.6	153.2	148.2	142.2	137.9	133.8
法国	France	149.9	149.4	140.1	133.5	130.5	127.7
意大利	Italy	149.2	146.5	144.7	136.3	132.7	129.6
塞浦路斯	Cyprus	170.1	170.3	165.6	160.7	155.8	149.9
拉脱维亚	Latvia	183.1	183.5	180.6	176.9	162.0	154.4
立陶宛	Lithuania	163.4	176.5	170.1	166.0	150.9	144.4
卢森堡	Luxemburg	168.2	165.8	159.5	152.5	146.0	142.2
匈牙利	Hungary	154.6	155.0	153.4	153.4	147.4	141.6
马耳他	Malta	145.9	147.8	146.9	135.7	131.2	124.7
荷兰	Netherlands	166.7	164.8	156.7	146.9	135.8	126.1
奥地利	Austria	163.7	162.9	158.1	150.2	144.0	138.7
波兰	Poland	155.9	153.7	153.1	151.6	146.2	144.5
葡萄牙	Portugal	145.0	144.2	138.2	133.8	127.2	122.8
罗马尼亚	Romania		154.8	156.0	157.0	148.5	140.7
斯洛文尼亚	Slovenia	155.3	156.3	155.9	152.0	144.4	139.7
斯洛伐克	Slovakia	152.0	152.7	150.4	146.6	149.0	144.9
芬兰	Finland	179.2	177.3	162.9	157.0	149.0	144.0
瑞典	Sweden	188.6	181.4	173.9	164.5	151.3	141.8
英国	United Kingdom	167.7	164.7	158.2	149.7	144.2	138.0
爱尔兰	Ireland	166.3	161.6	156.8	144.4	133.2	128.3

3-1-17　每立方米空气中颗粒物含量(直径不足10微米)

Particulate Matter Content per Cubic Meter in the Air (PM Diameter Less Than 10 Microns)

资料来源：世界银行WDI数据库。
Source:World Bank WDI Database.

单位：微克/每立方米　(micrograms per cubic meter)

国家或地区	Country or Area	1990	2000	2005	2008	2009	2010
阿富汗	Afghanistan	68.3	45.6	44.5	35.5	32.9	29.8
阿尔巴尼亚	Albania	92.6	56.0	47.7	44.4	42.9	38.4
阿尔及利亚	Algeria	112.5	83.1	68.6	65.6	74.5	69.3
安道尔	Andorra	23.6	25.7	18.8	15.7	14.9	18.2
安哥拉	Angola	112.4	118.4	58.0	58.1	62.3	57.8
安提瓜和巴布达	Antigua and Barbuda	19.9	14.1	13.0	13.0	12.7	12.8
阿根廷	Argentina	103.6	68.1	74.5	65.0	60.2	56.8
亚美尼亚	Armenia		82.8	64.0	49.8	48.7	44.5
澳大利亚	Australia	21.6	17.8	15.3	13.7	14.1	13.1
奥地利	Austria	38.7	36.5	33.0	28.3	26.9	27.4
阿塞拜疆	Azerbaijan		111.8	67.7	33.7	27.6	27.3
巴林	Bahrain	75.2	52.8	52.9	44.7	45.6	44.1
孟加拉国	Bangladesh	228.4	161.8	141.3	127.7	121.1	115.0
巴巴多斯	Barbados	47.7	38.0	36.2	37.8	36.1	35.3
白俄罗斯	Belarus	24.3	9.9	6.6	7.0	7.9	6.3
比利时	Belgium	30.7	28.1	24.4	21.0	20.9	21.2
伯利兹	Belize	23.1	20.2	15.0	13.4	13.5	12.2
贝宁	Benin	76.5	49.3	42.0	46.9	47.4	48.5
不丹	Bhutan	47.5	33.5	25.2	21.8	20.9	20.1
玻利维亚	Bolivia	105.3	81.9	84.4	64.3	60.1	56.6
波黑	Bosnia and Herzegovina	35.8	25.2	19.3	19.9	19.9	20.8
博茨瓦纳	Botswana	91.6	78.8	65.8	67.9	65.6	63.5
巴西	Brazil	39.1	31.5	24.7	20.1	19.4	18.3
文莱	Brunei Darussalam	26.0	62.6	43.9	51.0	48.0	43.6
保加利亚	Bulgaria	108.0	68.9	58.1	48.7	44.6	40.3
布基纳法索	Burkina Faso	143.2	103.5	81.2	64.0	63.5	64.6
布隆迪	Burundi	58.5	45.7	35.0	27.9	26.0	23.9
柬埔寨	Cambodia	107.1	51.9	44.1	40.6	43.4	41.9
喀麦隆	Cameroon	121.8	93.3	68.7	49.0	57.7	59.2
加拿大	Canada	24.8	21.4	18.6	16.1	15.3	14.5
中非共和国	Central African Rep.	59.8	53.8	43.6	33.5	33.5	34.6
乍得	Chad	210.0	162.7	106.8	80.6	83.0	82.6
智利	Chile	88.5	58.7	49.5	56.0	51.0	46.2
哥伦比亚	Colombia	37.7	25.4	21.8	18.9	19.8	19.1
科摩罗	Comoros	71.5	58.3	40.8	33.1	31.7	29.8
刚果（金）	Congo, Dem.	70.6	63.9	48.9	38.9	37.9	35.2
刚果(布)	Congo, Rep.	124.3	75.0	59.6	52.8	59.4	56.6
哥斯达黎加	Costa Rica	41.1	32.2	31.1	30.8	29.5	27.1
科特迪瓦	Cote d'Ivoire	87.2	51.3	38.9	31.3	29.2	29.5
克罗地亚	Croatia	45.5	32.7	29.5	26.0	24.9	22.4

3-1-17 续表 1 continued

单位：微克/每立方米 (micrograms per cubic meter)

国家或地区	Country or Area	1990	2000	2005	2008	2009	2010
古 巴	Cuba	31.4	20.2	16.3	14.6	15.6	14.5
塞浦路斯	Cyprus	60.2	50.0	35.9	29.5	27.7	26.7
捷 克	Czech Republic	40.9	24.6	21.2	17.8	17.0	16.2
丹 麦	Denmark	28.0	21.7	17.3	15.8	15.2	15.0
吉布提	Djibouti	37.7	42.9	47.3	49.7	46.7	28.1
多米尼克	Dominica	34.3	30.5	24.0	21.4	21.4	19.7
多米尼加	Dominican Republic	43.5	34.0	18.6	16.5	15.5	14.0
厄瓜多尔	Ecuador	36.5	28.1	25.2	18.9	19.9	19.2
埃 及	Egypt	216.7	124.6	120.6	93.2	87.2	77.8
萨尔瓦多	El Salvador	44.1	41.2	34.9	30.0	30.6	28.3
赤道几内亚	Equatorial Guinea	14.9	10.2	7.2	6.6	6.9	5.9
厄立特里亚	Eritrea	196.1	114.5	87.7	70.9	63.8	60.6
爱沙尼亚	Estonia	47.2	16.6	13.3	10.2	9.0	9.3
埃塞俄比亚	Ethiopia	108.4	86.9	67.8	52.3	49.5	47.2
法罗群岛	Faeroe Islands	11.9	12.9	10.5	8.9	8.7	10.7
斐 济	Fiji	37.0	32.3	22.8	18.9	19.2	19.7
芬 兰	Finland	21.6	18.9	16.8	14.7	14.9	15.2
法 国	France	18.3	15.9	14.1	12.5	12.3	11.9
加 蓬	Gabon	8.6	6.6	7.5	6.7	6.7	6.8
冈比亚	Gambia	135.7	78.5	76.6	58.0	58.9	60.1
格鲁吉亚	Georgia	223.8	67.7	50.5	46.9	52.2	49.4
德 国	Germany	26.8	22.4	18.5	16.0	15.7	15.6
加 纳	Ghana	37.7	38.8	30.5	23.7	21.9	22.2
希 腊	Greece	64.1	45.5	36.3	31.6	30.6	27.3
格林纳达	Grenada	32.7	21.8	19.4	20.1	19.4	19.2
危地马拉	Guatemala	68.2	81.3	71.6	56.0	58.9	51.4
几内亚	Guinea	103.3	76.5	69.5	55.9	54.6	54.8
几内亚比绍	Guinea-Bissau	113.9	86.4	59.9	46.1	46.2	47.7
圭亚那	Guyana	48.6	40.5	31.0	22.9	22.8	20.2
海 地	Haiti	67.8	42.3	36.4	36.8	33.3	34.7
洪都拉斯	Honduras	43.0	45.4	47.1	41.2	35.0	33.6
匈牙利	Hungary	33.5	23.7	17.4	15.3	15.1	15.0
冰 岛	Iceland	23.4	18.7	14.9	16.2	18.2	17.6
印 度	India	108.6	90.7	66.2	59.9	57.3	52.0
印度尼西亚	Indonesia	133.2	119.5	90.1	69.0	66.9	60.1
伊 朗	Iran	94.1	93.6	61.7	57.9	55.3	55.6
伊拉克	Iraq	173.6	168.9	122.0	86.6	92.8	88.4
爱尔兰	Ireland	23.3	20.4	15.4	12.4	12.5	12.8
以色列	Israel	66.3	47.8	28.5	26.4	22.6	21.4
意大利	Italy	40.9	32.9	27.0	23.1	21.4	20.6
牙买加	Jamaica	55.5	39.5	35.9	35.2	28.6	27.2
日 本	Japan	42.0	32.8	30.1	26.6	24.9	24.1
约 旦	Jordan	107.1	65.7	49.4	31.9	29.8	29.8
哈萨克斯坦	Kazakhstan	44.4	27.3	21.6	16.5	15.0	18.1

3-1-17　续表 2　continued

单位：微克/每立方米　　(micrograms per cubic meter)

国家或地区	Country or Area	1990	2000	2005	2008	2009	2010
肯尼亚	Kenya	63.6	41.8	32.5	29.2	31.6	29.9
朝　鲜	Korea, Dem.	168.5	92.2	68.4	54.6	56.0	51.7
韩　国	Korea, Rep.	50.6	45.3	35.3	31.8	32.4	30.3
科威特	Kuwait	113.4	125.9	103.0	90.1	95.5	90.7
吉尔吉斯斯坦	Kyrgyz Republic		28.6	21.9	23.2	35.2	35.0
老　挝	Lao	92.0	55.7	50.4	44.6	44.6	44.7
拉脱维亚	Latvia	38.3	17.8	15.2	13.2	12.1	12.3
黎巴嫩	Lebanon	39.1	45.4	36.2	36.1	28.1	24.9
莱索托	Lesotho	105.2	73.8	53.2	45.2	43.0	38.4
利比里亚	Liberia	68.0	48.4	40.4	32.1	30.6	30.8
利比亚	Libya	100.9	99.6	92.4	72.2	86.2	65.3
列支敦士登	Liechtenstein	21.3	21.5	18.3	15.9	15.3	24.0
立陶宛	Lithuania	52.2	20.9	19.1	16.5	15.3	16.4
卢森堡	Luxembourg	27.6	17.5	14.0	12.2	12.8	12.5
马其顿	Macedonia	45.9	23.8	20.3	19.0	17.4	16.8
马达加斯加	Madagascar	77.9	53.1	40.7	30.8	30.0	28.0
马拉维	Malawi	80.2	57.7	43.0	34.3	31.9	29.5
马来西亚	Malaysia	33.6	24.3	23.0	18.6	19.3	17.9
马尔代夫	Maldives	28.4	33.1	34.8	28.6	27.8	27.6
马　里	Mali	258.6	203.8	146.9	109.3	108.4	110.6
毛里塔尼亚	Mauritania	147.1	111.9	88.0	65.5	68.5	68.1
毛里求斯	Mauritius	21.1	17.0	17.4	16.2	16.1	16.1
墨西哥	Mexico	66.0	43.5	37.9	31.7	32.6	29.8
摩尔多瓦	Moldova		45.1	41.1	34.3	33.5	35.7
蒙　古	Mongolia	180.8	121.5	103.1	98.0	97.1	95.7
摩洛哥	Morocco	38.5	35.6	29.5	26.6	23.4	23.1
莫桑比克	Mozambique	111.5	44.5	29.0	24.7	24.3	21.7
缅　甸	Myanmar	107.0	84.0	64.0	41.7	41.5	39.8
纳米比亚	Namibia	49.5	41.6	39.5	46.7	44.7	42.2
尼泊尔	Nepal	67.3	49.7	37.1	31.2	29.5	26.8
荷　兰	Netherlands	44.5	37.2	32.9	29.9	29.5	30.0
新喀里多尼亚	New Caledonia	78.7	88.0	49.5	57.7	52.5	48.0
新西兰	New Zealand	14.3	15.7	12.8	12.1	11.9	10.8
尼加拉瓜	Nicaragua	46.5	32.7	26.6	22.5	22.7	21.4
尼日尔	Niger	199.3	161.0	123.2	93.3	93.4	95.6
尼日利亚	Nigeria	194.7	96.4	67.4	43.7	42.6	37.9
挪　威	Norway	21.5	18.4	15.8	15.7	14.8	16.1
阿　曼	Oman	133.4	95.9	81.0	86.5	80.1	95.0
巴基斯坦	Pakistan	213.8	177.3	117.8	106.3	100.4	91.1
巴拿马	Panama	59.1	53.2	50.0	39.6	43.1	44.6
巴布亚新几内亚	Papua New Guinea	34.2	30.9	22.9	17.0	16.3	16.2
巴拉圭	Paraguay	106.9	93.1	85.5	64.2	66.6	63.6
秘　鲁	Peru	95.1	74.5	58.2	48.4	42.0	42.5
菲律宾	Philippines	54.7	41.5	23.4	17.7	16.5	16.8
波　兰	Poland	59.0	40.0	36.5	33.6	33.5	32.9

3-1-17 续表 3 continued

单位：微克/每立方米 (micrograms per cubic meter)

国家或地区	Country or Area	1990	2000	2005	2008	2009	2010
葡萄牙	Portugal	49.2	30.1	26.7	20.9	19.9	18.1
波多黎各	Puerto Rico	23.0	16.5	15.1	16.1	15.2	15.1
卡塔尔	Qatar	52.1	41.4	44.7	28.1	29.0	20.4
罗马尼亚	Romania	35.8	21.1	14.8	12.3	11.7	11.3
俄罗斯	Russia	40.8	27.4	18.6	15.2	15.6	14.5
卢旺达	Rwanda	51.7	43.7	32.6	24.4	22.7	21.0
圣马力诺	San Marino	13.8	10.7	9.5	7.9	8.1	7.8
圣多美和普林西比	Sao Tome and Principe	68.0	47.5	37.0	28.0	27.6	28.5
沙特阿拉伯	Saudi Arabia	159.9	148.2	117.8	99.3	102.5	96.3
塞内加尔	Senegal	94.3	108.1	93.3	78.7	78.9	77.1
塞拉利昂	Sierra Leone	86.8	66.4	46.5	35.2	35.5	36.2
新加坡	Singapore	79.0	29.5	26.3	24.7	24.1	23.4
斯洛伐克	Slovak Republic	46.0	17.2	14.9	13.3	12.4	12.7
斯洛文尼亚	Slovenia		31.8	30.1	28.3	25.9	25.6
所罗门群岛	Solomon Islands	49.7	32.4	33.8	29.6	30.6	30.8
索马里	Somalia	80.5	50.5	38.2	29.8	28.0	25.9
南非	South Africa	33.4	22.1	24.4	25.4	24.4	17.9
西班牙	Spain	41.1	40.2	33.1	27.1	25.5	23.7
斯里兰卡	Sri Lanka	93.4	96.0	93.9	70.1	67.4	64.8
圣基茨和尼维斯	St. Kitts and Nevis	27.0	17.6	16.0	15.9	15.4	15.4
圣卢西亚	St. Lucia	50.6	35.2	32.7	32.9	31.2	30.8
圣文森特和格林纳丁斯	St. Vincent and the Grenadines	41.3	35.8	26.4	23.5	24.0	22.0
苏丹	Sudan	317.1	231.8	204.2	169.2	156.2	136.8
苏里南	Suriname	49.3	42.8	28.5	22.2	21.9	19.5
斯威士兰	Swaziland	29.8	31.7	33.3	36.8	35.0	29.3
瑞典	Sweden	14.8	12.8	11.5	10.4	9.6	10.2
瑞士	Switzerland	34.1	25.9	24.0	21.5	21.9	19.8
叙利亚	Syrian Arab Republic	132.2	97.2	89.9	76.7	65.8	54.3
塔吉克斯坦	Tajikistan		49.3	38.5	30.2	30.4	29.1
坦桑尼亚	Tanzania	56.4	39.9	25.7	20.7	19.7	18.7
泰国	Thailand	77.0	69.7	70.0	53.4	53.6	52.6
多哥	Togo	56.0	50.8	34.5	28.3	27.7	26.9
特里尼达和多巴哥	Trinidad and Tobago	132.9	98.9	79.1	79.8	92.8	97.2
突尼斯	Tunisia	70.5	46.3	30.1	25.3	24.7	23.4
土耳其	Turkey	77.2	53.0	40.5	37.0	36.7	35.1
土库曼斯坦	Turkmenistan		76.7	54.0	42.6	39.3	36.3
乌干达	Uganda	28.7	19.8	14.8	11.4	10.7	9.8
乌克兰	Ukraine	70.7	30.4	22.6	16.7	16.6	15.4
阿联酋	United Arab Emirates	273.2	118.8	120.1	91.4	93.8	89.4
英国	United Kingdom	24.2	17.2	14.3	12.8	12.7	12.8
美国	United States	29.6	23.8	21.7	19.1	18.1	17.8
乌拉圭	Uruguay	229.4	157.6	156.4	152.0	145.5	112.0
乌兹别克斯坦	Uzbekistan	110.1	85.9	58.7	40.5	37.4	31.0
瓦努阿图	Vanuatu	32.1	25.3	18.6	14.4	13.8	13.9
委内瑞拉	Venezuela	20.7	11.5	10.6	9.8	9.8	9.9
越南	Vietnam	126.5	69.5	62.8	50.3	51.9	53.7
也门	Yemen		95.9	76.3	58.3	45.5	34.4
赞比亚	Zambia	124.7	78.4	55.5	30.3	29.6	26.9
津巴布韦	Zimbabwe	55.3	50.3	39.6	40.1	36.6	34.0

3-1-18 甲烷排放量
Emissions of Methane

资料来源：世界银行WDI数据库。
Source:World Bank WDI Database.
单位：千吨二氧化碳当量 (kt of CO_2 eq.)

国家或地区	Country or Area	1990	2000	2005	2008	2010
阿尔巴尼亚	Albania	2543	2608	2477	2517	2593
阿尔及利亚	Algeria	31213	43797	45612	46329	47662
安哥拉	Angola	22057	15759	16359	17293	18597
阿根廷	Argentina	102024	99133	99956	97702	86734
亚美尼亚	Armenia	2891	2565	2960	3235	3329
澳大利亚	Australia	115048	127730	122048	122157	122549
奥地利	Austria	10027	8972	8447	8294	8391
阿塞拜疆	Azerbaijan	11418	9951	12096	16939	18401
巴林	Bahrain	1786	2366	2762	3176	3312
孟加拉国	Bangladesh	87090	89243	94194	97828	103080
白俄罗斯	Belarus	18657	13323	14046	15344	16436
比利时	Belgium	12440	11049	9603	9516	9633
贝宁	Benin	5120	4504	4377	7087	6846
玻利维亚	Bolivia	22429	19752	29831	21003	22778
波黑	Bosnia and Herzegovina	4590	2672	2666	3037	3071
博茨瓦纳	Botswana	6074	3941	4658	3876	4361
巴西	Brazil	319638	342958	492223	421313	443289
文莱	Brunei Darussalam	3592	3858	4543	4617	4450
保加利亚	Bulgaria	15678	13783	12778	12280	12011
柬埔寨	Cambodia	15116	14985	20477	32658	35211
喀麦隆	Cameroon	15980	15843	13700	19927	18153
加拿大	Canada	76106	100404	106657	106209	104500
智利	Chile	11978	16923	18190	17989	18001
哥伦比亚	Colombia	50242	55113	57743	63053	66694
刚果(金)	Congo, Dem.	98340	63695	57685	69446	73859
刚果(布)	Congo, Rep.	7194	8029	7674	6649	7016
哥斯达黎加	Costa Rica	3769	2917	2435	2168	2274
科特迪瓦	Cote d'Ivoire	12146	14237	12472	14487	15947
克罗地亚	Croatia	4156	3944	4508	4853	5036
古巴	Cuba	12065	10563	9276	8413	8392
塞浦路斯	Cyprus	441	569	619	614	621
捷克	Czech Republic	18239	12946	12041	11850	12033
丹麦	Denmark	7981	8125	7956	7864	7763
多米尼加	Dominican Rep.	6004	6239	6695	6733	6729
厄瓜多尔	Ecuador	10985	12842	15131	14776	15477
埃及	Egypt	26928	35813	47775	51846	50969
萨尔瓦多	El Salvador	2673	2798	3153	3128	2992
厄立特里亚	Eritrea	2071	2682	2614	2775	2837
爱沙尼亚	Estonia	3408	2136	2212	2252	2329
埃塞俄比亚	Ethiopia	39981	46192	52960	60262	63232
芬兰	Finland	10070	10341	9750	9507	8896

3-1-18　续表 1　continued

单位：千吨二氧化碳当量 (kt of CO_2 eq.)

国家或地区	Country or Area	1990	2000	2005	2008	2010
法　国	France	75710	85588	82885	82878	83753
加　蓬	Gabon	3479	4082	4298	5248	3818
格鲁吉亚	Georgia	5037	4137	4413	4708	4864
德　国	Germany	115443	76117	61699	57614	57230
加　纳	Ghana	7925	9628	9975	22498	20665
希　腊	Greece	7734	8089	8205	8203	8417
危地马拉	Guatemala	4798	19386	8405	6365	6746
海　地	Haiti	3308	4133	4255	4492	4497
洪都拉斯	Honduras	3971	3448	5223	5418	5730
匈牙利	Hungary	10050	8218	7877	7389	7283
冰　岛	Iceland	342	337	336	367	383
印　度	India	513639	561558	584494	606198	621480
印度尼西亚	Indonesia	152210	167822	259661	210873	218929
伊　朗	Iran	56662	79665	99792	108608	115334
伊拉克	Iraq	21395	22289	20628	22640	23874
爱尔兰	Ireland	13884	14897	14960	14415	13896
以色列	Israel	1913	2699	3453	3915	3350
意大利	Italy	47144	46725	40089	37340	37548
牙买加	Jamaica	1235	1379	1307	1331	1291
日　本	Japan	66928	47484	42230	40957	40262
约　旦	Jordan	867	1402	1833	2205	2072
哈萨克斯坦	Kazakhstan	69233	38574	53877	62806	67542
肯尼亚	Kenya	20324	22284	25616	27448	27477
朝　鲜	Korea, Dem.	21626	17324	19301	18705	18611
韩　国	Korea, Rep.	31306	30925	31976	31051	31984
科威特	Kuwait	5323	10197	12757	12633	12442
吉尔吉斯斯坦	Kyrgyz Republic	5823	3486	3591	3665	3968
拉脱维亚	Latvia	5473	2840	3105	3192	3227
黎巴嫩	Lebanon	699	907	1025	1092	1127
利比亚	Libya	16704	13011	16334	17890	18132
立陶宛	Lithuania	7604	5000	5042	5156	5052
卢森堡	Luxembourg	979	1019	1053	1147	1236
马其顿	Macedonia	1663	1490	1418	1376	1369
马来西亚	Malaysia	23625	29242	36500	35122	33599
马耳他	Malta	184	231	245	235	235
墨西哥	Mexico	98326	102714	113346	115119	115858
摩尔多瓦	Moldova	4086	3255	3541	3378	3415
蒙　古	Mongolia	8301	9218	6292	6868	6134
摩洛哥	Morocco	9226	9602	10603	11255	11778
莫桑比克	Mozambique	11783	12970	13750	8517	9772
缅　甸	Myanmar	83993	66941	78231	76510	79131
纳米比亚	Namibia	3554	4582	5251	4942	4988
尼泊尔	Nepal	20286	21206	22317	23064	23512

3-1-18　续表 2　continued

单位：千吨二氧化碳当量　　(kt of CO_2 eq.)

国家或地区	Country or Area	1990	2000	2005	2008	2010
荷　兰	Netherlands	30115	24286	21296	20465	20269
新西兰	New Zealand	26681	26570	27505	27566	28133
尼加拉瓜	Nicaragua	4811	5566	6045	6200	6361
尼日利亚	Nigeria	65137	82589	84122	95808	88021
挪　威	Norway	14122	17152	16897	17173	17148
阿　曼	Oman	6153	10326	14546	15614	16527
巴基斯坦	Pakistan	90807	117129	138671	150644	155236
巴拿马	Panama	2769	2790	3226	3376	3312
巴拉圭	Paraguay	15501	15184	15798	14520	15931
秘　鲁	Peru	13574	16345	16619	17136	18943
菲律宾	Philippines	41552	49915	53176	56380	56049
波　兰	Poland	107611	72791	70593	65400	65453
葡萄牙	Portugal	9869	12289	13647	13027	12601
卡塔尔	Qatar	4359	13134	18581	28222	40328
罗马尼亚	Romania	37410	25129	25955	26824	26146
俄罗斯	Russia	624477	465549	493751	510602	533546
沙特阿拉伯	Saudi Arabia	29672	41798	51299	55144	60310
塞内加尔	Senegal	5628	7078	7662	9132	9733
塞尔维亚	Serbia	11940	8651	7563	6726	6589
新加坡	Singapore	987	1691	2277	2340	2339
斯洛伐克	Slovak Republic	6451	4432	4064	4015	3985
斯洛文尼亚	Slovenia	3034	2871	2980	2913	2902
南　非	South Africa	53369	59430	65348	67187	65311
西班牙	Spain	32795	35105	36314	36476	36824
斯里兰卡	Sri Lanka	11514	9607	10295	11353	11631
苏　丹	Sudan	47142	64407	70661	100993	94639
瑞　典	Sweden	11519	11466	11501	11390	10845
瑞　士	Switzerland	5905	5126	4953	4946	4992
叙利亚	Syrian Arab Republic	8385	12609	11901	12504	12532
塔吉克斯坦	Tajikistan	4299	3304	3885	4508	4943
坦桑尼亚	Tanzania	26891	29124	33610	25360	27445
泰　国	Thailand	84956	83448	89388	97444	104411
多　哥	Togo	3089	3440	3732	5866	5238
特里尼达和多巴哥	Trinidad and Tobago	3038	5528	11055	13509	14499
突尼斯	Tunisia	4055	6881	7245	6949	7497
土耳其	Turkey	43853	56264	64357	75652	77307
土库曼斯坦	Turkmenistan	29846	21217	29513	32848	26546
乌克兰	Ukraine	122285	85244	70884	68265	68398
阿联酋	United Arab Emirates	13414	19913	22256	23939	25608
英　国	United Kingdom	117310	85894	64387	60814	61174
美　国	United States	635108	553740	535815	545325	524688
乌拉圭	Uruguay	15752	18183	19752	20571	19165
乌兹别克斯坦	Uzbekistan	32947	37079	42353	46339	46862
委内瑞拉	Venezuela	43935	57498	57497	60049	57072
越　南	Vietnam	60474	75418	94325	106433	111338
也　门	Yemen	3913	6121	7761	8292	8765
赞比亚	Zambia	29119	18100	21192	6121	6423
津巴布韦	Zimbabwe	10256	9672	9658	8455	8421

3-1-19 农业生产甲烷排放所占比重

Agricultural Methane Emissions as Percentage of Total

资料来源：世界银行WDI数据库。
Source:World Bank WDI Database.

单位：% (%)

国家或地区	Country or Area	1990	2000	2005	2008	2010
阿尔巴尼亚	Albania	60.99	68.80	68.75	65.00	60.71
阿尔及利亚	Algeria	11.91	9.63	9.76	10.26	10.22
安哥拉	Angola	63.45	24.65	23.85	23.03	22.52
阿根廷	Argentina	76.67	72.26	71.88	73.61	72.14
亚美尼亚	Armenia	43.26	35.20	36.69	35.91	31.59
澳大利亚	Australia	65.71	61.50	57.45	56.85	53.00
奥地利	Austria	49.61	49.42	48.99	48.02	47.89
阿塞拜疆	Azerbaijan	37.30	41.44	41.18	32.10	30.93
巴林	Bahrain	1.09	0.78	0.63	0.51	0.53
孟加拉国	Bangladesh	79.64	73.64	70.62	68.86	68.25
白俄罗斯	Belarus	76.49	62.75	58.01	53.78	51.64
比利时	Belgium	53.33	59.10	59.37	57.98	57.26
贝宁	Benin	36.19	46.32	45.44	45.83	44.47
玻利维亚	Bolivia	51.03	53.71	34.92	48.31	46.40
波黑	Bosnia and Herzegovina	34.95	37.30	43.56	42.12	42.56
博茨瓦纳	Botswana	90.08	82.06	82.67	79.90	81.10
巴西	Brazil	65.55	71.58	61.48	74.98	73.80
文莱	Brunei Darussalam	0.35	0.40	0.31	0.31	0.32
保加利亚	Bulgaria	35.07	17.12	16.08	15.82	14.75
柬埔寨	Cambodia	87.66	83.11	75.58	63.18	60.87
喀麦隆	Cameroon	48.31	54.15	58.74	62.28	64.00
加拿大	Canada	24.86	23.22	24.50	27.21	25.86
智利	Chile	48.47	40.72	39.33	43.28	43.80
哥伦比亚	Colombia	71.91	66.54	68.50	66.86	65.66
刚果(金)	Congo, Dem.	27.28	22.73	24.49	25.09	24.93
刚果(布)	Congo, Rep.	32.93	19.34	23.92	23.10	23.48
哥斯达黎加	Costa Rica	85.04	74.89	71.26	65.02	66.38
科特迪瓦	Cote d'Ivoire	17.32	15.33	15.64	15.12	14.89
克罗地亚	Croatia	42.33	28.51	28.51	28.70	26.44
古巴	Cuba	68.03	66.16	63.76	59.61	60.42
塞浦路斯	Cyprus	51.01	45.98	43.81	37.72	35.02
捷克	Czech Republic	48.86	33.19	32.09	29.49	28.17
丹麦	Denmark	68.75	66.27	65.03	65.06	67.28
多米尼加	Dominican Republic	70.62	58.69	57.94	55.00	58.74
厄瓜多尔	Ecuador	66.27	65.15	65.37	65.00	66.85
埃及	Egypt	38.90	37.00	31.02	29.35	26.07
萨尔瓦多	El Salvador	59.84	50.82	52.72	53.86	53.54
厄立特里亚	Eritrea	71.87	74.57	69.12	65.62	64.50
爱沙尼亚	Estonia	49.44	29.86	29.06	29.04	27.55
埃塞俄比亚	Ethiopia	81.50	72.02	72.38	70.81	70.52

3-1-19 续表 1 continued

单位：% (%)

国家或地区	Country or Area	1990	2000	2005	2008	2010
芬　兰	Finland	25.46	20.38	20.73	20.57	21.85
法　国	France	53.78	44.75	44.50	43.45	42.08
加　蓬	Gabon	2.06	1.74	2.24	3.94	4.56
格鲁吉亚	Georgia	51.29	51.84	50.77	50.00	48.59
德　国	Germany	36.24	41.74	48.00	50.26	49.91
加　纳	Ghana	47.11	41.90	36.94	60.24	56.99
希　腊	Greece	48.21	45.48	44.42	45.28	43.04
危地马拉	Guatemala	59.61	41.73	49.03	53.33	52.20
海　地	Haiti	50.30	54.51	52.94	50.08	49.60
洪都拉斯	Honduras	74.19	71.67	78.21	76.58	76.78
匈牙利	Hungary	53.01	36.04	33.17	31.60	30.90
冰　岛	Iceland	71.79	66.48	63.98	56.97	55.41
印　度	India	71.44	66.95	64.32	62.68	60.76
印度尼西亚	Indonesia	53.87	46.99	37.86	42.12	43.08
伊　朗	Iran	31.16	24.86	20.93	19.13	18.72
伊拉克	Iraq	15.40	12.37	14.34	15.40	13.27
爱尔兰	Ireland	77.83	79.48	78.60	78.55	78.39
以色列	Israel	38.56	38.59	31.73	28.60	34.19
意大利	Italy	44.49	39.14	40.53	41.76	41.55
牙买加	Jamaica	48.06	45.89	50.18	49.65	49.54
日　本	Japan	60.53	66.99	71.44	72.60	73.38
约　旦	Jordan	34.98	26.68	21.37	21.34	19.19
哈萨克斯坦	Kazakhstan	36.93	24.40	22.11	22.17	21.76
肯尼亚	Kenya	65.71	56.29	56.66	56.35	53.90
朝　鲜	Korea, Dem.	25.68	22.65	22.16	23.30	23.48
韩　国	Korea, Rep.	47.81	40.55	38.38	40.62	41.25
科威特	Kuwait	1.14	1.09	1.19	1.25	1.31
吉尔吉斯斯坦	Kyrgyz Republic	73.07	71.37	72.26	73.89	75.07
拉脱维亚	Latvia	59.34	28.68	27.72	25.09	23.42
黎巴嫩	Lebanon	23.98	23.90	24.90	25.19	24.84
利比亚	Libya	6.57	6.12	5.15	4.70	4.95
立陶宛	Lithuania	63.93	37.86	36.97	37.68	36.27
卢森堡	Luxembourg	80.22	81.74	82.53	82.33	82.66
马其顿	Macedonia	64.73	47.70	46.16	43.88	43.69
马来西亚	Malaysia	29.00	19.08	16.01	15.23	16.49
马耳他	Malta	27.71	21.92	19.67	20.00	17.42
墨西哥	Mexico	53.39	52.09	47.93	47.41	47.81
摩尔多瓦	Moldova	53.56	34.39	27.97	22.71	23.55
蒙　古	Mongolia	76.66	92.24	88.77	87.49	78.14
摩洛哥	Morocco	58.20	56.24	51.60	49.28	49.07
莫桑比克	Mozambique	65.53	47.27	43.96	19.48	21.24
缅　甸	Myanmar	46.41	66.12	69.44	77.00	74.98
纳米比亚	Namibia	94.11	93.22	93.03	91.99	91.56
尼泊尔	Nepal	85.10	83.02	82.45	82.08	81.60
荷　兰	Netherlands	38.61	41.77	43.33	46.79	47.80
新西兰	New Zealand	88.54	88.56	90.59	90.99	90.33

3-1-19 续表 2 continued

单位：% (%)

国家或地区	Country or Area	1990	2000	2005	2008	2010
尼加拉瓜	Nicaragua	78.81	75.95	74.61	73.64	73.19
尼日利亚	Nigeria	33.79	30.20	30.99	41.73	40.51
挪 威	Norway	15.50	12.64	12.60	12.12	12.02
阿 曼	Oman	4.97	4.78	3.66	3.50	3.34
巴基斯坦	Pakistan	71.13	65.69	62.73	62.34	61.19
巴拿马	Panama	82.04	76.96	79.00	78.51	81.55
巴拉圭	Paraguay	77.16	81.79	82.58	78.42	82.67
秘 鲁	Peru	58.38	61.93	63.46	66.47	60.92
菲律宾	Philippines	68.90	63.13	63.22	62.67	61.92
波 兰	Poland	21.16	20.21	21.76	23.64	23.13
葡萄牙	Portugal	43.82	35.44	31.56	33.76	32.64
卡塔尔	Qatar	1.46	0.85	0.36	0.39	0.31
罗马尼亚	Romania	41.87	33.46	33.74	32.94	32.49
俄罗斯	Russia	21.22	12.47	10.34	8.17	7.60
沙特阿拉伯	Saudi Arabia	6.20	4.61	3.77	3.61	3.01
塞内加尔	Senegal	65.66	65.71	64.67	65.54	63.69
塞尔维亚	Serbia	52.00	45.95	44.95	37.92	36.30
新加坡	Singapore	5.63	1.44	1.25	1.40	1.58
斯洛伐克	Slovak Republic	61.30	40.46	37.55	33.52	32.04
斯洛文尼亚	Slovenia	46.59	38.70	37.74	36.46	35.82
南 非	South Africa	35.80	31.76	30.63	30.27	30.75
西班牙	Spain	53.92	56.96	56.86	55.48	54.29
斯里兰卡	Sri Lanka	74.39	64.13	64.68	67.07	66.85
苏 丹	Sudan	82.95	82.93	83.36	87.86	85.83
瑞 典	Sweden	29.55	28.65	27.63	28.21	29.00
瑞 士	Switzerland	62.20	62.63	64.79	64.56	62.73
叙利亚	Syrian	30.43	21.48	29.39	35.00	30.64
塔吉克斯坦	Tajikistan	66.86	65.00	68.80	71.30	73.24
坦桑尼亚	Tanzania	73.59	66.72	61.68	60.19	57.10
泰 国	Thailand	72.19	65.34	62.76	62.55	61.53
多 哥	Togo	49.56	36.81	31.98	38.96	37.39
特里尼达和多巴哥	Trinidad and Tobago	3.05	1.23	0.62	0.53	0.51
突尼斯	Tunisia	43.79	30.87	28.66	31.80	28.70
土耳其	Turkey	55.83	39.83	33.56	31.85	30.05
土库曼斯坦	Turkmenistan	9.40	19.72	20.51	20.48	22.92
乌克兰	Ukraine	44.25	24.38	23.15	15.06	13.87
阿联酋	United Arab Emirates	1.99	2.60	2.72	2.50	2.42
英 国	United Kingdom	24.83	31.64	39.01	39.76	38.75
美 国	United States	27.19	33.45	35.56	36.11	37.28
乌拉圭	Uruguay	95.06	94.82	93.39	92.76	92.91
乌兹别克斯坦	Uzbekistan	40.02	29.71	31.54	32.87	37.21
委内瑞拉	Venezuela	44.06	38.58	42.74	44.55	45.20
越 南	Vietnam	77.47	68.10	58.37	54.19	52.11
也 门	Yemen, Rep.	57.42	43.64	47.24	46.95	46.78
赞比亚	Zambia	65.96	58.06	57.92	38.27	38.26
津巴布韦	Zimbabwe	79.36	73.30	73.50	69.83	68.58

3-1-20 氮氧化物排放量
Emissions of Nitrous Oxide

资料来源：世界银行WDI数据库。
Source:World Bank WDI Database.
单位：千吨二氧化碳当量 (kt of CO_2 eq.)

国家或地区	Country or Area	1990	2000	2005	2008	2010
阿尔巴尼亚	Albania	1276	1271	1040	1121	1124
阿尔及利亚	Algeria	3868	4507	4917	5687	6257
安哥拉	Angola	17734	3005	3057	3307	3570
阿根廷	Argentina	38453	41952	49957	54016	52061
亚美尼亚	Armenia	805	462	584	731	986
澳大利亚	Australia	63067	75584	63038	58047	51462
奥地利	Austria	5086	4792	4225	4196	3759
阿塞拜疆	Azerbaijan	2666	2032	2600	2622	2647
巴林	Bahrain	70	88	113	117	129
孟加拉国	Bangladesh	15151	19614	21487	22348	26160
白俄罗斯	Belarus	16372	10796	11890	12550	13446
比利时	Belgium	9038	9844	8809	9029	10127
贝宁	Benin	3733	3347	2920	5136	4771
玻利维亚	Bolivia	14612	11334	15280	8773	9544
波黑	Bosnia and Herzegovina	2023	1745	1032	1078	1102
博茨瓦纳	Botswana	5395	2524	3097	1998	2185
巴西	Brazil	155788	167644	238198	190764	207576
文莱	Brunei Darussalam	571	395	654	332	336
保加利亚	Bulgaria	9398	4434	3952	3815	4479
柬埔寨	Cambodia	3888	3295	6054	15217	16358
喀麦隆	Cameroon	10460	10746	9027	15647	13628
加拿大	Canada	42574	40862	40245	36628	33010
智利	Chile	5101	7618	8608	9957	8774
哥伦比亚	Colombia	20182	20888	21317	23950	25142
刚果(金)	Congo, Dem.	87165	58528	54702	63882	66632
刚果(布)	Congo, Rep.	4352	3418	3604	2736	2900
哥斯达黎加	Costa Rica	1813	1653	1401	1424	1543
科特迪瓦	Cote d'Ivoire	7618	8456	7478	8843	9837
克罗地亚	Croatia	3764	2904	2823	2903	2943
古巴	Cuba	9593	7317	6438	6618	5796
塞浦路斯	Cyprus	240	256	288	265	315
捷克	Czech Republic	9654	10483	7590	6710	7291
丹麦	Denmark	8017	7055	5814	5688	5410
多米尼加	Dominican Republic	2129	2221	2331	2419	2148
厄瓜多尔	Ecuador	3194	4068	4559	4488	5328
埃及	Egypt	11937	18209	21993	25016	24618
萨尔瓦多	El Salvador	1319	1359	1399	1505	1387
厄立特里亚	Eritrea	1031	1360	1192	1213	1234
爱沙尼亚	Estonia	1873	837	952	1006	912
埃塞俄比亚	Ethiopia	25279	26661	30267	36844	39072
芬兰	Finland	7423	6688	7068	7082	5818
法国	France	70691	52074	48199	45696	38668
加蓬	Gabon	307	255	477	1370	821

3-1-20 续表 1 continued

单位：千吨二氧化碳当量 (kt of CO_2 eq.)

国家或地区	Country or Area	1990	2000	2005	2008	2010
格鲁吉亚	Georgia	2781	1995	2022	2157	2267
德　国	Germany	73188	52459	51514	49966	42432
加　纳	Ghana	5101	5271	4812	19723	17249
希　腊	Greece	7482	6594	6025	5658	5118
危地马拉	Guatemala	2483	14386	5413	3950	4516
海　地	Haiti	910	1402	1456	1471	1466
洪都拉斯	Honduras	2428	3142	3065	3139	3143
匈牙利	Hungary	10114	6856	6975	4841	4215
冰　岛	Iceland	404	395	411	414	366
印　度	India	159463	199496	211193	221516	234136
印度尼西亚	Indonesia	88950	90677	156645	97287	91313
伊　朗	Iran	18825	24128	27180	25763	23927
伊拉克	Iraq	3809	4462	3478	3553	4909
爱尔兰	Ireland	8172	8416	7502	7234	7716
以色列	Israel	1496	1914	2029	1785	1718
意大利	Italy	30282	30584	28698	21565	19632
牙买加	Jamaica	479	626	651	667	643
日　本	Japan	36175	31996	29968	28243	25740
约　旦	Jordan	464	607	651	695	593
哈萨克斯坦	Kazakhstan	33505	15965	18098	18419	17454
肯尼亚	Kenya	9286	9248	10596	11556	11364
朝　鲜	Korea, Dem.	8715	3310	3366	3277	3241
韩　国	Korea, Rep.	9823	17958	14016	13580	14686
科威特	Kuwait	276	508	680	638	691
吉尔吉斯斯坦	Kyrgyz Republic	3587	1559	1504	1519	1465
拉脱维亚	Latvia	3032	1159	1312	1392	1383
黎巴嫩	Lebanon	372	598	648	642	454
利比亚	Libya	1211	1276	1276	1355	1437
立陶宛	Lithuania	5312	3657	4459	4939	4597
卢森堡	Luxembourg	402	426	467	483	476
马其顿	Macedonia	878	653	616	555	516
马来西亚	Malaysia	13596	12944	15344	13766	15010
马耳他	Malta	74	68	73	65	61
墨西哥	Mexico	40130	43211	43583	43577	43134
摩尔多瓦	Moldova	1728	785	873	662	638
蒙　古	Mongolia	5151	5107	3535	3954	3478
摩洛哥	Morocco	5167	5602	6115	6386	5890
莫桑比克	Mozambique	10619	9610	9333	2134	2217
缅　甸	Myanmar	44216	31194	31680	23769	26266
纳米比亚	Namibia	2547	3519	3861	2851	2983
尼泊尔	Nepal	3591	4232	4526	4644	4508
荷　兰	Netherlands	15025	14162	13481	9594	9205
新西兰	New Zealand	10496	11499	12974	13326	11334
尼加拉瓜	Nicaragua	3101	3295	3471	3421	3423

3-1-20　续表 2　continued

单位：千吨二氧化碳当量　　　　(kt of CO_2 eq.)

国家或地区	Country or Area	1990	2000	2005	2008	2010
尼日利亚	Nigeria	19048	20972	21573	39163	35475
挪　威	Norway	4926	4766	4985	4103	3299
阿　曼	Oman	338	511	597	607	1124
巴基斯坦	Pakistan	18442	24760	27135	28433	30050
巴拿马	Panama	1023	1046	1207	1375	1380
巴拉圭	Paraguay	8969	7826	9020	7510	9180
秘　鲁	Peru	5559	7674	7664	7517	8313
菲律宾	Philippines	9683	12219	12378	12706	12512
波　兰	Poland	27308	27375	28976	28082	26758
葡萄牙	Portugal	4761	5813	6014	4903	4292
卡塔尔	Qatar	148	259	268	290	332
罗马尼亚	Romania	19804	11336	11361	10823	8808
俄罗斯	Russia	150942	93230	78052	63409	63728
沙特阿拉伯	Saudi Arabia	5524	5989	6447	6773	6249
塞内加尔	Senegal	2946	3795	4042	5281	6433
塞尔维亚	Serbia	4949	4181	4069	5712	7445
新加坡	Singapore	403	6007	1128	1114	1871
斯洛伐克	Slovak Republic	5532	3112	3276	3231	3380
斯洛文尼亚	Slovenia	1314	1154	1136	1160	1169
南　非	South Africa	21527	23217	25177	22860	21870
西班牙	Spain	24862	27423	26263	24161	22551
斯里兰卡	Sri Lanka	1759	2045	2094	2125	2132
苏　丹	Sudan	35986	43813	48685	89037	83293
瑞　典	Sweden	6731	6485	5883	5711	5629
瑞　士	Switzerland	2846	2552	2464	2541	2442
叙利亚	Syrian	4085	4677	5502	6227	5883
塔吉克斯坦	Tajikistan	1377	1093	1382	1594	1718
坦桑尼亚	Tanzania	21137	18580	21437	12076	12948
泰　国	Thailand	19479	20065	22559	22159	30245
多　哥	Togo	2180	1807	1740	3726	2989
特里尼达和多巴哥	Trinidad and Tobago	220	242	273	337	276
突尼斯	Tunisia	2002	2437	2380	2506	2905
土耳其	Turkey	29014	33042	32631	33878	34914
土库曼斯坦	Turkmenistan	2225	2908	4331	4987	4955
乌克兰	Ukraine	53887	24606	26008	23582	20677
阿联酋	United Arab Emirates	699	1131	1399	1421	2366
英　国	United Kingdom	55251	34132	30199	28462	26536
美　国	United States	311889	326741	320596	302596	304082
乌拉圭	Uruguay	6055	6334	7033	7408	7947
乌兹别克斯坦	Uzbekistan	9196	9249	10109	10924	11966
委内瑞拉	Venezuela	12018	13224	14949	17243	15836
越　南	Vietnam	11577	19627	22814	24460	33818
也　门	Yemen	2070	2724	3265	3518	3600
赞比亚	Zambia	35039	21690	24726	7906	8230
津巴布韦	Zimbabwe	6765	5596	5744	4168	4187

3-1-21 农业生产氮氧化物排放量比重
Agricultural Nitrous Oxide Emissions as Percentage of Total

资料来源：世界银行WDI数据库。
Source:World Bank WDI Database.
单位：% (%)

国家或地区	Country or Area	1990	2000	2005	2008	2010
阿尔巴尼亚	Albania	83.98	56.04	78.11	79.72	81.08
阿尔及利亚	Algeria	63.85	59.69	58.33	53.46	49.78
安哥拉	Angola	88.27	84.36	83.99	80.75	80.91
阿根廷	Argentina	84.16	85.73	88.91	90.78	92.22
亚美尼亚	Armenia	72.82	77.14	81.11	81.15	86.56
澳大利亚	Australia	79.88	74.87	77.58	79.82	81.33
奥地利	Austria	57.11	53.07	55.29	53.80	58.33
阿塞拜疆	Azerbaijan	80.17	77.87	78.53	80.00	80.94
巴林	Bahrain	17.81	13.38	11.60	11.65	9.33
孟加拉国	Bangladesh	80.63	82.81	82.73	82.75	83.96
白俄罗斯	Belarus	76.50	74.72	71.59	70.98	69.37
比利时	Belgium	36.57	31.88	33.03	31.00	27.66
贝宁	Benin	48.52	58.30	60.18	62.59	61.25
玻利维亚	Bolivia	51.50	48.20	35.80	53.77	54.15
波黑	Bosnia and Herzegovina	45.10	38.36	66.97	67.47	69.23
博茨瓦纳	Botswana	89.96	91.10	89.93	91.88	94.45
巴西	Brazil	65.82	73.21	66.11	81.63	79.50
文莱	Brunei Darussalam	11.89	20.95	13.60	27.92	28.04
保加利亚	Bulgaria	60.71	49.39	51.46	49.55	71.44
柬埔寨	Cambodia	85.11	80.27	62.13	51.93	49.31
喀麦隆	Cameroon	66.63	69.81	75.13	77.03	77.95
加拿大	Canada	39.93	55.02	58.75	64.02	63.75
智利	Chile	80.32	69.65	69.33	63.39	73.77
哥伦比亚	Colombia	80.58	81.99	85.89	84.93	80.01
刚果(金)	Congo, Dem.	36.06	28.43	29.79	31.84	31.92
刚果(布)	Congo, Rep.	47.37	41.90	50.13	52.75	53.70
哥斯达黎加	Costa Rica	84.69	80.56	81.24	80.42	82.03
科特迪瓦	Cote d'Ivoire	21.85	24.15	28.46	27.88	27.74
克罗地亚	Croatia	57.91	52.42	52.91	50.81	52.92
古巴	Cuba	75.74	77.37	77.54	75.06	77.97
塞浦路斯	Cyprus	76.14	68.23	66.50	63.48	70.11
捷克	Czech Republic	53.60	30.56	43.13	45.84	62.33
丹麦	Denmark	72.93	68.76	79.44	78.82	79.35
多米尼加	Dominican Republic	82.03	71.43	74.25	73.40	68.99
厄瓜多尔	Ecuador	85.11	86.25	85.08	85.69	86.72
埃及	Egypt	70.79	67.07	69.11	67.20	60.40
萨尔瓦多	El Salvador	82.52	75.64	74.99	75.44	75.32
厄立特里亚	Eritrea	92.47	91.99	90.57	88.30	87.86
爱沙尼亚	Estonia	64.06	66.24	59.25	60.05	62.32
埃塞俄比亚	Ethiopia	91.43	87.99	88.42	88.27	87.54
芬兰	Finland	51.43	47.40	42.01	40.50	44.47

3-1-21 续表 1 continued

单位：% (%)

国家或地区	Country or Area	1990	2000	2005	2008	2010
法　国	France	50.25	64.50	68.02	70.12	75.10
加　蓬	Gabon	25.20	30.72	23.22	18.12	26.21
格鲁吉亚	Georgia	58.02	57.04	56.81	53.73	52.73
德　国	Germany	45.89	58.14	57.32	57.38	65.23
加　纳	Ghana	74.03	72.86	69.80	78.31	75.19
希　腊	Greece	60.05	56.80	57.71	59.65	60.71
危地马拉	Guatemala	76.15	56.72	55.47	60.50	64.40
海　地	Haiti	82.77	86.03	83.20	81.80	82.38
洪都拉斯	Honduras	80.59	83.23	79.95	75.72	77.46
匈牙利	Hungary	53.62	58.29	59.95	79.90	78.14
冰　岛	Iceland	83.24	84.00	80.99	79.88	85.31
印　度	India	75.97	75.12	74.01	73.29	72.84
印　尼	Indonesia	61.70	66.09	51.60	65.62	71.83
伊　朗	Iran	76.84	76.44	73.79	80.69	77.89
伊拉克	Iraq	80.04	74.83	62.56	59.47	51.18
爱尔兰	Ireland	81.31	82.91	90.31	89.78	91.01
以色列	Israel	49.02	45.76	46.82	54.29	51.34
意大利	Italy	51.48	46.02	43.55	54.54	54.10
牙买加	Jamaica	67.13	57.75	54.34	53.23	57.90
日　本	Japan	26.84	27.09	27.78	28.55	29.13
约　旦	Jordan	61.58	57.22	56.76	61.26	52.88
哈萨克斯坦	Kazakhstan	54.60	61.66	60.81	65.78	70.22
肯尼亚	Kenya	91.20	87.65	88.25	88.25	86.94
朝　鲜	Korea, Dem.	63.78	61.82	63.29	66.76	68.38
韩　国	Korea, Rep.	50.16	26.43	34.71	39.69	45.26
科威特	Kuwait	13.29	16.13	16.16	18.00	13.74
吉尔吉斯斯坦	Kyrgyz Republic	61.01	74.56	72.88	74.24	82.82
拉脱维亚	Latvia	82.37	73.93	73.94	72.96	73.51
黎巴嫩	Lebanon	62.76	57.58	60.91	65.17	48.36
利比亚	Libya	65.31	52.99	52.27	50.27	48.69
立陶宛	Lithuania	72.76	54.98	47.25	44.01	82.43
卢森堡	Luxembourg	63.08	63.06	58.93	61.34	61.82
马其顿	Macedonia	69.53	64.08	62.13	66.29	72.07
马来西亚	Malaysia	60.44	64.92	63.54	68.70	69.16
马耳他	Malta	47.04	41.65	39.15	47.77	44.99
墨西哥	Mexico	77.30	75.14	73.16	73.92	75.37
摩尔多瓦	Moldova	79.46	73.87	71.50	71.40	71.00
蒙　古	Mongolia	63.44	89.66	91.98	92.32	93.35
摩洛哥	Morocco	85.29	80.86	78.48	78.43	70.05
莫桑比克	Mozambique	80.39	68.23	69.80	51.75	51.74
缅　甸	Myanmar	19.11	32.03	41.58	53.38	49.20
纳米比亚	Namibia	92.80	91.48	91.08	92.79	93.24
尼泊尔	Nepal	76.93	76.68	76.59	76.44	75.04
荷　兰	Netherlands	47.95	43.92	42.76	60.18	60.80
新西兰	New Zealand	94.51	93.85	93.85	94.21	94.91

3-1-21 续表 2 continued

单位：% (%)

国家或地区	Country or Area	1990	2000	2005	2008	2010
尼加拉瓜	Nicaragua	91.75	87.95	88.05	87.32	86.89
尼日利亚	Nigeria	81.60	77.39	76.74	80.42	79.23
挪　威	Norway	37.76	38.53	37.04	44.76	53.41
阿　曼	Oman	66.53	66.67	63.85	65.49	71.42
巴基斯坦	Pakistan	74.12	71.86	73.43	75.17	76.57
巴拿马	Panama	88.97	83.94	83.41	78.90	75.37
巴拉圭	Paraguay	73.16	78.36	82.13	87.52	89.75
秘　鲁	Peru	70.41	76.30	80.71	82.81	84.95
菲律宾	Philippines	73.22	72.52	76.47	76.03	75.42
波　兰	Poland	69.54	62.00	60.15	59.22	69.90
葡萄牙	Portugal	61.07	48.21	43.44	54.26	57.88
卡塔尔	Qatar	24.39	23.82	18.65	19.51	18.23
罗马尼亚	Romania	67.52	52.59	57.10	58.40	68.30
俄罗斯	Russia	56.27	38.72	43.24	48.93	45.25
沙特阿拉伯	Saudi Arabia	56.61	45.93	46.48	45.17	35.57
塞内加尔	Senegal	87.40	88.05	87.85	87.87	88.31
塞尔维亚	Serbia	66.56	59.83	71.61	82.35	87.08
新加坡	Singapore	18.22	0.67	2.62	2.93	1.82
斯洛伐克	Slovak Republic	53.14	39.81	38.60	36.69	51.76
斯洛文尼亚	Slovenia	77.50	70.37	71.67	71.06	73.95
南　非	South Africa	62.54	59.05	57.07	62.86	64.25
西班牙	Spain	62.44	63.50	63.21	65.34	67.01
斯里兰卡	Sri Lanka	69.78	66.78	63.90	64.51	62.77
苏　丹	Sudan	90.97	92.07	91.95	90.72	86.53
瑞　典	Sweden	59.67	58.12	60.06	59.75	55.09
瑞　士	Switzerland	56.57	56.13	58.09	56.40	57.81
叙利亚	Syrian Arab Republic	78.30	76.52	78.20	80.45	78.75
塔吉克斯坦	Tajikistan	84.70	84.69	86.66	87.70	88.32
坦桑尼亚	Tanzania	81.65	80.01	77.95	82.58	82.73
泰　国	Thailand	73.67	67.16	64.53	67.09	66.12
多　哥	Togo	72.75	70.46	65.69	66.69	67.80
特里尼达和多巴哥	Trinidad and Tobago	46.07	45.76	50.88	49.38	36.29
突尼斯	Tunisia	59.15	63.42	65.96	67.83	70.71
土耳其	Turkey	76.73	65.30	66.74	65.80	73.63
土库曼斯坦	Turkmenistan	80.20	71.37	77.16	75.84	74.32
乌克兰	Ukraine	60.50	48.64	45.75	41.21	46.10
阿联酋	United Arab Emirates	30.68	40.12	36.47	35.74	60.99
英　国	United Kingdom	41.29	59.14	60.77	60.77	67.27
美　国	United States	49.08	51.74	55.83	57.60	58.59
乌拉圭	Uruguay	96.91	96.45	96.66	96.06	96.71
乌兹别克斯坦	Uzbekistan	84.67	80.92	83.29	84.79	87.86
委内瑞拉	Venezuela	76.31	76.68	74.77	72.33	73.62
越　南	Vietnam	81.89	84.61	83.64	82.93	84.57
也　门	Yemen	85.36	76.48	72.17	70.93	70.99
赞比亚	Zambia	73.56	69.97	70.22	65.17	65.10
津巴布韦	Zimbabwe	89.16	89.02	89.35	89.72	89.26

3-1-22　硫氧化物排放量

Emissions of Sulphur Oxides

资料来源：经合组织OLIS数据库。
Source: OECD OLIS Database.

单位：万吔　　(10 000 tons)

国家或地区	Country or Area	2000	2005	2006	2007	2008	2009	2010	2011
经合组织国家	**OECD Countries**	**3136.6**	**2689.0**	**2523.8**	**2342.7**	**2080.8**	**1775.5**	**1628.5**	**1562.8**
经合组织欧洲国家	**OECD Europe**	**1015.3**	**728.4**	**717.7**	**690.7**	**565.8**	**480.1**	**431.8**	**442.0**
非经合组织国家	**Non-OECD Countries**			**490.4**	**470.9**	**467.5**	**451.2**	**451.2**	**446.2**
澳大利亚	Australia	235.6	251.2	247.4	243.6	261.5	259.1	237.3	235.0
奥地利	Austria	3.2	2.7	2.8	2.4	2.2	1.8	1.9	1.8
比利时	Belgium	17.3	14.4	13.4	12.4	9.7	7.5	6.3	5.5
加拿大	Canada	232.1	210.9	197.0	190.4	173.4	148.0	137.1	127.6
智利	Chile	132.4	81.1	89.3					
捷克	Czech Rep.	26.4	21.9	21.1	21.6	17.4	17.3	17.0	16.9
丹麦	Denmark	3.1	2.4	2.8	2.6	2.0	1.5	1.5	1.4
爱沙尼亚	Estonia	9.7	7.6	7.0	8.8	6.9	5.5	8.3	7.3
芬兰	Finland	8.1	6.8	8.5	8.3	6.9	5.9	6.7	5.8
法国	France	63.1	46.4	43.7	42.5	36.0	31.1	28.8	25.5
德国	Germany	65.3	47.7	48.7	46.9	46.9	41.9	44.4	44.5
希腊	Greece	49.6	54.1	53.3	53.8	44.5	42.5	26.5	26.2
匈牙利	Hungary	48.6	12.9	11.8	8.4	8.8	8.0	3.2	3.5
冰岛	Iceland	3.5	3.8	4.4	5.8	7.4	6.9	7.4	8.1
爱尔兰	Ireland	13.9	7.1	6.1	5.5	4.5	3.2	2.6	2.3
以色列	Israel	28.4	23.5	21.3	19.9	18.4	16.8	16.4	17.4
意大利	Italy	75.3	40.6	38.3	34.0	28.5	23.3	21.5	19.6
日本	Japan	92.2	84.9	82.6	81.0	78.5	76.7	75.6	74.7
韩国	Korea, Rep.	49.1	40.8	44.6	40.3	41.8			
卢森堡	Luxemburg	0.3	0.3	0.3	0.2	0.2	0.2	0.2	0.2
墨西哥	Mexico		310.2			224.1			
荷兰	Netherlands	7.1	6.3	6.3	5.9	5.0	3.7	3.4	3.3
新西兰	New Zealand	7.2	9.4	9.0	8.2	8.6	7.4	7.4	7.4
挪威	Norway	2.7	2.4	2.1	2.0	2.0	1.5	1.9	1.9
波兰	Poland	144.5	123.3	131.1	122.3	100.1	86.7	95.0	91.0
葡萄牙	Portugal	26.3	19.2	16.7	16.0	11.6	7.9	7.0	6.2
斯洛伐克	Slovakia	12.7	8.9	8.8	7.1	6.9	6.4	6.9	6.8
斯洛文尼亚	Slovenia	9.3	4.1	1.6	1.5	1.3	1.0	1.0	1.1
西班牙	Spain	151.4	132.4	121.5	120.9	56.5	52.0	48.8	53.9
瑞典	Sweden	4.2	3.6	3.6	3.2	3.0	2.9	3.2	3.0
瑞士	Switzerland	1.6	1.6	1.5	1.3	1.4	1.2	1.2	1.0
土耳其	Turkey	145.3	87.9	97.4	100.4	107.2	80.6	46.3	67.3
英国	United Kingdom	123.0	70.0	65.0	56.7	48.8	39.5	40.7	37.8
美国	United States	1476.7	1340.0	1204.3	1068.5	932.8	745.6	681.2	616.8
俄罗斯	Russia			490.4	470.9	467.5	451.2	451.2	446.2

3-1-23 氨排放量
Emissions of Ammonia

资料来源：欧盟统计局。
Source: Eurostat.
单位：万吨 (10 000 tons)

国家或地区	Country or Area	2000	2005	2006	2007	2008	2009	2010	2011
比利时	Belgium	8.5	7.1	7.1	6.8	6.7	6.7	6.8	6.7
保加利亚	Bulgaria	5.2	5.8	5.9	6.2	6.1	5.2	5.1	4.8
捷克	Czech Rep.	7.4	6.8	6.3	6.0	5.8	7.3	6.9	6.6
丹麦	Denmark	9.1	8.3	7.9	7.9	7.7	7.5	7.5	7.4
德国	Germany	61.0	58.1	57.6	57.3	57.3	58.0	55.4	56.5
爱沙尼亚	Estonia	0.9	1.0	1.0	1.0	1.1	1.0	1.0	1.0
爱尔兰	Ireland	11.4	11.0	11.0	10.7	10.8	10.9	10.8	10.9
希腊	Greece	7.1	6.7	6.6	6.8	6.5	6.2	6.4	6.2
西班牙	Spain	40.0	37.9	39.7	40.1	36.9	37.8	39.1	38.3
法国	France	70.0	65.7	65.4	65.4	67.4	65.9	64.9	67.4
克罗地亚	Croatia	3.9	4.0	4.0	4.1	3.8	3.7	3.8	3.7
意大利	Italy	44.9	41.6	41.1	42.0	40.9	39.3	37.9	38.2
塞浦路斯	Cyprus	0.6	0.6	0.6	0.6	0.5	0.5	0.5	0.5
拉脱维亚	Latvia	1.3	1.6	1.6	1.6	1.6	1.6	1.7	1.3
立陶宛	Lithuania	2.7	4.1	3.5	3.7	3.0	3.0	3.1	2.9
卢森堡	Luxemburg	0.6	0.5	0.5	0.5	0.5	0.5	0.5	0.5
匈牙利	Hungary	7.1	8.0	8.1	7.1	6.9	6.8	6.5	6.5
马耳他	Malta	0.2	0.2	0.2	0.2	0.1	0.2	0.2	0.2
荷兰	Netherlands	16.1	14.0	14.1	14.0	12.7	12.5	12.2	11.9
奥地利	Austria	6.4	6.3	6.2	6.3	6.3	6.3	6.3	6.2
波兰	Poland	28.0	26.9	28.5	28.9	28.5	27.3	27.1	27.0
葡萄牙	Portugal	6.1	5.0	4.8	4.9	4.7	4.7	4.7	4.7
罗马尼亚	Romania	20.6	19.8	19.6	20.2	18.6	18.6	16.0	15.9
斯洛文尼亚	Slovenia	2.0	1.9	1.8	1.9	1.8	1.8	1.8	1.7
斯洛伐克	Slovakia	3.2	2.9	2.7	2.7	2.5	2.5	2.5	2.4
芬兰	Finland	3.6	3.8	3.8	3.8	3.8	3.7	3.7	3.7
瑞典	Sweden	5.9	5.5	5.5	5.3	5.2	5.0	5.2	5.2
英国	United Kingdom	32.3	30.4	30.3	29.2	27.9	28.1	28.6	29.0
爱尔兰	Ireland	11.4	11.0	11.0	10.7	10.8	10.9	10.8	10.9
列支敦士登	Liechtenstein								
挪威	Norway	2.6	2.7	2.7	2.7	2.7	2.6	2.7	2.6
瑞士	Switzerland	6.5	6.3	6.4	6.4	6.5	6.3	6.3	6.3
土耳其	Turkey	48.4	49.9	51.6	49.2	46.3	47.1	48.8	51.0

3-1-24 温室气体排放量
Emissions of Greenhouse Gas

资料来源：世界银行WDI数据库。
Source:World Bank WDI Database.
单位：千吨二氧化碳当量 (kt of CO_2 eq.)

国家或地区	Country or Area	1990	2000	2005	2008	2010
阿尔巴尼亚	Albania		15.5	61.8	86.9	105.0
阿尔及利亚	Algeria	326.0	371.9	487.4	613.9	701.0
安哥拉	Angola		0.7	19.3	26.5	31.0
阿根廷	Argentina	2296.5	408.8	664.9	872.4	999.0
亚美尼亚	Armenia		42.0	332.2	469.6	565.0
澳大利亚	Australia	4872.8	4198.3	6459.6	8243.5	9051.0
奥地利	Austria	1437.8	1419.5	2219.5	2862.4	3976.0
阿塞拜疆	Azerbaijan	175.6	41.3	265.1	335.3	300.0
巴林	Bahrain	2535.7	236.1	278.6	320.9	320.0
白俄罗斯	Belarus	2.6	131.6	463.6	635.2	553.0
比利时	Belgium	141.9	1154.6	1981.2	2578.0	2776.0
波黑	Bosnia and Herzegovina	616.7	409.7	566.9	753.2	885.0
巴西	Brazil	8396.7	5025.2	8617.5	10326.6	10621.0
文莱	Brunei Darussalam		100.7	255.6	354.9	427.0
保加利亚	Bulgaria	2.2	122.2	380.1	526.2	666.0
喀麦隆	Cameroon	932.3	514.7	417.5	422.1	353.0
加拿大	Canada	12990.6	18247.8	22330.2	25627.3	29826.0
智利	Chile	16.7	6.9	9.2	8.1	8.0
哥伦比亚	Colombia	41.9	28.4	83.1	96.9	106.0
刚果(布)	Congo, Rep.		0.8	4.7	6.7	8.0
哥斯达黎加	Costa Rica		25.2	61.5	83.2	98.0
克罗地亚	Croatia	890.4	79.3	58.4	77.3	89.0
古巴	Cuba		34.2	127.8	185.9	226.0
塞浦路斯	Cyprus		78.4	188.3	256.1	304.0
捷克	Czech Republic	6.2	441.3	1111.8	1497.0	3659.0
丹麦	Denmark	88.4	767.0	1302.5	1684.5	1750.0
厄瓜多尔	Ecuador		19.7	62.2	86.7	104.0
埃及	Egypt	2050.5	2565.6	3189.8	3622.8	3887.0
萨尔瓦多	El Salvador		41.4	76.4	99.6	116.0
爱沙尼亚	Estonia	2.1	13.3	39.4	53.3	63.0
埃塞俄比亚	Ethiopia		3.6	10.3	13.3	16.0
芬兰	Finland	100.2	521.8	822.5	1079.5	1288.0
法国	France	9468.2	12971.2	15039.2	19205.0	21677.0
加蓬	Gabon		2.9	8.4	11.8	14.0
格鲁吉亚	Georgia		2.5	11.8	16.7	20.0
德国	Germany	12545.7	18513.9	21517.5	27037.8	26843.0
加纳	Ghana	596.2	148.0	14.7	11.2	13.0
希腊	Greece	2318.5	2811.5	2157.0	1250.2	1407.0
危地马拉	Guatemala	0.1	157.6	477.8	665.8	797.0
匈牙利	Hungary	702.0	761.9	1505.1	1684.5	1778.0
冰岛	Iceland	1036.9	144.8	151.7	358.5	207.0
印度	India	9563.6	13550.7	15539.7	20406.9	23538.0
印度尼西亚	Indonesia	1720.7	997.4	1020.5	1146.0	1241.0
伊朗	Iran	2590.8	1833.4	2464.0	2828.5	3096.0
伊拉克	Iraq	252.9	156.1	86.0	101.7	112.0
爱尔兰	Ireland	36.4	908.4	1143.3	1306.1	1291.0
以色列	Israel	1049.4	1787.6	1967.4	2452.1	2777.0

3-1-24 续表 continued

单位：千吨二氧化碳当量 (kt of CO_2 eq.)

国家或地区	Country or Area	1990	2000	2005	2008	2010
意大利	Italy	4074.0	8752.3	10386.0	13325.4	15544.0
牙买加	Jamaica		17.8	50.3	70.3	84.0
日本	Japan	28280.1	50326.2	52914.4	63750.7	70795.0
约旦	Jordan		19.7	110.3	158.8	193.0
哈萨克斯坦	Kazakhstan		57.5	336.7	482.9	584.0
朝鲜	Korea, Dem.	0.2	1760.1	2787.1	3693.8	4188.0
韩国	Korea, Rep.	6157.2	14587.3	12003.3	11172.9	8957.0
科威特	Kuwait	263.1	498.2	925.6	1235.4	1451.0
吉尔吉斯斯坦	Kyrgyz Republic		7.9	24.0	34.8	42.0
拉脱维亚	Latvia	0.8	195.7	882.1	1238.6	1355.0
利比亚	Libya	282.4	178.2	280.3	331.5	366.0
立陶宛	Lithuania	1.0	172.9	650.3	923.9	1301.0
卢森堡	Luxembourg	0.2	52.1	100.6	132.4	146.0
马其顿	Macedonia		51.8	119.1	157.6	185.0
马来西亚	Malaysia	597.8	525.7	994.0	1286.7	1195.0
马耳他	Malta		50.0	114.2	153.2	173.0
墨西哥	Mexico	2965.8	4733.2	7479.5	9265.8	12018.0
摩尔多瓦	Moldova		1.9	8.0	11.3	14.0
莫桑比克	Mozambique		43.7	281.1	306.8	338.0
荷兰	Netherlands	6180.4	7462.9	3597.8	4459.4	4907.0
新西兰	New Zealand	941.4	758.3	966.7	1199.3	1481.0
尼日利亚	Nigeria	241.9	270.9	665.7	875.2	1023.0
挪威	Norway	8579.3	5742.8	5218.5	5179.9	1823.0
阿曼	Oman		8.6	173.6	266.9	361.0
巴基斯坦	Pakistan	1009.0	347.2	819.4	951.6	1036.0
秘鲁	Peru		103.1	327.6	452.0	539.0
菲律宾	Philippines	161.9	221.4	365.3	421.7	459.0
波兰	Poland	532.2	1376.3	2547.9	3249.8	2592.0
葡萄牙	Portugal	110.8	505.3	776.9	1012.7	1735.0
罗马尼亚	Romania	2007.7	795.1	742.3	970.3	991.0
俄罗斯	Russia	25788.6	50688.0	60112.5	66127.5	63382.0
沙特阿拉伯	Saudi Arabia	2441.4	1340.1	2170.7	2588.3	2874.0
塞尔维亚	Serbia	762.4	1968.1	4422.8	6111.3	7338.0
新加坡	Singapore	501.5	1409.6	2496.4	3266.4	3296.0
斯洛伐克	Slovak Republic	68.3	185.6	391.3	525.8	1576.0
斯洛文尼亚	Slovenia	769.0	323.3	468.9	576.7	602.0
南非	South Africa	1491.1	1728.8	2544.0	2914.4	3210.0
西班牙	Spain	6146.0	8037.1	9055.1	11347.8	12095.0
瑞典	Sweden	888.6	1485.3	2068.4	2340.9	2198.0
瑞士	Switzerland	902.6	1239.2	2025.0	2634.1	2740.0
塔吉克斯坦	Tajikistan	2806.1	798.0	383.0	348.3	361.0
泰国	Thailand	1429.5	453.1	1103.9	1274.5	1388.0
土耳其	Turkey	2572.7	2538.5	5041.3	6441.0	7351.0
土库曼斯坦	Turkmenistan		10.9	72.9	112.2	139.0
乌克兰	Ukraine	224.1	454.2	699.3	930.6	989.0
阿联酋	United Arab Emirates	843.4	878.1	1064.1	1279.0	1422.0
英国	United Kingdom	5244.2	8376.7	10189.0	12797.3	14300.0
美国	United States	92209.6	173334.1	237251.6	290919.6	350383.0
乌拉圭	Uruguay		29.3	58.7	71.8	81.0
乌兹别克斯坦	Uzbekistan		192.0	603.2	825.6	981.0
委内瑞拉	Venezuela	3248.1	1124.5	1249.6	1854.3	2135.0

3-1-25 城市空气污染颗粒物

Urban Population Exposure to Air Pollution by Particulate Matter

资料来源：欧盟统计局。
Source: Eurostat.
单位：微克/立方米 (micrograms per cubic meter)

国家或地区	Country or Area	2000	2005	2006	2007	2008	2009	2010	2011
比利时	Belgium	33	30	31	26	26	29	27	27
保加利亚	Bulgaria	20	50	53	54	60	54	48	58
捷克	Czech Rep.	30	35	36	28	26	27	30	29
丹麦	Denmark		24	27	23	21	17	12	
德国	Germany	27	24	26	22	21	22	23	23
爱沙尼亚	Estonia		21	23	19	11	13	14	13
爱尔兰	Ireland		16	17	16	15	14	18	18
西班牙	Spain	39	34	34	31	27	26	24	23
法国	France		20	21	27	24	26	25	25
意大利	Italy	47	39	40	36	34	32	29	32
塞浦路斯	Cyprus							48	36
拉脱维亚	Latvia					24	20	24	23
立陶宛	Lithuania		23	20	21	19	23	27	23
卢森堡	Luxemburg			21	17	14	14	17	18
匈牙利	Hungary		39	37	32	29	30	31	33
荷兰	Netherlands	31	30	32	31	27	25	25	25
奥地利	Austria	26	29	30	23	22	24	27	27
波兰	Poland	37	35	42	32	31	35	39	39
葡萄牙	Portugal	31	32	31	31	26	27	26	27
罗马尼亚	Romania		49	53	46	40	30	35	39
斯洛文尼亚	Slovenia		37	33	32	29	28	28	31
斯洛伐克	Slovakia	29	34	31	29	27	25	29	34
芬兰	Finland	15	15	15	15	13	13	13	12
瑞典	Sweden	17	19	20	17	18	15	14	17
英国	United Kingdom	24	23	25	24	20	19	18	21
爱尔兰	Ireland		16	17	16	15	14	18	18
挪威	Norway		22	22	20	19	19	21	20
瑞士	Switzerland	24	24	26	22	21	21	21	23
土耳其	Turkey					68	61	61	58
塞尔维亚	Serbia		44	45	45	43	40	23	53
波黑	Bosnia and Herzegovinian						61	48	

3-1-26 城市臭氧污染物

Urban Population Exposure to Air Pollution by Ozone

资料来源：欧盟统计局。

Source: Eurostat.

单位：微克/立方米 (micrograms per cubic meter)

国家或地区	Country or Area	2000	2005	2006	2007	2008	2009	2010	2011
比利时	Belgium	1837	2626	3738	2232	2549	2763	2314	2517
保加利亚	Bulgaria		2188	3060	3171	3868	3524	3315	3974
捷克	Czech Rep.	4629	5662	5714	4652	4191	4275	3907	4282
丹麦	Denmark		1519	3428	2256	2792	2438	1996	2945
德国	Germany	2828	3395	4477	3265	3510	3161	3467	3313
爱沙尼亚	Estonia		1321	4331	2308	1381	1668	5467	2402
爱尔兰	Ireland		409	922	641	956	1196	709	1027
西班牙	Spain	2851	4411	4514	4091	4380	5337	5077	4701
法国	France	3149	4271	4795	3514	3361	3914	4053	4284
意大利	Italy	6959	6762	8680	6902	6337	6420	5677	6802
拉脱维亚	Latvia		308	1758		1354	1260	1213	1806
立陶宛	Lithuania		5048	4621	1891	3653	2110	1416	3057
卢森堡	Luxemburg		1479	2715		175	307	2785	1539
匈牙利	Hungary		5297	4603	7444	5696	6797	4459	6066
荷兰	Netherlands	1125	1419	2890	1179	1759	1361	1258	1760
奥地利	Austria	6729	5458	5201	5759	5019	4971	4400	5315
波兰	Poland	2814	3954	4574	3244	3543	3092	2806	3388
葡萄牙	Portugal	2183	3850	3868	3797	2565	3647	4023	3936
罗马尼亚	Romania		3470	2825	3752	3376	4496	1329	2013
斯洛文尼亚	Slovenia	6806	6017	6461	6514	5838	4959	4497	6615
斯洛伐克	Slovakia	6023	6669	6249	5750	5117	8046	4960	7114
芬兰	Finland	1208	1678	2494	1085	1842	1595	1836	1768
瑞典	Sweden	1647	2978	2919	1719	2508	2011	1536	2403
英国	United Kingdom	815	1303	2251	988	1732	1146	833	1258
爱尔兰	Ireland		409	922	641	956	1196	709	1027
挪威	Norway				380		879	373	822
瑞士	Switzerland	3995	4393	4943	4101	3665	3931	4253	4793
塞尔维亚	Serbia		3192			6987	8775		5450
波黑	Bosnia and Herzegovinian			3624	4975	4752	2256	2599	1406

3-1-27　国外主要城市空气污染状况

Air Pollution Situation of Foreign Major Cities

资料来源：世界银行WDI数据库。
Source:World Bank WDI Database.

国家/城市	Country/City	城市人口（千人） City Population (thousands)	悬浮颗粒物（微克/每立方米） Particulate Matter (micrograms per cubic meter)		二氧化硫（微克/每立方米） Sulfur Dioxide (micrograms per cubic meter)	二氧化氮（微克/每立方米） Nitrogen Dioxide (microgram per cubic meter)
		2010	1990	2010	2001	2001
阿 根 廷	**Argentina**					
布宜诺斯艾利斯	Buenos Aires	13370	159	87		
科尔多瓦	Córdoba	1532	78	42		97
澳大利亚	**Australia**					
墨 尔 本	Melbourne	3896	17	10		30
珀　　斯	Perth	1617	17	10	5	19
悉　　尼	Sydney	4479	27	16	28	81
奥 地 利	**Austria**					
维 也 那	Vienna	1708	45	32	14	42
布鲁塞尔	Brussels	1933	33	23	20	48
巴　　西	**Brazil**					
里约热内卢	Rio de Janeiro	11867	50	23	129	
圣 保 罗	São Paulo	19649	57	27	43	83
保加利亚	**Bulgaria**					
索 菲 亚	Sofia	1175	118	44	39	122
加 拿 大	**Canada**					
蒙特利尔	Montréal	3808	24	14	10	42
多 伦 多	Toronto	5485	29	17	17	43
温 哥 华	Vancouver	2235	17	10	14	37
智　　利	**Chile**					
圣地亚哥	Santiago	5959	99	52	29	81
哥伦比亚	**Colombia**					
波 哥 达	Bogotá	8502	51	26		
克罗地亚	**Croatia**					
萨格勒布	Zagreb	686	48	24	31	
古　　巴	**Cuba**					
哈 瓦 那	Havana	2128	35	16	1	5
捷　　克	**Czech Republic**					
布 拉 格	Prague	1265	41	16	14	33
丹　　麦	**Denmark**					
哥本哈根	Copenhagen	1192	30	16	7	54
厄瓜多尔	**Ecuador**					
瓜亚基尔	Guayaquil	2273	34	18	15	
基　　多	Quito	1598	44	23	22	

3-1-27 续表 1 continued

国家/城市	Country/City	城市人口(千人) City Population (thousands)	悬浮颗粒物(微克/每立方米) Particulate Matter (micrograms per cubic meter)		二氧化硫(微克/每立方米) Sulfur Dioxide (micrograms per cubic meter)	二氧化氮(微克/每立方米) Nitrogen Dioxide (microgram per cubic meter)
		2010	1990	2010	2001	2001
埃　及	**Egypt, Arab Rep.**					
开　罗	Cairo	11031	278	99	69	
芬　兰	**Finland**					
赫尔辛基	Helsinki	1122	24	17	4	35
法　国	**France**					
巴　黎	Paris	10516	14	9	14	57
德　国	**Germany**					
柏　林	Berlin	3450	30	18	18	26
法兰克福	Frankfurt	680	27	16	11	45
慕尼黑	Munich	1350	27	16	8	53
加　纳	**Ghana**					
阿克拉	Accra	2469	37	22		
希　腊	**Greece**					
雅　典	Athens	3382	69	29	34	64
匈牙利	**Hungary**					
布达佩斯	Budapest	1731	35	16	39	51
冰　岛	**Iceland**					
雷克雅维克	Reykjavik	206	23	18	5	42
印　度	**India**					
阿默达巴德	Ahmadabad	6210	125	60	30	21
班加罗尔	Bangalore	8275	67	32		
金　奈	Chennai	8523	56	27	15	17
德　里	Delhi	21935	225	108	24	41
海德拉巴	Hyderabad	7578	61	29	12	17
坎普尔	Kanpur	2904	163	78	15	14
加尔各答	Calcutta	14283	192	92	49	34
勒克瑙	Lucknow	2854	164	78	26	25
孟　买	Mumbai	19422	94	45	33	39
那格浦尔	Nagpur	2471	83	40	6	13
普　纳	Pune	4951	70	34		
印度尼西亚	**Indonesia**					
雅加达	Jakarta	9630	137	62		
伊　朗	**Iran, Islamic Rep.**					
德黑兰	Tehran	7243	93	55	209	

3-1-27　续表 2　continued

国家/城市	Country/City	城市人口（千人）City Population (thousands)	悬浮颗粒物（微克/每立方米）Particulate Matter (micrograms per cubic meter)		二氧化硫（微克/每立方米）Sulfur Dioxide (micrograms per cubic meter)	二氧化氮（微克/每立方米）Nitrogen Dioxide (microgram per cubic meter)
		2010	1990	2010	2001	2001
爱尔兰	**Ireland**					
都柏林	Dublin	1102	24	13	20	
意大利	**Italy**					
米　兰	Milan	2916	46	23	31	248
罗　马	Rome	3306	44	22		
都　灵	Turin	1620	66	34		
日　本	**Japan**					
大　阪	Osaka-Kobe	11430	47	27	19	63
东　京	Tokyo	36933	54	31	18	68
横　滨	Yokohama	3654	41	24	100	13
肯尼亚	**Kenya**					
内罗毕	Nairobi	3237	68	32		
韩　国	**Korea, Rep**					
釜　山	Busan	3398	52	31	60	51
首　尔	Seoul	9751	55	33	44	60
大　邱	Daegu	2450	59	35	81	62
马来西亚	**Malaysia**					
吉隆坡	Kuala Lumpur	1524	34	18	24	
墨西哥	**Mexico**					
墨西哥城	Mexico City	20142	88	40	74	130
荷　兰	**Netherlands**					
阿姆斯特丹	Amsterdam	1049	45	30	10	58
新西兰	**New Zealand**					
奥克兰	Auckland	1407	13	10	3	20
挪　威	**Norway**					
奥斯陆	Oslo	898	27	20	8	43
菲律宾	**Philippines**					
马尼拉	Manila	11654	76	23	33	
波　兰	**Poland**					
卡托维兹	Katowice	309	61	34	83	79
华　沙	Warsaw	1718	66	37	16	32
葡萄牙	**Portugal**					
里斯本	Lisboa	2825	44	16	8	52
罗马尼亚	**Romania**					
布加勒斯特	Bucuresti	1935	40	13	10	71

3-1-27 续表 3 continued

国家/城市	Country/City	城市人口(千人) City Population (thousands)	悬浮颗粒物(微克/每立方米) Particulate Matter (micrograms per cubic meter)		二氧化硫(微克/每立方米) Sulfur Dioxide (micrograms per cubic meter)	二氧化氮(微克/每立方米) Nitrogen Dioxide (microgram per cubic meter)
		2010	1990	2010	2001	2001
俄 罗 斯	**Russia**					
莫 斯 科	Moscow	11472	42	15	109	
鄂木斯克	Omsk	1153	44	16	20	34
新 加 坡	**Singapore**					
新 加 坡	Singapore	5086	79	23	20	30
斯洛伐克	**Slovak Republic**					
伯拉第斯拉瓦	Bratislava	434	44	12	21	27
南 非	**South Africa**					
开 普 敦	Cape Town	3492	20	11	21	72
德 班	Durban	2954	40	22	31	
约翰内斯堡	Johannesburg	3763	42	23	19	31
西 班 牙	**Spain**					
巴塞罗那	Barcelona	5488	43	25	11	43
马 德 里	Madrid	6405	37	22	24	66
瑞 典	**Sweden**					
斯德哥尔摩	Stockholm	1360	14	9	3	20
瑞 士	**Switzerland**					
苏 黎 士	Zurich	1183	32	19	11	39
泰 国	**Thailand**					
曼 谷	Bangkok	8213	88	60	11	23
土 耳 其	**Turkey**					
安 卡 拉	Ankara	4074	75	34	55	46
伊斯坦布尔	Istanbul	10953	88	40	120	
乌 克 兰	**Ukraine**					
基 辅	Kiev	2805	91	20	14	51
英 国	**United Kingdom**					
伯 明 翰	Birmingham	2273	33	20	9	45
伦 敦	London	8923	27	16	25	77
曼彻斯特	Manchester	2216	24	13	26	49
美 国	**United States**					
芝 加 哥	Chicago	9545	33	20	14	57
洛 杉 矶	Los Angeles	13223	46	28	9	74
纽 约	New York	20104	28	17	26	79
委内瑞拉	**Venezuela**					
加拉加斯	Caracas	3176	31	15	33	57

第二章 水及废物处理

Water and Waste Treatment

3-2-1 享有清洁饮用水源人口占总人口比重

Proportion of the Population Using Improved Drinking Water Source

资料来源：联合国千年发展目标数据库。
Source: UN Millennium Development Goals Database .

单位：% (%)

国家或地区	Country or Area	全国享有清洁饮用水源人口占总人口比重 Proportion of the Population Using Improved Drinking Water Source, Total		城市享有清洁饮用水源人口占总人口比重 Proportion of the Population Using Improved Drinking Water Source, Urban		农村享有清洁饮用水源人口占总人口比重 Proportion of the Population Using Improved Drinking Water Source, Rural	
		2000	2011	2000	2011	2000	2011
阿富汗	Afghanistan	22.1	60.6	36.3	85.4	18.5	53.0
阿尔巴尼亚	Albania	97.0	94.7	100.0	95.5	94.9	93.7
阿尔及利亚	Algeria	89.4	83.9	93.1	85.5	83.8	79.5
美属萨摩亚	American Samoa	100.0	100.0	100.0	100.0	100.0	100.0
安道尔	Andorra	100.0	100.0	100.0	100.0	100.0	100.0
安哥拉	Angola	45.7	53.4	52.3	66.3	39.3	34.7
安圭拉	Anguilla	93.5	94.6	93.5	94.6		
安提瓜和巴布达	Antigua and Barbuda	97.7	97.9	97.7	97.9	97.7	97.9
阿根廷	Argentina	96.6	99.2	98.3	99.5	81.4	95.4
荷兰	Netherlands	100.0	100.0	100.0	100.0	100.0	100.0
亚美尼亚	Armenia	92.6	99.2	98.6	99.6	81.6	98.4
阿鲁巴岛	Aruba	94.2	97.8	94.2	97.8	94.2	97.8
澳大利亚	Australia	100.0	100.0	100.0	100.0	100.0	100.0
奥地利	Austria	100.0	100.0	100.0	100.0	100.0	100.0
阿塞拜疆	Azerbaijan	74.0	80.2	88.0	88.4	59.2	70.7
巴哈马	Bahamas	96.0	96.0	96.0	96.0	96.0	96.0
巴林	Bahrain	98.9	100.0	98.9	100.0	98.9	100.0
孟加拉国	Bangladesh	79.4	83.2	86.1	85.3	77.3	82.4
巴巴多斯	Barbados	99.1	99.8	99.1	99.8	99.1	99.8
白俄罗斯	Belarus	99.7	99.7	99.8	99.8	99.4	99.4
比利时	Belgium	100.0	100.0	100.0	100.0	100.0	100.0
伯利兹	Belize	85.2	98.6	92.2	96.9	78.8	100.0
贝宁	Benin	66.1	76.0	78.1	84.5	58.6	69.1
不丹	Bhutan	86.1	97.2	98.9	99.7	81.8	95.8
玻利维亚	Bolivia	78.9	88.0	93.2	96.0	55.7	71.9
波黑	Bosnia and Herzegovinian	97.6	98.8	99.3	99.7	96.4	98.0
博茨瓦纳	Botswana	94.8	96.8	99.5	99.3	89.5	92.8
巴西	Brazil	93.5	97.2	97.6	99.5	75.7	84.5
英属维尔京群岛	British Virgin Islands	94.9		94.9		94.9	
保加利亚	Bulgaria	99.7	99.5	99.9	99.7	99.4	99.0
布基纳法索	Burkina Faso	59.9	80.0	84.6	96.4	54.5	74.1
布隆迪	Burundi	71.9	74.4	89.9	82.0	70.3	73.4
柬埔寨	Cambodia	44.2	67.1	62.5	89.6	40.1	61.5
喀麦隆	Cameroon	62.1	74.4	86.0	94.9	42.2	52.1
加拿大	Canada	99.8	99.8	100.0	100.0	99.0	99.0
佛得角	Cape Verde	82.7	88.7	84.3	90.6	80.8	85.6
开曼群岛	Cayman Islands	93.4	95.6	93.4	95.6		
中非	Central African Rep.	62.6	67.1	85.0	92.1	49.1	51.1
乍得	Chad	44.7	50.2	59.6	70.8	40.7	44.4
智利	Chile	94.7	98.5	99.2	99.5	67.4	90.1
哥伦比亚	Colombia	90.6	92.9	98.3	99.6	70.9	72.5
科摩罗	Comoros	92.0		93.3		91.5	96.7
刚果(金)	Congo, Dem. Rep.	44.0	46.2	85.0	79.6	27.0	28.9
刚果(布)	Congo, Rep.	70.8	72.4	95.3	95.5	36.0	31.9
库克群岛	Cook Islands	100.0	99.6	100.0	99.6	100.0	99.6
哥斯达黎加	Costa Rica	95.0	96.4	99.4	99.6	88.7	90.7
科特迪瓦	Cote D'Ivoire	77.5	79.9	90.8	91.1	67.3	68.0
克罗地亚	Croatia	98.5	98.5	99.8	99.8	96.8	96.8
古巴	Cuba	90.7	93.8	95.0	96.2	77.3	86.4
塞浦路斯	Cyprus	100.0	100.0	100.0	100.0	100.0	100.0
捷克	Czech Rep.	99.8	99.8	99.9	99.9	99.6	99.6
丹麦	Denmark	100.0	100.0	100.0	100.0	100.0	100.0

3-2-1 续表 1 continued

单位：%　　(%)

国家或地区	Country or Area	全国享有清洁饮用水源人口占总人口比重 Proportion of the Population Using Improved Drinking Water Source, Total		城市享有清洁饮用水源人口占总人口比重 Proportion of the Population Using Improved Drinking Water Source, Urban		农村享有清洁饮用水源人口占总人口比重 Proportion of the Population Using Improved Drinking Water Source, Rural	
		2000	2011	2000	2011	2000	2011
吉布提	Djibouti	81.6	92.5	88.2	100.0	60.2	67.3
多米尼克	Dominica	94.5		95.7	95.7	91.8	
多米尼加	Dominican Rep.	86.1	81.6	90.7	82.0	78.7	80.6
厄瓜多尔	Ecuador	83.6	91.8	89.3	96.5	75.0	82.2
埃及	Egypt	96.1	99.3	98.3	100.0	94.5	98.8
萨尔瓦多	El Salvador	83.2	89.7	93.1	94.2	69.2	81.4
赤道几内亚	Equatorial Guinea	50.9		65.5		41.6	
厄立特里亚	Eritrea	53.7		69.6		50.3	
爱沙尼亚	Estonia	98.8	98.8	99.5	99.5	97.1	97.1
埃塞俄比亚	Ethiopia	28.9	49.0	87.2	96.6	18.8	39.3
斐济	Fiji	91.2	96.3	97.1	100.0	85.8	92.2
芬兰	Finland	100.0	100.0	100.0	100.0	100.0	100.0
法国	France	100.0	100.0	100.0	100.0	100.0	100.0
法属圭亚那	French Guiana	84.8	90.0	89.1	94.5	71.7	75.1
法属波立尼西亚	French Polynesia	100.0	100.0	100.0	100.0	100.0	100.0
加蓬	Gabon	85.3	87.9	94.9	95.3	46.9	41.3
冈比亚	Gambia	83.3	89.3	89.7	92.4	77.2	85.2
格鲁吉亚	Georgia	89.2	98.1	97.1	100.0	80.5	95.9
德国	Germany	100.0	100.0	100.0	100.0	100.0	100.0
加纳	Ghana	71.1	86.3	87.8	92.1	58.0	80.0
希腊	Greece	98.9	99.8	99.9	100.0	97.6	99.4
格陵兰	Greenland	100.0	100.0	100.0	100.0	100.0	100.0
格林纳达	Grenada	94.2		94.2		94.2	
瓜德罗普	Guadeloupe	98.0	99.3	97.9	99.3	99.8	99.8
关岛	Guam	99.5	99.4	99.5	99.4	99.5	99.4
危地马拉	Guatemala	87.4	93.8	95.0	99.1	81.2	88.6
几内亚	Guinea	63.2	73.6	88.4	89.8	51.8	64.8
几内亚比绍	Guinea-Bissau	51.9	71.7	68.1	93.8	42.8	54.5
圭亚那	Guyana	89.0	94.5	93.5	97.9	87.1	93.2
海地	Haiti	61.8	64.0	83.7	77.5	49.8	48.5
洪都拉斯	Honduras	80.8	88.9	94.3	96.5	69.6	80.7
匈牙利	Hungary	99.0	100.0	99.6	100.0	97.8	100.0
冰岛	Iceland	100.0	100.0	100.0	100.0	100.0	100.0
印度	India	80.6	91.6	92.4	96.3	76.1	89.5
印度尼西亚	Indonesia	77.7	84.3	91.1	92.8	67.9	75.5
伊朗	Iran	93.1	95.3	97.9	97.5	84.5	90.3
伊拉克	Iraq	80.1	84.9	94.8	94.0	48.9	66.9
爱尔兰	Ireland	99.8	99.9	100.0	100.0	99.7	99.7
以色列	Israel	100.0	100.0	100.0	100.0	100.0	100.0
意大利	Italy	100.0	100.0	100.0	100.0	100.0	100.0
牙买加	Jamaica	93.4	93.1	97.7	97.1	88.8	88.8
卢森堡	Luxemburg	100.0	100.0	100.0	100.0	100.0	100.0
日本	Japan	100.0	100.0	100.0	100.0	100.0	100.0
约旦	Jordan	96.7	96.2	98.1	97.3	90.8	90.5
哈萨克斯坦	Kazakhstan	95.6	94.8	99.0	98.7	91.4	90.4
肯尼亚	Kenya	51.8	60.9	87.4	82.7	43.0	54.0
基里巴斯	Kiribati	58.9	66.1	80.3	86.8	42.7	49.9
朝鲜	Korea, Dem.	99.7	98.1	99.8	98.9	99.5	96.9
韩国	Korea, Rep.	93.4	97.8	98.1	99.7	75.3	88.0
科威特	Kuwait	99.0	99.0	99.0	99.0	99.0	99.0
吉尔吉斯斯坦	Kyrgyzstan	81.4	88.7	96.7	96.0	73.0	84.7
老挝	Laos	45.5	69.6	72.2	82.8	37.9	62.7
拉脱维亚	Latvia	98.4	98.4	99.6	99.6	95.8	95.8

3-2-1 续表 2 continued

单位：% (%)

国家或地区	Country or Area	全国享有清洁饮用水源人口占总人口比重 Proportion of the Population Using Improved Drinking Water Source, Total		城市享有清洁饮用水源人口占总人口比重 Proportion of the Population Using Improved Drinking Water Source, Urban		农村享有清洁饮用水源人口占总人口比重 Proportion of the Population Using Improved Drinking Water Source, Rural	
		2000	2011	2000	2011	2000	2011
黎巴嫩	Lebanon	100.0	100.0	100.0	100.0	100.0	100.0
莱索托	Lesotho	79.5	77.7	93.6	90.8	75.9	72.7
利比里亚	Liberia	60.7	74.4	73.7	89.4	50.4	60.5
利比亚	Libya	54.4		54.2		54.9	
立陶宛	Lithuania	92.0		97.6	97.6	80.7	
马其顿	Macedonia	99.2	99.6	99.8	100.0	98.5	99.0
马达加斯加	Madagascar	37.8	48.1	75.1	77.7	24.0	33.8
马拉维	Malawi	62.5	83.7	93.0	94.6	57.3	81.7
马来西亚	Malaysia	96.4	99.6	98.5	100.0	93.1	98.5
马尔代夫	Maldives	95.2	98.6	99.9	99.5	93.3	97.9
马里	Mali	45.5	65.4	70.3	89.2	35.8	52.6
马耳他	Malta	100.0	100.0	100.0	100.0	99.7	100.0
马绍尔群岛	Marshall Islands	93.1	94.4	91.9	93.3	95.8	97.4
马提尼克	Martinique	87.8	100.0	86.4	100.0	99.8	99.8
毛里塔尼亚	Mauritania	40.4	49.6	44.8	52.3	37.5	47.7
毛里求斯	Mauritius	99.2	99.8	99.8	99.9	98.9	99.7
墨西哥	Mexico	88.6	94.4	93.7	95.9	73.4	89.3
密克罗尼西亚	Micronesia, Fed.	90.1	89.1	94.1	94.7	89.0	87.5
摩尔多瓦	Moldova	93.4	96.2	98.5	99.4	89.3	93.3
摩纳哥	Monaco	100.0	100.0	100.0	100.0		
蒙古	Mongolia	65.0	85.3	85.7	100.0	37.5	53.1
黑山	Montenegro	97.8	98.0	99.6	99.6	95.3	95.3
蒙特塞拉特	Montserrat	98.6	99.0	98.6	99.0	98.6	99.0
摩洛哥	Morocco	78.0	82.1	95.8	98.2	57.6	60.8
莫桑比克	Mozambique	41.1	47.2	74.8	78.0	27.2	33.2
缅甸	Myanmar	66.9	84.1	85.5	94.0	59.9	79.3
纳米比亚	Namibia	80.5	93.4	98.6	98.5	71.8	90.3
瑙鲁	Nauru	93.0	96.0	93.0	96.0		
尼泊尔	Nepal	77.4	87.6	93.8	91.2	74.9	86.8
新喀里多尼亚	New Caledonia	94.0	98.5	94.0	98.5	94.0	98.5
新西兰	New Zealand	100.0	100.0	100.0	100.0	100.0	100.0
尼加拉瓜	Nicaragua	80.0	85.0	95.1	97.6	61.6	67.8
尼日尔	Niger	42.1	50.3	78.5	100.0	35.1	39.5
尼日利亚	Nigeria	54.8	61.1	78.1	75.1	37.6	47.3
纽埃	Niue	99.0	98.6	99.0	98.6	99.0	98.6
北马里亚纳群岛	Northern Mariana Islands	95.3	96.5	95.3	96.5	95.3	96.5
挪威	Norway	100.0	100.0	100.0	100.0	100.0	100.0
阿曼	Oman	84.0	92.3	87.4	94.8	75.4	85.2
巴基斯坦	Pakistan	88.3	91.4	95.5	95.7	84.7	89.0
帕劳	Palau	92.2	95.3	97.3	97.0	80.4	86.0
巴拿马	Panama	90.3	94.3	97.7	97.0	76.2	85.8
巴布亚新几内亚	Papua New Guinea	35.2	40.2	87.7	89.2	27.3	33.3
巴拉圭	Paraguay	73.7		92.4	99.4	50.5	
秘鲁	Peru	80.2	85.3	89.6	90.9	55.0	66.1
菲律宾	Philippines	88.5	92.4	92.7	92.7	84.7	92.1
波兰	Poland			100.0	100.0		
葡萄牙	Portugal	97.9	99.7	98.7	99.7	97.0	99.7
波多黎各	Puerto Rico	93.6		93.6		93.6	
卡塔尔	Qatar	100.0	100.0	100.0	100.0	100.0	100.0
留尼汪岛	Reunion	99.2	99.1	99.3	99.2	98.4	97.8
罗马尼亚	Romania	84.2		97.0	98.5	69.7	
俄罗斯	Russia	95.1	97.0	98.3	98.7	86.3	92.2
卢旺达	Rwanda	66.1	68.9	85.7	79.6	63.0	66.4

3-2-1 续表 3 continued

单位：% (%)

国家或地区	Country or Area	全国享有清洁饮用水源人口占总人口比重 Proportion of the Population Using Improved Drinking Water Source, Total		城市享有清洁饮用水源人口占总人口比重 Proportion of the Population Using Improved Drinking Water Source, Urban		农村享有清洁饮用水源人口占总人口比重 Proportion of the Population Using Improved Drinking Water Source, Rural	
		2000	2011	2000	2011	2000	2011
圣基茨和尼维斯	Saint Kitts and Nevis	98.3	98.3	98.3	98.3	98.3	98.3
圣卢西亚	Saint Lucia	93.8	93.8	97.0	98.4	92.6	92.8
圣文森特和格林纳丁斯	Saint Vincent and the Grenadines	93.5	95.1	93.5	95.1	93.5	95.1
萨摩亚	Samoa	93.3	98.1	97.0	97.4	92.3	98.3
圣多美和普林西比	Sao Tome and Principe	78.2	97.0	85.5	98.9	69.8	93.6
沙特阿拉伯	Saudi Arabia	95.0	97.0	95.0	97.0	95.0	97.0
塞内加尔	Senegal	66.2	73.4	90.5	93.2	49.7	58.7
塞尔维亚	Serbia	99.5	99.2	99.7	99.5	99.3	98.9
塞舌尔	Seychelles	96.3	96.3	96.3	96.3	96.3	96.3
塞拉利昂	Sierra Leone	46.8	57.5	74.8	84.1	31.1	40.3
新加坡	Singapore	100.0	100.0	100.0	100.0		
斯洛伐克	Slovakia	99.8	100.0	100.0	100.0	99.6	100.0
斯洛文尼亚	Slovenia	99.6	99.6	99.8	99.8	99.4	99.4
所罗门群岛	Solomon Islands	78.5	79.3	93.0	93.0	75.7	75.7
索马里	Somalia	21.4	29.5	34.6	66.4	14.8	7.2
南非	South Africa	86.5	91.5	98.3	99.0	71.0	79.3
西班牙	Spain	100.0	100.0	99.9	99.9	100.0	100.0
斯里兰卡	Sri Lanka	79.3	92.6	95.0	98.8	76.4	91.5
苏里南	Suriname	89.4	91.9	98.2	96.6	73.1	81.1
斯威士兰	Swaziland	51.9	72.2	88.8	93.2	41.1	66.5
瑞典	Sweden	100.0	100.0	100.0	100.0	100.0	100.0
瑞士	Switzerland	100.0	100.0	100.0	100.0	100.0	100.0
叙利亚	Syrian Arab Republic	87.5	89.9	95.3	92.6	79.1	86.5
塔吉克斯坦	Tajikistan	60.8	65.9	92.6	91.8	49.3	56.5
坦桑尼亚	Tanzania	54.3	53.3	86.6	78.7	45.1	44.1
泰国	Thailand	91.7	95.8	96.5	96.7	89.5	95.4
东帝汶	Timor-Leste	54.3	69.1	68.9	93.0	49.7	59.6
多哥	Togo	53.2	59.0	84.2	89.7	38.1	40.1
托克劳	Tokelau	93.2	97.4			93.2	97.4
汤加	Tonga	98.6	99.2	97.5	98.8	99.0	99.4
特立尼达和多巴哥	Trinidad and Tobago	91.7	93.9	95.4	97.6	91.2	93.3
突尼斯	Tunisia	89.4	96.4	97.3	100.0	75.7	89.2
土耳其	Turkey	92.9	99.7	96.9	100.0	85.4	99.1
土库曼斯坦	Turkmenistan	83.3	71.0	97.1	89.1	71.6	53.7
特克斯和凯科斯群岛	Turks and Caicos Islands	87.1		87.1		87.1	
图瓦卢	Tuvalu	94.0	97.7	95.2	98.3	93.0	97.0
乌干达	Uganda	56.8	74.8	84.6	91.3	52.9	71.7
乌克兰	Ukraine	96.9	98.0	99.3	98.1	92.1	97.7
阿联酋	United Arab Emirates	99.7	99.6	99.6	99.6	100.0	100.0
英国	United Kingdom	100.0	100.0	100.0	100.0	100.0	100.0
美国	United States	98.6	98.8	99.8	99.8	94.0	94.0
美属维尔京群岛	Virgin Islands(US)	100.0	100.0	100.0	100.0	100.0	100.0
乌拉圭	Uruguay	97.9	99.8	98.9	100.0	87.6	97.6
乌兹别克斯坦	Uzbekistan	88.7	87.3	97.6	98.5	83.4	80.9
瓦努阿图	Vanuatu	76.0	90.6	95.6	97.8	70.6	88.3
委内瑞拉	Venezuela	92.1		94.1		74.4	
越南	Viet Nam	76.6	95.6	93.6	99.5	71.1	93.8
也门	Yemen	59.9	54.8	82.5	72.0	51.9	46.5
赞比亚	Zambia	53.6	64.1	87.3	86.0	35.6	50.1
津巴布韦	Zimbabwe	79.6	80.0	98.5	97.1	69.9	69.2

3-2-2 享有卫生设施人口占总人口比重

Proportion of the Population Using Improved Sanitation Facilities

资料来源：联合国千年发展目标数据库。
Source: UN Millennium Development Goals Database .

单位：% (%)

国家或地区	Country or Area	全国享有卫生设施人口占总人口比重 Proportion of the Population Using Improved Sanitation Facilities,Total		城市享有卫生设施人口占总人口比重 Proportion of the Population Using Improved Sanitation Facilities, Urban		农村享有卫生设施人口占总人口比重 Proportion of the Population Using Improved Sanitation Facilities, Rural	
		2000	2011	2000	2011	2000	2011
阿富汗	Afghanistan	23.2	28.5	32.1	45.6	20.9	23.2
阿尔巴尼亚	Albania	86.2	93.9	93.8	94.7	80.8	93.0
阿尔及利亚	Algeria	92.2	95.1	98.6	97.6	82.2	88.4
美属萨摩亚	American Samoa	96.9	96.9	96.9	96.9	96.9	96.9
安道尔	Andorra	100.0	100.0	100.0	100.0	100.0	100.0
安哥拉	Angola	42.2	58.7	74.5	85.8	11.1	19.4
安圭拉	Anguilla	92.0	97.9	92.0	97.9		
安提瓜和巴布达	Antigua and Barbuda	84.6	91.4	84.6	91.4	84.6	91.4
阿根廷	Argentina	91.6	96.3	92.6	96.1	82.5	98.1
荷兰	Netherlands	100.0	100.0	100.0	100.0	100.0	100.0
亚美尼亚	Armenia	88.9	90.4	95.6	95.9	76.8	80.5
阿鲁巴岛	Aruba	98.2	97.7	98.2	97.7	98.2	97.7
澳大利亚	Australia	100.0	100.0	100.0	100.0	100.0	100.0
奥地利	Austria	100.0	100.0	100.0	100.0	100.0	100.0
阿塞拜疆	Azerbaijan	62.1	82.0	73.4	85.9	50.1	77.5
巴哈马	Bahamas	88.0		88.0		88.0	
巴林	Bahrain	99.1	99.2	99.1	99.2	99.1	99.2
孟加拉国	Bangladesh	45.3	54.7	54.8	55.3	42.4	54.5
巴巴多斯	Barbados	90.1		90.1		90.1	
白俄罗斯	Belarus	92.8	93.0	91.3	91.6	96.3	97.2
比利时	Belgium	100.0	100.0	100.0	100.0	100.0	100.0
伯利兹	Belize	83.0	89.9	84.7	93.1	81.5	87.2
贝宁	Benin	9.0	14.2	19.3	25.3	2.6	5.1
不丹	Bhutan	38.7	45.2	65.6	73.9	29.5	29.3
玻利维亚	Bolivia	37.0	46.3	49.0	57.5	17.6	23.7
波黑	Bosnia and Herzegovinian	95.3	95.8	98.4	99.7	93.0	92.1
博茨瓦纳	Botswana	52.0	64.0	69.5	77.9	32.0	41.8
巴西	Brazil	74.6	80.8	82.8	86.7	39.5	48.4
英属维尔京群岛	British Virgin Islands	97.5	97.5	97.5	97.5	97.5	97.5
保加利亚	Bulgaria	99.8	100.0	99.9	100.0	99.5	100.0
布基纳法索	Burkina Faso	11.6	18.0	46.8	50.1	3.9	6.5
布隆迪	Burundi	45.6	50.1	38.5	44.9	46.3	50.7
柬埔寨	Cambodia	17.6	33.1	50.3	76.4	10.1	22.3
喀麦隆	Cameroon	47.6	47.8	60.7	58.3	36.6	36.4
加拿大	Canada	99.8	99.8	100.0	100.0	99.0	99.0
佛得角	Cape Verde	44.3	63.3	60.9	74.0	25.2	45.3
开曼群岛	Cayman Islands	96.3	96.3	96.3	96.3		
中非共和国	Central African Rep.	22.1	33.8	31.9	43.1	16.3	27.8
乍得	Chad	9.7	11.7	25.7	30.9	5.3	6.4
智利	Chile	91.8	98.7	95.4	99.8	70.2	89.4
哥伦比亚	Colombia	72.7	78.1	80.7	82.3	52.3	65.4
科摩罗	Comoros	28.3		42.2		22.8	
刚果(金)	Congo, Dem. Rep.	22.6	30.7	30.7	29.2	19.3	31.5
刚果(布)	Congo, Rep.	19.8	17.8	21.1	19.5	18.0	14.8
库克群岛	Cook Islands	99.5	94.6	99.5	94.6	99.5	94.6
哥斯达黎加	Costa Rica	91.3	93.7	94.1	94.8	87.3	91.6
科特迪瓦	Cote D'Ivoire	21.6	23.9	37.1	35.8	9.6	11.4
克罗地亚	Croatia	98.2	98.2	98.6	98.6	97.6	97.6
古巴	Cuba	86.8	92.1	89.8	93.7	77.4	87.3
塞浦路斯	Cyprus	100.0	100.0	100.0	100.0	100.0	100.0
捷克	Czech Rep.	100.0	100.0	100.0	100.0	100.0	100.0

3-2-2 续表 1 continued

单位：% (%)

国家或地区	Country or Area	全国享有卫生设施人口占总人口比重 Proportion of the Population Using Improved Sanitation Facilities,Total		城市享有卫生设施人口占总人口比重 Proportion of the Population Using Improved Sanitation Facilities, Urban		农村享有卫生设施人口占总人口比重 Proportion of the Population Using Improved Sanitation Facilities, Rural	
		2000	2011	2000	2011	2000	2011
丹　　麦	Denmark	100.0	100.0	100.0	100.0	100.0	100.0
吉 布 提	Djibouti	61.8	61.3	70.6	73.1	33.0	21.6
多米尼克	Dominica	81.1		79.6		84.3	
多米尼加	Dominican Rep.	77.6	82.3	83.8	85.7	67.5	74.5
厄瓜多尔	Ecuador	81.3	92.9	90.9	96.2	66.7	86.1
埃　　及	Egypt	85.6	95.0	94.9	96.9	78.6	93.5
萨尔瓦多	El Salvador	61.0	70.0	74.5	79.4	41.6	52.6
赤道几内亚	Equatorial Guinea	88.9		92.2		86.8	
厄立特里亚	Eritrea	11.3		54.0		2.2	3.5
爱沙尼亚	Estonia	95.4	99.6	96.0	99.8	94.0	93.7
埃塞俄比亚	Ethiopia	8.1	20.7	22.2	27.3	5.7	19.4
斐　　济	Fiji	74.2	87.1	88.9	92.1	60.6	81.7
芬　　兰	Finland	100.0	100.0	100.0	100.0	100.0	100.0
法　　国	France	100.0	100.0	100.0	100.0	100.0	100.0
法属圭亚那	French Guiana	80.0	90.4	86.7	94.9	60.1	75.8
法属波立尼西亚	French Polynesia	98.0	97.1	98.0	97.1	98.0	97.1
加　　蓬	Gabon	35.8	32.9	37.3	33.3	29.6	30.4
冈 比 亚	Gambia	63.1	67.7	66.6	69.8	59.7	64.8
格鲁吉亚	Georgia	95.4	93.4	96.4	95.6	94.2	91.0
德　　国	Germany	100.0	100.0	100.0	100.0	100.0	100.0
加　　纳	Ghana	9.8	13.5	15.3	18.8	5.5	7.7
希　　腊	Greece	98.2	98.6	99.4	99.4	96.3	97.5
格 陵 兰	Greenland	100.0	100.0	100.0	100.0	100.0	100.0
格林纳达	Grenada	91.6		91.6		91.6	
瓜德罗普	Guadeloupe		96.9	94.0	97.0		89.5
关　　岛	Guam	97.4	97.4	97.4	97.4	97.4	97.4
危地马拉	Guatemala	71.0	80.2	84.7	88.4	59.8	72.2
几 内 亚	Guinea	14.1	18.5	25.9	32.2	8.8	10.9
几内亚比绍	Guinea-Bissau	12.2	19.0	26.9	33.0	4.0	8.1
圭 亚 那	Guyana	79.0	83.9	86.4	87.7	76.1	82.4
海　　地	Haiti	22.8	26.1	35.7	33.7	15.7	17.4
洪都拉斯	Honduras	64.5	80.6	78.2	86.3	53.1	74.4
匈 牙 利	Hungary	100.0	100.0	100.0	100.0	100.0	100.0
冰　　岛	Iceland	100.0	100.0	100.0	100.0	100.0	100.0
印　　度	India	25.5	35.1	54.4	59.7	14.4	23.9
印度尼西亚	Indonesia	47.4	58.7	66.7	73.4	33.4	43.5
伊　　朗	Iran	88.5	99.6	90.8	100.0	84.6	98.7
伊 拉 克	Iraq	75.2	83.9	83.6	86.0	57.5	79.8
爱 尔 兰	Ireland	98.9	99.0	99.6	99.6	97.9	97.9
以 色 列	Israel	100.0	100.0	100.0	100.0	100.0	100.0
牙 买 加	Jamaica	79.8	80.2	78.1	78.4	81.6	82.2
卢 森 堡	Luxemburg	100.0	100.0	100.0	100.0	100.0	100.0
日　　本	Japan	100.0	100.0	100.0	100.0	100.0	100.0
约　　旦	Jordan	97.5	98.1	98.0	98.1	95.9	98.0
哈萨克斯坦	Kazakhstan	96.8	97.3	96.5	96.8	97.2	97.9
肯 尼 亚	Kenya	26.9	29.4	28.7	31.1	26.4	28.8
基里巴斯	Kiribati	34.2	39.2	46.9	50.8	24.7	30.1
朝　　鲜	Korea, Dem.	60.9	81.8	65.1	87.9	54.7	72.5
韩　　国	Korea, Rep.	100.0	100.0	100.0	100.0	100.0	100.0
科 威 特	Kuwait	100.0	100.0	100.0	100.0	100.0	100.0
吉尔吉斯斯坦	Kyrgyzstan	93.2	93.3	93.7	93.6	92.9	93.2
老　　挝	Laos	27.9	61.5	65.4	87.5	17.3	48.0

3-2-2　续表 2　continued

单位：%　　　　(%)

国家或地区	Country or Area	全国享有卫生设施人口占总人口比重 Proportion of the Population Using Improved Sanitation Facilities,Total		城市享有卫生设施人口占总人口比重 Proportion of the Population Using Improved Sanitation Facilities, Urban		农村享有卫生设施人口占总人口比重 Proportion of the Population Using Improved Sanitation Facilities, Rural	
		2000	2011	2000	2011	2000	2011
拉脱维亚	Latvia	78.6		82.1		71.1	
黎 巴 嫩	Lebanon	98.2		100.0	100.0	87.0	
莱 索 托	Lesotho	24.9	26.3	36.9	32.0	21.9	24.2
利比里亚	Liberia	11.6	18.2	23.1	30.1	2.5	7.2
利 比 亚	Libya	96.5	96.6	96.8	96.8	95.7	95.7
立 陶 宛	Lithuania	86.7		95.4	95.4	69.1	
马 其 顿	Macedonia	89.9	91.3	93.3	97.0	85.0	83.1
马达加斯加	Madagascar	10.6	13.7	16.5	19.0	8.4	11.1
马 拉 维	Malawi	45.5	52.9	48.7	49.6	45.0	53.5
马来西亚	Malaysia	92.3	95.7	93.7	96.1	89.9	94.6
马尔代夫	Maldives	79.4	98.0	97.7	97.5	72.5	98.3
马　　里	Mali	18.2	21.6	33.9	35.2	12.0	14.3
马 耳 他	Malta	100.0	100.0	100.0	100.0	100.0	100.0
马绍尔群岛	Marshall Islands	70.1	75.7	80.4	83.9	47.6	54.9
马提尼克	Martinique		91.7	93.8	94.0		72.7
毛里塔尼亚	Mauritania	20.6	26.6	38.5	51.1	8.8	9.2
毛里求斯	Mauritius	89.1	90.6	91.2	91.6	87.6	89.9
墨 西 哥	Mexico	75.4	84.7	82.3	86.7	55.2	77.4
密克罗尼西亚	Micronesia, Fed.	33.6	55.2	63.7	83.3	25.0	47.0
摩尔多瓦	Moldova	78.6	86.1	87.1	89.0	71.7	83.4
摩 纳 哥	Monaco	100.0	100.0	100.0	100.0		
蒙　　古	Mongolia	49.4	53.0	65.5	64.0	28.0	29.1
黑　　山	Montenegro	89.8	90.0	91.9	91.9	86.8	86.8
蒙特塞拉特	Montserrat	79.9		79.9		79.9	
摩 洛 哥	Morocco	63.8	69.7	82.2	83.1	42.7	52.0
莫桑比克	Mozambique	14.1	19.1	37.2	40.9	4.6	9.2
缅　　甸	Myanmar	62.0	77.3	78.9	83.9	55.6	74.1
纳米比亚	Namibia	28.2	32.3	59.6	57.1	13.2	16.9
瑙　　鲁	Nauru	65.7	65.6	65.7	65.6		
尼 泊 尔	Nepal	20.9	35.4	42.9	50.1	17.4	32.4
新喀里多尼亚	New Caledonia	100.0	100.0	100.0	100.0	100.0	100.0
尼加拉瓜	Nicaragua	48.0	52.1	61.3	63.2	32.0	37.0
尼 日 尔	Niger	7.0	9.6	27.4	34.0	3.1	4.3
尼日利亚	Nigeria	34.5	30.6	36.9	33.2	32.7	28.1
纽　　埃	Niue	79.2	100.0	79.2	100.0	79.2	100.0
北马里亚纳群岛	Northern Mariana Islands	92.2	97.9	92.2	97.9	92.2	97.9
挪　　威	Norway	100.0	100.0	100.0	100.0	100.0	100.0
阿　　曼	Oman	89.0	96.6	96.1	97.3	71.0	94.7
巴基斯坦	Pakistan	37.4	47.4	72.0	71.8	20.3	33.6
帕　　劳	Palau	81.0	100.0	88.6	100.0	63.4	100.0
巴 拿 马	Panama	65.4	71.2	74.9	76.9	47.0	54.1
巴布亚新几内亚	Papua New Guinea	19.2	18.7	59.9	56.7	13.0	13.3
巴 拉 圭	Paraguay	57.7		79.2		31.1	
秘　　鲁	Peru	62.9	71.6	76.1	81.3	26.9	38.4
菲 律 宾	Philippines	65.4	74.2	74.2	79.2	57.2	69.3
波　　兰	Poland	89.4		95.5	95.5	79.6	
葡 萄 牙	Portugal	97.7	100.0	99.1	100.0	96.0	100.0
波多黎各	Puerto Rico	99.3	99.3	99.3	99.3	99.3	99.3
卡 塔 尔	Qatar	100.0	100.0	100.0	100.0	100.0	100.0
留尼汪岛	Reunion	98.1	98.2	98.4	98.4	95.3	95.3
罗马尼亚	Romania	71.8		87.9		53.7	
俄 罗 斯	Russia	72.1	70.4	77.0	74.4	58.6	59.3

3-2-2 续表 3 continued

单位：% (%)

国家或地区	Country or Area	全国享有卫生设施人口占总人口比重 Proportion of the Population Using Improved Sanitation Facilities,Total		城市享有卫生设施人口占总人口比重 Proportion of the Population Using Improved Sanitation Facilities, Urban		农村享有卫生设施人口占总人口比重 Proportion of the Population Using Improved Sanitation Facilities, Rural	
		2000	2011	2000	2011	2000	2011
卢旺达	Rwanda	47.2	61.3	62.6	61.3	44.7	61.3
圣基茨和尼维斯	Saint Kitts and Nevis	87.3		87.3		87.3	
圣卢西亚	Saint Lucia	62.4	65.2	69.1	70.4	59.8	64.1
圣文森特和格林纳丁斯	Saint Vincent and the Grenadines	73.2		73.2		73.2	
萨摩亚	Samoa	92.2	91.6	93.9	93.4	91.8	91.2
圣多美和普林西比	Sao Tome and Principe	20.9	34.3	26.6	40.8	14.4	23.3
沙特阿拉伯	Saudi Arabia	96.8	100.0	96.8	100.0	96.8	100.0
塞内加尔	Senegal	43.2	51.4	63.5	67.9	29.5	39.1
塞尔维亚	Serbia	95.9	97.2	96.9	98.5	94.9	95.6
塞舌尔	Seychelles	97.1	97.1	97.1	97.1	97.1	97.1
塞拉利昂	Sierra Leone	11.9	12.9	22.6	22.5	5.9	6.7
新加坡	Singapore	99.7	100.0	99.7	100.0		
斯洛伐克	Slovakia	99.8	99.7	99.8	99.9	99.6	99.6
斯洛文尼亚	Slovenia	100.0	100.0	100.0	100.0	100.0	100.0
所罗门群岛	Solomon Islands	25.5	28.5	81.4	81.4	15.0	15.0
索马里	Somalia	21.8	23.6	45.0	52.0	10.3	6.3
南非	South Africa		74.0	82.1	84.3	51.0	57.1
西班牙	Spain	100.0	100.0	100.0	100.0	100.0	100.0
斯里兰卡	Sri Lanka	78.7	91.1	80.3	82.7	78.4	92.6
苏里南	Suriname	81.1	83.0	89.9	90.3	64.7	66.2
斯威士兰	Swaziland	51.8	57.0	62.8	63.0	48.6	55.3
瑞典	Sweden	100.0	100.0	100.0	100.0	100.0	100.0
瑞士	Switzerland	100.0	100.0	100.0	100.0	100.0	100.0
叙利亚	Syrian Arab Republic	88.6	95.2	95.3	96.1	81.5	94.0
塔吉克斯坦	Tajikistan	90.0	94.7	93.4	95.4	88.7	94.4
坦桑尼亚	Tanzania	8.8	11.9	16.0	24.2	6.8	7.4
泰国	Thailand	91.3	93.4	88.2	88.7	92.7	95.9
东帝汶	Timor-Leste	37.4	38.7	52.7	67.6	32.5	27.3
多哥	Togo	12.2	11.4	25.9	25.5	5.4	2.7
托克劳	Tokelau	63.5	92.9			63.5	92.9
汤加	Tonga	93.5	91.5	98.6	99.3	92.0	89.1
特立尼达和多巴哥	Trinidad and Tobago	92.3	92.1	92.3	92.1	92.3	92.1
突尼斯	Tunisia	81.9	89.8	95.6	97.3	58.2	75.0
土耳其	Turkey	87.2	91.0	96.3	97.2	70.5	75.5
土库曼斯坦	Turkmenistan	98.3	99.1	99.3	100.0	97.4	98.2
特克斯和凯科斯群岛	Turks and Caicos Islands	81.4		81.4		81.4	
图瓦卢	Tuvalu	78.4	83.3	81.1	86.3	76.0	80.2
乌干达	Uganda	30.9	35.0	33.3	33.9	30.6	35.2
乌克兰	Ukraine	95.1	94.3	97.3	96.5	90.8	89.4
阿联酋	United Arab Emirates	97.4	97.5	98.0	98.0	95.2	95.2
英国	United Kingdom	100.0	100.0	100.0	100.0	100.0	100.0
美国	United States	99.5	99.6	99.8	99.8	98.6	98.6
美属维尔京群岛	Virgin Islands(US)	96.4	96.4	96.4	96.4	96.4	96.4
乌拉圭	Uruguay	96.7	98.9	97.3	99.0	89.7	97.8
乌兹别克斯坦	Uzbekistan	90.9	100.0	97.5	100.0	86.9	100.0
瓦努阿图	Vanuatu	41.7	57.8	54.4	65.1	38.1	55.4
委内瑞拉	Venezuela	88.7		92.5		54.1	
越南	Viet Nam	54.9	74.8	77.6	92.7	47.7	66.7
也门	Yemen	39.4	53.0	82.4	92.5	24.1	34.1
赞比亚	Zambia	40.6	42.1	58.6	55.8	31.0	33.2
津巴布韦	Zimbabwe	40.4	40.2	52.7	51.7	34.1	33.0

3-2-3 城市污水产生量
Produced Municipal Wastewater

资料来源:联合国粮农组织数据库。
Source:FAO Database.

单位：十亿立方米/年 (billion m^3/yr)

国家或地区	Country or Area	年份	数值	国家或地区	Country or Area	年份	数值
阿尔及利亚	Algeria	2010	0.73	克罗地亚	Croatia	2011	0.26
阿根廷	Argentina	1997	3.53	塞浦路斯	Cyprus	2005	0.02
亚美尼亚	Armenia	2011	0.75	捷克	Czech Republic	2009	1.25
澳大利亚	Australia	2008	2.09	多米尼加	Dominican Republic	2011	0.43
奥地利	Austria	2009	2.35	厄瓜多尔	Ecuador	1999	0.63
阿塞拜疆	Azerbaijan	2005	0.66	埃及	Egypt	2011	8.50
巴林	Bahrain	1997	0.08	萨尔瓦多	El Salvador	2010	0.18
孟加拉国	Bangladesh	2000	0.73	厄立特里亚	Eritrea	2000	0.02
白俄罗斯	Belarus	1993	0.99	爱沙尼亚	Estonia	2009	0.39
比利时	Belgium	2003	1.11	法国	France	2008	3.79
伯利兹	Belize	1994	0.00	德国	Germany	2007	5.29
不丹	Bhutan	2000	0.00	加纳	Ghana	2006	0.28
玻利维亚	Bolivia	2001	0.14	危地马拉	Guatemala	1998	0.37
波黑	Bosnia and Herzegovina	2011	0.07	匈牙利	Hungary	2004	4.16
巴西	Brazil	1996	2.57	印度	India	2012	14.00
保加利亚	Bulgaria	2009	0.46	伊朗	Iran	2010	3.55
布基纳法索	Burkina Faso	2000	0.00	伊拉克	Iraq	2012	0.58
柬埔寨	Cambodia	2000	1.18	以色列	Israel	2007	0.50
加拿大	Canada	2006	5.40	意大利	Italy	2007	3.93
智利	Chile	1999	1.07	日本	Japan	2006	14.00
哥伦比亚	Colombia	2010	2.40	约旦	Jordan	2008	0.18
哥斯达黎加	Costa Rica	2000	0.09	哈萨克斯坦	Kazakhstan	1993	1.83
拉脱维亚	Latvia	2009	0.28	科威特	Kuwait	2008	0.25
黎巴嫩	Lebanon	2011	0.31	沙特阿拉伯	Saudi Arabia	2000	0.73
莱索托	Lesotho	1994	0.00	塞舌尔	Seychelles	2003	0.01
利比亚	Libya	1999	0.55	新加坡	Singapore	2000	0.47
立陶宛	Lithuania	2009	0.26	斯洛伐克	Slovakia	2009	0.56
卢森堡	Luxembourg	2003	0.09	斯洛文尼亚	Slovenia	2010	0.17
马来西亚	Malaysia	2000	1.40	南非	South Africa	2000	3.20
马尔代夫	Maldives	2000	0.00	西班牙	Spain	2008	2.96
马耳他	Malta	2009	0.02	斯里兰卡	Sri Lanka	2000	0.35
墨西哥	Mexico	2010	7.41	斯威士兰	Swaziland	2002	0.01
摩纳哥	Monaco	2009	0.01	瑞士	Switzerland	2005	1.44
蒙古	Mongolia	2012	0.15	叙利亚	Syrian	2000	0.65
黑山	Montenegro	2008	0.04	塔吉克斯坦	Tajikistan	2004	4.70
摩洛哥	Morocco	2010	0.70	泰国	Thailand	2012	5.11
缅甸	Myanmar	2000	0.02	突尼斯	Tunisia	2010	0.25
尼泊尔	Nepal	2006	0.14	土耳其	Turkey	2010	3.58
尼加拉瓜	Nicaragua	1996	0.07	土库曼斯坦	Turkmenistan	2000	0.27
阿曼	Oman	2000	0.09	乌干达	Uganda	2010	0.01
巴基斯坦	Pakistan	2012	4.37	阿联酋	United Arab Emirates	1995	0.50
巴拿马	Panama	1998	0.39	英国	United Kingdom	2002	4.02
菲律宾	Philippines	2010	7.08	美国	United States	1995	79.57
波兰	Poland	2009	2.20	乌兹别克斯坦	Uzbekistan	2000	1.08
葡萄牙	Portugal	2009	0.58	委内瑞拉	Venezuela	1996	2.90
卡塔尔	Qatar	2005	0.06	越南	Viet Nam	2012	0.74
韩国	Korea Rep.	2000	5.94	也门	Yemen	2000	0.07
俄罗斯	Russia	2002	16.20	津巴布韦	Zimbabwe	2012	0.19

3-2-4 城市垃圾产生量
Municipal Waste Generation

资料来源：经合组织数据库。
Source:OECD Database.
单位：千吨 (1000 tons)

国家或地区	Country or Area	1995	2000	2005	2008	2009	2010	2011
澳大利亚	Australia		13200			14035		
奥地利	Austria	3476	4321	4717	4997	4921	4678	
比利时	Belgium	4576	4874	5024	5243	5274	5067	5125
智利	Chile	4057	5066	5748	6386	6517		
捷克	Czech Republic	3120	3434	2954	3176	3310	3334	3358
丹麦	Denmark	2725	3257	3586	4072	3827	3732	4001
爱沙尼亚	Estonia	533	633	587	524	452	406	399
芬兰	Finland	2109	2600	2506	2768	2562	2519	2719
法国	France	28253	31232	33366	34714	34504	34535	34336
德国	Germany	50894	52810	46555	48367	48466	49237	
希腊	Greece	3200	4447	4853	5077	5154	5917	
匈牙利	Hungary	4752	4552	4646	4553	4312	4033	3809
冰岛	Iceland	114	130	153	175	177		
爱尔兰	Ireland	1848	2279	3041	3224	2953	2846	
以色列	Israel		3968	4086	4435	4800	4595	4759
意大利	Italy	25780	28959	31664	32472	32110	32479	
日本	Japan	52224	54833	52719	48106	46252	45359	
韩国	Korea	17438	16950	17665	19006	18581		
卢森堡	Luxembourg	240	285	313	341	338	344	356
墨西哥	Mexico	30510	30733	35405	37595	38325	40059	41063
荷兰	Netherlands	8469	9769	10178	10258	10123	9851	9947
新西兰	New Zealand	3180					2531	2461
挪威	Norway	2722	2755	1968	2324	2269	2295	2392
波兰	Poland	10985	12226	12169	12194	12053	12032	12129
葡萄牙	Portugal	3884	4531	4745	5472	5496	5457	5139
斯洛伐克	Slovak Republic	1620	1707	1468	1686	1654	1719	1679
斯洛文尼亚	Slovenia	1186	1020	989	1095	1069	1004	844
西班牙	Spain	18732	24730	25683	25317	25108	23775	22997
瑞典	Sweden	3555	3796	4347	4710	4461	4334	4374
瑞士	Switzerland	4240	4731	4940	5653	5461	5565	5478
土耳其	Turkey	27234	30617	31351	28454	30196	29733	
英国	United Kingdom	28900	33954	35121	33424	32507	32450	
美国	United States	197113	220029	229209	228030	221036	226669	
巴西	Brazil		57563	60142				
印度尼西亚	Indonesia				9601			
俄罗斯	Russia		51829	57695	64605	66872	69257	

3-2-5　人均城市垃圾产生量
Municipal Waste Generated per Capita

资料来源：经合组织数据库。
Source:OECD Database.

单位：公斤　(kg)

国家或地区	Country or Area	1995	2000	2005	2008	2009	2010	2011
澳大利亚	Australia		690			640		
奥地利	Austria	430	530	570	600	590	560	
比利时	Belgium	450	480	480	490	490	470	470
智利	Chile	280	330	350	380	380		
捷克	Czech Republic	300	330	290	300	320	320	320
丹麦	Denmark	520	610	660	740	690	670	720
爱沙尼亚	Estonia	370	460	440	390	340	300	300
芬兰	Finland	410	500	480	520	480	470	500
法国	France	480	510	530	540	540	530	530
德国	Germany	620	640	560	590	590	600	
希腊	Greece	300	410	440	450	460	520	
匈牙利	Hungary	460	450	460	450	430	400	380
冰岛	Iceland	430	460	520	550	550		
爱尔兰	Ireland	510	600	730	730	660	640	
以色列	Israel		630	590	610	640	600	610
意大利	Italy	450	510	540	550	540	540	
日本	Japan	420	430	410	380	360	360	
韩国	Korea	390	360	370	390	380		
卢森堡	Luxembourg	580	650	680	700	690	690	700
墨西哥	Mexico	330	310	340	350	360	360	360
荷兰	Netherlands	550	610	620	620	610	590	600
新西兰	New Zealand	870					580	560
挪威	Norway	640	620	430	490	470	470	490
波兰	Poland	290	320	320	320	320	320	320
葡萄牙	Portugal	390	440	450	520	520	510	490
斯洛伐克	Slovak Republic	300	320	270	310	310	320	310
斯洛文尼亚	Slovenia	600	510	490	540	520	490	410
西班牙	Spain	480	610	590	560	550	520	500
瑞典	Sweden	400	430	480	510	480	460	460
瑞士	Switzerland	600	660	660	740	710	710	690
土耳其	Turkey	460	480	460	400	420	410	
英国	United Kingdom	500	580	590	540	530	530	
美国	United States	740	780	780	750	720	730	

3-2-6 城市垃圾收集量

Municipal Waste Collected

资料来源：联合国环境统计数据库。
Source: UN Environment Statistics Database .

单位：万吨 (10 000 tons)

国家或地区	Country or Area	2000	2005	2006	2007	2008	2009
阿尔巴尼亚	Albania		128	123	123	122	131
安道尔	Andorra	5	4	4	3		
安哥拉	Angola			584			
安圭拉	Anguilla		1	1	1	2	
安提瓜和巴布达	Antigua and Barbuda		8	9	11	12	14
荷兰	Netherlands	977	1018	1016	1031	1026	1016
亚美尼亚	Armenia	21	38	38	39	39	41
澳大利亚	Australia	1320					
奥地利	Austria	465	508	540	495	500	494
阿塞拜疆	Azerbaijan	110	175	157	163	148	160
巴哈马	Bahamas		24	23			
白俄罗斯	Belarus	196	281	305	322		335
比利时	Belgium	487	502	509	526	524	528
伯利兹	Belize	7	12	13	15	16	
玻利维亚	Bolivia	61	75	82	85	87	96
波黑	Bosnia and Herzegovinian					122	142
巴西	Brazil	5756	6014		5143		
英属维尔京群岛	British Virgin Islands	3	4				
文莱	Brunei Darussalam	19					
保加利亚	Bulgaria	422	368	355	331	362	356
布基纳法索	Burkina Faso	34	52	55	59	62	67
喀麦隆	Cameroon			369	371	649	725
加拿大	Canada	1128					
智利	Chile	468	546	533	564	604	615
哥伦比亚	Colombia		658	723	763	744	
克罗地亚	Croatia	117	145	165	172	179	
古巴	Cuba	342	445	423	436	516	426
塞浦路斯	Cyprus	47	55	57	59	61	62
捷克	Czech Rep.	343	295	304	303	318	331
丹麦	Denmark	355	399	402	431	456	453
多米尼克	Dominica		2				
多米尼加	Dominican Rep.		53	53	58	62	76
埃及	Egypt					2931	
爱沙尼亚	Estonia	63	59	54	60	52	46
芬兰	Finland	260	251	260	268	277	256
法国	France	3123	3337	3399	3463	3477	3450
法属圭亚那	French Guiana		10		8		
格鲁吉亚	Georgia				86	88	88
德国	Germany	5281	4656	4643	4789	4837	4810
希腊	Greece	445	485	493	500	508	539
瓜德罗普	Guadeloupe		18		27		
匈牙利	Hungary	455	465	471	459	455	431
冰岛	Iceland	13	15	17	17	18	18
印度尼西亚	Indonesia	512	612	607	937	960	
伊拉克	Iraq		545				
爱尔兰	Ireland	228	304	339	340	322	330
以色列	Israel	397	409	423	430	440	456
意大利	Italy	2896	3166	3251	3254	3247	3250
牙买加	Jamaica		97	146			

3-2-6 续表 1 continued

单位：万吨 (10 000 tons)

国家或地区	Country or Area	2000	2005	2006	2007	2008	2009
卢森堡	Luxemburg	29	31	32	33	34	35
日本	Japan	5236					
约旦	Jordan		236	231		386	
哈萨克斯坦	Kazakhstan		209	240	335	341	393
韩国	Korea, Rep.	1695					
科威特	Kuwait	106	106	129	156	218	172
吉尔吉斯斯坦	Kyrgyzstan	130	138	155	166	252	664
拉脱维亚	Latvia	64	72	94	86	75	75
黎巴嫩	Lebanon		147				172
立陶宛	Lithuania	128	129	133	135	137	121
马达加斯加	Madagascar				42		
马尔代夫	Maldives	1	2				
马耳他	Malta	21	25	25	27	28	27
马绍尔群岛	Marshall Islands				3		
马提尼克	Martinique				21		
毛里求斯	Mauritius	25	38	40	39	40	41
墨西哥	Mexico	3073		3609			
摩尔多瓦	Moldova	118	129	138	182	217	227
摩纳哥	Monaco	4	4	4	4	4	4
黑山	Montenegro			30	49	38	21
摩洛哥	Morocco	650					
尼日尔	Niger	788	975				
挪威	Norway	276	197	214	231	232	227
巴拿马	Panama	35	38	40	46	49	55
菲律宾	Philippines				747	887	910
波兰	Poland	1223	1217	1223	1226	1219	1205
葡萄牙	Portugal	481	469	480	501	515	519
卡塔尔	Qatar				72	75	79
留尼汪岛	Reunion	37	56		56		
罗马尼亚	Romania	796	817	839	816	844	851
俄罗斯	Russia	4354	4846	5111	5298	5427	5617
塞内加尔	Senegal	39	47				
塞尔维亚	Serbia			104	124	152	158
新加坡	Singapore	465	502	522	560	597	611
斯洛伐克	Slovakia	137	156	162	167	177	184
斯洛文尼亚	Slovenia	102	85	87	89	92	91
西班牙	Spain	2651	2568	2621	2615	2532	2509
苏丹	Sudan		57	73	87	97	136
苏里南	Suriname				18	17	18
瑞典	Sweden	380	435	450	472	473	449
瑞士	Switzerland	473	494	533	546	565	546
特立尼达和多巴哥	Trinidad and Tobago	42					
突尼斯	Tunisia	117					
土耳其	Turkey	3062	3135	3008	3037	2845	2801
乌干达	Uganda			22			
乌克兰	Ukraine	146	353	362	439	437	445
阿联酋	United Arab Emirates						1088
英国	United Kingdom	3395	3512	3548	3478	3342	3260
美国	United States	21558	22286				
乌拉圭	Uruguay	91					
也门	Yemen	127	127	138	145	137	141
赞比亚	Zambia	29	39				

3-2-7 城市垃圾处理量

Municipal Waste Treatment

资料来源：经合组织数据库。
Source:OECD Database.
单位：千吨 (1000 tons)

国家或地区	Country or Area	1995	2000	2005	2008	2009	2010	2011
澳大利亚	Australia					14035		
奥地利	Austria	3835	4744	4587	4889	4788	4481	
比利时	Belgium	4585	4685	4813	5060	5319	5078	5066
加拿大	Canada		26018		34345			
智利	Chile	3381	4624	5472	6006	6185		
捷克	Czech Republic	3120	3250	2495	2757	2894	3186	3346
丹麦	Denmark	2725	3257	3586	4072	3827	3732	4001
爱沙尼亚	Estonia	532	616	502	440	383	341	344
芬兰	Finland	2075	2724	2547	2832	2562	2519	2718
法国	France	28253	31232	33366	34714	34504	34535	34336
德国	Germany	50894	52810	46555	48367	48466	49235	
希腊	Greece	3490	4447	4867	5078	5154	5917	
匈牙利	Hungary	3887	4157	4606	4426	4284	4033	3809
冰岛	Iceland	120	135		164	166		
爱尔兰	Ireland	1550	2364	2779	3115	2769	2622	
以色列	Israel			4085	4435	4800	4595	4475
意大利	Italy	26607	28280	26918	28153	29816	30741	
日本	Japan	52219	54855	52750	50597	50397	49529	
韩国	Korea	17438	16950	17666	19006	18581		
卢森堡	Luxembourg	240	285	313	341	338	344	356
墨西哥	Mexico	30510	30733	35405	37595	38325	40059	41063
荷兰	Netherlands	8002	8361	8444	8507	8394	8209	8388
新西兰	New Zealand	3180					2531	2461
挪威	Norway	2722	2755	1968	2324	2269	2295	2392
波兰	Poland	10985	12226	9352	10036	10053	10040	9828
葡萄牙	Portugal	4002	4577	4745	5472	5496	5457	5139
斯洛伐克	Slovak Republic		1707	1443	1662	1623	1674	1607
斯洛文尼亚	Slovenia	933	861	844	905	851	790	720
西班牙	Spain	15107	18925	23549	25317	25108	23775	22997
瑞典	Sweden	3405	3793	4347	4334	4461	4334	4374
瑞士	Switzerland	4240	4731	4940	5653	5461	5565	5478
土耳其	Turkey	20134	24133	26286	24074	26015	25098	
英国	United Kingdom	28910	33954	35097	33215	33584		
美国	United States	197114	220028	229209	228030	221035	226669	
巴西	Brazil		57563					

3-2-8 废弃物产生量
Waste Generated

资料来源：欧盟统计局。
Source: Eurostat.
单位：万吨 (10 000 tons)

国家或地区	Country or Area	2004	2006	2008	2010
比利时	Belgium	5280.9	5935.2	4862.2	6253.7
保加利亚	Bulgaria	20102.0	16288.1	16764.6	16720.3
捷克	Czech Rep.	2927.6	2474.6	2542.0	2375.8
丹麦	Denmark	1258.9	1470.3	1515.5	2096.5
德国	Germany	36402.2	36378.6	37279.6	36354.5
爱沙尼亚	Estonia	2086.1	1893.3	1958.4	1900.0
爱尔兰	Ireland	2449.9	2959.9	2250.3	1980.8
希腊	Greece	3495.3	5132.5	6864.4	7043.3
西班牙	Spain	16066.8	16094.7	14925.4	13751.9
法国	France	29658.1	31229.8	34500.2	35508.1
克罗地亚	Croatia	720.9		417.2	315.8
意大利	Italy	13980.6	15502.5	17903.4	15862.8
塞浦路斯	Cyprus	224.2	124.9	184.3	237.3
拉脱维亚	Latvia	125.7	185.9	149.5	149.8
立陶宛	Lithuania	701.0	656.4	633.3	558.3
卢森堡	Luxemburg	831.6	958.6	959.2	1044.0
匈牙利	Hungary	2466.1	2228.7	1694.9	1573.5
马耳他	Malta	314.6	286.1	239.9	128.8
荷兰	Netherlands	9244.8	9916.7	10264.9	11925.5
奥地利	Austria	5302.1	5428.7	5630.9	3488.3
波兰	Poland	15471.3	17023.0	13874.2	15945.8
葡萄牙	Portugal	2931.7	3495.3	3648.0	3834.7
罗马尼亚	Romania	36930.0	34435.7	18913.9	21931.0
斯洛文尼亚	Slovenia	577.1	603.6	503.8	515.9
斯洛伐克	Slovakia	1066.8	1450.1	1147.2	938.4
芬兰	Finland	6970.8	7220.5	8179.3	10433.7
瑞典	Sweden	9175.9	9497.1	8616.9	11764.5
英国	United Kingdom	35754.4	34614.4	33412.7	25906.8
爱尔兰	Ireland	2449.9	2959.9	2250.3	1980.8
列支敦士登	Liechtenstein			38.3	31.2
挪威	Norway	745.4	991.3	1028.7	943.3
土耳其	Turkey	5882.0	4609.2	6476.5	78342.3
塞尔维亚	Serbia				3362.3

3-2-9　有害废弃物产生量

Hazardous Waste Generated

资料来源：联合国环境统计数据库。
Source: UN Environment Statistics Database .

单位：吨　(ton)

国家或地区	Country or Area	2000	2005	2006	2007	2008	2009
荷兰	Netherlands	1785000		4949346		4723875	
亚美尼亚	Armenia	1967	330909	343393	440871	430554	467524
奥地利	Austria	1034806		961899		1329984	
阿塞拜疆	Azerbaijan	26556	12831	29518	10381	24255	16029
巴林	Bahrain	140000	38202	38740	35008		
比利时	Belgium			4039064		5918821	
保加利亚	Bulgaria			785011		13042680	
喀麦隆	Cameroon		9430	10194	8376	9283	8717
智利	Chile	198	271	238	239	253	250
哥伦比亚	Colombia				69357	78581	
克罗地亚	Croatia	25999	39547	39964	52492	58432	
古巴	Cuba	1023638	941389	1253673	1417308		
塞浦路斯	Cyprus			16961		23786	
捷克	Czech Rep.	2630000	1372000	1307080		1510496	
丹麦	Denmark	183361	340459	493106		419646	
厄瓜多尔	Ecuador	85859	196844	146606	197738	193812	
爱沙尼亚	Estonia			6618811		7538297	
芬兰	Finland	963000		2710948		2163268	
法国	France	9150000		9621616		10892900	
德国	Germany	14937200		21705416		22323152	
希腊	Greece	391000		274954		252955	
危地马拉	Guatemala		598960	822456			
匈牙利	Hungary	950930		1300126		670613	
印度	India	7243750		8140000			
爱尔兰	Ireland			708791		743418	
以色列	Israel	242107	321000	311100	291900	321000	
意大利	Italy	3911016		7464670		6655155	
牙买加	Jamaica	10000	10000	10000			
卢森堡	Luxemburg	197120		233895		199115	
约旦	Jordan		71404			1293804	
吉尔吉斯斯坦	Kyrgyzstan	6304093	6206201	5827043	5546316	5581166	5683650
拉脱维亚	Latvia			65333		67462	
立陶宛	Lithuania			127347		115719	
马来西亚	Malaysia	344550	548916	1103457	1138840	1304899	1705308
马耳他	Malta			50745		55027	
摩尔多瓦	Moldova	2648	835	634	610	756	1125
摩纳哥	Monaco	305	459	457	584	682	401
挪威	Norway	673000	939000	756714		1336486	
巴拿马	Panama	281	1547	1716	1153		
菲律宾	Philippines	278393	1670180	11786053	1130247	164939280	1900651
波兰	Poland	1601000	1778881	2380676		1468780	
葡萄牙	Portugal	171644		6063104		3367889	
卡塔尔	Qatar		1965	4381	7224	11898	
罗马尼亚	Romania			1032041		524193	
俄罗斯	Russia	127545840	142496720	140010528	287652768	122882672	141019088
新加坡	Singapore	121500	339000	413000	491000	472000	356000
斯洛伐克	Slovakia	1627008		532941		527205	
斯洛文尼亚	Slovenia			116405		152744	
西班牙	Spain	3063400		4028246		3648602	
瑞典	Sweden	1100000		2654065		2063389	
泰国	Thailand	1650000	1814000	1832000	1849000		
土耳其	Turkey	1166000		10796		1024004	
乌克兰	Ukraine	2613226	2411759	2370943	2585235	2301244	1230338
英国	United Kingdom	5418970		8448468		7285198	
美国	United States		34788408				
赞比亚	Zambia	50000	80000				
津巴布韦	Zimbabwe	21640	27405		29362	17000	11000

3-2-10　按经济活动分有害废弃物产生量(2008年)

Generation of Hazardous Waste by Economic Activity(2008)

资料来源：欧盟统计局。

Source: Eurostat.

单位：吨　(ton)

国家或地区	Country or Area	农业和林业 Agriculture and Forestry	渔业和水产养殖业 Fishing and Aquaculture	采掘业 Mining and Quarrying	制造业 Manufacturing	电、煤气、蒸汽和空调供应 Electricity, Gas, Steam and Air Conditioning Supply	水的收集、处理和供应、排污、维修活动和其他废弃物管理服务 Water Collection, Treatment and Supply; Sewerage; Remediation Activities and Other Waste Management Services
比利时	Belgium	23186	129	1730	1255969	11373	41709
保加利亚	Bulgaria	2448	1	12279833	750340	1982	448
捷克	Czech Rep.	7364	5	28987	658201	27581	91628
丹麦	Denmark	1415	29	79	224018	71817	39933
德国	Germany	2717		60788	5836900	516245	155873
爱沙尼亚	Estonia	9145	95	2165	2072184	5335869	16
爱尔兰	Ireland			3683	244873	1755	
希腊	Greece			511	88947	10768	
西班牙	Spain	18504	5350	6511	1639206	30957	96007
法国	France	401290		96240	2685990	38200	2034960
克罗地亚	Croatia	85		487	212431	472	1167
意大利	Italy	9579	144	37643	3488046	117904	299761
塞浦路斯	Cyprus	711	16	204	2532	1361	6
拉脱维亚	Latvia	675		3	21060	330	459
立陶宛	Lithuania	4305	116	344	18918	571	3659
卢森堡	Luxemburg	90		935	60702	312	1842
匈牙利	Hungary	7795	12	25379	276505	12253	142390
荷兰	Netherlands	3313	282	14366	807629	12234	9703
奥地利	Austria	63290		10042	526320	29019	12796
波兰	Poland	3068	5	5130	703829	15065	91419
葡萄牙	Portugal	1070	276	92666	398591	9695	1073
罗马尼亚	Romania	3274		31117	385374	2193	660
斯洛文尼亚	Slovenia	108	2	186	77285	688	4714
斯洛伐克	Slovakia	42199	2	567	326439	9871	2556
芬兰	Finland	231		1118268	831948	13130	
瑞典	Sweden	17456	1767	3177	538170	234769	260
英国	United Kingdom	308059	483	58941	1625776	108784	1827
爱尔兰	Ireland			3683	244873	1755	
列支敦士登	Liechtenstein	27		2	5193	118	478
挪威	Norway	13410	976	34556	653276	34478	2903
土耳其	Turkey				948524	19643	

3-2-10 续表 1 continued

单位：吨 (ton)

国家或地区	Country or Area	水的收集、处理和处置，材料回收 Waste Collection, Treatment and Disposal Activities; Materials Recovery	建筑业 Construction	不包括废旧材料批发的服务 Services Except Wholesale of Waste and Scrap	废旧材料批发 Wholesale of Waste and Scrap	全部经济活动和住户 All Nace Activities plus Households	住户 Households
比利时	Belgium	382574	3479456	529070	19410	5918821	174216
保加利亚	Bulgaria	502	953	5482	694	13042680	
捷克	Czech Rep.	389591	175878	123406	1994	1510496	5862
丹麦	Denmark	969	17610	59803	1241	419646	2733
德国	Germany	5707680	8286522	1244738	175185	22323152	336504
爱沙尼亚	Estonia	11875	4870	88549	1555	7538297	11974
爱尔兰	Ireland		25981			743418	
希腊	Greece		285	152443		252955	
西班牙	Spain	345804	266216	1115585	98922	3648602	25540
法国	France	1091870	2465240	1851840	174490	10892900	52780
克罗地亚	Croatia	934	451	5118		221145	
意大利	Italy	1303223	331207	914831	54315	6655155	98502
塞浦路斯	Cyprus	14	273	15426	192	23786	3051
拉脱维亚	Latvia	230	75	8767	11	67462	35852
立陶宛	Lithuania	4678	1938	66743	648	115719	13798
卢森堡	Luxemburg	22827	68623	37445	17	199115	6322
匈牙利	Hungary	71682	5276	103973	1417	670613	23931
马耳他	Malta			52628		55267	2639
荷兰	Netherlands	661568	2242571	445965	18465	4453991	237895
奥地利	Austria	180486	237553	161040	3441	1329984	105996
波兰	Poland	223270	66134	339901	8288	1468319	12210
葡萄牙	Portugal	40472	355094	2466101	2849	3367889	
罗马尼亚	Romania	9354	1485	72749	6563	530753	17984
斯洛文尼亚	Slovenia	4485	9988	49469		152744	5819
斯洛伐克	Slovakia	42017	5413	90859	1829	527205	5452
芬兰	Finland	133762	1000	34403	9382	2163268	21143
瑞典	Sweden	124787	273630	508612	12014	2063389	348748
英国	United Kingdom	633284	1257934	2097903	332836	7285198	859371
爱尔兰	Ireland		25981			743418	
列支敦士登	Liechtenstein	1383			1	7204	
挪威	Norway	345490	9966	102744	82924	1447674	166952
土耳其	Turkey			49945		1018283	171

3-2-11　住户和人均城市废弃物产生量

Waste Generation of Households and Municipal per Capita

资料来源：欧盟统计局。
Source: Eurostat.

国家或地区	Country or Area	住户废弃物产生量(万吨) Waste Generated by Households (10 000 tons)			人均城市废弃物产生量(千克/人) Municipal Waste Generation per Capita (kg per capita)		
		2006	2008	2010	2006	2008	2010
比利时	Belgium	474.5	445.9	467.9	483	489	465
保加利亚	Bulgaria	292.9	290.7	239.6	461	474	410
捷　克	Czech Rep.	348.2	317.6	333.4	296	305	317
丹　麦	Denmark	207.0	251.4	243.6	666	741	673
德　国	Germany	3462.6	3575.5	3631.2	564	589	602
爱沙尼亚	Estonia	41.2	44.0	43.0	399	391	303
爱尔兰	Ireland	197.9	167.7	173.0	794	729	636
希　腊	Greece	413.3	395.4	519.8	442	452	521
西班牙	Spain	2407.8	2443.1	2319.8	594	556	516
法　国	France	2683.2	2931.1	2930.7	536	541	533
克罗地亚	Croatia				372	403	369
意大利	Italy	3252.3	3247.2	3247.9	552	543	537
塞浦路斯	Cyprus	35.7	43.3	46.1	674	722	689
拉脱维亚	Latvia	85.4	60.6	69.4	412	332	304
立陶宛	Lithuania	129.9	136.3	126.1	391	408	381
卢森堡	Luxemburg	19.2	27.6	38.5	683	697	679
匈牙利	Hungary	297.8	346.6	286.5	468	454	403
马耳他	Malta	13.0	14.6	13.8	622	670	598
荷　兰	Netherlands	941.6	943.5	907.2	622	624	593
奥地利	Austria	371.2	381.9	462.3	640	599	558
波　兰	Poland	688.6	687.9	889.0	321	320	315
葡萄牙	Portugal	464.1	515.7	546.4	463	515	513
罗马尼亚	Romania	636.9	650.3	612.7	389	392	365
斯洛文尼亚	Slovenia	108.9	71.4	72.8	516	542	490
斯洛伐克	Slovakia	162.3	177.2	171.9	301	328	333
芬　兰	Finland	119.1	167.4	168.1	494	521	470
瑞　典	Sweden	434.1	439.3	403.8	496	513	465
英　国	United Kingdom	3246.6	3153.9	2894.9	586	544	521
爱尔兰	Ireland	197.9	167.7	173.0	794	729	636
挪　威	Norway	220.0	222.5	222.9	459	487	469
瑞　士	Switzerland				709	736	708
土耳其	Turkey	3008.2	2845.4	2958.7	412	400	407
塞尔维亚	Serbia				230	350	360
波　黑	Bosnia and Herzegovinian					356	332

3-2-12 按经济活动分人均有害废弃物产生量

Generation of Hazardous Waste per Capita by Economic Activity

资料来源：欧盟统计局。
Source: Eurostat.
单位：千克/人 (kg per capita)

国家或地区	Country or Area	农业、林业和渔业 Agriculture, forestry and fishing		制造业 Manufacturing		电、煤气、蒸汽和空调供应 Electricity, Gas, Steam and Air Conditioning Supply		建筑业 Construction	
		2006	2010	2006	2010	2006	2010	2006	2010
比利时	Belgium	1	2	153	132	2	2	68	140
保加利亚	Bulgaria			100	78		1		
捷克	Czech Rep.	1	1	65	52	3	4	9	9
丹麦	Denmark		1	60	34	12	5	2	108
德国	Germany			62	61	5	10	110	79
爱沙尼亚	Estonia	5		813	1831	4019	4775	4	7
爱尔兰	Ireland		8	58	76	3	1	18	2
希腊	Greece			7	10	3	1		
西班牙	Spain	1	1	42	30	1		6	4
法国	France	6	11	47	41	1	1	34	40
克罗地亚	Croatia				14				
意大利	Italy			60	60	2	2	5	7
塞浦路斯	Cyprus	1	1	4	2	1	2	1	17
拉脱维亚	Latvia			16	5				
立陶宛	Lithuania	2	1	4	5		1	4	1
卢森堡	Luxemburg			131	127	1	1	220	381
匈牙利	Hungary	1	1	32	24	1	2	2	2
马耳他	Malta				4		1		1
荷兰	Netherlands			41	50		1	193	131
奥地利	Austria	2	9	46	42	7	3	5	6
波兰	Poland	1		46	18	5		1	2
葡萄牙	Portugal	2		61	48	2	6	68	14
罗马尼亚	Romania			23	14				
斯洛文尼亚	Slovenia			36	36		2	5	2
斯洛伐克	Slovakia	5	2	45	40	5	1	2	8
芬兰	Finland			157	266	2	2	78	3
瑞典	Sweden	2	1	53	49	21	25	98	69
英国	United Kingdom	5	4	34	42	6	3	10	14
爱尔兰	Ireland		8	58	76	3	1	18	2
列支敦士登	Liechtenstein				150		2		
挪威	Norway	4	2	125	131	7	3	2	2
土耳其	Turkey				12				
塞尔维亚	Serbia				11				

3-2-12 续表 1 continued

单位：千克/人 (kg per capita)

国家或地区	Country or Area	不包括废旧材料批发的服务 Services Except Wholesale of Waste and Scrap		废旧材料批发 Wholesale of Waste and Scrap		住户 Households	
		2006	2010	2006	2010	2006	2010
比利时	Belgium	50	44	9	2	18	6
保加利亚	Bulgaria		1				
捷克	Czech Rep.	6	9			2	
丹麦	Denmark	9	38		44		7
德国	Germany	23	18	5	2	3	5
爱沙尼亚	Estonia	74	37	1	1	5	7
爱尔兰	Ireland		206				13
希腊	Greece	15	15				
西班牙	Spain	27	19	2	1	1	1
法国	France	32	32			1	3
克罗地亚	Croatia				1		
意大利	Italy	18	40		2	1	3
塞浦路斯	Cyprus	10	7			5	17
拉脱维亚	Latvia	3	4			9	16
立陶宛	Lithuania	13	13			2	6
卢森堡	Luxemburg	97	108	5	24	7	12
匈牙利	Hungary	15	8				2
马耳他	Malta	118	20			7	14
荷兰	Netherlands	35	27		2	15	17
奥地利	Austria	29	71	2	5	10	12
波兰	Poland	5	7				
葡萄牙	Portugal	295	62		9		
罗马尼亚	Romania	2	9				1
斯洛文尼亚	Slovenia	6	9			9	7
斯洛伐克	Slovakia	24	15		1	1	1
芬兰	Finland	51	3			2	8
瑞典	Sweden	39	60	3	2	54	39
英国	United Kingdom	51	49	4	9	19	18
爱尔兰	Ireland		206				13
列支敦士登	Liechtenstein				2		
挪威	Norway	59	28		10	31	31
土耳其	Turkey		1				

3-2-13 包装废弃物回收率

Recovery Rates for Packaging Waste

资料来源：欧盟统计局。
Source: Eurostat.
单位：%　(%)

国家或地区	Country or Area	2000	2005	2006	2007	2008	2009	2010	2011
比利时	Belgium	70.9	92.8	94.5	95.2	95.0	95.2	95.5	96.9
保加利亚	Bulgaria		30.9	35.0	54.8	50.4	45.9	62.0	65.6
捷克	Czech Rep.		65.8	68.9	71.2	74.1	75.8	77.9	75.2
丹麦	Denmark	91.2	90.4	94.2	96.5	97.5	108.1	108.1	90.5
德国	Germany	80.6	87.0	88.4	94.7	94.8	94.9	95.7	97.4
爱沙尼亚	Estonia		41.1	50.1	51.7	44.7	58.9	61.6	67.0
爱尔兰	Ireland	18.9	58.9	57.3	63.6	64.7	69.9	73.7	79.0
希腊	Greece	33.3	41.8	42.8	48.0	43.8	52.3	58.8	62.4
西班牙	Spain	44.2	56.1	60.7	62.1	65.4	67.8	70.0	72.1
法国	France	57.0	63.5	64.1	67.4	65.2	66.4	70.3	71.2
意大利	Italy	42.5	65.1	65.3	67.0	68.6	74.0	74.7	74.0
塞浦路斯	Cyprus		11.1	25.2	25.9	34.3	42.5	50.1	52.0
拉脱维亚	Latvia		59.3	46.0	40.9	51.7	51.1	52.7	53.7
立陶宛	Lithuania		32.9	38.4	44.1	52.2	58.4	60.9	62.9
卢森堡	Luxemburg	58.9	88.1	92.5	92.0	93.7	91.4	90.3	93.0
匈牙利	Hungary		52.3	51.1	54.6	56.5	55.0	56.0	62.9
马耳他	Malta		8.1	10.8	10.4	45.9	36.9	29.2	44.7
荷兰	Netherlands	77.4	91.9	91.0	93.5	95.1	96.9	96.8	95.2
奥地利	Austria	76.5	85.4	87.5	90.2	91.5	92.6	92.2	93.7
波兰	Poland		41.0	47.9	60.0	50.6	50.3	53.7	55.9
葡萄牙	Portugal	45.0	50.9	55.9	59.1	66.0	65.8	61.3	62.9
罗马尼亚	Romania		25.1	35.7	36.6	40.7	46.7	48.3	54.4
斯洛文尼亚	Slovenia		47.3	46.4	53.0	57.9	53.4	65.8	70.5
斯洛伐克	Slovakia		43.6	39.3	67.4	50.0	63.2	47.5	65.0
芬兰	Finland	60.1	67.8	77.4	83.7	90.0	88.0	85.0	89.6
瑞典	Sweden	65.6	56.1	80.8	81.5	79.8	77.0	76.7	80.3
英国	United Kingdom	45.4	60.7	62.1	63.8	65.5	66.7	67.3	67.1
爱尔兰	Ireland	18.9	58.9	57.3	63.6	64.7	69.9	73.7	79.0
列支敦士登	Liechtenstein			100.0	100.0	100.0	100.0	91.4	91.0
挪威	Norway			89.0	89.9	82.5	80.9	88.8	88.1

第三章 环境保护

Environment Protection

3-3-1 公共部门环境保护支出占国内生产总值比重
Environmental Protection Expenditure by the Public Sector as Percentage of GDP

资料来源：欧盟统计局。
Source: Eurostat.

单位：% (%)

国家或地区	Country or Area	2000	2001	2002	2003	2004	2005
比利时	Belgium	0.59	0.62	0.63	0.58	0.58	0.52
保加利亚	Bulgaria	0.31	0.45	0.35	0.30	0.34	0.37
丹麦	Denmark	0.85	0.83	0.78	0.69	0.66	0.64
德国	Germany	0.47	0.44	0.42	0.41	0.38	0.37
爱沙尼亚	Estonia		0.16	0.29	0.17	0.20	0.23
西班牙	Spain	0.17	0.23	0.25	0.26	0.31	0.33
法国	France	0.53	0.56	0.58	0.55	0.54	0.56
克罗地亚	Croatia	0.26	0.06	0.12			0.07
意大利	Italy	0.85	0.88	0.88	0.84	0.86	0.86
塞浦路斯	Cyprus					0.33	
拉脱维亚	Latvia	0.01	0.17	0.18	0.08	0.06	0.75
立陶宛	Lithuania	0.10	0.09	0.10		0.32	0.48
卢森堡	Luxemburg	0.93	1.06	0.96	0.95	0.88	0.91
匈牙利	Hungary		0.57	0.71	0.61	0.70	0.78
马耳他	Malta		0.99	0.86	1.32	1.34	1.42
荷兰	Netherlands		1.53		1.54		1.48
奥地利	Austria	0.82	0.73	0.77	0.72	0.76	0.71
波兰	Poland	0.76	0.73	0.37	0.31	0.30	0.35
葡萄牙	Portugal	0.60	0.53	0.52	0.48	0.47	0.48
罗马尼亚	Romania	0.16	0.13	0.20	0.13	0.22	0.23
斯洛文尼亚	Slovenia		0.87	1.06	1.09	0.95	0.82
斯洛伐克	Slovakia	0.14	0.10	0.19	0.12	0.28	0.26
芬兰	Finland	0.60	0.57	0.57	0.59	0.58	0.52
瑞典	Sweden	0.26	0.29	0.32	0.31	0.34	0.39
英国	United Kingdom	0.55	0.54	0.48	0.48	0.49	
挪威	Norway	0.73	0.56	0.55	0.57	0.62	0.59
瑞士	Switzerland				0.83		
土耳其	Turkey	0.22	0.08	0.11	0.38	0.40	0.40

3-3-1 续表 continued

单位：% (%)

国家或地区	Country or Area	2006	2007	2008	2009	2010	2011
比利时	Belgium	0.52	0.45	0.46	0.49	0.44	
保加利亚	Bulgaria	0.39	0.52	0.59	0.64	0.51	0.60
捷克	Czech Rep.	0.51	0.36	0.35	0.43	0.52	0.51
丹麦	Denmark	0.62	0.62	0.66			
德国	Germany	0.36	0.33	0.33	0.34		
爱沙尼亚	Estonia	0.16	0.16	0.16	0.30	0.16	
西班牙	Spain	0.28	0.30	0.29	0.33	0.30	
法国	France	0.57	0.58	0.66	0.70	0.71	
克罗地亚	Croatia	0.08	0.36	0.02	0.02	0.07	0.32
意大利	Italy	0.80	0.80	0.84	0.89	0.88	0.88
拉脱维亚	Latvia	0.73	0.95	0.88	0.85	0.78	
立陶宛	Lithuania	0.75	0.89	0.85	1.20	1.35	
卢森堡	Luxemburg	0.80	0.67	0.67	0.85	0.71	0.79
匈牙利	Hungary	0.69	0.32	0.26	0.31	0.46	0.39
马耳他	Malta	1.57	1.57	1.59	1.70	2.02	1.46
荷兰	Netherlands		1.58		1.48		
奥地利	Austria	0.80	0.75	0.58	0.59		
波兰	Poland	0.47	0.43	0.40	0.48	0.49	0.53
葡萄牙	Portugal	0.47	0.49	0.54	0.59	0.51	0.48
罗马尼亚	Romania	0.54	0.57	0.58	0.59	0.81	0.96
斯洛文尼亚	Slovenia	0.71	0.71	0.81	1.01	0.82	
斯洛伐克	Slovakia	0.26	0.24	0.24	0.27	0.28	0.31
芬兰	Finland	0.58	0.55	0.56	0.59	0.64	
瑞典	Sweden	0.39	0.36	0.35	0.36	0.34	0.34
挪威	Norway	0.57	0.58	0.59	0.66	0.69	0.68
土耳其	Turkey	0.41	0.43	0.41	0.50	0.45	

3-3-2 分部门环境保护支出
Environmental Protection Expenditure by Sectors

资料来源：欧盟统计局。
Source: Eurostat.
单位：百万欧元 (Million Euro)

国家或地区	Country or Area	政府 General Government			商业机构 Business Sector			私人和公共环境保护服务提供者 Private and Public Specialised Producers of Environmental Protection Services		
		2006	2008	2011	2006	2008	2011	2006	2008	2011
比利时	Belgium	1644.0	1601.7					3004.0		
保加利亚	Bulgaria	104.5	209.1	231.4		434.4	296.7	76.0	225.9	207.3
捷克	Czech Rep.	599.9	541.9	795.4		1274.0	1437.6	585.2	1062.1	1176.2
丹麦	Denmark	1355.8	1552.2					2494.1	3132.0	
爱沙尼亚	Estonia	21.5	25.7			128.8		246.8	579.7	
西班牙	Spain	2777.0	3186.0		4598.7	5838.6		10244.8	11717.9	
法国	France	10169.4	12760.4					26492.9	27653.8	
克罗地亚	Croatia	31.0	10.1	142.8	339.1	429.6	402.2	77.9	68.9	93.7
意大利	Italy	11902.0	13190.0	13860.0		19117.8	22464.1	14932.2	21734.7	22331.2
塞浦路斯	Cyprus					27.5		143.1	216.4	
拉脱维亚	Latvia	116.6	201.2			180.9	65.5	91.0	74.1	38.8
立陶宛	Lithuania	181.8	274.9			225.2	171.8	257.2	164.9	202.9
卢森堡	Luxemburg	272.4	251.9	335.4				125.0	159.0	139.5
匈牙利	Hungary	620.5	270.2	389.5			982.4	670.7	856.4	547.5
马耳他	Malta	82.0	94.9	95.6					0.3	
奥地利	Austria	2078.0	1652.7			1985.5		5692.2	6966.9	
波兰	Poland	1281.2	1469.7	1966.5	2543.7	3727.9	3989.4	2267.1	4276.6	4303.6
葡萄牙	Portugal	749.4	935.9	828.9		456.5	395.1	517.7	737.2	
罗马尼亚	Romania	527.9	804.9	1255.0		1226.5	1130.1	1502.5	2261.5	2775.5
斯洛文尼亚	Slovenia	219.7	301.0			538.3		149.9	117.4	
斯洛伐克	Slovakia	117.9	155.9	214.0		535.2	448.8	37.2	80.2	122.5
芬兰	Finland	957.2	1045.0			720.6		238.7	296.4	
瑞典	Sweden	1255.6	1162.9	1307.0			1393.9	1571.3		
英国	United Kingdom					4811.0				
挪威	Norway	1541.1	1846.7	2384.3		1200.9				
土耳其	Turkey	1701.8	2064.0					964.8	777.2	

3-3-3 公共部门环境投资占国内生产总值比重
Environmental Investment by the Public Sector as Percentage of GDP

资料来源：欧盟统计局。
Source: Eurostat.

单位：% (%)

国家或地区	Country or Area	2000	2001	2002	2003	2004	2005
比利时	Belgium	0.21	0.20	0.19	0.17	0.16	0.13
保加利亚	Bulgaria	0.12	0.16	0.19	0.14	0.16	0.19
捷克	Czech Rep.	0.47	0.49	0.28	0.34	0.34	0.26
丹麦	Denmark	0.16	0.13	0.10	0.08	0.07	0.06
德国	Germany	0.15	0.13	0.12	0.12	0.11	0.10
爱沙尼亚	Estonia		0.07	0.13	0.10	0.07	0.11
西班牙	Spain	0.10	0.11	0.13	0.12	0.10	0.11
法国	France	0.10	0.11	0.11	0.11	0.12	0.14
克罗地亚	Croatia	0.02	0.03	0.04	0.06	0.01	0.07
意大利	Italy	0.15	0.18	0.18	0.17	0.21	0.22
拉脱维亚	Latvia		0.12	0.09	0.03	0.02	0.15
立陶宛	Lithuania	0.07	0.07	0.06		0.13	0.29
卢森堡	Luxemburg	0.23	0.32	0.23	0.25	0.18	0.22
匈牙利	Hungary		0.48	0.56	0.38	0.36	0.46
马耳他	Malta		0.20	0.16	0.19	0.18	0.38
荷兰	Netherlands	0.20	0.22		0.24		0.26
奥地利	Austria	0.03	0.02	0.06	0.06	0.04	0.02
波兰	Poland	0.41	0.38	0.31	0.32	0.31	0.32
葡萄牙	Portugal	0.23	0.20	0.17	0.15	0.13	0.13
罗马尼亚	Romania	0.05	0.03	0.03	0.04	0.12	0.10
斯洛文尼亚	Slovenia		0.52	0.54	0.60	0.57	0.49
斯洛伐克	Slovakia	0.10	0.08	0.13	0.09	0.04	0.04
芬兰	Finland	0.09	0.05	0.07	0.07	0.07	0.01
瑞典	Sweden	0.03	0.02	0.01	0.02	0.02	0.04
英国	United Kingdom	0.02	0.02	0.03	0.05	0.08	
挪威	Norway	0.15	0.15	0.14	0.13	0.14	0.12
土耳其	Turkey	0.13	0.01	0.06	0.13	0.11	0.12

3-3-3 续表 continued

单位：% (%)

国家或地区	Country or Area	2006	2007	2008	2009	2010	2011
比利时	Belgium	0.16	0.09	0.10	0.09	0.05	
保加利亚	Bulgaria	0.19	0.24	0.31	0.30	0.20	0.19
捷克	Czech Rep.	0.28	0.15	0.14	0.19	0.28	0.27
丹麦	Denmark	0.06	0.06	0.07			
德国	Germany	0.09	0.08	0.08	0.09		
爱沙尼亚	Estonia	0.09	0.11	0.09	0.23	0.08	
西班牙	Spain	0.13	0.13	0.12	0.15	0.12	
法国	France	0.13	0.13	0.07	0.08	0.08	
克罗地亚	Croatia	0.05	0.35		0.01	0.05	0.26
意大利	Italy	0.22	0.19	0.22	0.22	0.18	0.18
拉脱维亚	Latvia	0.22	0.19	0.09	0.09	0.07	
立陶宛	Lithuania	0.41	0.55	0.51	0.80	0.96	
卢森堡	Luxemburg	0.19	0.22	0.25	0.31	0.20	0.26
匈牙利	Hungary	0.48	0.20	0.13	0.11	0.27	0.14
马耳他	Malta	0.34	0.45	0.46	0.22	0.25	0.16
荷兰	Netherlands		0.30		0.29		
奥地利	Austria	0.03	0.04	0.06	0.09		
波兰	Poland	0.32	0.29	0.27	0.32	0.33	0.38
葡萄牙	Portugal	0.07	0.09	0.09	0.09	0.07	0.06
罗马尼亚	Romania	0.13	0.31	0.32	0.30	0.35	0.45
斯洛文尼亚	Slovenia	0.43	0.53	0.63	0.87	0.67	
斯洛伐克	Slovakia	0.05	0.04	0.04	0.03	0.05	0.07
芬兰	Finland	0.08	0.07	0.09	0.06	0.10	
瑞典	Sweden	0.04	0.03	0.03	0.03	0.02	0.01
挪威	Norway	0.11	0.13	0.15	0.13	0.16	0.16
土耳其	Turkey	0.13	0.11	0.09	0.08	0.08	

3-3-4 分部门环境保护投资
Environmental Protection Investments by Sectors

资料来源：欧盟统计局。
Source: Eurostat.
单位：百万欧元 (Million Euro)

国家或地区	Country or Area	政府 General Government			商业机构 Business Sector			私人和公共环境保护服务提供者 Private and Public Specialised Producers of Environmental Protection Services		
		2006	2008	2011	2006	2008	2011	2006	2008	2011
比利时	Belgium	498.4	332.0					673.6		
保加利亚	Bulgaria	50.7	108.4	73.5		204.2	127.7	31.8	114.7	60.6
捷克	Czech Rep.	326.3	223.5	425.2		461.7	484.2	64.5	129.6	99.7
丹麦	Denmark	132.7	170.0					459.5	720.8	
爱沙尼亚	Estonia	11.7	14.9			77.9		45.6	95.0	
西班牙	Spain	1312.0	1328.0		1314.8	2000.3		2004.2	1999.3	
法国	France	2257.0	1363.1			1617.1		6092.9	6650.8	
克罗地亚	Croatia	20.3	1.8	115.4	195.8	290.6	230.1	21.8	28.0	34.8
意大利	Italy	3244.0	3387.0	2848.0		2215.3	2357.2	2476.9	2623.8	2731.4
塞浦路斯	Cyprus					4.0		48.7	95.1	
拉脱维亚	Latvia	34.9	20.1			85.3	28.0	27.1	39.6	10.1
立陶宛	Lithuania	98.1	163.8			82.6	107.6	65.8	55.7	106.5
卢森堡	Luxemburg	66.1	93.5	112.6				7.5	10.3	12.5
匈牙利	Hungary	432.0	139.0	134.8			238.8	98.3	146.6	86.6
马耳他	Malta	17.8	27.3	10.5						
奥地利	Austria	80.1	172.9			264.3		1075.8	934.3	
波兰	Poland	864.0	975.5	1393.2	749.8	1086.3	1196.2	146.8	359.8	340.9
葡萄牙	Portugal	114.2	163.2	107.1		263.4	149.2	252.4	403.0	
罗马尼亚	Romania	128.1	444.1	595.0		421.0	330.4	225.0	466.1	351.9
斯洛文尼亚	Slovenia	133.6	234.3			276.2		46.6	31.5	
斯洛伐克	Slovakia	21.6	24.7	45.7		274.0	207.1	8.6	10.9	16.7
芬兰	Finland	127.8	159.3			229.1		98.4	128.0	
瑞典	Sweden	122.4	95.1	53.1			546.6	378.7		
英国	United Kingdom					2126.3				
挪威	Norway	302.9	464.8	575.8		588.3				
土耳其	Turkey	524.3	465.3					618.4	374.0	

3-3-5　工业环境保护支出占国内生产总值比重

Environmental Protection Expenditure by Industry as Percentage of GDP

资料来源：欧盟统计局。
Source: Eurostat.

单位：%　　(%)

国家或地区	Country or Area	2000	2001	2002	2003	2004	2005
保加利亚	Bulgaria	1.13	1.53	1.03	1.11	1.02	0.73
捷　　克	Czech Rep.				0.76	0.86	0.83
德　　国	Germany	0.54	0.54	0.51	0.49	0.49	0.46
爱沙尼亚	Estonia		0.57	0.57	0.35	0.38	0.35
西 班 牙	Spain	0.23	0.21	0.26	0.25	0.26	0.26
法　　国	France					0.12	
克罗地亚	Croatia	0.21	0.19	0.25	0.25	0.64	0.63
意 大 利	Italy		1.24	0.96	0.76	0.80	0.80
塞浦路斯	Cyprus		0.18	0.30	0.23	0.29	0.23
拉脱维亚	Latvia	0.10	0.17	0.24	0.22	0.22	0.19
立 陶 宛	Lithuania	0.36	0.48	0.45	0.57	0.38	0.41
匈 牙 利	Hungary	1.01	0.53	0.50	0.66	0.64	0.64
荷　　兰	Netherlands	0.42	0.41		0.36		0.34
奥 地 利	Austria	0.53		0.39	0.42	0.34	0.36
波　　兰	Poland		1.01	0.89	0.86	0.75	0.74
葡 萄 牙	Portugal	0.35	0.30	0.27	0.26	0.29	0.25
罗马尼亚	Romania	0.73	0.80	1.22	0.70	0.96	0.60
斯洛文尼亚	Slovenia		0.87	0.75	0.90	0.70	0.72
斯洛伐克	Slovakia	0.86	1.17	1.26	1.02	1.10	1.12
芬　　兰	Finland	0.46	0.44	0.42	0.35	0.39	0.38
瑞　　典	Sweden		0.45	0.39	0.40	0.36	0.37
英　　国	United Kingdom	0.44	0.37	0.25	0.30	0.27	0.27
瑞　　士	Switzerland				0.28		

3-3-5　续表　continued

单位：%　　(%)

国家或地区	Country or Area	2006	2007	2008	2009	2010	2011
保加利亚	Bulgaria	1.31	1.02	1.11	0.77	0.80	0.69
捷　　克	Czech Rep.	0.83	0.79	0.78	0.79	0.80	0.86
德　　国	Germany	0.44	0.47	0.48	0.50		
爱沙尼亚	Estonia			0.69	0.47		
西 班 牙	Spain	0.27	0.29	0.29	0.25	0.23	
法　　国	France		0.14			0.24	
克罗地亚	Croatia	0.73	0.72	0.76	0.85	0.76	0.79
意 大 利	Italy	0.85	0.82	0.71	0.71	0.73	0.76
塞浦路斯	Cyprus	0.20	0.26	0.16	0.40	0.36	
拉脱维亚	Latvia	0.29	0.30	0.62	0.69	0.45	0.31
立 陶 宛	Lithuania	0.60	0.49	0.37	0.45	0.34	0.46
匈 牙 利	Hungary	0.51	0.51	0.46	0.39	0.37	0.43
荷　　兰	Netherlands		0.33		0.29		
奥 地 利	Austria	0.33	0.30	0.31	0.31		
波　　兰	Poland	0.72	0.78	0.78	0.80	0.80	0.81
葡 萄 牙	Portugal	0.33	0.29	0.27	0.25	0.23	0.23
罗马尼亚	Romania	0.67	0.62	0.78	0.69	0.82	0.76
斯洛文尼亚	Slovenia	0.73	0.68	0.92	0.80	0.82	
斯洛伐克	Slovakia	1.02	0.82	0.66	0.61	0.61	0.55
芬　　兰	Finland	0.38	0.39	0.39	0.42	0.37	
瑞　　典	Sweden	0.32					
英　　国	United Kingdom	0.32	0.31	0.27	0.28	0.22	
挪　　威	Norway			0.39	0.34	0.38	
土 耳 其	Turkey		0.09	0.09	0.08	0.09	

3-3-6 环境税收入占总收入的比重
Environmental Tax Revenues as Percentage of Total Revenues

资料来源：欧盟统计局。
Source: Eurostat.

单位：% (%)

国家或地区	Country or Area	2000	2001	2002	2003	2004	2005
比利时	Belgium	5.02	5.00	4.88	5.04	5.25	5.21
保加利亚	Bulgaria	8.42	8.25	8.21	9.51	9.76	9.58
捷克	Czech Rep.	7.00	7.26	6.86	6.91	7.07	7.24
丹麦	Denmark	9.56	9.72	10.10	9.76	9.87	9.55
爱沙尼亚	Estonia	5.45	6.98	6.40	6.12	6.88	7.43
爱尔兰	Ireland	9.10	7.94	8.27	8.11	8.29	8.20
希腊	Greece	6.78	7.69	6.87	6.77	6.93	6.64
西班牙	Spain	6.43	6.20	6.09	6.08	5.78	5.42
法国	France	4.89	4.46	4.74	4.56	4.66	4.42
意大利	Italy	7.61	7.32	7.10	7.28	6.97	6.97
塞浦路斯	Cyprus	9.02	9.74	9.58	11.76	12.21	10.11
拉脱维亚	Latvia	8.12	7.58	8.12	8.75	9.13	9.18
立陶宛	Lithuania	8.19	8.98	9.96	9.94	9.59	8.10
卢森堡	Luxemburg	7.10	7.10	7.05	7.30	8.18	7.85
匈牙利	Hungary	7.56	7.37	7.34	7.40	7.68	7.48
马耳他	Malta	13.01	12.17	11.09	10.73	9.45	9.75
荷兰	Netherlands	9.78	9.85	9.68	9.95	10.28	10.50
奥地利	Austria	5.63	5.80	6.09	6.28	6.29	6.25
波兰	Poland	6.39	6.38	7.29	7.58	8.18	8.05
葡萄牙	Portugal	8.45	9.27	9.66	9.48	9.83	9.40
罗马尼亚	Romania	11.36	8.23	7.62	8.54	8.71	7.24
斯洛文尼亚	Slovenia	7.87	8.62	8.59	8.65	8.67	8.29
斯洛伐克	Slovakia	6.53	5.90	6.61	7.42	7.94	7.63
芬兰	Finland	6.64	6.64	6.84	7.24	7.44	7.03
瑞典	Sweden	5.42	5.71	6.07	6.06	5.89	5.86
英国	United Kingdom	8.15	7.60	7.77	7.68	7.44	6.93
爱尔兰	Ireland	9.10	7.94	8.27	8.11	8.29	8.20
挪威	Norway	7.47	7.44	7.65	7.64	7.39	6.94

3-3-6 续表 continued

单位：% (%)

国家或地区	Country or Area	2006	2007	2008	2009	2010	2011
比利时	Belgium	4.84	4.74	4.43	4.65	4.70	4.74
保加利亚	Bulgaria	9.46	10.11	10.69	10.49	10.60	10.56
捷克	Czech Rep.	7.03	6.73	6.83	7.20	7.08	6.81
丹麦	Denmark	9.63	9.50	8.82	8.27	8.42	8.50
爱沙尼亚	Estonia	7.14	6.99	7.33	8.35	8.72	8.58
爱尔兰	Ireland	7.75	7.86	8.44	8.48	9.09	8.86
希腊	Greece	6.35	6.38	6.08	6.46	7.92	8.29
西班牙	Spain	5.08	4.89	5.07	5.39	5.19	5.00
法国	France	4.31	4.18	4.13	4.27	4.15	4.15
意大利	Italy	6.64	6.23	5.87	6.23	6.17	6.53
塞浦路斯	Cyprus	9.21	8.40	8.19	8.23	8.17	8.21
拉脱维亚	Latvia	7.89	6.80	6.71	8.75	8.81	8.94
立陶宛	Lithuania	6.15	5.98	5.48	6.98	6.87	6.58
卢森堡	Luxemburg	7.33	7.13	7.04	6.59	6.40	6.42
匈牙利	Hungary	7.62	7.00	6.76	6.70	7.01	6.81
马耳他	Malta	10.00	10.86	10.19	9.79	9.34	9.55
荷兰	Netherlands	10.34	9.82	9.92	10.42	10.32	10.15
奥地利	Austria	5.96	5.80	5.63	5.69	5.65	5.82
波兰	Poland	8.12	7.67	7.57	8.05	8.13	7.89
葡萄牙	Portugal	8.90	8.61	7.80	8.12	8.11	7.10
罗马尼亚	Romania	6.81	7.09	6.35	6.98	7.53	6.71
斯洛文尼亚	Slovenia	7.86	7.97	8.06	9.50	9.58	9.25
斯洛伐克	Slovakia	7.79	7.23	6.98	6.76	6.65	6.46
芬兰	Finland	6.88	6.39	6.27	6.17	6.55	7.18
瑞典	Sweden	5.69	5.61	5.84	6.10	6.02	5.66
英国	United Kingdom	6.53	6.77	6.45	7.44	7.37	7.10
爱尔兰	Ireland	7.75	7.86	8.44	8.48	9.09	8.86
挪威	Norway	6.78	6.83	6.13	6.30	6.25	5.88

3-3-7　环境税收入占国内生产总值的比重
Environmental Tax Revenues as Percentage of GDP

资料来源：欧盟统计局。
Source: Eurostat.

单位：%　(%)

国家或地区	Country or Area	2000	2001	2002	2003	2004	2005
比利时	Belgium	2.27	2.25	2.20	2.25	2.35	2.33
保加利亚	Bulgaria	2.65	2.54	2.34	2.95	3.18	3.00
捷克	Czech Rep.	2.37	2.45	2.37	2.45	2.54	2.58
丹麦	Denmark	4.72	4.71	4.83	4.69	4.84	4.86
爱沙尼亚	Estonia	1.69	2.11	1.99	1.88	2.10	2.28
爱尔兰	Ireland	2.85	2.35	2.35	2.33	2.49	2.51
希腊	Greece	2.34	2.56	2.31	2.17	2.17	2.14
西班牙	Spain	2.19	2.09	2.08	2.06	2.01	1.95
法国	France	2.16	1.95	2.05	1.97	2.02	1.94
意大利	Italy	3.16	3.01	2.87	2.98	2.81	2.79
塞浦路斯	Cyprus	2.70	2.99	2.96	3.79	4.02	3.54
拉脱维亚	Latvia	2.41	2.19	2.32	2.50	2.61	2.68
立陶宛	Lithuania	2.46	2.56	2.81	2.79	2.70	2.30
卢森堡	Luxemburg	2.78	2.82	2.77	2.79	3.06	2.95
匈牙利	Hungary	3.01	2.85	2.79	2.82	2.89	2.80
马耳他	Malta	3.62	3.62	3.40	3.34	3.04	3.29
荷兰	Netherlands	3.90	3.78	3.65	3.72	3.86	3.95
奥地利	Austria	2.42	2.61	2.65	2.73	2.71	2.63
波兰	Poland	2.08	2.06	2.38	2.44	2.57	2.64
葡萄牙	Portugal	2.62	2.86	3.03	3.00	3.00	2.95
罗马尼亚	Romania	3.43	2.35	2.14	2.36	2.37	2.01
斯洛文尼亚	Slovenia	2.94	3.23	3.25	3.29	3.31	3.20
斯洛伐克	Slovakia	2.22	1.95	2.18	2.44	2.50	2.39
芬兰	Finland	3.14	2.97	3.06	3.19	3.23	3.09
瑞典	Sweden	2.79	2.82	2.88	2.89	2.83	2.86
英国	United Kingdom	2.99	2.78	2.73	2.67	2.62	2.48
爱尔兰	Ireland	2.85	2.35	2.35	2.33	2.49	2.51
挪威	Norway	3.19	3.19	3.30	3.23	3.18	3.00

3-3-7　续表　continued

单位：%　(%)

国家或地区	Country or Area	2006	2007	2008	2009	2010	2011
比利时	Belgium	2.15	2.08	1.96	2.02	2.06	2.09
保加利亚	Bulgaria	2.90	3.37	3.45	3.04	2.92	2.88
捷克	Czech Rep.	2.48	2.41	2.35	2.40	2.37	2.35
丹麦	Denmark	4.78	4.65	4.21	3.95	3.99	4.05
爱沙尼亚	Estonia	2.19	2.20	2.34	3.00	2.97	2.82
爱尔兰	Ireland	2.49	2.48	2.52	2.40	2.57	2.56
希腊	Greece	2.02	2.08	1.96	1.97	2.51	2.68
西班牙	Spain	1.87	1.82	1.67	1.65	1.67	1.57
法国	France	1.90	1.82	1.78	1.80	1.76	1.82
意大利	Italy	2.77	2.66	2.51	2.68	2.62	2.78
塞浦路斯	Cyprus	3.29	3.37	3.16	2.91	2.91	2.89
拉脱维亚	Latvia	2.41	2.08	1.96	2.33	2.40	2.46
立陶宛	Lithuania	1.80	1.77	1.65	2.04	1.86	1.71
卢森堡	Luxemburg	2.63	2.54	2.64	2.59	2.40	2.39
匈牙利	Hungary	2.85	2.83	2.73	2.69	2.66	2.52
马耳他	Malta	3.39	3.76	3.42	3.33	3.08	3.22
荷兰	Netherlands	4.03	3.80	3.89	3.98	4.01	3.89
奥地利	Austria	2.47	2.42	2.40	2.41	2.37	2.45
波兰	Poland	2.74	2.67	2.60	2.56	2.58	2.56
葡萄牙	Portugal	2.86	2.82	2.56	2.52	2.56	2.36
罗马尼亚	Romania	1.94	2.06	1.78	1.87	2.02	1.82
斯洛文尼亚	Slovenia	3.01	3.00	3.01	3.55	3.62	3.45
斯洛伐克	Slovakia	2.28	2.12	2.05	1.95	1.87	1.84
芬兰	Finland	3.01	2.74	2.69	2.64	2.78	3.12
瑞典	Sweden	2.75	2.65	2.71	2.84	2.74	2.51
英国	United Kingdom	2.39	2.44	2.43	2.58	2.61	2.56
爱尔兰	Ireland	2.49	2.48	2.52	2.40	2.57	2.56
挪威	Norway	2.95	2.93	2.58	2.65	2.67	2.50

第四章 自然灾害

Natural Disasters

3-4-1　按遇难人数统计的十大自然灾害受害国(2012年)
Top 10 Countries in Terms of Numbers of Deaths(2012)

资料来源：国际灾害统计数据库。
Source: International Disasters Database.

国家	Country	遇难人数(人) No. of Deaths (persons)	国家	Country	每百万人遇难人数(人) No. of Deaths per Million Persons(persons)
菲律宾	Philippines	2385	萨摩亚	Samoa	64.2
中国	China	802	菲律宾	Philippines	24.8
巴基斯坦	Pakistan	671	斐济	Fiji	20.1
印度	India	599	海地	Haiti	12.7
俄罗斯	Russia	415	阿富汗	Afghanistan	11.3
阿富汗	Afghanistan	378	秘鲁	Peru	10.7
尼日利亚	Nigeria	378	立陶宛	Lithuania	9.4
秘鲁	Peru	321	巴布新几内亚	Papua New Guinea	9.2
伊朗	Iran	319	韩国	Korea, Rep.	6.0
美国	United States	318	尼日尔	Niger	5.6

3-4-2　按受灾人数统计的十大自然灾害受害国(2012年)
Top 10 Countries in Terms of Numbers of Victims(2012)

资料来源：国际灾害统计数据库。
Source: International Disasters Database .

国家	Country	受灾人数(万人) No. of Victims (10 000 persons)	国家	Country	受灾人数占总人口比重(%) Victims as percentage of total Population(%)
中国	China	4460	莱索托	Lesotho	32.7
菲律宾	Philippines	1250	冈比亚	Gambia	23.5
尼日利亚	Nigeria	700	巴拉圭	Paraguay	22.4
孟加拉国	Bangladesh	570	马里	Mali	21.9
巴基斯坦	Pakistan	510	尼日尔	Niger	21.7
印度	India	430	毛里塔尼亚	Mauritania	19.3
肯尼亚	Kenya	400	乍得	Chad	18.7
尼日尔	Niger	350	布基纳法索	Burkina Faso	16.4
马里	Mali	350	菲律宾	Philippines	13.0
苏丹	Sudan	330	韩国	Korea, Rep.	12.8

3-4-3 按经济损失统计的十大自然灾害受害国(2012年)
Top 10 Countries in Terms of Economic Damages (2012)

资料来源：国际灾害统计数据库。
Source: International Disasters Database.

国家	Country	经济损失(亿美元) Damage (100 million US$)	国家	Country	经济损失占国内生产总值比重(%) Damage as percentage of GDP (%)
美国	United States	985	萨摩亚	Samoa	19.5
中国	China	198	海地	Haiti	3.2
意大利	Italy	171	斐济	Fiji	2.4
英国	United Kingdom	29	巴基斯坦	Pakistan	1.1
巴基斯坦	Pakistan	25	马达加斯加	Madagascar	1.0
菲律宾	Philippines	18	乌克兰	Ukraine	1.0
俄罗斯	Russia	18	意大利	Italy	0.9
日本	Japan	17	科摩罗	Comoros	0.8
乌克兰	Ukraine	17	菲律宾	Philippines	0.7
巴西	Brazil	16	美国	United States	0.6

3-4-4 十大旱灾排名
Top 10 Drought

资料来源：国际灾害统计数据库。
Source: International Disasters Database.

国家	遇难人数(万人) No. Killed (10 000 persons)	日期 Date	国家	受灾人数(万人) No. Total Affected (10 000 persons)	日期 Date	国家	经济损失(亿美元) Damage (100 million US$)	日期 Date
中国	300	1928	印度	30000	05/1987	美国	200	06/2012
孟加拉国	190	1943	印度	30000	07/2002	中国	138	01/1994
印度	150	1942	印度	20000	1972	美国	80	01/2011
印度	150	1965	印度	10000	1965	澳大利亚	60	1981
印度	125	1900	印度	10000	06/1982	西班牙	45	09/1990
前苏联	120	1921	中国	8200	01/1994	中国	36	10/2009
中国	50	1920	中国	6000	04/2002	伊朗	33	04/1999
埃赛俄比亚	30	05/1983	中国	6000	10/2009	美国	33	07/2002
苏丹	15	04/1983	印度	5000	04/2000	西班牙	32	04/1999
埃赛俄比亚	10	12/1973	中国	4900	06/1988	加拿大	30	01/1977

3-4-5 十大地震排名

Top 10 Earthquake

资料来源：国际灾害统计数据库。
Source: International Disasters Database.

国家	遇难人数(万人) No. Killed (10 000 persons)	日期 Date	国家	受灾人数(万人) No. Total Affected (10 000 persons)	日期 Date	国家	经济损失(亿美元) Damage (100 million US$)	日期 Date
中国	24	27/07/1976	中国	4598	12/05/2008	日本	2100	11/03/2011
海地	22	12/01/2010	印度	2000	21/08/1988	日本	1000	17/01/1995
中国	20	22/05/1927	印度	632	26/01/2001	中国	850	12/05/2008
中国	18	16/12/1920	巴基斯坦	513	8/10/2005	美国	300	17/01/1994
印度尼西亚	17	26/12/2004	中国	508	3/02/1996	智利	300	27/02/2010
日本	14	1/09/1923	危地马拉	499	4/02/1976	日本	280	23/10/2004
前苏联	11	5/10/1948	海地	370	12/01/2010	意大利	200	23/11/1980
中国	9	12/05/2008	秘鲁	322	31/05/1970	土耳其	200	17/08/1999
意大利	8	28/12/1908	印度尼西亚	318	27/05/2006	意大利	158	20/05/2012
巴基斯坦	7	8/10/2005	中国	302	1/11/1999	新西兰	150	22/02/2011

3-4-6 十大极端天气排名

Top 10 Extreme Temperature

资料来源：国际灾害统计数据库。
Source: International Disasters Database.

国家	遇难人数(万人) No. Killed (10 000 persons)	日期 Date	国家	受灾人数(万人) No. Total Affected (10 000 persons)	日期 Date	国家	经济损失(亿美元) Damage (100 million US$)	日期 Date
俄罗斯	5.57	06/2010	中国	7700.0	10/01/2008	中国	211	10/01/2008
意大利	2.01	16/07/2003	中国	403.3	1/01/2011	法国	44	1/08/2003
法国	1.95	1/08/2003	澳大利亚	300.1	02/1993	意大利	44	16/07/2003
西班牙	1.51	1/08/2003	秘鲁	213.7	06/2004	美国	43	1/05/1998
德国	0.94	08/2003	塔吉克斯坦	200.0	01/2008	美国	28	1977
葡萄牙	0.27	08/2003	秘鲁	184.0	7/07/2003	美国	20	06/1980
印度	0.25	26/05/1998	澳大利亚	100.0	12/1994	加拿大	20	12/1992
法国	0.14	15/07/2006	利比里亚	100.0	1990	美国	18	07/1986
阿富汗	0.13	5/01/2008	秘鲁	88.5	04/2007	德国	17	08/2003
美国	0.13	06/1980	蒙古	76.9	12/2009	美国	11	26/01/2009

3-4-7 十大洪水排名
Top 10 Flood

资料来源：国际灾害统计数据库。
Source: International Disasters Database.

国家	遇难人数(万人) No. Killed (10 000 persons)	日期 Date	国家	受灾人数(万人) No. Total Affected (10 000 persons)	日期 Date	国家	经济损失(亿美元) Damage (100 million US$)	日期 Date
中国	370.0	07/1931	中国	23897.3	1/07/1998	泰国	400.0	5/08/2011
中国	200.0	07/1959	中国	21023.2	1/06/1991	中国	300.0	1/07/1998
中国	50.0	07/1939	中国	15463.4	30/06/1996	中国	180.0	29/05/2010
中国	14.2	1935	中国	15014.6	23/06/2003	朝鲜	150.0	1/08/1995
中国	10.0	1911	中国	13400.0	29/05/2010	中国	126.0	30/06/1996
中国	5.7	07/1949	印度	12800.0	8/07/1993	美国	120.0	24/06/1993
危地马拉	4.0	10/1949	中国	11447.0	15/05/1995	德国	116.0	11/08/2002
中国	3.0	08/1954	中国	10500.4	15/06/2007	美国	100.0	9/06/2008
委瑞内拉	3.0	15/12/1999	中国	10102.4	23/06/1999	巴基斯坦	95.0	28/07/2010
孟加拉国	2.9	07/1974	中国	10001.0	14/07/1989	意大利	93.0	1/11/1994

3-4-8 十大风暴排名
Top 10 Storm

资料来源：国际灾害统计数据库。
Source: International Disasters Database.

国家	遇难人数(万人) No. Killed (10 000 persons)	日期 Date	国家	受灾人数(万人) No. Total Affected (10 000 persons)	日期 Date	国家	经济损失(亿美元) Damage (100 million US$)	日期 Date
孟加拉国	30.00	12/11/1970	中国	10000.0	14/03/2002	美国	1250.0	29/08/2005
孟加拉国	13.89	29/04/1991	中国	3000.8	20/04/1989	美国	500.0	28/10/2012
缅甸	13.84	2/05/2008	中国	2962.2	16/07/2006	美国	300.0	12/09/2008
中国	10.00	27/07/1922	中国	2200.0	17/04/2011	美国	265.0	24/08/1992
孟加拉国	6.10	10/1942	中国	1962.4	1/09/2005	美国	180.0	15/09/2004
印度	6.00	1935	孟加拉国	1560.0	11/05/1965	美国	160.0	13/08/2004
中国	5.00	08/1912	孟加拉国	1543.9	29/04/1991	美国	160.0	23/09/2005
印度	4.00	14/10/1942	中国	1543.9	8/09/1996	美国	143.0	24/10/2005
孟加拉国	3.60	11/05/1965	中国	1543.9	1/07/2001	美国	140.0	20/05/2011
孟加拉国	2.20	28/05/1963	印度	1543.9	12/11/1977	美国	110.0	5/09/2004

3-4-9　十大疫情排名

Top 10 Epidemic

资料来源：国际灾害统计数据库。
Source: International Disasters Database.

国家	遇难人数(万人) No. Killed (10 000 persons)	日期 Date	国家	受灾人数(万人) No. Total Affected (10 000 persons)	日期 Date
前苏联	250	1917	前苏联	1800	1923
印　度	200	1920	肯尼亚	650	01/1994
中　国	150	1909	加拿大	200	01/1918
印　度	130	1907	日　本	200	02/1978
印　度	50	1920	孟加拉国	150	04/1991
印　度	42	1926	巴　西	94	01/2011
孟加拉国	39	1918	布隆迪	72	10/2000
印　度	30	1924	布隆迪	62	01/1999
乌干达	20	1901	孟加拉国	60	27/09/1987
尼日尔	10	1923	海　地	51	22/10/2010

3-4-10　十大火山排名

Top 10 Volcano

资料来源：国际灾害统计数据库。
Source: International Disasters Database.

国家	遇难人数(万人) No. Killed (10 000 persons)	日期 Date	国家	受灾人数(万人) No. Total Affected (10 000 persons)	日期 Date	国家	经济损失(亿美元) Damage (100 million US$)	日期 Date
马提尼克	3.00	8/05/1902	菲律宾	103.6	9/06/1991	哥伦比亚	10.0	13/11/1985
哥伦比亚	2.18	13/11/1985	尼加拉瓜	30.0	9/04/1992	美　国	8.6	18/05/1980
危地马拉	0.60	24/10/1902	厄瓜多尔	30.0	14/08/2006	菲律宾	2.1	9/06/1991
印度尼西亚	0.55	1909	印度尼西亚	30.0	5/04/1982	印度尼西亚	1.6	5/04/1982
印度尼西亚	0.50	05/1919	印度尼西亚	25.0	1969	厄瓜多尔	1.5	14/08/2006
危地马拉	0.50	1929	科摩罗	24.5	24/11/2005	印度尼西亚	1.5	9/09/1983
巴布亚新几内亚	0.30	15/01/1951	菲律宾	16.5	6/02/1993	墨西哥	1.2	28/03/1982
喀麦隆	0.17	24/08/1986	巴布亚新几内亚	15.2	19/09/1994	巴布亚新几内亚	1.1	19/09/1994
印度尼西亚	0.16	3/01/1963	印度尼西亚	13.7	24/10/2010	日　本	0.8	1945
圣文森特和格林纳丁斯	0.16	7/05/1902	厄瓜多尔	12.8	3/11/2002	印度尼西亚	0.3	14/07/1983

3-4-11　十大山火排名
Top 10 Wildfire

资料来源：国际灾害统计数据库。
Source: International Disasters Database.

国家	遇难人数(人) No. Killed (persons)	日期 Date	国家	受灾人数(万人) No. Total Affected (10 000 persons)	日期 Date	国家	经济损失(亿美元) Damage (100 million US$)	日期 Date
美　国	1000	15/10/1918	印度尼西亚	300.0	10/1994	印度尼西亚	80.0	09/1997
印度尼西亚	240	09/1997	马其顿	100.0	07/2007	加拿大	42.0	01/1989
中　国	191	05/1987	美　国	64.0	21/10/2007	美　国	35.0	21/10/2003
澳大利亚	180	2/02/2009	阿根廷	15.3	22/01/1987	美　国	25.0	21/10/1991
美　国	121	20/10/1944	葡萄牙	15.0	01/2003	美　国	25.0	21/10/2007
法　国	80	08/1949	巴拉圭	12.5	09/2007	西班牙	20.5	18/07/2005
澳大利亚	75	16/02/1983	俄罗斯	10.1	20/07/1998	美　国	20.0	13/11/2008
加拿大	73	11/07/1911	中　国	5.6	05/1987	俄罗斯	18.0	07/2010
澳大利亚	71	1939	美　国	5.5	13/11/2008	希　腊	17.5	24/08/2007
希　腊	67	24/08/2007	尼泊尔	5.0	03/1992	葡萄牙	17.3	01/2003

主要统计指标解释

城市废弃物 是指由住户、商业和公共服务部门产生，由地方市政部门或机构收集并集中处理或处置的废弃物。

住户废弃物 是指通常在居住环境中产生的废弃物。

垃圾收集 是指市政服务或类似机构、公共或私人公司、专业机构或政府将废弃物收集和运送到垃圾处理和排放场所。城市垃圾收集可能是选择性的，即仅收集某种特殊类型废弃物，或同时收集全部类型的废弃物。

包装废弃物 包装物是指任何用于盛放、保护、操作、运输和展示商品的任何材料。包装废弃物可能来自超市、零售网点、制造企业、住户、旅馆、医院、餐馆和运输公司。玻璃瓶、塑料容器、铝罐、食品包装纸、木材托盘和桶都被归类为包装物。

有害废弃物 是指由于有毒、具有放射性或易燃性而对人类健康、其他生物和环境造成实质或潜在危害的废弃物。

环境税 是指以对环境经证明具有明显负面影响的物理单位为税基的税种。包括能源税、交通税、污染税和资源税四种类型。环境税不能与支付、租赁或购买环境保护服务混为一谈。

长期平均降雨量 总面积×年平均降水深度

硫氧化物 是呈酸性的气体，它是大气污染、环境酸化的主要污染物，它会危害人体健康、农作物和植物生长、腐蚀建筑物和水生生态系统。

濒危物种 按照国际自然保护联盟划分的有濒临灭绝危险、易受攻击、稀有、不确定的或未充分认知的物种。

高植株植物 是指形态上有根、茎、叶分化的茎叶体植物。

氮氧化物排放量 主要来自化石燃料的燃烧过程。它对人类和环境有很大危害，是形成酸雨的主要物质之一，也是形成大气中化学烟雾的重要物质。

一氧化碳 会直接干扰血红蛋白对氧气的吸收，从而使人体缺氧，导致人窒息死亡。

颗粒物 是指直径不足 10 微米的细小悬浮颗粒物(PM10)，它能直接进入人体呼吸道，严重危害人体健康。

温室气体排放量 主要是指二氧化碳（来自于能源消费和工业生产，例如水泥生产）、甲烷（来自于固体废弃物、家畜、硬煤和褐煤的开采，农业生产和天燃气管道的泄漏）、一氧化二氮、氢氟碳化合物、全氟化碳和六氟化硫等的排放。

Explanatory Notes on Main Statistical Indicators

Municipal Waste are wastes produced by residential, commercial and public services sectors that are collected by local authorities for treatment and/or disposal in a central location.

Household Waste refers to waste material usually generated in the residential environment.

Waste Collection is the collection and transport of waste to the place of treatment or discharge by municipal services or similar institutions, or by public or private corporations, specialized enterprises or general government. Collection of municipal waste may be selective, that is to say, carried out for a specific type of product, or undifferentiated, in other words, covering all kinds of waste at the same time.

Packaging Waste Packaging is defined as any material which is used to contain, protect, handle, deliver and present goods. Packaging waste can arise from a wide range of sources including supermarkets, retail outlets, manufacturing industries, households, hotels, hospitals, restaurants and transport companies. Items like glass bottles, plastic containers, aluminium cans, food wrappers, timber pallets and drums are all classified as packaging.

Hazardous Wastes are wastes that, owing to their toxic, infectious, radioactive or flammable properties pose a substantial actual or potential hazard to the health of humans and other living organisms and the environment.

Environmental Taxes is a tax whose tax base is a physical unit that has a proven specific negative impact on the environment. Four subsets of environmental taxes are distinguished: energy taxes, transport taxes, pollution taxes and resources taxes. Taxes should not be confounded neither with payments of rent nor with purchase of an environmental protection service.

Average Precipitation in Volume [Total area] × [Average precipitation in depth]

Sulphur Oxides (SOx) exert a pressure on human health; they also contribute to acid deposition and thus have negative effects on aquatic ecosystems and buildings and may have negative effects on crops and forests.

Threatened Species are the number of species classified by the IUCN as endangered, vulnerable, rare, indeterminate, out of danger, or insufficiently known.

Higher Plants are native vascular plant species.

Nitrogen Oxides (NOx) Emissions mainly stem from the burning of fossil fuels at high temperatures. Nitrogen oxides play an important role in the production of photochemical oxidants and of smog, and contribute, together with SOx, to acid precipitation. They are of concern because of their negative effects both on human health and on the environment.

Carbon Monoxide (CO) can cause adverse health effects, in particular because it interferes with the absorption of oxygen by red blood cells.

Particulate Matter is fine suspended particulates of less than 10 microns in diameter (PM10) that are capable of penetrating deep into the respiratory tract and causing severe health damage.

Greenhouse Gas Emissions refer to total emissions of CO2(emissions from energy use and industrial processes, e.g. cement production), CH4(methane emissions from solid waste, livestock, mining of hard coal and lignite, rice paddies, agriculture and leaks from natural gas pipelines), nitrous oxide (N2O), hydrofluorocarbons (HFCs), perfluorocarbons (PFCs) and sulphur hexafluoride (SF6).